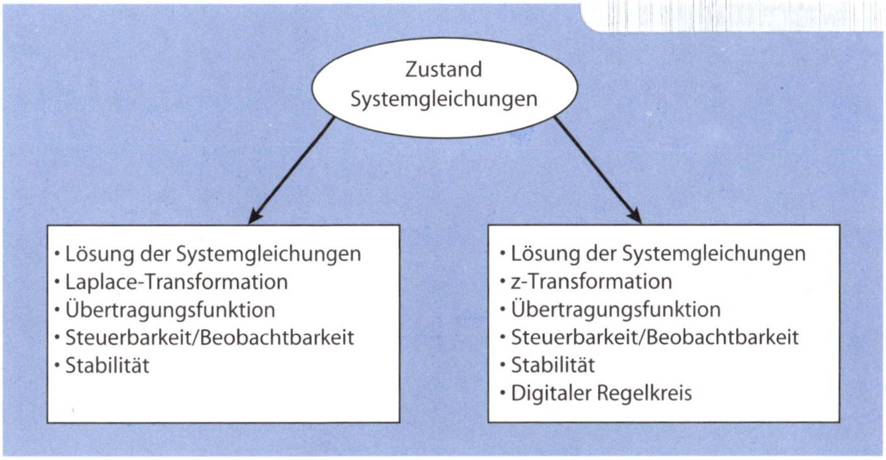

Zustand
Systemgleichungen
• Lösung der Systemgleichungen
• Laplace-Transformation
• Übertragungsfunktion
• Steuerbarkeit/Beobachtbarkeit
• Stabilität
• Lösung der Systemgleichungen
• z-Transformation
• Übertragungsfunktion
• Steuerbarkeit/Beobachtbarkeit
• Stabilität
• Digitaler Regelkreis

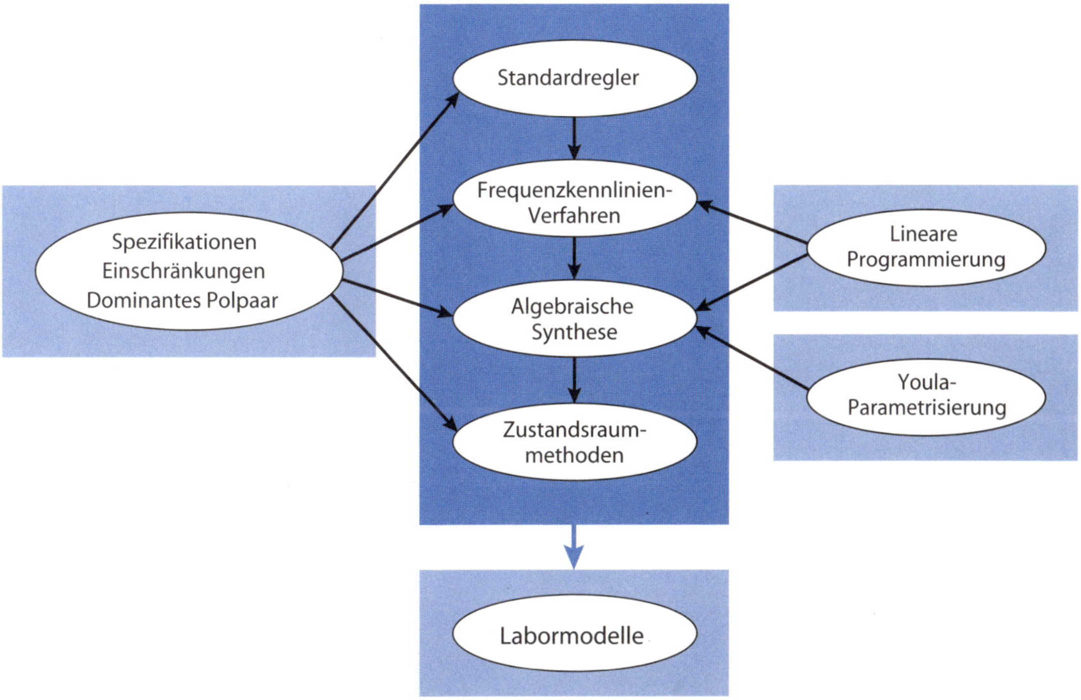

Standardregler
Frequenzkennlinien-
Verfahren
Algebraische
Synthese
Zustandsraum-
methoden
Spezifikationen
Einschränkungen
Dominantes Polpaar
Lineare
Programmierung
Youla-
Parametrisierung
Labormodelle

Regelungstechnik

Martin Horn
Nicolaos Dourdoumas

Regelungstechnik

Rechnerunterstützter Entwurf zeitkontinuierlicher
und zeitdiskreter Regelkreise

PEARSON Studium

ein Imprint der Pearson Education
München • Boston • San Francisco • Harlow, England
Don Mills, Ontario • Sydney • Mexico City
Madrid • Amsterdam

Für Astrid und Heinrike

Bibliografische Information der Deutschen Bibliothek

Die Deutsche Bibliothek verzeichnet diese Publikation in der Deutschen Nationalbibliografie; detaillierte bibliografische Daten sind im Internet über *http://dnb.ddb.de* abrufbar.

10 9 8 7 6 5 4 3 2

06 05 04

ISBN 3-8273-7059-0

ein Imprint der Pearson Education Deutschland GmbH
Martin-Kollar-Straße 10–12, D-81829 München/Germany

www.pearson-studium.de
Lektorat: Marc-Boris Rode, mrode@pearson.de
Korrektorat: Margret Neuhoff, München
Umschlaggestaltung: Thomas Arlt, adesso 21, München
Herstellung: Philipp Burkart, pburkart@pearson.de
Satz: Arne Zellentin für mediaService, Siegen (www.media-service.tv)
Druck und Verarbeitung: Pearson Education Asia Limited

Printed in China

Inhaltsverzeichnis

Vorwort

Es gibt bereits eine Reihe von interessanten Büchern über Regelungstechnik und mit ihr verwandte Themen. Schliesslich ist sie eine Disziplin, die – reich an Theorie und Anwendung – ein breites Spektrum von Methoden zur Lösung der vielfältigen Aufgaben des Ingenieurs beinhaltet.

Warum aber noch ein Buch über die Regelungstechnik?

Die Verfasser haben dieses Buch aus Freude und Begeisterung für dieses faszinierende Fach geschrieben. Die inhaltliche Auswahl begründet sich auf ihren Erfahrungen aus zahlreichen Lehrveranstaltungen, abgehalten an der Universität Paderborn und an der Technischen Universität Graz. Ihre besondere Absicht war dabei, eine Scheu vor der oft als schwierig empfundenen Materie zu nehmen und im Leser ein lebhaftes Interesse zu entwickeln.

Es ist geschrieben für Studenten technischer Studienrichtungen wie Elektrotechnik, Informationstechnik, Telematik und Maschinenbau, aber auch für Ingenieure in der Praxis, die vielleicht nach dem Studium die Welt der Regelungstechnik entdecken. Alle im Buch vorgestellten Beispiele können mit Hilfe von Matlab-Dateien, die dem Leser auf der Companion Website unter *www.pearson-studium.de* frei zur Verfügung stehen, nachvollzogen werden. Dort findet man auch eine Vielzahl von zusätzlichen Übungsaufgaben zur Selbstkontrolle. Die Companion Website wird regelmäßig aktualisiert und erweitert.

Normalerweise folgt an dieser Stelle ein Überblick über die Inhalte des Werkes. Unserer Meinung nach ist es jedoch aus zwei Gründen müssig, in einem Vorwort die behandelten Themen zu erläutern. Zum einen müsste man als Leser über das Fachwissen verfügen, das man aber erst nach der Lektüre besitzen kann. Zum anderen genügen dem „Fachmann" ein Blick auf den Inhalt und ein Durchblättern zur Orientierung (oder bereits zur Urteilsfindung …).

Die Autoren wünschen den Lesern einen guten Einstieg in das Gebiet der Regelungstechnik, viel Freude und Erfolg dabei. Sich selbst wünschen sie positive Resonanz und kritische, aber konstruktive Kommentare. Diese können Sie in elektronischer Form an die unten genannte E-Mail-Adresse richten.

Bei der Erstellung des Buches haben uns viele Personen tatkräftig unterstützt. Stellvertretend für alle möchten wir uns bei Frau Dipl.-Ing. Marlene Kreutz ganz herzlich bedanken.

Graz, im Juli 2003 *Martin Horn, Nicolaos Dourdoumas*

feedback@irt.tu-graz.ac.at

Im vorliegenden Nachdruck wurden alle bekannten Fehler korrigiert.

Graz, im Juli 2004 *Martin Horn, Nicolaos Dourdoumas*

Teil 1
Grundlagen

Kapitelübersicht

Kapitel

1 Systeme und deren Beschreibung

1.1 Einführung

Ziel der nachfolgenden Ausführungen ist, grundlegende Begriffe und Vorgehensweisen der Systemtheorie kurz zu erläutern und *verständlich* zu machen. Beides ist bei einer fundierten Behandlung regelungstechnischer Aufgabenstellungen nötig. Hierbei werden wir versuchen, den mathematischen Aufwand niedrig zu halten, um das Verständnis der komplexen Materie nicht unnötig zu erschweren. Das wird allerdings nicht zu Lasten der notwendigen Präzision geschehen.

Wir beginnen mit den Begriffen „Signal" und „System". Sie werden in unserem Sprachgebrauch oft eingesetzt und besitzen vielfältige Bedeutung. Der Begriff *System* wird in technischen Disziplinen wie Automatisierungstechnik, Elektrotechnik und Informationstechnik benutzt. Man trifft ihn aber genauso in Bereichen der Biologie, der Ökonomie und der Sozialwissenschaften an. Betrachten wir ein Beispiel aus der Elektrotechnik: Eine elektrische Schaltung wird als ein *System* bezeichnet. Betrachtet man den Strom bzw. die Spannung in einem elektrischen Netzwerk, spricht man von einem elektrischen *Signal*. Es gibt natürlich Aufgabenstellungen, bei denen es auf die Untersuchung optischer bzw. akustischer Signale ankommt. Eine Bitfolge in einem Digitalrechner entspricht ebenfalls einem Signal. Die angeführten Beispiele geben nur einen Bruchteil der existierenden extrem vielfältigen Fälle wieder. Als Synonym für *Signal* gebraucht man oft die Begriffe *Systemgröße* bzw. *Systemvariable*.

Das Besondere der Methodik der *Systemtheorie* besteht in der abstrahierten und systematischen Betrachtungsweise. Spezielle aufgabenspezifische Details z.B. technischer Natur spielen nur eine untergeordnete Rolle, sodass unser Blick nicht getrübt bzw. abgelenkt wird. Indem man sich von solchem Ballast befreit, fokussiert man die Aufmerksamkeit auf übergeordnete Gemeinsamkeiten und auf das Wesentliche bei den Abläufen in den betrachteten, aus verschiedenen (!) Disziplinen stammenden Systemen. Dadurch wird es möglich, *verschiedenartige* Systeme durch die gleichen mathematischen Werkzeuge zu beschreiben und einheitlich zu analysieren.

Man kann sich leicht vorstellen, dass die Erstellung einer mathematischen Beschreibung eines Systems eine anspruchsvolle Aufgabe ist. Es geht darum, wesentliche Aspekte und Merkmale eines realen Prozesses zu erkennen und *adäquat* zu erfassen. Genau darin liegt die eigentliche Schwierigkeit! Es hängt entscheidend von der jeweiligen Aufgabenstellung ab, *welche* Effekte man vernachlässigen darf. Natürlich ist man bemüht, *einfache* Gebilde (Gesetzmäßigkeiten) zu erzeugen, in denen die interessanten Attribute des betrachteten Systems *angemessen* berücksichtigt sind (vgl. Kap. 14).

1.2 Systemkonzept, Eingangs- bzw. Ausgangsgrößen

Sinnvollerweise zerlegt man das oft schwer übersehbare System in einfache Teilsysteme, deren Verhalten leichter zu überblicken ist. Man betrachtet dann die in den einzelnen Systemen erscheinenden Systemgrößen. In den meisten Fällen kann man einige dieser Größen in zwei Kategorien einordnen: *Eingangs-* bzw. *Ausgangsgrößen.* Einfach formuliert sind Eingangsgrößen diejenigen Größen eines (Teil-)Systems, mit deren Hilfe sein Verhalten von *außen her* beeinflusst wird. Als Ausgangsgrößen bezeichnet man die Systemgrößen, welche von der Aussenwelt erfasst werden können. Sie ergeben sich im Allgemeinen als Reaktion des Systems auf das Einwirken der Eingangsgrößen.

Der entscheidende Schritt ist nun folgender: Man *ersetzt* das reale (Teil-)System durch ein *Modell.* Dieses gibt den (funktionalen) Zusammenhang zwischen den wesentlichen Systemgrößen wieder und beschreibt *approximativ* das Verhalten des realen Systems. Ab nun operiert man mit diesem mathematischen Modell, das ebenfalls mit „System“ bezeichnet wird. Wir halten fest, dass dadurch also zwei Interpretationen dieses Begriffes möglich sind.

1.2.1 Eine erste Vereinfachung

Wir treffen nun eine einschränkende Festlegung. Sie betrifft die funktionale Abhängigkeit der auftretenden Signale:

- Wir wollen uns mit Systemen befassen und deren *zeitliches* Verhalten untersuchen. Die auftretenden System-, Eingangs- und Ausgangsgrößen hängen *ausschließlich* von der Zeit ab; sie sind Funktionen eines Zeitparameters t.

Konkret bedeutet das: wenn wir z.B. den Erwärmungsprozess eines Körpers untersuchen, berücksichtigen wir eine eventuell vorhandene Ortsabhängigkeit der Temperatur *nicht.*

1.2.2 Zustand eines Systems

Ein fundamentaler Schritt bei der Beschreibung bzw. der quantitativen Erfassung des Verhaltens eines Systems ist die Einführung des Konzeptes der *Zustandsvariablen* oder kurz des *Zustandes.* Dieser Begriff ist hilfreich bei der Formulierung diverser praktischer Aufgabenstellungen, bei der Simulation (Nachbildung) des Verhaltens eines Prozesses und bei der mathematisch geprägten Betrachtungsweise in der Systemtheorie. Salopp formuliert erfasst man dadurch das „Innere“ eines Systems. Es stellt sich natürlich die Frage: was qualifiziert eine Systemgröße zu einer Zustandsvariablen? Hierzu dient folgende „Definition“:

Eine Systemgröße x wird als Zustandsvariable bezeichnet, wenn

- durch die Angabe von $x(t_0)$ (d.h. des Wertes dieser Größe zu einem Zeitpunkt $t = t_0$) *und*
- durch die Angabe der Eingangsgröße $u(t)$ für $t \geq t_0$ (also des Funktionverlaufes in einem Zeitintervall)

das Verhalten des Systems ab dem Zeitpunkt t_0 festgelegt ist.[1]

1.2.3 Eine zweite Vereinfachung

Um die mathematische Komplexität bei den Untersuchungen gering zu halten, fassen wir Systeme mit *einer* Eingangsgröße $u(t)$ und *einer* Ausgangsgröße $y(t)$ ins Auge.[2] Der Zustand des Systems ist durch einen n-dimensionalen Vektor, genannt *Zustandsvektor*,

$$\mathbf{x}(t) = [x_1(t)\ x_2(t)\ \ldots\ x_n(t)]^T \tag{1.1}$$

gegeben. Hierbei sind die auftretenden Funktionen $x_i(t)$ $(i = 1, \ldots, n)$ die so genannten Zustandsvariablen. Die Anzahl n der Zustandsvariablen ist die so genannte *Ordnung* des betrachteten Systems.

Beispiel („Elektrische Schaltung"):

Exemplarisch wird folgendes Netzwerk angeführt (siehe Abb. 1.1):

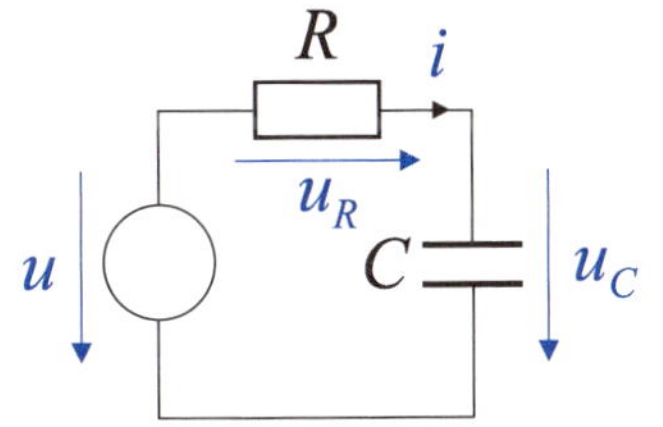

Abbildung 1.1: RC-Netzwerk

Diese elektrische Schaltung, bestehend aus einer unabhängigen Spannungsquelle und zwei Bauelementen, wird als System interpretiert. Es enthält folgende Bauelemente: einen Ohmschen Widerstand R und einen Kondensator C. Die von der Quelle gelieferte Spannung wird als Eingangsgröße $u(t)$, die Spannung $u_C(t)$ am Kondensator als Ausgangsgröße aufgefasst.

Ausgehend von einem gewählten Zeitpunkt t_0 beschreiben wir nun, unter Ausnutzung idealisierender Annahmen bezüglich der Bauelemente, das zeitliche Verhalten der interessanten

---

1 Hierbei wird vereinfachend vorausgesetzt, dass zur Beschreibung des Systemverhaltens nur eine Zustandsvariable benötigt wird.

2 In der englischsprachigen Fachliteratur werden sie als „SISO-Systeme" bezeichnet. Dieses Akronym entsteht aufgrund von „single input, single output".

Systemgrößen mit Hilfe der *Kirchhoff*schen Gesetze. Man erzeugt ein mathematisches Objekt (Modell), das die Eigenschaften eines solchen Netzwerkes approximativ wiedergibt.

Der Strom $i(t)$ ist dem Differentialquotienten der Spannung $u_C(t)$ am Kondensator proportional, d.h.:

$$i(t) = C\frac{du_C(t)}{dt}.$$

Der Spannungsabfall $u_R(t)$ am Ohmschen Widerstand lautet

$$u_R(t) = Ri(t).$$

Die Spannungsbilanz (2. *Kirchhoff*sches Gesetz) ergibt folgende Differentialgleichung bezüglich $u_C(t)$:

$$u(t) = u_R(t) + u_C(t) = RC\frac{du_C(t)}{dt} + u_C(t)$$

bzw.

$$RC\frac{du_C(t)}{dt} = u(t) - u_C(t).$$

Bei *bekannter* Funktion $u(t)$ im Intervall $[t_0, t)$ und *bekanntem* Wert der Anfangsspannung $u_C(t_0)$ ist die Lösung der Differentialgleichung, d.h. die Spannung $u_C(t)$ am Kondensator, *eindeutig* festgelegt. Das bedeutet wiederum: die Kondensatorspannung ist eine Zustandsvariable des Systems!

Beispiel („Masse-Feder-System"):

Wir betrachten einen Körper mit der Masse m, der an einer Schraubenfeder hängt (vgl. Abb. 1.2).

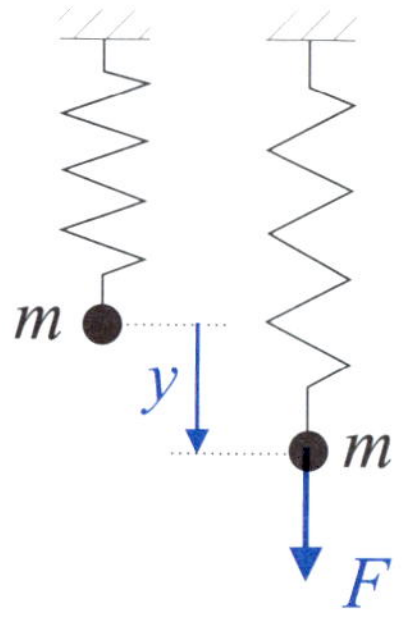

Abbildung 1.2: Masse-Feder-System

Auf das System wirkt eine Kraft F ein. Wir wollen den Bewegungsablauf unter der Einwirkung der angreifenden Kraft studieren. Hierzu fassen wir F als Eingangsgröße und die Auslenkung der Masse (von der aufgrund des eigenen Gewichts zu Beginn angenommenen Höhenposition aus gemessen) als Ausgangsgröße y auf. Unter gewissen Annahmen[3] erhält

[3] Z.B. dass die Masse der Feder nur auf Torsion beansprucht wird und dass sie gegenüber der Körpermasse m vernachlässigt werden kann.

man eine *lineare Federkennlinie*, gekennzeichnet durch die (positive) *Federkonstante* c. Wir halten fest, dass eine lineare Federkennlinie allerdings nur in einem gewissen Auslenkungsbereich bestehen kann, d.h. für größere Auslenkungen kann man mit der linearen Charakteristik $(-cy)$ der Rückstellkraft nicht mehr auskommen!

Mit Hilfe des Schwerpunktsatzes von *Newton* erhält man ein mathematisches Modell, das den funktionalen Zusammenhang der Ein- mit der Ausgangsgröße angibt. Zu dessen Formulierung führen wir die Geschwindigkeit v der Masse

$$\frac{dy(t)}{dt} = v(t)$$

ein und erhalten dann die Relation

$$m\frac{dv(t)}{dt} = -cy + F.$$

Bei dem erzeugten Modell handelt es sich um zwei gekoppelte (gewöhnliche, lineare und mit konstanten Koeffizienten versehene) Differentialgleichungen 1. Ordnung bezüglich v und y. Es ist unmittelbar einsichtig, dass die momentane Höhenposition $y(t)$ durch die Anfangsbedingungen, das sind die Anfangsauslenkung $y(t_0)$ und die Anfangsgeschwindigkeit $v(t_0)$, *und* den zeitlichen Verlauf der einwirkenden Kraft F im Intervall $[t_0, t)$ festgelegt wird.

Höhenposition und Geschwindigkeit können demnach als Zustandsvariablen aufgefasst werden.

1.2.4 Abhängigkeit der Systemgrößen vom Zeitparameter t

Wir haben zur Vereinfachung unserer Überlegungen angenommen, dass alle auftretenden Systemgrößen (Signale) Zeitfunktionen sind und somit von einem Zeitparameter t abhängen. Wir beziehen uns nun auf ein Zeitintervall $[t_0, t_1]$, das für unsere Betrachtungen relevant ist. Je nachdem *welche* Werte der Parameter t innerhalb dieses Intervalls annehmen kann, ordnen wir die Systemgrößen zwei Kategorien zu. Falls t *jeden beliebigen* Wert innerhalb des Intervalls $[t_0, t_1]$ annehmen kann, nennen wir die Systemgröße *zeitkontinuierlich*. Nimmt wiederum der Parameter t nur *diskrete* Werte innerhalb des Zeitintervalls an, so sprechen wir von einer *zeitdiskreten* Systemgröße. Systeme mit *ausschließlich* zeitkontinuierlichen bzw. zeitdiskreten Systemgrößen bezeichnen wir als zeitkontinuierlich bzw. zeitdiskret.

Beispiele für zeitkontinuierliche bzw. zeitdiskrete Systemgrößen:

Exemplarisch für die erste Kategorie sei die Temperatur innerhalb eines Raumes angeführt. Die Kondensatorspannung bei dem o.a. RC-Kreis ist eine zeitkontinuierliche Systemgröße.

Die Systemgrößen in dem behandelten Beispiel aus der Mechanik sind ebenfalls zeitkontinuierlich. Ein Beispiel für die zweite Kategorie sind Größen, die in Aktien- bzw. Devisenmärkten benutzt werden. Der Einkaufs- bzw. Verkaufswert der Philharmoniker-Münze können als Systemgrößen des Systems „Goldmarkt" interpretiert werden. Sie werden täglich zu einem bestimmten Zeitpunkt neu festgelegt. Der Verkaufswert für eine Unze Gold schwankt. Am 4. März 2003 betrug er 343,40 Euro, am 5. März 2003 erhöhte er sich auf 343,90 Euro usw. Betrachtet man nun einen Monatsverlauf, so ist der Verkaufswert eine zeitdiskrete Systemgröße. Ein Digitalrechner entspricht einem System, innerhalb dessen im Zuge des Programmablaufs Berechnungen durchgeführt werden. So sind die zugeführten Daten, das sind Zahlen, die zu bestimmten Zeitpunkten übergeben werden, die zeitdiskrete Eingangsgröße.

1.3 Festlegung auf bestimmte Systemklassen

Bei den vorangegangenen Ausführungen wurde die vereinfachende Annahme getroffen, dass auftretende Systemgrößen ausschließlich Zeitfunktionen sind. Wir wollen uns nun auf zwei bestimmte strukturelle Merkmale der betrachteten Systeme festlegen. Diese Festlegungen vereinfachen die mathematischen Hilfsmittel bei der Untersuchung der Verhältnisse in einem vorliegenden Prozess *enorm*. Zunächst folgt eine allgemeine Formulierung, um die Grundintention hervorzuheben:

1. Das zeitliche Verhalten aller Systemgrößen wird mathematisch durch so genannte *lineare* Operationen beschrieben.
2. Die Eigenschaften der betrachteten realen Systeme verändern sich mit der Zeit nur *langsam* verglichen mit den zeitlichen Verläufen der interessanten Systemgrößen. Das bedeutet, dass die entwickelten Modelle *zeitinvariant* (konstant) angesetzt werden.

1.3.1 Linearität

Wir befassen uns zuerst mit dem Bildungsgesetz für die Ausgangsgröße. Wir setzen voraus, dass diese – sei sie eine Messgröße oder eine interessante Systemgröße –, sich aus den Zustandsvariablen und der Eingangsgröße durch folgende *lineare* und *konstante* Vorschrift ergibt:

$$y(t) = \mathbf{c}^T \mathbf{x}(t) + du(t) = \sum_{i=1}^{n} c_i x_i(t) + du(t) \tag{1.2}$$

Hierbei sind die Größen

$$\mathbf{c} := (c_1, c_2, ..., c_n)^T \quad \text{und} \quad d$$

konstant.

Wir befassen uns nun mit dem *Zustand* des Systems. Zur Erinnerung: Durch die Angabe des *konstanten Wertes*, des so genannten Anfangzustandes $\mathbf{x}_0 := \mathbf{x}(t_0)$ *und* die Angabe des *zeitlichen Verlaufs* der Eingangsgröße $u(\tau)$ im Intervall $[t_0, t]$ steht das Systemverhalten fest. Das bedeutet, die Werte von $\mathbf{x}(t)$ und $y(t)$ sind eindeutig festgelegt. Es ist bemerkenswert, dass dadurch zwischen der Eingangsgröße u und den Größen $\mathbf{x}$ und y ein *kausaler* Zusammenhang besteht! Einfach formuliert: Die Werte des Zustandsvektors und der Ausgangsgröße zum Zeitpunkt t hängen *nicht* von zukünftigen Werten der Eingangsgröße ab. Dies ist bei allen physikalischen Systemen der Fall, bei denen die Systemgrößen Funktionen der Zeit sind.

Diesen kausalen Zusammenhang symbolisieren wir mit dem Symbol Γ folgendermaßen:

$$\mathbf{x}(t) = \Gamma\begin{pmatrix} \mathbf{x}_0 \\ u(\tau) \end{pmatrix} \qquad (\text{mit} \quad t_0 \leq \tau \leq t), \tag{1.3}$$

bzw. in der prägnanten Kurzschreibweise

$$\mathbf{x} = \Gamma\begin{pmatrix} \mathbf{x}_0 \\ u \end{pmatrix}. \tag{1.4}$$

Wir werden uns nun mit dem Bildungsgesetz Γ (1.4) näher befassen und dieses konkreter formulieren. Ausgehend von dem Wunsch nach übersichtlichen und einfachen Zusammenhängen – „linearen Rechenoperationen" – verlangen wir folgende (noch unscharf formulierte) Charakteristika, die bezüglich $\mathbf{x}_0$ *und* u gelten müssen:

1. „Überlagerungsfähigkeit"
2. „Proportionalität zwischen Ursache und Wirkung"

Zum 1. Merkmal:

Es bedeutet, dass der Wert des Zustandsvektors $\mathbf{x}(t)$ sich *additiv* aus zwei Termen ergibt. Er berechnet sich durch Überlagerung des Beitrages aufgrund von $\mathbf{x}_0$ (bei verschwindendem u) und des Beitrages der Eingangsgröße u (bei verschwindendem $\mathbf{x}_0$). Damit ist die rechnerische Ermittlung von $\mathbf{x}(t)$ vereinfacht, da sie durch zwei separat durchführbare einfachere Berechnungen ersetzt wird. „Überlagerungsfähigkeit" bedeutet aber auch Folgendes: Wir nehmen an, dass der Anfangszustand gleich null ist, und bezeichnen die Reaktion auf die beliebigen (!) Eingangsgrößen $u = u_1$ bzw. $u = u_2$ mit $\mathbf{x}_1$ bzw. $\mathbf{x}_2$. Dies wird symbolisch dargestellt:

$$u_1 \rightarrow \mathbf{x}_1 \qquad \text{und} \qquad u_2 \rightarrow \mathbf{x}_2.$$

Das System reagiert dann auf die Eingangsgröße $u = (u_1 + u_2)$ mit dem Zustand $\mathbf{x} = (\mathbf{x}_1 + \mathbf{x}_2)$. Symbolisch durch

$$(u_1 + u_2) \rightarrow (\mathbf{x}_1 + \mathbf{x}_2)$$

beschrieben. Das bedeutet, aus der Gültigkeit von

$$\mathbf{x}_1 = \Gamma\begin{pmatrix} \mathbf{0} \\ u_1 \end{pmatrix} \quad \text{und} \quad \mathbf{x}_2 = \Gamma\begin{pmatrix} \mathbf{0} \\ u_2 \end{pmatrix}$$

folgt

$$\Gamma\begin{pmatrix} \mathbf{0} \\ u_1 + u_2 \end{pmatrix} = \Gamma\begin{pmatrix} \mathbf{0} \\ u_1 \end{pmatrix} + \Gamma\begin{pmatrix} \mathbf{0} \\ u_2 \end{pmatrix}.$$

Im Fall einer verschwindenden Eingangsgröße gelten für den Anfangszustand analoge Beziehungen: Aus

$$\mathbf{x}_1 = \Gamma\begin{pmatrix} \mathbf{x}_{01} \\ 0 \end{pmatrix} \quad \text{und} \quad \mathbf{x}_2 = \Gamma\begin{pmatrix} \mathbf{x}_{02} \\ 0 \end{pmatrix}$$

folgt

$$\Gamma\begin{pmatrix} \mathbf{x}_{01} + \mathbf{x}_{02} \\ 0 \end{pmatrix} = \Gamma\begin{pmatrix} \mathbf{x}_{01} \\ 0 \end{pmatrix} + \Gamma\begin{pmatrix} \mathbf{x}_{02} \\ 0 \end{pmatrix}.$$

Zum 2. Merkmal:

Wir nehmen der Einfachheit halber an, dass der Anfangszustand gleich null ist, d.h. $\mathbf{x}_0 = \mathbf{0}$. Es gilt nun: Hat die beliebige Eingangsgröße u („Ursache“) einen Zustand $\mathbf{x}$ („Wirkung“) zur Folge, so hat die mit einem beliebigen (!) konstanten Faktor α multiplizierte Eingangsgröße (αu) den Zustandsvektor $(\alpha \mathbf{x})$ zur Folge. Symbolisch formuliert: Aus

$$\mathbf{x} = \Gamma\begin{pmatrix} \mathbf{0} \\ u \end{pmatrix}$$

folgt

$$\alpha\mathbf{x} = \Gamma\begin{pmatrix} \mathbf{0} \\ \alpha u \end{pmatrix}.$$

Analoges gilt für den Fall, dass die Eingangsgröße verschwindet und der Anfangszustand nichttrivial ist: Die Gültigkeit der Relation

$$\mathbf{x} = \Gamma\begin{pmatrix} \mathbf{x}_0 \\ 0 \end{pmatrix}$$

zieht die Gültigkeit von

$$\alpha\mathbf{x} = \Gamma\begin{pmatrix} \alpha\mathbf{x}_0 \\ 0 \end{pmatrix}$$

nach sich.

Anmerkung

Unter gewissen Umständen folgt aus der Eigenschaft der Überlagerungsfähigkeit die Proportionalität zwischen Ursache und Wirkung! Betrachten wir nämlich eine beliebige Eingangsgröße u und bilden den Quotienten β zweier beliebiger *ganzzahliger* Zahlen l und m:

$$\beta = \frac{l}{m},$$

so *folgt* aus der Überlagerungsfähigkeit die Beziehung

$$\beta\Gamma\begin{pmatrix} \mathbf{0} \\ u \end{pmatrix} = \Gamma\begin{pmatrix} \mathbf{0} \\ \beta u \end{pmatrix}.$$

Die Tragweite dieses Resultates beruht darauf, dass *jede* reelle Zahl beliebig genau durch den Quotienten zweier ganzzahliger Zahlen dargestellt werden kann.

Mathematische Formulierung des Begriffes „linear":

Die präzise Formulierung obiger Ausführungen führt zum Begriff „lineares System". Das System

$$\mathbf{x} = \Gamma \begin{pmatrix} \mathbf{x}_0 \\ u \end{pmatrix}$$

wird als *linear* bezeichnet, wenn für beliebige Konstanten α, β, $\mathbf{x}_{01}$, $\mathbf{x}_{02}$ und beliebige Funktionen u_1 und u_2 das *Superpositionsgesetz*

$$\Gamma\left[\alpha \begin{pmatrix} \mathbf{x}_{01} \\ u_1 \end{pmatrix} + \beta \begin{pmatrix} \mathbf{x}_{02} \\ u_2 \end{pmatrix}\right] = \alpha\Gamma \begin{pmatrix} \mathbf{x}_{01} \\ u_1 \end{pmatrix} + \beta\Gamma \begin{pmatrix} \mathbf{x}_{02} \\ u_2 \end{pmatrix} \tag{1.5}$$

gilt.

1.3.2 Zeitinvarianz

Die Zeitinvarianz eines Systems bedeutet, dass bei einer um ein *beliebiges* Zeitintervall T verzögerten Einwirkung von Anfangszustand *und* Eingangsgröße sich ein um das gleiche Zeitintervall T verschobener Verlauf des Zustandes ergibt. Mit Hilfe der oben eingeführten Symbolik für den Zustandsvektor

$$\mathbf{x}(t) = \Gamma \begin{pmatrix} \mathbf{x}_0 \\ u(\tau) \end{pmatrix} \qquad \text{mit } t_0 \leq \tau \leq t$$

formulieren wir Zeitinvarianz folgendermaßen: Aus der Gültigkeit von

$$\mathbf{x}(t) = \Gamma \begin{pmatrix} \mathbf{x}_0 \\ u(\tau) \end{pmatrix}$$

folgt für den verschobenen Anfangszeitpunkt $(t_0 + T)$

$$\mathbf{x}(t - T) = \Gamma \begin{pmatrix} \mathbf{x}_0 \\ u(\tau - T) \end{pmatrix}.$$

Vom mathematischen Standpunkt aus bedingt die Zeitinvarianz, dass der Zustandsvektor als Funktion der Zeit t ausschließlich vom Parameter $(t - t_0)$ abhängt! Das hat zur Folge, dass zur Vereinfachung der Anfangszeitpunkt t_0, ohne Einschränkung der Allgemeinheit, zu null gewählt werden kann.

1.4 Lineare und zeitinvariante Systeme

1.4.1 Zeitkontinuierliche Systeme

Im Rahmen der nachfolgenden Abhandlungen werden wir folgende ausgezeichnete Systemklasse ins Auge fassen:

$$\frac{d\mathbf{x}(t)}{dt} = \mathbf{A}\mathbf{x}(t) + \mathbf{b}u(t) \qquad y(t) = \mathbf{c}^T\mathbf{x}(t) + du(t). \tag{1.6}$$

Hierbei symbolisieren wir mit u bzw. y die skalare Eingangs- bzw. Ausgangsgröße. Der n-dimensionale Zustandsvektor wird mit $\mathbf{x}$ bezeichnet. Die Größen $\mathbf{A}$, $\mathbf{b}$, $\mathbf{c}$ und d sind *konstante* Größen passender Dimension. D.h. die Matrix $\mathbf{A}$ ist eine quadratische (n, n)-Matrix, die Vektoren $\mathbf{b}$ und $\mathbf{c}$ sind n-dimensionale Vektoren. Dieses Modell charakterisiert ein lineares und zeitinvariantes System im Sinne der oben aufgestellten Definitionen.[4] Es ist festzuhalten, dass alle auftretenden Systemgrößen *zeitkontinuierlich* sind!

Vom mathematischen Standpunkt aus gesehen ist die Behandlung solcher Systeme relativ einfach. Man nutzt Methoden der linearen Algebra und der gewöhnlichen linearen Differentialgleichungen mit konstanten Koeffizienten sowie der Funktionentheorie, insbesondere die *Laplace*-Transformation. Es stehen sowohl eine sehr gut ausgebaute Theorie als auch benutzerfreundliche, effiziente rechnerunterstützte Werkzeuge (Software) zur Verfügung! Dieser Umstand ist von immensem Vorteil.

Physikalische Motivation zur Wahl der Systemklasse

Die bisher vorgestellten Modelle aus der Elektrotechnik bzw. der Mechanik beinhalten gewöhnliche lineare Differentialgleichungen 1. Ordnung mit konstanten Koeffizienten [13, 18]. Dieser Umstand wird in den nachfolgenden Ausführungen kurz erläutert werden.

Mathematische Modelle aus der Elektrotechnik: Bei der Modellierung elektrischer Komponenten benutzt man idealisierte Bauelemente, das sind Widerstände R, Induktivitäten L, Kapazitäten C sowie Spannungs- bzw. Stromquellen. Der Zusammenhang zwischen der jeweiligen Spannung $u(t)$ und dem jeweiligen Strom $i(t)$ wird durch eine lineare Operation gekennzeichnet:

*Ohm*scher Widerstand R

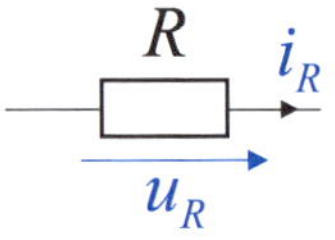

$u_R(t) = R i_R(t)$

Induktivität L

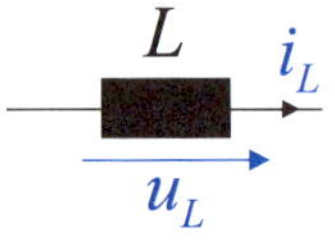

$u_L(t) = L \frac{di_L(t)}{dt}$

Kapazität C

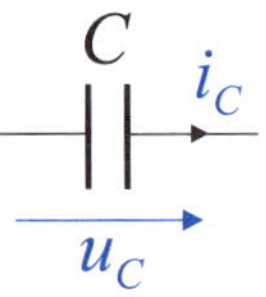

$i_C(t) = C \frac{du_C(t)}{dt}$

[4] Man beachte: Nicht alle linearen und zeitinvarianten Systeme lassen sich durch (1.6) beschreiben!

Ein elektrisches Netzwerk entsteht z.B. dadurch, dass obige Elemente miteinander verbunden werden. Diese elektrische Schaltung genügt beiden *Kirchhoff* schen Regeln (Axiomen): der so genannten *Knoten-* und der *Maschenregel*. Demnach verschwindet

- in einer Masche die Summe aller (orientierten) Spannungen und
- in einem Knoten die Summe aller (orientierten) Ströme.

Die konsequente Anwendung dieser Gesetze liefert eine Anzahl von linearen Beziehungen, die u.a. Differentialquotienten von Strömen (durch die Induktivitäten) bzw. Spannungen (an den Kapazitäten) enthalten. Es liegen also Differentialgleichungen vor. Wir fassen nun den *Strom durch eine Induktivität* bzw. die *Spannung an einer Kapazität* als *Zustandsvariable* $x_i(t)$ $(i = 1, ..., n)$[5] auf und führen den Zustandsvektor

$$\mathbf{x}(t) = [x_1(t) \ \ x_2(t) \ \ ... \ \ x_n(t)]^T$$

ein. Wir nehmen des Weiteren an, dass das Netzwerk durch eine ideale Spannungs- oder Stromquelle gespeist wird. Diese angreifende Spannung bzw. diesen einwirkenden Strom fassen wir als Eingangsgröße $u(t)$ auf. Damit ergibt sich „zwingend“ folgende Beschreibung des Netzwerkes:

$$\frac{d\mathbf{x}(t)}{dt} = \mathbf{A}\mathbf{x}(t) + \mathbf{b}u(t).$$

Beispiel („RC-Netzwerk“): Wir betrachten eine elektrische Schaltung nach Abb. 1.3, bestehend aus einer idealen Spannungsquelle und idealen Bauelementen, das sind die Ohmschen Widerstände R_1und R_2 und die Kondensatoren C_1 und C_2.

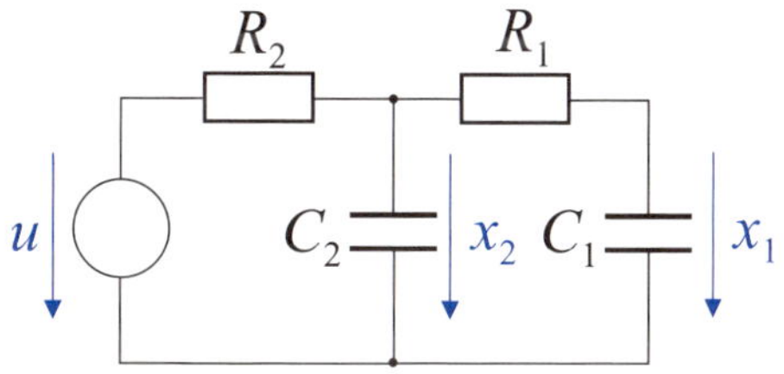

Abbildung 1.3: RC-Netzwerk

Es handelt sich um die Serienschaltung von zwei RC-Gliedern. Wir fassen die von der Quelle gelieferte Spannung als Eingangsgröße u und den Strom durch den Widerstand R_1 als Ausgangsgröße y des Systems auf. Als Zustandsvariable werden die Spannungen an den beiden Kondensatoren gewählt, d.h.

$$x_1 = u_{C1} \quad \text{und} \quad x_2 = u_{C2}.$$

[5] Die Beachtung dieser so genannten 1. weststeirischen Bauernregel zur Wahl von Zustandsvariablen erlaubt eine einfache systematische Erstellung eines Modells.

Damit werden die Kondensatorströme durch die Relationen

$$i_{C1} = i_{R1} = C_1 \frac{dx_1}{dt} \tag{1.7}$$

und

$$i_{C2} = C_2 \frac{dx_2}{dt} \tag{1.8}$$

beschrieben. Die Anwendung der *Kirchhoff* schen Regeln liefert

$$x_2 = R_1 i_{C1} + x_1 \tag{1.9}$$

und

$$u = R_2(i_{C2} + i_{C1}) + x_2. \tag{1.10}$$

Aus obigen Beziehungen müssen nun die „Hilfsgrößen" i_{C2} und i_{C1} eliminiert werden. Aus (1.9) ergibt sich unmittelbar i_{C1}

$$i_{C1} = \frac{x_2 - x_1}{R_1}. \tag{1.11}$$

Setzt man diesen Ausdruck in (1.10) ein und löst nach i_{C2} auf, so bekommt man

$$i_{C2} = \frac{1}{R_1} x_1 - (\frac{1}{R_1} + \frac{1}{R_2}) x_2 + \frac{1}{R_2} u. \tag{1.12}$$

Setzen wir den Strom i_{C1} nach (1.11) in die Relation (1.7) ein, erhalten wir die Differentialgleichung

$$\frac{dx_1}{dt} = -\frac{1}{C_1 R_1} x_1 + \frac{1}{C_1 R_1} x_2. \tag{1.13}$$

Analog verfahrend setzen wir den Ausdruck (1.12) für den Strom i_{C2} in die Relation (1.8) ein. Es ergibt sich

$$\frac{dx_2}{dt} = \frac{1}{C_2 R_1} x_1 - \frac{1}{C_2 R_2}(1 + \frac{R_2}{R_1}) x_2 + \frac{1}{C_2 R_2} u. \tag{1.14}$$

Man erkennt anhand der abgeleiteten Differentialgleichungen (1.13) und (1.14) die Abhängigkeit der Zustandsvariablen (Spannungen an den Kondensatoren) von den Systemdaten. Im vorliegenden Fall sind die so genannten Zeitkonstanten τ_1 und τ_2 und das Widerstandsverhältnis ρ

$$\tau_1 := C_1 R_1, \quad \tau_2 := C_2 R_2 \quad \text{und} \quad \rho = \frac{R_2}{R_1}. \tag{1.15}$$

entscheidend. Die Ausgangsgröße y lautet aufgrund der Beziehung (1.11)

$$y = \frac{1}{R_1}(x_2 - x_1). \tag{1.16}$$

Führen wir nun den zweidimensionalen Zustandsvektor

$$\mathbf{x} = \begin{pmatrix} x_1 & x_2 \end{pmatrix}^T$$

und dessen zeitliche Ableitung

$$\frac{d\mathbf{x}}{dt} = \begin{pmatrix} \frac{dx_1}{dt} & \frac{dx_2}{dt} \end{pmatrix}^T$$

ein, so können wir das ermittelte mathematische Modell (1.13), (1.14) und (1.16) kompakt in Matrix-Schreibweise angeben:

$$\begin{aligned} \frac{d\mathbf{x}}{dt} &= \begin{pmatrix} -\frac{1}{\tau_1} & \frac{1}{\tau_1} \\ \frac{\rho}{\tau_2} & -\frac{1}{\tau_2}(1+\rho) \end{pmatrix} \mathbf{x} + \begin{pmatrix} 0 \\ \frac{1}{\tau_2} \end{pmatrix} u \qquad (1.17) \\ y &= \begin{pmatrix} -\frac{1}{R_1} & \frac{1}{R_1} \end{pmatrix} \mathbf{x}. \end{aligned}$$

Mathematische Modelle aus der Mechanik: Bei der Erstellung mathematischer Modelle *mechanischer* Systeme benutzt man in den meisten Fällen den *Schwerpunkt-* bzw. den *Momentensatz*. Wir wollen die Anwendung dieser Gesetze an zwei prinzipiellen, aber einfachen Situationen verfolgen. Wir beginnen mit dem Schwerpunktsatz. Er lautet: „Der Schwerpunkt eines Körpers erfährt eine Beschleunigung, als ob sämtliche äußere Kräfte ihn angreifen würden.“ Das bedeutet Folgendes: Greift auf ein geradlinig bewegliches System der Masse m und der momentanen Lage $y(t)$ eine Kraft $F(t)$ an, so ergibt die Anwendung des Schwerpunktsatzes eine gewöhnliche Differentialgleichung 2. Ordnung:

$$m\frac{d^2y}{dt^2} = F. \qquad (1.18)$$

Indem man als Hilfsgröße die Geschwindigkeit $v(t)$ des Körpers einführt, erhält man statt obiger Differentialgleichung 2. Ordnung nach (1.18) *zwei* Differentialgleichungen 1. Ordnung:

$$\frac{dy}{dt} = v \quad \text{und} \quad m\frac{dv}{dt} = F. \qquad (1.19)$$

Wir *nehmen nun an*, dass die Kraft F zumindest näherungsweise durch

$$F(t) = u(t) + k_1 y(t) + k_2 v(t) \qquad (1.20)$$

darstellbar ist. Der erste Anteil modelliert den Einfluss einer von „außen her wirkenden“ Kraft. Der zweite und der dritte Anteil modellieren Krafteinflüsse, die jeweils proportional zur momentanen Lage bzw. Geschwindigkeit des Körpers sind. Unter dieser Annahme erhalten wir, indem wir (1.20) in (1.19) einsetzen, folgende Differentialgleichungen:

$$\begin{aligned} \frac{dy}{dt} &= v \qquad (1.21) \\ m\frac{dv}{dt} &= k_1 y + k_2 v + u. \end{aligned}$$

Führt man die „Lage“ und die „Geschwindigkeit“ als Zustandsvariablen

$$x_1 = y \quad \text{und} \quad x_2 = v \qquad (1.22)$$

in (1.21) ein, so erhält man unter Benutzung des Zustandsvektors

$$\mathbf{x} = \begin{pmatrix} x_1 & x_2 \end{pmatrix}^T$$

das Modell

$$\frac{d\mathbf{x}}{dt} = \begin{pmatrix} 0 & 1 \\ \frac{k_1}{m} & \frac{k_2}{m} \end{pmatrix} \mathbf{x} + \begin{pmatrix} 0 \\ \frac{1}{m} \end{pmatrix} u,$$

das die Form $\frac{d\mathbf{x}}{dt} = \mathbf{A}\mathbf{x} + \mathbf{b}u$ aufweist.

Wir befassen uns nun mit dem *Drallsatz,* der in vereinfachter Form besagt: „Das Moment aller am Körper angreifenden äußeren Kräfte ist gleich der zeitlichen Änderung des Dralls.“ Hierzu betrachten wir die Rotationsbewegung eines Körpers mit dem Trägheitsmoment Θ um seine Achse und dem Winkel $\varphi(t)$ unter dem Einfluss eines angreifenden Momentes $M(t)$. Der Drallsatz liefert folgende gewöhnliche Differentialgleichungen 2. Ordnung:

$$\Theta \frac{d^2\varphi}{dt^2} = M. \tag{1.23}$$

Wir gehen *völlig analog* zu der eben dargestellten Anwendung des Schwerpunktsatzes vor: Wir führen zunächst die Winkelgeschwindigkeit $\omega(t)$

$$\frac{d\varphi}{dt} = \omega \tag{1.24}$$

als zusätzliche Größe ein. In einem zweiten Schritt nehmen wir dann an, dass das Moment M zumindest näherungsweise durch

$$M(t) = u(t) + m_1\varphi(t) + m_2\omega(t) \tag{1.25}$$

beschrieben wird. Mit (1.23), (1.24) und (1.25) besteht das ermittelte Modell ebenfalls aus zwei linearen und konstanten gewöhnlichen Differentialgleichungen!

$$\begin{aligned} \frac{d\varphi}{dt} &= \omega \\ \Theta\frac{d\omega}{dt} &= u + m_1\varphi + m_2\omega. \end{aligned} \tag{1.26}$$

Wir führen nun die zwei Zustandsvariablen „Winkel“ und „Winkelgeschwindigkeit“:

$$x_1 = \varphi \quad \text{und} \quad x_2 = \omega \tag{1.27}$$

in (1.26) ein und erhalten unter Benutzung des Zustandsvektors

$$\mathbf{x} = \begin{pmatrix} x_1 & x_2 \end{pmatrix}^T$$

das Modell

$$\frac{d\mathbf{x}}{dt} = \begin{pmatrix} 0 & 1 \\ \frac{m_1}{\Theta} & \frac{m_2}{\Theta} \end{pmatrix} \mathbf{x} + \begin{pmatrix} 0 \\ \frac{1}{\Theta} \end{pmatrix} u,$$

das die besondere lineare Struktur aufweist.

Es ist jetzt leicht vorstellbar, dass die Einführung der Zustandsvariablen[6] „Lage“, „Geschwindigkeit“, „Winkel“ und „Winkelgeschwindigkeit“ auf ein mathematisches Modell der Art

$$\frac{d\mathbf{x}}{dt} = \mathbf{A}\mathbf{x} + \mathbf{b}u$$

führt!

ZUSAMMENFASSUNG

Das Modell entspricht einem System von gewöhnlichen linearen und konstanten Differentialgleichungen 1. Ordnung bezüglich der Zustandsvariablen. Wir symbolisieren mit $u(t)$ bzw. $y(t)$ die skalare Eingangs- bzw. die skalare Ausgangsgröße; die n Zustandsvariablen fassen wir zu einem n-dimensionalen Zustandsvektor $\mathbf{x}(t)$ zusammen. Die Systemdaten $[\mathbf{A}, \mathbf{b}, \mathbf{c}, d]$ sind konstante Größen passender Dimension. Wir sprechen von einem *konstanten* System. Damit ergibt sich folgende Beschreibung, wobei das Zeitargument t der Übersichtlichkeit wegen unterdrückt wurde:

$$\frac{d\mathbf{x}}{dt} = \mathbf{A}\mathbf{x} + \mathbf{b}u \quad \text{und} \quad y = \mathbf{c}^T\mathbf{x} + du. \tag{1.28}$$

1.4.2 Zeitdiskrete Systeme

Bei den nachfolgenden Betrachtungen darf der Zeitparameter t innerhalb eines Intervalls nur diskrete Werte t_i annehmen. Wir nehmen ferner *einschränkend* an, dass die Differenz zweier aufeinander folgender diskreter Werte *konstant* ist; d.h.

$$t_{i+1} = t_i + T_d \qquad (i \text{ ganzzahlig}). \tag{1.29}$$

Diese Differenz T_d ist die so genannte *Diskretisierungszeit*. Wir betrachten demnach, der mathematischen Einfachheit wegen, *äquidistante* Zeitpunkte. Dabei interessieren wir uns für die Werte aller Systemgrößen zu den Zeitpunkten t_i. Das sind die Eingangs- bzw. die Ausgangsgröße und der n-dimensionale Zustandsvektor. Zur Erinnerung: Die Ausgangsgröße wurde als konstante Linearkombination der Zustandsvariablen und der Eingangsgröße angesetzt; sie lautet nun

$$y(t_i) = \mathbf{c}_d^T\mathbf{x}(t_i) + d_d u(t_i). \tag{1.30}$$

Zur Vereinfachung der Schreibweise führen wir folgende Notation ein:

$$\mathbf{x}_i := \mathbf{x}(t_i), \quad y_i := y(t_i) \quad \text{und} \quad u_i := u(t_i). \tag{1.31}$$

Damit erhält die Ausgangsgleichung (1.30) die Form

$$y_i = \mathbf{c}_d^T\mathbf{x}_i + d_d u_i. \tag{1.32}$$

[6] Das ist die 2. weststeirische Bauernregel zur Wahl von Zustandsvariablen.

In Anlehnung an den zeitkontinuierlichen Fall setzen wir eine lineare konstante Beziehung zwischen den Werten des Zustandsvektors zu zwei *aufeinander folgenden* Zeitpunkten t_i

$$\mathbf{x}_{i+1} = \mathbf{A}_d \mathbf{x}_i + \mathbf{b}_d u_i \tag{1.33}$$

an. Die Systemdaten $[\mathbf{A}_d,\, \mathbf{b}_d,\, \mathbf{c}_d,\, d_d]$ sind konstante Größen passender Dimension, der Index d soll auf den *diskreten* Fall hinweisen. Man erkennt, dass bei vorgegebener *Folge* von Werten

$$(u)_{k+1} := (u_0,\, u_1,\, \ldots,\, u_k)$$

und gegebenem Anfangszustand $\mathbf{x}_0$ der Wert des Zustands $\mathbf{x}_{k+1}$ *rekursiv* ermittelt werden kann! Dies stellt einen großen Vorteil dar, da das Modell im zeitdiskreten Fall eine *unmittelbar* durchführbare Berechnungsvorschrift des Zustandes liefert! Dies ist beim zeitkontinuierlichen Modell *nicht* der Fall; dort muss man den Wert des Zustands erst durch Lösung eines Systems von Differentialgleichungen ermitteln.

Eine einfache Interpretation des zeitdiskreten Modells

Es liegt ein konkretes zeitkontinuierliches Modell der Gestalt (1.28) vor, ferner sind der Anfangszustand $\mathbf{x}_0$ und die Eingangsgröße u in einem Zeitintervall $[0, T]$ vorgegeben. Gesucht sind die Werte $\mathbf{x}(T)$ und $y(T)$.

Diese Aufgabe kann durch folgendes, nahe liegendes *approximatives* Verfahren gelöst werden: Als Erstes unterteilen wir das betrachtete Intervall äquidistant mit genügend kleinem Abstand δ. Als Zweites ersetzen wir den Differentialquotienten an der Stelle $t_i := i\delta$ durch einen *Differenzenquotienten*, wobei die Differenz der Werte des Zustandsvektors zu aufeinander folgenden diskreten Zeitpunkten gebildet wird:

$$\frac{d\mathbf{x}(t_i)}{dt} \approx \frac{\mathbf{x}(t_i + \delta) - \mathbf{x}(t_i)}{\delta} =: \frac{\mathbf{x}_{i+1} - \mathbf{x}_i}{\delta}. \tag{1.34}$$

Setzen wir die Näherung (1.34) in die (vektorielle) Differentialgleichung des Modells nach (1.28) ein, so erhalten wir folgende Beziehung, welche die Zusammenhänge im System in *erster Näherung* wiedergibt:

$$\frac{\mathbf{x}_{i+1} - \mathbf{x}_i}{\delta} \approx \mathbf{A}\mathbf{x}_i + \mathbf{b}u_i.$$

Durch einfaches Umformen erhalten wir

$$\mathbf{x}_{i+1} \approx (\mathbf{E} + \mathbf{A}\delta)\mathbf{x}_i \;+\; \mathbf{b}\delta u_i. \tag{1.35}$$

Durch die Symbolik

$$\mathbf{A}_d := \mathbf{E} + \mathbf{A}\delta \qquad \text{und} \qquad \mathbf{b}_d := \mathbf{b}\delta$$

erhalten wir letztlich aus (1.35) das „übliche“ zeitdiskrete mathematische Modell

$$\mathbf{x}_{i+1} \approx \mathbf{A}_d\mathbf{x}_i \;+\; \mathbf{b}_d u_i \qquad\qquad y_i \approx \mathbf{c}^T\mathbf{x}_i + du_i.$$

Ausgehend von $\mathbf{x}_0$ und $u_0, u_1, \ldots$ können wir rekursiv $\mathbf{x}_i$ und daraus y_i ermitteln.

ZUSAMMENFASSUNG

Das Modell entspricht einem System von linearen und konstanten Gleichungen bezüglich der Zustandsvariablen zu zwei *aufeinander folgenden* Zeitpunkten. Wir symbolisieren mit u bzw. y die skalare Eingangs- bzw. die skalare Ausgangsgröße; die n Zustandsvariablen fassen wir zu einem n-dimensionalen Zustandsvektor $\mathbf{x}$ zusammen. Die Systemdaten $[\mathbf{A}_d, \mathbf{b}_d, \mathbf{c}_d, d_d]$ sind konstante Größen passender Dimension. Wir sprechen von einem *konstanten* System mit dem Modell

$$\mathbf{x}_{i+1} = \mathbf{A}_d\mathbf{x}_i + \mathbf{b}_d u_i \qquad \text{und} \qquad y_i = \mathbf{c}_d^T\mathbf{x}_i + d_d u_i .$$

1.4.3 Eindeutigkeit der Zustandsvariablen

Es klingt im ersten Moment paradox, aber ein großer Vorteil(!) der Beschreibung eines Systems mit Hilfe von Zustandsvariablen liegt darin, dass deren Wahl *nicht eindeutig* ist. Das heißt, für ein und dasselbe System mit der Eingangsgröße u, der Ausgangsgröße y und n Zustandsvariablen gibt es *unendlich* viele Zustandsbeschreibungen. Wir nehmen an, es liegt ein zeitkontinuierliches bzw. zeitdiskretes Modell in Zustandsform vor:

$$\frac{d\mathbf{x}}{dt} = \mathbf{A}\mathbf{x} + \mathbf{b}u \qquad \text{bzw.} \qquad \mathbf{x}_{i+1} = \mathbf{A}_d\mathbf{x}_i + \mathbf{b}_d u_i \tag{1.36}$$

$$y = \mathbf{c}^T\mathbf{x} + du \qquad \text{bzw.} \qquad y_i = \mathbf{c}_d^T\mathbf{x}_i + d_d u_i . \tag{1.37}$$

Für jeden Wert des Zeitparameters erhalten wir einen „Punkt“ $\mathbf{x}$ in einem n-dimensionalen Raum, dem so genannten *Zustandsraum*. Die n Werte der Zustandsvariablen sind die (kartesischen) Koordinaten dieses Punktes

$$\mathbf{x} = \begin{pmatrix} x_1 \\ x_2 \\ . \\ . \\ x_n \end{pmatrix} = x_1\mathbf{e}_1 + x_2\mathbf{e}_2 + \ldots + x_n\mathbf{e}_n ,$$

wobei die so genannten *Einheitsvektoren* $\mathbf{e}_i$ n-dimensionale *linear unabhängige* Vektoren sind. Deren Elemente nehmen – abgesehen von dem i-ten Element, das den Wert 1 hat – den Wert 0 an. Natürlich kann man zur Beschreibung von $\mathbf{x}$ auch andere *Basisvektoren* heranziehen. *Jede* Menge von n *linear unabhängigen* und n-dimensionalen Vektoren $\mathbf{t}_i$ kann dazu dienen. So ist es immer möglich, einen Vektor $\mathbf{x}$ folgendermaßen zu schreiben:

$$\mathbf{x} = z_1\mathbf{t}_1 + z_2\mathbf{t}_2 + \ldots + z_n\mathbf{t}_n . \tag{1.38}$$

Nach Einführung eines Vektors $\mathbf{z}$ gemäß

$$\mathbf{z} = \begin{pmatrix} z_1 & z_2 & . & . & z_n \end{pmatrix}^T$$

und einer quadratischen (n, n)-Matrix $\mathbf{T}$ gemäß

$$\mathbf{T} = \begin{pmatrix} \mathbf{t}_1, & \mathbf{t}_2, & \ldots, & \mathbf{t}_n \end{pmatrix}$$

erhält man aus (1.38) für den Zustandsvektor $\mathbf{x}$

$$\mathbf{x} = \mathbf{Tz}. \tag{1.39}$$

Die konstante und reguläre Matrix $\mathbf{T}$ ist eine so genannte *Transformationsmatrix*. Man kann nun *statt* des Zustandsvektors $\mathbf{x}$ den Zustandsvektor $\mathbf{z}$ betrachten und dessen Verhalten untersuchen. Zwischen den beiden besteht eine eineindeutige Zuordnung. Das zugehörige mathematische Modell ergibt sich unter Benutzung von (1.39), (1.36) und (1.37) unmittelbar zu

$$\frac{d\mathbf{z}}{dt} = (\mathbf{T}^{-1}\mathbf{AT})\mathbf{z} + (\mathbf{T}^{-1}\mathbf{b})u \quad \text{bzw.} \quad \mathbf{z}_{i+1} = (\mathbf{T}^{-1}\mathbf{A}_d\mathbf{T})\mathbf{z}_i + (\mathbf{T}^{-1}\mathbf{b}_d)u_i \tag{1.40}$$

$$y = (\mathbf{c}^T\mathbf{T})\mathbf{z} + du \qquad \text{bzw.} \qquad y_i = (\mathbf{c}_d^T\mathbf{T})\mathbf{z}_i + d_d u_i. \tag{1.41}$$

Es wird sich Folgendes zeigen:

- Relevante Eigenschaften und Merkmale eines Systems hängen *nicht* von der Wahl der Zustandsvariablen ab. Sie bleiben bei einer regulären Zustandstransformation *unverändert*!
- Die rechnerische Ermittlung von Systemmerkmalen und die Analyse von Systemeigenschaften kann *enorm* vereinfacht werden, wenn man *gezielt* die jeweils geeignete Zustandsform (*Normalform*) eines Systems berechnet und benutzt.

Beispiel („RC-Netzwerk", Fortsetzung): Wir betrachten das entwickelte Modell (1.17) und wählen folgende Werte für die Systemparameter τ_1, τ_2 und ρ:

$$\tau_1 = \frac{1}{3}, \; \tau_2 = \frac{3}{4} \text{ und } \rho = \frac{1}{2}. \tag{1.42}$$

Damit erhalten wir für die Zustandsdifferentialgleichungen das „Zahlenmodell"

$$\frac{d\mathbf{x}}{dt} = \begin{pmatrix} -3 & 3 \\ \frac{2}{3} & -2 \end{pmatrix} \mathbf{x} + \begin{pmatrix} 0 \\ \frac{4}{3} \end{pmatrix} u =: \mathbf{Ax} + \mathbf{b}u. \tag{1.43}$$

Wir benutzen als Transformationsmatrix die reguläre Matrix $\mathbf{T}$

$$\mathbf{x} = \mathbf{Tz} = \begin{pmatrix} 1 & 1 \\ \frac{2}{3} & -\frac{1}{3} \end{pmatrix} \mathbf{z}$$

und wollen die Systemmatrix und den Eingangsvektor des transformierten Modells nach (1.40) ermitteln. Mit Hilfe der einfachen Umrechnungen

$$\mathbf{T}^{-1}\mathbf{AT} = \begin{pmatrix} 1 & 1 \\ \frac{2}{3} & -\frac{1}{3} \end{pmatrix}^{-1} \begin{pmatrix} -3 & 3 \\ \frac{2}{3} & -2 \end{pmatrix} \begin{pmatrix} 1 & 1 \\ \frac{2}{3} & -\frac{1}{3} \end{pmatrix} = \begin{pmatrix} -1 & 0 \\ 0 & -4 \end{pmatrix}$$

und

$$\mathbf{T}^{-1}\mathbf{b} = \begin{pmatrix} \frac{1}{3} & 1 \\ \frac{2}{3} & -1 \end{pmatrix} \begin{pmatrix} 0 \\ \frac{4}{3} \end{pmatrix} = \begin{pmatrix} \frac{4}{3} \\ -\frac{4}{3} \end{pmatrix}$$

erhalten wir das neue Modell

$$\frac{d\mathbf{z}}{dt} = \begin{pmatrix} -1 & 0 \\ 0 & -4 \end{pmatrix} \mathbf{z} + \begin{pmatrix} \frac{4}{3} \\ -\frac{4}{3} \end{pmatrix} u.$$

Es besteht aus zwei *entkoppelten* Differentialgleichungen bezüglich der neuen Zustandsvariablen z_1 und z_2! Die Untersuchung und Behandlung eines derartig strukturierten Modells ist zweifelsfrei einfacher. In Kap. 4 werden wir eine Methode kennen lernen, um eine solche Transformation *gezielt* durchzuführen.

Kapitel

2 Lösung der Systemgleichungen

2.1 Einführung

Wir gehen von folgendem mathematischen Modell eines Systems mit der Eingangsgröße u, der Ausgangsgröße y und dem n-dimensionalen Zustandsvektor $\mathbf{x}$ aus:

$$\frac{d\mathbf{x}}{dt} = \mathbf{A}\mathbf{x} + \mathbf{b}u \qquad\qquad y = \mathbf{c}^T\mathbf{x} + du.$$

Für den Anfangszeitpunkt unserer Betrachtungen gilt ohne Einschränkung der Allgemeinheit $t_0 = 0$. Die konstanten Systemdaten $[\mathbf{A}, \mathbf{b}, \mathbf{c}, d]$ sind bekannt. Vorgegeben sind weiterhin der zeitliche Verlauf der (stückweise stetigen) Eingangsfunktion u im Intervall $[0, t_1]$ und ein (beliebiger) konstanter Vektor $\mathbf{x}_0$.

Das Ziel der nachfolgenden Ausführungen ist die Behandlung und Lösung folgenden Problems: Gesucht ist der Zustandsvektor $\mathbf{x}(t)$ für einen beliebig vorgegebenen Wert t aus dem betrachteten Intervall unter Einhaltung der Anfangsbedingung

$$\mathbf{x}(t_0 = 0) = \mathbf{x}_0.$$

Aufgrund der Voraussetzungen bezüglich der Systemdaten und der Eingangsfunktion ist die gesuchte Funktion $\mathbf{x}(t)$ in dem betrachteten Intervall *eindeutig* und *stetig differenzierbar*.

Es ist offensichtlich, dass nach erfolgter Ermittlung von $\mathbf{x}(t)$, die Ausgangsgröße $y(t)$ direkt berechnet werden kann. Es gibt zwei Möglichkeiten, den gesuchten Lösungsvektor $\mathbf{x}(t)$ zu ermitteln: Die erste ist durch Betrachtungen im Zeitbereich gekennzeichnet; die zweite beruht auf der Anwendung der *Laplace*-Transformation.

2.2 Lösung im Zeitbereich

Aufgrund der Eigenschaft der Linearität des Systems, d.h. der Gültigkeit des Superpositionsgesetzes (vgl. Kap. 1), werden wir die Lösung $\mathbf{x}(t)$ in folgenden zwei Schritten ermitteln und die jeweils erreichten Ergebnisse überlagern, um die Gesamtlösung zu erhalten:

1. Ermittlung der Lösung $\mathbf{x}(t)$ für den Fall, dass die Eingangsgröße $u(t)$ identisch null ist und der Anfangszustand den Wert $\mathbf{x}_0 \neq \mathbf{0}$ besitzt. Man behandelt also das „freie" System

$$\frac{d\mathbf{x}}{dt} = \mathbf{A}\mathbf{x}. \tag{2.1}$$

   Das ist der so genannte *homogene* Fall.

2. Ermittlung der Lösung $\mathbf{x}(t)$ für den Fall, dass der Anfangszustand den Wert $\mathbf{0}$ besitzt. D.h. das System befindet sich zunächst in Ruhe und die Eingangsgröße $u(t)$ nimmt einen vorgegebenen Verlauf an. Man behandelt also das „angeregte" System

$$\frac{d\mathbf{x}}{dt} = \mathbf{A}\mathbf{x} + \mathbf{b}u \tag{2.2}$$

und nutzt hierbei die Kenntnis der Struktur der gewonnenen Lösung des freien Systems aus. Es liegt der so genannte *inhomogene* Fall vor.

2.2.1 Der homogene Fall ($\mathbf{x}_0 \neq \mathbf{0}$; $u = 0$)

Betrachtet man die zu lösende homogene Differentialgleichung (2.1), weist die gesuchte Lösung $\mathbf{x}(t)$ folgendes Charakteristikum auf: Nach deren Differentiation nach t ergibt sich die ursprüngliche Funktion $\mathbf{x}(t)$, allerdings multipliziert mit der konstanten Matrix $\mathbf{A}$. Solch ein Verhalten ist uns im skalaren Fall aus der mit einer Konstanten ξ_0 multiplizierten Exponentialfunktion e^{at}, auch *Euler*-Funktion genannt,

$$\xi(t) = e^{at}\xi_0$$

bekannt. Deren zeitliche Ableitung ergibt nämlich

$$\frac{d\xi}{dt} = ae^{at}\xi_0 = a\xi(t).$$

Es geht nun darum, diese Erkenntnis im vorliegenden vektoriellen Fall auszunutzen. Die Schwierigkeit liegt zunächst darin, dass die *Euler*-Funktion für einen skalaren Exponenten (at) und *nicht* für einen Matrix-Exponenten $(\mathbf{A}t)$ erklärt ist. Diesem Dilemma kann man entkommen, wenn man bedenkt, dass die *Euler*-Funktion als unendliche Reihe darstellbar ist:

$$e^{at} = 1 + (at) + \frac{(at)^2}{2!} + \frac{(at)^3}{3!} + ... = \sum_{i=0}^{\infty} \frac{(at)^i}{i!}.$$

Solch eine Summe kann im Matrix-Fall ebenfalls gebildet werden! Wir betrachten daher eine Matrix $\mathbf{\Phi}(t)$, die folgendermaßen gebildet (definiert) wird:

$$\mathbf{\Phi}(t) := \mathbf{E} + \mathbf{A}t + \frac{(\mathbf{A}t)^2}{2!} + \frac{(\mathbf{A}t)^3}{3!} + ... = \sum_{i=0}^{\infty} \frac{(\mathbf{A}t)^i}{i!}. \tag{2.3}$$

Sie zeigt bemerkenswerte Eigenschaften auf, von denen zwei direkt einsichtig sind: Die (elementenweise) gebildete Ableitung der Matrix $\mathbf{\Phi}(t)$ nach dem Parameter t ergibt unter Benutzung von (2.3) unmittelbar

$$\frac{d\mathbf{\Phi}(t)}{dt} = \mathbf{0} + \mathbf{A} + 2\mathbf{A}\frac{(\mathbf{A}t)^1}{2!} + 3\mathbf{A}\frac{(\mathbf{A}t)^2}{3!} + ... = \mathbf{A}\mathbf{\Phi}(t) = \mathbf{\Phi}(t)\mathbf{A}. \tag{2.4}$$

Der Wert von $\mathbf{\Phi}(t)$ an der Stelle $t = 0$ ist gleich der Einheitsmatrix

$$\mathbf{\Phi}(t = 0) = \mathbf{E}.$$

Wir machen daher folgenden Ansatz zur Lösung des vorliegenden Problems:

$$\mathbf{x}_{\mathrm{hom}}(t) = \sum_{i=0}^{\infty} \frac{(\mathbf{A}t)^i}{i!} \chi = \mathbf{\Phi}(t)\chi,$$

wobei χ ein noch zu bestimmender konstanter Vektor ist. Man erkennt mit Hilfe der Relation (2.4), dass dieser Ansatz die homogene Differentialgleichung (2.1) erfüllt. Der Vektor χ wird mit Hilfe der Anfangsbedingung

$$\mathbf{x}(t = 0) = \mathbf{x}_0$$

festgelegt; man erhält

$$\chi = \mathbf{x}_0.$$

Damit lautet die homogene Lösung des Systems

$$\mathbf{x}_{\mathrm{hom}}(t) = \sum_{i=0}^{\infty} \frac{(\mathbf{A}t)^i}{i!} \mathbf{x}_0 = \mathbf{\Phi}(t)\mathbf{x}_0. \tag{2.5}$$

Die eingeführte Matrix $\mathbf{\Phi}(t)$ kennzeichnet den Übergang (die Transition) eines Anfangszustandes $\mathbf{x}_0$ innerhalb der Zeit t auf den Zustand $\mathbf{x}(t)$. Aus diesem Grund wird sie *Transitionsmatrix* genannt. Sie beschreibt das Systemverhalten und zeigt die Veränderung eines Zustandes aufgrund der Eigendynamik des freien Systems.

2.2.2 Eigenschaften der Transitionsmatrix

Wir fassen die wichtigsten Eigenschaften der Transitionsmatrix zusammen. Deren Gültigkeit ist relativ leicht einzusehen (vgl. Abb. 2.1):

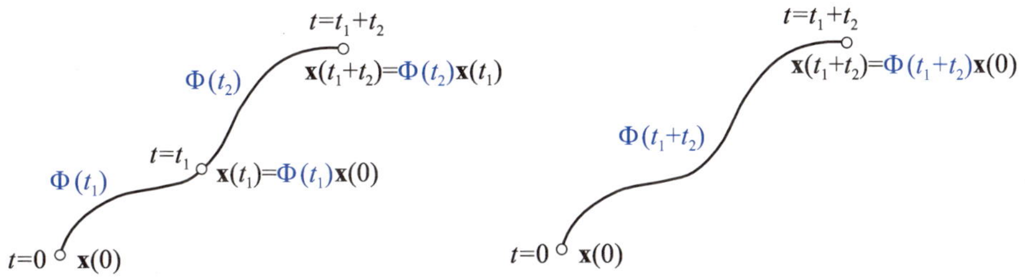

Abbildung 2.1: Eigenschaften der Transitionsmatrix

- Der Wert des Produktes der Transitionsmatrix zu zwei *beliebigen* Zeitpunkten, t_1 und t_2, kann mit Hilfe der Relation

$$\mathbf{\Phi}(t_1)\mathbf{\Phi}(t_2) = \mathbf{\Phi}(t_1 + t_2) \tag{2.6}$$

mühelos berechnet werden. Dies folgt aufgrund der Eindeutigkeit der Lösung der Differentialgleichung. Eine weit tragende Folgerung dieser Eigenschaft ist die Regularität der Transitionsmatrix $\mathbf{\Phi}(t)$ für *alle endlichen* Werte von t! Die Inverse der Matrix $\mathbf{\Phi}(t)$ kann sogar *direkt* angegeben werden. Es gilt nämlich

$$\mathbf{\Phi}^{-1}(t) = \mathbf{\Phi}(-t). \tag{2.7}$$

Ferner gilt für den Wert der Transitionsmatrix[1] an der Stelle $t = 0$:

$$\mathbf{\Phi}(0) = \mathbf{E}. \tag{2.8}$$

- Die Transitionsmatrix erfüllt die Differentialgleichung des freien Systems, d.h. es gilt

$$\frac{d\mathbf{\Phi}}{dt} = \mathbf{A\Phi}. \tag{2.9}$$

- Unter der Voraussetzung, dass die Systemmatrix $\mathbf{A}$ regulär ist, lautet das Integral von $\mathbf{\Phi}(t)$

$$\int_0^t \mathbf{\Phi}(\tau)d\tau = \mathbf{A}^{-1}\left[\mathbf{\Phi}(t) - \mathbf{E}\right].$$

Betrachtet man diese Eigenschaften, so zeigt die Transitionsmatrix $\mathbf{\Phi}(t)$ ein ähnliches Verhalten wie die (skalare) Exponentialfunktion e^{at}, nämlich:

$$e^{at} = \sum_{i=0}^{\infty} \frac{(at)^i}{i!},$$

$$\begin{aligned} e^{at_1}e^{at_2} &= e^{a(t_1+t_2)}, & \frac{1}{e^{at}} &= e^{-at} \\ e^0 &= 1, & \frac{de^{at}}{dt} &= ae^{at}, \\ \int_0^t e^{a\tau}d\tau &= \frac{1}{a}(e^{at} - 1). \end{aligned}$$

Aus diesem Grund ist es gerechtfertigt und sinnvoll, für die Transitionsmatrix das Symbol $e^{\mathbf{A}t}$ einzuführen:

$$e^{\mathbf{A}t} := \sum_{i=0}^{\infty} \frac{(\mathbf{A}t)^i}{i!}. \tag{2.10}$$

[1] Die Überprüfung dieser Eigenschaft eignet sich sehr zur *einfachen* Kontrolle einer rechnerisch ermittelten Transitionsmatrix.

Die angegebenen Eigenschaften lauten dann

$$
\begin{aligned}
e^{\mathbf{A}t_1}e^{\mathbf{A}t_2} &= e^{\mathbf{A}(t_1+t_2)}, & \left(e^{\mathbf{A}t}\right)^{-1} = e^{-\mathbf{A}t},\\
e^{\mathbf{0}} &= \mathbf{E}, & \frac{de^{\mathbf{A}t}}{dt} = \mathbf{A}e^{\mathbf{A}t} = e^{\mathbf{A}t}\mathbf{A},\\
\int\limits_0^t e^{\mathbf{A}\tau}d\tau &= \mathbf{A}^{-1}\left(e^{\mathbf{A}t}-\mathbf{E}\right) = \left(e^{\mathbf{A}t}-\mathbf{E}\right)\mathbf{A}^{-1} & (\mathbf{A}\text{ regulär}).
\end{aligned}
$$

Damit ist die Exponentialfunktion auch im Matrix-Fall erklärt. Man kann sich sogar deren Eigenschaften aufgrund von Analogien zum wohl bekannten skalaren Fall leicht merken.

Es ist allerdings zu beachten: Nicht alle (angenehmen) Rechenregeln der *Euler*-Funktion lassen sich auf den Matrix-Fall übertragen! So gilt z.B. im skalaren Fall immer

$$e^{at}e^{bt} = e^{(a+b)t}.$$

Die entsprechende Relation im Matrix-Fall gilt jedoch nur für bezüglich der Multiplikation *vertauschbare*, quadratische Matrizen (gleicher Dimension) $\mathbf{A}$ und $\mathbf{B}$:

$$e^{\mathbf{A}t}e^{\mathbf{B}t} = e^{(\mathbf{A}+\mathbf{B})t} \quad \text{unter der Voraussetzung(!)} \quad \mathbf{AB} = \mathbf{BA}. \tag{2.11}$$

Diese Eigenschaft kann in manchen interessanten Fällen die Berechnung der Transitionsmatrix sehr einfach gestalten.

2.2.3 Der inhomogene Fall ($\mathbf{x}_0 = \mathbf{0}$; $u \neq 0$)

In dem nun vorliegenden Fall müssen wir uns, nachdem die Eingangsgröße verschieden von null ist, mit dem gesamten Modell (2.2)

$$\frac{d\mathbf{x}}{dt} = \mathbf{Ax} + \mathbf{b}u$$

befassen. In Anlehnung an die bereits ermittelte Lösungsstruktur des freien Systems setzen wir

$$\mathbf{x}_{inh}(t) = \mathbf{\Phi}(t)\mathbf{z}(t) \tag{2.12}$$

an, in dem eine (noch) unbekannte vektorielle Funktion $\mathbf{z}(t)$ enthalten ist. (Diese Vorgehensweise entspricht der in der Mathematik wohl bekannten „Variation der Konstanten".) Zur Ermittlung von $\mathbf{z}(t)$ setzen wir (2.12) in obige Differentialgleichung ein, da diese erfüllt werden muss. Es ergibt sich durch Anwendung der „Produktregel" bei der Differentiation

$$\frac{d[\mathbf{\Phi}(t)\mathbf{z}(t)]}{dt} = \frac{d\mathbf{\Phi}(t)}{dt}\mathbf{z}(t) + \mathbf{\Phi}(t)\frac{d\mathbf{z}(t)}{dt} = \mathbf{A\Phi}(t)\mathbf{z}(t) + \mathbf{b}u(t).$$

Der Übersichtlichkeit halber unterdrücken wir in obiger Beziehung das Argument t und schreiben

$$\frac{d\mathbf{\Phi}}{dt}\mathbf{z} + \mathbf{\Phi}\frac{d\mathbf{z}}{dt} = \mathbf{A\Phi z} + \mathbf{b}u.$$

Unter Ausnutzung von (2.9) vereinfacht sich obige Beziehung zu

$$\mathbf{\Phi}\frac{d\mathbf{z}}{dt} = \mathbf{b}u.$$

Nach Multiplikation von „links“ mit der (existierenden!) Inversen der Transitionsmatrix erhalten wir folgende, einfach strukturierte Differentialgleichung zur Festlegung der Funktion $\mathbf{z}(t)$:

$$\frac{d\mathbf{z}}{dt} = \mathbf{\Phi}^{-1}\mathbf{b}u.$$

Diese Differentialgleichung besitzt eine vorteilhafte Struktur, da die gesuchte Funktion auf der einen Seite und die vorgegebene Funktion auf der anderen Seite der Gleichung steht. Die unmittelbar durchführbare Integration auf beiden Seiten ergibt unter Beachtung der Anfangsbedingung $\mathbf{x}(0) = \mathbf{0}$ und der Eigenschaft (2.7)

$$\mathbf{z}(t) = \int_0^t \mathbf{\Phi}^{-1}(\tau)\mathbf{b}u(\tau)d\tau = \int_0^t \mathbf{\Phi}(-\tau)\mathbf{b}u(\tau)d\tau. \tag{2.13}$$

Unter Verwendung von (2.13) lautet die inhomogene Lösung (2.12)

$$\mathbf{x}_{inh}(t) = \mathbf{\Phi}(t)\int_0^t \mathbf{\Phi}(-\tau)\mathbf{b}u(\tau)d\tau = \int_0^t \mathbf{\Phi}(t)\mathbf{\Phi}(-\tau)\mathbf{b}u(\tau)d\tau$$

bzw. unter Ausnutzung der „multiplikativen“ Eigenschaft (2.6) von $\mathbf{\Phi}(t)$

$$\mathbf{x}_{inh}(t) = \int_0^t \mathbf{\Phi}(t-\tau)\mathbf{b}u(\tau)d\tau. \tag{2.14}$$

Anmerkung

Die inhomogene Lösung wird demnach mit Hilfe der Funktionen $\mathbf{\Phi}$ und $\mathbf{b}u$ aufgrund obiger eigentümlicher Vorschrift gebildet. Man sagt: $\mathbf{x}_{inh}(t)$ wird durch *Faltung* von $\mathbf{\Phi}$ und $\mathbf{b}u$ erhalten. Durch das Wort „Faltung“ beschreibt man diese besondere Integralbildung ausgehend von den Funktionen $\mathbf{\Phi}(\tau)$ und $u(\tau)$ [25]. Man erkennt ferner, dass für den Wert des Zustandes zum Zeitpunkt t der *gesamte* Verlauf der Eingangsgröße im Intervall $[0, t)$ entscheidend ist!

2.2.4 Die Gesamtlösung

Die Gesamtlösung erhalten wir durch Überlagerung der beiden Lösungen nach (2.5) und (2.14)

$$\mathbf{x}(t) = \mathbf{x}_{\text{hom}}(t) + \mathbf{x}_{inh}(t).$$

Sie lautet

$$\mathbf{x}(t) = \mathbf{\Phi}(t)\mathbf{x}_0 + \int_0^t \mathbf{\Phi}(t-\tau)\mathbf{b}u(\tau)d\tau. \qquad (2.15)$$

Bemerkenswert an dieser Relation ist deren Übersichtlichkeit. Man erkennt deutlich die Auswirkungen der Einflüsse vom Anfangszustand und von der Eingangsgröße. Die Ausgangsgröße ergibt sich unmittelbar zu

$$y(t) = \mathbf{c}^T\mathbf{\Phi}(t)\mathbf{x}_0 + \mathbf{c}^T\int_0^t \mathbf{\Phi}(t-\tau)\mathbf{b}u(\tau)d\tau + du(t). \qquad (2.16)$$

Wir konzentrieren uns auf die Relation für die Ausgangsgröße. Hierbei setzen wir der Einfachheit halber den Anfangszustand $\mathbf{x}_0 = \mathbf{0}$ und schreiben sie folgendermaßen um:

$$y(t) = \int_0^t \mathbf{c}^T\mathbf{\Phi}(t-\tau)\mathbf{b}u(\tau)d\tau + du(t).$$

Durch Einführung der so genannten *Gewichtsfunktion*

$$g(t) := \mathbf{c}^T\mathbf{\Phi}(t)\mathbf{b}, \qquad (2.17)$$

in der gewissermaßen die „Dynamik“ des Systems enthalten ist, erhalten wir die prägnante Eingangs-Ausgangs-Relation

$$y(t) = \int_0^t g(t-\tau)u(\tau)d\tau + du(t).$$

Der Wert der Ausgansgröße ergibt sich im Wesentlichen durch die Faltung der Gewichtsfunktion mit der Eingangsgröße. Ferner ist ersichtlich, dass die Gewichtsfunktion den Verlauf der Ausgangsgröße prägt. Man kann leicht zeigen, dass die Gewichtsfunktion für ein System – wie ein Fingerabdruck – kennzeichnend (identifizierend) ist. Sie ist nämlich *invariant* gegenüber einer regulären Zustandstransformation!

2.2.5 Beispiele

Beispiel („linearer Oszillator“): Wir betrachten eine elektrische Serienschaltung bestehend aus idealen Bauelementen: der Induktivität L, der Kapazität C und der unabhängigen Spannungsquelle, die die Spannung u liefert (siehe Abb. 2.2). Wir fassen die Schaltung als ein System mit der Eingangsgröße u und einem zweidimensionalen Zustandsvektor auf. Er besitzt zwei Komponenten: den Strom $i_L(t)$ durch die Induktivität und die Spannung $u_C(t)$ an der Kapazität. Die Gesetze der Elektrotechnik liefern folgende Gleichungen zur Beschreibung des Systemverhaltens:

$$i_L = C\frac{du_C}{dt} \qquad \text{und} \qquad u = L\frac{di_L}{dt} + u_C.$$

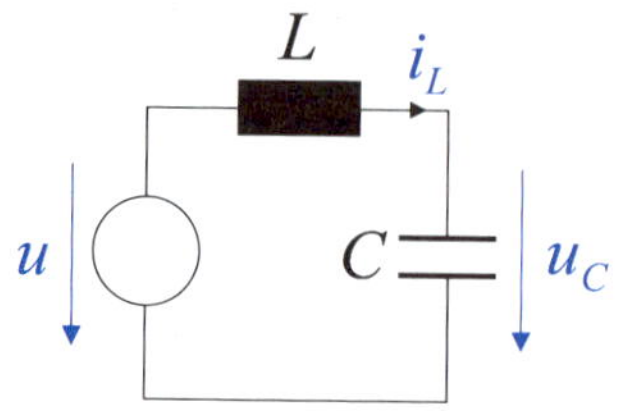

Abbildung 2.2: Linearer Oszillator

Wir wollen nun eine einfache Systemdarstellung erarbeiten. Hierzu führen wir folgende neue Zustandsvariablen ein[2]:

$$x_1 = \sqrt{C}u_C \qquad \text{und} \qquad x_2 = \sqrt{L}i_L.$$

Damit erhalten wir die Gleichungen

$$x_2 = \sqrt{LC}\frac{dx_1}{dt} \qquad \text{und} \qquad \sqrt{C}u = \sqrt{LC}\frac{dx_2}{dt} + x_1.$$

Durch Einführung der „skalierten" Zeit

$$\tau = \frac{1}{\sqrt{LC}}t \tag{2.18}$$

bekommen wir folgende prägnante Darstellung des LC-Serienkreises:

$$\begin{pmatrix} \frac{dx_1}{d\tau} \\ \frac{dx_2}{d\tau} \end{pmatrix} = \begin{pmatrix} 0 & 1 \\ -1 & 0 \end{pmatrix} \begin{pmatrix} x_1 \\ x_2 \end{pmatrix} + \begin{pmatrix} 0 \\ \sqrt{C} \end{pmatrix} u =: \mathbf{Ax} + \mathbf{b}u. \tag{2.19}$$

Sie besitzt den Vorteil, dass die Parameter der Bauelemente in der Systemmatrix $\mathbf{A}$ *nicht* explizit erscheinen und damit Rechenoperationen einfach durchgeführt werden können.

Es wird nun die Transitionsmatrix obigen Modells durch Auswertung der unendlichen Reihe nach (2.10)

$$e^{\mathbf{A}\tau} := \sum_{i=0}^{\infty} \frac{(\mathbf{A}\tau)^i}{i!}$$

berechnet. Man kann leicht zeigen, dass für die Matrix $\mathbf{A}$ Folgendes gilt:

$$\mathbf{A}^2 = -\mathbf{E}.$$

Damit ergeben sich die höheren Potenzen zu

$$\mathbf{A}^3 = -\mathbf{A}, \quad \mathbf{A}^4 = \mathbf{E}, \quad \mathbf{A}^5 = \mathbf{A}, \quad \mathbf{A}^6 = -\mathbf{E}, \ldots$$

[2] Das entspricht der Zustandstransformation $\begin{pmatrix} x_1 \\ x_2 \end{pmatrix} = \begin{pmatrix} \sqrt{C} & 0 \\ 0 & \sqrt{L} \end{pmatrix} \begin{pmatrix} u_C \\ i_l \end{pmatrix}$

Unter Ausnutzung dieser Beziehungen erhalten wir zunächst für die Transitionsmatrix $e^{\mathbf{A}\tau}$ den Ausdruck

$$e^{\mathbf{A}\tau} = \mathbf{E}\left(1 - \frac{\tau}{2!} + \frac{\tau^4}{4!} - \frac{\tau^6}{6!} + - \ldots\right) + \mathbf{A}\left(\tau - \frac{\tau^3}{3!} + \frac{\tau^5}{5!} - \frac{\tau^7}{7!} + - \ldots\right). \tag{2.20}$$

Für die in obiger Relation erscheinenden unendlichen Reihen gilt allerdings:

$$\begin{aligned} \cos\tau &= 1 - \frac{\tau}{2!} + \frac{\tau^4}{4!} - \frac{\tau^6}{6!} + - \ldots \quad \text{und} \\ \sin\tau &= \tau - \frac{\tau^3}{3!} + \frac{\tau^5}{5!} - \frac{\tau^7}{7!} + - \ldots \end{aligned}$$

Damit ergibt sich nach Einsetzen dieser Beziehungen in (2.20)

$$e^{\mathbf{A}\tau} = \mathbf{E}\cos\tau + \mathbf{A}\sin\tau = \begin{pmatrix} \cos\tau & \sin\tau \\ -\sin\tau & \cos\tau \end{pmatrix}. \tag{2.21}$$

Die Transitionsmatrix $\mathbf{\Phi}(t) = e^{\mathbf{A}t}$ des Netzwerkes lautet dann unter Verwendung von (2.18):

$$e^{\mathbf{A}t} = \begin{pmatrix} \cos\frac{t}{\sqrt{LC}} & \sin\frac{t}{\sqrt{LC}} \\ -\sin\frac{t}{\sqrt{LC}} & \cos\frac{t}{\sqrt{LC}} \end{pmatrix}. \tag{2.22}$$

Man nennt solch eine Matrix eine „Drehmatrix". Deren Multiplikation mit einem beliebigen konstanten Vektor $\mathbf{x}_0$ verändert seine Länge *nicht*. Sie bewirkt eine (reine) Rotation dieses Vektors. Das hat zur Folge, dass die *Trajektorien*[3] des freien Systems Kreise sind! Man nennt solch ein System[4] einen *linearen Oszillator* mit der Kreisfrequenz

$$\omega_0 = \frac{1}{\sqrt{LC}}.$$

Wir fassen nun die Spannung am Kondensator als Ausgangsgröße des Systems auf. Die Ausgangsgleichung lautet dann

$$y = \begin{pmatrix} \frac{1}{\sqrt{C}} & 0 \end{pmatrix}\mathbf{x}. \tag{2.23}$$

Die Gewichtsfunktion ergibt sich anhand der Relation (2.17) unter Beachtung von (2.19), (2.22) und (2.23) zu

$$g(t) = \begin{pmatrix} \frac{1}{\sqrt{C}} & 0 \end{pmatrix}\begin{pmatrix} \cos\frac{t}{\sqrt{LC}} & \sin\frac{t}{\sqrt{LC}} \\ -\sin\frac{t}{\sqrt{LC}} & \cos\frac{t}{\sqrt{LC}} \end{pmatrix}\begin{pmatrix} 0 \\ \sqrt{C} \end{pmatrix} = \sin\frac{t}{\sqrt{LC}}. \tag{2.24}$$

---

3 Wir betrachten $[x_1(t), x_2(t)]$ als die Koordinaten eines Punktes in der x_1-x_2-Ebene, wenn der Zeit-Parameter t von null nach Unendlich strebt. Dieser Punkt beschreibt eine Kurve, die so genannte *Trajektorie*.

4 Es handelt sich um ein „verlustfreies" Netzwerk.

Beispiel: Die Systemmatrix aus (2.19) wird nun folgendermaßen modifiziert:

$$\hat{\mathbf{A}} = \begin{pmatrix} \alpha & 1 \\ -1 & \alpha \end{pmatrix}.$$

Hierbei ist α ein reeller frei wählbarer konstanter Parameter. Wir wollen nun die zugehörige Transitionsmatrix $e^{\hat{\mathbf{A}}t}$ ermitteln. Zu deren Ermittlung beachten wir, dass die Systemmatrix folgendermaßen angeschrieben werden kann:

$$\hat{\mathbf{A}} = \begin{pmatrix} 0 & 1 \\ -1 & 0 \end{pmatrix} + \begin{pmatrix} \alpha & 0 \\ 0 & \alpha \end{pmatrix} =: \mathbf{A} + \alpha\mathbf{E}.$$

Des Weiteren gilt offensichtlich

$$\mathbf{A}(\alpha\mathbf{E}) = (\alpha\mathbf{E})\mathbf{A}.$$

Damit kann – unter Beachtung von (2.11) – die Transitionsmatrix $e^{\hat{\mathbf{A}}t}$ anhand der Relation

$$e^{\hat{\mathbf{A}}t} = e^{a\mathbf{E}t}e^{\mathbf{A}t}$$

leicht ermittelt werden. Schreibt man $e^{a\mathbf{E}t}$ als unendliche Reihe an, so gilt

$$e^{a\mathbf{E}t} = \sum_{i=0}^{\infty} \frac{(\alpha\mathbf{E}t)^i}{i!} = \mathbf{E}\sum_{i=0}^{\infty} \frac{(\alpha t)^i}{i!} = \mathbf{E}e^{\alpha t}.$$

Damit lautet die gesuchte Transitionsmatrix

$$e^{\hat{\mathbf{A}}t} = \mathbf{E}e^{\alpha t}e^{\mathbf{A}t} = e^{\alpha t}e^{\mathbf{A}t}$$

bzw. unter Benutzung des Ergebnisses (2.21) des vorangegangenen Beispiels

$$e^{\hat{\mathbf{A}}t} = e^{\alpha t}\begin{pmatrix} \cos t & \sin t \\ -\sin t & \cos t \end{pmatrix}.$$

Die Trajektorien des Systems sind nun „Spiralen" um den Nullpunkt. Das Vorzeichen des Parameters α entscheidet allein, ob die Trajektorien nach null oder ins Unendliche streben (vgl. Abb. 2.3 für $\alpha < 0$).

2.3 Lösung mit Hilfe der *Laplace*-Transformation

Die Benutzung der *Laplace*-Transformation [25] ist im vorliegenden Fall angebracht, da das mathematische Modell linear und zeitinvariant ist!

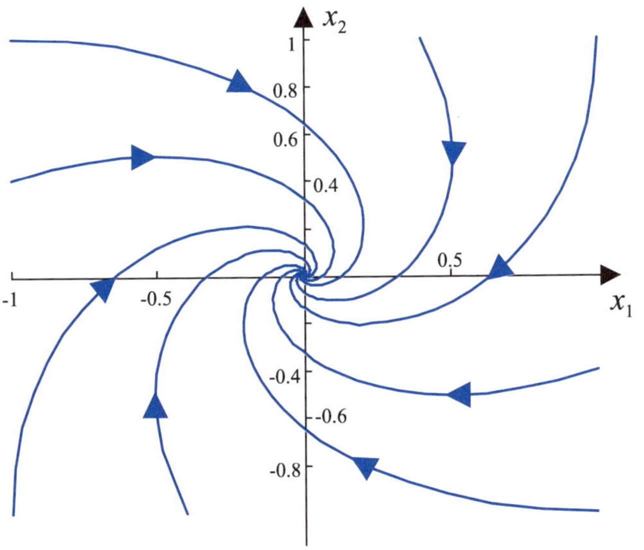

Abbildung 2.3: Trajektorienverlauf für verschiedene Anfangszustände

2.3.1 *Laplace*-Transformation – ein „Crashkurs"

Bei den nachfolgenden Ausführungen symbolisieren wir der Einfachheit halber die *Laplace*-Transformierte einer Funktion $f(t)$ mit dem *gleichen* Funktionssymbol $f(s)$, d.h. es gilt:

$$f(s) := \int_0^\infty f(t)e^{-st}dt. \tag{2.25}$$

Gegebenenfalls benutzen wir folgende, die Operation kennzeichnende Schreibweise:

$$\mathcal{L}\{f(t)\} = \int_0^\infty f(t)e^{-st}dt.$$

Die „Rücktransformation" einer Funktion $f(s)$ wird analog dazu durch

$$\mathcal{L}^{-1}\{f(s)\} = f(t)$$

symbolisiert. Die *Laplace*-Transformierte einer Funktion $f(t)$ ist definiert für jeden Wert der (komplexen) Variablen s, für den das Integral (2.25) konvergiert. Es ist aufgrund obiger Definition des *Laplace*-Integrals einleuchtend, dass das Konvergenzgebiet eine Halbebene der Gestalt

$$\mathrm{Re}(s) > K \qquad (K \text{ ist eine reelle Konstante})$$

ist.

Wir verweisen auf folgende grundlegende „Eigenschaften" der *Laplace*-Transformation:

- Linearität

$$\mathcal{L}\{\alpha f(t) + \beta h(t)\} = \alpha\mathcal{L}\{f(t)\} + \beta\mathcal{L}\{h(t)\} \tag{2.26}$$

(α und β sind beliebige i.A. komplexe Konstanten)

- Differentiationsregel

$$\mathcal{L}\left\{\frac{df(t)}{dt}\right\} = sf(s) - f_0 \tag{2.27}$$

(mit f_0 ist der Anfangswert $f(t=0)$ symbolisiert)

- Faltungsregel

$$\mathcal{L}\left\{\int_0^t f(t-\tau)h(\tau)d\tau\right\} = f(s)h(s) \tag{2.28}$$

- Grenzwertregel

$$\begin{aligned} \lim_{t\to\infty} f(t) &= \lim_{s\to 0}[sf(s)] \\ \lim_{t\to 0} f(t) &= \lim_{s\to\infty}[sf(s)] \end{aligned} \tag{2.29}$$

2.3.2 Anwendung der *Laplace*-Transformation

Es wird nun die Zustands-Differentialgleichung

$$\frac{d\mathbf{x}}{dt} = \mathbf{A}\mathbf{x} + \mathbf{b}u \quad \text{mit} \quad \mathbf{x}(t=0) = \mathbf{x}_0$$

der *Laplace*-Transformation unterworfen. Hierbei führen wir die *Laplace*-Transformation bei einer vektoriellen Funktion $\mathbf{f}(t)$ *komponentenweise* durch und symbolisieren die Transformierte durch $\mathbf{f}(s)$. Wir betrachten die Auswirkung der *Laplace*-Transformation auf obige Differentialgleichung. Unter Beachtung von (2.26) und (2.27) ergibt sich:

$$s\mathbf{x}(s) - \mathbf{x}_0 = \mathbf{A}\mathbf{x}(s) + \mathbf{b}u(s).$$

Nach Sortieren der zwei Beiträge mit $\mathbf{x}(s)$

$$(s\mathbf{E} - \mathbf{A})\mathbf{x}(s) = \mathbf{x}_0 + \mathbf{b}u(s)$$

und anschließender Auflösung nach $\mathbf{x}(s)$ ergibt sich für den Zustandsvektor folgende *algebraische* Beziehung im Bildbereich:

$$\mathbf{x}(s) = (s\mathbf{E} - \mathbf{A})^{-1}\mathbf{x}_0 \ + \ (s\mathbf{E} - \mathbf{A})^{-1}\mathbf{b}u(s). \tag{2.30}$$

Man kann die Beiträge in obiger Beziehung (2.30), in der sich Linearität des Systems widerspiegeln, leicht deuten. Der erste Term

$$\mathbf{x}_{\text{hom}}(s) := (s\mathbf{E} - \mathbf{A})^{-1}\mathbf{x}_0 \tag{2.31}$$

beschreibt die Lösung $\mathbf{x}$ im *homogenen* Fall ($\mathbf{x}_0 \neq 0,\ u = 0$). Der zweite Term

$$\mathbf{x}_{inh}(s) := (s\mathbf{E} - \mathbf{A})^{-1}\,\mathbf{b}u(s) \tag{2.32}$$

beschreibt die Lösung $\mathbf{x}$ im *inhomogenen* Fall ($\mathbf{x}_0 = 0,\ u \neq 0$). In beiden Fällen spielt der Matrix-Ausdruck

$$\mathcal{A} := (s\mathbf{E} - \mathbf{A})^{-1}\,, \tag{2.33}$$

die so genannte *Resolvente*[5] der Matrix $\mathbf{A}$, eine entscheidende Rolle bei der Ermittlung von $\mathbf{x}(s)$. Die Korrespondenz obiger Relationen (2.31) und (2.32) im Bildbereich zu denen im Zeitbereich erhält man durch direkten Vergleich anhand der Beziehung (2.15):

$$\mathbf{x}(t) = \mathbf{\Phi}(t)\mathbf{x}_0 + \int_0^t \mathbf{\Phi}(t-\tau)\mathbf{b}u(\tau)d\tau .$$

Offensichtlich gilt:

$$\mathcal{L}\left\{\mathbf{\Phi}(t)\mathbf{x}_0\right\} = \mathcal{L}\left\{\mathbf{x}_{\text{hom}}(t)\right\} = \mathbf{x}_{\text{hom}}(s) = (s\mathbf{E} - \mathbf{A})^{-1}\,\mathbf{x}_0$$

$$\mathcal{L}\left\{\int_0^t \mathbf{\Phi}(t-\tau)\mathbf{b}u(\tau)d\tau\right\} = \mathcal{L}\left\{\mathbf{x}_{inh}(t)\right\} = \mathbf{x}_{inh}(s) = (s\mathbf{E} - \mathbf{A})^{-1}\,\mathbf{b}u(s).$$

Das bedeutet:

- Die komplizierte Operation der Faltung im Zeitbereich wird in eine Multiplikation im Bildbereich transformiert!
- Die Resolvente von $\mathbf{A}$ ist die *Laplace*-Transformierte der Transitionsmatrix

$$\mathcal{L}\left\{\mathbf{\Phi}(t)\right\} = \mathbf{\Phi}(s) = (s\mathbf{E} - \mathbf{A})^{-1}\,. \tag{2.34}$$

Letztere Beziehung kann mit Hilfe der Matrix-Exponentialfunktion $e^{\mathbf{A}t}$ prägnant formuliert werden:

$$\mathcal{L}\left\{e^{\mathbf{A}t}\right\} = (s\mathbf{E} - \mathbf{A})^{-1}\,. \tag{2.35}$$

Damit ist die völlige Analogie zum skalaren Fall gegeben:

$$\mathcal{L}\left\{e^{at}\right\} = \int_0^\infty e^{at}e^{-st}dt = \int_0^\infty e^{(a-s)t}dt = \frac{1}{a-s}e^{(a-s)t}\,\Big|_0^\infty ,$$

[5] Die Resolvente von $\mathbf{A}$ besitzt die Form

$$(s\mathbf{E} - \mathbf{A})^{-1} = \frac{1}{\Delta(s)}\sum_{i=1}^{n} s^{i-1}\mathbf{F}_i \quad \text{mit} \quad \Delta(s) := \det(s\mathbf{E} - \mathbf{A}).$$

Die konstanten Matrizen $\mathbf{F}_i$ werden durch Potenzen der Matrix $\mathbf{A}$ festgelegt und können *rekursiv* mit Hilfe des Algorithmus nach *Leverrier* ermittelt werden [69].

bzw.

$$\mathcal{L}\left\{e^{at}\right\} = \frac{1}{s-a} = (s1-a)^{-1} \tag{2.36}$$

Die prinzipielle Vorgehensweise zur rechnerischen Ermittlung der Transitionsmatrix mit Hilfe der *Laplace*-Transformation ist die folgende: Ausgehend von der Systemmatrix $\mathbf{A}$ wird deren Resolvente $(s\mathbf{E}-\mathbf{A})^{-1}$ gebildet. Die n^2 Elemente dieser (n,n)-Matrix sind gebrochen rationale Funktionen in s. Jedes Element wird in eine Summe von Partialbrüchen zerlegt. Man braucht nur die Rücktransformation der einzelnen Summanden durchzuführen und die Ergebnisse zu addieren. Dieses Vorgehen wird nun anhand eines Beispiels demonstriert.

2.3.3 Beispiele

Beispiel („RC-Netzwerk", Fortsetzung): Die Systemmatrix lautet

$$\mathbf{A} = \begin{pmatrix} -3 & 3 \\ \frac{2}{3} & -2 \end{pmatrix}.$$

Damit lautet die *Laplace*-Transformierte der Transitionsmatrix nach (2.34):

$$\begin{aligned}\mathbf{\Phi}(s) &= (s\mathbf{E}-\mathbf{A})^{-1} = \begin{pmatrix} s+3 & -3 \\ -\frac{2}{3} & s+2 \end{pmatrix}^{-1} = \frac{1}{s^2+5s+4}\begin{pmatrix} s+2 & 3 \\ \frac{2}{3} & s+3 \end{pmatrix} \\ &= \frac{1}{(s+1)(s+4)}\begin{pmatrix} s+2 & 3 \\ \frac{2}{3} & s+3 \end{pmatrix} = \begin{pmatrix} \frac{s+2}{(s+1)(s+4)} & \frac{3}{(s+1)(s+4)} \\ \frac{\frac{2}{3}}{(s+1)(s+4)} & \frac{s+3}{(s+1)(s+4)} \end{pmatrix}.\end{aligned}$$

Bei der Rücktransformation in den Zeitbereich braucht man im Grunde nur den Quotienten

$$\frac{1}{(s+1)(s+4)}$$

zu bearbeiten. Die Elemente der Transitionsmatrix $\mathbf{\Phi}(t)$ ergeben sich dann aufgrund der Eigenschaft der Linearität (2.26) der *Laplace*-Transformation und der Differentiationsregel (2.27)! Die Partialbruchzerlegung ergibt

$$\phi_1(s) := \frac{1}{(s+1)(s+4)} = \frac{1}{3}\left(\frac{1}{s+1} - \frac{1}{s+4}\right).$$

Damit erhalten wir unter Beachtung von (2.36) die Rücktransformierten

$$\begin{aligned}\mathcal{L}^{-1}\left\{\frac{1}{(s+1)(s+4)}\right\} &= \mathcal{L}^{-1}\left\{\phi_1(s)\right\} \\ &= \frac{1}{3}\left(\mathcal{L}^{-1}\left\{\frac{1}{s+1}\right\} - \mathcal{L}^{-1}\left\{\frac{1}{s+4}\right\}\right) = \frac{1}{3}\left(e^{-t}-e^{-4t}\right)\end{aligned}$$

und

$$\mathcal{L}^{-1}\left\{\frac{s}{(s+1)(s+4)}\right\} = \mathcal{L}^{-1}\left\{s\phi_1(s)\right\} = \frac{1}{3}\frac{d(e^{-t}-e^{-4t})}{dt} = \frac{1}{3}\left(-e^{-t}+4e^{-4t}\right).$$

Für die gesuchte Transitionsmatrix ergibt sich dann nach einigen einfachen Umrechnungen:

$$\mathbf{\Phi}(t) = \begin{pmatrix} \frac{1}{3}(e^{-t} + 2e^{-4t}) & e^{-t} - e^{-4t} \\ \frac{2}{9}(e^{-t} - e^{-4t}) & \frac{1}{3}(2e^{-t} + e^{-4t}) \end{pmatrix}.$$

Es ist ratsam, nach erfolgter rechnerischer Ermittlung der Transitionsmatrix das Ergebnis auf seine Richtigkeit zu überprüfen. Die sehr leicht durchzuführende Überprüfung der Eigenschaft (2.8), nämlich $\mathbf{\Phi}(0) = \mathbf{E}$, ergibt:

$$\mathbf{\Phi}(0) = \begin{pmatrix} \frac{1}{3}(1+2) & 1-1 \\ \frac{2}{9}(1-1) & \frac{1}{3}(2+1) \end{pmatrix} = \begin{pmatrix} 1 & 0 \\ 0 & 1 \end{pmatrix}.$$

Das heißt diese *notwendige* Bedingung ist erfüllt.

Beispiel („linearer Oszillator"): Wir betrachten das freie System für $\omega_0 = 1$:

$$\begin{pmatrix} \frac{dx_1}{dt} \\ \frac{dx_2}{dt} \end{pmatrix} = \begin{pmatrix} 0 & 1 \\ -1 & 0 \end{pmatrix} \begin{pmatrix} x_1 \\ x_2 \end{pmatrix} =: \mathbf{Ax}.$$

Die *Laplace*-Transformierte der Transitionsmatrix lautet:

$$\begin{aligned} (s\mathbf{E} - \mathbf{A})^{-1} &= \begin{pmatrix} s & -1 \\ 1 & s \end{pmatrix}^{-1} = \frac{1}{s^2+1} \begin{pmatrix} s & 1 \\ -1 & s \end{pmatrix} \\ &= \begin{pmatrix} \frac{s}{s^2+1} & \frac{1}{s^2+1} \\ \frac{-1}{s^2+1} & \frac{s}{s^2+1} \end{pmatrix}. \end{aligned}$$

Unter Beachtung von

$$\mathcal{L}^{-1}\left\{\frac{1}{s^2+1}\right\} = \sin t$$

und des Differentiationssatzes der *Laplace*-Transformation erhalten wir:

$$\mathbf{\Phi}(t) = \begin{pmatrix} \cos t & \sin t \\ -\sin t & \cos t \end{pmatrix}.$$

Kapitel

3 Übertragungsfunktion

3.1 Einführung

Das Konzept der *Übertragungsfunktion* erlaubt eine prägnante Darstellung des Zusammenhangs zwischen der Eingangs- und der Ausgangsgröße eines linearen zeitinvarianten Übertragungssystems. Dieses Konzept spielt eine fundamentale Rolle in der Systemtheorie und beim Regelkreisentwurf. Wir benutzen zur Einführung dieses Begriffes eine *Integraltransformation* (die *Laplace*-Transformation) und beschreiben die Verhältnisse im so genannten Bildbereich, auch Frequenzbereich genannt, der komplexen Variablen s.

Wir gehen davon aus, dass das Modell eines linearen zeitinvarianten Systems in der üblichen Zustandsform vorliegt:

$$\frac{d\mathbf{x}}{dt} = \mathbf{A}\mathbf{x} + \mathbf{b}u \qquad\qquad y = \mathbf{c}^T\mathbf{x} + du.$$

Wir nehmen an, dass der Anfangszustand $\mathbf{x}_0$ zum Anfangszeitpunkt $t_0 = 0$ gleich null ist $\mathbf{x}(0) = \mathbf{x}_0 = \mathbf{0}$. Die Anwendung der *Laplace*-Transformation nach (2.25) auf obige Relationen ergibt unter Beachtung von (2.26) und (2.27) unmittelbar

$$s\mathbf{x}(s) = \mathbf{A}\mathbf{x}(s) + \mathbf{b}u(s) \qquad \text{und} \qquad y(s) = \mathbf{c}^T\mathbf{x}(s) + du(s).$$

Das Ziel ist, eine Beziehung zwischen $y(s)$ und $u(s)$ zu ermitteln. Nach Sortieren der Beiträge in der ersten Gleichung

$$(s\mathbf{E} - \mathbf{A})\mathbf{x}(s) = \mathbf{b}u(s)$$

kann nach $\mathbf{x}(s)$ aufgelöst werden:

$$\mathbf{x}(s) = (s\mathbf{E} - \mathbf{A})^{-1}\,\mathbf{b}u(s). \tag{3.1}$$

Durch Einsetzen von (3.1) in die transformierte Ausgangsgleichung ergibt sich folgende *algebraische* Beziehung zwischen y und u im Bildbereich:

$$y(s) = \left[\mathbf{c}^T\,(s\mathbf{E} - \mathbf{A})^{-1}\,\mathbf{b} + d\right]\,u(s). \tag{3.2}$$

Man erkennt deutlich, dass *unabhängig* von der Wahl der Eingangsgröße $u(t)$ das Verhältnis „Ausgangs- zu Eingangsgröße“ im Bildbereich (!), nämlich $y(s)/u(s)$, immer dasselbe ist.[1] Dieses Verhältnis nennt man die *Übertragungsfunktion* $G(s)$ des betrachteten Systems:

$$G(s) := \frac{y(s)}{u(s)}\,\Big|_{\mathbf{x}_0=\mathbf{0}} = \mathbf{c}^T\,(s\mathbf{E} - \mathbf{A})^{-1}\,\mathbf{b} + d. \tag{3.3}$$

---

[1] Dies ist im Zeitbereich nur für bestimmte Eingangsfunktionen $Ue^{\xi t}$, so genannte *Eigenfunktionen*, gegeben!

Mit Hilfe obiger Beziehung kann man bei vorliegender Zustandsbeschreibung $[\mathbf{A}, \mathbf{b}, \mathbf{c}, d]$ die zugehörige Übertragungsfunktion berechnen. Wesentlich ist, dass die Übertragungsfunktion eines Systems eine *Invariante* ist. Das bedeutet, sie ändert sich nicht durch eine (konstante) reguläre Zustandstransformation! Dieser Umstand erleichtert die rechnerische Ermittlung der Übertragungsfunktion.

Die Übertragungsfunktion kann mit Hilfe der *Laplace*-Transformierten der Gewichtsfunktion

$$g(t) = \mathbf{c}^T \mathbf{\Phi}(t)\mathbf{b}$$

ermittelt werden. Es gilt offensichtlich

$$\mathcal{L}\left\{g(t)\right\} = \mathbf{c}^T \left(s\mathbf{E} - \mathbf{A}\right)^{-1} \mathbf{b}$$

und damit erhalten wir:

$$G(s) = \mathcal{L}\left\{g(t)\right\} + d. \tag{3.4}$$

Wir halten fest: Die Linearität und die Zeitinvarianz des mathematischen Modells stellen eine essentielle Voraussetzung für die Verwendung der *Laplace*-Transformation dar. Sie ermöglichen die *einfache* Transformation in den Bildbereich und einfach strukturierte Konzepte und Ergebnisse!

3.2 Ermittlung der Systemantwort

Das eingeführte Konzept kann natürlich benutzt werden, um die Antwort $y(t)$ eines Systems mit der Übertragungsfunktion $G(s)$ auf eine vorgegebene Eingangsfunktion $u(t)$ *explizit* zu berechnen.

Prinzipiell ist der Weg hierfür folgender: Man unterwirft zunächst die Eingangsfunktion $u(t)$ der *Laplace*-Transformation und berechnet die zugehörige Transformierte $u(s)$. Anschließend wird das Produkt $y(s) = G(s)u(s)$ in eine *Summe* von „elementaren" Beiträgen zerlegt. Hierbei achtet man darauf, dass Ausdrücke entstehen, deren Rücktransformation in den Zeitbereich, z.B. mit Hilfe von Tabellen, einfach ist. Dieses Vorgehen läuft in den meisten praktischen Fällen auf die *Partialbruchzerlegung* einer gebrochen rationalen Funktion in s hinaus.

Es soll an dieser Stelle festgehalten werden, dass durch eine leichte Modifikation der erzielten Ergebnisse der Fall, in dem der Anfangszustand nichttrivial ist, also $\mathbf{x}_0 \neq \mathbf{0}$ gilt, einfach zu behandeln ist. Man braucht nur zu beachten, dass der Differentialquotient $d\mathbf{x}/dt$ aufgrund der Differentiationsregel die *Laplace*-Transformierte $s\mathbf{x}(s) - \mathbf{x}_0$ besitzt. Damit ergibt sich unmittelbar in Analogie zu obiger Eingangs-Ausgangs-Relation (3.2) die allgemeine Beziehung

$$y(s) = \mathbf{c}^T(s\mathbf{E} - \mathbf{A})^{-1}\mathbf{x}_0 + G(s)u(s). \tag{3.5}$$

Wie erwartet, erhalten wir aufgrund der Linearität des Systems einen zusätzlichen additiven Beitrag, der den Einfluss des Anfangszustandes berücksichtigt.

3.3 Struktur der Übertragungsfunktion

Wir wollen nun die Struktur der Übertragungsfunktion nach (3.3) durchleuchten. Im vorliegenden Fall handelt es sich um eine gebrochen rationale Funktion der komplexen Variablen s. Diese kann als Quotient zweier Polynome $\mu(s)$ und $\nu(s)$ dargestellt werden:

$$G(s) = \mathbf{c}^T (s\mathbf{E} - \mathbf{A})^{-1} \mathbf{b} + d = \frac{\mu(s)}{\nu(s)}. \tag{3.6}$$

Diesen Umstand erkennt man anhand des Bildungsgesetzes der so genannten *Resolventen*

$$\mathcal{A} = (s\mathbf{E} - \mathbf{A})^{-1}.$$

$\mathcal{A}$ ist eine (quadratische) (n, n)-Matrix, deren Elemente gebrochen rationale Funktionen in s sind. Die Elemente sind also Quotienten von Polynomen, wobei deren Zählergrad prinzipiell kleiner als die Ordnung des Systems n ist. Der kleinste gemeinsame Nenner aller auftretenden Nennerpolynome ist das charakteristische Polynom $\det(s\mathbf{E} - \mathbf{A})$.

Bei der Anwendung der Definitionsgleichung (3.3) ergibt sich die Übertragungsfunktion $G(s)$ *zunächst* als Quotient zweier Polynome in s:

$$G(s) = \frac{\theta(s)}{\det(s\mathbf{E} - \mathbf{A})},$$

wobei das Bildungsgesetz für das Zählerpolynom $\theta(s)$ im Moment nicht interessiert. Falls diese Polynome *keine* gemeinsamen Nullstellen haben[2], so weist $G(s)$ ein Nennerpolynom vom Grad n auf, das identisch mit dem charakteristischen Polynom ist. Anderenfalls heben sich gemeinsame Faktoren heraus, was natürlich zu einer Gradreduktion des Nennerpolynoms und damit der Ordnung der Übertragungsfunktion führt! Dieser formalen Kürzung kommt eine inhaltliche Bedeutung zu, und sie kann vom sytemtheoretischen Blickpunkt aus betrachtet mit Hilfe der Begriffe *Steuerbarkeit* bzw. *Beobachtbarkeit* (vgl. hierzu Kap. 5) interpretiert werden!

Mit diesen Erkenntnissen können wir die Übertragungsfunktion

$$G(s) = \frac{\mu(s)}{\nu(s)} \tag{3.7}$$

als Quotient zweier *koprimer* Polynome $\mu(s)$ und $\nu(s)$ folgendermaßen klassifizieren:

- $d \neq 0$ bedeutet, genau dann besitzen die Polynome $\mu(s)$ und $\nu(s)$ den gleichen Grad; es gilt
$$\text{Grad } \mu = \text{Grad } \nu \leqq n.$$
- $d = 0$ bedeutet, genau dann erfüllen die Polynome μ(s) und ν(s) die Ungleichung
$$\text{Grad } \mu < \text{Grad } \nu \leqq n.$$

[2] Man nennt sie dann „teilerfremd“ oder „koprim“.

3.4 Pole und Nullstellen der Übertragungsfunktion

Das Zähler- bzw. das Nennerpolynom prägen die Übertragungsfunktion und legen das Verhalten des Systems fest. Gewisse relevante Eigenschaften des zeitlichen Verhaltens eines Systems können mit Hilfe der so genannten *Pole* bzw. *Nullstellen* der Übertragungsfunktion $G(s)$ nach (3.7) erklärt werden. Sie werden folgendermaßen definiert:

- Eine (i.A. komplexe) endliche Zahl η nennt man einen Pol von $G(s)$, wenn $\nu(\eta) = 0$, d.h. $1/G(\eta) = 0$ gilt. Falls $\mu(\eta) = 0$, d.h. $G(\eta) = 0$ gilt, so nennt man η eine Nullstelle von $G(s)$.

Unter Heranziehen der Pole α_i und der Nullstellen β_i kann die Übertragungsfunktion in *faktorisierter* Form:

$$G(s) = K \frac{\prod\limits_{i=1}^{m} (s - \beta_i)}{\prod\limits_{i=1}^{l} (s - \alpha_i)}, \quad \text{mit} \quad m \leqq l \leqq n \quad \text{und } K \text{ reell, konstant} \tag{3.8}$$

dargestellt werden. Prinzipiell ist die Anzahl m der Nullstellen kleiner gleich der Anzahl l der Polstellen.

3.5 Rechnen mit Übertragungsfunktionen

Man mag sich zunächst wundern, warum Systeme im Bildbereich beschrieben werden sollen, wenn die Beschreibung mit Hilfe von Zustandsmodellen im Zeitbereich umfassender ist, da diese das „Innere" des Systems erfassen. Die Begründung liegt schlicht darin, dass manche praxisrelevanten Resultate der System- und Regelungstechnik durch Benutzung des Konzeptes der Übertragungsfunktion kompakt und anwenderfreundlich präsentiert werden können.

Dieser Vorteil wird bei der Untersuchung von Anordnungen, die durch eine *rückwirkungsfreie* Koppelung von zwei (linearen und zeitinvarianten) Systemen mit den Übertragungsfunktionen

$$G_1(s) = \frac{\mu_1(s)}{\nu_1(s)} \quad \text{und} \quad G_2(s) = \frac{\mu_2(s)}{\nu_2(s)}$$

entstehen, einsichtig.

Hierzu betrachten wir drei Grundformen, nämlich die *Serien-*, die *Parallel-* bzw. die *rückgekoppelte Struktur* und bezeichnen die Übertragungsfunktion des neu entstandenen Gesamtsystems jeweils mit $G(s)$.

3.5.1 Serienstruktur

Bei der *Serienstruktur* (vgl. Abb. 3.1) ist die Eingangsgröße des zweiten Systems identisch mit der Ausgangsgröße des ersten Systems.

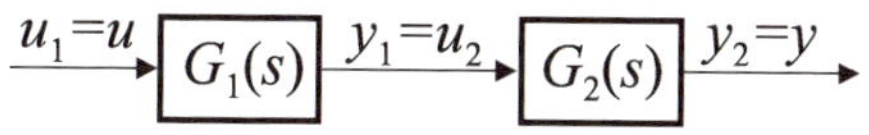

Abbildung 3.1: Serienstruktur

Damit ergibt sich $G(s)$ durch *Multiplikation* der einzelnen Übertragungsfunktionen zu

$$G(s) = G_1(s)G_2(s)$$

bzw. unter Benutzung der auftretenden Polynome

$$G(s) = \frac{\mu_1(s)\mu_2(s)}{\nu_1(s)\nu_2(s)}.$$

Man erkennt leicht, Pole bzw. Nullstellen von $G(s)$ sind *zwangsläufig* auch Pole bzw. Nullstellen von $G_1(s)$ oder von $G_2(s)$. Abgesehen von gekürzten Faktoren, d.h. falls gewisse Pole des einen Systems identisch sind mit Nullstellen des anderen, bleibt die Pol-Nullstellen-Konfiguration unverändert!

3.5.2 Parallelstruktur

Bei der *Parallelstruktur* (vgl. Abb. 3.2) entsteht die Ausgangsgröße der gesamten Anordnung durch Summation der Ausgangsgrößen der beiden Systeme.

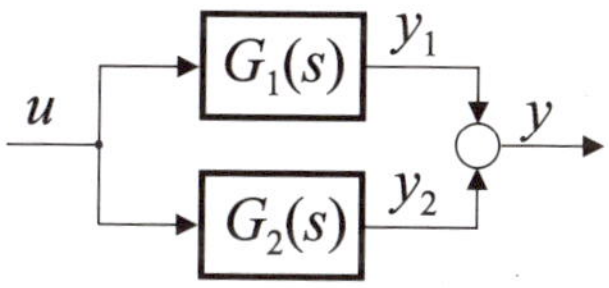

Abbildung 3.2: Parallelstruktur

Die Eingangsgröße ist bei beiden Systemen die gleiche. In Analogie ergibt sich die resultierende Übertragungsfunktion durch die *Summation* der zwei Übertragungsfunktionen zu

$$G(s) = G_1(s) + G_2(s)$$

bzw. unter Verwendung der eingeführten Polynome zu

$$G(s) = \frac{\mu_1(s)\nu_2(s) + \mu_2(s)\nu_1(s)}{\nu_1(s)\nu_2(s)}.$$

Auch jetzt entsprechen allen Polen von $G(s)$ – abgesehen von gekürzten Polen – Pole von $G_1(s)$ oder von $G_2(s)$. Das bedeutet, dass auch durch diese Struktur kein Pol von $G(s)$ einen neuen Wert in der komplexen s-Ebene annehmen kann! Für die Nullstellen von $G(s)$ ergeben sich allerdings andere Werte, es sei denn, dass gewisse Nullstellen bei beiden (!) Systemen gleich sind.

3.5.3 Rückgekoppelte Struktur

Die *Rückkopplungsstruktur* (vgl. Abb. 3.3) spielt eine fundamentale Rolle beim Entwurf von Regelkreisen.

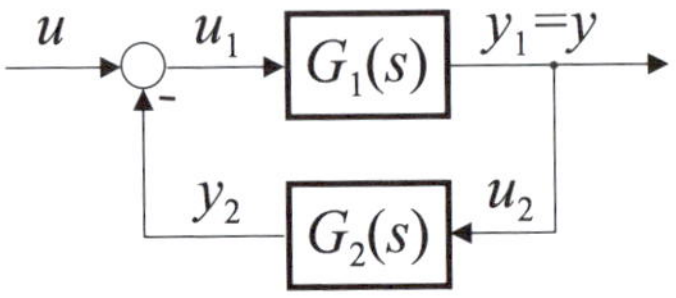

Abbildung 3.3: Rückgekoppelte Struktur

Nach einigen in der Abb. 3.3 unmittelbar nachvollziehbaren Umrechnungen erhalten wir für die gesuchte Übertragungsfunktion die Relation

$$G(s) = \frac{G_1(s)}{1 + G_1(s)G_2(s)}.$$

Die (mühevolle und unübersichtliche) Beschreibung des Gesamtsystems in Zustandsform zeigt eindrucksvoll den Vorteil der Betrachtung im Bildbereich.

Beschreibt man nun $G(s)$ mit Hilfe der Zähler- bzw. Nennerpolynome der betrachteten Systeme, so ergibt sich folgende Berechnungsvorschrift:

$$G(s) = \frac{\mu_1(s)\nu_2(s)}{\mu_1(s)\mu_2(s) + \nu_1(s)\nu_2(s)}.$$

Wesentlich ist hierbei die Erkenntnis, dass erst durch eine Rückkopplung das Nennerpolynom, d.h. die Lage der Pole der Übertragungsfunktion $G(s)$, gezielt beeinflusst werden kann! Man braucht dazu nur die Übertragungsfunktion G_2 des zweiten Systems als freien Parameter zu betrachten.

In diesem Zusammenhang führt man die Übertragungsfunktion des *offenen Kreises* ein. Dieser entsteht durch ein fiktives „Auftrennen" des Rückkopplungszweiges (vgl. Abb. 3.4).

Wir erhalten dadurch ein System mit der Übertragungsfunktion

$$L(s) = G_1(s)G_2(s). \tag{3.9}$$

Es wird sich später zeigen (vgl. Kap. 13), dass manche Wünsche an das Verhalten des Gesamtsystems (!) mit Hilfe von $L(s)$ einfach und prägnant formuliert werden können. Hierbei werden wir insbesondere den so genannten *Standardregelkreis* nach Abb. 3.5 betrachten.

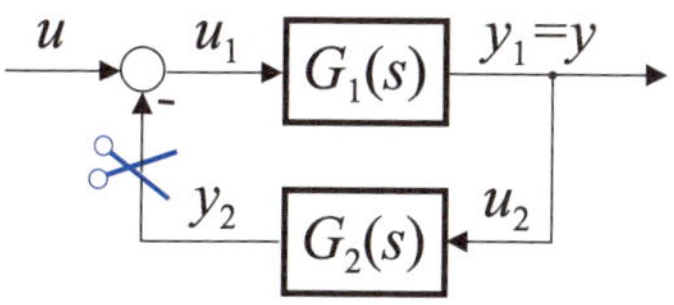

Abbildung 3.4: Aufgetrennte Rückkopplung

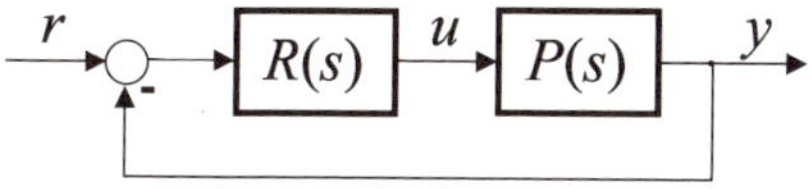

Abbildung 3.5: Standardregelkreis

Er entsteht durch Rückkopplung der Ausgangsgröße zweier in Serie geschalteter Systeme mit den Übertragungsfunktionen $R(s)$ und $P(s)$. Hierbei stellt $R(s)$ einen „freien Parameter“ dar, der geeignet gewählt werden soll, um dem entstandenen Gesamtsystem gewisse Eigenschaften zu verleihen. Letzteres besitzt die Übertragungsfunktion

$$T(s) := \frac{R(s)P(s)}{1 + R(s)P(s)}. \tag{3.10}$$

Durch Verwendung der Übertragungsfunktion des offenen Kreises mit der Abkürzung (3.9) erhalten wir aus (3.10)

$$T(s) := \frac{L(s)}{1 + L(s)}.$$

3.5.4 Beispiele

Beispiel „RC-Netzwerk“ (Fortsetzung): Wir betrachten das in Kap. 1 entwickelte Modell und wählen für die Systemparameter τ_1, τ_2 und ρ folgende Werte:

$$\tau_1 = \frac{1}{3},\ \tau_2 = \frac{3}{4} \text{ und } \rho = \frac{1}{2}.$$

Damit erhalten wir das „Zahlenmodell“

$$\frac{d\mathbf{x}}{dt} = \begin{pmatrix} -3 & 3 \\ \frac{2}{3} & -2 \end{pmatrix} \mathbf{x} + \begin{pmatrix} 0 \\ \frac{4}{3} \end{pmatrix} u.$$

Als Ausgangsgröße y betrachten wir nun die Spannung am Kondensator C_1, d.h. die Zustandsvariable x_1. Damit gilt

$$y = \begin{pmatrix} 1 & 0 \end{pmatrix} \mathbf{x}.$$

Gesucht ist die Übertragungsfunktion $G(s)$ des Systems.

Die Übertragungsfunktion lässt sich anhand der Beziehung (3.3) berechnen:

$$G(s) = \begin{pmatrix} 1 & 0 \end{pmatrix} \begin{pmatrix} s+3 & -3 \\ -\frac{2}{3} & s+2 \end{pmatrix}^{-1} \begin{pmatrix} 0 \\ \frac{4}{3} \end{pmatrix}.$$

Die Resolvente der Systemmatrix wurde in Kap. 2 bei der Berechnung der Transitionsmatrix ermittelt; sie lautet

$$\begin{pmatrix} s+3 & -3 \\ -\frac{2}{3} & s+2 \end{pmatrix}^{-1} = \begin{pmatrix} \frac{s+2}{(s+1)(s+4)} & \frac{3}{(s+1)(s+4)} \\ \frac{\frac{2}{3}}{(s+1)(s+4)} & \frac{s+3}{(s+1)(s+4)} \end{pmatrix}.$$

Damit erhalten wir die Übertragungsfunktion

$$\begin{aligned} G(s) &= \begin{pmatrix} 1 & 0 \end{pmatrix} \begin{pmatrix} \frac{s+2}{(s+1)(s+4)} & \frac{3}{(s+1)(s+4)} \\ \frac{\frac{2}{3}}{(s+1)(s+4)} & \frac{s+3}{(s+1)(s+4)} \end{pmatrix} \begin{pmatrix} 0 \\ \frac{4}{3} \end{pmatrix} \\ &= \begin{pmatrix} \frac{s+2}{(s+1)(s+4)} & \frac{3}{(s+1)(s+4)} \end{pmatrix} \begin{pmatrix} 0 \\ \frac{4}{3} \end{pmatrix} \end{aligned}$$

bzw.

$$G(s) = \frac{4}{(s+1)(s+4)}.$$

Beispiel („linearer Oszillator"): Die Gewichtsfunktion des Oszillators nach (2.24) lautet für $\omega_0 = 1$

$$g(t) = \sin t$$

Die zugehörige Übertragungsfunktion wird mit Hilfe der Relation (3.4) unter Berücksichtigung von $d = 0$ berechnet:

$$G(s) = \mathcal{L}\{\sin t\} = \frac{1}{s^2+1}. \tag{3.11}$$

Gesucht ist die so genannte *Sprungantwort* des Systems, das ist die Antwort $y(t)$ auf die konstante Eingangsgröße

$$u(t) = \sigma(t) := 1 \qquad \text{für } t \geq 0, \tag{3.12}$$

wenn der Anfangszustand des Systems gleich null ist.

Es gilt im Bildbereich

$$y(s) = G(s)u(s)$$

bzw. mit (3.11), (3.12) und (2.36)

$$y(s) = \frac{1}{s^2+1}\mathcal{L}\{\sigma(t)\} = \frac{1}{(s^2+1)\,s}.$$

Die Partialbruchzerlegung dieses Ausdrucks ergibt folgende Beiträge:

$$y(s) = \frac{1}{s^2+1}\frac{1}{s} = \frac{k_1}{s+j} + \frac{k_2}{s-j} + \frac{k_3}{s}.$$

Die Konstanten[3] k_1, $k_2$und k_3 ergeben sich aufgrund von

$$\begin{aligned} k_1 &= \tfrac{1}{s^2+1}\tfrac{1}{s}(s+j) && \text{für } s=-j \\ k_2 &= \tfrac{1}{s^2+1}\tfrac{1}{s}(s-j) && \text{für } s=+j \\ k_3 &= \tfrac{1}{s^2+1}\tfrac{1}{s}s && \text{für } s=0, \end{aligned}$$

zu

$$k_1 = -0.5 \quad k_2 = -0.5 \quad k_3 = 1 \ .$$

Unter Beachtung der Relation (2.36) ergibt sich für die Sprungantwort

$$y(t) = -0.5e^{-jt} - 0.5e^{jt} + 1$$

bzw. in der üblichen reellen Schreibweise

$$y(t) = -\cos t + 1.$$

3.6 Eigenfunktionen

3.6.1 Einführung

Eigenfunktionen sind spezielle zeitliche Verläufe der Eingangsgröße $u(t)$ eines linearen und zeitinvarianten Systems der Form

$$\frac{d\mathbf{x}}{dt} = \mathbf{A}\mathbf{x} + \mathbf{b}u \qquad y = \mathbf{c}^T\mathbf{x} + du. \tag{3.13}$$

Sie ermöglichen eine anschauliche Interpretation der Begriffe *Übertragungsfunktion* und deren *Pol-* bzw. *Nullstellen*. Daraus resultiert auch eine Deutung des Begriffes *Frequenzgang*. Kennzeichnend für die nachfolgenden Ausführungen ist die Tatsache, dass ausschließlich Betrachtungen im Zeitbereich durchgeführt werden!

3.6.2 Besondere Eingangsgrößen (Eigenfunktionen)

Wir konzentrieren uns auf das obige Zustandsmodell mit u und y als skalare Eingangs- bzw. skalare Ausgangsgröße und dem n-dimensionalen Zustandsvektor $\mathbf{x}(t)$. Wir nehmen hierbei bewusst an, dass der Anfangszeitpunkt t_0 verschieden von null ist, und bezeichnen den Anfangszustand $\mathbf{x}(t_0)$ mit $\mathbf{x}_0$. Wir wollen den Zustand $\mathbf{x}(t)$ bzw. die Ausgangsgröße $y(t)$ für eine spezielle Klasse von Eingangsgrößen:

$$u(t) = Ue^{\xi t} \tag{3.14}$$

ermitteln. Es ist bemerkenswert, dass die bei dem Bildungsgesetz der Eingangsgröße auftretenden (skalaren) Konstanten U und ξ komplexwertig (!) sein können. Dadurch beinhaltet

[3] Man beachte, dass die Konstanten $k_1$und k_2 konjugiert komplex sind!

die Klasse $u(t)$ eine Fülle praxisrelevanter Funktionen, wie „Konstanten", „Exponentialfunktionen" und insbesondere „harmonische Funktionen", also Sinus- bzw. Cosinusverläufe!

Die gesuchte Lösung der Zustands-Differentialgleichung wird ausgedrückt durch zwei additiv zusammenhängende Anteile: die homogene Lösung $\mathbf{x}_{\text{hom}}(t)$ und die inhomogene Lösung $\mathbf{x}_{inh}(t)$

$$\mathbf{x}(t) = \mathbf{x}_{\text{hom}}(t) + \mathbf{x}_{inh}(t).$$

Die homogene Lösung wird (vgl. Kap. 2) mit Hilfe der Transitionsmatrix dargestellt; sie lautet

$$\mathbf{x}_{\text{hom}}(t) = e^{\mathbf{A}t}\boldsymbol{\eta},$$

wobei $\boldsymbol{\eta}$ ein konstanter Vektor ist.

Um die inhomogene Lösung zu ermitteln, gehen wir davon aus, dass sie die gleiche (!) zeitliche Abhängigkeit wie die Eingangsfunktion (3.14) aufweist. Daher machen wir einen Ansatz in der Form

$$\mathbf{x}_{inh}(t) = \boldsymbol{\gamma} e^{\xi t},$$

wobei $\boldsymbol{\gamma}$ ein konstanter, noch zu bestimmender Vektor ist. Hierzu setzt man obigen Ansatz in die zu erfüllende Differentialgleichung nach (3.13) ein und erhält

$$\xi \boldsymbol{\gamma} e^{\xi t} = \mathbf{A}\boldsymbol{\gamma} e^{\xi t} + \mathbf{b} U e^{\xi t}.$$

Nach Kürzung der Exponentialfunktion $e^{\xi t}$ und Sortierung der auftretenden Ausdrücke erhalten wir eine lineare Beziehung für den unbekannten Vektor $\boldsymbol{\gamma}$:

$$(\xi \mathbf{E} - \mathbf{A})\boldsymbol{\gamma} = \mathbf{b} U.$$

Falls die Matrix $(\xi \mathbf{E} - \mathbf{A})$ regulär ist, d.h. die Konstante ξ *keinen* Eigenwert der Matrix $\mathbf{A}$ darstellt, wird der Vektor $\boldsymbol{\gamma}$ durch

$$\boldsymbol{\gamma} = (\xi \mathbf{E} - \mathbf{A})^{-1}\mathbf{b} U$$

festgelegt und wir erhalten damit die inhomogene Lösung

$$\mathbf{x}_{inh}(t) = (\xi \mathbf{E} - \mathbf{A})^{-1}\mathbf{b} U e^{\xi t}.$$

Man erkennt, diese Lösung entsteht durch Multiplikation der Eingangsfunktion $U e^{\xi t}$ mit einer durch das Datenpaar $[\mathbf{A}, \mathbf{b}]$ bedingten Konstanten. Das zeitliche Verhalten der Vektors $\mathbf{x}_{inh}$ wird geprägt durch die Funktion $e^{\xi t}$.

Hinweis

Es wird an dieser Stelle ausdrücklich festgehalten: Eine partikuläre Lösung existiert und kann auch berechnet werden, wenn die Konstante ξ *gleich* einem Eigenwert ist! Sie besitzt aber nicht obige einfache und prägnante Form (siehe Beispiel „linearer Oszillator" in Kap. 6)!

Die Gesamtlösung bekommen wir durch Superposition der einzelnen Lösungen $\mathbf{x}_{\text{hom}}(t)$ und $\mathbf{x}_{inh}(t)$:

$$\mathbf{x}(t) = e^{\mathbf{A}t}\boldsymbol{\eta} \; + \; (\xi\mathbf{E} - \mathbf{A})^{-1}\mathbf{b}Ue^{\xi t}. \tag{3.15}$$

Die Ausgangsgröße $y(t)$ errechnet sich damit in einfacher Weise zu

$$y(t) = \mathbf{c}^T e^{\mathbf{A}t}\boldsymbol{\eta} \; + \; [\mathbf{c}^T(\xi\mathbf{E} - \mathbf{A})^{-1}\mathbf{b} + d]Ue^{\xi t}. \tag{3.16}$$

Es soll nun auf die Struktur der abgeleiteten Beziehungen eingegangen werden. Der Zustand $\mathbf{x}(t)$ nach Gleichung (3.15) bzw. die Ausgangsgröße $y(t)$ nach Gleichung (3.16) enthalten jeweils zwei additiv zusammenhängende Anteile, die das zeitliche Verhalten prägen. Der erste Anteil wird durch die Transitionsmatrix, also durch die Eigendynamik des Systems festgelegt. Das Verhalten des zweiten Terms wird durch die spezielle Eingangsfunktion $Ue^{\xi t}$ gestaltet. Man nennt diese besondere Eingangsfunktion, die sich in jeder Zustandsvariablen „reproduziert", eine *Eigenfunktion* des Systems.

Einfluss des Anfangzustands $\mathbf{x}_0$

Der konstante Vektor $\boldsymbol{\eta}$ kann aufgrund des vorgegebenen Wertes $\mathbf{x}_0$ für den Anfangszustand $\mathbf{x}(t_0)$ mit Hilfe der Gleichung (3.15) festgelegt werden:

$$\mathbf{x}(t_0) = \mathbf{x}_0 = e^{\mathbf{A}t_0}\boldsymbol{\eta} + (\xi\mathbf{E} - \mathbf{A})^{-1}\mathbf{b}Ue^{\xi t_0}.$$

Er ergibt sich unmittelbar zu

$$\boldsymbol{\eta} = e^{-\mathbf{A}t_0}\left[\mathbf{x}_0 - (\xi\mathbf{E} - \mathbf{A})^{-1}\mathbf{b}Ue^{\xi t_0}\right]. \tag{3.17}$$

Damit erhalten wir unter Verwendung von (3.15) und (3.16) folgende Beziehungen für den Zustandsvektor bzw. die Ausgangsgröße :

$$\mathbf{x}(t) = e^{\mathbf{A}(t-t_0)}\left[\mathbf{x}_0 - (\xi\mathbf{E} - \mathbf{A})^{-1}\mathbf{b}Ue^{\xi t_0}\right] \; + \; (\xi\mathbf{E} - \mathbf{A})^{-1}\mathbf{b}Ue^{\xi t} \tag{3.18}$$

$$y(t) = \mathbf{c}^T e^{\mathbf{A}(t-t_0)}\left[\mathbf{x}_0 - (\xi\mathbf{E} - \mathbf{A})^{-1}\mathbf{b}Ue^{\xi t_0}\right] \; + \; [\mathbf{c}^T(\xi\mathbf{E} - \mathbf{A})^{-1}\mathbf{b} + d]Ue^{\xi t} \tag{3.19}$$

3.6.3 Interpretation der Übertragungsfunktion

Höchst bemerkenswert ist, dass in der Relation (3.16) für die Ausgangsgröße der Faktor $[\mathbf{c}^T(\xi\mathbf{E} - \mathbf{A})^{-1}\mathbf{b} + d]$, mit dem die Eigenfunktion multipliziert wird, dem Wert der Übertragungsfunktion des Systems (3.13)

$$G(s) = \mathbf{c}^T(s\mathbf{E} - \mathbf{A})^{-1}\mathbf{b} + d$$

an der Stelle $s = \xi$ gleich ist! Die Ausgangsgröße kann damit in folgender prägnanter Form angegeben werden:

$$y(t) = \mathbf{c}^T e^{\mathbf{A}t}\boldsymbol{\eta} \; + \; G(\xi)Ue^{\xi t}. \tag{3.20}$$

Weiters ist zu beachten, dass es *immer* möglich ist, einen Anfangszustand $\mathbf{x}_0$ so anzugeben, dass die Konstante $\boldsymbol{\eta}$ gleich null wird. Man braucht nur in Gleichung (3.17) als Anfangszustand den Wert

$$\mathbf{x}_0 = (\xi\mathbf{E} - \mathbf{A})^{-1}\mathbf{b}Ue^{\xi t_0} \tag{3.21}$$

zu wählen. Dann ergibt sich die Ausgangsgröße zu

$$y(t) = G(\xi)Ue^{\xi t}.$$

Das bedeutet allerdings: Für Eingangsgrößen der Form $Ue^{\xi t}$ (und nur für diese!) entspricht die Übertragungsfunktion $G(\xi)$ dem „Quotienten von Ausgangs- zu Eingangsgröße" im Zeitbereich (!). Dies ermöglicht eine physikalische Interpretation des Begriffes *Übertragungsfunktion*, der für *beliebige* Eingangsgrößen $u(t)$ als „Quotient von Ausgangs- zu Eingangsgröße" im Bildbereich (!) eingeführt wurde.

3.6.4 Nullstellen der Übertragungsfunktion

Wir erarbeiten nun eine Deutung für den Begriff *Nullstellen* der Übertragungsfunktion $G(s)$. Zur Erinnerung: es sind diejenigen (komplexen, endlichen) Werte β, bei denen $G(s)$ den Wert null annimmt. Das hat wiederum zur Folge: Wenn als besondere Eingangsgröße die Eigenfunktion

$$u(t) = e^{\beta t}, \quad \text{d.h. } U = 1 \text{ und } \xi = \beta,$$

gewählt wird, ergibt sich die Ausgangsgröße mit Hilfe der Beziehung (3.20):

$$y(t) = \mathbf{c}^T e^{\mathbf{A}t}\boldsymbol{\eta} + G(\beta)e^{\beta t}.$$

Da definitionsgemäß $G(s = \beta) = 0$ gilt, vereinfacht sich die Form der Ausgangsgröße zu

$$y(t) = \mathbf{c}^T e^{\mathbf{A}t}\boldsymbol{\eta}.$$

Mit anderen Worten: Das Zeitverhalten der Ausgangsgröße ist *unabhängig* von dem der gewählten Eingangsgröße und wird *ausschließlich* durch die Transitionsmatrix geprägt. Wählt man insbesondere gemäß Gleichung (3.17) den speziellen Anfangszustand

$$\mathbf{x}_0 = (\beta\mathbf{E} - \mathbf{A})^{-1}\mathbf{b}e^{\beta t_0},$$

so ist die Ausgangsgröße des Systems für *alle* Werte des Zeitparameters t *identisch* null, obwohl das System mit einer nichttrivialen Eingangsgröße erregt wird!

3.6.5 Polstellen der Übertragungsfunktion

Durch Betrachtung eines so genannten dualen Experiments können wir den Polen der Übertragungsfunktion eine Deutung geben. Hierbei wählen wir die Eingangsgröße $u(t)$ identisch null. Es liegt also ein freies System vor! Die Ausgangsgröße lautet dann

$$y(t) = \mathbf{c}^T e^{\mathbf{A}(t-t_0)}\mathbf{x}_0.$$

Wir wählen jetzt einen Anfangszustand $\mathbf{x}_0$ *auf* einer Eigenrichtung des Systems, d.h. dieser Anfangszustand entspricht einem Rechts-Eigenvektor zu einem Eigenwert λ der Systemmatrix $\mathbf{A}$. Damit ist die zugehörige Lösung (vgl. Kap. 2)

$$\mathbf{x}(t) = \mathbf{x}_0 e^{\lambda t},$$

und die Ausgangsgröße nimmt die Gestalt

$$y(t) = \mathbf{c}^T \mathbf{x}_0 e^{\lambda(t-t_0)} = Y e^{\lambda t}$$

an. Das bedeutet, falls bei verschwindender Eingangsgröße die Ausgangsgröße einen durch die Funktion $Ye^{\lambda t}$ exponentiell beschriebenen Verlauf zeigt, entspricht die Konstante λ einem Pol der Übertragungsfunktion!

3.6.6 Frequenzgang

Üblicherweise wird der Begriff *Frequenzgang* mathematisch abstrakt als die Übertragungsfunktion $G(s)$ auf der imaginären Achse, d.h. $G(s = j\omega)$, eingeführt. Wir wollen hier eine physikalische Deutung dieses Begriffes erarbeiten und betrachten ein (lineares und zeitinvariantes) Übertragungssystem, wobei wir voraussetzen, dass alle Eigenwerte der Systemmatrix $\mathbf{A}$ einen negativen Realteil besitzen. Als Eingangsgröße verwenden wir die Eigenfunktion

$$u(t) = Ue^{j\Omega t}, \qquad \text{d.h. } \xi = j\Omega.$$

Es werden harmonische Schwingungen der *festen* Frequenz $\omega = \Omega$ und der Amplitude U betrachtet. Die Größen Ω und U sind reelle Konstanten. Wir interessieren uns für das Systemverhalten im *eingeschwungenen* Zustand.

Hierzu wählen wir den Anfangszeitpunkt $t_0 \to -\infty$ und ermitteln die Werte des Zustandsvektors $\mathbf{x}(t)$ und der Ausgangsgröße $y(t)$ zu einem (endlichen) Wert des Zeitparameters t. Aufgrund der Lage aller Eigenwerte s_i der Systemmatrix erfolgt ein Abklingen aller auftretenden Exponentialfunktionen $e^{s_i(t-t_0)}$ und zwangsläufig auch der Transitionsmatrix $e^{\mathbf{A}(t-t_0)}$. Damit wird das stationäre Systemverhalten gemäß (3.18) und (3.19) durch

$$\mathbf{x}(t) = (j\Omega\mathbf{E} - \mathbf{A})^{-1}\mathbf{b}Ue^{j\Omega t} \qquad \text{und} \qquad y(t) = G(j\Omega)Ue^{j\Omega t}$$

beschrieben.

Man *setzt* nun *voraus:* Die Übertragungsfunktion $G(s)$ ist eine gebrochen rationale Funktion in s mit reellen (!) Koeffizienten. Letzteres hat zur Folge, dass die Zahlen $G(j\Omega)$ und $G(-j\Omega)$ konjugiert komplex sind. Die stationäre Antwort $y(t)$ auf die reelle Eingangsfunktion

$$u(t) = U\cos(\Omega t) = \mathrm{Re}\left\{Ue^{j\Omega t}\right\},$$

d.h. auf eine harmonische Schwingung der Frequenz Ω, ergibt sich mit Hilfe der abgeleiteten Relation zu

$$y(t) = \mathrm{Re}\left\{G(j\Omega)Ue^{j\Omega t}\right\}.$$

Durch Benutzung der üblichen Schreibweise erhalten wir letztlich

$$y(t) = |G(j\Omega)|\, U \cos(\Omega t + \varphi), \tag{3.22}$$

wobei mit φ der Winkel der komplexen Zahl $G(j\Omega)$ bezeichnet wurde. Also: im stationären Zustand ist die Ausgangsgröße eine harmonische Schwingung mit der *gleichen* Frequenz wie die Eingangsschwingung. Ihre Amplitude beträgt $|G(j\Omega)|\, U$, deren Phasenverschiebung bezüglich der Eingangsfunktion ist gleich

$$\varphi = arc\,\{G(j\Omega)\}\,. \tag{3.23}$$

Genau auf dieser Erkenntnis beruht die *prinzipielle* Vorgehensweise zur *messtechnischen* Erfassung des Frequenzganges. Man schaltet eine harmonische Schwingung einer bestimmten Amplitude und Frequenz auf ein System und wartet auf das Abklingen der Einschwingvorgänge. Im Anschluss daran werden die Amplitude der Ausgangsschwingung und deren Phasenverschiebung gegen die Eingangsschwingung gemessen. Dieses wird für verschiedene Frequenzwerte wiederholt. (Die Realisierung dieses Konzeptes in der Praxis gestaltet sich allerdings komplizierter.) Das Resultat ist die quantitative Erfassung des Systemverhaltens entweder als Tabelle mit Werten für den Betrag und den Winkel des Frequenzgangs $G(j\omega)$ oder als Ortskurve $G(j\omega)$ in der komplexen Ebene.

3.6.7 Beispiele

Beispiel: Wir betrachten ein System mit der Übertragungsfunktion

$$G(s) = \frac{1}{s+1}$$

und wählen bei verschwindendem Anfangszustand folgende harmonische Eingangsgröße:

$$u(t) = \sin \omega_0 t \quad \text{mit} \quad \omega_0 = 1 rads^{-1}.$$

Gesucht ist der Zeitverlauf $y(t)$ für $t \geq 0$.

Wir ermitteln den Verlauf der Ausgangsgröße $y(t)$ mit Hilfe der *Laplace*-Transformation. Es gilt allgemein:

$$y(s) = G(s)u(s).$$

Die *Laplace*-Transformierte der Eingangsgröße lautet:

$$u(s) = \frac{\omega_0}{s^2 + \omega_0^2} = \frac{1}{s^2+1}.$$

Damit ergibt sich für *Laplace*-Transformierte die Ausgangsgröße

$$y(s) = \frac{1}{s+1}\frac{1}{s^2+1}.$$

Eine Partialbruchzerlegung ergibt den Ausdruck:

$$\begin{aligned} y(s) &= \frac{1}{2}\frac{1}{s+1} + \frac{1}{2}\frac{1-s}{s^2+1} \\ &= \frac{1}{2}\frac{1}{s+1} + \frac{1}{2}\left(\frac{1}{s^2+1} - \frac{s}{s^2+1}\right). \end{aligned}$$

Die Rücktransformation liefert die gesuchte Ausgangsgröße

$$y(t) = \frac{1}{2}e^{-t} + \frac{1}{2}(\sin t - \cos t) = \frac{1}{2}e^{-t} + \frac{1}{\sqrt{2}}\sin(t - \frac{\pi}{4}).$$

Man erkennt, dass im eingeschwungenen Zustand gilt:

$$y(t) = \frac{1}{\sqrt{2}}\sin(t - \frac{\pi}{4}).$$

Letzteres Ergebnis können wir mit Hilfe des Frequenzganges erhalten. Im eingeschwungenen Zustand gilt:

$$y(t) = |G(j\omega_0)| \sin(\omega_0 t + \text{arc}\{G(j\omega_0)\}).$$

Durch einfaches Einsetzen erhält man unmittelbar aus der komplexen Zahl

$$G(j1) = \frac{1}{1+j} = \frac{1}{\sqrt{2}}e^{-\frac{\pi}{4}}$$

die Amplitude und die Phasenverschiebung der Ausgangsgröße:

$$|G(j1)| = \frac{1}{\sqrt{2}} \quad \text{und} \quad \text{arc}\{G(j1)\} = -\frac{\pi}{4}.$$

Beispiel („RC-Netzwerk", Fortsetzung): Auf das System mit der Übertragungsfunktion

$$G(s) = \frac{4}{(s+1)(s+4)}$$

wird zum Zeitpunkt $t_0 = 0$ die harmonische Eingangsgröße

$$u(t) = \sin \omega_0 t$$

aufgeschaltet. Hierbei beträgt $\omega_0 = 1\, rads^{-1}$. Gesucht wird der Verlauf der Ausgangsgröße $y(t)$ im eingeschwungenen Zustand. Mit Hilfe von (3.22) und (3.23) ergibt sich:

$$y(t) = |G(j\omega_0)| \sin(\omega_0 t + \text{arc}\{G(j\omega_0)\}).$$

Im vorliegenden Fall gilt unter der Annahme $\omega_0 = 1\, rads^{-1}$

$$|G(j1)| = \frac{4}{\sqrt{34}} \quad \text{und} \quad \text{arc}\{G(j1)\} = -59°.$$

Obige Werte können mit Hilfe der in Abb. 3.6 dargestellten *Bode*-Diagramme verifiziert werden.[4] Aus Abb. 3.7 ist der Verlauf der Ausgangsgröße für Werte $t \geq 0$ ersichtlich. Man erkennt, dass sich nach Abklingen des Einschwingvorganges obiger harmonischer Verlauf einstellt.

[4] Hierbei ist zu beachten, dass der Betrag von $G(j\omega)$ in dB angegeben wird, d.h.

$$|G(j\omega)|_{dB} = 20 \log |G(j\omega)|.$$

Siehe auch Kap. 16.

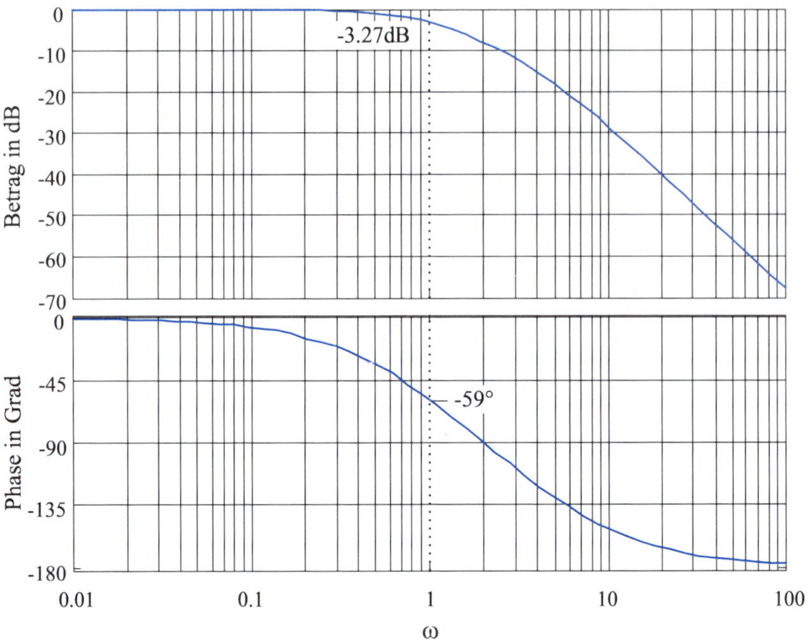

Abbildung 3.6: *Bode*-Diagramme zu $G(s)$

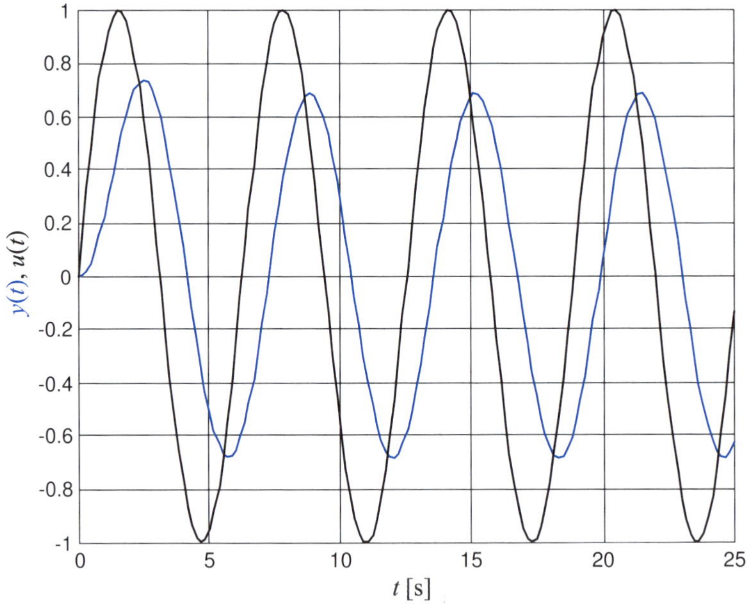

Abbildung 3.7: Verläufe von Eingangs- und Ausgangsspannung

Kapitel

4 Diagonalform eines Systems

4.1 Einführung

Bei den vorangegangenen Ausführungen (vgl. Kap. 2) haben wir uns mit der Lösung der Systemgleichungen

$$\frac{d\mathbf{x}}{dt} = \mathbf{A}\mathbf{x} + \mathbf{b}u \qquad\qquad y = \mathbf{c}^T\mathbf{x} + du \tag{4.1}$$

befasst. Die Ermittlung der Transitionsmatrix $\mathbf{\Phi}(t)$ stellt hierbei einen wesentlichen, nichttrivialen Schritt dar. Die Untersuchung solch eines n-dimensionalen Zustandsmodells vereinfacht sich signifikant, wenn es in „Diagonalform“ vorliegt:

$$\frac{d\mathbf{z}}{dt} = \mathbf{\Lambda}\mathbf{z} + \boldsymbol{\delta}u \qquad\qquad y = \overline{\boldsymbol{\delta}}^T\mathbf{z} + du. \tag{4.2}$$

Die Systemmatrix $\mathbf{\Lambda}$ weist nun eine Diagonalform auf:

$$\mathbf{\Lambda} = \mathbf{diag}(s_i) := \begin{pmatrix} s_1 & 0 & . & 0 \\ 0 & s_2 & . & 0 \\ . & . & . & . \\ 0 & 0 & . & s_n \end{pmatrix}. \tag{4.3}$$

Damit tritt in jeder der insgesamt n Differentialgleichungen

$$\frac{dz_i}{dt} = s_i z_i + \delta_i u \tag{4.4}$$

jeweils eine einzige Zustandsvariable auf! Man spricht dann von einem entkoppelten System. Es besitzt den großen Vorteil, dass jede (skalare) Differentialgleichung für sich untersucht und gelöst werden kann! Nachdem die Beschreibung anhand von Zustandsvariablen nicht eindeutig ist, stellt sich natürlich folgende Frage: Unter welchen Voraussetzungen kann ein Modell nach (4.1) mittels einer regulären Zustandstransformation in die günstige Diagonalform (4.2) gebracht werden? Bei der Beantwortung dieser Frage wird sich zeigen, dass die „Diagonalisierung“ eines Systems durch die Eigenvektoren der Matrix $\mathbf{A}$ ermöglicht wird.

4.2 Diagonalisierung eines Systems

Unter der Diagonalisierung eines Systems nach (4.1) verstehen wir die Durchführung einer Zustandstransformation

$$\mathbf{x} = \mathbf{P}\mathbf{z}$$

unter Verwendung einer konstanten und regulären (n, n)-Matrix $\mathbf{P}$, mit dem Ziel, ein Zustandsmodell in $\mathbf{z}$ (vgl. Kap. 1)

$$\frac{d\mathbf{z}}{dt} = (\mathbf{P}^{-1}\mathbf{AP})\mathbf{z} + (\mathbf{P}^{-1}\mathbf{b})u \qquad\qquad y = (\mathbf{c}^T\mathbf{P})\mathbf{z} + du$$

zu erhalten, dessen Systemmatrix Diagonalform

$$\mathbf{P}^{-1}\mathbf{AP} = \mathbf{\Lambda} = \mathbf{diag}(s_i) \tag{4.5}$$

aufweist! Die Berechnung des Eingangs- und des Ausgangsvektors des neuen Modells findet mit Hilfe der Beziehungen

$$\mathbf{P}^{-1}\mathbf{b} = \boldsymbol{\delta} \quad \text{und} \quad \mathbf{c}^T\mathbf{P} = \bar{\boldsymbol{\delta}}^T \tag{4.6}$$

statt.

Zur Ermittlung der Transformationsmatrix multiplizieren wir Gleichung (4.5) von links mit der Matrix $\mathbf{P}$ und erhalten die äquivalente Gleichung

$$\mathbf{AP} = \mathbf{P\Lambda}. \tag{4.7}$$

Wir betrachten die Spalten $\mathbf{p}_i$ der Transformationsmatrix:

$$\mathbf{P} = (\mathbf{p}_1, \mathbf{p}_2, ..., \mathbf{p}_n) \tag{4.8}$$

und schreiben obige Relation (4.7) unter Beachtung von (4.8) um:

$$\mathbf{A}(\mathbf{p}_1, \mathbf{p}_2, ..., \mathbf{p}_n) = (\mathbf{p}_1, \mathbf{p}_2, ..., \mathbf{p}_n)\begin{pmatrix} s_1 & 0 & . & 0 \\ 0 & s_2 & . & 0 \\ . & . & . & . \\ 0 & 0 & . & s_n \end{pmatrix}.$$

Der „Trick" besteht nun darin, in obiger Matrix-Gleichung die auftretenden Multiplikationen mit den Spalten $\mathbf{p}_i$ durchzuführen. Dadurch erhalten wir

$$(\mathbf{Ap}_1, \mathbf{Ap}_2, ..., \mathbf{Ap}_n) = (s_1\mathbf{p}_1, s_2\mathbf{p}_2, ..., s_n\mathbf{p}_n).$$

Das bedeutet, die Vektoren $\mathbf{p}_i$ erfüllen die Gleichungen

$$\mathbf{Ap}_i = s_i\mathbf{p}_i \qquad (i = 1, 2, ..., n). \tag{4.9}$$

Damit haben wir eine interessante Deutung für die Spalten der Transformationsmatrix $\mathbf{P}$: Die Spalten $\mathbf{p}_i$ sind besondere Vektoren, da nach Multiplikation mit der Matrix $\mathbf{A}$ deren Richtung sich *nicht* ändert! Bildhaft gedeutet bewirkt die Matrixmultiplikation – je nach Wert von s_i – ein „Dehnen", ein „Stauchen" oder ein „Umdrehen" des Vektors $\mathbf{p}_i$. Man nennt diese *eigentümlichen* Vektoren $\mathbf{p}_i$ *Eigenvektoren*[1] und die Zahlen s_i die *Eigenwerte* der Matrix $\mathbf{A}$.

1 Man nennt sie auch Rechts-Eigenvektoren, da sie in der Bestimmungsgleichung $\mathbf{Ap}_i = s_i\mathbf{p}_i$ auf der „rechten" Seite der Matrix $\mathbf{A}$ erscheinen.

4.2.1 Eigenwerte und Eigenvektoren

Hierzu wird die Gleichung (4.9) folgendermaßen umgeformt

$$(s_i\mathbf{E} - \mathbf{A})\mathbf{p}_i = \mathbf{0} \qquad (i = 1, 2, ..., n).$$

Prinzipiell geht es nun darum, *nichttriviale* Vektoren

$$\mathbf{p} \neq \mathbf{0}$$

und Skalare s zu ermitteln, sodass die Gleichung

$$(s\mathbf{E} - \mathbf{A})\mathbf{p} = \mathbf{0} \tag{4.10}$$

erfüllt ist. Sie stellt die fundamentale (nichtlineare) Bestimmungsgleichung für die gesuchten Größen $\mathbf{p}$ und s dar. Da nur nichttriviale Lösungsvektoren von Interesse sind, muss die Matrix $(s\mathbf{E} - \mathbf{A})$ *singulär* sein. Das bedeutet wiederum, dass die zugehörige Determinante verschwindet. Die Eigenwerte ergeben sich demnach aufgrund der Gleichung

$$\det(s\mathbf{E} - \mathbf{A}) = 0.$$

Sie wird als *charakteristische Gleichung* bezeichnet. Der Ausdruck $\det(s\mathbf{E} - \mathbf{A})$ entspricht einem Polynom in s vom Grade n und hat die Gestalt[2]

$$\Delta(s) := \det(s\mathbf{E} - \mathbf{A}) = s^n + \alpha_{n-1}s^{n-1} + \alpha_{n-2}s^{n-2} + ... + \alpha_1 s + \alpha_0. \tag{4.11}$$

Demnach besitzt dieses so genannte *charakteristische Polynom* n Nullstellen s_i; sie sind die Eigenwerte der Matrix $\mathbf{A}$:

$$\Delta(s) := \det(s\mathbf{E} - \mathbf{A}) = \prod_{i=1}^{n}(s - s_i).$$

Durch Lösung der linearen Gleichung

$$(s\mathbf{E} - \mathbf{A})\mathbf{p} = \mathbf{0} \tag{4.12}$$

für die n Eigenwerte $s = s_i$ erhalten wir zugehörige nichttriviale Eigenvektoren $\mathbf{p} = \mathbf{p}_i$. Hierbei ist zu beachten, dass die „Länge" der Eigenvektoren nicht feststeht und sie damit *nicht* eindeutig sind! Multiplizieren wir eine Lösung $\mathbf{p}_i$ mit einem *beliebigen* skalaren Faktor, so erhalten wir wieder einen Lösungsvektor! Deswegen spricht man auch von einer *Eigenrichtung* zu einem Eigenwert.

Eine wichtige Annahme: Im vorliegenden Fall *müssen* die n Eigenvektoren nach (4.9) *linear unabhängig* sein! Denn sie werden zur Bildung einer regulären (!) Transformationsmatrix benutzt. Hier hilft folgendes Lemma aus der Linearen Algebra [58]: Wenn die (n, n)-Matrix $\mathbf{A}$ *verschiedene* Eigenwerte s_i $(i = 1, ..., n)$ besitzt, sind die zugehörigen n Eigenvektoren $\mathbf{p}_i$ automatisch linear unabhängig! Unter dieser Voraussetzung ist die Diagonalisierung eines Systems gesichert.

---

2 Nachdem der Koeffizient α_n der höchsten Potenz gleich 1 ist, handelt es sich um ein *monisches* Polynom.

4.2.2 Transitionsmatrix $e^{\mathbf{A}t}$

Die Transitionsmatrix $\mathbf{\Phi}_z(t)$ des Systems in Diagonalform (4.2) ergibt sich durch unmittelbare Integration der n skalaren „freien" Differentialgleichungen nach (4.4):

$$\frac{dz_i}{dt} = s_i z_i$$

zu

$$\mathbf{\Phi}_z(t) := \mathbf{diag}(e^{s_i t}).$$

Die gesuchte Transitionsmatrix des freien Systems

$$\frac{d\mathbf{x}}{dt} = \mathbf{A}\mathbf{x}$$

ist mit Hilfe der Beziehung

$$\mathbf{x}(t) = \mathbf{P}\mathbf{z}(t)$$

berechenbar. Es gilt grundsätzlich:

$$\mathbf{z}(t) = \mathbf{\Phi}_z(t)\mathbf{z}(0) \qquad \text{und} \qquad \mathbf{x}(t) = e^{\mathbf{A}t}\mathbf{x}(0).$$

Damit erhalten wir

$$\mathbf{x}(t) = \mathbf{P}\mathbf{\Phi}_z(t)\mathbf{z}(0) = [\mathbf{P}\mathbf{\Phi}_z(t)\mathbf{P}^{-1}]\mathbf{x}(0)$$

bzw.

$$\mathbf{x}(t) = [\mathbf{P}\mathbf{diag}(e^{s_i t})\mathbf{P}^{-1}]\mathbf{x}(0). \qquad (4.13)$$

Daraus folgt die Berechnungsvorschrift für die gesuchte Transitionsmatrix[3]

$$e^{\mathbf{A}t} = \mathbf{P}\mathbf{diag}(e^{s_i t})\mathbf{P}^{-1}. \qquad (4.14)$$

4.2.3 Eigenbewegungen

Die Lösung des freien Systems für den Anfangswert $\mathbf{x}(0) = \mathbf{x}_0$ lautet mit Hilfe der Relation (4.13)

$$\mathbf{x}(t) = \mathbf{P}\mathbf{diag}(e^{s_i t})\mathbf{P}^{-1}\mathbf{x}_0. \qquad (4.15)$$

Unter Beachtung von

$$\mathbf{x}_0 = \mathbf{P}\mathbf{z}(0) = \mathbf{P}\mathbf{z}_0$$

erhalten wir nach Ausmultiplikation in (4.15) den Ausdruck

$$\mathbf{x}(t) = \sum_{i=1}^{n} z_{0i}\mathbf{p}_i e^{s_i t}.$$

Der Lösungsvektor $\mathbf{x}(t)$ entspricht der Linearkombination der n Lösungen

$$\mathbf{p}_i e^{s_i t}$$

---

3 Man erkennt leicht, dass im vorliegenden Fall die Zeitabhängigkeit der Transitionsmatrix *ausschließlich* durch Exponentialfunktionen $e^{s_i t}$ charakterisiert wird.

längs der Eigenvektoren. Das hat wiederum zur Folge: *Falls* der Anfangszustand des Systems ein Eigenvektor ist, d.h.

$$\mathbf{x}_0 = \mathbf{p}_i,$$

lautet der zugehörige Lösungsvektor des freien Systems

$$\mathbf{x}(t) = \mathbf{x}_0 e^{s_i t}.$$

Dadurch wird eine so genannte *Eigenbewegung* des Systems beschrieben.

4.2.4 Links-Eigenvektoren

Wir gehen von der grundlegenden Beziehung (4.7)

$$\mathbf{AP} = \mathbf{Pdiag}(s_i)$$

aus. Durch Rechts- bzw. Linksmultiplikation dieser Gleichung mit $\mathbf{P}^{-1}$ erhalten wir die äquivalente Gleichung

$$\mathbf{P}^{-1}\mathbf{A} = \mathbf{diag}(s_i)\mathbf{P}^{-1}. \tag{4.16}$$

Wir symbolisieren nun die n *Zeilen* der Matrix $\mathbf{P}^{-1}$ mit

$$\boldsymbol{\rho}_i^T \qquad (i = 1, 2, ..., n),$$

d.h.

$$\mathbf{P}^{-1} = \begin{pmatrix} \boldsymbol{\rho}_1^T \\ \boldsymbol{\rho}_2^T \\ \cdot \\ \cdot \\ \boldsymbol{\rho}_n^T \end{pmatrix}. \tag{4.17}$$

Das „Ausmultiplizieren“ auf beiden Seiten der Relation (4.16) unter Beachtung von (4.17) ergibt dann die n Gleichungen

$$\boldsymbol{\rho}_i^T \mathbf{A} = s_i \boldsymbol{\rho}_i^T, \qquad (i = 1, 2, ..., n). \tag{4.18}$$

Demnach sind die formal eingeführten Zeilen der Matrix $\mathbf{P}^{-1}$ in einer besonderen Art mit der Matrix $\mathbf{A}$ und ihren Eigenwerten gekoppelt. Man vergleiche hierzu obige Beziehung (4.18) mit (4.9). Die Größen $\boldsymbol{\rho}_i^T$ sind ebenfalls Eigenvektoren der Matrix $\mathbf{A}$! Zur Unterscheidung bezeichnet man sie als *Links-Eigenvektoren*, während die ursprünglich eingeführten Eigenvektoren $\mathbf{p}_i$ so genannte *Rechts-Eigenvektoren* der Matrix $\mathbf{A}$ sind.

Es ist bemerkenswert, dass die Links- zu den Rechts-Eigenvektoren in einer besonderen Beziehung stehen! Nachdem diese wegen der Gültigkeit der Relation

$$\mathbf{P}^{-1}\mathbf{P} = \mathbf{E}$$

zusammenhängen, weisen die *hier* betrachteten Rechts- bzw. Links-Eigenvektoren folgende Eigenschaft auf:

$$\begin{aligned} \boldsymbol{\rho}_i^T \mathbf{p}_k &= 1, \qquad \text{für } i = k \\ \boldsymbol{\rho}_i^T \mathbf{p}_k &= 0, \qquad \text{für } i \neq k. \end{aligned}$$

Man sagt, sie stehen *orthonormal* zueinander.

4.2.5 Gewichtsfunktion und Übertragungsfunktion

Die Gewichtsfunktion des Systems[4] ergibt sich aufgrund der Definitionsgleichung zu (vgl. Relation (2.17))

$$g(t) = \mathbf{c}^T \mathbf{P}\mathbf{diag}(e^{s_i t})\mathbf{P}^{-1}\mathbf{b}$$

bzw. unter Verwendung von (4.6) zu

$$g(t) = \begin{pmatrix} \bar{\delta}_1 & \bar{\delta}_2 & . & \bar{\delta}_n \end{pmatrix} \mathbf{diag}(e^{s_i t}) \begin{pmatrix} \delta_1 \\ \delta_2 \\ . \\ \delta_n \end{pmatrix} = \sum_{i=1}^{n} \bar{\delta}_i \delta_i e^{s_i t}. \tag{4.19}$$

Führt man für das Produkt $\bar{\delta}_i \delta_i$ die Abkürzung

$$\eta_i = \bar{\delta}_i \delta_i \qquad (i = 1, 2, ..., n) \tag{4.20}$$

ein, so erhält man abschließend für die Gewichtsfunktion

$$g(t) = \sum_{i=1}^{n} \eta_i e^{s_i t}.$$

Die Übertragungsfunktion kann leicht berechnet werden: Zunächst ergeben sich aus den Differentialgleichungen (4.4) mit Hilfe der *Laplace*-Transformation unter Beachtung, dass die Anfangswerte der Zustandsvariablen $z_i(t = 0)$ null sind, die algebraischen Beziehungen für die Zustandsvariablen

$$z_i(s) = \frac{1}{s - s_i} \delta_i u(s) \qquad (i = 1, 2, ..., n).$$

Unter Heranziehen der Ausgangsgleichung

$$y(s) = \sum_{i=1}^{n} \bar{\delta}_i z_i(s) + du(s)$$

erhalten wir dann unter Beachtung von (4.20)

$$G(s) = \sum_{i=1}^{n} \eta_i \frac{1}{s - s_i} + d.$$

[4] Man beachte: Die Gewichts- und die Übertragungsfunktion sind *invariant* gegenüber einer regulären Zustandstransformation!

Bemerkung

Falls der Faktor η_i gleich null ist ist, ergibt sich eine *Reduktion* des Grades der Übertragungsfunktion. Das bedeutet:

- Falls eine der Größen $\delta_i = 0$ ist, so kann man mittels der Eingangsgröße u die entsprechende Zustandsvariable prinzipiell *nicht* beeinflussen.
- Falls eine der Größen $\bar{\delta}_i = 0$ ist, so ist in der Ausgangsgröße y keine Information über die entsprechende Zustandsvariable enthalten.

Anmerkung

Natürlich erhalten wir für die Übertragungsfunktion das gleiche Resultat unter Verwendung der Formel

$$G(s) = \mathbf{c}^T \mathbf{P}\mathbf{diag}(\frac{1}{s-s_i})\mathbf{P}^{-1}\mathbf{b} + d. \tag{4.21}$$

Nach Einsetzen der Beziehungen (4.6) in (4.21) erhält $G(s)$ die Form

$$G(s) = \bar{\boldsymbol{\delta}}^T(s\mathbf{E}-\boldsymbol{\Lambda})^{-1}\boldsymbol{\delta} + d = \bar{\boldsymbol{\delta}}^T[\mathbf{diag}(s-s_i)]^{-1}\boldsymbol{\delta} + d \tag{4.22}$$

bzw.

$$G(s) = \bar{\boldsymbol{\delta}}^T\mathbf{diag}(\frac{1}{s-s_i})\boldsymbol{\delta} + d.$$

4.2.6 Beispiele

Beispiel („RC-Netzwerk", Fortsetzung): Wir betrachten das entwickelte Modell

$$\frac{d\mathbf{x}}{dt} = \begin{pmatrix} -3 & 3 \\ \frac{2}{3} & -2 \end{pmatrix}\mathbf{x} + \begin{pmatrix} 0 \\ \frac{4}{3} \end{pmatrix} u \qquad y = \begin{pmatrix} 1 & 0 \end{pmatrix}\mathbf{x}.$$

Gesucht sind die Transitionsmatrix $e^{\mathbf{A}t}$ und die Übertragungsfunktion $G(s)$ des Systems.

Wir ermitteln zunächst die Eigenwerte des Systems. Hierzu berechnen wir das charakteristische Polynom nach Relation (4.11):

$$\begin{aligned} \Delta(s) &= \det\begin{pmatrix} s+3 & -3 \\ -\frac{2}{3} & s+2 \end{pmatrix} = (s+3)(s+2) - 2 = s^2 + 5s + 4 \\ &= (s+1)(s+4) \end{aligned}$$

Es besitzt zwei Nullstellen bei (-1) und (-4), d.h. die Eigenwerte lauten

$$s_1 = -1 \quad \text{und} \quad s_2 = -4.$$

Nachdem die Eigenwerte sich voneinander unterscheiden, sind die zugehörigen Rechts-Eigenvektoren $\mathbf{p}_1$ und $\mathbf{p}_2$ linear unabhängig und können benutzt werden, um die Transitionsmatrix nach Gleichung (4.14) zu berechnen. Die Bestimmung der Eigenvektoren erfolgt mit Hilfe der Bestimmungsgleichung (4.12)

$$\begin{pmatrix} s_i + 3 & -3 \\ -\frac{2}{3} & s_i + 2 \end{pmatrix} \mathbf{p}_i = \mathbf{0} \quad \text{für } i = 1, 2.$$

Für $s_1 = -1$ lautet die Bestimmungsgleichung für $\mathbf{p}_1$

$$\begin{pmatrix} -1 + 3 & -3 \\ -\frac{2}{3} & -1 + 2 \end{pmatrix} \mathbf{p}_1 = \mathbf{0}$$

bzw.

$$\begin{pmatrix} 2 & -3 \\ -\frac{2}{3} & 1 \end{pmatrix} \begin{pmatrix} p_{11} \\ p_{12} \end{pmatrix} = \mathbf{0}.$$

Daraus erhalten wir die Gleichung

$$2p_{11} = 3p_{12}.$$

Mit der Wahl $p_{12} = \frac{2}{3}$ ergibt sich der 1. Eigenvektor zu

$$\mathbf{p}_1 = \begin{pmatrix} 1 \\ \frac{2}{3} \end{pmatrix}.$$

Den 2. Eigenvektor erhalten wir anhand der Gleichung

$$\begin{pmatrix} -4 + 3 & -3 \\ -\frac{2}{3} & -4 + 2 \end{pmatrix} \mathbf{p}_2 = \mathbf{0}$$

bzw.

$$\begin{pmatrix} -1 & -3 \\ -\frac{2}{3} & -2 \end{pmatrix} \begin{pmatrix} p_{21} \\ p_{22} \end{pmatrix} = \mathbf{0}.$$

Mit der Wahl $p_{22} = -\frac{1}{3}$ erhalten wir den 2. Eigenvektor

$$\mathbf{p}_2 = \begin{pmatrix} 1 \\ -\frac{1}{3} \end{pmatrix}.$$

Die (reguläre) Transformationsmatrix nach Gleichung (4.8) lautet dann

$$\mathbf{P} = \begin{pmatrix} \mathbf{p}_1 & \mathbf{p}_2 \end{pmatrix} = \begin{pmatrix} 1 & 1 \\ \frac{2}{3} & -\frac{1}{3} \end{pmatrix}$$

und die Transitionsmatrix lässt sich anhand der Beziehung (4.14) berechnen:

$$e^{\mathbf{A}t} = \begin{pmatrix} 1 & 1 \\ \frac{2}{3} & -\frac{1}{3} \end{pmatrix} \begin{pmatrix} e^{-t} & 0 \\ 0 & e^{-4t} \end{pmatrix} \begin{pmatrix} 1 & 1 \\ \frac{2}{3} & -\frac{1}{3} \end{pmatrix}^{-1}.$$

Nach einigen einfachen Umrechnungen ergeben sich

$$e^{\mathbf{A}t} = \begin{pmatrix} e^{-t} & e^{-4t} \\ \frac{2}{3}e^{-t} & -\frac{1}{3}e^{-4t} \end{pmatrix} \begin{pmatrix} \frac{1}{3} & 1 \\ \frac{2}{3} & -1 \end{pmatrix} \quad \text{bzw.}$$

$$e^{\mathbf{A}t} = \begin{pmatrix} \frac{1}{3}e^{-t} + \frac{2}{3}e^{-4t} & e^{-t} - e^{-4t} \\ \frac{2}{9}e^{-t} - \frac{2}{9}e^{-4t} & \frac{2}{3}e^{-t} + \frac{1}{3}e^{-4t} \end{pmatrix}.$$

Nachdem das betrachtete System diagonalisierbar ist, kann die Übertragungsfunktion anhand der Relation (4.21) berechnet werden. Das ergibt zunächst unter Benutzung der berechneten Matrix $\mathbf{P}$

$$G(s) = \begin{pmatrix} 1 & 0 \end{pmatrix} \begin{pmatrix} 1 & 1 \\ \frac{2}{3} & -\frac{1}{3} \end{pmatrix} \begin{pmatrix} \frac{1}{s+1} & 0 \\ 0 & \frac{1}{s+4} \end{pmatrix} \begin{pmatrix} 1 & 1 \\ \frac{2}{3} & -\frac{1}{3} \end{pmatrix}^{-1} \begin{pmatrix} 0 \\ \frac{4}{3} \end{pmatrix}.$$

Nach einigen Umrechnungen erhalten wir dann

$$G(s) = \frac{1}{(s+1)(s+4)}.$$

Beispiel („linearer Oszillator", Fortsetzung): Wir betrachten den LC-Serienkreis mit folgendem mathematischen Modell[5]:

$$\begin{pmatrix} \frac{dx_1}{d\tau} \\ \frac{dx_2}{d\tau} \end{pmatrix} = \begin{pmatrix} 0 & 1 \\ -1 & 0 \end{pmatrix} \begin{pmatrix} x_1 \\ x_2 \end{pmatrix} + \begin{pmatrix} 0 \\ \sqrt{C} \end{pmatrix} u =: \mathbf{A}\mathbf{x} + \mathbf{b}u. \tag{4.23}$$

$$y = \begin{pmatrix} \frac{1}{\sqrt{C}} & 0 \end{pmatrix} \mathbf{x} =: \mathbf{c}^T \mathbf{x} \tag{4.24}$$

Es soll eine reguläre konstante Transformationsmatrix $\mathbf{P}$

$$\mathbf{x}(\tau) = \mathbf{P}\mathbf{z}(\tau) \tag{4.25}$$

ermittelt werden, sodass das transformierte Modell Diagonalform besitzt.

Hierzu werden zuerst die Eigenwerte ermittelt. Sie entsprechen den Nullstellen des charakteristischen Polynoms:

$$\Delta(s) = \det \left[s\mathbf{E} - \begin{pmatrix} 0 & 1 \\ -1 & 0 \end{pmatrix} \right] = \det \begin{pmatrix} s & -1 \\ 1 & s \end{pmatrix}$$

bzw.

$$\Delta(s) = s^2 + 1 = (s+j)(s-j).$$

Es ergeben sich die konjugiert komplexen Eigenwerte

$$s_1 = -j \quad \text{und} \quad s_2 = +j. \tag{4.26}$$

---

5 Zur Erinnerung: Mit τ symbolisieren wir gemäß (2.18) die skalierte Zeit $\tau = \frac{1}{\sqrt{LC}}t$. Die Zustandsvariablen sind durch $x_1 := \sqrt{C}u_C$ und $x_2 := \sqrt{L}i_L$ definiert.

Nachdem die zwei Eigenwerte verschieden sind, sind die zugehörigen Rechts-Eigenvektoren $\mathbf{p}_1$ und $\mathbf{p}_2$ linear unabhängig und können zur Bildung der gesuchten Tranformationsmatrix (4.25) gemäß

$$\mathbf{P} = \begin{pmatrix} \mathbf{p}_1 & \mathbf{p}_2 \end{pmatrix}$$

herangezogen werden. Sie werden gemäß (4.12) durch Lösung der Gleichung

$$(s_{1,2}\mathbf{E} - \mathbf{A})\mathbf{p}_{1,2} = \mathbf{0} \tag{4.27}$$

ermittelt. Für den ersten Eigenwert lautet sie

$$\begin{pmatrix} -j & -1 \\ 1 & -j \end{pmatrix} \begin{pmatrix} p_{11} \\ p_{12} \end{pmatrix} = \begin{pmatrix} 0 \\ 0 \end{pmatrix}$$

bzw.

$$\begin{pmatrix} -jp_{11} - p_{12} \\ p_{11} - jp_{12} \end{pmatrix} = \begin{pmatrix} 0 \\ 0 \end{pmatrix}$$

Durch die (willkürliche) Wahl $p_{12} = 1$ erhalten wir für $\mathbf{p}_1$

$$\mathbf{p}_1 = \begin{pmatrix} j \\ 1 \end{pmatrix}. \tag{4.28}$$

In analoger Weise ergibt sich für $\mathbf{p}_2$

$$\mathbf{p}_2 = \begin{pmatrix} -j \\ 1 \end{pmatrix}. \tag{4.29}$$

Man erkennt, dass $\mathbf{p}_2$ der zu $\mathbf{p}_1$ konjugiert komplexe[6] Vektor ist! Damit lautet die Transformationsmatrix (2.24)

$$\mathbf{P} = \begin{pmatrix} j & -j \\ 1 & 1 \end{pmatrix}.$$

Das diagonalisierte Modell lautet nach (4.5) und (4.6)

$$\begin{pmatrix} \frac{dz_1}{d\tau} \\ \frac{dz_2}{d\tau} \end{pmatrix} = \begin{pmatrix} -j & 0 \\ 0 & j \end{pmatrix} \begin{pmatrix} z_1 \\ z_2 \end{pmatrix} + \begin{pmatrix} j & -j \\ 1 & 1 \end{pmatrix}^{-1} \begin{pmatrix} 0 \\ \sqrt{C} \end{pmatrix} u$$

bzw.

$$\begin{pmatrix} \frac{dz_1}{d\tau} \\ \frac{dz_2}{d\tau} \end{pmatrix} = \begin{pmatrix} -j & 0 \\ 0 & j \end{pmatrix} \begin{pmatrix} z_1 \\ z_2 \end{pmatrix} + \begin{pmatrix} \frac{\sqrt{C}}{2} \\ \frac{\sqrt{C}}{2} \end{pmatrix} u. \tag{4.30}$$

Für die Ausgangsgleichung ergibt sich

$$y = \begin{pmatrix} \frac{1}{\sqrt{C}} & 0 \end{pmatrix} \begin{pmatrix} j & -j \\ 1 & 1 \end{pmatrix} \begin{pmatrix} z_1 \\ z_2 \end{pmatrix}$$

---

[6] Dies folgt allgemein aus der Bestimmungsgleichung $\mathbf{Ap} = s\mathbf{p}$ für die Eigenwerte und die Eigenvektoren. Unter der Annahme, dass die Matrix $\mathbf{A}$ reell ist, gilt: Falls s ein komplexer Eigenwert ist, so ist der konjugiert komplexe Wert s^* *ebenfalls* ein Eigenwert. Indem wir die Gleichung konjugieren, erhalten wir $\mathbf{Ap}^* = s^*\mathbf{p}^*$. Das bedeutet allerdings, dass $\mathbf{p}^*$ ein Rechts-Eigenvektor zum Eigenwert s^* ist!

bzw.

$$y = \begin{pmatrix} \frac{j}{\sqrt{C}} & -\frac{j}{\sqrt{C}} \end{pmatrix} \begin{pmatrix} z_1 \\ z_2 \end{pmatrix}. \tag{4.31}$$

Die Gewichtsfunktion ergibt sich anhand der Relation (4.19):

$$\begin{aligned} g(\tau) &= \begin{pmatrix} \frac{j}{\sqrt{C}} & -\frac{j}{\sqrt{C}} \end{pmatrix} \begin{pmatrix} e^{-j\tau} & 0 \\ 0 & e^{j\tau} \end{pmatrix} \begin{pmatrix} \frac{\sqrt{C}}{2} \\ \frac{\sqrt{C}}{2} \end{pmatrix} \\ &= \begin{pmatrix} \frac{j}{\sqrt{C}} & -\frac{j}{\sqrt{C}} \end{pmatrix} \begin{pmatrix} \frac{\sqrt{C}}{2} e^{-j\tau} \\ \frac{\sqrt{C}}{2} e^{j\tau} \end{pmatrix} = \frac{1}{2} j (e^{-j\tau} - e^{j\tau}). \end{aligned}$$

Sie lautet in Übereinstimmung mit (2.24):

$$g(\tau) = \sin \tau. \tag{4.32}$$

Die Übertragungsfunktion des linearen Oszillators berechnet sich gemäß (4.22) zu

$$\begin{aligned} G(s) &= \begin{pmatrix} \frac{j}{\sqrt{C}} & -\frac{j}{\sqrt{C}} \end{pmatrix} \begin{pmatrix} \frac{1}{s+j} & 0 \\ 0 & \frac{1}{s-j} \end{pmatrix} \begin{pmatrix} \frac{\sqrt{C}}{2} \\ \frac{\sqrt{C}}{2} \end{pmatrix} \\ &= \frac{1}{2} j \left(\frac{1}{s+j} - \frac{1}{s-j}\right) \end{aligned}$$

bzw.

$$G(s) = \frac{1}{s^2 + 1}. \tag{4.33}$$

Kapitel

5 Steuerbarkeit und Beobachtbarkeit

5.1 Einführung

Die Intention bei der Einführung der Begriffe *Steuerbarkeit* und *Beobachtbarkeit* eines Systems

$$\frac{d\mathbf{x}}{dt} = \mathbf{A}\mathbf{x} + \mathbf{b}u \qquad\qquad y = \mathbf{c}^T\mathbf{x} + du \tag{5.1}$$

ist durch Bedürfnisse in der Praxis begründet. Einfach gesagt geht es bei der Steuerbarkeit darum zu wissen, ob die (skalare) Eingangsgröße u jede Zustandsvariable beeinflusst. Nachdem die Eingangsgröße die von außen vorgebbare Größe ist, ist es für den Entwurf eines Regelkreises von entscheidender Bedeutung, ob man mittels u das Systemverhalten in seiner Gänze verändern kann. Bei der Beobachtbarkeit geht es darum, ob in der (skalaren) Ausgangsgröße y Information über alle Zustandsvariablen enthalten ist. Fasst man z.B. y als Messgröße auf, so ist es von Interesse, dass das Verhalten dieser Systemgröße von allen inneren Systemgrößen abhängig ist. Bei einem „gutmütigen" zeitlichen Verlauf der Messgröße möchte man gerne auf ein entsprechendes Verhalten der Zustandsvariablen schließen können.

Bevor wir präzise Definitionen, welche die formulierten Intentionen widerspiegeln, angeben, wollen wir uns mit einem Sonderfall befassen und sehr einfache Kriterien der noch vage formulierten Begriffe ableiten. Es wird sich in den nachfolgenden Ausführungen allerdings zeigen, dass diese Kriterien auch im allgemeinen Fall ihre Gültigkeit behalten!

5.2 Der Fall „verschiedene Eigenwerte"

Wir setzen voraus, dass die n Eigenwerte der Systemmatrix $\mathbf{A}$ verschieden sind. Aufgrund der Ausführungen in Kap. 4 kann man mit Hilfe einer geeigneten Zustandstransformation das betrachtete System (5.1) „diagonalisieren".

Das Modell in Diagonalform besitzt dann die Gestalt

$$\begin{aligned}\frac{d\mathbf{z}}{dt} &= \begin{pmatrix} s_1 & 0 & . & 0 \\ 0 & s_2 & . & 0 \\ . & . & . & . \\ 0 & 0 & . & s_n \end{pmatrix}\mathbf{z} + \begin{pmatrix} \delta_1 \\ \delta_2 \\ . \\ \delta_n \end{pmatrix} u \\ y &= \begin{pmatrix} \bar{\delta}_1 & \bar{\delta}_2 & . & \bar{\delta}_n \end{pmatrix}\mathbf{z} + du.\end{aligned}$$

Es ist zu beachten, dass die Differentialgleichungen entkoppelt sind! Somit lautet die i-te Differentialgleichung

$$\frac{dz_i}{dt} = s_i z_i + \delta_i u \qquad (i = 1, 2, ..., n).$$

Man kann nun sehr leicht entscheiden, ob die Eingangsgröße u die Zustandsvariablen beeinflusst. Ist z.B. ein Faktor $\delta_k = 0$, so wirkt die Eingangsgröße *nicht* auf die Zustandsvariable z_k ein. Diese gehorcht der „freien“ Differentialgleichung

$$\frac{dz_k}{dt} = s_k z_k$$

und kann prinzipiell mittels der Eingangsgröße *nicht* beeinflusst werden.

Im Falle $\bar{\delta}_k = 0$ kann man ähnlich argumentieren. Die Werte der Ausgangsgröße

$$y = \sum_{i=1, i\neq k}^{n} \bar{\delta}_i z_i + du$$

hängen in diesem Fall *nicht* von den Werten der Zustandsvariablen z_k ab. Demnach kann man durch Messung bzw. „Beobachtung“ der Größe y keinerlei Aussage über die Werte der Zustandsvariablen z_k treffen.

Wir erkennen im Diagonalfall das Fehlen dieser Eigenschaften durch einfache „visuelle Inspektion“: *Kein* Element des Eingangs- bzw. des Ausgangsvektors darf gleich null sein.

5.3 Der allgemeine Fall: Definitionen und Kriterien

Wir geben nun die Definitionen für ein lineares und zeitinvariantes Zustandsmodell nach Gleichung (5.1) wieder.

Wir beginnen mit dem Begriff *Steuerbarkeit*:

Das System wird *steuerbar* genannt, wenn durch geeignete Wahl der Eingangsgröße u der Zustandsvektor $\mathbf{x}$ in *endlicher* Zeit T aus einem *beliebig* vorgegebenen Anfangszustand $\mathbf{x}(0)$ in den *beliebig* vorgegebenen Endzustand $\mathbf{x}(T)$ bewegt werden kann.

Es ist bemerkenswert, dass bei dieser Definition die Wahl der Eingangsgröße offen ist; es werden auch keinerlei Einschränkungen bezüglich ihres zeitlichen Verlaufes gemacht. Es geht darum, ob in endlicher Zeit T ein Übergang $\mathbf{x}(0) \to \mathbf{x}(T)$ *grundsätzlich* möglich ist! Des Weiteren ist festzuhalten, dass (theoretisch) die Übergangszeit T durch Wahl einer geeigneten Eingangsgröße u beliebig *klein* gestaltet werden kann. In diesem Fall nimmt die Eingangsgröße u allerdings „sehr große“ Werte an [69].

Die Systemeigenschaft der Steuerbarkeit ist *genau dann* gegeben, wenn eines der folgenden Kriterien erfüllt ist:

1. Kriterium nach *Kalman*: Die (n,n)-Matrix, die so genannte *Steuerbarkeitsmatrix*,

$$\mathbf{S}_u = \begin{pmatrix} \mathbf{b} & \mathbf{A}\mathbf{b} & \mathbf{A}^2\mathbf{b} & \ldots & \mathbf{A}^{n-1}\mathbf{b} \end{pmatrix}, \tag{5.2}$$

   ist regulär. Es gilt dann

$$\det(\mathbf{S}_u) \neq 0.$$

2. Kriterium nach *Hautus*: Die rechteckige $(n, n+1)$-Matrix

$$\mathbf{H}_u = (s\mathbf{E} - \mathbf{A},\ \mathbf{b})$$

   hat für *alle Eigenwerte* $s = s_i$ der Matrix $\mathbf{A}$ den Rang n.

3. Ist $\boldsymbol{\rho}$ ein *Links*-Eigenvektor der Matrix $\mathbf{A}$, d.h.[1]

$$\boldsymbol{\rho}^T\mathbf{A} = s\boldsymbol{\rho}^T, \quad \text{so gilt} \quad \boldsymbol{\rho}^T\mathbf{b} \neq 0.$$

Wir kommen nun zum Begriff *Beobachtbarkeit*:

Das System wird *beobachtbar* genannt, wenn aus der Kenntnis von $u(t)$ und $y(t)$ in einem *endlichen* Zeitintervall $[0, T]$, der *unbekannte* Anfangszustand $\mathbf{x}(0)$ bestimmt werden kann.

Es ist bemerkenswert, dass das Intervall $[0, T]$ (zumindest theoretisch) beliebig *klein* gemacht werden kann!

Die Systemeigenschaft der Beobachtbarkeit ist *genau dann* gegeben, wenn eines der folgenden Kriterien erfüllt ist:

1. Kriterium nach *Kalman*: Die (n,n)-Matrix, die so genannte *Beobachtbarkeitsmatrix,*

$$\mathbf{B}_y = \begin{pmatrix} \mathbf{c}^T \\ \mathbf{c}^T\mathbf{A} \\ \mathbf{c}^T\mathbf{A}^2 \\ \cdot \\ \cdot \\ \mathbf{c}^T\mathbf{A}^{n-1} \end{pmatrix} \tag{5.3}$$

   ist regulär. Es gilt dann

$$\det(\mathbf{B}_y) \neq 0.$$

2. Kriterium nach *Hautus*: Die rechteckige $(n+1, n)$-Matrix

$$\mathbf{H}_y = \begin{pmatrix} \mathbf{c}^T \\ s\mathbf{E} - \mathbf{A} \end{pmatrix}$$

   hat für *alle Eigenwerte* $s = s_i$ der Matrix $\mathbf{A}$ den Rang n.

[1] Man betrachte den oben behandelten Fall „verschiedene Eigenwerte“, in dem intuitiv das Kriterium $\delta_k \neq 0$ erarbeitet wurde, und beachte (vgl. Kap. 4), dass $\delta_k := \boldsymbol{\rho}_k^T\mathbf{b}$ gilt! Der Steuerbarkeitsverlust hat eine Reduktion der Ordnung der Übertragungsfunktion zur Folge!

3. Ist $\mathbf{p}$ ein *Rechts*-Eigenvektor der Matrix $\mathbf{A}$, d.h.[2]

$$\mathbf{A}\mathbf{p} = s\mathbf{p}, \quad \text{so gilt} \quad \mathbf{c}^T\mathbf{p} \neq 0.$$

5.4 Beispiele

Beispiel („Elektrische Brücke"): Wir betrachten ein Netzwerk nach Abb. 5.1, bestehend aus idealen Bauelementen.

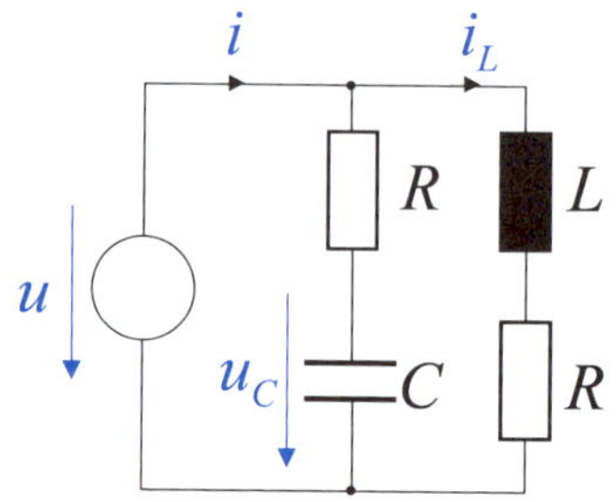

Abbildung 5.1: RLC-Netzwerk

Das sind die unabhängige Spannungsquelle, die zwei Widerstände R, die Induktivität L und der Kondensator C. Diese Schaltung entspricht einem System mit folgenden Systemgrößen: Die von der Spannungsquelle gelieferte Spannung u fassen wir als Eingangsgröße auf. Der Gesamtstrom i entspricht der Ausgangsgröße. Als Zustandsvariablen werden gemäß der 1. weststeirischen Bauernregel der Strom i_L und die Spannung u_C am Kondensator gewählt. Wir interessieren uns für die Steuer- und die Beobachtbarkeit dieses Systems in Abhängigkeit von den Werten der Parameter R, L und C und wollen hierfür notwendige und hinreichende Bedingungen erarbeiten.

Erstellung des Modells:

Die Spannungsbilanz nach *Kirchhoff* liefert unter Beachtung von

$$i_C = C\frac{du_C}{dt} \quad \text{und} \quad u_L = L\frac{di_L}{dt}$$

die zwei Differentialgleichungen

$$u = L\frac{di_L}{dt} + Ri_L \quad \text{und} \quad u = RC\frac{du_C}{dt} + u_C.$$

Für den Gesamtstrom i erhalten wir unter Beachtung der Strombilanz nach *Kirchhoff*

$$i = i_L + \frac{u - u_C}{R} = i_L - \frac{u_C}{R} + \frac{u}{R}.$$

[2] Auch hier hat man im Fall „verschiedene Eigenwerte" das 3. Kriterium intuitiv formuliert. Es lautet $\bar{\delta}_k \neq 0$ und es gilt (vgl. Kap. 4) $\bar{\delta}_k := \mathbf{c}^T\mathbf{p}_k$. Der Beobachtbarkeitsverlust hat eine Reduktion der Ordnung der Übertragungsfunktion zur Folge!

Durch Einführung des Zustandsvektors

$$\mathbf{x} = \begin{pmatrix} x_1 \\ x_2 \end{pmatrix} := \begin{pmatrix} i_L \\ u_C \end{pmatrix}$$

ergibt sich unter Verwendung der obigen Gleichungen das Systemmodell

$$\begin{aligned} \frac{d\mathbf{x}}{dt} &= \begin{pmatrix} -\frac{R}{L} & 0 \\ 0 & -\frac{1}{RC} \end{pmatrix} \mathbf{x} + \begin{pmatrix} \frac{1}{L} \\ \frac{1}{RC} \end{pmatrix} u \\ y &= \begin{pmatrix} 1 & -\frac{1}{R} \end{pmatrix} \mathbf{x} + \frac{1}{R} u. \end{aligned}$$

Ermittlung der Steuerbarkeits- und der Beobachtbarkeitsmatrix:

Die beiden $(2,2)$-Matrizen werden mit Hilfe der Relationen (5.2) und (5.3) gebildet; sie lauten

$$\mathbf{S}_u = \begin{pmatrix} \frac{1}{L} & -\frac{R}{L^2} \\ \frac{1}{RC} & -\frac{1}{(RC)^2} \end{pmatrix}$$

und

$$\mathbf{B}_y = \begin{pmatrix} 1 & -\frac{1}{R} \\ -\frac{R}{L} & \frac{1}{R^2 C} \end{pmatrix}.$$

Das System ist genau dann steuerbar, wenn die Matrix $\mathbf{S}_u$ regulär ist, d.h. die zugehörige Determinante sich von null unterscheidet. Das bedeutet

$$\det(\mathbf{S}_u) = -\frac{1}{LRC}\left(\frac{1}{RC} - \frac{R}{L}\right) \neq 0.$$

Das System besitzt genau dann die Eigenschaft der Beobachtbarkeit, wenn Folgendes gilt:

$$\det(\mathbf{B}_y) = \frac{1}{R}\left(\frac{1}{RC} - \frac{R}{L}\right) \neq 0.$$

Daraus folgt, dass Steuer- bzw. Beobachtbarkeit *genau dann* vorliegen, wenn die Parameterwerte der Bauelemente die Ungleichung

$$\frac{1}{RC} \neq \frac{R}{L} \quad \text{bzw.} \quad R^2 \neq \frac{L}{C}$$

erfüllen,[3] d.h. wenn die Eigenwerte der Systemmatrix

$$s_1 = -\frac{R}{L} \quad \text{und} \quad s_2 = -\frac{1}{RC}$$

verschieden sind!

---

[3] Betrachtet man die komplexen Widerstände (pL) und $(1/(pC)$, so ist der Ausdruck $R^2 = (pL)(\frac{1}{pC})$ als „Abgleichbedingung" für diese elektrische Brücke interpretierbar! Das heißt: im „abgeglichenen" Zustand ist die Brücke weder steuerbar noch beobachtbar!

Der Verlust dieser Eigenschaften hat „dramatische“ Folgen für das Eingangs-Ausgangs-Verhalten des Systems und die Form der Gewichts- bzw. der Übertragungsfunktion des Netzwerkes. Beide lassen sich leicht berechnen, da das Modell Diagonalform besitzt. Da die Systemmatrix eine Diagonalstruktur aufweist, kann die zugehörige Transitionsmatrix unmittelbar angegeben werden:

$$\mathbf{\Phi}(t) = \begin{pmatrix} e^{-\frac{R}{L}t} & 0 \\ 0 & e^{-\frac{1}{RC}t} \end{pmatrix}.$$

Damit kann die Gewichtsfunktion ebenfalls leicht berechnet werden:

$$g(t) = \begin{pmatrix} 1 & -\frac{1}{R} \end{pmatrix} \begin{pmatrix} e^{-\frac{R}{L}t} & 0 \\ 0 & e^{-\frac{1}{RC}t} \end{pmatrix} \begin{pmatrix} \frac{1}{L} \\ \frac{1}{RC} \end{pmatrix} = \frac{1}{L}e^{-\frac{R}{L}t} - \frac{1}{R^2C}e^{-\frac{1}{RC}t}$$

bzw.

$$g(t) = \frac{1}{R}(\frac{R}{L}e^{-\frac{R}{L}t} - \frac{1}{RC}e^{-\frac{1}{RC}t}). \tag{5.4}$$

Deren zeitliches Verhalten wird durch die im Allgemeinen verschiedenen Exponentialfunktionen $e^{-\frac{R}{L}t}$ und $e^{-\frac{1}{RC}t}$ geprägt.

Die Übertragungsfunktion läßt sich bei Vorliegen der Gewichtsfunktion $g(t)$ und des Durchgriffsterms d des Systems anhand von

$$G(s) = \mathcal{L}\{g(t)\} + d \tag{5.5}$$

berechnen. In vorliegendem Fall ergibt sich aus (5.4) und (5.5):

$$G(s) = \frac{1}{R}(\frac{R}{L}\frac{1}{s+\frac{R}{L}} - \frac{1}{RC}\frac{1}{s+\frac{1}{RC}}) + \frac{1}{R}. \tag{5.6}$$

Die Übertragungsfunktion besitzt im Normalfall die Ordnung 2, d.h. sie weist ein Nennerpolynom 2. Grades auf.

Für die Ausgangsgröße y ergibt sich dann

$$\begin{aligned} y(t) \;=\; & \begin{pmatrix} 1 & -\frac{1}{R} \end{pmatrix} \begin{pmatrix} e^{-\frac{R}{L}t} & 0 \\ 0 & e^{-\frac{1}{RC}t} \end{pmatrix} \mathbf{x}_0 + \\ & \int_0^t [\frac{1}{L}e^{-\frac{R}{L}(t-\tau)} - \frac{1}{R^2C}e^{-\frac{1}{RC}(t-\tau)}]u(\tau)d\tau + du(t) \end{aligned}$$

bzw.

$$y(t) = \begin{pmatrix} e^{-\frac{R}{L}t} & -\frac{1}{R}e^{-\frac{1}{RC}t} \end{pmatrix} \mathbf{x}_0 + \int_0^t [\frac{1}{L}e^{-\frac{R}{L}(t-\tau)} - \frac{1}{R^2C}e^{-\frac{1}{RC}(t-\tau)}]u(\tau)d\tau + du(t). \tag{5.7}$$

Falls das System nicht steuerbar bzw. nicht beobachtbar ist, d.h. im Fall $\frac{1}{RC} = \frac{R}{L}$, verschwindet gemäß (5.4) die Gewichtsfunktion

$$g(t) = 0.$$

Die Ausgangsgröße nach Gleichung (5.7) lautet in diesem Fall zunächst

$$y(t) = \begin{pmatrix} e^{-\frac{R}{L}t} & -\frac{1}{R}e^{-\frac{1}{RC}t} \end{pmatrix} \mathbf{x}_0 + \frac{1}{R}u(t)$$

bzw. nachdem *jetzt* die Exponentialfunktionen dieselben sind,

$$y(t) = e^{-\frac{R}{L}t}(x_{01} - \frac{1}{R}x_{02}) + \frac{1}{R}u(t).$$

Insbesondere ergibt sich, wenn für den Anfangszustand

$$x_{01} = \frac{1}{R}x_{02}, \qquad \text{d.h.} \quad i_L(0) = \frac{1}{R}u_C(0)$$

gilt,

$$y(t) = \frac{1}{R}u(t).$$

Die Übertragungsfunktion (5.6) degeneriert in dem Fall $\frac{1}{RC} = \frac{R}{L}$ zu einer Konstanten (!)

$$G(s) = \frac{1}{R}.$$

Nachdem die Eingangsgröße einer Spannung und die Ausgangsgröße einem Strom entspricht, bedeutet dies, dass sich das Netzwerk unter gewissen Bedingungen („abgeglichene" Brücke) wie ein *Ohm*scher Widerstand verhält!

Beispiel („linearer Oszillator", Fortsetzung): Wir betrachten den LC-Serienkreis mit dem mathematischen Modell

$$\begin{pmatrix} \frac{dx_1}{d\tau} \\ \frac{dx_2}{d\tau} \end{pmatrix} = \begin{pmatrix} 0 & 1 \\ -1 & 0 \end{pmatrix} \begin{pmatrix} x_1 \\ x_2 \end{pmatrix} + \begin{pmatrix} 0 \\ \sqrt{C} \end{pmatrix} u =: \mathbf{A}\mathbf{x} + \mathbf{b}u, \tag{5.8}$$

$$y = \begin{pmatrix} \frac{1}{\sqrt{C}} & 0 \end{pmatrix} \mathbf{x} =: \mathbf{c}^T\mathbf{x} \tag{5.9}$$

Nach dem Kriterium von *Hautus* ist ein System der Ordnung n genau dann steuerbar, wenn die rechteckige $(n, n+1)$-Matrix

$$\mathbf{H}_u = (s\mathbf{E} - \mathbf{A},\ \mathbf{b})$$

für alle Eigenwerte $s = s_i$ der Systemmatrix den Rang n hat. Im vorliegenden Fall ergibt sich:

$$\mathbf{H}_u = \begin{pmatrix} s_i & -1 & 0 \\ 1 & s_i & \sqrt{C} \end{pmatrix}.$$

Man erkennt, dass die „Teilmatrix“

$$\begin{pmatrix} -1 & 0 \\ s_i & \sqrt{C} \end{pmatrix},$$

die durch Streichen der ersten Spalte aus $\mathbf{H}_u$ entsteht, für $C \neq 0$ immer regulär ist. Das heisst der lineare Oszillator ist steuerbar.

Zur Beobachtbarkeit: Genau dann, wenn die rechteckige $(n+1, n)$-Matrix

$$\mathbf{H}_y = \begin{pmatrix} \mathbf{c}^T \\ s\mathbf{E} - \mathbf{A} \end{pmatrix}$$

für *alle Eigenwerte* $s = s_i$ der Systemmatrix $\mathbf{A}$ den Rang n hat, liegt Beobachtbarkeit vor. Es ergibt sich die Matrix

$$\mathbf{H}_y = \begin{pmatrix} \frac{1}{\sqrt{C}} & 0 \\ s_i & -1 \\ 1 & s_i \end{pmatrix},$$

die ebenfalls für $C \neq 0$ den Rang 2 aufweist; durch Streichen der 3. Zeile entsteht nämlich eine reguläre $(2, 2)$-Matrix. Das System ist damit beobachtbar.

Anmerkung

Die Übertragungsfunktion des linearen Oszillators berechnet sich zu

$$G(s) = \frac{1}{s^2 + 1}$$

Nachdem das Nennerpolynom den Grad 2 aufweist und die Systemordnung ebenfalls 2 beträgt, ist der lineare Oszillator steuerbar und beobachtbar.

Kapitel

6 Stabilität

6.1 Stabilitätsbegriffe

6.1.1 Einführung

Das Konzept der *Stabilität* nimmt in der System- und Regelungstechnik einen fundamentalen Platz ein. Wir konzentrieren uns bei den nachfolgenden Ausführungen auf Systeme, deren Verhalten hinreichend genau mit Hilfe eines linearen und zeitinvarianten Zustandsraummodells mit der (endlichen) Ordnung n beschrieben werden kann. Das hat, sowohl das Konzept selbst als auch die Kriterien zur Überprüfung der Stabilitätseigenschaft betreffend, mathematische Simplizität zur Folge.

Mit einfachen Worten geht es darum, eine qualitative Antwort auf folgende Fragen zu erhalten: Wie reagiert ein System auf (gezielt bzw. unbeabsichtigt angreifende) äußere Einwirkungen? Wie „gutmütig“ oder „boshaft“ reagiert es auf solche Einflüsse? Hierbei gehen wir davon aus, dass das System ab einem Zeitpunkt $t_0 = 0$ durch zwei grundsätzlich *verschiedenartige* Einwirkungen angeregt wird. Bei der ersten erfolgt eine Auslenkung des n-dimensionalen Zustandes auf den Wert $\mathbf{x}_0$, d.h. $\mathbf{x}(t_0 = 0) = \mathbf{x}_0$. Bei der zweiten wirkt für Werte $t \geq 0$ eine von null verschiedene (skalare) Eingangsgröße $u(t)$ ein.

Nach einfacher Formulierung der beabsichtigten Intention werden jetzt die Zielvorstellungen mathematisch präzisiert. Der Einfluss des Anfangszustandes und der Eingangsgröße ist aus den grundlegenden Relationen für den Zustand bzw. für die Ausgangsgröße der hier betrachteten linearen und zeitinvaranten Systeme explizit ersichtlich:

$$\mathbf{x}(t) = e^{\mathbf{A}t}\mathbf{x}_0 + \int_0^t e^{\mathbf{A}(t-\tau)}\mathbf{b}u(\tau)d\tau, \qquad \mathbf{x}(0) = \mathbf{x}_0 \tag{6.1}$$

$$y(t) = \mathbf{c}^T\mathbf{x}(t) + du(t). \tag{6.2}$$

Durch Einsetzen von (6.1) in (6.2) und Benutzung der Gewichtsfunktion

$$g(t) := \mathbf{c}^T e^{\mathbf{A}t}\mathbf{b} \tag{6.3}$$

erhalten wir für die Ausgangsgröße die Relation, die das Eingangs-Ausgangs-Verhalten charakterisiert:

$$y(t) = \mathbf{c}^T e^{\mathbf{A}t}\mathbf{x}_0 + \int_0^t g(t-\tau)u(\tau)d\tau + du(t). \tag{6.4}$$

Entscheidend sind demnach die Strukturen der Transitionsmatrix $e^{\mathbf{A}t}$ bzw. der Gewichtsfunktion! Zur Beurteilung des Stabilitätsverhaltens führen wir zwei, vom Blickpunkt des Anwenders nahe liegende, Experimente durch (vgl. Abb. 6.1).

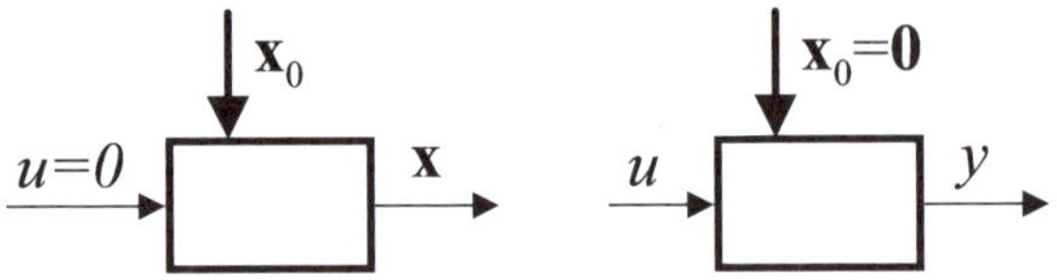

Abbildung 6.1: Zwei Experimente

- Beim ersten Experiment betrachten wir das *freie* System, d.h. die Eingangsgröße ist identisch null,

$$\frac{d\mathbf{x}}{dt} = \mathbf{A}\mathbf{x}. \tag{6.5}$$

Wir gehen davon aus, dass sich das System zunächst in einem so genannten Gleichgewichts- bzw. Ruhezustand $\mathbf{x}_R$ befindet; das bedeutet: solange keine Störeinflüsse vorhanden sind, verharrt es darin! Unsere Aufmerksamkeit gilt dem zeitlichen Verhalten des Zustandsvektors $\mathbf{x}(t)$ bei einer Anfangsauslenkung $\mathbf{x}(0) = \mathbf{x}_0$. Vom praktischen Standpunkt aus wird man wohl verlangen, dass das System sich vom Gleichgewichtszustand nicht weit entfernt, ja sogar zu diesem wieder zurückstrebt. Solche Überlegungen führen zu den Begriffen *Ruhelage*, *asymptotische Stabilität* und *Instabilität*.

- Beim zweiten Experiment steht das Eingangs-Ausgangs-Verhalten des Systems im Mittelpunkt des Interesses: Wie reagiert die Ausgangs- auf die Eingangsgröße? Hierbei ist der Anfangszustand $\mathbf{x}(0) = \mathbf{0}$:

$$y(t) = \int_0^t g(t-\tau)u(\tau)d\tau + du(t).$$

Wichtig ist nur der Verlauf der Ausgangsgröße $y(t)$! Vom Standpunkt des Praktikers aus wird die Eingangsgröße $u(t)$ allerdings nicht *beliebige* Werte annehmen können. Sinnvollerweise beschränkt man sich daher auf *Klassen* von Eingangsgrössen mit interessanten und relevanten Eigenschaften und untersucht dann die Frage, ob die erzeugten Ausgangsgrößen die gleichen Charakteristika aufweisen! Man kommt damit zum Konzept der *BIBO-Eigenschaft.*[1]

6.1.2 Ruhelage eines freien Systems

Der Begriff der *Ruhelage* eines freien Systems spielt eine zentrale Rolle und wird deswegen eingehend durchleuchtet. Bei einer Ruhelage verschwindet definitionsgemäß der

[1] BIBO ist ein Akronym für „bounded input, bounded output“.

Differentialquotient des Zustandsvektors, d.h.

$$\frac{d\mathbf{x}}{dt} = \mathbf{0}. \tag{6.6}$$

Demnach handelt es sich bei einer Ruhelage $\mathbf{x}_R$ um eine triviale Zustandstrajektorie, die zu einem einfachen Punkt im Zustandsraum degeneriert ist. Ihre Bestimmungsgleichung lautet

$$\mathbf{0} = \mathbf{A}\mathbf{x}_R \tag{6.7}$$

und entspricht einem linearen Gleichungssystem für die unbekannte(n) Ruhelage(n)! Man erkennt sofort, dass das freie System *immer* eine Ruhelage bei $\mathbf{x}_R = \mathbf{0}$ aufweist. Die Anzahl der möglichen Ruhelagen hängt wiederum davon ab, ob die Systemmatrix $\mathbf{A}$ regulär ist! Wenn ja, ergibt sich für das System *genau eine* Ruhelage bei $\mathbf{x}_R = \mathbf{0}$. Im Fall einer singulären Systemmatrix ergeben sich hingegen *unendlich viele* Ruhelagen. Hat man nämlich eine Ruhelage $\mathbf{x}_R$ ermittelt, so ist jedes beliebige Vielfache $(\alpha\mathbf{x}_R)$ ebenfalls eine Ruhelage; denn obige Relation behält nach Multiplikation mit einer Konstanten α ihre Gültigkeit. Man spricht in diesem Kontext von einer *Ruhezone,* die durch den Vektor $(\alpha\mathbf{x}_R)$ gegeben ist. Der Begriff der Ruhezone bekommt eine interessante Interpretation durch Heranziehen der Systemkenngrößen „Eigenwert" bzw. „Eigenvektor" und „Eigenrichtung". Hierzu wird obige Bestimmungsgleichung für die Ruhelage folgendermaßen umgeschrieben:

$$\mathbf{A}\mathbf{x}_R = 0\mathbf{x}_R.$$

Damit kann aber die Ruhelage $\mathbf{x}_R$ als Rechts-Eigenvektor der Systemmatrix $\mathbf{A}$ zu deren Eigenwert null interpretiert werden. Die Ruhezone entspricht dann einer Eigenrichtung des Systems!

Wir fassen die gewonnenen Erkenntnisse zusammen: Das betrachtete lineare und freie System hat entweder *genau eine* Ruhelage bei null oder *unendlich viele* Ruhelagen, die eine so genannte Ruhezone bilden. Es liegt genau dann eine Ruhezone vor, wenn mindestens ein Eigenwert der Systemmatrix gleich null ist.

Es wird nun der Verlauf der Bewegung (Trajektorie) zu einer Ruhelage untersucht. Bei dem noch zu präzisierenden Stabilitätsbegriff geht es prinzipiell um folgende Eigenschaft eines sich in der Ruhelage $\mathbf{x}_R$ befindenden Systems: Das auf einen *beliebigen* Zustandswert $\mathbf{x}_0$ ausgelenkte (freie) System kehrt zur *gleichen* Ruhelage $\mathbf{x}_R$ zurück! Bildhafter ausgedrückt zieht die Ruhelage $\mathbf{x}_R$ die Trajektorie an. Man bezeichnet sie dann als *attraktiv*. Der Übergang zum Zustand $\mathbf{x}_R$ wird vollständig durch die Transitionsmatrix geprägt und gehorcht der Beziehung $\mathbf{x}(t) = e^{\mathbf{A}t}\mathbf{x}_0$. Da $\mathbf{x}_0$ beliebig ist, folgt unmittelbar, dass nur bei Systemen mit *genau einer* Ruhelage $\mathbf{x}_R$ (bei null) diese anziehende Eigenschaft möglich ist! Nachdem die Transitionsmatrix für jeden endlichen (!) Wert t regulär ist, kann dieser Übergang nur in *unendlich langer Zeit* erfolgen.

6.1.3 Asymptotische Stabilität und Instabilität

Mit der gewonnenen Einsicht in den „Bewegungsmechanismus" eines freien Systems formulieren wir zuerst den Begriff der asymptotischen Stabilität:

Das lineare und zeitinvariante System

$$\frac{d\mathbf{x}}{dt} = \mathbf{A}\mathbf{x}$$

heißt asymptotisch stabil, wenn der Zustandsvektor $\mathbf{x}(t)$ ausgehend von *jedem beliebigen* Anfangszustand $\mathbf{x}_0$ für $t \to \infty$ gegen die Ruhelage $\mathbf{x}_R = \mathbf{0}$ strebt. Das heißt es gilt:

$$\lim_{t \to \infty} \mathbf{x}(t) = \mathbf{0}.$$

Die Überprüfung dieser Forderung kann mit Hilfe der Eigenwerte der Matrix $\mathbf{A}$ erfolgen.

Genau dann, wenn alle n Eigenwerte der Matrix $\mathbf{A}$ *links* von der imaginären Achse der komplexen Ebene liegen, ist das System asymptotisch stabil! Das heißt die Realteile *aller* Eigenwerte sind negativ[2]

$$\mathrm{Re}\{s_i(\mathbf{A})\} < 0 \qquad \text{für } i = 1, ..., n.$$

Wir nennen das System

$$\frac{d\mathbf{x}}{dt} = \mathbf{A}\mathbf{x}$$

instabil, wenn *mindestens ein* Anfangszustand $\mathbf{x}_0$ existiert, von dem ausgehend der Zustandsvektor des Systems für $t \to \infty$ ins Unendliche strebt.

Auch in diesem Fall ist die Lage der Eigenwerte der Systemmatrix entscheidend. Eine leicht zu überprüfende, allerdings nur *hinreichende* Bedingung für Instabilität ist die folgende: *Mindestens ein* Eigenwert hat einen positiven Realteil. Die Stabilitätsüberprüfung wird diffiziler, wenn Eigenwerte *auf* der imaginären Achse liegen. Die Lage der Eigenwerte allein ist nicht mehr entscheidend für die Instabilität.[3]

Bemerkung

Die formulierten Kriterien können für den Fall, dass die Systemmatrix verschiedene Eigenwerte hat, relativ leicht abgeleitet werden. In diesem Fall (vgl. Kap. 4) kann die Lösung $\mathbf{x}(t)$ mit Hilfe der Eigenwerte s_i und der linear unabhängigen Rechts-Eigenvektoren $\mathbf{p}_i$ als Linearkombination von n Eigenbewegungen dargestellt werden:

$$\mathbf{x}(t) = \sum_{i=1}^{n} \gamma_i \mathbf{p}_i e^{s_i t}.$$

→

[2] Eine Matrix $\mathbf{A}$ mit dieser Eigenschaft wird *Hurwitz*-Matrix genannt.

[3] Man muss bei evtl. mehrfachen Eigenwerten die zugehörigen Eigenvektoren untersuchen! Letzter Umstand verkompliziert die Überprüfung der Instabilität!

→ Man erkennt, im Grenzfall $t \to \infty$ streben die auftretenden Exponentialfunktionen genau dann (!) nach null, wenn bei *allen* Exponenten die Ungleichung $Re\{s_i\} < 0$ erfüllt ist. Falls jedoch für einen Eigenwert s_k die Ungleichung $Re\{s_k\} > 0$ gilt, erhalten wir durch Wahl eines Anfangszustands *auf* dem Eigenvektor $\mathbf{p}_k$ eine Trajektorie, die für anwachsende t-Werte ins Unendliche strebt. Man erkennt weiterhin: *Wenn* die Systemmatrix verschiedene Eigenwerte hat, ist die oben formulierte Instabilitätsbedingung auch *notwendig*! Erst im Fall mehrfacher Eigenwerte kann ein instabiles Verhalten auftreten, auch wenn kein Eigenwert einen positiven Realteil aufweist.

Beispiel („Doppelintegrierer"): Wir betrachten das System

$$\frac{d\mathbf{x}}{dt} = \begin{pmatrix} 0 & 1 \\ 0 & 0 \end{pmatrix}\mathbf{x} + \begin{pmatrix} 0 \\ 1 \end{pmatrix}u \qquad y = \begin{pmatrix} 1 & 0 \end{pmatrix}.$$

Die Ausgangsgröße ergibt sich durch zweimalige Integration der Eingangsgröße. Es besitzt einen doppelten Eigenwert $s_{1,2} = 0$. Die Lösung des freien Systems

$$\mathbf{x}(t) = \begin{pmatrix} x_1(t) & x_2(t) \end{pmatrix}^T$$

entsteht durch einfache Integration der zwei skalaren Differentialgleichungen

$$x_2(t) = x_2(0) \quad \text{und} \quad x_1(t) = x_1(0) + tx_2(0).$$

Man sieht sofort das *instabile* Verhalten des Systems.

Beispiel („Einfachintegrierer"): Wir betrachten das System

$$\frac{dx_1}{dt} = u \qquad y = x_1.$$

Die Ausgangsgröße ergibt sich durch einmalige Integration der Eingangsgröße. Es hat einen Eigenwert $s_1 = 0$. Die Lösung des freien Systems ergibt sich durch einfache Integration der skalaren Differentialgleichungen:

$$x_1(t) = x_1(0).$$

Man erkennt, das System ist *nicht* instabil. Die Lösung strebt nicht ins Unendliche. Allerdings ist es auch *nicht* asymptotisch stabil!

Im Mittelpunkt der Überlegungen über den Verlauf von $\mathbf{x}(t)$ im Grenzfall $t \to \infty$ standen bisher zwei mögliche Typen der Trajektorie: Sie strebt ins Unendliche oder nach null. Es stellt sich natürlich die Frage nach weiteren prinzipiellen Möglichkeiten. Es ist einleuchtend, dass in solchen Fällen Eigenwerte *auf* der imaginären Achse der komplexen Ebene liegen. Hierzu betrachten wir den Fall „verschiedene Eigenwerte" und setzen voraus, dass abgesehen von dem Eigenwert $s_1 = 0$ *alle* Eigenwerte links von der imaginären Achse liegen. Bildet man in der nun geltenden Relation

$$\mathbf{x}(t) = \gamma_1\mathbf{p}_1 + \sum_{i=2}^{n} \gamma_i\mathbf{p}_i e^{s_i t}$$

den Übergang $t \to \infty$, so ergibt sich der Grenzwert $\mathbf{x}_\infty$ des Zustandsvektors $\mathbf{x}(t)$ zu

$$\lim_{t\to\infty} \mathbf{x}(t) = \mathbf{x}_\infty = \gamma_1 \mathbf{p}_1,$$

der in einer Ruhezone des Systems liegt! Abschließend sei der Fall erwähnt, bei dem für $t \to \infty$ die Trajektorie zwar keinem Grenzwert zustrebt, allerdings in einer beschränkten Umgebung der Ruhelage null verbleibt.

6.1.4 BIBO-Eigenschaft

Wir präzisieren nun das Konzept der BIBO-Eigenschaft:

Das lineare zeitinvariante System

$$y(t) = \int_0^t g(t-\tau)u(\tau)d\tau + du(t) \tag{6.8}$$

besitzt die BIBO-Eigenschaft, wenn *jede beschränkte* Eingangsfunktion eine beschränkte Ausgangsfunktion zur Folge hat.

„Beschränkt“ spielt hierbei eine besondere Rolle, da der Begriff auf verschiedene Weise mathematisch interpretiert werden kann! Oft wird eine so genannte *harte* Beschränkung der Eingangsgröße betrachtet:

$$|u(t)| \le u_{\max} < \infty. \tag{6.9}$$

Sie erlaubt nicht einmal kurzzeitige Überschreitungen des Betragsmaximums. Es ist allerdings zu bemerken, dass diese für ein reales (!) System in vielen Fällen unkritisch sind. Man greift deshalb auf etwas *weichere* Formen der Beschränkung zurück. So wird z.B. lediglich verlangt, dass die Eingangsgröße im quadratischen Mittel beschränkt ist,

$$\frac{1}{T}\int_0^T u^2(t)dt \le u_{\max} < \infty,$$

oder dass ihre „Energie“ eine vorgegebene endliche Schranke nicht überschreitet:

$$\int_0^\infty u^2(t)dt \le u_{\max} < \infty.$$

Wir wollen bei den nachfolgenden Ausführungen unser Augenmerk ausschliesslich auf harte Beschränkungen richten und verlangen: Eingangsgrößen $u(t)$, welche die Beschränkung (6.9) erfüllen, generieren Ausgangsgrößen $y(t)$, die ebenfalls einer harten Beschränkung

$$|y(t)| \le y_{\max} < \infty$$

genügen. Wir formulieren hierfür eine erste *notwendige und hinreichende* Bedingung:

- Das lineare und zeitinvariante System (6.8) mit der Gewichtsfunktion $g(t)$ besitzt *genau dann* die BIBO-Eigenschaft, wenn gilt:

$$\int_0^\infty |g(\tau)|\, d\tau < \infty. \tag{6.10}$$

Bildhaft gedeutet, der Flächeninhalt unterhalb des Betrages der Gewichtsfunktion muss *endlich* groß sein. Wir nennen ein solches System kurz „BIBO-stabil". Es ist zu bemerken, dass in obigem Kriterium (6.10) der Durchgriffsterm d *nicht* enthalten ist. Dies ist einsichtig, da bei beschränkter Eingangsgröße $u(t)$ nach (6.9) der Beitrag $du(t)$ in der Ausgangsgröße $y(t)$ auf jeden Fall beschränkt ist:

$$|du(t)| \leq |d|\, u_{\max}.$$

Bemerkung

Dass obige Beziehung (6.10) notwendigerweise gültig sein muss, stellt man bei der „Konstruktion" derjenigen beschränkten Eingangsfunktion $u^*(\tau)$ fest, die das Faltungsintegral

$$\bar{y}(t) := \int_0^t g(t-\tau)u(\tau)d\tau = \int_0^t g(\tau)u(t-\tau)dt \tag{6.11}$$

bei festem (!) Wert t maximiert[4]. Diese „ungünstigste" Eingangsgröße wird offensichtlich durch

$$u^*(t-\tau) = u_{\max}\mathrm{sgn}[g(\tau)]$$

gegeben[5], da dadurch der Integrand in (6.11) *ausschließlich* positive Werte im betrachteten Intervall annimmt. Damit beträgt das Maximum des Faltungsintegrals (6.11)

$$u_{\max}\int_0^t |g(\tau)|\, d\tau.$$

Durch den Grenzübergang $t \to \infty$ erhalten wir den *größtmöglichen* Wert des Faltungsintegrals[6]

$$\bar{y}_{\max} := u_{\max}\int_0^\infty |g(\tau)|\, d\tau,$$

der natürlich beschränkt sein soll. Daraus folgt die angegebene Bedingung (6.10). Sie ist im Allgemeinen relativ kompliziert auszuwerten.

---

4 Wir betrachten also den Fall $d = 0$.

5 Mit sgn bezeichnen wir die Signumfunktion (Vorzeichenfunktion).

6 Diese Relation spielt beim Reglerentwurf bei beschränkten Systemgrößen eine zentrale Rolle!

Die Überprüfung der BIBO-Eigenschaft vereinfacht sich allerdings essentiell, wenn man überlegt, dass die Gewichtsfunktion des vorliegenden Systems in Zustandsform die besondere Form (6.3) hat! Sie steht darüber hinaus in enger Relation zu der Übertragungsfunktion, die durch

$$G(s) = \mathbf{c}^T \left(s\mathbf{E} - \mathbf{A}\right)^{-1} \mathbf{b} + d \tag{6.12}$$

gegeben ist. In diesem Fall gelten folgende *notwendige und hinreichende* Bedingungen:

- Das System besitzt die BIBO-Eigenschaft genau dann, wenn die Gewichtsfunktion für $t \to \infty$ nach null strebt,

$$\lim_{t\to\infty} g(t) = \lim_{t\to\infty} \mathbf{c}^T e^{\mathbf{A}t}\mathbf{b} = 0$$

- Das System besitzt die BIBO-Eigenschaft genau dann, wenn *alle* Pole der Übertragungsfunktion $G(s)$ einen negativen Realteil aufweisen.

Die Gewichtsfunktion prägt allerdings die *Sprungantwort* $h(t)$. Diese entspricht der Ausgangsgröße für eine konstante Eingangsfunktion $u(t) = 1$ bei verschwindendem Anfangszustand und ist durch

$$h(t) = \int_0^t g(\tau)d\tau \; + \; d$$

gegeben. Aufgrund dieses Zusammenhanges ist folgender Satz einleuchtend:

- Das System besitzt die BIBO-Eigenschaft genau dann, wenn dessen Sprungantwort einen *Grenzwert* h_∞ aufweist.

6.1.5 Beispiele

Beispiel: Es ist zu untersuchen, ob folgendes mathematische Modell:

$$\frac{d\mathbf{x}}{dt} = \begin{pmatrix} -2 & 1 \\ 0 & 1 \end{pmatrix} \mathbf{x} + \begin{pmatrix} 1 \\ 0 \end{pmatrix} u \qquad\qquad y = \begin{pmatrix} 1 & 0 \end{pmatrix} \mathbf{x} \tag{6.13}$$

asymptotisch stabil ist bzw. die BIBO-Eigenschaft besitzt.

Zur Beurteilung der asymptotischen Stabilität berechnen wir die Eigenwerte durch Lösung der charakteristischen Gleichung. Hierzu ermitteln wir das charakteristische Polynom:

$$\Delta(s) = \det\left[s\mathbf{E} - \begin{pmatrix} -2 & 1 \\ 0 & 1 \end{pmatrix}\right] = \det\begin{pmatrix} s+2 & -1 \\ 0 & s-1 \end{pmatrix} = (s+2)(s-1)$$

Seine Nullstellen

$$s_1 = -2 \quad \text{und} \quad s_2 = 1$$

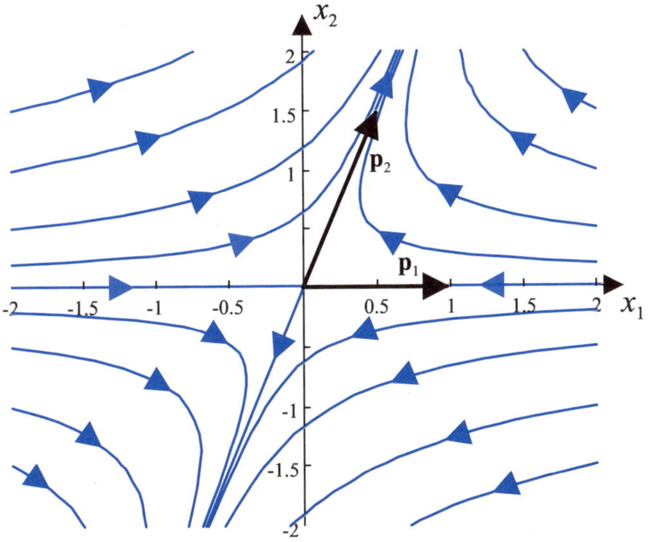

Abbildung 6.2: Trajektorienverlauf für verschiedene Anfangszustände

sind die Eigenwerte der Systemmatrix. Der Eigenwert s_2 verletzt die Forderung $\mathrm{Re}\{s_i\} < 0$ für $i = 1, 2$. Daher ist das System (6.13) *nicht* asymptotisch stabil. Das zeitliche Verhalten des Systems ist durch das in Abb. 6.2 dargestellte Trajektorienbild ersichtlich.

Die allgemeine Lösung $\mathbf{x}(t)$ kann mit Hilfe der linear unabhängigen (!) Rechts-Eigenvektoren $\mathbf{p}_1$ und $\mathbf{p}_2$ dargestellt werden:

$$\mathbf{x}(t) = \gamma_1 \mathbf{p}_1 e^{s_1 t} + \gamma_2 \mathbf{p}_2 e^{s_2 t} \qquad (\gamma_1,\ \gamma_2 \text{ sind zwei reelle Konstanten})$$

Im vorliegenden Fall ergibt sich nach einigen Umrechnungen

$$\mathbf{x}(t) = \gamma_1 \begin{pmatrix} 1 \\ 0 \end{pmatrix} e^{-2t} + \gamma_2 \begin{pmatrix} 1 \\ 3 \end{pmatrix} e^{t}.$$

Da das System in Form eines Zustandsraummodells (6.13) gegeben ist, ist es sinnvoll, die Übertragungsfunktion des Systems (6.13) zu ermitteln, um die BIBO-Stabilität zu untersuchen. Sie lässt sich nach (6.12) folgendermaßen berechnen:

$$\begin{aligned} G(s) &= \begin{pmatrix} 1 & 0 \end{pmatrix} \begin{pmatrix} s+2 & -1 \\ 0 & s-1 \end{pmatrix}^{-1} \begin{pmatrix} 1 \\ 0 \end{pmatrix} \\ &= \begin{pmatrix} 1 & 0 \end{pmatrix} \begin{pmatrix} \frac{1}{s+2} & \frac{1}{(s+2)(s-1)} \\ 0 & \frac{1}{s-1} \end{pmatrix} \begin{pmatrix} 1 \\ 0 \end{pmatrix} \end{aligned}$$

bzw.

$$G(s) = \frac{1}{s+2}. \tag{6.14}$$

Die Übertragungsfunktion (6.14) besitzt die BIBO-Eigenschaft, da der (einzige!) Pol $s_1 = -2$ die Forderung nach negativem Realteil erfüllt.

Man beachte, dass der Nennergrad der Übertragungsfunktion gleich eins ist. Die Ordnung des Systems beträgt allerdings zwei! Dies ist ein Indiz für den Verlust der Steuerbarkeit und/oder der Beobachtbarkeit. Wie man leicht nachrechnen kann, beträgt die Steuerbarkeitsmatrix

$$\mathbf{S}_u = \begin{pmatrix} 1 & -2 \\ 0 & 0 \end{pmatrix}$$

und ist singulär. Das heißt das System ist nicht steuerbar.

Beispiel: Es ist zu untersuchen, ob folgendes System 2. Ordnung

$$\frac{d\mathbf{x}}{dt} = \begin{pmatrix} 0 & 1 \\ 0 & -4 \end{pmatrix} \mathbf{x} \tag{6.15}$$

asymptotisch stabil ist.

Die charakteristische Gleichung von (6.15) ist durch

$$\det \left[s\mathbf{E} - \begin{pmatrix} 0 & 1 \\ 0 & -4 \end{pmatrix} \right] = \det \left[\begin{pmatrix} s & -1 \\ 0 & s+4 \end{pmatrix} \right] = 0,$$

bzw.

$$s(s+4) = 0$$

gegeben. Die zugehörigen Eigenwerte lauten: $s_1 = 0$ und $s_2 = -4$. Auch hier verletzt ein Eigenwert die Forderung nach negativem Realteil, allerdings können bei diesem System, im Gegensatz zum 1. Beispiel, die Zustandsgrößen für wachsende Werte des Zeitparameters t *nicht* über alle Grenzen wachsen. Die allgemeine Lösung $\mathbf{x}(t)$ beträgt in diesem Fall

$$\begin{aligned} \mathbf{x}(t) &= \gamma_1 \begin{pmatrix} 1 \\ 0 \end{pmatrix} e^{0t} + \gamma_2 \begin{pmatrix} 1 \\ -4 \end{pmatrix} e^{-4t} \qquad (\gamma_1,\ \gamma_2 \text{ sind zwei reelle Konstanten}) \\ &= \gamma_1 \begin{pmatrix} 1 \\ 0 \end{pmatrix} + \gamma_2 \begin{pmatrix} 1 \\ -4 \end{pmatrix} e^{-4t}. \end{aligned}$$

Man erkennt

$$\lim_{t \to \infty} \mathbf{x}(t) = \gamma_1 \begin{pmatrix} 1 \\ 0 \end{pmatrix};$$

jeder Punkt der x_1-Achse ist eine Ruhelage nach (6.6) bzw. (6.7) des betrachteten Systems! Es liegt eine *Ruhezone* vor. Es gilt

$$\begin{pmatrix} 0 & 1 \\ 0 & -4 \end{pmatrix} \begin{pmatrix} \gamma_1 \\ 0 \end{pmatrix} = \begin{pmatrix} 0 \\ 0 \end{pmatrix}.$$

Der Trajektorienverlauf ist in Abb. 6.3 dargestellt.

Beispiel („linearer Oszillator"): Das mathematische Modell des *freien* Oszillators für $\omega_0 = 1$ lautet

$$\frac{d\mathbf{x}}{dt} = \begin{pmatrix} 0 & 1 \\ -1 & 0 \end{pmatrix} \mathbf{x}.$$

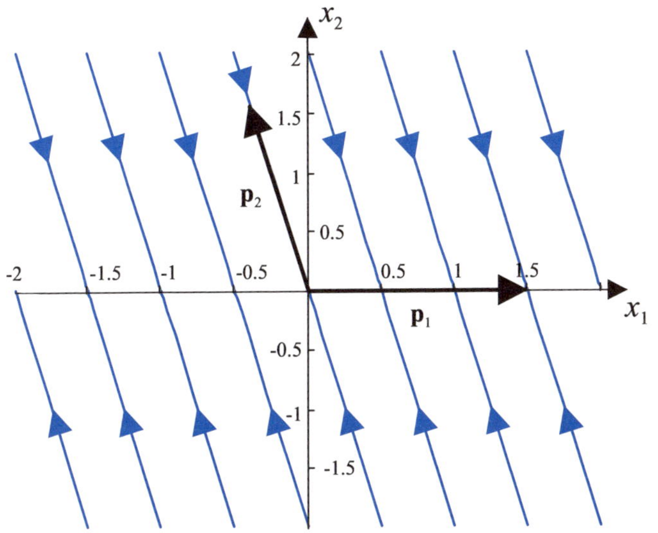

Abbildung 6.3: Trajektorienverlauf für verschiedene Anfangszustände

Die Eigenwerte des Systems liegen bei $s_{1,2} = \pm j$. Damit ist das System *nicht* asymptotisch stabil.

Um den Verlauf des Zustandsvektors für $t \to \infty$ zu eruieren, untersuchen wir die Trajektorien des Systems: Obiges Modell entspricht den Differentialgleichungen

$$\frac{dx_1}{dt} = x_2 \quad \text{und} \quad \frac{dx_2}{dt} = -x_1 .$$

Bildet man den Ausdruck

$$x_1 \frac{dx_1}{dt} + x_2 \frac{dx_2}{dt} \equiv \frac{1}{2} \frac{d(x_1^2 + x_2^2)}{dt},$$

so ergibt sich

$$\frac{1}{2} \frac{d(x_1^2 + x_2^2)}{dt} = 0.$$

Das bedeutet, dass die Zustandsvariablen x_1 und x_2 eine Kreisgleichung

$$x_1^2 + x_2^2 = R$$

erfüllen, wobei die (positive) Integrationskonstante R dem Quadrat des Abstandes eines Zustandpunktes in der x_1-x_2 Ebene vom Nullpunkt ist. Die Trajektorien des Systems sind Kreise um den Nullpunkt! Deren Radius ρ ist durch den jeweiligen Anfangszustand $\mathbf{x}_0$ festgelegt:

$$\rho = \sqrt{x_{10}^2 + x_{20}^2}.$$

Das System ist damit *nicht* instabil, aber auch *nicht* asymptotisch stabil!

Beispiel („linearer Oszillator"): Wir betrachten (Fall $\omega_0 = 1$) das System

$$\begin{aligned}\frac{d\mathbf{x}}{d\tau} &= \begin{pmatrix} 0 & 1 \\ -1 & 0 \end{pmatrix}\mathbf{x} + \begin{pmatrix} 0 \\ 1 \end{pmatrix} u \\ y &= \begin{pmatrix} 1 & 0 \end{pmatrix}\mathbf{x}\end{aligned}$$

Ausgehend vom Anfangszustand $\mathbf{x}_0 = \mathbf{0}$ wird für die beschränkte Eingangsgröße

$$u(\tau) = \sin\tau$$

die Antwort $y(\tau)$ des Systems gesucht.

Die Eingangs-Ausgangs-Relation lautet mit Hilfe der Gewichtsfunktion

$$y(\tau) = \int_0^\tau g(\tau - \lambda)u(\lambda)d\lambda.$$

Die Gewichtsfunktion des Oszillators wurde in Kap. 4 ermittelt. Sie lautet

$$g(\tau) = \sin\tau.$$

Damit ergibt sich für die gesuchte Ausgangsgröße der Ausdruck

$$y(\tau) = \int_0^\tau \sin(\tau - \lambda)\sin(\lambda)d\lambda.$$

Nach einigen Umrechnungen erhalten wir

$$y(\tau) = \frac{1}{2}\sin\tau - \tau\frac{1}{2}\cos\tau.$$

Man erkennt, dass für $\tau \to \infty$ die Ausgangsgröße über alle Grenzen wächst! Dies stimmt mit der Tatsache überein, dass der lineare Oszillator *nicht* BIBO-stabil ist, da er zwei Pole $s_{1,2} = \pm j$ auf der imaginären Achse besitzt. Es ist bemerkenswert, dass die *beschränkte* Eingangsgröße $u(\tau) = \sin\tau$ eine *unbeschränkte* Ausgangsgröße zur Folge hat. Im vorliegenden Fall regen wir das System mit einer Eingangsgröße gemäß

$$u(\tau) = \sin\omega_0\tau = \frac{1}{2j}(e^{j\omega_0\tau} - e^{-j\omega_0\tau})$$

an, wobei $\omega_0 = 1$ die so genannte Eigenfrequenz ist.

6.2 Methoden zur Stabilitätsüberprüfung

6.2.1 Einführung

Um das Vorliegen der asymptotischen Stabilität bzw. der BIBO-Eigenschaft festzustellen, überprüft man, ob die Eigenwerte der Systemmatrix bzw. die Pole der Übertragungsfunktion in der linken offenen komplexen s-Ebene liegen. Zur Erinnerung: Eigenwerte sind die Nullstellen des charakteristischen Polynoms der Systemmatrix, Pole sind die Nullstellen des Nennerpolynoms der Übertragungsfunktion. Man wünscht: *Alle* reellen Nullstellen sind negativ, bzw. *alle* (konjugiert) komplexen Nullstellen weisen einen negativen Realteil auf. Prinzipiell geht es um die Überprüfung, ob ein Polynom n-ten Grades mit reellen Koeffizienten a_i $(i = 0, 1, ..., n)$

$$\Delta_n(s) := a_n s^n + a_{n-1} s^{n-1} + ... + a_1 s + a_0 \tag{6.16}$$

keine Nullstellen in der abgeschlossenen rechten komplexen s-Ebene aufweist. Man nennt ein solches Polynom ein *Hurwitz*-Polynom.

Mit Hilfe der nachfolgenden so genannten algebraischen Stabilitätskriterien können wir durch (algebraische) Rechenoperationen mit den Koeffizienten eines gegebenen Polynoms $\Delta_n(s)$ *notwendige* und *hinreichende* Bedingungen ableiten, sodass dieses ein *Hurwitz*-Polynom ist. Eine unter Umständen mühevolle Ermittlung der Nullstellen ist nicht notwendig. Auch wenn aus heutiger Sicht – aufgrund der vorhandenen leistungsstarken Rechner – diese Kriterien einen geringeren Stellenwert besitzen, so ist in manchen Fällen deren Anwendung doch sehr sinnvoll. Man denke z.B. an den Fall, dass die Koeffizienten des Polynoms als Funktionen von Parametern vorliegen.

Im Weiteren werden die gut 100-jährigen Verfahren nach *Routh* bzw. nach *Hurwitz* vorgestellt. Deren Resultate sind äquivalent; es sind notwendige und hinreichende Bedingungen, damit – einfach formuliert – keine Nullstellen eines Polynoms (6.16) rechts liegen. Ausgehend von diesen grundlegenden Methoden ist eine Fülle von Erweiterungen entstanden. Sie betreffen sowohl die Vereinfachung der rechnerischen Überprüfung als auch die Beantwortung von komplizierten Fragen z.B. nach der *Anzahl* der Nullstellen *rechts* der imaginären Achse oder nach der Lage der Nullstellen in einem *bestimmten Gebiet* der komplexen Ebene. Man kann dadurch zusätzliche Wünsche bezüglich der zeitlichen Abläufe im System berücksichtigen. Wir verzichten hier auf eine Beweisführung der angegebenen Verfahren, weil deren Ablauf unseres Erachtens nicht instruktiv ist.

6.2.2 Eine sehr einfache Vorabüberprüfung

Zunächst sei eine leicht zu überprüfende *notwendige* Bedingung angeführt:

- *Alle* Koeffizienten des Polynoms (6.16) müssen das gleiche Vorzeichen besitzen, *kein* Koeffizient darf gleich null sein. Sind diese Bedingungen nicht erfüllt, liegt kein *Hurwitz*-Polynom vor.

Die Gültigkeit dieses Kriteriums ist unmittelbar aus der faktorisierten Form des Polynoms $\Delta_n(s)$ ersichtlich. Wir setzen hierbei voraus, dass m reelle und $2l$ konjugiert komplexe Nullstellen existieren, d.h. es gilt

$$n = m + 2l.$$

Damit kann das Polynom $\Delta_n(s)$ folgendermaßen geschrieben werden:

$$\Delta_n(s) = a_n \prod_{i=1}^{m}(s+\alpha_i) \prod_{k=1}^{l}(s+\beta_k+j\gamma_k)(s+\beta_k-j\gamma_k)$$

$$\Delta_n(s) = a_n \prod_{i=1}^{m}(s+\alpha_i) \prod_{k=1}^{l}\left[(s+\beta_k)^2+\gamma_k^2\right].$$

Man erkennt, dass bei einem *Hurwitz*-Polynom *alle* Faktoren α_i und β_k die Ungleichungen

$$\alpha_i > 0 \text{ und } \beta_k > 0$$

erfüllen. Damit können nach durchgeführter Ausmultiplikation in obiger Form – je nach Vorzeichen von a_n – nur positive oder nur negative Polynomkoeffizienten entstehen.

Bemerkung

Für Polynome mit dem Grad $n \leq 2$ ist die Existenz aller Polynomkoeffizienten mit gleichem Vorzeichen eine *notwendige* und *hinreichende* Bedingung.

6.2.3 Das *Routh*-Verfahren

Die Idee hinter diesem Verfahren ist die folgende:

Ausgehend von dem zu untersuchenden Polynom $\Delta_n(s)$ (6.16) wird ein Polynom mit dem Grad $n-1$ gebildet. Genau dann, wenn dieses bezüglich des Grades „abgebaute" Polynom ein *Hurwitz*-Polynom ist *und* die Ungleichung

$$\frac{a_n}{a_{n-1}} > 0 \qquad \text{mit } a_{n-1} \neq 0$$

erfüllt wird, ist $\Delta_n(s)$ ein *Hurwitz*-Polynom! Diesem Fakt folgend, baut man den Polynomgrad sukzessive soweit ab, bis ein Polynom 1. Grades entsteht, das ganz leicht überprüft werden kann. Auf diesem Weg erhält man eine Anzahl von Ungleichungen, deren Erfüllung das Stabilitätsverhalten festlegt.

Die Stabilitätsprüfung nach *Routh* ist charakterisiert durch die Berechnung *ausschließlich* zweireihiger Determinanten, die nach einem bestimmten Schema gebildet werden. Ausgehend von einem Polynom $\Delta_n(s)$ betrachten wir die Polynome

$$\delta_n(s) = a_n s^n + a_{n-2}s^{n-2} + a_{n-4}s^{n-4} + \ldots$$

und

$$\delta_{n-1}(s) = a_{n-1}s^{n-1} + a_{n-3}s^{n-3} + a_{n-5}s^{n-5} + \ldots$$

Sie enthalten jeweils gerade bzw. ungerade Potenzen von s. Wir ordnen nun die Polynomkoeffizienten in ein Tableau ein, welches zunächst aus zwei Zeilen besteht. Das Tableau weist folgende Form auf, falls der Grad n des Polynoms eine gerade Zahl ist:[7]

$$\begin{array}{cccccc} a_n & a_{n-2} & a_{n-4} & . & . & a_2 & a_0 \\ a_{n-1} & a_{n-3} & a_{n-5} & . & . & a_1 & 0 \end{array} .$$

D.h., um die beiden Zeilen auf gleiche Länge zu bringen, wurde die zweite Zeile um das Element 0 ergänzt.

Obiges Feld wird sukzessive um insgesamt $(n-1)$ Zeilen nach unten erweitert. Dabei sind jeweils die zwei letzten Zeilen des aktuellen Tableaus ausschlaggebend für die Berechnung einer neuen Zeile.

Konkret: Das Tableau hat nach *einem* Erweiterungsschritt folgende Gestalt:

$$\begin{array}{cccccc} a_n & a_{n-2} & a_{n-4} & . & . & a_0 \\ a_{n-1} & a_{n-3} & a_{n-5} & . & . & 0 \\ b_{n-1} & b_{n-2} & b_{n-3} & . & . & 0 \end{array}$$

Die Elemente b_i der dritten Zeile werden nun unter Benutzung der Spalte

$$\begin{pmatrix} a_n \\ a_{n-1} \end{pmatrix}$$

durch Auswertung zweireihiger Determinanten folgendermaßen gebildet :

$$b_{n-1} = -\frac{1}{a_{n-1}} \begin{vmatrix} a_n & a_{n-2} \\ a_{n-1} & a_{n-3} \end{vmatrix}$$

$$b_{n-2} = -\frac{1}{a_{n-1}} \begin{vmatrix} a_n & a_{n-4} \\ a_{n-1} & a_{n-5} \end{vmatrix}$$

$$b_{n-3} = -\frac{1}{a_{n-1}} \begin{vmatrix} a_n & a_{n-6} \\ a_{n-1} & a_{n-7} \end{vmatrix}$$

$$\vdots$$

Das Tableau nimmt nach *zwei* Erweiterungsschritten folgende Form an:

$$\begin{array}{cccccc} a_n & a_{n-2} & a_{n-4} & . & . & a_0 \\ a_{n-1} & a_{n-3} & a_{n-5} & . & . & 0 \\ b_{n-1} & b_{n-2} & b_{n-3} & & & 0 \\ c_{n-1} & c_{n-2} & c_{n-3} & . & . & 0 \end{array}$$

In diesem *zweiten* Erweiterungsschritt werden die Elemente c_i der vierten Zeile in analoger Weise unter Benutzung der Elemente der *zwei davor liegenden* Reihen gebildet. Die Spalte

$$\begin{pmatrix} a_{n-1} \\ b_{n-1} \end{pmatrix}$$

[7] Ist n ungerade, wird das Tableau in einer ähnlicher Weise gebildet. Um die Darstellung der Vorgehensweise nicht unnötig zu verkomplizieren, erläutern wir hier nur den einen Fall.

erscheint bei allen zu berechnenden Determinanten als erste Spalte :

$$c_{n-1} = -\frac{1}{b_{n-1}} \begin{vmatrix} a_{n-1} & a_{n-3} \\ b_{n-1} & b_{n-2} \end{vmatrix}$$

$$c_{n-2} = -\frac{1}{b_{n-1}} \begin{vmatrix} a_{n-1} & a_{n-5} \\ b_{n-1} & b_{n-3} \end{vmatrix}$$

$$c_{n-3} = -\frac{1}{b_{n-1}} \begin{vmatrix} a_{n-1} & a_{n-7} \\ b_{n-1} & b_{n-4} \end{vmatrix} \quad .$$

$$\vdots$$

Die Anzahl der zu bildenden Elemente c_i ist um eins kleiner als bei der dritten Zeile, der Rest wird mit Nullen besetzt. Durch Benutzung der zwei jeweils zuletzt entstandenen Zeilen wird dieses Vorgehen so lange fortgesetzt, bis das Feld insgesamt $(n+1)$ Reihen aufweist.

Das *Routh*-Kriterium lautet:

- Das Polynom $\Delta_n(s)$ ist genau dann ein *Hurwitz*-Polynom, wenn *alle* $(n+1)$ Elemente der *ersten Spalte* des erzeugten Feldes sich von null unterscheiden und das gleiche Vorzeichen aufweisen.

Bemerkung

Obiges Kriterium wird sinnvollerweise dann angewandt, wenn die Koeffizienten von $\Delta_n(s)$ *freie* Parameter enthalten. Man erhält so zu erfüllende Ungleichungen bzw. erlaubte Bereiche für die Polynomkoeffizienten. Geht es allerdings um die Überprüfung eines *konstanten* Polynoms, kann die Vorgehensweise vereinfacht werden! Es gilt nämlich folgender Satz:

Eine *notwendige* Bedingung für die Verifizierung von $\Delta_n(s)$ als *Hurwitz*-Polynom ist, dass *alle berechneten* Elemente im *Routh*-Tableau das gleiche Vorzeichen haben müssen. Das heißt die Bildungsprozedur kann bei positiven Polynomkoeffizienten *sofort* abgebrochen werden, *sobald* ein nichtpositives Element ermittelt wird.

6.2.4 Das *Hurwitz*-Kriterium

Zur Formulierung des *Hurwitz*-Kriteriums werden wir davon ausgehen, dass der Koeffizient der höchsten Potenz in (6.16) positiv ist, d.h.

$$a_n > 0. \tag{6.17}$$

Wir bilden nun ausgehend von dem Polynom $\Delta_n(s)$ nach (6.16) folgende zwei Polynome:

$$\delta_{n-1}(s) = a_{n-1}s^{n-1} + a_{n-3}s^{n-3} + a_{n-5}s^{n-5} + \ldots$$

und

$$\delta_n(s) = a_n s^n + a_{n-2} s^{n-2} + a_{n-4} s^{n-4} + \ldots$$

Sie enthalten jeweils gerade bzw. ungerade Potenzen von s. Ausgehend von diesen Polynomen wird eine quadratische (n, n)-Matrix $\mathbf{H}$ gebildet. Deren erste Zeile entsteht aus den Koeffizienten des Polynoms $\delta_{n-1}(s)$, das sind

$$a_{n-1},\ a_{n-3},\ a_{n-5},\ a_{n-7} \ldots$$

Man kann relativ leicht folgern: Ist der Grad n eine gerade Zahl, dann erscheint als letzter Koeffizient a_1, sonst a_0. Die Anzahl der Elemente der ersten Zeile ist auf jeden Fall kleiner als n. Zur Vervollständigung auf n Elemente wird die Zeile mit Nullen aufgefüllt. Die zweite Zeile bilden wir nach dem gleichen Prinzip mit Hilfe der Koeffizienten des Polynoms $\delta_n(s)$:

$$a_n, a_{n-2},\ a_{n-4},\ a_{n-6},\ a_{n-8} \ldots$$

In Analogie gilt nun: Ist der Grad n gerade, so lautet der letzte Koeffizient a_0, sonst a_1. Es entsteht – gegebenenfalls durch Vervollständigung mit Nullen – eine Zeile mit n Elementen.

Ausgehend von diesen zwei „erzeugenden“ Zeilen bilden wir nun *sukzessive* die nächsten $(n-2)$ Zeilen.

Um die dritte Zeile zu erzeugen, verschieben wir nun die erste Zeile um eine Position nach rechts, füllen allerdings die davor frei werdenden Stellen mit Nullen. Um die vierte Zeile zu erzeugen, verschieben wir die zweite Zeile um eine Position nach rechts und füllen die davor frei werdenden Stellen mit Nullen. Zur Bildung der fünften bzw. der sechsten Zeile wird die erste bzw. die zweite Zeile um zwei Positionen nach rechts verschoben und frei werdende Stellen mit Nullen gefüllt.

Dieses Vorgehen („Verschieben“ und „Auffüllen“) wiederholen wir so lange, bis eine quadratische (n, n)-Matrix $\mathbf{H}$ entstanden ist. Sie hat dann die Form:

$$\mathbf{H} = \begin{pmatrix} a_{n-1} & a_{n-3} & a_{n-5} & a_{n-7} \cdot & \cdot & \cdot & \cdot \\ a_n & a_{n-2} & a_{n-4} & a_{n-6} & \cdot & \cdot & \cdot \\ 0 & a_{n-1} & a_{n-3} & a_{n-5} & \cdot & \cdot & \cdot \\ 0 & a_n & a_{n-2} & a_{n-4} & \cdot & \cdot & \cdot \\ 0 & 0 & a_{n-1} & a_{n-3} & \cdot & \cdot & \cdot \\ \cdot & \cdot & \cdot & \cdot & \cdot & \cdot & \cdot \\ 0 & 0 & \cdot & \cdot & \cdot & \cdot & a_0 \end{pmatrix} \quad \text{mit} \quad a_i = 0, \text{falls } i < 0.$$

Man betrachtet nun alle n „nordwestlichen“ Unterdeterminanten H_i, das sind die Hauptminoren der Matrix $\mathbf{H}$:

$$H_1 = a_{n-1}$$

$$H_2 = \begin{vmatrix} a_{n-1} & a_{n-3} \\ a_n & a_{n-2} \end{vmatrix}$$

$$H_3 = \begin{vmatrix} a_{n-1} & a_{n-3} & a_{n-5} \\ a_n & a_{n-2} & a_{n-4} \\ 0 & a_{n-1} & a_{n-3} \end{vmatrix}$$

bis zur n-reihigen Determinante

$$H_n = \det(\mathbf{H}).$$

Das *Hurwitz*-Kriterium besagt:

- Unter der Voraussetzung (6.17) ist das Polynom $\Delta_n(s)$ nach (6.16) *genau dann* ein *Hurwitz*-Polynom, wenn alle n Hauptminoren H_i positiv sind.

Das *Lienard-Chipart*-Kriterium

Die Anwendung des *Hurwitz*-Kriteriums liefert natürlich auch die (einleuchtende) Bedingung, dass alle Polynomkoeffizienten positiv sein müssen. Es ist nahe liegend, die Frage zu stellen, ob unter der Voraussetzung, dass die Koeffizienten positiv sind, die Auswertung aller Hauptminoren notwendig ist!

Diese Frage beantwortet das *Lienard-Chipart*-Kriterium, welches besagt:

- Das Polynom

  $$\Delta_n(s) := a_n s^n + a_{n-1} s^{n-1} + ... + a_1 s + a_0 \qquad \text{mit } a_n > 0$$

  ist *genau dann* ein *Hurwitz*-Polynom, wenn *eine* der Folgen

  $$(a_{n-1}, a_{n-3}, a_{n-5}, ..., a_0) \quad \textit{oder} \quad (a_n, a_{n-2}, a_{n-4}, a_{n-6}, ..., a_0)$$

  und eine der Folgen

  $$(H_1, H_3, H_5, ...) \quad \textit{oder} \quad (H_2, H_4, H_6, ...)$$

  ausschließlich Elemente mit demselben Vorzeichen enthalten.

Das hat zur Folge, dass z.B. ein Polynom mit positiven Koeffizienten genau dann ein *Hurwitz*-Polynom ist, wenn die Folge $(H_1, H_3, H_5, ...)$ *oder* die Folge $(H_2, H_4, H_6, ...)$ ausschließlich positive Elemente aufweisen.

6.2.5 Beispiele

Beispiel (Polynom 4. Grades): Wir wollen untersuchen, ob das Polynom

$$\Delta_4(s) = s^4 + 2s^3 + s^2 + 4s + 4$$

ein *Hurwitz*-Polynom ist. Nachdem alle Polynomkoeffizienten vorhanden sind und das gleiche Vorzeichen haben, wenden wir das *Routh*-Kriterium an. Die zwei ersten Zeilen des *Routh*-Schemas lauten

$$\begin{array}{ccc} 1 & 1 & 4 \\ 2 & 4 & 0 \end{array}$$

Wir berechnen nun die zwei Elemente $b_i(n = 4, i = n - 1, n - 2)$ der dritten Zeile, füllen die letzte Position mit einer Null und erhalten das dreizeilige Tableau

$$\begin{array}{ccc} 1 & 1 & 4 \\ 2 & 4 & 0 \\ -\frac{1}{2}(4-2) = -1 & -\frac{1}{2}(0-8) = 4 & 0 \end{array}$$

Nachdem ein berechnetes Element (der ersten Spalte) negativ ist, wissen wir dass $\Delta_4(s)$ *kein Hurwitz*-Polynom ist! Der Prozess kann wegen $b_3 = -1 < 0$ abgebrochen werden. Eine weitere Berechnung des *Routh*-Tableaus ist *nicht* notwendig.

Beispiel (mit freien Parametern): Wir betrachten eine rückgekoppelte Struktur nach Abb. 3.3 (vgl. Kap. 3). Hierbei lauten die Übertragungsfunktionen $G_1(s)$ und $G_2(s)$

$$G_1(s) = \frac{1}{s\,(s+2)\,(s+4)} \quad \text{und} \quad G_2(s) = K_P\,(1 + sT_D)\,. \tag{6.18}$$

Die Übertragungsfunktion[8] $G_2(s)$ enthält zwei reelle und *positive* Parameter,

$$K_P > 0 \;\text{ und }\; T_D > 0.$$

Das Gesamtsystem (der Regelkreis) wird durch die Übertragungsfunktion

$$T(s) = \frac{G_1(s)}{1 + G_2(s)G_1(s)} \tag{6.19}$$

beschrieben. Gesucht ist der größtmögliche Bereich der Parameter K_P und T_D, sodass das Gesamtsystem die BIBO-Eigenschaft besitzt.

Die Übertragungsfunktion $T(s)$ ergibt sich mit Hilfe von (6.18) und (6.19) zu

$$T(s) = \frac{1}{s^3 + 6s^2 + s\,(8 + K_P T_D) + K_P}.$$

Für die BIBO-Eigenschaft ist es notwendig und hinreichend, dass alle Pole von $T(s)$, d.h. alle Nullstellen des Nennerpolynoms

$$N(s) := s^3 + 6s^2 + s\,(8 + K_P T_D) + K_P, \tag{6.20}$$

in der linken offenen s-Ebene liegen. Wir können hierfür *sofort notwendige* Bedingungen angeben, da bei BIBO-Stabilität alle Koeffizienten von $N(s)$ das gleiche Vorzeichen aufweisen müssen:

$$K_P > 0 \quad \text{und} \quad 8 + K_P T_D > 0.$$

Notwendige *und* hinreichende Bedingungen, damit $N(s)$ ein *Hurwitz*-Polynom ist, erhält man durch Anwendung des *Routh*-Verfahrens. Das *Routh*-Tableau nimmt im vorliegenden

[8] Sie zeigt ein Proportional-Differential-Verhalten auf und entspricht einem so genannten PD-Regler.

Fall folgende Form an:

$$\begin{array}{ccc} 1 & 8+K_P T_D & 0 \\ 6 & K_P & 0 \\ \dfrac{6\,(8+K_P T_D)-K_P}{6} & 0 & 0 \\ K_P & 0 & 0 \end{array}$$

Damit $N(s)$ ein *Hurwitz*-Polynom ist, ist es notwendig und hinreichend, dass alle Elemente der ersten Spalte das gleiche Vorzeichen aufweisen. Daraus folgen zwei Ungleichungen für die Parameter K_P und T_D:

$$6\,(8+K_P T_D)-K_P > 0 \qquad \text{und} \qquad K_P > 0 \tag{6.21}$$

Der Bereich zur Sicherung der BIBO-Stabilität kann aus einer Darstellung in der $K_P T_D$-Ebene leicht entnommen werden. Hierzu wird die erste Ungleichung in (6.21) zu

$$K_P T_D > \frac{K_P - 48}{6}$$

bzw. da K_P positiv ist, zu

$$T_D > \frac{K_P - 48}{6K_P}$$

umgeschrieben. Da der Parameter T_D positiv vorausgesetzt wurde, wird der Stabilitätsbereich durch die zwei Koordinatenachsen und die Hyperbel

$$T_D = \frac{K_P - 48}{6K_P}$$

abgegrenzt (vgl. Abb. 6.4).

Beispiel (Polynom 3. Grades): Wir wollen untersuchen, welche notwendigen und hinreichenden Bedingungen die Koeffizienten a_i eines Polynoms dritten Grades

$$\Delta_3(s) := s^3 + a_2 s^2 + a_1 s + a_0$$

erfüllen müssen, damit $\Delta_3(s)$ ein *Hurwitz*-Polynom ist. Hierzu wenden wir das *Hurwitz*-Kriterium an. Wir bilden die $(3,3)$-Matrix $\mathbf{H}$: Ausgehend von den erzeugenden Zeilen

$$\begin{array}{ccc} a_2 & a_0 & 0 \\ 1 & a_1 & 0 \end{array}$$

bilden wir die dritten Zeile durch „Verschieben“ der ersten Zeile um eine Position nach rechts und „Auffüllen“ der frei werdenden Stelle mit null. Es entsteht dadurch die Matrix $\mathbf{H}$:

$$\mathbf{H} = \begin{pmatrix} a_2 & a_0 & 0 \\ 1 & a_1 & 0 \\ 0 & a_2 & a_0 \end{pmatrix}.$$

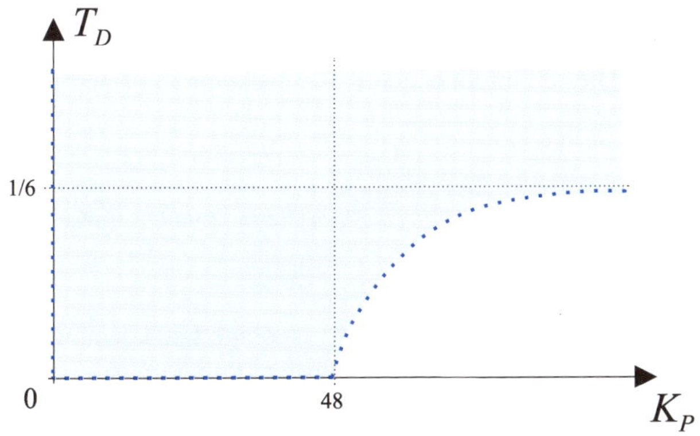

Abbildung 6.4: Stabilitätsbereich

Die drei Hauptminoren lauten in diesem Fall:

$$H_1 = a_2,$$

$$H_2 = \begin{vmatrix} a_2 & a_0 \\ 1 & a_1 \end{vmatrix} = a_2 a_1 - a_0$$

und

$$H_3 = \begin{vmatrix} a_2 & a_0 & 0 \\ 1 & a_1 & 0 \\ 0 & a_2 & a_0 \end{vmatrix} = a_0 H_2.$$

Genau dann, wenn die Koeffizienten die drei Ungleichungen

$$a_2 > 0, \quad a_2 a_1 - a_0 > 0 \text{ und } a_0 > 0$$

erfüllen, ist $\Delta_3(s)$ ein *Hurwitz*-Polynom! Das bedeutet, alle drei Koeffizienten sind positiv und es gilt

$$a_2 a_1 - a_0 > 0.$$

Bemerkung

Das *Hurwitz*-Kriterium besitzt zwar eine mathematisch einfache Formulierung, dessen konkrete Durchführung ist allerdings für einen Polynomgrad $n > 3$ recht mühevoll.

Beispiel (Polynom 4. Grades): Wir betrachten ein Polynom vierten Grades mit *positiven* Koeffizienten α_i $(i = 0, 1, 2, 3)$:

$$\Delta_4(s) := s^4 + a_3 s^3 + a_2 s^2 + a_1 s + a_0.$$

Um festzustellen, wann obiges Polynom ein *Hurwitz*-Polynom ist, brauchen wir nach dem *Lienard-Chipart*-Kriterium nur (!) die zugehörigen Hauptminoren H_1 und H_3 *oder* H_2 und H_4 zu untersuchen. Dies ergibt im ersten Fall – nachdem der Hauptminor H_1 gleich a_3 ist – folgende Bedingung:

$$H_3 = \begin{vmatrix} a_3 & a_1 & 0 \\ 1 & a_2 & a_0 \\ 0 & a_3 & a_1 \end{vmatrix} = a_1(a_2 a_3 - a_1) - a_3^2 a_0 > 0.$$

Bei positiven Koeffizienten α_i $(i = 0, 1, 2, 3)$ ist obige Ungleichung eine notwendige und hinreichende Bedingung, damit $\Delta_4(s)$ ein *Hurwitz*-Polynom ist.

6.3 Das *Nyquist*-Kriterium

6.3.1 Einführung

Um das Vorliegen der BIBO-Eigenschaft bei einem Standardregelkreis nach Abb. 6.5 festzustellen, überprüft man, ob alle Pole der Führungsübertragungsfunktion

$$T(s) = \frac{L(s)}{1 + L(s)}$$

in der linken offenen komplexen s-Ebene liegen.

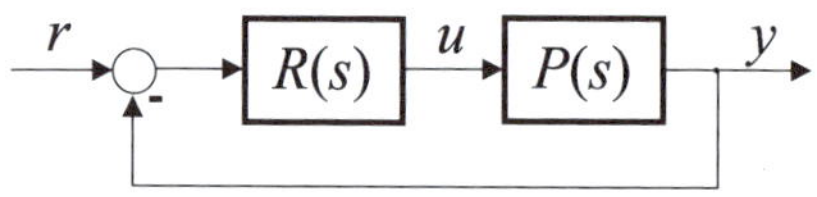

Abbildung 6.5: Standardregelkreis

Hierbei ist

$$L(s) = R(s)P(s) = \frac{\mu(s)}{\nu(s)}$$

die Übertragungsfunktion des offenen Kreises. Die Polynome $\mu(s)$ bzw. $\nu(s)$ sind teilerfremd, wobei der Zählergrad kleiner als der Nennergrad n ist. Das bedeutet, es gilt

$$\lim_{s \to \infty} L(s) = 0,$$

und man spricht vom *Tiefpasscharakter* des offenen Kreises. Wir interessieren uns für die Lage der n Nullstellen von

$$F(s) := 1 + L(s) = \frac{\mu(s) + \nu(s)}{\nu(s)}$$

und wünschen, dass *keine* in der rechten abgeschlossenen komplexen s-Ebene liegt.[9]

[9] Die Nullstellen von $F(s)$ entsprechen den Polen der Führungsübertragungsfunktion $T(s)$.

Beim *Nyquist*-Kriterium handelt es sich um eine *grafische* Methode zur Beantwortung dieses Stabilitätsproblems anhand des Frequenzgangverlaufs $L(j\omega)$ des *offenen* Kreises im „Frequenzintervall" $[0, \infty)$! Hierbei ist es vorteilhaft, dass $L(j\omega)$ *nicht* in analytischer Form vorliegen muss, sondern z.B. aufgrund einer messtechnischen Erfassung vorliegen kann. Das Kriterium kann unter gewissen Voraussetzungen für $L(s)$ durch Benutzung von *Bode*-Diagrammen sehr anwenderfreundlich formuliert werden. Dadurch wird der Einfluss von Korrekturgliedern auf das Stabilitätsverhalten des geschlossenen Kreises transparent.

Bei der Formulierung des Kriteriums brauchen wir den Begriff der *stetigen Winkeländerung* einer Ortskurve. Hierzu variieren wir bei grafisch vorliegender Ortskurve $L(j\omega)$ die „Frequenz" ω von 0 bis $+\infty$ und ermitteln durch visuelle Inspektion den *stetigen* Anteil der Änderung des Winkels der komplexen Größe $F(j\omega) = 1 + L(j\omega)$.

Folgendes ist höchst bemerkenswert: Der stetige Anteil ist ein Vielfaches von π und ist durch die Anzahl der Pole und Nullstellen von $F(s)$ *rechts* bzw. *auf* der imaginären $j\omega$-Achse eindeutig bestimmt. Das hat zur Folge, dass bei einem BIBO-stabilen Standardregelkreis die stetige Winkeländerung durch die Anzahl der Pole des offenen (!) Kreises $L(s)$ in der rechten abgeschlossenen s-Ebene bestimmt wird. Dieser Umstand wird in den nachfolgenden Ausführungen erläutert.

6.3.2 Visuelle Ermittlung der stetigen Winkeländerung einer Ortskurve $F(j\omega)$

Um die Ermittlung prinzipiell zu erkennen, betrachten wir zwei einfache Systeme mit den Ortskurven (vgl. Abb. 6.6)

$$F_1(j\omega) = \frac{1}{j\omega} \quad \text{bzw.} \quad F_2(j\omega) = 1 + j\omega T \quad (T > 0 \text{ reell})$$

und lassen die Frequenz ω von $-\infty$ bis $+\infty$ wachsen. Wir wollen die Winkeländerung der komplexen Zeiger $\frac{1}{j\omega}$ bzw. $1 + j\omega T$ ermitteln.

- Im ersten Fall ist der Winkel des komplexen Zeigers im Intervall $[-\infty, 0)$ *konstant* gleich $+\frac{\pi}{2}$ und im Intervall $(0, +\infty]$ *konstant* gleich $-\frac{\pi}{2}$. Erst beim Überschreiten des Punktes 0 auf der imaginären $j\omega$-Achse ergibt sich eine *unstetige* Änderung von $+\frac{\pi}{2}$ auf $-\frac{\pi}{2}$. Damit ist der Wert der stetigen Winkeländerung in diesem Fall gleich null!
- Im zweiten Fall nimmt der Winkel von $-\frac{\pi}{2}$ bis $+\frac{\pi}{2}$ stetig zu. Die stetige Winkeländerung beträgt also π.

Anhand dieser einfachen Beispiele erkennt man: Der Verlauf des Winkels $\text{arc}\{F(j\omega)\}$ weist genau dann eine Unstetigkeit auf, wenn $F(s)$ Nullstellen oder Pole *auf* der imaginären $j\omega$-Achse hat!

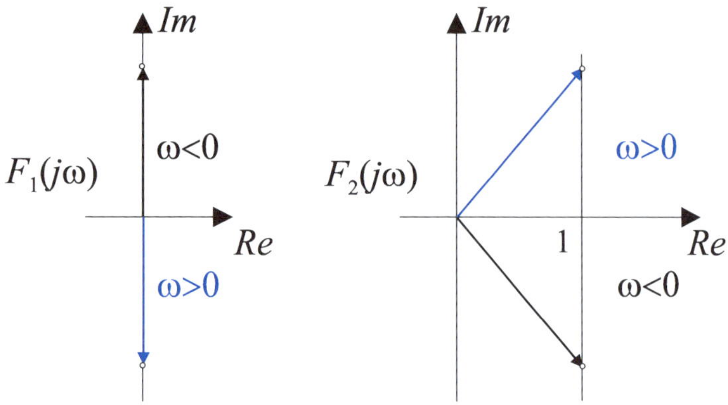

Abbildung 6.6: Ortskurven $F_1(j\omega)$ und $F_2(j\omega)$

6.3.3 Berechnung der stetigen Winkeländerung einer Ortskurve

Wir betrachten eine gebrochen rationale Funktion

$$F(s) = K\frac{\prod_{i=1}^{N}(s-\beta_i)}{\prod_{i=1}^{n}(s-\alpha_i)}$$

mit reellen Koeffizienten. Das Zählerpolynom hat den Grad N, das Nennerpolynom den Grad n, wobei $N \le n$ gilt. Wir interessieren uns bei variabler „Frequenz" ω für den Verlauf des Winkels[10]

$$\text{arc}\{F(j\omega)\} = \text{arc}\left\{K\frac{\prod_{i=1}^{N}(j\omega-\beta_i)}{\prod_{i=1}^{n}(j\omega-\alpha_i)}\right\}.$$

Wir variieren nun ω von $(-\infty)$ bis $(+\infty)$, betrachten den *stetigen* Anteil der Änderung des Winkels von $F(j\omega)$. Bedenkt man, dass $F(j\omega)$ und $F(-j\omega)$ konjugiert komplex (!) sind, so ergibt die stetige Winkeländerung im Bereich $(-\infty, 0]$ den gleichen Wert wie im Bereich $[0, \infty)$. Wir bezeichnen diese mit $\Delta\text{arc}\{F(j\omega)\}$. Dies ist insofern von Vorteil, als normalerweise die Ortskurve $F(j\omega)$ im Bereich $[0, \infty)$ vorliegt.

Wir kennzeichnen die Anzahl der Pole und Nullstellen von $F(s)$ in der linken bzw. rechten

[10] Er ergibt sich durch Superposition der einzelnen Winkelbeiträge zu

$$\text{arc}\{F(j\omega)\} = \text{arc}\{K\} + \sum_{i=1}^{N}\text{arc}\{j\omega-\beta_i\} - \sum_{i=1}^{n}\text{arc}(j\omega-\alpha_i).$$

offenen s-Ebene bzw. auf der imaginären Achse mit dem Index l, r bzw. a. Offensichtlich gilt dann

$$n = n_l + n_r + n_a \quad \text{und} \quad N = N_l + N_r + N_a.$$

Die stetige Winkeländerung im Bereich $[0, \infty)$ beträgt daraufhin [45]

$$\Delta\text{arc}\,\{F(j\omega)\} = [(N - n) - (N_a + 2N_r) + (n_a + 2n_r)]\frac{\pi}{2}. \tag{6.22}$$

6.3.4 Formulierung des *Nyquist*-Kriteriums

Zur Herleitung des *Nyquist*-Kriteriums wenden wir obige Formel (6.22) auf die Funktion

$$F(s) := 1 + L(s) = \frac{\mu(s) + \nu(s)}{\nu(s)}$$

an. Da $L(s)$ Tiefpasscharakter aufweist, haben Zähler- und Nennerpolynom von $F(s)$ jeweils den gleichen Grad, d.h. $N = n$. Wir kennzeichen mit N_r bzw. N_a die Anzahl der Nullstellen von $\mu(s) + \nu(s)$ in der rechten offenen s-Ebene bzw. auf der imaginären Achse. Analog symbolisieren wir mit n_r bzw. n_a die Anzahl der Nullstellen von $\nu(s)$ in der rechten offenen s-Ebene bzw. auf der imaginären Achse. Damit ergibt sich

$$\Delta\text{arc}\,\{1 + L(j\omega)\} = [-(N_a + 2N_r) + (n_a + 2n_r)]\frac{\pi}{2}. \tag{6.23}$$

Falls der Standardregelkreis BIBO-stabil ist, betragen

$$N_a = 0 \quad \text{und} \quad N_r = 0.$$

Damit ergibt sich aus (6.23) die Relation

$$\Delta\text{arc}\,\{1 + L(j\omega)\} = (\frac{n_a}{2} + n_r)\pi. \tag{6.24}$$

Ist wiederum obige Beziehung (6.24) gültig, so erkennt man leicht, da N_a und N_r nichtnegative Zahlen sind, dass sie beide gleich null sein müssen!

Damit lautet das so genannte *Nyquist*-Kriterium:

Der Standardregelkreis nach Abb. 6.5 besitzt *genau dann* die BIBO-Eigenschaft, wenn für die stetige Winkeländerung im ω-Bereich $[0, \infty)$

$$\Delta\text{arc}\,\{1 + L(j\omega)\} = (\frac{n_a}{2} + n_r)\pi \tag{6.25}$$

gilt. Das bedeutet, dass bei BIBO-Stabilität die stetige Winkeländerung durch die Pole des *offenen* Kreises $L(s)$ in der rechten abgeschlossenen s-Ebene charakterisiert wird.

Unter der Voraussetzung, dass der offene Kreis $L(s)$ die BIBO-Eigenschaft besitzt, vereinfacht sich obiges Kriterium (6.25) zu

$$\Delta\text{arc}\,\{1 + L(j\omega)\} = 0. \tag{6.26}$$

Diese Form ist interessant, weil man die Ortskurve $L(j\omega)$ durch eine Messung des Frequenzgangs des offenen Kreises gewinnen kann, ohne ein mathematisches Modell aufzustellen!

6.3.5 Vereinfachtes Schnittpunktkriterium

Für eine Klasse von in der Praxis häufig auftretenden Übertragungsfunktionen $L(s)$ des offenen Kreises vollzieht man die Überprüfung der BIBO-Stabilität auf besonders einfache Art. Wir sprechen von einer Übertragungsfunktion $L(s)$ vom *einfachen Typ*, wenn sie folgende vier Charakteristika besitzt:

- Sie weist Tiefpasscharakter auf.
- Ihr Verstärkungsfaktor V ist positiv.
- Ihre Pole weisen einen negativen Realteil auf mit Ausnahme eines eventuell vorliegenden einfachen Poles bei null.[11]
- Der Betrag des Frequenzgangs $L(j\omega)$ nimmt – für $\omega \geq 0$ – bei *genau einer* „Frequenz", der so genannten Durchtrittsfrequenz, $\omega = \omega_c$ den Wert eins an:
$$|L(j\omega_c)| = 1.$$

Definiert man (siehe Abb. 6.7) die Phasenreserve ϕ_r durch

$$\phi_r = \text{arc}\,\{L(j\omega_c)\} + \pi,$$

so gilt das so genannte vereinfachte Schnittpunktkriterium [45]:

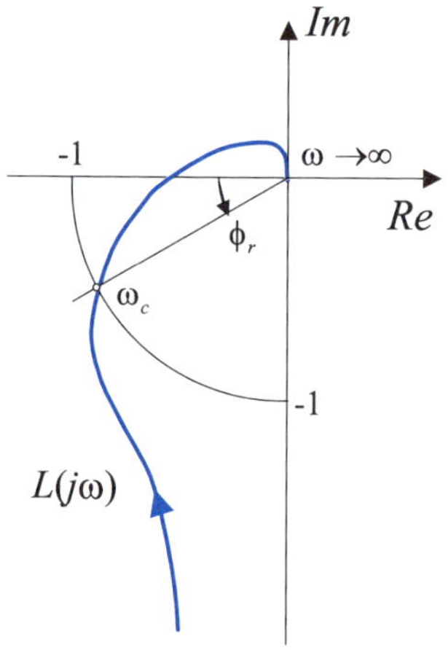

Abbildung 6.7: Phasenreserve ϕ_r

Bei einer Übertragungsfunktion $L(s)$ des offenen Kreises vom einfachen Typ besitzt der Standardregelkreis (Abb. 6.5) *genau dann* die BIBO-Eigenschaft, wenn die Phasenreserve ϕ_r positiv ist, d.h.

$$\text{BIBO-Stabilität} \quad \Leftrightarrow \quad \phi_r > 0$$

gilt.

[11] Die 2. und 3. Voraussetzung bedingen, dass $\lim_{\omega \to 0} \{\text{arc}L(j\omega)\} = 0$ bzw. $(-\pi/2)$ gilt.

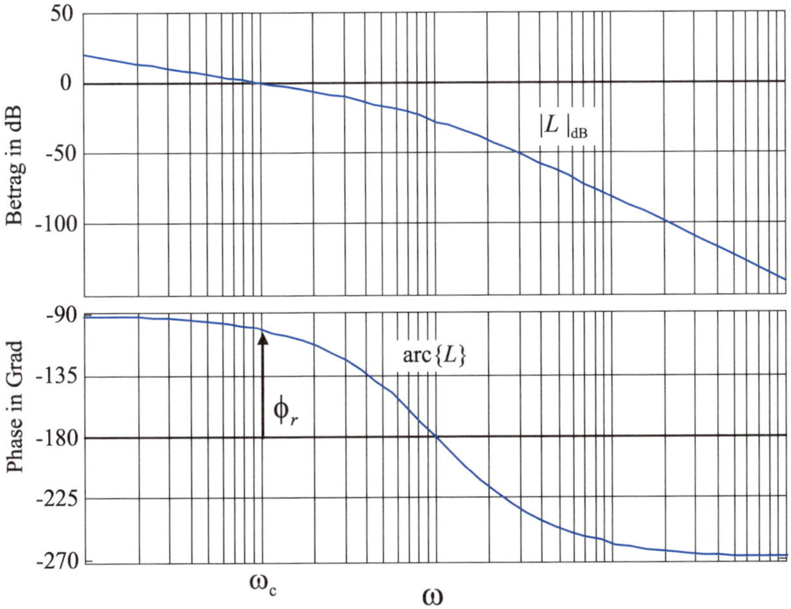

Abbildung 6.8: Vereinfachtes Schnittpunktkriterium

In solch einem Fall ist bei Benutzung von *Bode*-Diagrammen (siehe Abb. 6.8) die Eigenschaft der (In-)Stabilität schön ersichtlich.

6.3.6 Beispiele

Beispiel: Die Übertragungsfunktion des offenen Kreises sei

$$L(s) = K\frac{s+1}{s(s-10)}.$$

Gesucht ist der größtmögliche Bereich für den positiven Parameter K, damit die BIBO-Eigenschaft des Regelkreises gesichert ist. In dem vorliegenden Fall betragen die Konstanten n_a und n_r

$$n_a = 1 \quad \text{und} \quad n_r = 1.$$

Nach dem *Nyquist*-Kriterium (6.25) ist die Stabilität garantiert, wenn die stetige Winkeländerung

$$\Delta\text{arc}\,\{1 + L(j\omega)\} = \frac{3}{2}\pi$$

beträgt. Diese kann anhand der Skizze der Ortskurve $L(j\omega)$

$$L(j\omega) = K\frac{j\omega+1}{j\omega(j\omega-10)} = K\frac{1}{100+\omega^2}[-11 - j\frac{1}{\omega}(\omega^2-10)]$$

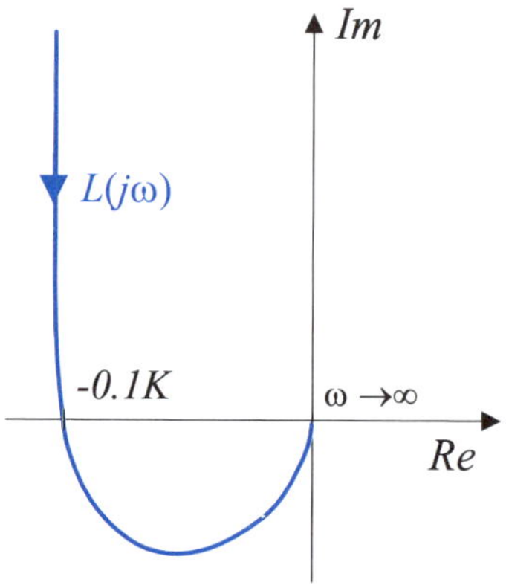

Abbildung 6.9: Ortskurve $L(j\omega)$

nach Abb. 6.9 ermittelt werden.

Die Ortskurve $L(j\omega)$ kann in der Form

$$L(j\omega) = K\frac{1}{100+\omega^2}[-11 - j\frac{1}{\omega}(\omega^2 - 10)]$$

geschrieben werden, aus der Schnittpunkte mit der reellen Achse leicht berechnet werden können. Sie besitzt für

$$\omega = \omega_0 = \pm\sqrt{10}$$

den reellen Wert

$$L(j\omega_0) = K\frac{1}{100+\omega_0^2}(-11) = -\frac{K}{10}.$$

Anhand von Abb. 6.9 kann man Folgendes leicht überprüfen: Im Fall

$$-1 \leq L(j\omega_0)$$

beträgt die stetige Winkeländerung

$$\Delta\text{arc}\,\{1 + L(j\omega)\} = -\frac{\pi}{2}.$$

Damit ist das *Nyquist*-Kriterium *nicht* erfüllt! Für den Fall, dass der Schnittpunkt links vom kritischen Punkt -1 liegt, d.h.

$$-1 > L(j\omega_0) = -\frac{K}{10},$$

beträgt die stetige Winkeländerung $(\frac{3}{2}\pi)$. Damit ist obige Bedingung (6.25) erfüllt. Die BIBO-Eigenschaft liegt *genau dann* vor, wenn der Parameter K der Ungleichung

$$K > 10$$

genügt.

Beispiel: Vorgegeben sei die Übertragungsfunktion[12]

$$P(s) = \frac{0.00146}{(s + 0.0397)(s + 0.0387)(s + 0.0375)}$$

eines Systems. Gesucht ist der größtmögliche Bereich des positiven Reglerparameters K, damit die BIBO-Eigenschaft des Regelkreises vorliegt. Die Übertragungsfunktion des offenen Kreises lautet somit:

$$L(s) = KP(s).$$

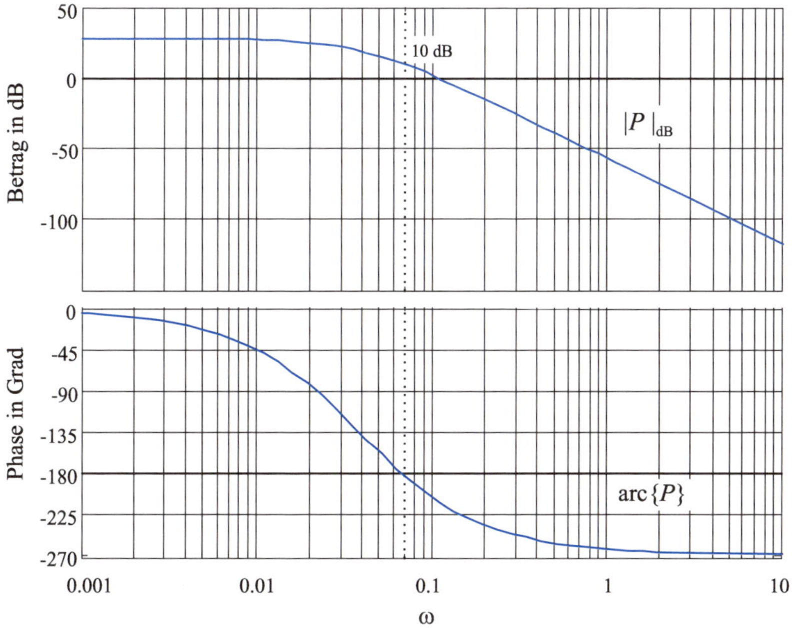

Abbildung 6.10: *Bode*-Diagramme von $P(s)$

In Abb. 6.10 sind die *Bode*-Diagramme von $P(s)$ ersichtlich. Man erkennt, dass die Übertragungsfunktion $P(s)$ und damit auch $L(s)$ vom einfachen Typ sind. Aus diesem Grund können wir das vereinfachte Schnittpunktkriterium verwenden. Wir lesen ab: Bei der Frequenz

$$\omega_0 = 0.07rads^{-1}$$

betragen die zugehörigen Werte der Betrags- bzw. Phasenkennlinie

$$|P(j\omega_0)|_{dB} = 10 \quad \text{und} \quad \text{arc}\,\{P(j\omega_0)\} = -\pi.$$

Gefordert wird, dass die Phasenreserve ϕ_r positiv ist, d.h.

$$|KP(j\omega_0)|_{dB} < 0.$$

12 Es handelt sich hierbei um das in Kap. 14 beschriebene 3-Tank-System.

Der kritische Wert für den Parameter K lautet somit

$$|K_u|_{dB} = -10 \quad \Longrightarrow \quad K_u \approx 0.32.$$

Daraus resultiert der Wertebereich für gesicherte BIBO-Stabilität:

$$K < K_u.$$

Kapitel

7 Zeitdiskrete, lineare und zeitinvariante Systeme

7.1 Einführung

Ausgangspunkt unserer Überlegungen ist das lineare, zeitinvariante und zeitdiskrete Modell

$$\mathbf{x}_{i+1} = \mathbf{A}_d \mathbf{x}_i + \mathbf{b}_d u_i \qquad\qquad y_i = \mathbf{c}_d^T \mathbf{x}_i + d_d u_i. \tag{7.1}$$

Die *konstanten* Daten des Systems sind vorgegeben: die quadratische (n, n)-Systemmatrix $\mathbf{A}_d$, der n-dimensionale Eingangsvektor $\mathbf{b}_d$, der n-dimensionale Ausgangsvektor $\mathbf{c}_d$, der skalare Durchgriffsterm d_d sowie die Diskretisierungszeit T_d.

Zur verwendeten Symbolik: Wir bezeichnen mit $\mathbf{x}_i$ den n-dimensionalen Zustandsdvektor, mit y_i bzw. u_i die skalare Ausgangs- bzw. Eingangsgröße. Der Index i bei den Systemgrößen kennzeichnet den Zeitpunkt $t = iT_d$.

7.2 Lösung der Systemgleichungen

7.2.1 Einführung

Wir gehen davon aus, dass

- der Anfangszustand $\mathbf{x}_0$ sowie
- die Werte der Eingangsgröße u_i ($i = 0, 1, 2, ..., M-1$), d.h. die Elemente der Folge

$$(u)_M := (u_0, u_1, ..., u_{M-1}),$$

bekannt sind. Gesucht sind der Zustand $\mathbf{x}_i$ bzw. die Ausgangsgröße y_i mit $i \leq M$.

7.2.2 Rekursive Lösung

Obiges Modell (7.1) stellt eine *rekursive* Relation zwischen zeitlich unmittelbar aufeinander folgenden Werten des Zustandsvektors dar. Damit ist der Ermittlungsweg vorgezeichnet: Ausgehend von dem Wertepaar $[\mathbf{x}_0, u_0]$ kann der Zustandsvektor $\mathbf{x}_1$ unmittelbar berechnet werden. Das Wertepaar $[\mathbf{x}_1, u_1]$ legt den Wert $\mathbf{x}_2$ fest usw. Dieses Vorgehen lässt sich auch symbolisch darstellen:

$$\begin{array}{rcl} [\mathbf{x}_0, u_0] & \rightarrow & \mathbf{x}_1 \\ [\mathbf{x}_1, u_1] & \rightarrow & \mathbf{x}_2 \\ [\mathbf{x}_2, u_2] & \rightarrow & \mathbf{x}_3 \\ & \vdots & \\ [\mathbf{x}_{i-1}, u_{i-1}] & \rightarrow & \mathbf{x}_{i.} \end{array}$$

Das bedeutet, der *gesuchte* Zustandsvektor $\mathbf{x}_i$ kann anhand des Anfangszustands $\mathbf{x}_0$ und der Werte der Eingangsfolge

$$(u)_i := (u_0, u_1, ..., u_{i-1})$$

rekursiv ermittelt werden. Durch wiederholtes Einsetzen in die rekursive Relation ergibt sich

$$\mathbf{x}_i = \mathbf{A}_d^i \mathbf{x}_0 + \mathbf{A}_d^{i-1}\mathbf{b}_d u_0 + \mathbf{A}_d^{i-2}\mathbf{b}_d u_1 + \mathbf{A}_d^{i-3}\mathbf{b}_d u_2 + ... + \mathbf{b}_d u_{i-1}$$

bzw.

$$\mathbf{x}_i = \mathbf{A}_d^i \mathbf{x}_0 + \sum_{k=0}^{i-1} \mathbf{A}_d^{i-1-k}\mathbf{b}_d u_k. \tag{7.2}$$

Man erkennt bei der abgeleiteten Relation die Auswirkungen der *Linearität*! Der Einfluss des Anfangszustandes und der Eingangsgrößen ist sehr übersichtlich.

Für den Wert der Ausgangsgröße zum Zeitpunkt $t = iT_d$

$$y_i = \mathbf{c}_d^T \mathbf{x}_i + d_d u_i$$

erhalten wir mit (7.2) dann den Ausdruck

$$y_i = \mathbf{c}_d^T \mathbf{A}_d^i \mathbf{x}_0 + \sum_{k=0}^{i-1} \mathbf{c}_d^T \mathbf{A}_d^{i-1-k}\mathbf{b}_d u_k + d_d u_i. \tag{7.3}$$

Diskrete Gewichtsfunktion

Die Elemente der Eingangsfolge $(u)_i$ werden in (7.3) jeweils mit dem skalaren „Gewichtsfaktor“

$$g_{i-k} := \mathbf{c}_d^T \mathbf{A}_d^{i-1-k}\mathbf{b}_d \qquad (k = 0, 1, ..., i-1)$$

multipliziert. Diese auf charakteristische Weise gebildeten Faktoren g_ν legen die (diskrete) *Gewichtsfunktion*

$$g_\nu = \mathbf{c}_d^T \mathbf{A}_d^{\nu-1}\mathbf{b}_d \qquad (\nu = 1, 2, 3, ...) \tag{7.4}$$

fest. Mit deren Hilfe und der *Festlegung*

$$g_0 := d_d \tag{7.5}$$

kann die Ausgangsgröße kompakt

$$y_i = \mathbf{c}_d^T \mathbf{A}_d^i \mathbf{x}_0 + \sum_{k=0}^{i} g_{i-k} u_k = \mathbf{c}_d^T \mathbf{A}_d^i \mathbf{x}_0 + \sum_{\nu=0}^{i} g_\nu u_{i-\nu} \tag{7.6}$$

dargestellt werden. Folgendes ist bemerkenswert: Die Werte der Gewichtsfunktion legen das Eingangs-Ausgangs-Verhalten des Systems fest!

Der Einfachheit halber nehmen wir an, dass der Anfangszustand

$$\mathbf{x}_0 = \mathbf{0}$$

ist. Damit erhält die Eingangs-Ausgangs-Relation die Form[1]

$$y_i = \sum_{\nu=0}^{i} g_\nu u_{i-\nu}. \tag{7.7}$$

Invarianzeigenschaft der Gewichtsfunktion

Wir haben bisher die Faktoren g_ν nach (7.4) als Abkürzungen eingeführt und behandelt. Sie stellen allerdings viel mehr dar, nämlich „einmalige" Größen für ein betrachtetes System, so genannte *Invarianten*. Präzise formuliert bedeutet das: Unterwirft man das mathematische Modell einer konstanten und regulären Zustandstransformation, so bleibt die Gewichtsfunktion *dieselbe*! Um diesen wichtigen Sachverhalt zu erkennen, wählen wir eine konstante und reguläre (n, n)-Matrix $\mathbf{Q}$ und führen gemäß

$$\mathbf{x}_i = \mathbf{Q}\boldsymbol{\xi}_i$$

eine Zustandstransformation des Systems (7.1) durch. Dabei erhält man folgendes *äquivalente* Modell:

$$\boldsymbol{\xi}_{i+1} = (\mathbf{Q}^{-1}\mathbf{A}_d\mathbf{Q})\boldsymbol{\xi}_i + (\mathbf{Q}^{-1}\mathbf{b}_d)u_i \qquad y_i = (\mathbf{c}_d^T\mathbf{Q})\boldsymbol{\xi}_i + d_d u_i.$$

Die zugehörige Gewichtsfunktion γ_ν lässt sich anhand der Definitionsgleichung (7.4)

$$\gamma_\nu = (\mathbf{c}_d^T\mathbf{Q})(\mathbf{Q}^{-1}\mathbf{A}_d\mathbf{Q})^{\nu-1}(\mathbf{Q}^{-1}\mathbf{b}_d) \qquad \text{mit } (\nu = 1, 2, 3, ...) \tag{7.8}$$

berechnen. Durch einfaches Ausmultiplizieren erkennt man, dass für die Potenz der Systemmatrix des neuen Systems die Beziehung

$$(\mathbf{Q}^{-1}\mathbf{A}_d\mathbf{Q})^{\nu-1} = \mathbf{Q}^{-1}\mathbf{A}_d^{\nu-1}\mathbf{Q}$$

gilt. Damit vereinfacht sich der Ausdruck (7.8) für die Gewichtsfunktion γ_ν zu

$$\gamma_\nu = (\mathbf{c}_d^T\mathbf{Q})(\mathbf{Q}^{-1}\mathbf{A}_d^{\nu-1}\mathbf{Q})(\mathbf{Q}^{-1}\mathbf{b}_d) = \mathbf{c}_d^T\mathbf{A}_d^{\nu-1}\mathbf{b}_d.$$

[1] Man nennt diese besondere Form eine „Faltungssumme". Sie stellt das Analogon zum „Faltungsintegral" im zeitkontinuierlichen Fall dar. Siehe Ausführungen in Kap. 2.

Das hat zur Folge: Die Werte der Gewichtsfunktionen

$$\gamma_\nu = g_\nu \qquad (\nu = 1, 2, 3, ...)$$

sind gleich und nachdem gemäß (7.5) offensichtlich die Beziehung

$$\gamma_0 = g_0 = d_d$$

gilt, bleibt damit die Gewichtsfunktion bei einer regulären konstanten Transformation *unverändert!*

Interpretation der Gewichtsfunktion als Systemantwort

Wir wählen bei verschwindendem Anfangszustand die Eingangsgröße

$$u_i = \delta_i.$$

Hierbei wird die so genannte (diskrete) *Delta*-Funktion δ_i folgendermaßen definiert:

$$\begin{aligned} \delta_i &= 1 \quad \text{für } i = 0 \\ \delta_i &= 0 \quad \text{für } i \neq 0. \end{aligned}$$

Wir ermitteln nun die zugehörige Ausgangsgröße. Es gilt allgemein

$$y_i = \sum_{k=0}^{i} g_{i-k}\delta_k$$

und nachdem alle Werte der Eingangsgröße außer dem ersten verschwinden, ergibt sich

$$y_i = g_i.$$

Das heißt: die Werte der Gewichtsfunktion können bei Anwendung einer speziellen Eingangsfunktion als Werte der Ausgangsgröße interpretiert werden. Man kann sagen: „Die Gewichtsfunktion ist die Antwort des Systems auf die Delta-Funktion!" Es ist bemerkenswert, dass eine ähnliche Aussage im zeitkontinuierlichen Fall nur unter Verwendung diffiziler mathematischer Hilfsmittel möglich ist!

FIR-Systeme

Die (diskrete) Gewichtsfunktion wurde anhand der Relation

$$g_\nu = \mathbf{c}_d^T \mathbf{A}_d^{\nu-1} \mathbf{b}_d \qquad (\nu = 1, 2, 3, ...)$$

und der Festlegung

$$g_0 := d_d$$

eingeführt. Sie besitzt ∞-viele Elemente g_ν. Ein interesanter Fall[2] liegt vor, wenn die Gewichtsfunktion nur *endlich viele* sich von null unterscheidende Werte annimmt. Systeme, die eine „endlich lange“ Gewichtsfunktion besitzen,

$$\begin{aligned} g_\nu &= \mathbf{c}_d^T \mathbf{A}_d^{\nu-1} \mathbf{b}_d \qquad (\nu = 1, 2, 3, ..., N) \\ g_\nu &= 0 \qquad (\nu > N), \end{aligned}$$

nennt man FIR-Systeme (finite-duration impulse response systems). Man beachte, dass solch ein Verhalten bei der (zeitkontinuierlichen) Gewichstfunktion $g(t) = \mathbf{c}^T \mathbf{\Phi}(t)\mathbf{b}$ nicht möglich ist, da die Transitionsmatrix $\mathbf{\Phi}(t)$ für *endliche* t-Werte *nicht* null werden kann. Im diskreten Fall ist ein solches Verhalten möglich, da für eine von *null verschiedene* quadratische (m, m)-Matrix $\mathbf{A}_d$ *durchaus* $\mathbf{A}_d^m = \mathbf{0}$ gelten kann[3].

7.2.3 Lösung mit Hilfe der z-Transformation

Einführung

Die Analyse zeitdiskreter Systeme der Form

$$\mathbf{x}_{i+1} = \mathbf{A}_d \mathbf{x}_i + \mathbf{b}_d u_i \qquad y_i = \mathbf{c}_d^T \mathbf{x}_i + d_d u_i \tag{7.9}$$

erfordert die Behandlung rekursiver Relationen. Diese können im zeitinvarianten Fall vorteilhaft unter Verwendung der z-Transformation [26] untersucht werden. Es wird deshalb zunächst *kurz* auf die wesentlichen Eigenschaften dieser Transformation eingegangen.

z-Transformation – ein „Crashkurs“

Wir betrachten eine Folge von Werten f_i mit $i \geq 0$

$$(f) := (f_0, f_1, f_2, ...)$$

und bilden die unendliche Reihe

$$f(z) := f_0 + f_1 z^{-1} + f_2 z^{-2} + ... = \sum_{\kappa=0}^{\infty} f_i z^{-\kappa}. \tag{7.10}$$

Wir nennen $f(z)$ die z-Transformierte von f_i, symbolisieren diese Korrespondenz durch das gleiche Symbol f und benutzen gegebenfalls folgende Symbolik:

$$\mathcal{Z}\{f_i\} = f(z). \tag{7.11}$$

Für jeden Wert der komplexen Variablen z, für den die Reihe *konvergiert,* wird eine Funktion von z definiert. Nachdem in der Summe nur negative Potenzen von z stehen, ist es einleuchtend, dass die Konvergenz der Reihe in einem Bereich

$$|z| > K$$

der komplexen z-Ebene gegeben ist. (Die Konstante K ist erwartungsgemäß von der Folge f_i abhängig.)

---

[2] Dieser Fall spielt beim Entwurf diskreter Regelkreise eine besondere Rolle (vgl. Kap. 19).

[3] Dieser Fall spielt beim Entwurf diskreter Regelkreise eine besondere Rolle (vgl. Kap. 21).

Beispiel („Sprungfunktion"): Wir wollen die z-Transformierte der Folge

$$f_i = 1, \quad \text{für} \quad i \geq 0$$

berechnen. Es handelt sich hierbei um das diskrete Analogon der Sprungfunktion $\sigma(t)$. Die Anwendung der Definitionsgleichung (7.10) ergibt:

$$\mathcal{Z}\{f_i = 1\} = f(z) = 1 + 1z^{-1} + 1z^{-2} + ... = \sum_{\kappa=0}^{\infty} z^{-\kappa}.$$

Dies ist eine geometrische Reihe; sie konvergiert für $|z^{-1}| < 1$ gegen

$$f(z) = \frac{1}{1 - z^{-1}} = \frac{z}{z-1}.$$

Damit erhalten wir

$$\mathcal{Z}\{f_i = 1\} = \frac{z}{z-1}. \tag{7.12}$$

Beispiel: Wir betrachten nun die Folge

$$f_i = a^i, \quad \text{für} \quad i \geq 0$$

bei gegebener konstanter (komplexer) Zahl a. Die gesuchte z-Transformierte lässt sich anhand

$$\mathcal{Z}\left\{f_i = a^i\right\} = f(z) = a^0 + a^1 z^{-1} + a^2 z^{-2} + ... = \sum_{\kappa=0}^{\infty} (\frac{a}{z})^{\kappa}$$

berechnen. Es ergibt sich (für $\left|\frac{a}{z}\right| < 1$)

$$\mathcal{Z}\left\{f_i = a^i\right\} = f(z) = \frac{1}{1 - \frac{a}{z}} = \frac{z}{z-a}. \tag{7.13}$$

Beispiel (Fortsetzung): Wir haben gezeigt, dass unter der Voraussetzung $\left|\frac{a}{z}\right| < 1$ folgende Beziehung (Identität) gilt:

$$\sum_{\kappa=0}^{\infty} a^{\kappa} z^{-\kappa} = \frac{z}{z-a}.$$

Durch partielle Differentiation obiger Gleichung nach a können wir weitere interessante Relationen erzeugen. Die einmalige Differentiation nach a

$$\frac{\partial \sum\limits_{\kappa=0}^{\infty} a^{\kappa} z^{-\kappa}}{\partial a} = \frac{\partial \frac{z}{z-a}}{\partial a}$$

liefert

$$\sum_{\kappa=0}^{\infty} \kappa a^{\kappa-1} z^{-\kappa} = \frac{z}{(z-a)^2}.$$

Dieses Ergebnis kann auch folgendermaßen interpretiert werden:

$$\mathcal{Z}\left\{f_i = ia^{i-1}\right\} = \frac{z}{(z-a)^2}.$$

Durch diesen „Trick“ haben wir in einfacher Weise eine weitere nützliche Korrespondenz erzeugt. Durch mehrmalige Differentiation erzeugt man weitere Korrespondenzen.

Eigenschaften der z-Transformation

Wir wollen uns mit grundlegenden Eigenschaften befassen und unser Augenmerk auf die Widerspiegelung wichtiger Operationen mit Folgen in dem komplexen Bereich, dem so genannten Bildbereich, richten.

- *Linearität*: Bei vorgegebenen beliebigen (komplexen) Konstanten α und β und zwei Korrespondenzen,

  $$\mathcal{Z}\{f_i\} = f(z) \quad \text{und} \quad \mathcal{Z}\{h_i\} = h(z),$$

  gilt die Beziehung

  $$\mathcal{Z}\{\alpha f_i + \beta h_i\} = \alpha\mathcal{Z}\{f_i\} + \beta\mathcal{Z}\{h_i\} = \alpha f(z) + \beta h(z). \tag{7.14}$$

- *Verschiebung der Originalfolge:* Ausgangspunkt unserer Überlegungen sind eine Folge f_i mit $i \geq 0$ und die Korrespondenz

  $$\mathcal{Z}\{f_i\} = f(z).$$

  Wir bilden nun eine neue Folge h_i gemäß

  $$h_i := f_{i+1}, \text{ mit } i \geq 0.$$

  Das heißt, diese Folge entsteht durch *einmalige* Verschiebung (nach links) der ursprünglichen Folge und ist durch die Werte

  $$(h) = (f_1, f_2, f_3, ...)$$

  gekennzeichnet. Die zugehörige z-Transformierte ergibt sich dann zu

  $$\begin{aligned}\mathcal{Z}\{h_i\} &= h_0 + h_1 z^{-1} + h_2 z^{-2} + ... \\ &= f_1 + f_2 z^{-1} + f_3 z^{-2} + ... \\ &= z(f_0 + f_1 z^{-1} + f_2 z^{-2} + ...) - z f_0.\end{aligned}$$

  Damit gilt allerdings

  $$\mathcal{Z}\{f_{i+1}\} = z\mathcal{Z}\{f_i\} - z f_0 = z\left[f(z) - f_0\right]. \tag{7.15}$$

  Verbal formuliert: Einer Verschiebung nach links um einen Schritt im Zeitbereich entspricht im Wesentlichen eine Multiplikation mit z im Bildbereich. Diese Regel ist vorteilhaft bei der Behandlung von Zustandsraummodellen im Bildbereich!

Durch Betrachtung des allgemeinen Falles („Verschiebung" um m Werte)

$$h_i := f_{i+m}, \text{ mit } i \geq 0$$

erhalten wir durch analoge Vorgehensweise

$$\mathcal{Z}\{f_{i+m}\} = z^m \mathcal{Z}\{f_i\} - \sum_{\kappa=0}^{m-1} f_\kappa z^{m-\kappa} = z^m \left[f(z) - \sum_{\kappa=0}^{m-1} f_\kappa z^{-\kappa} \right]. \tag{7.16}$$

- *Faltungssatz:* Dieser Satz ist von großem Vorteil bei der Übersetzung der komplizierten Eingangs-Ausgangs-Relation in den Bildbereich! Wir betrachten zwei Folgen und die zugehörigen z-Transformierten

  $$\mathcal{Z}\{f_i\} = f(z) \quad \text{und} \quad \mathcal{Z}\{h_i\} = h(z).$$

  Es gilt dann folgende Beziehung:

  $$\mathcal{Z}\left\{ \sum_{i=0}^{N} f_i h_{N-i} \right\} = f(z)h(z). \tag{7.17}$$

  Der komplizierten Operation der (diskreten) Faltung von zwei Folgen entspricht die Multiplikation ihrer z-Transformierten!

- *Grenzwertsätze:* Wir gehen davon aus, dass die z-Transformierte einer Folge f_i existiert, d.h.

  $$\mathcal{Z}\{f_i\} = f(z).$$

  Der Anfangswertsatz besagt:

  $$f_0 = \lim_{z \to \infty} f(z). \tag{7.18}$$

  Unter der Voraussetzung (!), dass der Grenzwert

  $$f_\infty := \lim_{i \to \infty} f_i$$

  existiert, lautet der Endwertsatz:

  $$f_\infty = \lim_{z \to 1} (z-1) f(z). \tag{7.19}$$

Anwendung der z-Transformation

Wir wollen ausgehend von der linearen Systembeschreibung im *Zeitbereich*

$$\mathbf{x}_{i+1} = \mathbf{A}_d \mathbf{x}_i + \mathbf{b}_d u_i \qquad y_i = \mathbf{c}_d^T \mathbf{x}_i + d_d u_i, \tag{7.20}$$

wobei die Systemdaten $[\mathbf{A}_d, \mathbf{b}_d, \mathbf{c}_d^T, d_d]$ konstant sind, mit Hilfe der z-Transformation eine Beschreibung im *Bildbereich* ableiten. Hierzu unterwerfen wir das System (7.20) der z-Transformation. Aus der Beziehung für die Ausgangsgröße in (7.20) ergibt sich unmittelbar

$$\mathcal{Z}\{y_i\} = \mathcal{Z}\left\{\mathbf{c}_d^T \mathbf{x}_i + d_d u_i\right\} = \mathcal{Z}\left\{\mathbf{c}_d^T \mathbf{x}_i\right\} + \mathcal{Z}\{d_d u_i\}$$

bzw. aufgrund der konstanten Daten des Modells

$$\mathcal{Z}\{y_i\} = \mathbf{c}_d^T \mathcal{Z}\{\mathbf{x}_i\} + d_d \mathcal{Z}\{u_i\}\,.$$

Hierbei symbolisieren wir mit

$$\mathcal{Z}\{\mathbf{x}_i\} = \mathbf{x}(z)$$

die komponentenweise durchgeführte z-Transformierte des Zustandsvektors. Damit bekommt die Relation für die Ausgangsgröße die Form

$$y(z) = \mathbf{c}_d^T \mathbf{x}(z) + d_d u(z). \tag{7.21}$$

Die z-Transformation auf die rekursive Zustandsbeziehung in (7.20) angewandt ergibt zunächst

$$\mathcal{Z}\{\mathbf{x}_{i+1}\} = \mathcal{Z}\{\mathbf{A}_d \mathbf{x}_i + \mathbf{b}_d u_i\} = \mathbf{A}_d \mathcal{Z}\{\mathbf{x}_i\} + \mathbf{b}_d \mathcal{Z}\{u_i\}$$

bzw. aufgrund des Verschiebungssatzes (7.15)

$$z\mathcal{Z}\{\mathbf{x}_i\} - z\mathbf{x}_0 = \mathbf{A}_d \mathcal{Z}\{\mathbf{x}_i\} + \mathbf{b}_d \mathcal{Z}\{u_i\}\,.$$

Diese Beziehung wird umgeschrieben und sortiert:

$$(z\mathbf{E} - \mathbf{A}_d)\mathbf{x}(z) = z\mathbf{x}_0 + \mathbf{b}_d u(z).$$

Die Multiplikation mit der Inversen der Matrix $(z\mathbf{E} - \mathbf{A}_d)$ ergibt die z-Transformierte des Zustandsvektors als Funktion des Anfangszustands und der z-Transformierten der Eingangsgröße

$$\mathbf{x}(z) = z(z\mathbf{E} - \mathbf{A}_d)^{-1}\mathbf{x}_0 \;+\; (z\mathbf{E} - \mathbf{A}_d)^{-1}\mathbf{b}_d u(z). \tag{7.22}$$

7.3 z-Übertragungsfunktion

Damit wird die Transformierte der Ausgangsgröße $y(z)$ nach (7.21) durch

$$y(z) = z\mathbf{c}_d^T(z\mathbf{E} - \mathbf{A}_d)^{-1}\mathbf{x}_0 \;+\; [\mathbf{c}_d^T(z\mathbf{E} - \mathbf{A}_d)^{-1}\mathbf{b}_d \;+\; d_d]u(z) \tag{7.23}$$

gegeben. Durch Einführung der Abkürzung

$$G(z) := \mathbf{c}_d^T(z\mathbf{E} - \mathbf{A}_d)^{-1}\mathbf{b}_d \;+\; d_d \tag{7.24}$$

erhält (7.23) die Form

$$y(z) = z\mathbf{c}_d^T(z\mathbf{E} - \mathbf{A}_d)^{-1}\mathbf{x}_0 \;+\; G(z)u(z). \tag{7.25}$$

Die formal eingeführte Größe $G(z)$ ist die so genannte *z-Übertragungsfunktion.* Sie ergibt sich aus (7.23) auch aufgrund der Definition

$$G(z) := \frac{y(z)}{u(z)} \qquad \text{für} \quad \mathbf{x}_0 = \mathbf{0}. \tag{7.26}$$

Deren Bildungsvorschrift entspricht gänzlich derjenigen im zeitkontinuierlichen Fall. Dort erhielten wir mit Hilfe der *Laplace*-Transformation und der Definition

$$G(s) := \frac{y(s)}{u(s)} \qquad \text{für} \quad \mathbf{x}_0 = \mathbf{0}$$

und der Systemgleichungen

$$\frac{d\mathbf{x}}{dt} = \mathbf{A}\mathbf{x} + \mathbf{b}u \qquad\qquad y = \mathbf{c}^T\mathbf{x} + du$$

die Übertragungsfunktion

$$G(s) = \mathbf{c}^T(s\mathbf{E} - \mathbf{A})^{-1}\mathbf{b} \; + \; d.$$

Es ist daher nicht verwunderlich, dass die Übertragungsfunktion $G(z)$ im zeitdiskreten Fall analoge „mathematische“ Eigenschaften aufweist! Aus diesem Grund verzichten wir an dieser Stelle auf langwierige Ableitungen. Vom mathematischen Standpunkt sind sie ident zu denen im zeitkontinuierlichen Fall.

- Die Übertragungsfunktion ist eine Invariante des Systems. Das heißt, sie bleibt bei einer regulären Zustandstransformation *unverändert*.
- Sie ist eine gebrochen rationale Funktion der komplexen Variablen z, entspricht dem Quotienten zweier koprimer Polynome in z und hat die Form

$$G(z) = \frac{\mu(z)}{\nu(z)} = K\frac{\prod_{\kappa=1}^{m}(z-\beta_\kappa)}{\prod_{\kappa=1}^{l}(z-\alpha_\kappa)}, \tag{7.27}$$

  wobei

$$m = \text{Grad}\,\mu \;\; \leq \;\; l = \text{Grad}\,\nu \;\; \leq \;\; n$$

  gilt.

Die l Größen α_κ nennt man *Polstellen*, die m Größen β_κ nennt man *Nullstellen* der Übertragungsfunktion.

Falls die Anzahl der Pole *kleiner* als die Anzahl der Zustandsvariablen n ist, bedeutet das den Verlust der Steuerbarkeit und/oder der Beobachtbarkeit.

- Die Entwicklung der Übertragungsfunktion in eine unendliche Reihe ergibt folgendes interessante Ergebnis:

$$\begin{aligned} G(z) &= \mathbf{c}_d^T(z\mathbf{E} - \mathbf{A}_d)^{-1}\mathbf{b}_d + d_d = \frac{1}{z}\mathbf{c}_d^T(\mathbf{E} - \frac{\mathbf{A}_d}{z})^{-1}\mathbf{b}_d + d_d \\ &= \frac{1}{z}\mathbf{c}_d^T\sum_{\kappa=0}^{\infty}(\frac{\mathbf{A}_d}{z})^\kappa\mathbf{b}_d + d_d \end{aligned}$$

bzw.

$$G(z) = \sum_{\kappa=1}^{\infty} (\mathbf{c}_d^T \mathbf{A}_d^{\kappa-1} \mathbf{b}_d) z^{-\kappa} + d_d.$$

Dieses Resultat können wir unter Verwendung der diskreten Gewichtsfunktion g_κ nach (7.4) und (7.5) umschreiben:

$$G(z) = \sum_{\kappa=0}^{\infty} g_\kappa z^{-\kappa}.$$

Das heißt: die z-Übertragungsfunktion entspricht der z-Transformierten der diskreten Gewichtsfunktion!

Bemerkung

Wenn das betrachtete System durch eine FIR-Gewichtsfunktion gekennzeichnet ist,

$$g_\kappa = 0 \qquad \text{für } \kappa > N,$$

so lautet die zugehörige Übertragungsfunktion:

$$G(z) = \sum_{\kappa=0}^{N} g_\kappa z^{-\kappa} = \frac{g_0 z^N + g_1 z^{N-1} + ... + g_N}{z^N}.$$

Sie besitzt N Pole bei null.

7.3.1 Interpretation der z-Übertragungsfunktion

Hierzu betrachten wir das lineare und zeitinvariante System

$$\mathbf{x}_{i+1} = \mathbf{A}_d \mathbf{x}_i + \mathbf{b}_d u_i \qquad y_i = \mathbf{c}_d^T \mathbf{x}_i + d_d u_i \tag{7.28}$$

mit dem Anfangszustand $\mathbf{x}_0$ und wählen die Eingangsgröße

$$u_i = U\zeta^i, \tag{7.29}$$

wobei U und ζ im Allgemeinen komplexe *Konstanten* sind.[4] Durch Einsetzen von (7.29) in die Relation (7.28) und nach einigen umfangreichen Umrechnungen ergibt sich dann

$$\mathbf{x}_i = \mathbf{A}_d^i \left[\mathbf{x}_0 - (\zeta\mathbf{E} - \mathbf{A}_d)^{-1} \mathbf{b}_d U\right] \; + \; (\zeta\mathbf{E} - \mathbf{A}_d)^{-1} \mathbf{b}_d U \zeta^i. \tag{7.30}$$

Führt man zur Abkürzung den *konstanten* Vektor

$$\boldsymbol{\xi}_0 := \mathbf{x}_0 - (\zeta\mathbf{E} - \mathbf{A}_d)^{-1} \mathbf{b}_d U \tag{7.31}$$

ein, so erhält man für (7.30) den prägnanten Ausdruck

$$\mathbf{x}_i = \mathbf{A}_d^i \boldsymbol{\xi}_0 \; + \; (\zeta\mathbf{E} - \mathbf{A}_d)^{-1} \mathbf{b}_d U \zeta^i. \tag{7.32}$$

---

4 Hierbei gilt in Analogie zum zeitkontinuierlichen Fall: ζ ist *kein* Eigenwert der Matrix $\mathbf{A}_d$.

Das ist ein bemerkenswertes Resultat. Der Zustandsvektor $\mathbf{x}_i$ wird durch zwei Anteile festgelegt: Der erste wird bestimmt durch die i-te Potenz der Systemmatrix $\mathbf{A}_d$, der zweite durch die mit einem *konstanten* Term gewichtete Eingangsgröße $U\zeta^i$. Einfach formuliert: Die Eingangsgröße $U\zeta_i$ „reproduziert“ sich bei dem Zustandsvektor. Den zugehörigen Wert der Ausgangsgröße erhalten wir durch Einsetzen in die Ausgangsgleichung nach (7.28):

$$y_i = \mathbf{c}_d^T \mathbf{A}_d^i \boldsymbol{\xi}_0 \;+\; \left[\mathbf{c}_d^T (\zeta \mathbf{E} - \mathbf{A}_d)^{-1} \mathbf{b}_d \;+\; d_d\right] U\zeta^i .$$

Durch Verwendung der Übertragungsfunktion $G(z)$ nach (7.24) kann man dann

$$y_i = \mathbf{c}_d^T \mathbf{A}_d^i \boldsymbol{\xi}_0 \;+\; G(\zeta) U\zeta^i \tag{7.33}$$

schreiben. Die Eingangsgröße $U\zeta^i$ „reproduziert“ sich am Ausgang, jedoch multipliziert mit dem Wert der Übertragungsfunktion an der Stelle $z = \zeta$. Wählt man den besonderen Anfangszustand

$$\mathbf{x}_0 = (\zeta \mathbf{E} - \mathbf{A}_d)^{-1} \mathbf{b}_d U, \tag{7.34}$$

so lautet die Ausgangsgröße

$$y_i = G(\zeta) U \zeta^i . \tag{7.35}$$

Die Übertragungsfunktion ergibt sich damit (in voller Analogie zu dem zeitkontinuierlichen Fall) als „Quotient von Ausgangs- zu Eingangsgröße im *Zeitbereich*“. Dieses gilt allerdings nur für die spezielle Eingangsgröße $u_i = U\zeta^i$, die eine so genannte *Eigenfunktion* des (zeitdiskreten) Systems ist.

7.3.2 Zeitdiskreter Frequenzgang

Wir gehen davon aus, dass das diskrete System asymptotisch stabil ist. Als Eingangsfunktion wählen wir die komplexe harmonische Größe (Eigenfunktion)

$$u_i = U\zeta^i \qquad \text{mit} \quad \zeta = e^{j\omega T_d} = \cos(\omega T_d) + j \sin(\omega T_d). \tag{7.36}$$

Mit Hilfe der Relation (7.30) können wir im *stationären* Zustand (d.h. für $iT_d \to \infty$) die Werte des Zustandsvektors

$$\mathbf{x}_i = (e^{j\omega T_d} \mathbf{E} - \mathbf{A}_d)^{-1} \mathbf{b}_d U e^{j\omega i T_d} \tag{7.37}$$

und der Ausgangsgröße

$$\begin{aligned} y_i &= \left[\mathbf{c}_d^T (e^{j\omega T_d} \mathbf{E} - \mathbf{A}_d)^{-1} \mathbf{b}_d \;+\; d_d\right] U e^{j\omega i T_d} \\ &= G(e^{j\omega T_d}) U e^{j\omega i T_d} \end{aligned} \tag{7.38}$$

angeben. Für variable Werte von ω ergibt die komplexe Größe $G(e^{j\omega T_d})$ den so genannten (zeitdiskreten) *Frequenzgang* des Systems. Folgende Gegensätze zu dem zeitkontinuierlichen Fall sind bemerkenswert:

- Der Frequenzgang ist eine *transzendente* Funktion der Variablen $(j\omega)$,

- Der Frequenzgang ist eine *periodische* Funktion von ω mit der Periode

$$\frac{2\pi}{T_d} = 2\sigma.$$

Es gilt

$$e^{j(\omega+2\sigma)T_d} = e^{j\omega T_d} e^{j2\sigma T_d} = e^{j\omega T_d} e^{j2\pi} = e^{j\omega T_d}$$

und damit auch

$$G(e^{j(\omega+2\sigma)T_d}) = G(e^{j\omega T_d}).$$

Das hat insbesondere zur Folge, dass die Systemantwort auf die *verschiedenen* Eingangsgrößen

$$u_i = e^{j\omega i T_d} \quad \text{bzw.} \quad u_i = e^{j(\omega+2\sigma)iT_d}$$

die *gleiche* ist!

7.3.3 Ermittlung der Systemantwort

Zwischen Eingangs- und Ausgangsgröße gilt im Bildbereich

$$y(z) = z\mathbf{c}_d^T(z\mathbf{E} - \mathbf{A}_d)^{-1}\mathbf{x}_0 \; + \; G(z)u(z).$$

Wir gehen der Einfachheit halber davon aus, dass der Anfangszustand gleich null ist, d.h. es gilt $\mathbf{x}_0 = \mathbf{0}$. Damit erhalten wir die Eingangs-Ausgangs-Relation

$$y(z) = G(z)u(z).$$

Wir wollen bei *vorgegebenen* Größen $G(z)$ und $u(z)$, d.h. bei vorliegender Funktion $y(z)$, die zugehörige Folge von Werten y_i im Zeitbereich berechnen. Wir suchen die so genannte *inverse* z-Transformierte von $y(z)$. Für diese Operation, die *Rücktransformation*, führen wir die symbolische Schreibweise

$$\mathcal{Z}^{-1}\left\{y(z)\right\} = y_i \qquad\qquad i \geq 0 \tag{7.39}$$

ein.

Diese „inverse“ z-Transformation kann auf verschiedene Arten durchgeführt werden. Eine Möglichkeit beruht auf der Auswertung von Umkehrintegralen. Die bequemere Art besteht in der Benutzung von Korrespondenztabellen. Auch wenn eine vorliegende Funktion $y(z)$ *nicht* in den Tabellen zu finden ist, kann man diese oft in einfachere Funktionen zerlegen, welche in den Tabellen enthalten sind! Als Beispiel hierzu dient der Fall, in dem $y(z)$ eine gebrochen rationale Funktion in z ist; sie kann in Partialbrüche zerlegt werden, die in einfacher Weise rücktransformiert werden können.

Rücktransformation einer gebrochen rationalen Funktion:

Wir betrachten eine transformierte Funktion $y(z)$, die als Quotient zweier Polynome in z vorliegt:

$$y(z) = \frac{\mu(z)}{\nu(z)}. \tag{7.40}$$

Sie kann – per Definition – auch folgendermaßen geschrieben werden:

$$y(z) = y_0 + y_1 z^{-1} + y_2 z^{-2} + ... + y_M z^{-M} + ...$$

Das bedeutet wiederum, dass

$$\lim_{z\to\infty} y(z) = y_0$$

gilt und damit für den Grad der Polynome die Ungleichung

$$\text{Grad } \mu \leq \text{ Grad } \nu \tag{7.41}$$

erfüllt ist. Der Wert y_0 unterscheidet sich genau dann von null, wenn der Grad vom Zählerpolynom gleich dem Grad vom Nennerpolynom ist. Der Umstand, dass der Zähler- den Nennergrad *nicht* übersteigt, bedingt, dass der Quotient $\frac{y(z)}{z}$ in Partialbrüche zerlegt werden kann. Der mathematischen Einfachheit halber *nehmen wir an*, dass dieser Quotient nur *einfache* Pole z_j $(j = 1, ..., N)$ hat und damit folgendermaßen dargestellt werden kann:

$$\frac{y(z)}{z} = \sum_{j=1}^{N} \frac{k_j}{z - z_j}. \tag{7.42}$$

Die eingeführten Konstanten lassen sich aufgrund der Relationen

$$k_j = \lim_{z\to z_j} (z - z_j)\frac{y(z)}{z} \quad \text{für } j = 1, ..., N \tag{7.43}$$

berechnen. Eine weitere grundsätzliche Möglichkeit zur Berechnung der Konstanten k_j besteht darin, nach Multiplikation der Relation (7.42) mit dem Nennerpolynom $z\nu(z)$ einen Koeffizientenvergleich durchzuführen.

Die inverse z-Transformierte ist durch

$$\mathcal{Z}^{-1}\{y(z)\} = \mathcal{Z}^{-1}\left\{\sum_{j=1}^{N} k_j \frac{z}{z - z_j}\right\} = \sum_{j=1}^{N} k_j \mathcal{Z}^{-1}\left\{\frac{1}{1 - \frac{z_j}{z}}\right\}$$

gegeben. Durch Rücktransformation der einzelnen Terme $\frac{1}{1-\frac{z_j}{z}}$ unter Beachtung von (7.13) erhält man die gesuchten Werte

$$y_i = \sum_{j=1}^{N} k_j z_j^i$$

der Ausgangsgröße im Zeitbereich.

Beispiel: Gegeben sei die z-Transformierte der Ausgangsgröße

$$y(z) = \frac{z + 2}{(z - 2)(z - 3)}.$$

Wir wollen die Werte der Ausgangsgröße im Zeitbereich ermitteln. Die Partialbruchzerlegung für $\frac{y(z)}{z}$ hat die Form

$$\frac{y(z)}{z} = \frac{k_1}{z} + \frac{k_2}{z-2} + \frac{k_3}{z-3};$$

die drei Konstanten ergeben sich zu

$$k_1 = \frac{z+2}{(z-2)(z-3)} \Big|_{z=0} = \frac{1}{3},$$

$$k_2 = \frac{z+2}{z(z-3)} \Big|_{z=2} = -2$$

und

$$k_3 = \frac{z+2}{z(z-2)} \Big|_{z=3} = \frac{5}{3}.$$

Die z-Transformierte nimmt damit die Gestalt

$$y(z) = \frac{1}{3} - 2\frac{z}{z-2} + \frac{5}{3}\frac{z}{z-3}$$

an, aus der sich unter Verwendung der diskreten Delta-Funktion unmittelbar die Rücktransformierte

$$y_i = \frac{1}{3}\delta_i - 2(2)^i + \frac{5}{3}(3)^i \qquad \text{für } i \geq 0$$

ergibt.

7.4 Diagonalform

7.4.1 Einführung

In den bisherigen Ausführungen haben wir Berechnungsvorschriften für den Zustandsvektor und die zugehörige Systemantwort als Funktionen des Anfangszustandes und der Eingangsgröße abgeleitet. Diese Relationen beinhalten die Systemdaten $[\mathbf{A}_d, \mathbf{b}_d, \mathbf{c}_d, d_d]$, wobei hierbei Potenzen $\mathbf{A}_d^i$ der Systemmatrix $\mathbf{A}_d$ erscheinen. Deren Bedeutung bzw. Auswirkung auf den Verlauf des Zustandsvektors und der Ausgangsgröße ist nicht klar ersichtlich.

Ziel der nachfolgenden Ausführungen ist, diese Beziehungen in eine Form zu bringen, sodass Eigenschaften und Merkmale der ermittelten Lösungen erkenntlich sind. Hierzu werden wir Begriffe wie *Eigenvektoren* und *Eigenwerte* der Systemmatrix $\mathbf{A}_d$ verwenden.

7.4.2 Eigenwerte, Eigenvektoren, Eigenbewegungen

Wir betrachten den Fall, dass die Eingangsgröße u_i (für alle Werte von i) verschwindet. Es liegt also ein *freies* System

$$\mathbf{x}_{i+1} = \mathbf{A}_d \mathbf{x}_i \tag{7.44}$$

vor, und wir wollen *eine* mögliche Lösung $\mathbf{x}_i$ angeben. Wir *nehmen an*, dass

$$\mathbf{x}_i = \mathbf{p}z^i \tag{7.45}$$

eine Lösung darstellt. Hierbei ist $\mathbf{p}$ ein n-dimensionaler konstanter Vektor und z eine skalare im Allgemeinen komplexe Konstante. Um diese Größen zu ermitteln, wird der Ansatz in die Systemgleichung (7.44) eingesetzt. Wir erhalten dann

$$\mathbf{p}z^{i+1} = \mathbf{A}_d\mathbf{p}z^i$$

bzw. nach erfolgter Kürzung des (im Allgemeinen von null verschiedenen) Terms z^i

$$\mathbf{A}_d\mathbf{p} = \mathbf{p}z. \tag{7.46}$$

Das bedeutet: Die in (7.45) formal eingeführten Größen $\mathbf{p}$ und z sind ein (Rechts-)*Eigenvektor* und der zugehörige *Eigenwert* der Matrix $\mathbf{A}_d$! Die Bestimmungsgleichung für die Unbekannten $\mathbf{p}$ und z ergibt sich durch Umordnung obiger Relation zu

$$(z\mathbf{E} - \mathbf{A}_d)\mathbf{p} = \mathbf{0}. \tag{7.47}$$

Da wir natürlich an einem nichttrivialen Vektor

$$\mathbf{p} \neq \mathbf{0}$$

interessiert sind, wird z so gewählt, dass die Matrix $(z\mathbf{E} - \mathbf{A}_d)$ singulär ist. Es gilt demnach die *charakteristische Gleichung*

$$\det(z\mathbf{E} - \mathbf{A}_d) = \mathbf{0}. \tag{7.48}$$

Wir interessieren uns für die Nullstellen des *charakteristischen* monischen Polynoms n-ten Grades

$$\Delta_n(z) := \det(z\mathbf{E} - \mathbf{A}_d). \tag{7.49}$$

Seine n Nullstellen, wir symbolisieren sie mit z_ν, wobei $\nu = 1, ..., n$ gilt, sind die n Eigenwerte der Systemmatrix $\mathbf{A}_d$.

Durch Lösung der Gleichung

$$(z\mathbf{E} - \mathbf{A}_d)\mathbf{p} = \mathbf{0}$$

für die n Eigenwerte $z = z_\nu$ erhalten wir die zugehörigen Lösungsvektoren (Eigenvektoren)

$$\mathbf{p} = \mathbf{p}_\nu.$$

Hierbei ist zu beachten, dass die „Länge“ der Eigenvektoren *nicht* feststeht, nur deren „Richtung“! Multiplizieren wir eine Lösung $\mathbf{p}_\nu$ mit einem *beliebigen* skalaren Faktor, so erhalten wir wieder einen Lösungsvektor! Deswegen spricht man auch von einer *Eigenrichtung* zu einem Eigenwert.

Jedes Lösungspaar $[\mathbf{p}_\nu, z_\nu]$ legt einen Ausdruck der Form

$$\mathbf{p}z^i$$

fest, der die Gleichung des freien Systems erfüllt! Das hat wiederum zur Folge, dass *falls* der Anfangszustand des Systems ein Eigenvektor ist, d.h.

$$\mathbf{x}_0 = \mathbf{p},$$

die zugehörige Lösung des freien Systems

$$\mathbf{x}_i = \mathbf{x}_0 z^i$$

lautet. Dadurch wird eine so genannte *Eigenbewegung* des Systems beschrieben.

Nach diesen Überlegungen stellt sich fast zwingend die Frage: Kann man bei *beliebig* vorgegebenem Anfangszustand $\mathbf{x}_0$ die Lösung des freien Systems anhand der Eigenwerte und der Eigenvektoren der Systemmatrix $\mathbf{A}_d$ darstellen? Diese Frage kann positiv beantwortet werden.

Die Problematik wird im nachfolgenden Abschnitt behandelt. Wir verzichten allerdings aus Gründen der mathematischen Einfachheit und Übersichtlichkeit auf die Behandlung des allgemeinen Falles! Wir konzentrieren uns auf den wichtigen Fall, dass die Systemmatrix $\mathbf{A}_d$ lauter *verschiedene* Eigenwerte besitzt. Dieser Umstand wird die Berechnungen extrem vereinfachen.

7.4.3 Freies System

Die Annahme verschiedener Eigenwerte der Systemmatrix $\mathbf{A}_d$ des freien Systems (7.44) bedingt, dass zugehörige (Rechts-)Eigenvektoren $\mathbf{p}_\nu$ *linear unabhängig* sind! Sie können als Basisvektoren in einem n-dimensionalen Vektorraum benutzt werden. Das bedeutet, dass der *beliebige* vorgegebene n-dimensionale Anfangszustand $\mathbf{x}_0$ als Linearkombination

$$\mathbf{x}_0 = \sum_{\nu=1}^{n} \xi_\nu \mathbf{p}_\nu \tag{7.50}$$

dieser Eigenvektoren dargestellt werden kann, wobei die skalaren Faktoren ξ_ν eindeutig bestimmt sind. Sie beschreiben den Anfangszustand in einem neuen Koordinatensystem, das durch die gewählten Eigenvektoren bestimmt wird.

Ermittlung der Koordinaten ξ_ν

Die Ermittlung dieser Koordinaten entspricht der Lösung eines linearen Gleichungssystems. Hierzu definieren wir einen n-dimensionalen Vektor $\boldsymbol{\xi}$

$$\boldsymbol{\xi} = (\xi_1, \xi_2, ..., \xi_n)^T \tag{7.51}$$

und eine quadratische reguläre Matrix $\mathbf{P}$, die mit Hilfe der n linear unabhängigen (!) Eigenvektoren folgendermaßen gebildet wird:

$$\mathbf{P} = (\mathbf{p}_1, \mathbf{p}_2, ..., \mathbf{p}_n). \tag{7.52}$$

Demnach sind die Spalten der Matrix $\mathbf{P}$ Eigenvektoren des Systems. Damit können wir obige Formel (7.50) für den Anfangszustand $\mathbf{x}_0$ kompakt schreiben:

$$\mathbf{x}_0 = \mathbf{P}\boldsymbol{\xi}.$$

Durch eine Matrixinversion erhalten wir schließlich die gesuchten Faktoren

$$\boldsymbol{\xi} = \mathbf{P}^{-1}\mathbf{x}_0. \qquad (7.53)$$

Ermittlung der Lösung $\mathbf{x}_i$

Wir hatten oben abgeleitet, dass *falls* der Anfangszustand ein Eigenvektor ist, die zugehörige Lösung des freien Systems explizit angegeben werden kann:

$$\mathbf{x}_0 = \mathbf{p}_\nu \quad \Longrightarrow \quad \mathbf{x}_i = \mathbf{p}_\nu z_\nu^i.$$

Aufgrund der *Linearität* des Systems kann man hier schließen, dass der gesuchte Lösungsvektor eine *Linearkombination* von Lösungen längs der n Eigenrichtungen ist, d.h.

$$\mathbf{x}_0 = \sum_{\nu=1}^{n} \xi_\nu \mathbf{p}_\nu \quad \Longrightarrow \quad \mathbf{x}_i = \sum_{\nu=1}^{n} \xi_\nu \mathbf{p}_\nu z_\nu^i. \qquad (7.54)$$

Dieses Ergebnis wird mit Hilfe der eingeführten Matrix $\mathbf{P}$ nach (7.52) und der Diagonalmatrix $\mathbf{diag}(z_\nu^i)$

$$\mathbf{diag}(z_\nu^i) := \begin{pmatrix} z_1^i & 0 & . & 0 \\ 0 & z_2^i & . & 0 \\ . & . & . & . \\ 0 & 0 & . & z_n^i \end{pmatrix} \qquad i \geq 0 \qquad (7.55)$$

umgeformt. (Deren Elemente in der Hauptdiagonale sind die i-te Potenz jeweils eines Eigenwertes z_ν). Damit wird die Lösung $\mathbf{x}_i$ kompakt dargestellt:

$$\mathbf{x}_i = \sum_{\nu=1}^{n} \xi_\nu \mathbf{p}_\nu z^i = \mathbf{P}\mathbf{diag}(z_\nu^i)\boldsymbol{\xi}$$

bzw. unter Beachtung von (7.53)

$$\mathbf{x}_i = \mathbf{P}\mathbf{diag}(z_\nu^i)\mathbf{P}^{-1}\mathbf{x}_0. \qquad (7.56)$$

Anhand dieser Relationen erkennt man sehr schön, dass die Eigenwerte der Systemmatrix $\mathbf{A}_d$ den zeitlichen Verlauf des Zustands prägen! Zum direkten Vergleich geben wir die allgemein gültige (unübersichtlichere) Beziehung an:

$$\mathbf{x}_i = \mathbf{A}_d^i \mathbf{x}_0.$$

Man sieht, dass die Systemmatrix im Fall „verschiedene Eigenwerte“ durch

$$\mathbf{A}_d = \mathbf{P}\mathbf{diag}(z_\nu)\mathbf{P}^{-1} \qquad (7.57)$$

angegeben wird.

7.5 Steuerbarkeit und Beobachtbarkeit

7.5.1 Einführung

Einfach formuliert benutzt man diese Begriffe, um eine Aussage darüber zu treffen, ob man mit Hilfe der Eingangsgröße *alle* Zustandsvariablen gezielt beeinflussen kann bzw. ob die Ausgangsgröße (Messgröße) Informationen über *alle* Zustandsvariablen enthält. Wir fassen das übliche Modell der Dimension n ins Auge:

$$\mathbf{x}_{i+1} = \mathbf{A}_d \mathbf{x}_i + \mathbf{b}_d u_i \qquad y_i = \mathbf{c}_d^T \mathbf{x}_i + d_d u_i \tag{7.58}$$

und formulieren Definitionen, welche die o.a. Intentionen widerspiegeln. Um diese Eigenschaften überprüfen zu können, werden anschließend notwendige und hinreichende Kriterien angegeben. Diese sind ähnlich strukturiert wie im zeitkontinuierlichen Fall. Es handelt es sich hierbei um die Überprüfung der Regularität einer Matrix, welche in einer charakteristischen (rekursiven) Art gebildet wird.

7.5.2 Steuerbarkeit und Beobachtbarkeit nach *Kalman*

Wir beschäftigen uns zunächst mit dem Begriff „Steuerbarkeit".

Das System $[\mathbf{A}_d, \mathbf{b}_d, \mathbf{c}_d, d_d]$ heißt *steuerbar*, wenn der *beliebige* Anfangszustand $\mathbf{x}_0$ mittels der Eingangsgröße mit geeignet gewählten Werten

$$(u)_M := (u_0, u_1, ..., u_{M-1})$$

in den *beliebigen* Endzustand $\mathbf{x}_E$ in *endlicher* Zeit $t = MT_d$ überführt werden kann.

Man kann Folgendes zeigen: Bei einem steuerbaren System kann der Übergang zwischen zwei *beliebigen* Zuständen $\mathbf{x}_0$ und $\mathbf{x}_E$ in der *minimalen* Zeit $t = nT_d$ abgeschlossen werden! Hierbei ist n die Ordnung des Systems. Man braucht also im allgemeinen Fall n „Schritte", um den Übergang zu vollziehen.

- Eine notwendige und hinreichende Bedingung hierfür ist die Regularität der diskreten *Steuerbarkeitsmatrix*

$$\mathbf{S}_{d,u} := \begin{pmatrix} \mathbf{b}_d & \mathbf{A}_d \mathbf{b}_d & \mathbf{A}_d^2 \mathbf{b}_d & .. & \mathbf{A}_d^{n-1} \mathbf{b}_d \end{pmatrix}. \tag{7.59}$$

Hinweis

Das Kriterium leuchtet anhand folgender Überlegung ein: Ausgehend vom Anfangszustand $\mathbf{x}_0$ erreicht man nach n Schritten den Zustand $\mathbf{x}_n$. Er ergibt sich mit Hilfe des rekursiven Modells und ist durch (7.2)

$$\mathbf{x}_n = \mathbf{A}_d^n \mathbf{x}_0 + \sum_{k=0}^{n-1} \mathbf{A}_d^{n-1-k} \mathbf{b}_d u_k$$

→

→ berechenbar. Die Summe in obiger Gleichung kann mit Hilfe der diskreten Steuerbarkeitsmatrix $\mathbf{S}_{d,u}$ kompakt geschrieben werden:

$$\sum_{k=0}^{n-1} \mathbf{A}_d^{n-1-k}\mathbf{b}_d u_k = \begin{pmatrix} \mathbf{b}_d & \mathbf{A}_d\mathbf{b}_d & \mathbf{A}_d^2\mathbf{b}_d & .. & \mathbf{A}_d^{n-1}\mathbf{b}_d \end{pmatrix} \begin{pmatrix} u_{n-1} \\ u_{n-2} \\ u_{n-3} \\ . \\ u_0 \end{pmatrix}.$$

Damit gilt

$$\mathbf{x}_n - \mathbf{A}_d^n\mathbf{x}_0 = \mathbf{S}_{d,u} \begin{pmatrix} u_{n-1} \\ u_{n-2} \\ . \\ . \\ u_0 \end{pmatrix}. \tag{7.60}$$

Bei *gegebenen* beliebigen (!) Werten $\mathbf{x}_n$ und $\mathbf{x}_0$ entspricht diese Beziehung einem *linearen* Gleichungssystem mit n Gleichungen für die n Unbekannten $(u_0, ..., u_{n-1})$. Es besitzt eine eindeutige Lösung genau dann, wenn die Matrix $\mathbf{S}_{d,u}$ regulär ist.[5]

Wir kommen nun zum Begriff „Beobachtbarkeit“: Das System $[\mathbf{A}_d, \mathbf{b}_d, \mathbf{c}_d, d_d]$ heißt *beobachtbar*, wenn aufgrund von *endlich* vielen Werten M der Eingangs- und der Ausgangsgröße

$$(u)_M := (u_0, u_1, ..., u_{M-1}) \quad \text{und} \quad (y)_M := (y_0, y_1, ..., y_{M-1})$$

der *unbekannte* Anfangszustand $\mathbf{x}_0$ ermittelt werden kann.

Man kann Folgendes zeigen: Bei einem beobachtbaren System braucht man im allgemeinen Fall n Messungen, um den unbekannten Anfangszustand $\mathbf{x}_0$ zu berechnen. Das heißt die *maximal* notwendige Anzahl von Messungen beträgt n!

- Eine notwendige und hinreichende Bedingung hierfür ist die Regularität der so genannten diskreten *Beobachtbarkeitsmatrix*

$$\mathbf{B}_{d,y} := \begin{pmatrix} \mathbf{c}_d^T \\ \mathbf{c}_d^T\mathbf{A}_d \\ \mathbf{c}_d^T\mathbf{A}_d^2 \\ . \\ . \\ \mathbf{c}_d^T\mathbf{A}_d^{n-1} \end{pmatrix}. \tag{7.61}$$

[5] Obige Relation (7.60) spielt eine zentrale Rolle beim Entwurf zeitdiskreter Zustandsregler mit der Eigenschaft, dass eine beliebige Anfangsauslenkung in maximal n „Schritten“ nach null gebracht wird (siehe Kap. 21).

Anmerkung

Der Einfachheit halber nehmen wir an, dass die Eingangsgröße gleich null ist. Betrachtet man die n Werte der Ausgangsgröße

$$(y)_n := (y_0, y_1, ..., y_{n-1})$$

als *gegeben* und verwendet man die Beziehung (7.4)

$$y_\nu = \mathbf{c}_d^T \mathbf{A}_d^\nu \mathbf{x}_0,$$

so ergibt sich der *unbekannte* n-dimensionale Anfangszustand $\mathbf{x}_0$ als Lösung des folgenden linearen Gleichungsysstems

$$\begin{pmatrix} y_0 \\ y_1 \\ y_2 \\ . \\ . \\ y_{n-1} \end{pmatrix} = \begin{pmatrix} \mathbf{c}_d^T \mathbf{x}_0 \\ \mathbf{c}_d^T \mathbf{A}_d \mathbf{x}_0 \\ \mathbf{c}_d^T \mathbf{A}_d^2 \mathbf{x}_0 \\ . \\ . \\ \mathbf{c}_d^T \mathbf{A}_d^{n-1} \mathbf{x}_0 \end{pmatrix} = \begin{pmatrix} \mathbf{c}_d^T \\ \mathbf{c}_d^T \mathbf{A}_d \\ \mathbf{c}_d^T \mathbf{A}_d^2 \\ . \\ . \\ \mathbf{c}_d^T \mathbf{A}_d^{n-1} \end{pmatrix} \mathbf{x}_0 = \mathbf{B}_{d,y} \mathbf{x}_0.$$

Es besteht aus n Gleichungen und ist bezüglich $\mathbf{x}_0$ genau dann eindeutig lösbar, wenn die diskrete Beobachtbarkeitsmatrix $\mathbf{B}_{d,y}$ regulär ist.

7.5.3 Alternative Kriterien

Die Untersuchung eines Systems auf Steuer- bzw. Beobachtbarkeit kann mit Hilfe der Links- bzw. Rechtseigenvektoren der Systemmatrix $\mathbf{A}_d$ erfolgen. Es gelten folgende Sätze:

- Ein System $[\mathbf{A}_d, \mathbf{b}_d, \mathbf{c}_d, d_d]$ ist genau dann *steuerbar*, wenn *kein* Linkseigenvektor

$$\boldsymbol{\rho}_\mu^T \mathbf{A}_d = z_\mu \boldsymbol{\rho}_\mu^T \qquad \mu = 1, ..., n \tag{7.62}$$

  mit der Eigenschaft

$$\boldsymbol{\rho}_\mu^T \mathbf{b}_d = 0 \tag{7.63}$$

  existiert.

Geometrisch gedeutet heißt dies, dass *kein* Linkseigenvektor senkrecht auf dem Eingangsvektor steht. Dieses Kriterium kann (nach *Hautus*) auf folgende Art umformuliert werden, sodass die Berechnung von Linkseigenvektoren entfallen kann.

- Ein System $[\mathbf{A}_d, \mathbf{b}_d, \mathbf{c}_d, d_d]$ ist genau dann *steuerbar*, wenn für alle n Eigenwerte z_μ die $(n, n+1)$-Matrix

$$\mathbf{H}_{d,u} = \begin{pmatrix} z_\mu \mathbf{E} - \mathbf{A}_d & \mathbf{b}_d \end{pmatrix} \qquad (1 \le \mu \le n)$$

den Rang n hat, d.h.

$$\text{Rang}(\mathbf{H}_{d,u}) = n.$$

Die analogen Sätze für die Untersuchung der Beobachtbarkeit lauten:

- Ein System $[\mathbf{A}_d, \mathbf{b}_d, \mathbf{c}_d, d_d]$ ist genau dann *beobachtbar*, wenn *kein* Rechtseigenvektor
$$\mathbf{A}_d \mathbf{p}_\mu = z_\mu \mathbf{p}_\mu \qquad \mu = 1, ..., n \tag{7.64}$$
mit der Eigenschaft
$$\mathbf{c}_d^T \mathbf{p}_\mu = 0 \tag{7.65}$$
existiert.

Vom geometrischen Blickpunkt aus bedeutet dies, dass *kein* Rechtseigenvektor senkrecht auf dem Ausgangsvektor steht. Auch dieses Kriterium kann so umformuliert werden, dass eine Berechnung der Rechtseigenvektoren nicht durchgeführt werden muss:

- Ein System $[\mathbf{A}_d, \mathbf{b}_d, \mathbf{c}_d, d_d]$ ist (nach *Hautus*) genau dann *beobachtbar*, wenn für alle n Eigenwerte z_μ die rechteckige $(n+1, n)$-Matrix
$$\mathbf{H}_{d,y} = \begin{pmatrix} \mathbf{c}_d^T \\ z_\mu \mathbf{E} - \mathbf{A}_d \end{pmatrix} \qquad \mu = 1, ..., n$$
den Rang n hat, d.h.
$$\text{Rang}(\mathbf{H}_{d,y}) = n.$$

Hinweis

Die Gültigkeit der formulierten Kriterien ist im Fall „verschiedene Eigenwerte“ leicht einzusehen! Das System $[\mathbf{A}_d, \mathbf{b}_d, \mathbf{c}_d, d_d]$ lässt sich dann mittels der Zustandstransformation

$$\mathbf{x} = \begin{pmatrix} \mathbf{p}_1 & \mathbf{p}_2 & . & . & \mathbf{p}_n \end{pmatrix} \boldsymbol{\xi},$$

wobei $\mathbf{p}_i$ die Rechtseigenvektoren von $\mathbf{A}_d$ sind, in das entkoppelte (!) Systemmodell

$$\boldsymbol{\xi}_{i+1} = \mathbf{diag}(z_\nu)\boldsymbol{\xi}_i + \begin{pmatrix} \boldsymbol{\rho}_1^T \mathbf{b}_d \\ \boldsymbol{\rho}_2^T \mathbf{b}_d \\ . \\ \boldsymbol{\rho}_n^T \mathbf{b}_d \end{pmatrix} u_i$$

$$y_i = \begin{pmatrix} \mathbf{c}_d^T \mathbf{p}_1 & \mathbf{c}_d^T \mathbf{p}_2 & .. & \mathbf{c}_d^T \mathbf{p}_n \end{pmatrix} \boldsymbol{\xi}_i + d_d u_i$$

transformieren. In dieser Modellform ist der Einfluss der Linkseigenvektoren auf die Steuerbarkeit bzw. der Rechtseigenvektoren auf die Beobachtbarkeit schön zu sehen!

7.6 Stabilität

7.6.1 Einführung

Bei der Beurteilung des Stabilitätsverhaltens linearer zeitinvarianter und zeitdiskreter Systeme werden wir zwei Konzepte verfolgen:

1. die asymptotische Stabilität und
2. die BIBO-Eigenschaft (oft auch als BIBO-Stabilität bezeichnet).

Beim ersten Konzept liegt das *freie* Systemmodell

$$\mathbf{x}_{i+1} = \mathbf{A}_d \mathbf{x}_i \qquad (7.66)$$

vor. Wir untersuchen bei *beliebigem* Anfangszustand $\mathbf{x}_0$ das Grenzverhalten des Zustandsvektors, d.h. wir interessieren uns für den Ausdruck

$$\lim_{i \to \infty} \mathbf{x}_i.$$

Beim zweiten Konzept gehen wir davon aus, dass der Anfangzustand $\mathbf{x}_0$ verschwindet, d.h. $\mathbf{x}_0 = \mathbf{0}$. Wir nehmen ferner an, dass die Werte der Eingangsgröße u_i gewisse einschränkende Merkmale aufweisen und fragen uns, ob die Werte der Ausgangsgröße y_i die gleichen Merkmale aufweisen. Wir untersuchen also das Eingangs-Ausgangs-Verhalten des Systems

$$\mathbf{x}_{i+1} = \mathbf{A}_d \mathbf{x}_i + \mathbf{b}_d u_i \qquad y_i = \mathbf{c}_d^T \mathbf{x}_i + d_d u_i.$$

7.6.2 Asymptotische Stabilität

Die Lösung des freien Systems nach (7.66) als Funktion des vorgegebenen Anfangszustands kann sofort angegeben werden:

$$\mathbf{x}_i = \mathbf{A}_d^i \mathbf{x}_0.$$

Das (freie) System wird *asymptotisch stabil* genannt, wenn bei beliebiger Anfangsauslenkung $\mathbf{x}_0$

$$\lim_{i \to \infty} \mathbf{x}_i = \mathbf{0}$$

gilt.

Einfach gesagt: Unabhängig von der Anfangsauslenkung kehrt das System nach unendlich langer (!) Zeit in den Ruhezustand Null zurück. Vom mathematischen Standpunkt aus heißt das: es gilt

$$\lim_{i \to \infty} \mathbf{A}_d^i \mathbf{x}_0 = \mathbf{0}$$

bzw.

$$\lim_{i \to \infty} \mathbf{A}_d^i = \mathbf{0}, \qquad (7.67)$$

nachdem der Anfangszustand $\mathbf{x}_0$ *beliebig* ist. Dann bedeutet das Vorliegen der aymptotischen Stabilität, dass der Grenzwert der unendlichen Matrixfolge

$$(\mathbf{A}_d) := (\mathbf{A}_d^0,\ \mathbf{A}_d^1,\ \mathbf{A}_d^2,\ \mathbf{A}_d^3, ...)$$

gleich null ist!

Entscheidend für das Konvergenzverhalten der Folge ist die *betragsmäßige* Größe der n Eigenwerte der Systemmatrix $\mathbf{A}_d$!

- Eine *notwendige* und *hinreichende* Bedingung für das Vorliegen der asymptotischen Stabilität lautet:

$$|z_\nu| < 1 \qquad \text{für } \nu = 1, 2, ..., n. \tag{7.68}$$

  Das bedeutet, dass *alle* Eigenwerte *innerhalb* des Einheitskreises liegen müssen (siehe Abb. 7.1)!

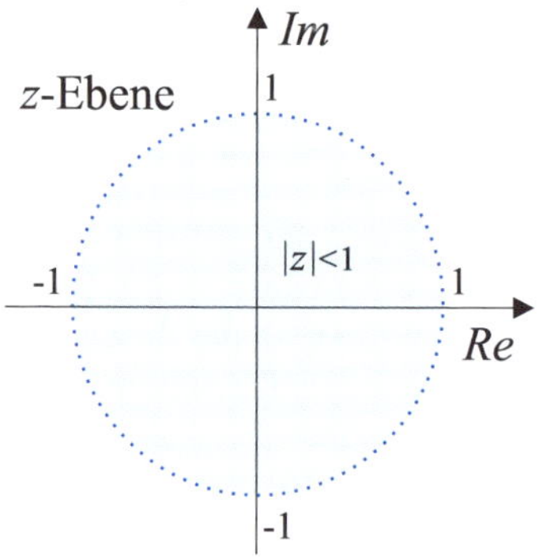

Abbildung 7.1: Zur asymptotischen Stabilität

Anmerkung

Die Gültigkeit des formulierten Kriteriums ist leicht ersichtlich, wenn die Systemmatrix lauter verschiedene Eigenwerte besitzt. In diesem Fall kann nach (7.57) die Systemmatrix $\mathbf{A}_d$ mit Hilfe der Eigenvektoren und der zugehörigen Eigenwerte folgendermaßen formuliert werden:

$$\mathbf{A}_d = \mathbf{P}\mathbf{diag}(z_\nu)\mathbf{P}^{-1}$$

Bei asymptotischer Stabilität wird nach (7.67) verlangt, dass

$$\lim_{i\to\infty} \mathbf{A}_d^i = \lim_{i\to\infty} \mathbf{P}\mathbf{diag}(z_\nu^i)\mathbf{P}^{-1} = \mathbf{0}$$

→

→ gilt. Diese Forderung bedeutet wiederum, nachdem die Matrix **P** regulär ist, dass

$$\lim_{i \to \infty} \mathbf{diag}(z_\nu^i) = \mathbf{0}$$

bzw. für alle n Eigenwerte

$$\lim_{i \to \infty} z_\nu^i = 0, \quad (\nu = 1, ..., n)$$

gilt. Das ist sicher gegeben, wenn alle Eigenwerte *im* Inneren des Einheitskreises liegen.

7.6.3 BIBO-Eigenschaft

Wie schon erwähnt, interessiert man sich nun für das Verhalten der Ausgangsgröße, wobei der Anfangszustand gleich null ist. Es ist daher sinnvoll, die entwickelte Relation (7.7)

$$y_i = \sum_{\mu=0}^{i} g_{i-\mu} u_\mu = \sum_{\nu=0}^{i} g_\nu u_{i-\nu} \tag{7.69}$$

zwischen Eingangs- und Ausgangsgröße zu benutzen.

Wir präzisieren die Klasse der in Frage kommenden Eingangsgrößen, indem wir *betragsmäßig* beschränkte Eingangsgrößen betrachten:

$$|u_i| \leq 1 \qquad \text{für} \quad i \geq 0. \tag{7.70}$$

Die auf den Wert 1 gesetzte Schranke für die Eingangsgröße bedeutet *keine* Einschränkung, da das System *linear* ist.

Das System besitzt die BIBO-Eigenschaft[6], wenn die zugehörige Ausgangsgröße ebenfalls *betragsmäßig* beschränkt ist. Das bedeutet, dass *alle* Werte der Ausgangsgröße die Ungleichung

$$|y_i| \leq Y \qquad \text{für} \quad i \geq 0 \tag{7.71}$$

erfüllen. Hierbei ist Y eine endliche Konstante.

- Notwendig und hinreichend für das Vorliegen der BIBO-Eigenschaft ist die Erfüllung der Ungleichung

  $$\sum_{\nu=0}^{\infty} |g_\nu| < \infty. \tag{7.72}$$

  Das heißt, die Gewichtsfunktion muss *absolut* summierbar sein.

---

6 Man sagt auch „das System ist BIBO-stabil".

Bemerkung

Dieses Kriterium ist relativ leicht einzusehen, wenn man die Eingangsgröße

$$u_{i-\nu} = \operatorname{sgn}(g_\nu)$$

auf das System einwirken lässt. Der größtmögliche Wert der Ausgangsgröße zum Zeitpunkt $t = iT_d$ beträgt nach (7.69) dann

$$y_{i\,\max} = \sum_{\nu=0}^{i} |g_\nu| \,.$$

Durch den Grenzübergang $i \to \infty$ erhalten wir den *größtmöglichen* Wert für die Ausgangsgröße

$$y_\infty := \lim_{i\to\infty} y_{i\,\max} = \sum_{\nu=0}^{\infty} |g_\nu| \,, \qquad (7.73)$$

der bei Vorliegen der BIBO-Eigenschaft die Ungleichung

$$y_\infty = \sum_{\nu=0}^{\infty} |g_\nu| < \infty$$

erfüllen muss.[7]

Bei der Ableitung dieser Bedingung spielt das *Bildungsgesetz* der Gewichtsfunktion anhand der Systemdaten $[\mathbf{A}_d, \mathbf{b}_d, \mathbf{c}_d, d_d]$ *keine* Rolle!

Obiges Kriterium (7.72) vereinfacht sich enorm, da die Gewichtsfunktion gemäß den Beziehungen

$$g_0 = d_d \qquad \text{und} \qquad g_\nu = \mathbf{c}_d^T \mathbf{A}_d^{\nu-1} \mathbf{b}_d \qquad (\nu = 1, 2, 3, ...)$$

gebildet wird. Es gilt dann:

- Eine notwendige und hinreichende Bedingung für die BIBO-Eigenschaft ist

$$\lim_{\nu\to\infty} g_\nu = 0. \qquad (7.74)$$

Bei der hier betrachteten Systemklasse $[\mathbf{A}_d, \mathbf{b}_d, \mathbf{c}_d, d_d]$ ist also der *Grenzwert* der Gewichtsfunktion entscheidend! Weiters ist wichtig, dass dieses Grenzverhalten von den Eigenwerten der Systemmatrix abhängt.[8]

- Aufgrund des Zusammenhanges der Gewichts- mit der Übertragungsfunktion ist Folgendes nicht verwunderlich: Man kann die BIBO-Eigenschaft eines Systems mit

7 Die Beziehung (7.73) spielt eine zentrale Rolle bei der rechnerunterstützten Synthese zeitdiskreter Regelkreise bei *beschränkten* Systemgrößen!

8 Siehe hierzu Gleichung (7.57) für den Fall verschiedener Eigenwerte.

Hilfe seiner Übertragungsfunktion überprüfen. Sie liegt *genau dann* vor, wenn *alle* Pole der z-Übertragungsfunktion *im* Inneren des Einheitskreises liegen.

ZUSAMMENFASSUNG

- Die asymptotische Stabilität liegt genau dann vor, wenn *alle* Eigenwerte z_ν der Systemmatrix $\mathbf{A}_d$ *im* Inneren des Einheitskreises liegen, d.h.

$$|z_\nu| < 1 \quad \text{für } \nu = 1, 2, ..., n.$$

- Aus der asymptotischen Stabilität folgt die BIBO-Eigenschaft.
- Die BIBO-Eigenschaft liegt genau dann vor, wenn die Gewichtsfunktion g_ν absolut summierbar ist, d.h.

$$\sum_{\nu=0}^{\infty} |g_\nu| < \infty.$$

- Die BIBO-Eigenschaft liegt genau dann vor, wenn die Werte der Gewichtsfunktion für $\nu \to \infty$ nach null streben, d.h.

$$\lim_{\nu \to \infty} g_\nu = \lim_{\nu \to \infty} \mathbf{c}_d^T \mathbf{A}_d^{\nu-1} \mathbf{b}_d = 0.$$

- Die BIBO-Eigenschaft liegt genau dann vor, wenn *alle* Pole der z-Übertragungsfunktion *im* Inneren des Einheitskreises liegen.

7.6.4 Methoden zur Stabilitätsüberprüfung

Bei der Untersuchung des Stabilitätsverhaltens zeitdiskreter konstanter Systeme überprüft man, ob *sämtliche* n Nullstellen z_i eines Polynoms n-ten Grades[9] mit reellen Koeffizienten a_i

$$\Delta_n(z) := a_n \prod_{i=1}^{n} (z - z_i) = a_n z^n + a_{n-1} z^{n-1} + ... + a_1 z + a_0 \tag{7.75}$$

innerhalb des Einheitskreises liegen, d.h. ob die Ungleichungen

$$|z_i| < 1 \qquad (i = 1, ..., n) \tag{7.76}$$

erfüllt werden. Man nennt ein Polynom, das *keine* Nullstellen mit der Eigenschaft $|z_i| \geq 1$ besitzt, ein *Einheitskreispolynom*. Es existieren eine Reihe von Verfahren, mit deren Hilfe diese Überprüfung durchgeführt werden kann. Exemplarisch sei hier das Kriterium von

[9] Hier kann es sich um das charakteristische Polynom der Systemmatrix oder das Nennerpolynom einer Übertragungsfunktion handeln.

Schur-Cohn angeführt. Es ist das Analogon zum *Hurwitz*-Kriterium. Hierbei untersucht man das Vorzeichen gewisser Determinanten, die mit Hilfe der Koeffizienten des Polynoms $\Delta_n(z)$ gebildet werden. Ein weiteres Verfahren ist das so genannte *Abbauverfahren*, bei dem man ähnlich wie beim wohl bekannten *Routh*-Schema vorgeht.

Wir verzichten an dieser Stelle auf die Demonstration der angeführten numerischen Stabilitätskriterien und verweisen auf die entsprechende Spezialliteratur [1, 29]. In den nachfolgenden Ausführungen werden wir bei der Stabilitätsuntersuchung einen „Ausweichweg“ einschlagen: Ausgehend von $\Delta_n(z)$ wird durch eine geeignete *Transformation* der Variablen z in die neue Variable q ein Polynom n-ten Grades $\Delta_n(q)$ erzeugt. Statt zu überprüfen, ob $\Delta_n(z)$ ein Einheitskreispolynom ist, überprüft man nun mit wohl bekannten Verfahren, ob das so entstandene Polynom $\Delta_n(q)$ ein *Hurwitz*-Polynom ist!

Wir wollen allerdings zunächst *einfache* (notwendige bzw. hinreichende) Bedingungen angeben, die eine *leichte* Vorabüberprüfung des Stabilitätsverhaltens ermöglichen.

Zwei einfach zu überprüfende *notwendige* Bedingungen:

Das zu untersuchende Polynom nach (7.75) kann folgendermaßen faktorisiert werden:

$$\begin{aligned}\Delta_n(z) &= a_n \prod_{i=1}^{m}(z+\alpha_i)\prod_{k=1}^{l}(z+\beta_k+j\gamma_k)(z+\beta_k-j\gamma_k)\\ &= a_n \prod_{i=1}^{m}(z+\alpha_i)\prod_{k=1}^{l}[(z+\beta_k)^2+\gamma_k^2].\end{aligned}$$

Hierbei haben wir angenommen, dass es m reelle und $2l$ konjugiert komplexe Nullstellen besitzt. *Falls* alle Nullstellen *im* Einheitskreis liegen, so können wir leicht eine Aussage über das Vorzeichen des Wertes von $\Delta_n(z)$ an der Stelle $z = +1$ bzw. $z = -1$ treffen. Es gilt

$$\Delta_n(\pm 1) = a_n \prod_{i=1}^{m}(\pm 1+\alpha_i)\prod_{k=1}^{l}[(\pm 1+\beta_k)^2+\gamma_k^2].$$

Offensichtlich kommt es auf das Vorzeichen des ersten Produktausdruckes

$$a_n \prod_{i=1}^{m}(\pm 1+\alpha_i)$$

an, da der zweite immer positiv ist.

Unter der Annahme $|\alpha_i| < 1$ folgert man daraus umittelbar folgende *notwendigen* Bedingungen:

$$\mathrm{sgn}[\Delta_n(+1)] = \mathrm{sgn}(a_n)$$

$$\mathrm{sgn}[\Delta_n(-1)] = (-1)^n \mathrm{sgn}(a_n).$$

Eine einfach zu überprüfende *hinreichende* Bedingung:

Falls die Koeffizienten des Polynoms $\Delta_n(z)$ die Ungleichungen

$$a_n > a_{n-1} > \; ... \; > a_1 > a_0 > 0$$

erfüllen, so ist $\Delta_n(z)$ ein Einheitskreispolynom. Die Gültigkeit dieses Satzes ist allerdings leider nicht leicht einsichtig.

Anwendung einer bilinearen Transformation

Eine interessante Möglichkeit zur Stabilitätsüberprüfung ergibt sich, indem man das vorliegende „zeitdiskrete" Stabilitätsproblem auf das gelöste „zeitkontinuierliche" Stabilitätsproblem zurückführt! Man benutzt hierfür eine bilineare Transformation

$$z = \frac{1+q}{1-q} \tag{7.77}$$

bzw. nach q aufgelöst

$$q = \frac{z-1}{z+1}. \tag{7.78}$$

Man bildet dadurch die komplexe z-Ebene in die komplexe q-Ebene ab (vgl. Abb. 7.2).

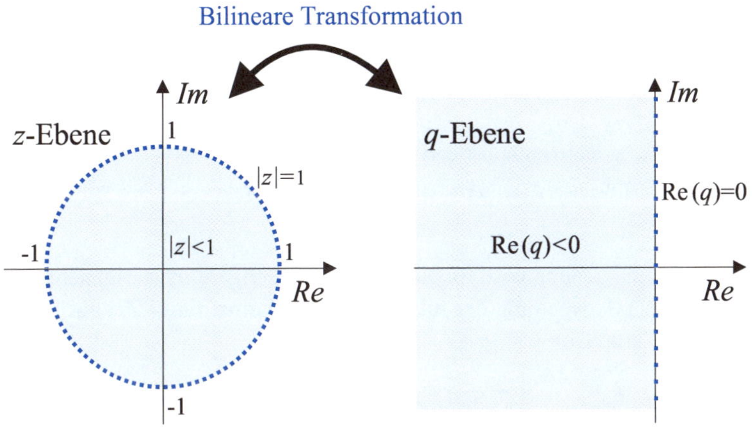

Abbildung 7.2: Zur bilinearen Transformation

Diese (konforme) Abbildung hat bemerkenswerte Eigenschaften[10]:

[10] Die allgemeine bilineare Transformation

$$z = \frac{1+\frac{q}{\gamma}}{1-\frac{q}{\gamma}},$$

wobei γ ein reeller positiver Skalierungsfaktor ist, weist dieselben Eigenschaften auf! Insbesondere bei dem Regelkreisentwurf mit Hilfe von *Bode*-Diagrammen wird $\gamma = \frac{2}{T_d}$ angesetzt.

- Punkte der z-Ebene *auf dem Einkeitskreis* werden in solche *auf der imaginären Achse* der q-Ebene transformiert:

$$|z| = 1 \leftrightarrow \mathrm{Re}(q) = 0.$$

- Punkte der z-Ebene *im Einheitskreis* entsprechen Punkten der q-Ebene *links der imaginären Achse* der q-Ebene

$$|z| < 1 \leftrightarrow \mathrm{Re}(q) < 0.$$

  Letzter Umstand ist einleuchtend: Betrachtet man die Ungleichung $|z| < 1$, so ist diese der Ungleichung

$$\left|\frac{1+q}{1-q}\right| < 1 \quad \text{bzw.} \quad |1+q| < |1-q|$$

  äquivalent. Sie ist nur für komplexe Werte q mit negativem Realteil erfüllbar (vgl. Abb. 7.3).

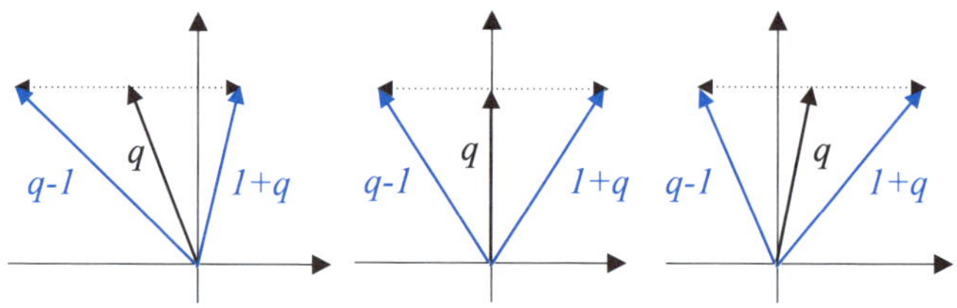

Abbildung 7.3: Zur konformen Abbildung

Die Stabilitätsuntersuchung wird folgendermaßen durchgeführt: Ausgehend vom Polynom $\Delta_n(z)$ wird durch Anwendung der bilinearen Transformation (7.77) ein Polynom $\hat{\Delta}_n(q)$ erzeugt. Es wird zunächst

$$\Delta_n(\frac{1+q}{1-q}) = a_n(\frac{1+q}{1-q})^n + a_{n-1}(\frac{1+q}{1-q})^{n-1} + ... + a_1(\frac{1+q}{1-q}) + a_0$$

gebildet; daraus entsteht ein Polynom in der Variablen q:

$$\hat{\Delta}_n(q) = (1-q)^n \Delta_n(\frac{1+q}{1-q}). \tag{7.79}$$

Entscheidend ist, dass die Lage der Nullstellen von $\hat{\Delta}_n(q)$ bezüglich der imaginären Achse *dieselbe* ist wie die der Nullstellen von $\Delta_n(z)$ bezüglich des Einheitskreises. Damit gilt, dass $\Delta_n(z)$ *genau dann* ein Einheitskreispolynom ist, wenn $\hat{\Delta}_n(q)$ ein *Hurwitz*-Polynom ist. Mit diesem Ergebnis können wir auf alle Erkenntnisse und numerische Verfahren des „zeitkontinuierlichen“ Falls zurückgreifen.

Beispiel: Wir betrachten ein Polynom 2. Grades:

$$\Delta_2(z) = z^2 + a_1 z + a_0$$

und wollen für die reellen Koeffizienten a_i notwendige und hinreichende Bedingungen aufstellen, damit $\Delta_2(z)$ ein Einheitskreispolynom ist. Wir unterwerfen die komplexe Variable z der bilinearen Transformation und erhalten

$$\Delta_2(\frac{1+q}{1-q}) = (\frac{1+q}{1-q})^2 + a_1(\frac{1+q}{1-q}) + a_0.$$

Durch Multiplikation mit $(1-q)^2$ ergibt sich das Polynom

$$\begin{aligned}\hat{\Delta}_2(q) &= (1+q)^2 + a_1(1+q)(1-q) + a_0(1-q)^2 \\ &= (1-a_1+a_0)q^2 + 2(1-a_0)q + (1+a_1+a_0).\end{aligned}$$

Damit $\hat{\Delta}_2(q)$ ein Hurwitz-Polynom ist, müssen alle seine Koeffizienten das gleiche Vorzeichen haben. Diese Bedingungen ergeben zwei Fälle:

1. Fall: $1 - a_1 + a_0 < 0, \quad 1 - a_0 < 0, \quad 1 + a_1 + a_0 < 0$

2. Fall: $1 - a_1 + a_0 > 0, \quad 1 - a_0 > 0, \quad 1 + a_1 + a_0 > 0.$

Der 1. Fall führt zu einem Widerspruch. Es gelten dann die unter dem 2. Fall angegebenen notwendigen und hinreichenden Bedingungen

$$1 - a_1 + a_0 > 0, \quad 1 - a_0 > 0, \quad 1 + a_1 + a_0 > 0.$$

7.7 Der digitale Regelkreis

7.7.1 Einführung

Der Einsatz eines Digitalrechners zum Zweck der Regelung eines Systems stellt heute den Normalfall dar. Implementierte Regelkreise beinhalten meist „digitale Regler" (μ-Prozessoren, Signalprozessoren, Computer etc.). Wichtige Gründe hierfür sind u.a. extrem sinkende Kosten durch Fortschritte im Bereich der Mikroelektronik und die im Vergleich zu „analogen Reglern" hohe Flexibilität [4, 11, 1, 29]. In Abb. 7.4 ist ein einfacher digitaler Regelkreis schematisch dargestellt.

Wir gehen auf dessen *idealisiertes Funktionsprinzip* kurz ein: Das zeitkontinuierliche System (Regelstrecke), dessen Verhalten beeinflusst werden soll, besitzt die skalare Eingangsgröße $u(t)$ und die skalare Ausgangsgröße (Messgröße) $y(t)$. Es werden diesem System nun zu *diskreten* Zeitpunkten t_i

$$t_i = iT_d \quad i = 0, 1, 2, \ldots \tag{7.80}$$

Meßwerte entnommen. Zur Verarbeitung dieser Werte in einem Rechner werden sie in eine adäquate „digitale" Form konvertiert und diesem zugeführt. Dieser Prozess der Umwandlung des zeitkontinuierlichen (analogen) Signals in ein solches in digitaler Form wird

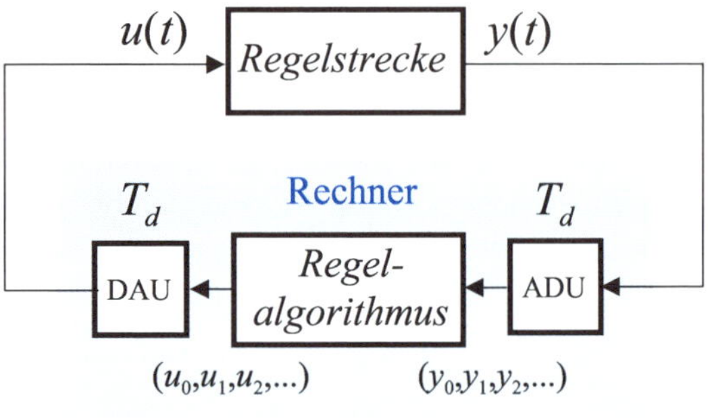

Abbildung 7.4: Digitaler Regelkreis

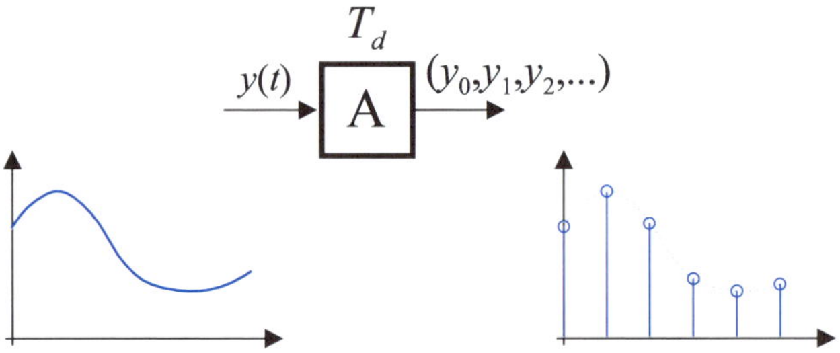

Abbildung 7.5: Abtaster

durch einen idealen[11] *A/D-Umsetzer* (ADU), auch „Abtaster" genannt, durchgeführt (siehe Abb. 7.5).

Der Rechner erhält demnach eine Folge von Zahlen $y_i = y(t_i)$, die er aufgrund eines programmierten Algorithmus verarbeitet, um daraus eine Folge von Werten u_i zu erzeugen. Es ist einleuchtend, dass die Berechnung der Werte u_i eine gewisse Zeit benötigt, die im Vergleich zu T_d hinreichend klein sein muss. Aus diesem Grund wird sie vernachlässigt. Die Werte u_i werden nun mit Hilfe eines idealen *D/A-Umsetzers* (DAU) in ein analoges Signal konvertiert (siehe auch Abschnitt 7.4.4), das dem betrachteten System als Eingangsgröße zugeführt wird. Die notwendige Synchronisation aller erwähnten Ereignisse wird meist durch eine „Uhr" im Rechner übernommen.

Es handelt sich offensichtlich um die Zusammenschaltung eines zeitkontinuierlichen Systems mit einem zeitdiskreten! Die mathematische Behandlung des resultierenden Gesamtsystems ist aufgrund der unterschiedlichen Natur der Teilsysteme zweifellos nicht einfach. Es ist nahe liegend, die Frage zu stellen, ob man die zeitkontinuierliche Beschreibung der Regelstrecke durch eine *äquivalente zeitdiskrete* ersetzen kann. Dadurch wäre eine einheitliche zeitdiskrete Beschreibung des Gesamtsystems möglich, was natürlich von Vorteil ist. Dieser grundlegenden Frage ist der folgende Abschnitt gewidmet.

[11] Wir gehen davon aus, dass diese Wandlung *ohne* Zeitverzug und *fehlerfrei* durchgeführt wird.

7.7.2 Ein diskreter Simulator

Wir gehen davon aus, dass die Regelstrecke durch ein lineares, zeitinvariantes Zustandsmodell

$$\frac{d\mathbf{x}}{dt} = \mathbf{A}\mathbf{x} + \mathbf{b}u \qquad y = \mathbf{c}^T\mathbf{x} \tag{7.81}$$

der Ordnung n hinreichend genau beschrieben wird. Wir entwerfen nun ein zeitdiskretes System

$$\boldsymbol{\xi}_{i+1} = \mathbf{A}_d\boldsymbol{\xi}_i + \mathbf{b}_d u_i \qquad \eta_i = \mathbf{c}_d^T\boldsymbol{\xi}_i \tag{7.82}$$

mit der Eingangsgröße u_i, der Ausgangsgröße η_i und dem Zustandsvektor $\boldsymbol{\xi}_i$. Das Ziel, das dabei verfolgt wird, besteht darin, die Größen $\mathbf{A}_d$, $\mathbf{b}_d$ und $\mathbf{c}_d$ so zu bestimmen, dass bei gegebener Diskretisierungszeit T_d, gegebenem Anfangszustand $\boldsymbol{\xi}_0 = \mathbf{x}(0)$ und vorgegebener Eingangsgröße $u_i = u(iT_d)$ für $i \geq 0$ gilt:

$$\boldsymbol{\xi}_i = \mathbf{x}(iT_d) \quad \text{und} \quad \eta_i = y(iT_d) \qquad \text{für } i \geq 0. \tag{7.83}$$

Ein System mit dieser Eigenschaft nennen wir einen *diskreten Simulator.*

Man kann sich vorstellen, dass solch ein Anliegen für *beliebige* Zeitverläufe der Eingangsgröße *nicht* erfüllt werden kann. Hierzu ein Beispiel: Wir setzen asymptotische Stabilität des zeitkontinuierlichen (7.81) und des zeitdiskreten (7.82) Systems voraus und wählen die harmonische Eingangsgröße

$$u(t) = e^{j\omega t}.$$

Dann wissen wir, dass im stationären Fall die Verläufe der Ausgangsgrößen mit Hilfe des Frequenzganges durch

$$y(t) = P(j\omega)e^{j\omega t} \qquad \text{mit } P(j\omega) = \mathbf{c}^T(j\omega\mathbf{E} - \mathbf{A})^{-1}\mathbf{b}$$

bzw.

$$\eta_i = P_d(e^{j\omega T_d})e^{j\omega i T_d} \qquad \text{mit } P_d(e^{j\omega T_d}) = \mathbf{c}_d^T(e^{j\omega T_d}\mathbf{E} - \mathbf{A}_d)^{-1}\mathbf{b}_d$$

gegeben sind. Für den Frequenzgang $P_d(e^{j\omega T_d})$ des gesuchten diskreten Simulators muss demnach für *alle* Werte von ω folgende Beziehung gelten:

$$P_d(e^{j\omega T_d}) = P(j\omega).$$

Bedenkt man die Periodizität von $P_d(e^{j\omega T_d})$, erkennt man, dass obige Gleichung *nicht* erfüllbar ist!

Wir müssen die Klasse der Eingangsfunktionen $u(t)$ also einschränken! Hierzu betrachten wir die allgemeine Lösung $\mathbf{x}(t)$ des zeitkontinuierlichen Systems (7.81) für $t = T_d$

$$\mathbf{x}(T_d) = e^{\mathbf{A}T_d}\mathbf{x}(0) + \int_0^{T_d} e^{\mathbf{A}(T_d-\tau)}\mathbf{b}u(\tau)dt. \tag{7.84}$$

Es wird *gewünscht*, dass der Zustandsvektor $\boldsymbol{\xi}_1$ des diskreten Systems (7.82), d.h.

$$\boldsymbol{\xi}_1 = \mathbf{A}_d\boldsymbol{\xi}_0 + \mathbf{b}_d u_0, \tag{7.85}$$

die Relation

$$\boldsymbol{\xi}_1 = \mathbf{x}(T_d)$$

erfüllt. Vergleicht man die Beziehungen (7.84) und (7.85), so erkennt man, dass für eine *konstante* Eingangsfunktion

$$u(\tau) = u(0) \qquad \text{für } 0 \leq \tau < T_d$$

und durch die Wahl

$$\mathbf{A}_d = \mathbf{\Phi} = e^{\mathbf{A}T_d} \tag{7.86}$$

und

$$\mathbf{b}_d = \int_0^{T_d} e^{\mathbf{A}(T_d - \tau)} \mathbf{b} d\tau \tag{7.87}$$

dieses Ziel erreicht wird. Obige Berechnungsvorschrift (7.87) für den Eingangsvektor $\mathbf{b}_d$ kann durch eine Variablensubstitution vereinfacht werden:

$$\mathbf{b}_d = \int_0^{T_d} e^{\mathbf{A}\tau} \mathbf{b} d\tau. \tag{7.88}$$

Wie man leicht überlegen kann, ist durch diese Wahl der Simulatordaten gemäß (7.86) und (7.88) sogar gewährleistet, dass die gewünschte Relation

$$\boldsymbol{\xi}_i = \mathbf{x}(iT_d) \qquad \text{für } i \geq 0$$

für eine *stückweise (äquidistante) konstante* Eingangsfunktion

$$u(\tau) = u(iT_d) \qquad \text{für} \quad iT_d \leq \tau < (i+1)T_d \qquad \text{mit } i \geq 0 \tag{7.89}$$

gilt! Es wird sich im nächsten Abschnitt zeigen, dass solche Eingangsfunktionen *praxisrelevant* sind. Die weitere Wahl

$$\mathbf{c}_d = \mathbf{c} \tag{7.90}$$

sichert, dass für die Ausgangsgrößen die Beziehung

$$\eta_i = y(iT_d) \qquad \text{für } i \geq 0$$

gilt.

Eigenwerte und Eigenvektoren

Eigenwerte und Eigenvektoren sind wichtige Kenngrößen eines Systems. Nachdem der diskrete Simulator aus einem zeitkontinuierlichen System (7.81) entstanden ist, stellt sich zwingend die Frage nach dem Zusammenhang dieser Kenngrößen der beiden Systeme. Die Antwort lautet:

- Die Eigenvektoren beider Systeme sind gleich.

- Die Eigenwerte z_i des diskreten Simulators ergeben sich aus den Eigenwerten s_i des zeitkontinuierlichen Systems anhand der Beziehung

$$z_i = e^{s_i T_d} \qquad i = 1, 2, ..., n. \tag{7.91}$$

Hinweis

Die Gültigkeit dieser Ausagen ist einleuchtend. Hierzu betrachten wir die grundlegende Beziehung zwischen Eigenwerten und Eigenvektoren des zeitkontinuierlichen Systems

$$\mathbf{A}\mathbf{p} = s\mathbf{p} \tag{7.92}$$

und bedenken, dass unmittelbar daraus die Beziehung

$$\mathbf{A}^k\mathbf{p} = s^k\mathbf{p}$$

folgt. Wir untersuchen jetzt den Ausdruck

$$e^{\mathbf{A}T_d}\mathbf{p}.$$

Er kann durch „Ausschreiben" der Exponentialreihe $e^{\mathbf{A}T_d}$ folgendermaßen umgeformt werden:

$$\begin{aligned} e^{\mathbf{A}T_d}\mathbf{p} &= \sum_{k=0}^{\infty} \frac{(\mathbf{A}T_d)^k}{k!}\mathbf{p} = \sum_{k=0}^{\infty} \frac{\mathbf{A}^k T_d^k}{k!}\mathbf{p} = \sum_{k=0}^{\infty} \frac{\mathbf{A}^k \mathbf{p} T_d^k}{k!} \\ &= \sum_{k=0}^{\infty} \frac{s^k \mathbf{p} T_d^k}{k!} = (\sum_{k=0}^{\infty} \frac{s^k T_d^k}{k!})\mathbf{p} \end{aligned}$$

bzw.

$$e^{\mathbf{A}T_d}\mathbf{p} = e^{sT_d}\mathbf{p}. \tag{7.93}$$

Der Vergleich der Relationen (7.92) und (7.93) erklärt den oben formulierten Satz[12].

Asymptotische Stabilität und BIBO-Eigenschaft

Aus dem Zusammenhang (7.91)

$$z_i = e^{s_i T_d}$$

der Eigenwerte des diskreten Simulators mit denen des zeitkontinuierlichen Systems folgt umittelbar:

$$\mathrm{Re}\{s_i\} < 0 \quad \rightarrow \quad |z_i| < 1.$$

Das bedeutet:

[12] Das hier formulierte Ergebnis ist ein Spezialfall. Es gilt nämlich nach einem Satz der Linearen Algebra: Falls die Matrix $\mathbf{A}$ einen Eigenwert s besitzt, so besitzt die Matrix-Funktion $f(\mathbf{A})$ den Eigenwert $f(s)$!

1. Aus der asymptotischen Stabilität des zeitkontinuierlichen Systems folgt die asymptotische Stabilität des diskreten Simulators.
2. Besitzt das zeitkontinuierliche System die BIBO-Eigenschaft, so weist der diskrete Simulator ebenfalls diese Eigenschaft auf.

Ermittlung der Übertragungsfunktion des diskreten Simulators mit Hilfe der Übertragungsfunktion $P(s)$

Die z-Übertragungsfunktion des diskreten Simulators

$$\boldsymbol{\xi}_{i+1} = \boldsymbol{\Phi}\boldsymbol{\xi}_i + \mathbf{b}_d u_i \qquad \eta_i = \mathbf{c}^T\boldsymbol{\xi}_i \tag{7.94}$$

berechnet sich anhand der allgemeinen Beziehung

$$P(z) = \mathbf{c}^T(z\mathbf{E} - \boldsymbol{\Phi})^{-1}\mathbf{b}_d. \tag{7.95}$$

Liegt allerdings die Beschreibung des zeitkontinuierlichen Systems (7.81) in der Form seiner Übertragungsfunktion $P(s)$ vor, so gibt es folgende alternative Berechnungsmöglichkeit: Die Sprungantwort $\hat{y}(t)$ des zeitkontinuierlichen Systems wird im Bildbereich durch

$$\mathcal{L}\{\hat{y}(t)\} = \hat{y}(s) = P(s)\frac{1}{s} \tag{7.96}$$

beschrieben. Die Antwort des zeitdiskreten Systems (mit dem Anfangszustand Null) auf die konstante Eingangsgröße

$$u_i = 1 \quad \text{mit } i \geq 0,$$

– sie besitzt die z-Transformierte $\frac{1}{1-z^{-1}}$ – ist die so gennante (zeitdiskrete) Sprungantwort $\bar{y}_i$. Das bedeutet, es gilt

$$\mathcal{Z}\{\bar{y}_i\} = \bar{y}(z) = P(z)\frac{1}{1-z^{-1}}. \tag{7.97}$$

Aufgrund der Übereinstimmung der jeweiligen Werte der Sprungantworten zu allen Zeitpunkten $t_i = iT_d$, d.h.

$$\hat{y}(t_i) = \bar{y}_i \quad \text{für } i \geq 0),$$

gilt beim diskreten Simulator[13]

$$\mathcal{Z}\{\hat{y}(s)\} = \mathcal{Z}\{\bar{y}_i)\}.$$

Daraus folgt mit (7.96) und (7.97):

$$\mathcal{Z}\left\{P(s)\frac{1}{s}\right\} = P(z)\frac{1}{1-z^{-1}}$$

bzw.

$$P(z) = (1 - z^{-1})\mathcal{Z}\left\{P(s)\frac{1}{s}\right\}. \tag{7.98}$$

Mit Hilfe dieser Beziehung ist es möglich, die z-Übertragungsfunktion $P(z)$ des diskreten Simulators mit Hilfe der Übertragungsfunktion $P(s)$ des zeitkontinuierlichen Systems zu berechnen.

---

[13] Hierbei symbolisieren wir mit $\mathcal{Z}\{\hat{y}(s)\}$ die z-Transformierte der Wertefolge $\hat{y}(t = iT_d)$ mit $i \geq 0$.

Beispiele:

Beispiel („VZ1-Glied"): Wir betrachten eine Regelstrecke mit dem zeitkontinuierlichen Modell 1. Ordnung

$$\tau \frac{dx}{dt} = -x + Vu \qquad y = x$$

und der zugehörigen Übertragungsfunktion

$$G(s) = \frac{V}{\tau s + 1}.$$

Unter Zugrundelegung der Diskretisierungszeit (Abtastzeit) T_d ergibt sich der digitale Simulator

$$x_{i+1} = \Phi x_i + b_d u_i \qquad y_i = x_i$$

mit folgenden nach (7.86) und (7.88) berechneten Daten:

$$\Phi = e^{-\frac{T_d}{\tau}} \quad \text{und} \quad b_d = \int_0^{T_d} e^{-\frac{\lambda}{\tau}} V d\lambda = V(1 - e^{-\frac{T_d}{\tau}}).$$

Die zugehörige z-Übertragungsfunktion ergibt sich nach (7.95) aus obigem Zustandsmodell:

$$P(z) = \frac{b_d}{z - \Phi} = \frac{V(1 - e^{-\frac{T_d}{\tau}})}{z - e^{-\frac{T_d}{\tau}}}.$$

Sie kann alternativ anhand der Relation (7.98) berechnet werden:

$$P(z) = (1 - z^{-1})\mathcal{Z}\left\{\frac{V}{\tau s + 1}\frac{1}{s}\right\} = \frac{V}{\tau}(1 - z^{-1})\mathcal{Z}\left\{\frac{1}{s + \frac{1}{\tau}}\frac{1}{s}\right\}.$$

Hierzu betrachten wir zunächst den Ausdruck

$$\mathcal{Z}\left\{\frac{1}{s + \frac{1}{\tau}}\frac{1}{s}\right\}.$$

Die Partialbruchzerlegung und Rücktransformation der *Laplace*-Transformierten ergibt zunächst

$$\begin{aligned}
\mathcal{Z}\left\{\frac{1}{s + \frac{1}{\tau}}\frac{1}{s}\right\} &= \mathcal{Z}\left\{\tau(\frac{1}{s} - \frac{1}{s + \frac{1}{\tau}})\right\} = \tau\mathcal{Z}\left\{1 - e^{\frac{-t}{\tau}}\right\} \quad \text{bzw.} \\
\mathcal{Z}\left\{\frac{1}{s + \frac{1}{\tau}}\frac{1}{s}\right\} &= \frac{\tau}{1 - z^{-1}} - \frac{\tau z}{z - e^{-\frac{T_d}{\tau}}}.
\end{aligned}$$

Damit erhalten wir für $P(z)$

$$\begin{aligned}
P(z) &= \frac{V}{\tau}(1 - z^{-1})(\frac{\tau}{1 - z^{-1}} - \frac{\tau z}{z - e^{-\frac{T_d}{\tau}}}) \\
&= V(1 - \frac{z - 1}{z - e^{-\frac{T_d}{\tau}}}) = \frac{V(1 - e^{-\frac{T_d}{\tau}})}{z - e^{-\frac{T_d}{\tau}}}.
\end{aligned}$$

Beispiel („linearer Oszillator"): Wir betrachten eine Regelstrecke mit dem Zustandsmodell

$$\begin{aligned}\frac{d\mathbf{x}}{dt} &= \begin{pmatrix} 0 & 1 \\ -1 & 0 \end{pmatrix}\mathbf{x} + \begin{pmatrix} 0 \\ 1 \end{pmatrix} u =: \mathbf{A}\mathbf{x} + \mathbf{b}u \\ y &= \begin{pmatrix} 1 & 0 \end{pmatrix}\mathbf{x} =: \mathbf{c}^T\mathbf{x}\end{aligned} \tag{7.99}$$

und der Übertragungsfunktion

$$G(s) = \frac{1}{s^2+1}.$$

Die zugehörige Transitionsmatrix beträgt (vgl. Kap. 2):

$$e^{\mathbf{A}t} = \begin{pmatrix} \cos t & \sin t \\ -\sin t & \cos t \end{pmatrix}.$$

Unter Zugrundelegung der Diskretisierungszeit (Abtastzeit) T_d ergeben sich die Daten des digitalen Simulators

$$\mathbf{x}_{i+1} = \mathbf{\Phi} x_i + \mathbf{b}_d u_i \qquad y_i = \mathbf{c}^T\mathbf{x}_i \tag{7.100}$$

aufgrund von (7.86) und (7.88):

$$\mathbf{\Phi} = e^{\mathbf{A}T_d} = \begin{pmatrix} \cos T_d & \sin T_d \\ -\sin T_d & \cos T_d \end{pmatrix} \tag{7.101}$$

und

$$\begin{aligned}\mathbf{b}_d &= \int_0^{T_d} e^{\mathbf{A}\tau}\mathbf{b}d\tau = \int_0^{T_d} \begin{pmatrix} \cos\tau & \sin\tau \\ -\sin\tau & \cos\tau \end{pmatrix}\begin{pmatrix} 0 \\ 1 \end{pmatrix} d\tau \\ &= \int_0^{T_d} \begin{pmatrix} \sin\tau \\ \cos\tau \end{pmatrix} d\tau = \begin{pmatrix} 1-\cos T_d \\ \sin T_d \end{pmatrix}.\end{aligned} \tag{7.102}$$

Wir wollen nun die Steuerbarkeit bzw. die Beobachtbarkeit des diskreten Simulators untersuchen. Zunächst zur Steuerbarkeit: Hierzu stellen wir unter Zugrundelegung der Daten (7.101) und (7.102) die Steuerbarkeitsmatrix $\mathbf{S}_{u,d}$ des Modells (7.100) auf. Die $(2,2)$-Matrix lautet

$$\mathbf{S}_{u,d} = \begin{pmatrix} \mathbf{b}_d & \mathbf{\Phi}\mathbf{b}_d \end{pmatrix} = \begin{pmatrix} 1-\cos T_d & \cos T_d(1-\cos T_d) + \sin^2 T_d \\ \sin T_d & -\sin T_d(1-\cos T_d) + \cos T_d \sin T_d \end{pmatrix}$$

bzw.

$$\mathbf{S}_{u,d} = \begin{pmatrix} 1-\cos T_d & \cos T_d - \cos(2T_d) \\ \sin T_d & -\sin T_d + \sin(2T_d) \end{pmatrix}.$$

Die zugehörige Determinante ergibt sich nach einigen trigonometrischen Umformungen zu

$$\det \mathbf{S}_{u,d} = -4\sin T_d \sin^2(\frac{T_d}{2}).$$

Man erkennt, dass der Wert der Determinante von der Diskretisierungszeit T_d abhängt, was zu erwarten war, da $\mathbf{b}_d$ und $\mathbf{\Phi}$ von der Diskretisierungszeit abhängen! Die Determinante verschwindet, wenn

$$T_d = \nu\pi \qquad \text{mit } \nu = 1, 2, 3, ... \tag{7.103}$$

gilt. Man beachte, dass das zeitkontinuierliche Modell (7.99) des linearen Oszillators *immer* steuerbar ist.

In einer analogen Berechnung ergibt sich für die Beobachtbarkeitsmatrix $\mathbf{B}_{y,d}$

$$\mathbf{B}_{y,d} = \begin{pmatrix} \mathbf{c}^T \\ \mathbf{c}^T\mathbf{\Phi} \end{pmatrix} = \begin{pmatrix} 1 & 0 \\ \cos T_d & \sin T_d \end{pmatrix}.$$

Auch hier gilt, dass der diskrete Simulator *nicht* beobachtbar ist, wenn die Beziehung (7.103) gilt.[14]

Bemerkung

Bei der Wahl der Diskretisierungszeit T_d müssen wir grundsätzlich einen eventuellen Verlust der Steuerbarkeit bzw. der Beobachtbarkeit berücksichtigen. Hierbei ist folgender Satz von *Kalman* nützlich: Ein diskreter Simulator, der aus einem steuerbaren und beobachtbaren zeitkontinuierlichen System entstanden ist, ist unter folgenden Bedingungen ebenfalls steuerbar und beobachtbar. Für *alle* Eigenwerte s_i bzw. s_k der Systemmatrix $\mathbf{A}$, die den *gleichen Realteil* aufweisen, d.h.

$$s_i = \sigma + j\omega_i \qquad \text{bzw.} \qquad s_k = \sigma + j\omega_k,$$

muss die Diskretisierungszeit T_d folgende Ungleichung erfüllen:

$$(\omega_i - \omega_k)T_d \neq \pm\nu 2\pi \qquad \text{mit } \nu = 1, 2, 3, ...$$

7.7.3 Eine besondere bilineare Transformation

Die *Bode*-Diagramme stellen bei dem Entwurf von zeitkontinuierlichen Regelkreisen ein einfaches und wirkungsvolles Hilfsmittel dar (vgl. Kap. 17). Die systematische Verformung des Frequenzganges $L(j\omega)$ des offenen Kreises mittels einfacher Korrekturglieder (Integrierer, lead- bzw. lag-Glieder) ist ein in der Praxis bewährtes Hilfsmittel, das durch die Transparenz der Vorgehensweise besticht. Es ist daher nahe liegend, diese Vorgehensweise auch auf zeitdiskrete Regelkreise zu übertragen. Hier besteht allerdings *zunächst* die Schwierigkeit, dass der diskrete Frequenzgang $P(e^{j\omega T_d})$ eine transzendente Funktion von $(j\omega)$ ist. Deswegen ist ein einfaches Zeichnen von logarithmischen Kennlinien mit ihren Annehmlichkeiten nicht möglich. Eine einheitliche Vorgehensweise beim Entwurf und die unmittelbare Übernahme von Erkenntnissen aus dem zeitkontinuierlichen Fall sind

14 Diese Ergebnisse sind einleuchtend, da $\mathbf{\Phi}$ eine so genannte *Drehmatrix* ist. Eine Multiplikation eines beliebigen Vektors mit ihr verändert die Länge des Vektors nicht, sie bewirkt nur eine Drehung.

nicht möglich! Einen Ausweg aus diesem Dilemma bietet die Anwendung der bilinearen Transformation.

Hierzu führen wir die charakteristische Konstante

$$\Omega_0 := \frac{2}{T_d} \tag{7.104}$$

ein und benutzen die Abbildung

$$z = \frac{1 + \frac{q}{\Omega_0}}{1 - \frac{q}{\Omega_0}} \tag{7.105}$$

bzw. nach $(\frac{q}{\Omega_0})$ aufgelöst

$$\frac{q}{\Omega_0} = \frac{z-1}{z+1}. \tag{7.106}$$

Hierbei wird das Innere des Einheitskreises der z-Ebene in die linke offene q-Ebene abgebildet. Insbesondere geht der Einheitskreis selbst in die imaginäre Achse der q-Ebene über, d.h.

$$|z| = 1 \quad \leftrightarrow \quad q = j\Omega.$$

Betrachtet man die z-Werte *auf* dem Einheitskreis, d.h. $z = e^{j\omega T_d}$, so ergibt sich folgender zugehöriger Wert:

$$\begin{aligned} \frac{q}{\Omega_0} &= \frac{e^{j\omega T_d} - 1}{e^{j\omega T_d} + 1} = \frac{e^{j\omega \frac{T_d}{2}} - e^{-j\omega \frac{T_d}{2}}}{e^{j\omega \frac{T_d}{2}} + e^{-j\omega \frac{T_d}{2}}} = j\tan(\omega \frac{T_d}{2}) \\ &= j\tan(\frac{\omega}{\Omega_0}). \end{aligned}$$

Damit wird durch

$$\Omega = \Omega_0 \tan(\frac{\omega}{\Omega_0}) \tag{7.107}$$

der realen Frequenz ω eine transformierte Frequenz Ω zugeordnet. Das Frequenzintervall

$$0 \leq \omega < \Omega_0 \frac{\pi}{2} \tag{7.108}$$

wird in den transformierten Frequenzbereich

$$0 \leq \Omega < \infty \tag{7.109}$$

umkehrbar eindeutig abgebildet. Der „Clou“ dieser bilinearen Transformation wird bei der Betrachtung „kleiner Frequenzen“ ersichtlich. Darunter verstehen wir ω-Werte mit der Eigenschaft

$$\frac{\omega}{\Omega_0} \ll 1.$$

In diesem Fall folgt aus (7.107)

$$\Omega \approx \omega.$$

Das heißt transformierte und reale Frequenz sind näherungsweise gleich!

Transformieren wir in dem Ausdruck für eine z-Übertragungsfunktion $P(z)$ die komplexe Variable z mittels obiger bilinearen Transformation, so erhalten wir die so genannte q-Übertragungsfunktion

$$P(q) := P\left(z = \frac{1+\frac{q}{\Omega_0}}{1-\frac{q}{\Omega_0}}\right). \tag{7.110}$$

Hierbei benutzen wir der Einfachheit halber das gleiche Symbol im q- wie im z-Bereich. Eine solche Beschreibung des zeitdiskreten Systems hat den großen Vorteil, dass der diskrete Frequenzgang $G(j\Omega)$ in voller Analogie zum zeitkontinuierlichen Frequenzgang eine gebrochen rationale Funktion von $(j\Omega)$ ist! Dieser Umstand ist sehr vorteilhaft beim Zeichnen von *Bode*-Diagrammen zeitdiskreter Systeme (vgl. Kap. 17).

Man beachte: Für Werte $\frac{\omega}{\Omega_0} \ll 1$ nähern sich die transformierte Frequenz Ω der realen Frequenz ω und damit auch die zugehörigen *Bode*-Diagramme der Übertragungsfunktion!

Beispiel: Wir betrachten ein System mit der Übertragungsfunktion

$$P(s) = \frac{1}{2}\frac{1}{s\,(s+1)}.$$

Unter Zugrundelegung einer Diskretisierungzeit T_d soll die zugehörige q-Übertragungsfunktion $P(q)$ ermittelt werden. Unter Benutzung von (7.98) ergibt sich $P(z)$ zu

$$\begin{aligned} P(z) &= \left(1-z^{-1}\right)\mathcal{Z}\left\{\frac{1}{2}\frac{1}{s^2\,(s+1)}\right\} \\ &= \left(1-z^{-1}\right)\frac{1}{2}\mathcal{Z}\left\{\frac{1}{s^2}-\frac{1}{s}+\frac{1}{s+1}\right\} \\ &= \frac{1}{2}\left(1-z^{-1}\right)\left[\frac{zT_d}{(z-1)^2}-\frac{z}{z-1}+\frac{z}{z-e^{-T_d}}\right] \\ &= \frac{1}{2}\left(\frac{T_d}{z-1}-1+\frac{z-1}{z-e^{-T_d}}\right). \end{aligned}$$

Mit Hilfe von (7.110) ergibt sich $P(q)$ zu

$$P(q) = \frac{1}{2}\frac{\left(1+\dfrac{q}{\beta}\right)\left(1-\dfrac{q}{\Omega_0}\right)}{q\left(1+\dfrac{q}{\alpha}\right)},$$

wobei

$$\alpha = \Omega_0 \tanh\left(\frac{1}{\Omega_0}\right) \quad \text{und} \quad \beta = \frac{\alpha}{1-\alpha}.$$

In nachfolgender Tabelle sind die eingeführten Parameter für verschiedene Werte von T_d angegeben:

T_d	Ω_0	α	β
0	∞	1	∞
0.1	20	0.999	1200
1	2	0.924	12.2
10	0.2	0.2	0.25

In Abb. 7.6 sind die zugehörigen *Bode*-Diagramme grafisch dargestellt. Man erkennt, dass sich die „zeitdiskreten" Frequenzkennlinien für kleine Werte von T_d an die „zeitkontinuierlichen" Frequenzkennlinien anschmiegen.

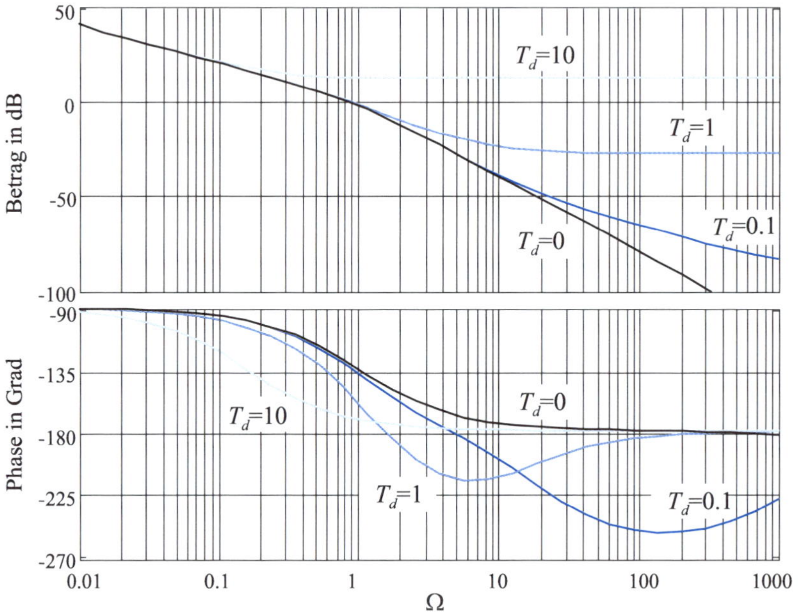

Abbildung 7.6: *Bode*-Diagramme für verschiedene Werte von T_d

7.7.4 Der Abtastregelkreis

Aufgrund obiger Ausführungen und Erkenntnisse wird nun das *Bildungsgesetz*, nach dem der D/A-Umsetzer aus den Werten u_i eine zeitkontinuierliche Funktion $u(t)$ erzeugt, gewählt. Die Funktion $u(t)$ hat die Form einer äquidistanten Treppenfunktion, d.h.

$$u(t) = u_i \qquad \text{für } iT_d \leq t < (i+1)T_d. \tag{7.111}$$

Zwischen zwei aufeinander folgenden Zeitpunkten bleibt $u(t)$ konstant, den entsprechenden idealen D/A-Umsetzer nennen wir *Halteglied* (siehe Abb. 7.7).

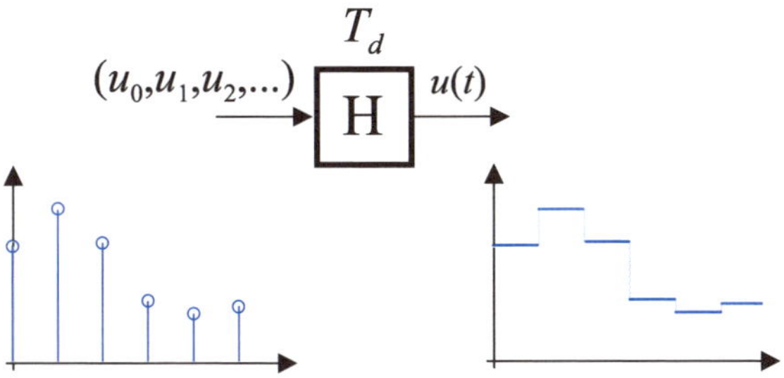

Abbildung 7.7: Halteglied

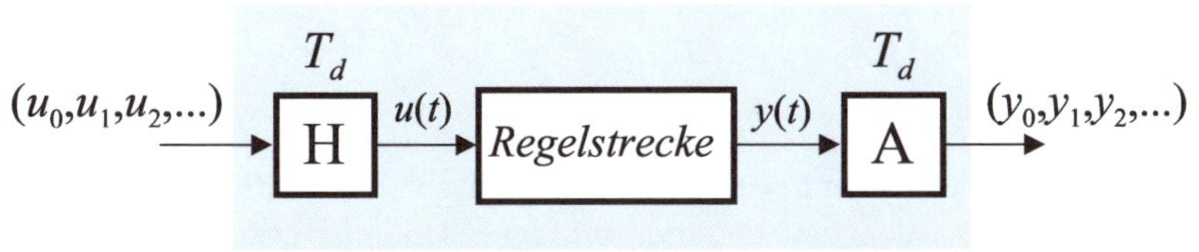

Abbildung 7.8: Strecke mit Halteglied und Abtaster

Wir bezeichnen T_d in diesem Zusammenhang als *Abtastzeit* des Gesamtsystems des so genannten *Abtastregelkreises*.

Durch die Festlegung (7.111) sind wir in der Lage, Zusammenhänge im Abtastregelkreis mathematisch einfach zu beschreiben. Aufgrund der Ausführungen im vorigen Abschnitt wird das Zeitverhalten der Regelstrecke (7.81) zu den diskreten Zeitpunkten $t_i = iT_d$ unter Beachtung der Relationen (7.86) durch folgendes zeitdiskrete Modell gekennzeichnet (vgl. Abb. 7.8):

$$\mathbf{x}_{i+1} = \mathbf{\Phi x}_i + \mathbf{b}_d u_i \qquad y_i = \mathbf{c}^T \mathbf{x}_i, \tag{7.112}$$

wobei

$$\mathbf{\Phi} = e^{\mathbf{A}T_d} \quad \text{und} \quad \mathbf{b}_d = \int_0^{T_d} e^{\mathbf{A}\tau}\mathbf{b}d\tau. \tag{7.113}$$

Die zugehörige z-Übertragungsfunktion lautet

$$P(z) := \mathbf{c}^T(z\mathbf{E} - \mathbf{\Phi})^{-1}\mathbf{b}_d. \tag{7.114}$$

Es ist sinnvoll, den Regelalgorithmus zur Ermittlung der Eingangsgröße u_i, also den Regler, ebenfalls als *lineares* und *zeitinvariantes* Modell der Ordnung ρ anzusetzen. Es hat die Eingangsgröße e_i, die Ausgangsgröße u_i und den Zustandsvektor $\boldsymbol{\kappa}$, d.h.

$$\boldsymbol{\kappa}_{i+1} = \mathbf{A}_R\boldsymbol{\kappa}_i + \mathbf{b}_R e_i \qquad u_i = \mathbf{c}_R^T\boldsymbol{\kappa}_i + d_R e_i.$$

Der „digitale Regler“ besitzt dann die Übertragungsfunktion

$$R(z) = \mathbf{c}_R^T(z\mathbf{E} - \mathbf{A}_R)^{-1}\mathbf{b}_R + d_R. \tag{7.115}$$

Die Eingangsgröße e_i wird beispielsweise aus der Meßgröße y_i und einer vorgegebenen Referenzgröße r_i gemäß

$$e_i = r_i - y_i$$

gebildet. Daraus resultiert der in Abb. 7.9 dargestellte zeitdiskrete Standardregelkreis.

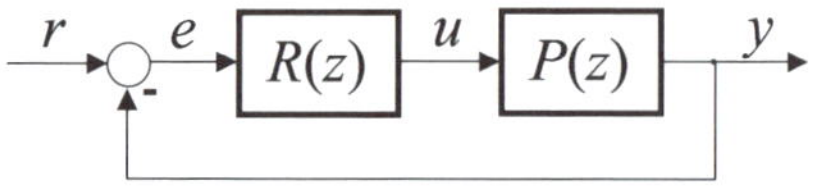

Abbildung 7.9: Zeitdiskreter Standardregelkreis

Bemerkung

Durch die gemäß (7.112) bis (7.115) gewählte Darstellung von Strecke und Regler sind wir in der sehr vorteilhaften Lage, sowohl die Analyse als auch die Synthese von Abtastregelkreisen besonders einfach durchzuführen. Man unterscheidet dabei zwischen Methoden, die auf dieser zeitdiskreten Darstellung basieren, und solchen, die aus der „zeitkontinuierlichen Welt“ übernommen werden (vgl. Kap. 17).

Teil 2 Entwurfsspezifikationen

Kapitelübersicht

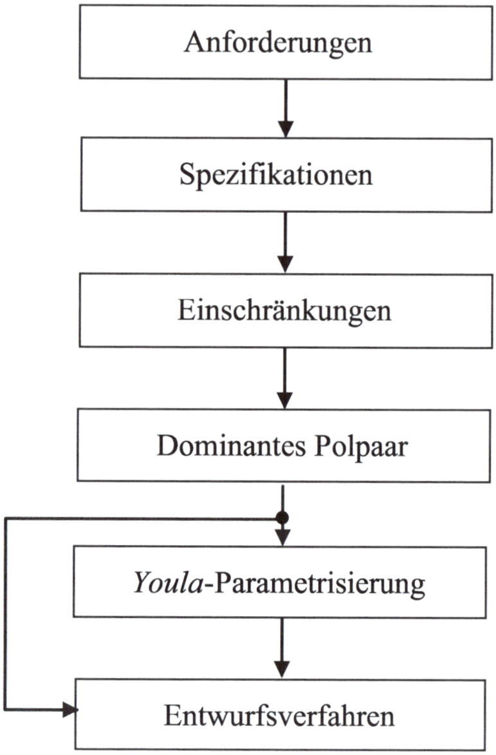

Anforderungen
Spezifikationen
Einschränkungen
Dominantes Polpaar
Youla-Parametrisierung
Entwurfsverfahren

Kapitel

8 Anforderungen an einen Regelkreis

8.1 Einführung

Den folgenden Ausführungen liegt die in Abb. 8.1 dargestellte Regelkreisstruktur zugrunde.

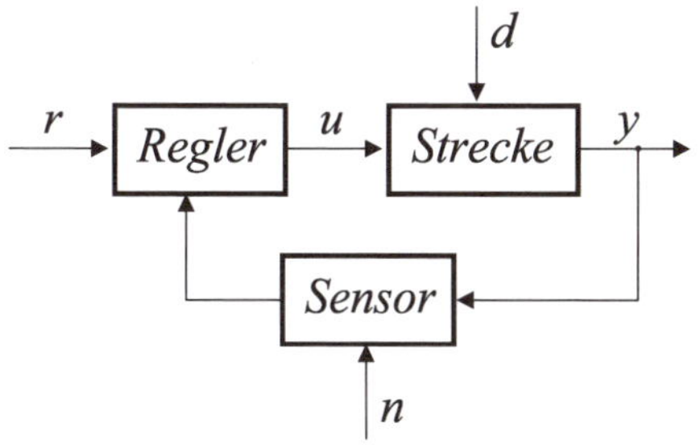

Abbildung 8.1: Struktur eines Regelkreises

Sie besteht aus drei Komponenten:

- Die *Regelstrecke*, kurz *Strecke*, ist das dynamische System, dem ein gewünschtes Verhalten („Sollverhalten") aufgeprägt werden soll. Dabei ist man z.B. daran interessiert, dass die *Regelgröße* y trotz des Einwirkens von Störungen d einer vorgegebenen *Führungsgröße* r möglichst gut folgt. Die Grundlage des *modellbasierten Reglerentwurfs* ist ein mathematisches Modell der Regelstrecke. Aufgrund vereinfachender Annahmen, nichtmodellierter Streckenkomponenten sowie der Einwirkung von äußeren Einflüssen (Alterung, Verschleiß) auf die Strecke bildet das Modell das Verhalten der realen Strecke nur näherungsweise nach. Mit Hilfe geeigneter Unsicherheitsmodelle können Unsicherheitsfaktoren bei der Modellbildung erfasst werden.
- Die *Sensoren*, die zur Ermittlung des tatsächlichen Verhaltens („Istverhalten") der Regelstrecke eingesetzt werden. Die von den Sensoren gelieferten Messwerte sind im Allgemeinen mit einem Messfehler behaftet. Dieser kann als zusätzliche, auf den Regelkreis wirkende Größe n („Messrauschen") interpretiert werden.
- Der *Regler*, der aus der Führungsgröße r („Sollwert") und der gemessenen Ausgangsgröße y („Istwert") über ein *Regelgesetz* die so genannte *Stellgröße* u so ermittelt, dass der Regelkreis möglichst unbeeinträchtigt von allen Störfaktoren den gestellten Anforderungen gerecht wird. Als Störfaktoren sind dabei nicht nur die externen

Störungen d und n zu verstehen, sondern auch die oben erwähnten Modellierungsunsicherheiten. Dem zielgerichteten Entwurf von Regelgesetzen sind die folgenden Kapitel gewidmet.

Vereinfachungen

- Das mathematische Modell, das die Regelstrecke in den interessierenden Betriebszuständen hinreichend genau beschreibt, liegt in Form von gewöhnlichen, linearen Differentialgleichungen mit konstanten Koeffizienten vor. Die Strecke wird hier also als lineares, zeitinvariantes System angesetzt. Dies stellt zwar eine Einschränkung gegenüber der Realität dar, erlaubt aber den Einsatz von bewährten Methoden der linearen Kontrolltheorie.
- Die Regler entsprechen ebenfalls linearen, zeitinvarianten Systemen. Das heißt die konstanten Regelgesetze liegen in Form von linearen Differentialgleichungen bzw. Differenzengleichungen mit konstanten Koeffizienten vor. Ihre Realisierung bzw. Implementierung ist somit relativ problemlos möglich.
- Es werden der Einfachheit halber *Eingrößensysteme* betrachtet, d.h. alle Größen in Abb. 8.1 sind Skalare.

Aufgrund der oben erwähnten Vereinfachungen können die Strecke und der Regler im zeitkontinuierlichen und im zeitdiskreten Fall mit Hilfe von Übertragungsfunktionen beschrieben werden. Die folgenden Überlegungen sind also prinzipiell für beide Fälle gültig.

Der Standardregelkreis

Die klassische Regelkreisstruktur ist in Abb. 8.2 dargestellt.

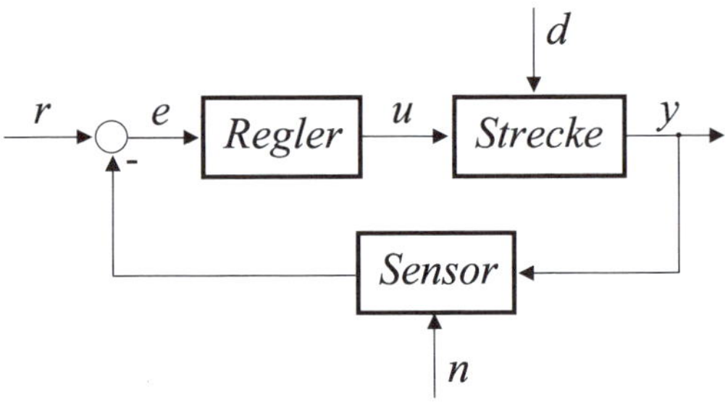

Abbildung 8.2: Standardregelkreis

Die Eingangsgröße des Reglers ist hier der Regelfehler e, das ist die Abweichung der Regelgröße y von ihrem Sollwert r. Vereinfachend wird häufig angenommen, dass sich der vom Sensor gelieferte Messwert additiv aus dem Messrauschen n und dem tatsächlichen Wert von y zusammensetzt. Außerdem wird die Wirkung von Störgrößen durch eine am

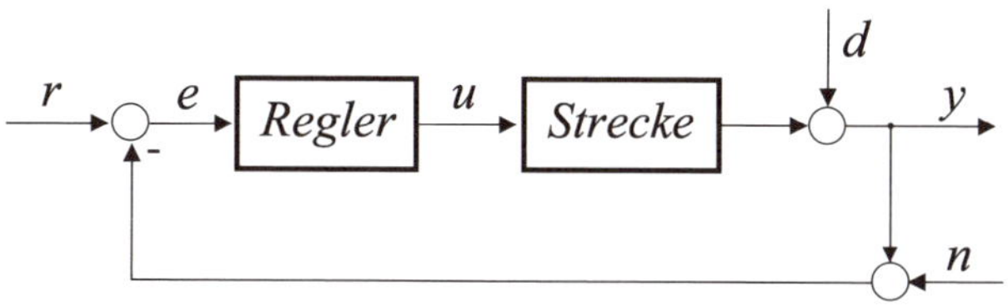

Abbildung 8.3: Standardregelkreis mit Vereinfachungen

Streckenausgang angreifende Störung d nachgebildet. Daraus resultiert dann der in Abb. 8.3 dargestellte Regelkreis.

Es ist ersichtlich, dass die Führungsgröße r und das Messrauschen n, bis auf das Vorzeichen, in gleicher Weise auf den Regelkreis einwirken. Man kann die beiden externen Größen zu einer einzigen Eingangsgröße zusammenziehen, wobei zu berücksichtigen ist, dass y der Größe r nachgeführt werden soll, während die Auswirkungen von n möglichst zu unterdrücken sind! Das *Führungsverhalten* des Regelkreises, d.h. der Zusammenhang zwischen Führungsgröße r und Regelgröße y ist also so auszulegen, dass die als Sollwert vorgegebenen Signalanteile am Streckenausgang möglichst gut reproduziert, die Anteile des Messrauschens jedoch unterdrückt werden.

Der den folgenden Überlegungen zugrunde liegende Standardregelkreis nimmt damit die in Abb. 8.4 dargestellte Form an.

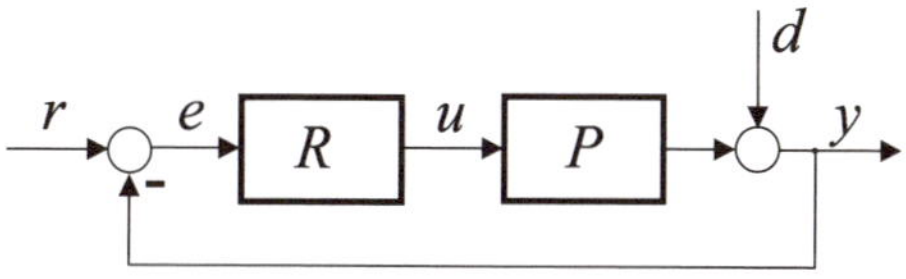

Abbildung 8.4: Standardregelkreis

Mit Hilfe der folgenden Übertragungsfunktionen können die wichtigsten Eigenschaften des Standardregelkreises spezifiziert werden:

$$r \to y: \quad T = \frac{RP}{1+RP} \qquad \text{„Führungsübertragungsfunktion"}$$

$$d \to y: \quad S = \frac{1}{1+RP} \qquad \text{„Störübertragungsfunktion"}$$

Wie sich später zeigen wird, ist der Standardregelkreis allerdings nicht zur Lösung aller regelungstechnischen Aufgabenstellungen geeignet. Dies spiegelt sich in der Tatsache wider, dass die Führungs- und die Störübertragungsfunktion der Identität

$$S + T = 1$$

unterliegen.

Für die Übertragungsfunktion S benutzt man oft den Terminus *Empfindlichkeitsfunktion*[1]. Für die Übertragungsfunktion $(1 - S)$ benutzt man dann den Terminus *komplementäre Empfindlichkeitsfunktion*. Beim Standardregelkreis entspricht diese der Führungsübertragungsfunktion! Das Führungs- und das Störverhalten sind also fest miteinander verkoppelt. Im zeitkontinuierlichen Fall gilt für $s = j\omega$

$$S(j\omega) + T(j\omega) = 1.$$

Hieraus folgt, dass es nicht möglich ist, die Beträge $|S(j\omega)|$ *und* $|T(j\omega)|$ im gleichen Frequenzbereich sehr klein zu gestalten. In diesem Dilemma hilft der Umstand, dass in vielen praktischen Anwendungen Stör-, Führungsgrößen und Messrauschen in verschiedenen Frequenzbereichen wirksam sind. Diese feste Kopplung zwischen S und T wirkt sich einschränkend auf den Reglerentwurf aus. Es muss eine Balance zwischen entgegenwirkenden Maßnahmen gesucht und erreicht werden.

Erweiterte Regelkreisstruktur

Die erweiterte Regelkreistruktur ist in Abb. 8.5 dargestellt. Der Regler setzt sich hier aus zwei Übertragungsfunktionen, R und V, zusammen.

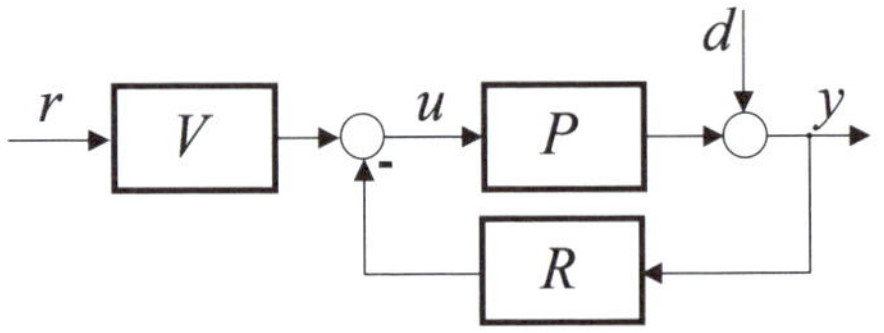

Abbildung 8.5: Erweiterte Reglerstruktur

Es ist leicht einzusehen, dass mit dieser Struktur flexibler operiert werden kann als mit dem Standardregelkreis. Mit Hilfe der Übertragungsfunktion R wird das Störverhalten, mittels V das Führungsverhalten beeinflusst. Es gilt:

$$r \to y: \quad T = \frac{VP}{1 + RP} \qquad \text{„Führungsübertragungsfunktion“}$$

$$d \to y: \quad S = \frac{1}{1 + RP} \qquad \text{„Störübertragungsfunktion“.}$$

Wie sich später zeigen wird, sind die beiden Reglerübertragungsfunktionen als *ein* dynamisches System zu realisieren. Anderenfalls muss vorausgesetzt werden, dass V eine BIBO-stabile Übertragungsfunktion ist, was natürlich die Möglichkeiten beim Reglerentwurf stark einschränken würde.

Der Entwurf eines Reglers ist, unabhängig von seiner Struktur, geprägt durch drei wesentliche Anforderungen an einen Regelkreis:

[1] Die Bezeichnungsweise rührt auch daher, dass man mit Hilfe von S näherungsweise erfassen kann, wie empfindlich der Regelkreis auf *Parametervariationen* der Regelstrecke reagiert [22, 45].

- Die Stabilität
- Das dynamische Verhalten
- Das stationäre Verhalten

8.2 Stabilität

Die Stabilität ist die elementarste Anforderung. Bei der Auslegung eines Regelkreises reicht es nicht aus, nur für die Stabilität der in erster Linie interessierenden Übertragungsfunktionen des Regelkreises zu sorgen. Dies illustrieren die folgenden Beispiele.

Beispiel (interne Stabilität): Gegeben sei der Standardregelkreis mit der Streckenübertragungsfunktion $P(s)$ und der Reglerübertragungsfunktion $R(s)$:

$$R(s) = \frac{s+2}{s-1} \quad \text{und} \quad P(s) = \frac{s-1}{s\,(s+1)}.$$

Der Regler wurde so entworfen, dass für die Führungsübertragungsfunktion $T(s)$ bzw. für die Störübertragungsfunktion $S(s)$ gilt:

$$T\,(s) = \frac{s+2}{s^2+2s+2} \quad \text{und} \quad S\,(s) = \frac{s\,(s+1)}{s^2+2s+2}.$$

Die beiden Übertragungsfunktionen sind offensichtlich BIBO-stabil, der Regelkreis scheint sinnvoll entworfen. Ermittelt man allerdings die Übertragungsfunktion $T_u(s)$, die den Zusammenhang zwischen der Führungsgröße r und der Stellgröße u beschreibt, also

$$r \to u: \quad T_u\,(s) = \frac{T(s)}{P(s)} = \frac{s\,(s+1)\,(s+2)}{(s-1)\,(s^2+2s+2)},$$

so erkennt man, dass diese Übertragungsfunktion *nicht* BIBO-stabil ist! Ein solches Regelkreisverhalten ist natürlich *nicht* akzeptabel. Schon das Messrauschen n, das man sich der Führungsgröße r überlagert denkt, kann dazu führen, dass u sehr große Werte annimmt. Um solch unerwünschte Phänomene zu verhindern, muss die Stabilität *aller* denkbaren Übertragungsfunktionen in einem Regelkreis gewährleistet sein. In diesem Zusammenhang spricht man auch von der *internen Stabilität* eines Regelkreises.[2] Wie sich später zeigen wird, ist die Überprüfung der internen Stabilität eines Regelkreises relativ leicht möglich.

Beispiel (robuste Stabilität): Gegeben sei die Streckenübertragungsfunktion

$$P(s) = \frac{-\,(s-1)}{s\,(s+\nu_1)}.$$

Den Wert des reellen Parameters ν_1 kennt man nicht genau, man weiß lediglich, dass er der Bedingung

$$1 \le \nu_1 \le 3$$

[2] „Bauernregel“: Es liegen zwei *reale* Systeme vor, die jeweils durch die Übertragungsfunktion $P(s)$ bzw. $R(s)$ beschrieben werden. Bei einer Serienstruktur $P(s)R(s)$ ist ein gegenseitiges *Kürzen* von „instabilen“ Polen bzw. Nullstellen *verboten*.

genügt. Für die mit dieser Modellunsicherheit behaftete Strecke wurde der Proportionalregler

$$R(s) = 1.5$$

entworfen. Dabei wurde angenommen, dass der unsichere Parameter den Wert $\nu_1 = 2$ hat, d.h.

$$P(s) = \frac{-(s-1)}{s(s+2)}.$$

Die zugehörige Führungsübertragungsfunktion

$$T(s) = \frac{-1.5(s-1)}{s^2 + 0.5s + 1.5}$$

ist BIBO-stabil. Nimmt der Parameter ν_1 den Wert $\nu_1 = 3$ an, so wird das Führungsverhalten durch die ebenfalls BIBO-stabile Übertragungsfunktion

$$T(s) = \frac{-1.5(s-1)}{s^2 + 1.5s + 1.5}$$

beschrieben. Für den kleinstmöglichen Wert $\nu_1 = 1$ ergibt sich

$$T(s) = \frac{-1.5(s-1)}{s^2 - 0.5s + 1.5}.$$

Sie ist *nicht* BIBO-stabil, d.h. der entworfene Regler ist nicht in der Lage, alle Streckenübertragungsfunktionen zu stabilisieren.

Ein Regelkreis, der trotz vorhandener Unsicherheit stabil bleibt, besitzt die Eigenschaft der *robusten Stabilität*. Der systematische Entwurf von robusten Regelkreisen erfordert die Einbeziehung der Streckenunsicherheiten in den Entwurfsprozess. Dies ist mit Hilfe geeigneter Unsicherheitsmodelle möglich [64].

Beispiel (Realisierbarkeit bzw. Kausalität): Das Beispiel verdeutlicht, dass die Zusammensetzung von realisierbaren (kausalen) Teilsystemen unter Umständen ein nichtrealisierbares (nichtkausales) Gesamtsystem ergeben kann. Man spricht in diesem Zusammenhang von der *Entartung* eines Regelkreises. Da im zeitkontinuierlichen Fall die Realisierbarkeit eines Systems eine notwendige Voraussetzung für die BIBO-Stabilität darstellt, ist die Diskussion dieser Regelkreiseigenschaft an dieser Stelle plausibel. Die Führungsübertragungsfunktion eines Standardregelkreises mit

$$P(s) = \frac{s+1}{s} \quad \text{und} \quad R(s) = -1$$

lautet

$$T(s) = s + 1.$$

Trotz realisierbarer Strecken- bzw. Reglerübertragungsfunktion ist die Übertragungsfunktion des geschlossenen Kreises *nicht* realisierbar. Der Regelkreis ist somit entartet. Auch die übrigen Übertragungsfunktionen des Regelkreises sind nicht realisierbar, denn es gilt

$$S(s) = -s \quad \text{und} \quad T_u(s) = s.$$

Es ist einzusehen, dass der praktische Einsatz eines entarteten Regelkreises nicht möglich ist. Im Gegensatz zu dem Wunsch, die einwirkenden Störungen möglichst gut zu unterdrücken, werden hier aufgrund des differenzierenden Verhaltens die meist hochfrequenten Störungen extrem verstärkt.

8.3 Dynamisches Verhalten

Das dynamische Verhalten ist charakterisiert durch den Verlauf von interessierenden Systemgrößen bei gegebenem Verlauf der auf den Regelkreis wirkenden Eingangsgrößen. Bei einem Folgeregelkreis liegt das Hauptaugenmerk auf dem Führungsverhalten des zu entwerfenden Systems, bei einer Festwertregelung steht die Störgrößenunterdrückung im Vordergrund. Die „Güte“ des dynamischen Verhaltens eines Regelkreises kann auf vielfältige Art spezifiziert werden.

In vielen Fällen wird hierfür die Reaktion des Regelkreises auf spezielle „Testfunktionen“ herangezogen. Zum Beispiel werden aus der Sprungantwort des Regelkreises gewisse Kenngrößen abgeleitet, die Aufschlüsse über seine dynamischen Eigenschaften geben. Dass nicht ausschließlich die Reaktionsschnelligkeit die Güte eines Regelkreises kennzeichnet, ist dem in Abb. 8.6 dargestellten Verlauf der Regelgröße y für eine sprungförmige Führungsgröße r zu entnehmen. Eine positive Eigenschaft des betrachteten Systems besteht darin, dass es auf den Führungssprung schnell reagiert. Allerdings weist die Sprungantwort einen relativ großen Maximalwert – ein so genanntes *Überschwingen* – auf und der Einschwingvorgang dauert unverhältnismäßig lang. Die dynamischen Eigenschaften des Regelkreises sind nicht zufriedenstellend.

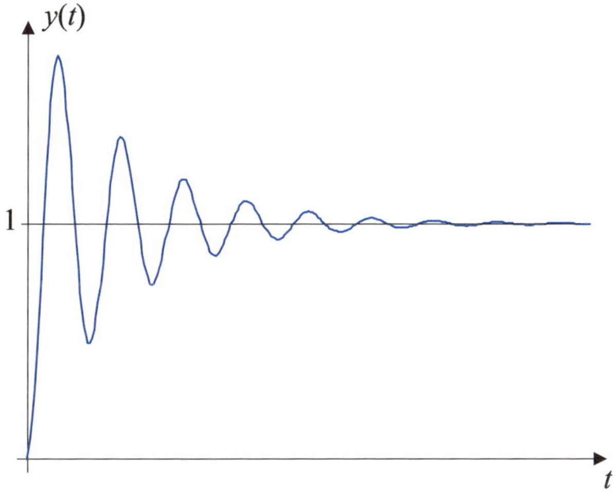

Abbildung 8.6: Sprungantwort eines Regelkreises

Ein nahe liegender Gradmesser für die Qualität eines Regelkreises ist der Regelfehler e. Es gibt eine Reihe von Ansätzen, die darauf abzielen, dem Verlauf des Regelfehlers für spezielle Eingangsgrößen möglichst günstige Eigenschaften aufzuprägen. Die Beurteilung des Entwurfes ist mit Hilfe entsprechender Gütekriterien möglich.

Natürlich beeinträchtigen Parametervariationen in der Strecke oder Modellierungsfehler die Eigenschaften eines Regelkreises. Ähnlich wie bei der Stabilität können mit geeigneten Methoden Regelkreise entworfen werden, deren dynamische Eigenschaften unempfindlich gegen Unsicherheitsfaktoren sind. Man spricht auch von der *robusten Güte* eines Regelkreises [64].

8.4 Stationäres Verhalten

Die stationären Eigenschaften eines (intern stabilen) Regelkreises charakterisieren sein „Langzeitverhalten“ beim Einwirken von Eingangsgrößen wie Führungs- bzw. Störgrößen. Will man z.B. im Sinne einer guten Folgeregelung erreichen, dass die Regelgröße der Führungsgröße möglichst gut folgt, so impliziert dieser Wunsch im Allgemeinen, dass bei konstanter Führungsgröße $r = r_0$ nach hinreichend langer Zeit auch die Regelgröße y den Wert $y = y_0 = r_0$ annehmen soll. Man spricht dann von der *stationären Genauigkeit* des Regelkreises. Eine ähnliche Situation liegt bei einer Festwertregelung vor. Dort sollen auftretende Störgrößen d, also auch konstante Störungen, *stationär unterdrückt* werden. Selbstverständlich beschränken sich Wünsche an das stationäre Verhalten eines Regelkreises *nicht* auf konstante Eingangsgrößen. Dies verdeutlicht das folgende Beispiel.

Beispiel: Zu einer Streckenübertragungsfunktion

$$P(s) = \frac{1}{s\,(s+1)}$$

soll ein Proportionalregler

$$R(s) = K$$

so ermittelt werden, dass für eine rampenförmige Führungsgröße $r(t) = t$ der Regelfehler e im stationären Zustand, d.h.

$$e_\infty = \lim_{t\to\infty} e(t) = \lim_{t\to\infty} \left[r(t) - y(t)\right],$$

nicht größer als 0.01 wird. Zunächst wird die Störübertragungsfunktion ermittelt:

$$r \to e: \quad S(s) = \frac{1}{1 + R(s)P(s)} = \frac{s\,(s+1)}{s^2 + s + K}.$$

Unter der Annahme einer BIBO-stabilen Übertragungsfunktion $S(s)$, d.h. $K > 0$, existiert der Grenzwert des Regelfehlers für eine rampenförmige Führungsgröße:

$$\begin{aligned} e_\infty &= \lim_{s\to 0} s\,e\,(s) = \lim_{s\to 0} sS(s)r(s) = \lim_{s\to 0} sS(s)\frac{1}{s^2} \\ &= \lim_{s\to 0} S(s)\frac{1}{s} = \lim_{s\to 0} \frac{s+1}{s^2+s+K} = \frac{1}{K}. \end{aligned}$$

Aus der Forderung $e_\infty \le \frac{1}{100}$ folgt unmittelbar die Bedingung für den Parameter K, nämlich

$$K > 100.$$

Kapitel

9 Spezifikation von Regelkreiseigenschaften

9.1 Stabilität und Stabilitätsgüte

9.1.1 Entartung

Das bereits erwähnte Phänomen der Entartung in einem Regelkreis kann prinzipiell nur dann auftreten, wenn Regler und Strecke durch *sprungfähige* Übertragungsfunktionen beschrieben werden. Die in Abb. 8.4 und 8.5 dargestellten Regelkreise sind genau dann entartet, wenn gilt:

$$1 + R(\infty)P(\infty) = 0.$$

Setzt man für die Streckenübertragungsfunktion $P(s)$ voraus, dass ihr Zählerpolynom von niedrigerem Grad ist als das Nennerpolynom (so genanntes „Tiefpassverhalten"), so ist eine Entartung des Regelkreises ausgeschlossen.

9.1.2 Die interne Stabilität

Ein Regelkreis wird *intern stabil* genannt, wenn alle möglichen Übertragungsfunktionen des Regelkreises BIBO-stabil sind. Hierbei „injiziert" man dem Regelkreis neue Eingangsgrößen v_i und betrachtet irgendeine Systemgröße des Regelkreises als Ausgangsgröße w_j. Man betrachtet also das Eingangs-Ausgangs-Verhalten $v_i \to w_j$ und verlangt die BIBO-Eigenschaft für alle Werte von i und j. Damit ist gewährleistet, dass *alle* „internen" Systemgrößen, die das „Innere" des Regelkreises beschreiben – unter der Annahme, dass nur beschränkte Eingangsgrößen auf den Regelkreis einwirken – beschränkt bleiben. Wie in obigem Beispiel gezeigt wurde, kann ein Regelkreis, in dem „instabile" Kürzungen stattfinden, diese Eigenschaft nicht besitzen. Durch eine Kürzung wird der entsprechende Pol nach außen hin nur „versteckt", ist aber nach wie vor ein Eigenwert des Gesamtsystems. Dies verdeutlicht das folgende Beispiel.

Beispiel: Der Standardregelkreis mit

$$P(s) = \frac{1}{s-1} \quad \text{und} \quad R(s) = \frac{s-1}{s}$$

besitzt die Führungsübertragungsfunktion

$$T(s) = \frac{1}{s+1}.$$

Die Zusammenschaltung von zwei Systemen 1. Ordnung ergibt auf jeden Fall ein System 2. Ordnung. Die Führungsübertragungsfunktion repräsentiert nur das Eingangs-Ausgangs-Verhalten des Regelkreises. Betrachtet man die Zustandsbeschreibungen von Strecke und Regler, also

$$\text{Strecke:}\quad \begin{array}{l} \frac{dx_1}{dt} = x_1 + u \\ y = x_1 \end{array} \qquad \text{Regler:}\quad \begin{array}{l} \frac{dx_2}{dt} = -e \\ u = x_2 + e, \end{array}$$

so resultiert daraus ein Zustandsraummodell des gesamten Regelkreises

$$\begin{aligned} \begin{bmatrix} \frac{dx_1}{dt} \\ \frac{dx_2}{dt} \end{bmatrix} &= \begin{bmatrix} 0 & 1 \\ 1 & 0 \end{bmatrix} \begin{bmatrix} x_1 \\ x_2 \end{bmatrix} + \begin{bmatrix} 1 \\ -1 \end{bmatrix} r \\ y &= \begin{bmatrix} 1 & 0 \end{bmatrix} \begin{bmatrix} x_1 \\ x_2 \end{bmatrix}. \end{aligned}$$

Die Eigenwerte der Dynamikmatrix des Regelkreises liegen bei $s_1 = -1$ und bei $s_2 = +1$. Aufgrund der Kürzung bei der Berechnung von $T(s)$ geht der instabile Streckenpol nicht in die Führungsübertragungsfunktion ein. Der Regelkreis ist nicht steuerbar (vgl. Kap. 5).

Standardregelkreis

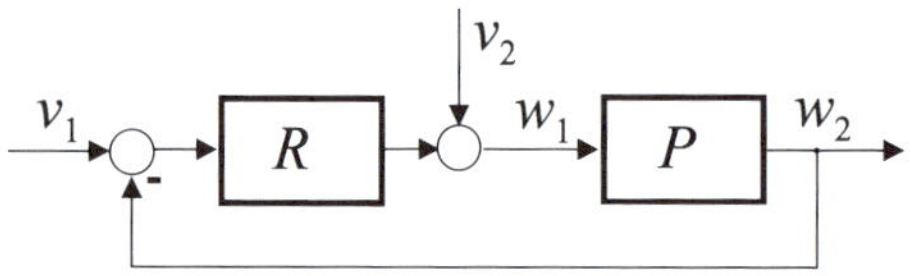

Abbildung 9.1: Zur internen Stabilität des Standardregelkreises

Zur Beurteilung der internen Stabilität wird der in Abb. 9.1 dargestellte Standardregelkreis mit den Eingangsgrößen v_1, v_2 und den Ausgangsgrößen w_1, w_2 versehen.[1] Es gilt dann:

$$\begin{bmatrix} w_1 \\ w_2 \end{bmatrix} = \underbrace{\frac{1}{1+RP} \begin{bmatrix} R & 1 \\ RP & P \end{bmatrix}}_{=:\mathbf{T}} \begin{bmatrix} v_1 \\ v_2 \end{bmatrix} \tag{9.1}$$

Der Regelkreis heißt intern stabil, wenn alle vier Elemente der Matrix $\mathbf{T}$ BIBO-stabil sind.

Erweiterte Regelkreistruktur

Um die interne Stabilität der erweiterten Struktur zu überprüfen, sind alle Übertragungsfunktionen des Regelkreises auf BIBO-Stabilität zu untersuchen.

[1] Die Wahl der Eingangs- und Ausgangsgrößen ist nicht eindeutig. Es muss nur dabei sichergestellt werden, dass mit deren Hilfe das Eingangs-Ausgangs-Verhalten *aller* interessanten Systeme im Regelkreis beurteilt werden kann. Eine weitere Wahl (bei gleichen Eingangsgrößen) lautet $\tilde{w}_1 = w_1$ und $\tilde{w}_2 = v_1 - w_2$.

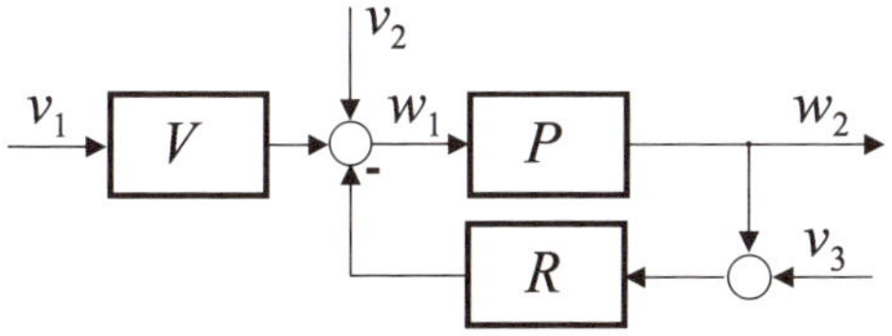

Abbildung 9.2: Zur internen Stabilität der erweiterten Struktur

Dazu wird der in Abb. 9.2 dargestellte Regelkreis betrachtet. Die Übertragungsfunktionen aller möglichen Eingangs-Ausgangs-Paare werden in der Matrix $\mathbf{T}$ zusammengefasst:

$$\begin{bmatrix} w_1 \\ w_2 \end{bmatrix} = \underbrace{\frac{1}{1+RP}\begin{bmatrix} V & 1 & -R \\ VP & P & -RP \end{bmatrix}}_{=:\mathbf{T}} \begin{bmatrix} v_1 \\ v_2 \\ v_3 \end{bmatrix}. \tag{9.2}$$

Sind alle sechs Elemente von $\mathbf{T}$ BIBO-stabil, so nennt man den Regelkreis intern stabil.

9.1.3 Stabilitätsgüte

Ein sinnvoll ausgelegter Regelkreis ist so konzipiert, dass er auch bei Variationen von Streckenparametern seinen Stabilitätscharakter beibehält. Man sagt, der Regelkreis muss eine gewisse *Stabilitätsreserve* besitzen. Diese muss so groß sein, dass Schwankungen in den Streckenparametern die Stabilität des Regelkreises nicht gefährden.

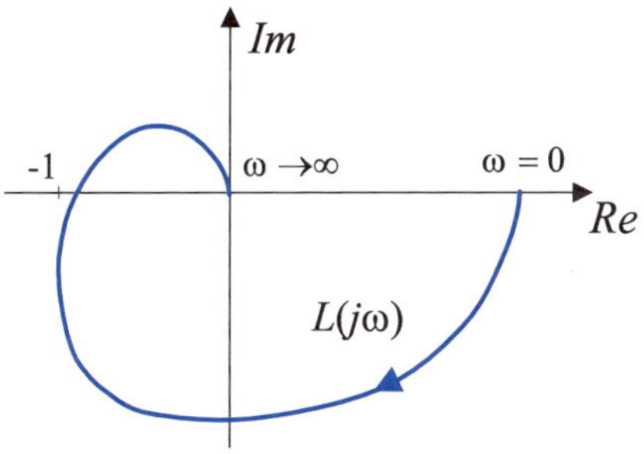

Abbildung 9.3: Ortskurve $L(j\omega)$ mit „kleiner" Stabilitätsreserve

Eine sehr anschauliche Einführung von Begriffen zur Abschätzung der Stabilitätsreserve eines Regelkreises ist mit Hilfe der Ortskurve des offenen Kreises

$$L(j\omega) = R(j\omega)P(j\omega)$$

möglich. In Abb. 9.3 ist die entsprechende Ortskurve eines intern stabilen Regelkreises dargestellt. Wie man erkennt, läuft sie sehr nahe am kritischen Punkt (-1) vorbei (vgl.

Kap. 6). Eine kleine Vergrößerung des Verstärkungsfaktors würde bewirken, dass die Ortskurve *durch* den kritischen Punkt verläuft, d.h. für eine bestimmte Frequenz ω_k gilt:

$$L(j\omega_k) = R(j\omega_k)P(j\omega_k) = -1.$$

Gemäß (9.1) bzw. (9.2) besitzen also die Nennerpolynome der Übertragungsfunktionen des geschlossenen Regelkreises aufgrund von

$$1 + R(j\omega_k)P(j\omega_k) = 0$$

Nullstellen bei $s = \pm j\omega_k$. Das heißt die Übertragungsfunktionen des geschlossenen Regelkreises sind nicht BIBO-stabil, die interne Stabilität des Regelkreises ist verloren gegangen.

Aus diesem Grund muss man dafür Sorge tragen, dass die Ortskurve $L(j\omega)$ einen gewissen Mindestabstand ρ zum kritischen Punkt hat. Nur dann kann gewährleistet werden, dass die Stabilitätsreserve hinreichend groß ist. Der für die Ortskurve $L(j\omega)$ „verbotene Bereich" ist in Abb. 9.4 durch einen Kreis, dessen Mittelpunkt bei (-1) liegt, eingezeichnet.

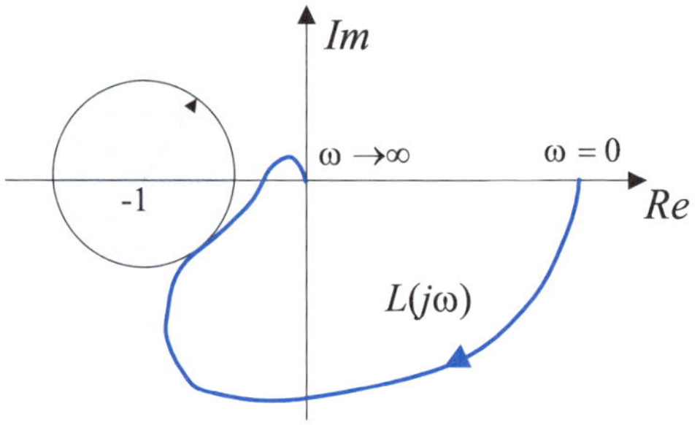

Abbildung 9.4: Verbotener Bereich für die Ortskurve $L(j\omega)$

Der Radius ρ dieses Kreises, also der minimale Abstand der Ortskurve vom kritischen Punkt

$$\rho = \min_{\omega} |1 + L(j\omega)|,$$

hängt hauptsächlich von den Parameterschwankungen der betrachteten Strecke ab.[2]

Die Berücksichtigung eines Mindestabstandes ρ *während* des Reglerentwurfs erweist sich als sehr schwierig. Das liegt daran, dass man bei den meisten Entwurfsverfahren *nicht* mit der Ortskurve des offenen Kreises operiert. Man hat daher oft keinen Anhaltspunkt für den Abstand der Ortskurve vom kritischen Punkt. Eine Ausnahme bilden Verfahren, bei denen *direkt* mit den Frequenzkennlinien von $L(s)$ gearbeitet wird. Allerdings ist es sehr mühsam, den verbotenen Bereich im *Bode*-Diagramm darzustellen. Aus diesem Grund ist man an einfacheren Kenngrößen zur Abschätzung der Stabilitätsreserve interessiert.

Die „klassische" Methode zur Charakterisierung der Stabilitätsreserve eines Regelkreises besteht darin, den Abstand der Ortskurve vom kritischen Punkt durch zwei reelle, voneinander unabhängige Kennzahlen zu kennzeichnen. Diese beziehen sich auf den Betrag

2 Für den Standardregelkreis gilt $\rho = 1/\max_\omega |S(j\omega)|$.

bzw. auf die Phase von $L(j\omega)$ (vgl. Abb. 9.5). Die *Phasenreserve* ϕ_r gibt an, wie sich im Schnittpunkt von $L(j\omega)$ mit dem Einheitskreis die Phase von $L(j\omega)$ von der Phase des kritischen Punktes, also $-\pi$, unterscheidet, d.h.

$$\phi_r := \pi + \operatorname{arc}\{L(j\omega_c)\}\,, \quad \text{wobei} \quad |L(j\omega_c)| = 1. \tag{9.3}$$

ϕ_r legt fest, um wie viel sich der Winkel von $L(j\omega_c)$ ändern darf, bis die Stabilitätsgrenze erreicht wird.

Die *Amplitudenreserve* A_r kennzeichnet, wie weit ein eventuell vorhandener Schnittpunkt von $L(j\omega)$ mit der negativen reellen Achse vom kritischen Punkt entfernt ist, d.h.

$$A_r := \frac{1}{|L(j\omega_0)|}, \quad \text{wobei} \quad L(j\omega_0) \text{ reell.} \tag{9.4}$$

Sie ist ein Maß dafür, wie sehr sich der Verstärkungsfaktor des offenen Kreises ändern darf, bis die Stabilitätsgrenze erreicht wird.

Bemerkung

- Man beachte, dass eine große Phasen- *oder* eine große Amplitudenreserve allein *keinen* hinreichend großen Abstand der Ortskurve vom kritischen Punkt garantieren (siehe Abb. 9.6). Allerdings impliziert ein Abstand ρ Mindestwerte für ϕ_r und $\frac{1}{A_r}$! Mit Hilfe geometrischer Betrachtungen erhält man die Ungleichungen

$$\phi_r \geqq 2 \arcsin \frac{\rho}{2} \quad \text{und} \quad A_r \leqq \frac{1}{1-\rho}.$$

- Für eine ausreichende Stabilitätsreserve müssen also ϕ_r *und* A_r hinreichend groß sein. Abb. 9.7 verdeutlicht, dass diese Richtlinie allerdings nicht immer zielführend ist. Trotz gleicher Phasen- bzw. gleicher Amplitudenreserve geht eine der beiden Ortskurven sehr nah am kritischen Punkt vorbei. Aus diesem Grund fordert man, dass der Betrag von $L(j\omega)$ im Bereich der Durchtrittsfrequenz ω_c hinreichend steil abfällt.

In den *Bode*-Diagrammen von $L(j\omega)$ kann man die Amplituden- und die Phasenreserve *direkt* ablesen (siehe Abb. 9.8). Aufgrund von (9.4) gilt

$$A_r\,|_{dB} = -20 \log |L(j\omega_0)| = -\,|L(j\omega_0)|_{dB}\,.$$

Die beiden Kenngrößen können daher sehr leicht in den auf *Bode*-Diagrammen basierenden Entwurf einbezogen werden. Dabei spielt ϕ_r nicht nur für die Stabilitätsreserve und für die Dynamik des Regelkreises eine entscheidende Rolle; unter gewissen Voraussetzungen für $L(s)$ kann auch aus der positiven Phasenreserve auf die Stabilität des Regelkreises geschlossen werden (vgl. Kap. 6).

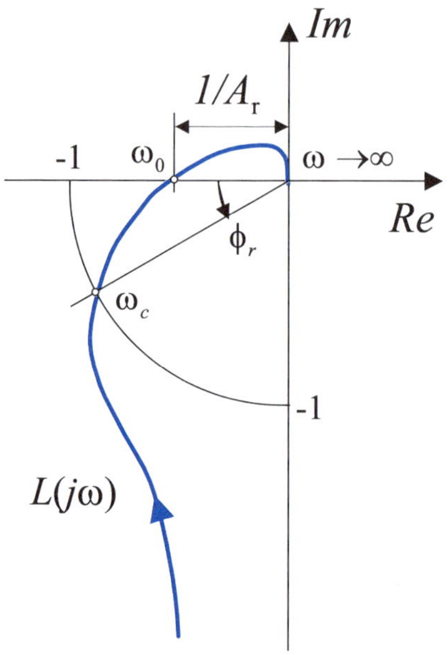

Abbildung 9.5: Veranschaulichung von Phasenreserve und Amplitudenreserve

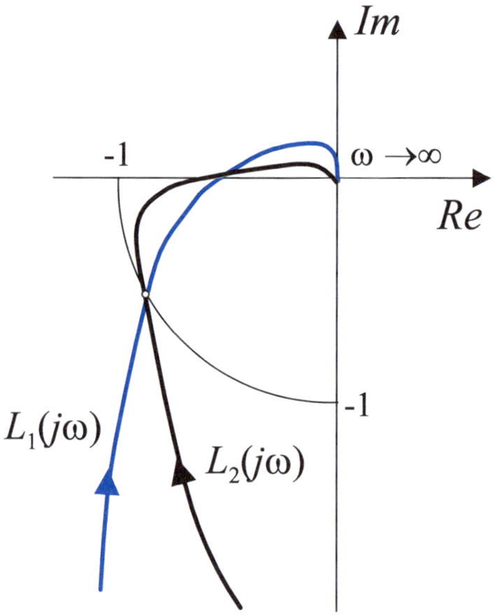

Abbildung 9.6: Ortskurven mit gleichem ϕ_r und gleichem A_r

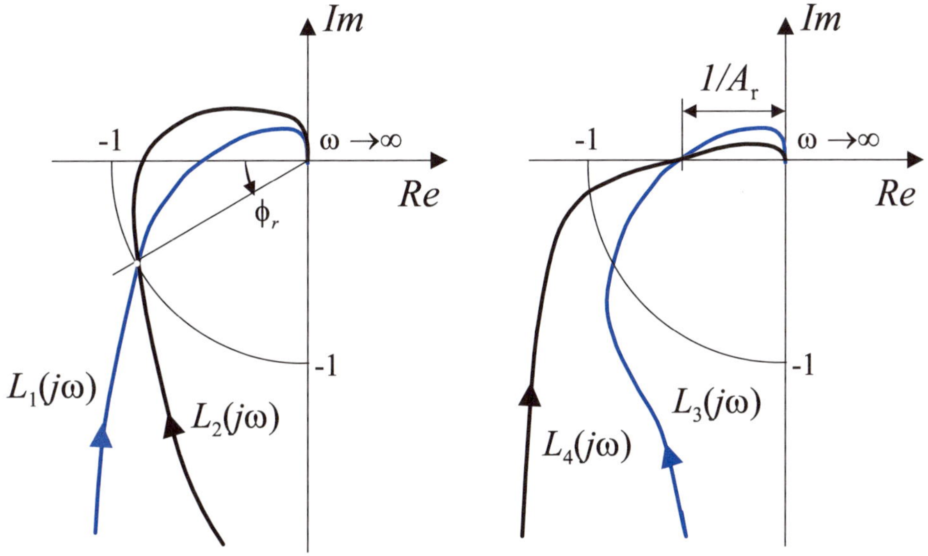

Abbildung 9.7: Ortskurven mit gleicher Phasenreserve bzw. Amplitudenreserve

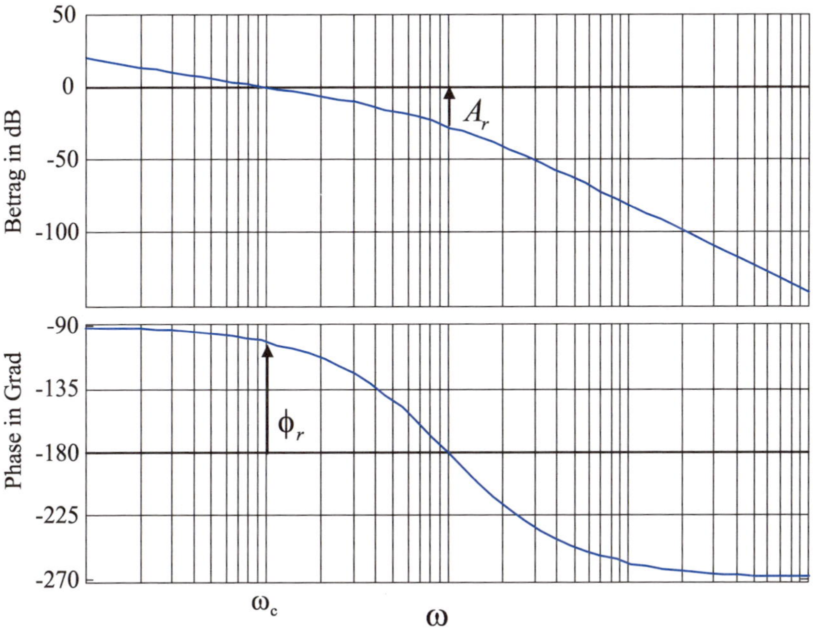

Abbildung 9.8: Darstellung von ϕ_r und A_r im *Bode*-Diagramm

„M-Kreise" für den Standardregelkreis

Dass der Verlauf einer Ortskurve $L(j\omega)$, die sehr nahe am kritischen Punkt vorbeiläuft, nicht nur wegen der fehlenden Stabilitätsreserve bedenklich ist, sondern auch auf das dynamische Verhalten eines Regelkreises negative Auswirkungen hat, ist leicht einzusehen. Besitzt nämlich für eine bestimmte Frequenz $\omega = \bar{\omega}$ die Ortskurve $L(j\omega)$ die Eigenschaft

$$|1 + L(j\bar{\omega})| \ll 1,$$

dann gilt für die Führungsübertragungsfunktion eines Standardregelkreises

$$|T(j\bar{\omega})| = \frac{|L(j\bar{\omega})|}{|1 + L(j\bar{\omega})|} \gg 1.$$

Das bedeutet, die Betragskennlinie der Führungsübertragungsfunktion hat an der Stelle $\bar{\omega}$ eine „Resonanzüberhöhung". Der Regelkreis ist in diesem Fall praktisch instabil. Mit Hilfe der so genannten *M-Kreise* kann aus dem Verlauf der Ortskurve $L(j\omega)$ die Resonanzüberhöhung des geschlossenen Kreises $T(j\omega)$ abgelesen werden. Dazu wird zu jedem Punkt $L(j\omega) = x + jy$ der komplexen L-Ebene der zugehörige Wert

$$M := T(j\omega) = \left| \frac{(x + jy)}{1 + (x + jy)} \right|$$

ermittelt. Wir betrachten nun alle Punkte der komplexen Ebene mit einem konstanten Wert M. Nach einigen Umformungen erhält man aus obiger Relation

$$\left(x - \frac{M^2}{1 - M^2}\right)^2 + y^2 = \frac{M^2}{(1 - M^2)^2}.$$

Diese Punkte liegen auf Kreisen mit dem Mittelpunkt $\left(\frac{M^2}{1-M^2}, 0\right)$ und dem Radius $\frac{M}{|1-M^2|}$. In Abb. 9.9 sind diese so genannten M-Kreise für verschiedene M-Werte dargestellt. Man erkennt: Je höher der Wert von M ist, desto kleiner ist der Radius. Für $M \to \infty$ strebt der Radius nach null, der Kreis konvergiert zum kritischen Punkt (-1). Die Punkte $(-0.5 + jy)$ bilden den Kreis mit unendlich großem Radius und Zentrum bei $-\infty$.

Legt man über die M-Kreise die Ortskurve $L(j\omega)$, so kann man die Werte $|T(j\omega_i)|$ als M-Werte der von $L(j\omega)$ für $\omega = \omega_i$ geschnittenen Kreise ablesen. Je näher $L(j\omega)$ beim kritischen Punkt vorbeigeht, desto größer wird M. Dies verdeutlicht auch das folgende Beispiel.

Beispiel: Gegeben sei ein Standardregelkreis mit

$$L(s) = \frac{1}{s(s + 0.2)}.$$

Die zugehörige Ortskurve $L(j\omega)$ ist in Abb. 9.10 dargestellt. Die Frequenzen, bei denen $L(j\omega)$ die eingezeichneten M-Kreise schneidet, sind in der folgenden Tabelle angegeben:

$\omega_1 = 0.49$	$M = 1.3$
$\omega_2 = 0.72$	$M = 2$
$\omega_3 = 1$	$M = 5$
$\omega_4 = 1.2$	$M = 2$
$\omega_5 = 1.31$	$M = 1.3$

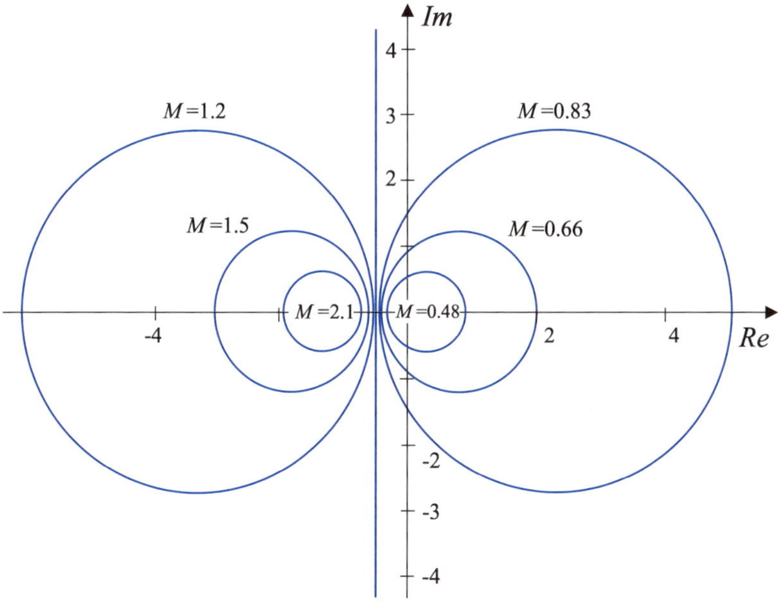

Abbildung 9.9: Kreise konstanter M-Werte

Trägt man die M-Werte, die den Beträgen von $T(j\omega)$ für die jeweilige Frequenz entsprechen, über ω auf, so erhält man den in Abb. 9.10 angegebenen Verlauf für $|T(j\omega)|$. Im vorliegenden Fall ist der Abstand von $L(j\omega)$ zum kritischen Punkt aufgrund von $M_{\max} = 5$ eindeutig zu klein.

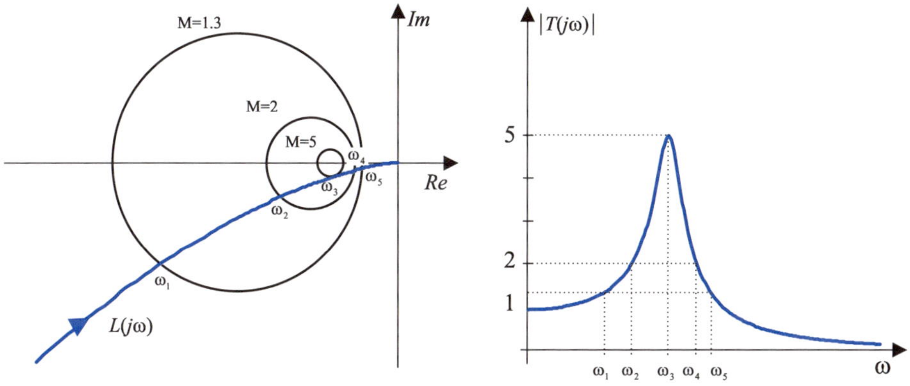

Abbildung 9.10: Zusammenhang zwischen $L(j\omega)$ und $|T(j\omega)|$

Ideale *Bode*-Charakteristik

Eine interessante Situation liegt vor, wenn der offene Kreis $L(s)$ die so genannte ideale *Bode*-Charakteristik aufweist. Die zugehörige Ortskurve verläuft ab einem gewissen Frequenzwert dann, wie in Abb. 9.11 dargestellt, längs einer Geraden in den Ursprung. Das bedeutet, dass der Verstärkungsfaktor des offenen Kreises ohne Gefährdung der Regelkreisstabilität prinzipiell *beliebig* vergrößert werden kann. Ein rechnerunterstützter Ansatz zur Synthese von Regelkreisen unter Berücksichtigung dieses Gesichtspunktes wird in Kap. 16 vorgestellt.

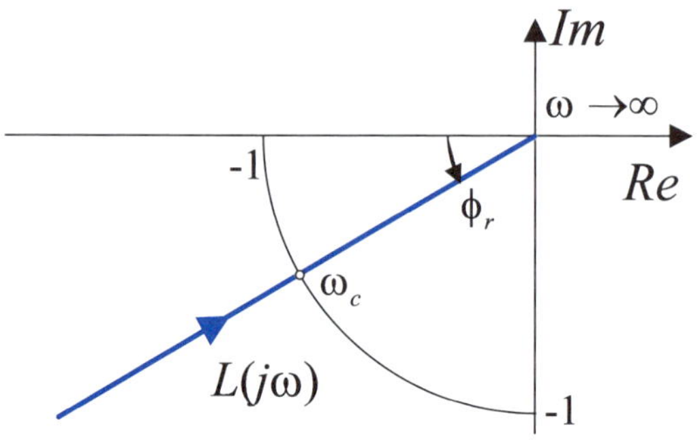

Abbildung 9.11: Ideale Bode-Charakteristik

9.2 Spezifikation des dynamischen Verhaltens

9.2.1 Vorgabe der Sprungantwort

In vielen praktischen Fällen wird das gewünschte dynamische Verhalten des Regelkreises durch Kenngrößen seiner Sprungantwort vorgegeben. In Abb. 9.12 ist der typische Verlauf der Ausgangsgröße y bei einem Führungssprung, d.h. $r(t) = \sigma(t)$, bzw. bei einem Störsprung, d.h. $d(t) = \sigma(t)$, dargestellt.

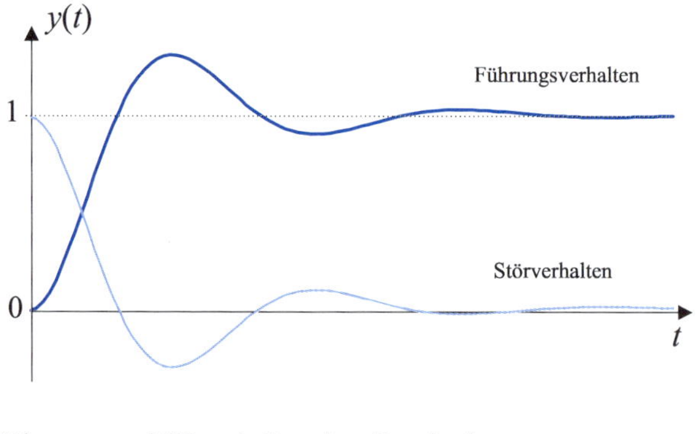

Abbildung 9.12: Führungs- und Störverhalten eines Regelkreises

Überschwingen und Unterschwingen

Eine wichtige Kenngröße der Sprungantwort ist die so genannte *Überschwingweite* M_p. Sie gibt an, welchen Maximalwert die Ausgangsgröße y annimmt. Aus der Überschwingweite M_p (*peak value*) kann das so genannte *prozentuale Überschwingen* (*overshoot*)

$$ü = 100(M_p - 1) \quad \text{in } \%$$

abgeleitet werden. Es beschreibt das Überschwingen relativ zum stationären Endwert in Prozent. In Abb. 9.13 ist die Überschwingweite M_p in die Sprungantwort eines Regelkreises eingezeichnet.

Besitzt die Regelstrecke Nullstellen in der rechten Halbebene, so weist die Sprungantwort ein so genanntes Unterschwingen M_n auf. In solch einem Fall ist das Unterschwingen beim Entwurf zu berücksichtigen.

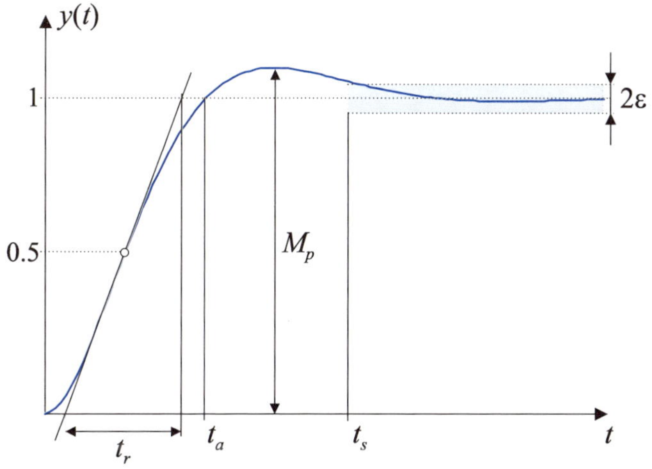

Abbildung 9.13: Kenngrößen der Sprungantwort

Anstiegszeit

Die *Anstiegszeit* t_r (*rise time*) ist ein Maß für die „Schnelligkeit" des Regelkreises. Je kleiner t_r, desto schneller reagiert der Regelkreis auf Änderungen der Eingangsgrößen. Die Anstiegszeit wird mit Hilfe der so genannten *Verzugszeit* t_d (*delay time*) definiert. Hierzu betrachtet man den Zeitpunkt t_d, bei dem die Sprungantwort den Wert 0.5 aufweist, sowie die Steigung $\frac{dy}{dt}$ der Sprungantwort[3] zu diesem Zeitpunkt (siehe Abb. 9.13). Es gelten folgende Beziehungen:

$$y(t_d) = 0.5 \quad \text{und} \quad t_r = \frac{1}{\dot{y}(t_d)}.$$

[3] Man beachte: In der Literatur werden manchmal der Einfachheit halber abweichende Definitionen der Anstiegszeit angegeben [11].

Anregelzeit und Ausregelzeit

Als *Anregelzeit* t_a bezeichnet man den Zeitpunkt, bei dem die Ausgangsgröße y zum ersten Mal den Sollwert $y(t_a) = 1$ erreicht. Die *Ausregelzeit* t_s (*settling time*) kennzeichnet den Zeitpunkt, ab dem der Absolutbetrag des Regelfehlers $e = r - y$ kleiner als eine Schranke ε ist (siehe Abb. 9.13):

$$|y(t) - 1| < \varepsilon \quad \text{für} \quad t > t_s.$$

Typischerweise beträgt ε zwischen 2% und 5% des Sollwertes.

Vorgabe von Einhüllenden

Eine Kombination der bisherigen Möglichkeiten zur Spezifikation der Sprungantwort liegt vor, wenn man für die Sprungantwort einen erlaubten Bereich, einen „Schlauch“, vorgibt (siehe Abb. 9.14). Durch entsprechende Wahl der begrenzenden Funktionen $y^+(t)$ und $y_-(t)$ können der Sprungantwort alle oben eingeführten Kennwerte aufgeprägt werden. Natürlich gilt hierbei: Je enger der Schlauch, desto schwieriger ist es, einen entsprechenden Regler zu finden.

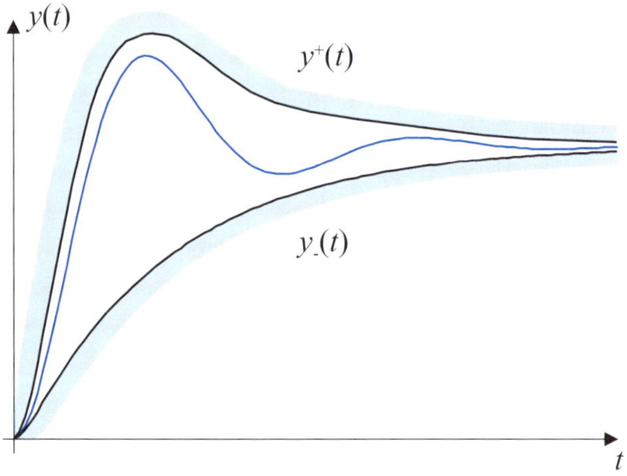

Abbildung 9.14: Einhüllende für die Sprungantwort

9.2.2 Bewertung des Regelfehlers

Die Qualität des dynamischen Verhaltens eines Regelkreises kann unter Heranziehung des Regelfehlers $e = r - y$ beurteilt werden. Üblicherweise ist man daran interessiert, den Regelfehler bei gegebenem Stör- bzw. Führungssignal in gewisser Weise möglichst klein zu machen. Dazu benötigt man allerdings ein Maß für die Größe des Regelfehlers. Einige bekannte Ansätze hierfür werden kurz erläutert [16].

Integral über den Betrag des Regelfehlers (IAE)

Das Integral über den Regelfehlerbetrag (*integral of absolute error*)

$$\int_0^\infty |\, e(t)|\; dt$$

ist mathematisch schwierig auszuwerten, ein kleiner Wert des Integrals bedeutet einen kleinen Regelfehler.

Integral über das Regelfehlerquadrat (ISE)

Das Gütekriterium (*integral of square error*)

$$\int_0^\infty e^2(t)\, dt$$

gewichtet „große" Regelfehler besonders stark. In manchen Fällen ist hier eine analytische Reglerberechnung möglich.

Integral über den zeitgewichteten Regelfehlerbetrag (ITAE)

Bei diesem Kriterium (*integral of time multiplied by absolute error*) wird eine zeitliche Gewichtung eingeführt, d.h.

$$\int_0^\infty t\; |\, e(t)|\; dt.$$

Der Regelfehler wird also für kleine Zeitwerte weniger gewichtet als für große Werte von t; man beeinflusst damit das stationäre Verhalten.

Zu beachten ist, dass bei der Auswertung aller Kriterien physikalische Beschränkungen im Regelkreis berücksichtigt werden müssen. Anderenfalls sind die gelieferten Ergebnisse unrealistisch, wie folgendes Beispiel zeigt.

Beispiel: Gegeben sei die Streckenübertragungsfunktion

$$P(s) = \frac{1}{s\,(s+1)}.$$

Mit dem Regler

$$R(s) = \alpha^2 \frac{(s+1)}{(s+2\alpha)}, \qquad \alpha > 0$$

lautet die Führungsübertragungsfunktion des Standardregelkreises

$$T(s) = \frac{\alpha^2}{s^2 + 2\alpha + \alpha^2} = \frac{1}{\left(1+\frac{s}{\alpha}\right)^2}.$$

Der Verlauf der Ausgangsgröße y für einen Führungssprung $\sigma(t)$ ist gegeben durch

$$y(t) = 1 - e^{-\alpha t} - \alpha t e^{-\alpha t}.$$

Für große Werte von α nähert sich der Verlauf von $y(t)$ immer besser dem Führungssprung an. Für $\alpha \to \infty$ verschwindet sogar der Regelfehler, d.h. die oben eingeführten Güteintegrale konvergieren gegen null. Das bedeutet, dass durch obiges $T(s)$ mit $T(s) \to 1$ eine bezüglich obiger Integralkriterien optimale Übertragungsfunktion gegeben ist. Das schnelle Abklingen des Regelfehlers $1 - y = e^{-\alpha t} + \alpha t e^{-\alpha t}$ für große Werte von α hat natürlich seinen Preis. Die Stellgröße u nimmt nämlich für $\alpha \gg 1$ extrem große Werte an, für $\alpha \to \infty$ strebt auch der Wert $u(t=0)$ gegen unendlich, da gilt:

$$u(t=0) = \lim_{s\to\infty} su(s) = \lim_{s\to\infty} sR(s)\frac{1}{s} = \alpha^2.$$

Aus diesem Grund ist insbesondere bei der Optimierung *grundsätzlich* der Verlauf der Stellgröße zu berücksichtigen. Dazu muss entweder eine vorhandene Beschränkung der Stellgröße einbezogen werden, z.B.

$$|u(t)| \leq u_{\max} \qquad \forall t,$$

oder der Verlauf der Stellgröße wird in das Gütekriterium integriert. Ein mögliches Güteintegral ist gegeben durch

$$\int_0^\infty \left[e^2(t) + \gamma u^2(t)\right] dt,$$

wobei durch den positiven, reellen Parameter γ der Beitrag der Stellgröße bewertet wird.

9.3 Spezifikation des stationären Verhaltens

Um die stationären Eigenschaften eines Regelkreises zu untersuchen, werden gewisse Testfunktionen als Eingangsgrößen[4] gewählt. Es handelt sich hierbei um Funktionen, mit deren Hilfe das Verhalten des Regelkreises für $t \to \infty$ leicht analytisch berechnet werden kann:

$$r(t) = \frac{t^{\nu-1}}{(\nu-1)!}\sigma(t) \quad \text{bzw.} \quad r(s) = \frac{1}{s^\nu} \qquad \nu \geq 1 \text{ natürlich.}$$

Zu den Testfunktionen gehören praktisch relevante Erregungen wie die Sprungfunktion $\sigma(t)$, die Rampenfunktion $t\sigma(t)$ und die Beschleunigungsfunktion $\frac{t^2}{2}\sigma(t)$. Setzt man für die Übertragungsfunktion des offenen Kreises $L(s)$ die *normierte* Form

$$L(s) = V\frac{z(s)}{s^\lambda n(s)} \quad \text{mit} \quad z(0) = n(0) = 1$$

sowie die BIBO-Stabilität des Standardregelkreises voraus, so gilt für die so genannte *bleibende Regelabweichung* e_∞:

$$\begin{aligned} e_\infty &= \lim_{t\to\infty} e(t) = \lim_{s\to 0} se(s) = \lim_{s\to 0} \frac{s^{\lambda+1}n(s)}{s^\lambda n(s) + Vz(s)} r(s) = \lim_{s\to 0} \frac{s^{\lambda+1}}{s^\lambda + V} r(s) \\ &= \lim_{s\to 0} \frac{s^{\lambda+1}}{s^\lambda + V}\frac{1}{s^\nu} = \lim_{s\to 0} \frac{s^{\lambda+1-\nu}}{s^\lambda + V}. \end{aligned}$$

---

4 Hierbei sind sowohl Führungs- als auch Störgrößen gemeint. Wir betrachten der Einfachheit halber nur Führungsgrößen. Der Fall „Störgrößen“ kann völlig analog behandelt werden.

Setzt man die oben eingeführten Testfunktionen ein, so kann man die Ergebnisse tabellarisch zusammenfassen:

$r(t)$	$\lambda = 0$	$\lambda = 1$	$\lambda = 2$
$\sigma(t)$	$\frac{1}{1+V}$	0	0
$t\sigma(t)$	∞	$\frac{1}{V}$	0
$\frac{t^2}{2}\sigma(t)$	∞	∞	$\frac{1}{V}$

Man erkennt, dass bei gegebener spezieller Testfunktion – d.h. ν ist fest – der Wert e_∞ vom Verstärkungsfaktor V *und* von der Anzahl λ der Pole von $L(s)$ bei null abhängt. Aus obiger Tabelle ist ersichtlich, dass bei proportional wirkendem offenen Kreis, d.h. $\lambda = 0$, für keine der angegebenen Testfunktionen ein verschwindender Wert der bleibenden Regelabweichung erzielt werden kann. Der Regelfehler e_∞ für sprungförmige Eingangssignale kann durch Vergrößerung des Verstärkungsfaktors verkleinert werden. Hierbei ist allerdings die Stabilität des Regelkreises zu berücksichtigen! Ein verschwindender Regelfehler e_∞ für sprungförmige Erregungen ist nur dann erreichbar, wenn der offene Kreis mindestens ein einfach integrierendes Verhalten aufweist[5], d.h. $\lambda \geq 1$.

[5] „Bauernregel“: Die Anzahl der Pole von $L(s)$ bei null muss größer gleich der Anzahl der Pole von $r(s)$ sein. Das bedingt, dass e_∞ einen endlichen Wert – insbesondere null – annehmen kann.

Kapitel

10 Einschränkungen beim Entwurf

10.1 Motivation

Die sinnvolle Vorgabe von Regelkreisspezifikationen ist ein wesentlicher Bestandteil des Entwurfsprozesses. Nur an die Regelstrecke angepasste Vorgaben ermöglichen prinzipiell die erfolgreiche Lösung eines gestellten Problems. Unrealistische oder nicht erfüllbare Wünsche an die Eigenschaften eines Regelkreises können oft a priori erkannt werden und machen sich spätestens bei der Simulation des entworfenen Systems bemerkbar.

10.2 Einschränkungen durch die Strecke $P(s)$

10.2.1 Einführung

Wie bereits gezeigt wurde, können viele Anforderungen, die an das dynamische Verhalten eines Regelkreises gestellt werden, in entsprechende Bedingungen für den Frequenzgang

$$L(j\omega) = R(j\omega)P(j\omega)$$

des offenen Kreises übertragen werden. Ein wesentlicher Grund, warum ein Regelkreis nicht beliebige Spezifikationen erfüllen kann, liegt darin, dass der Betrag $|L(j\omega)|$ und die Phase $\mathrm{arc}\{L(j\omega)\}$ des Frequenzganges einer Übertragungsfunktion $L(s)$ *nicht* unabhängig voneinander vorgegeben werden können. Diese Tatsache kann anhand der von *Bode* [9] gezeigten Beziehung zwischen der Betrags- und Phasenkennlinie einer Übertragungsfunktion nachvollzogen werden.

10.2.2 Die Relation zwischen Betrags- und Phasenkennlinie nach *Bode*

Wir betrachten eine Übertragungsfunktion $L(s)$, die ausschließlich Pole und Nullstellen mit negativem Realteil[1] besitzt. Nach *Bode* gilt zwischen dem Betrag $|L(j\omega_0)|$ und der Phase $\mathrm{arc}\,\{L(j\omega_0)\}$ für einen beliebigen Wert $\omega = \omega_0 > 0$ die (hochkomplizierte) gesetzmäßige

---

1 Besitzt solch eine Übertragungsfunktion einen positiven Verstärkungsfaktor (d.h. $L(0) > 0$), wird sie *phasenminimal* genannt.

Relation

$$\operatorname{arc}\{L(j\omega_0)\} - \operatorname{arc}\{L(0)\} = \frac{1}{\pi}\int_{-\infty}^{\infty} \frac{d\log|L(j\omega)|}{d\log\omega}\log\left|\frac{\omega+\omega_0}{\omega-\omega_0}\right|\frac{d\omega}{\omega}.$$

Damit wird durch den Verlauf des Betrages $|L(j\omega)|$ im Intervall $(-\infty, +\infty)$ der Wert der Phase arc $\{L(j\omega_0)\}$ festgelegt! Das bedeutet: „Betrag" und „Phase" können *nicht* unabhängig voneinander manipuliert werden. Wir untersuchen nun die zwei Funktionen im Integral. Der erste Beitrag,

$$F_1(\omega) := \frac{d\log|L(j\omega)|}{d\log\omega}, \tag{10.1}$$

gibt die Neigung der (logarithmischen) Betragskennlinie $\log|L(j\omega)|$ bezüglich der (logarithmischen) Frequenz $\log\omega$ an. Die Gewichtungsfunktion

$$F_2(\frac{\omega}{\omega_0}) := \log\left|\frac{\omega+\omega_0}{\omega-\omega_0}\right| = \log\left|\frac{\frac{\omega}{\omega_0}+1}{\frac{\omega}{\omega_0}-1}\right|$$

hängt von der „normalisierten" Kreisfrequenz $\frac{\omega}{\omega_0}$ ab, bewertet den Einfluss der Neigung und damit des Betrages von $L(j\omega)$ auf den Wert des Winkels der komplexen Größe $L(j\omega_0)$. Der Verlauf $F_2(\frac{\omega}{\omega_0})$ ist aus Abb. 10.1 ersichtlich. Man erkennt leicht, dass für Werte $\frac{\omega}{\omega_0} \to 1$ der Wert der Gewichtung F_2 sehr groß wird, insbesonders gilt

$$\lim_{\omega\to\omega_0} F_2(\frac{\omega}{\omega_0}) = \infty.$$

Fazit: Die Steigung der Betragskennlinie an der Stelle ω_0 *prägt* den Wert der Phase arc $\{L(j\omega_0)\}$!

10.2.3 Eine nützliche Näherungsformel

Gehen wir davon aus, dass in der Nähe der Kreisfrequenz ω_0 die Übertragungsfunktion des offenen Kreises näherungsweise durch

$$L(s) = \frac{1}{(s+\varepsilon)^n}, \quad \text{mit } 0 < \varepsilon \ll 1$$

gegeben ist. Deren Betragskennlinie fällt im Bereich $\omega > \varepsilon$ *näherungsweise* konstant mit $(n20)\,dB$ pro Dekade ab, und der Faktor F_1 nach Relation (10.1) beträgt

$$F_1(\omega) = -n.$$

Dann gilt – da der Gewichtungsfaktor in der Nähe von ω_0 konstant ist – *in erster Näherung*

$$\operatorname{arc}\{L(j\omega_0)\} \approx \frac{1}{\pi}(-n)\int_{-\infty}^{\infty}\log\left|\frac{\omega+\omega_0}{\omega-\omega_0}\right|\frac{d\omega}{\omega}.$$

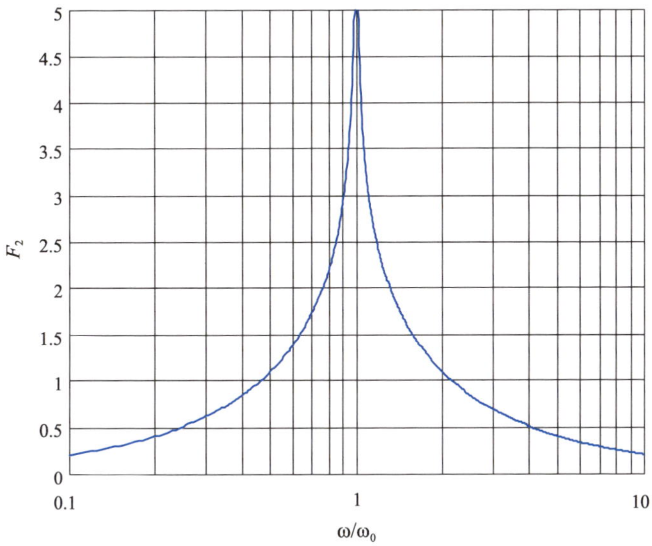

Abbildung 10.1: Verlauf von $F_2(\frac{\omega}{\omega_0})$

Man kann allerdings zeigen, dass der Wert des uneigentlichen Integrals in obiger Relation durch

$$\int_{-\infty}^{\infty} \log \left| \frac{\omega + \omega_0}{\omega - \omega_0} \right| \frac{d\omega}{\omega} = \frac{\pi^2}{2}$$

gegeben ist!

- Wir erhalten die einfache Näherungsformel

$$\text{arc}\,\{L(j\omega_0)\} \approx -n\,\frac{\pi}{2}. \tag{10.2}$$

Damit können wir folgende „Bauernregel" formulieren:

Fällt in einem gewissen Frequenzbereich die Betragskennlinie $|L(j\omega)|_{dB}$ um $20dB$ pro Dekade, d.h. $n = -1$, so besitzt die zugehörige Phasenkennlinie arc$L(j\omega)$ für diese Frequenzen näherungsweise den Wert $-\frac{\pi}{2}rad$, d.h. $-90°$. Ein Betragsabfall von $40dB$ pro Dekade, d.h. $n = -2$, hat eine Phase von ungefähr $-180°$ zur Folge. Diesen Zusammenhang verdeutlicht das folgende Beispiel.

Beispiel: Die Frequenzkennlinien der Übertragungsfunktion

$$L(s) = \frac{100}{(s+1)(s+100)}$$

sind in Abb. 10.2 dargestellt.

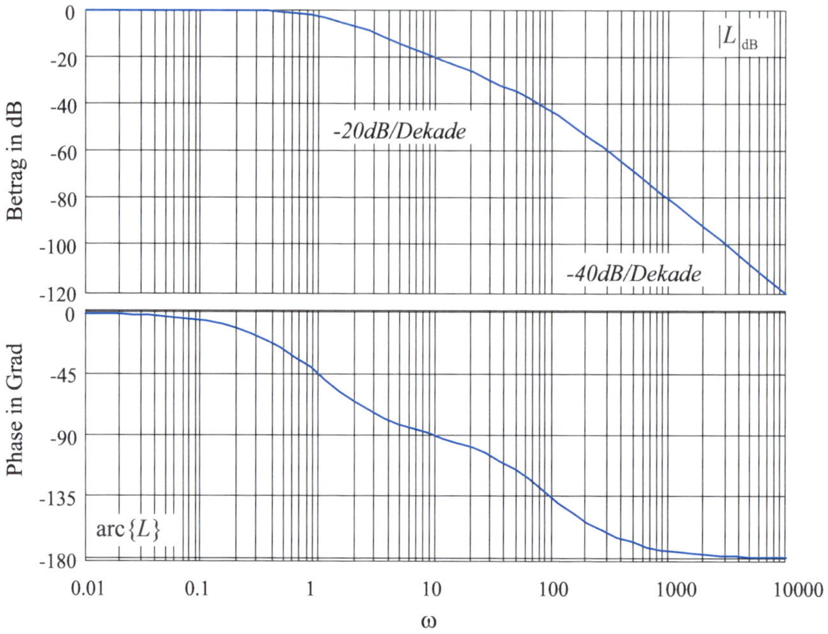

Abbildung 10.2: Zusammenhang zwischen Betrags- und Phasenkennlinie

In dem Frequenzbereich zwischen $\omega = 1\,rads^{-1}$ und $\omega = 100\,rads^{-1}$, in dem die Betragskennlinie um $20dB$ pro Dekade abfällt, tendiert der Wert der Phasenkennlinie gegen $-90°$. Entsprechend nähert sich die Phase im Frequenzbereich ab $\omega = 100\,rads^{-1}$, also dort, wo die Betragskennlinie um $40dB$ pro Dekade abfällt, dem Wert $-180°$.

Mit Hilfe der Näherungsrelation (10.2) lassen sich die durch die Struktur von $P(s)$ vorgegebenen Beschränkungen beim Reglerentwurf sehr anschaulich nachvollziehen. Dabei spielen drei Eigenschaften der Übertragungsfunktion $P(s)$ eine entscheidende Rolle:

- $P(s)$ hat Polstellen mit positivem Realteil.
- $P(s)$ hat Nullstellen mit positivem Realteil.
- $P(s)$ weist eine so genannte Totzeit auf

10.2.4 Polstellen „rechts"

Es wird angenommen, dass die Streckenübertragungsfunktion $P(s)$ bis auf *einen* (reellen) Pol bei $s = \alpha$ mit $\alpha > 0$ ausschließlich Pole und Nullstellen in der linken offenen Halbebene hat. Aufgrund der geforderten internen Stabilität des Regelkreises ist die Kürzung des instabilen Streckenpols durch eine entsprechende Reglernullstelle verboten, d.h. die

Übertragungsfunktion $L(s)$ des offenen Kreises hat ebenfalls den instabilen Pol bei $s = \alpha$. Aus dieser Eigenschaft von $L(s)$ kann eine so genannte Interpolationsbedingung für die Führungsübertragungsfunktion abgeleitet werden.

Interpolationsbedingung

Für die Führungsübertragungsfunktion $T(s)$ ergibt sich umittelbar durch Einsetzen

$$T(s)|_{s=\alpha} = \left.\frac{L(s)}{1+L(s)}\right|_{s=\alpha} = 1, \quad \text{d.h.}\ T(\alpha) = 1. \tag{10.3}$$

Diese Bedingung schränkt ganz offensichtlich die Menge der möglichen Führungsübertragungsfunktionen ein.[2]

Einschränkung der Bandbreite

Die oben spezifizierte Streckenübertragungsfunktion $P(s)$ kann folgendermaßen dargestellt werden:

$$P(s) = P_0(s)\frac{\left(1+\dfrac{s}{\alpha}\right)}{\left(1-\dfrac{s}{\alpha}\right)} \quad \text{mit} \quad \alpha > 0, \tag{10.4}$$

wobei $P_0(s)$ *ausschließlich* Pole und Nullstellen mit negativem Realteil hat. Abkürzend wird im Folgenden mit der Übertragungsfunktion

$$B(s) := \frac{1+\dfrac{s}{\alpha}}{1-\dfrac{s}{\alpha}} \quad \text{mit} \quad \alpha > 0$$

operiert.

Beispiel: Die Übertragungsfunktion

$$P(s) = \frac{s+3}{(s+5)(s-2)}, \quad \text{d.h.}\ \alpha = 2,$$

kann folgendermaßen angeschrieben werden:

$$P(s) = \frac{(s+3)}{(s+5)(s+2)}\frac{(s+2)}{(s-2)} = -\frac{(s+3)}{(s+5)(s+2)}\frac{\left(1+\dfrac{s}{2}\right)}{\left(1-\dfrac{s}{2}\right)}.$$

Das heißt in diesem Fall gilt

$$P_0(s) = -\frac{(s+3)}{(s+5)(s+2)} \quad \text{und} \quad B(s) = \frac{\left(1+\dfrac{s}{2}\right)}{\left(1-\dfrac{s}{2}\right)}.$$

---

2 Falls $L(s)$ einen „instabilen“ Pol α mit der Vielfachheit k hat, so lauten die Interpolationsbedingungen:

$$T(\alpha) = 1 \ \textit{und}\ \frac{d^iT}{ds^i}\,|_{s=\alpha} = 0 \ \text{für}\ i = 1, \ldots, k-1\,.$$

Unter der Voraussetzung, dass alle Pole und Nullstellen des Reglers einen negativen Realteil aufweisen, ergibt sich für die Übertragungsfunktion des offenen Kreises eine analoge Zerlegung:

$$L(s) = L_0(s)\, B(s) \quad \text{mit} \quad \alpha > 0\,. \tag{10.5}$$

Da für den Betrag des Frequenzganges der Übertragungsfunktion $B(s)$

$$|B(j\omega)| = 1 \quad \forall\omega \tag{10.6}$$

gilt, haben die Übertragungsfunktionen $L(s)$ und $L_0(s)$ identische Betragskennlinien

$$|L(j\omega)| = |L_0(j\omega)| \quad \forall\omega.$$

Sie unterscheiden sich jedoch in ihrer Phase um die in Abb. 10.3 dargestellte Phasenkennlinie von $B(j\omega)$.

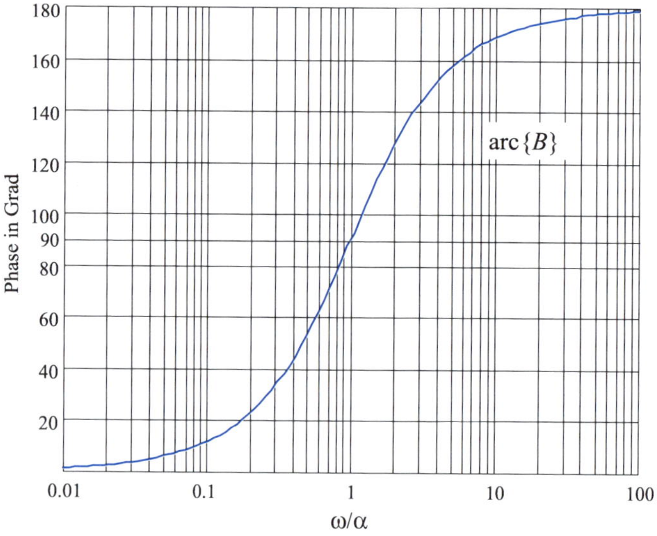

Abbildung 10.3: Phasengang von $B(s)$

Der Betrag $|L(j\omega)|$ bzw. $|L_0(j\omega)|$ nimmt typischerweise mit wachsendem ω monoton ab; aus der Näherungsrelation (10.2) folgt damit folgende Eigenschaft für die Phase von $L_0(j\omega)$:

$$\text{arc}\,\{L_0(j\omega)\} - \text{arc}\,\{L_0(0)\} < 0 \quad \forall\omega. \tag{10.7}$$

Die Auswirkungen einer instabilen Polstelle werden anhand eines Beispiels erläutert. Für eine Strecke mit der Übertragungsfunktion $P(s)$ der Form (10.4) wurde ein Regler so entworfen, dass, wie in Abb. 10.4 dargestellt, die Phasenreserve ϕ_r ungefähr $40°$ beträgt, d.h.

$$\text{arc}\, L(j\omega_c) = -140°.$$

Laut *Nyquist*-Kriterium erfordert die Stabilität des geschlossenen Kreises die Erfüllung folgender Bedingung für die stetige Winkeländerung:

$$\Delta \text{arc}\left\{1 + L(j\omega)\right\} \stackrel{!}{=} \pi.$$

Aus Abb. 10.4 erkennt man, dass diese Bedingung erfüllt ist, d.h. der geschlossene Regelkreis ist intern stabil. Aufgrund der Eigenschaft (10.7) von $L_0(s)$ kann die für die Erfüllung des *Nyquist*-Kriteriums benötigte Anhebung der Phasenkennlinie von $L(s)$ nur von $B(s)$ herrühren. Zur Stabilisierung des Regelkreises muss die durch $B(s)$ bewirkte Phasenanhebung die Forderung

$$\phi_r > 0$$

gewährleisten, d.h. der Beitrag von $B(j\omega)$ zur Phasenkennlinie von $L(j\omega)$ muss bei $\omega = \omega_c$ hinreichend groß sein. Dies ist, wie man in Abb. 10.3 sieht, nur dann möglich, wenn $\frac{\omega_c}{\alpha}$ hinreichend groß ist. Die Stabilisierung des Regelkreises erfordert also einen gewissen Mindestwert der Durchtrittsfrequenz ω_c. Hat der offene Kreis diese Mindestdurchtrittsfrequenz nicht, so ist eine Stabilisierung des Regelkreises prinzipiell nicht möglich. Ein Beispiel hierfür ist in Abb. 10.4 durch die Ortskurve $\hat{L}(j\omega)$ gegeben. Hier ist die Durchtrittsfrequenz zu niedrig, d.h. der Phasenbeitrag von $B(j\omega)$ ist zu gering. Der resultierende Regelkreis ist somit instabil.

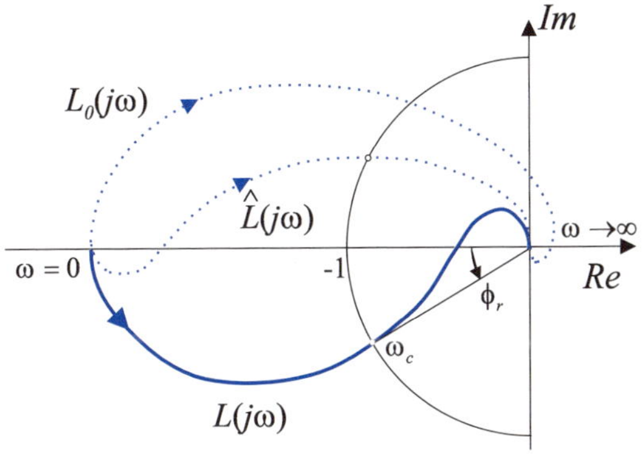

Abbildung 10.4: Verlauf der Ortskurve $L(j\omega)$

Durch eine instabile Polstelle ist eine untere Schranke für die Durchtrittsfrequenz ω_c des offenen Kreises und damit auch für die Bandbreite des Regelkreises vorgegeben! Zusätzliche Pole mit negativem Realteil vergrößern die notwendige Durchtrittsfrequenz ω_c noch mehr.

Aus diesen Überlegungen kann eine einfache Entwurfsrichtlinie („Bauernregel“) abgeleitet werden [23]: *Die Bandbreite des Regelkreises soll größer gewählt werden als die Realteile der instabilen Pole des offenen Kreises.*

Die Erkenntnis, dass die Regelung einer instabilen Strecke eine gewisse Mindestbandbreite erfordert, ist leicht nachvollziehbar. So kann z.B. das Balancieren eines Stabes auf einem

Finger prinzipiell nur dann funktionieren, wenn man die Hand schnell genug bewegt. Zu langsame Reaktionen, d.h. eine zu geringe Bandbreite des Regelkreises, führen zu einer Verschlechterung der Regelgüte („Torkeln des Stabes") oder gar zur Instabilität.

10.2.5 Nullstellen „rechts"

Es soll angenommen werden, dass die Strecke $P(s)$ bis auf eine Nullstelle bei $s = \alpha$, $\alpha > 0$ ausschließlich Pole und Nullstellen in der linken offenen Halbebene aufweist, d.h. die folgende Darstellung ist möglich:

$$P(s) = P_0(s) \frac{\left(1 - \frac{s}{\alpha}\right)}{\left(1 + \frac{s}{\alpha}\right)} \quad \text{mit} \quad \alpha > 0. \tag{10.8}$$

Die Übertragungsfunktion $P_0(s)$ hat nur Pole und Nullstellen mit negativem Realteil. Die BIBO-stabile Übertragungsfunktion

$$A(s) = \frac{\left(1 - \frac{s}{\alpha}\right)}{\left(1 + \frac{s}{\alpha}\right)} \quad \text{mit} \quad \alpha > 0 \tag{10.9}$$

kennzeichnet ein so genanntes *Allpassglied.* Für den Betrag seines Frequenzganges gilt, wie der Name impliziert,

$$|A(j\omega)| = 1 \quad \forall \omega, \tag{10.10}$$

der Phasenverlauf ist in Abb. 10.5 zu sehen.

Die interne Stabilität des Regelkreises bedingt, dass auch die Übertragungsfunktion $L(s)$ des offenen Kreises die Nullstelle bei $s = \alpha$ hat, d.h.

$$L(s) = L_0(s)A(s) \quad \text{mit} \quad \alpha > 0. \tag{10.11}$$

Es kann somit auch die Übertragungsfunktion $L(s)$ in einen Allpass und in eine Übertragungsfunktion, die nur Pole und Nullstellen mit negativem Realteil hat, zerlegt werden. Aufgrund der Eigenschaft (10.10) des Allpasses sind die Betragskennlinien von $L(s)$ und $L_0(s)$ identisch.

Interpolationsbedingung

Aus einer „instabilen" Streckennullstelle ergibt sich folgende einschränkende Interpolationsbedingung[3] für $T(s)$:

$$T(s)|_{s=\alpha} = \left.\frac{L(s)}{1 + L(s)}\right|_{s=\alpha} = 0, \quad \text{d.h. } T(\alpha) = 0.$$

[3] Falls $L(s)$ eine „instabile" Nullstelle α mit der Vielfachheit k hat, so muss $T(s)$ die Nullstelle α mit der *gleichen* Vielfachheit aufweisen. Die Interpolationsbedingungen lauten dann:

$$T(\alpha) = 0 \textit{ und } \frac{d^i T}{ds^i} |_{s=\alpha} = 0 \text{ für } i = 1, ..., k-1.$$

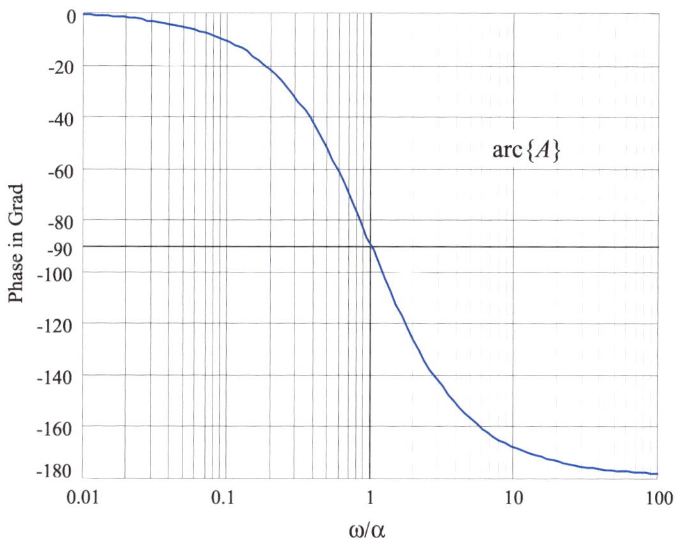

Abbildung 10.5: Phasengang von $A(s)$

Einschränkung der Bandbreite

Die Phase von $L(s)$ setzt sich gemäß (10.11) aus der Phase von $L_0(s)$ und der Phase von $A(s)$ zusammen. Durch das Allpassglied $A(s)$ wird die Phasenkennlinie von $L(s)$ abgesenkt, wie aus Abb. 10.5 zu erkennen ist. Um eine gewünschte Phasenreserve ϕ_r einzustellen, d.h.

$$|L(j\omega_c)| = 1 \quad \text{und} \quad \operatorname{arc} L(j\omega_c) = -\pi + \phi_r, \tag{10.12}$$

darf ω_c also nicht beliebig groß gewählt werden, da sonst die Phasenabsenkung durch $A(s)$ zu groß wird. Zur Erreichung einer vorgegebenen Phasenreserve ϕ_r darf dann die zusätzliche Phasenabsenkung durch $L_0(s)$ nur sehr gering sein. Daraus resultiert mit (10.2) ein unerwünscht flacher Verlauf von $|L(j\omega_c)|$ im Bereich der Durchtrittsfrequenz.

Für $\omega_c = \alpha$ senkt das Allpassglied die Phasenkennlinie von $L(s)$ um $\frac{\pi}{2}$ ab. Das heißt zur Einstellung einer Phasenreserve ϕ_r darf $L_0(s)$ die Phasenkennlinie nur um $\left(\frac{\pi}{2} - \phi_r\right)$ absenken. Wird z.B. $\phi_r = \frac{\pi}{4}$ gewählt, so verläuft aufgrund von $\operatorname{arc} L_0(j\omega_c) = -\frac{\pi}{4}$ die Betragskennlinie des offenen Kreises im Bereich von $\omega_c = \alpha$ mit einer Steigung von $-10dB$ pro Dekade. Eine Vergrößerung von ω_c vergrößert den Phasenanteil von $A(s)$ weiter, zur Erreichung einer bestimmten Phasenreserve (10.12) muss die Betragskennlinie somit noch flacher verlaufen.

Beispiel: Für eine Strecke mit der Übertragungsfunktion

$$P(s) = \frac{2\,(s-1)}{(s+1)^2} = \frac{2}{(s+1)}\frac{(s-1)}{(s+1)} = P_0(s)A(s)$$

wurde der Proportionalregler

$$R(s) = -0.75$$

so dimensioniert, dass für die Durchtrittsfrequenz ω_c des offenen Kreises gilt:

$$\phi_r \approx \frac{\pi}{4}.$$

Da die Durchtrittsfrequenz $\omega_c \approx \alpha = 1$ beträgt, ist die Phasenabsenkung von $A(s)$ bei ω_c gleich $\frac{\pi}{2}$ und von $L_0(s)$ gleich $\frac{\pi}{4}$. Dass die Betragskennlinie des offenen Kreises im Bereich von ω_c sehr flach verläuft, erkennt man auch an der in Abb. 10.6 dargestellen Ortskurve $L(j\omega)$.

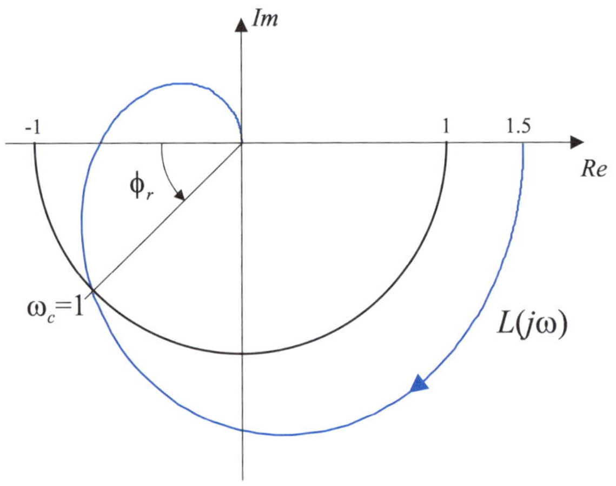

Abbildung 10.6: Ortskurve $L(j\omega)$

Durch Nullstellen in der rechten Halbebene ist also eine *obere* Schranke für die Durchtrittsfrequenz des offenen Kreises und damit auch für die Bandbreite des Regelkreises gegeben. Folgende Entwurfsrichtlinie („Bauernregel") berücksichtigt dieses Phänomen [23]: *Die Bandbreite eines Regelkreises sollte kleiner sein als die Realteile der „instabilen" Nullstellen des offenen Kreises.*

Instabilität für hohe Verstärkungen

Weist die Übertragungsfunktion $L(s)$ des offenen Kreises „instabile" Nullstellen auf, so wird der Regelkreis für sehr große Werte des Verstärkungsfaktors instabil. Zur Klärung dieser Erscheinung setzt man $L(s)$ als Übertragungsfunktion mit dem Zählerpolynom $\mu(s)$ und dem Nennerpolynom $\nu(s)$ an, d.h.

$$L(s) = K\frac{\mu(s)}{\nu(s)} \qquad \text{Grad}\,\nu = n, \quad \text{Grad}\,\mu = m < n\,.$$

Der reelle Parameter K ist dem Verstärkungsfaktor von $L(s)$ proportional. Die n Pole der Führungsübertragungsfunktion

$$T(s) = \frac{L(s)}{1+L(s)} = \frac{K\mu(s)}{K\mu(s)+\nu(s)} = \frac{\mu(s)}{\mu(s)+\frac{1}{K}\nu(s)}$$

errechnen sich gemäß

$$\mu(s) + \frac{1}{K}\nu(s) = 0.$$

Für betragsmäßig sehr große Werte von K, d.h. $|K| \gg 1$, gilt dann näherungsweise

$$\mu(s) \approx 0,$$

d.h. m Pole von $T(s)$ streben gegen die Nullstellen von $L(s)$. Da $L(s)$ nach Voraussetzung mindestens eine „instabile" Nullstelle hat, ist $T(s)$ sicher nicht BIBO-stabil.

Eigenschaften der Sprungantwort

Die Sprungantwort von BIBO-stabilen Übertragungsfunktionen mit k instabilen Nullstellen schneidet k-mal die Zeitachse [55]. In Abb. 10.7 sind die Sprungantworten von

$$G_1(s) = 4\frac{(1-s)}{(s+2)^2}, \qquad \text{d.h.} \qquad k=1,$$
$$G_2(s) = 5.4\frac{(s-2)^2}{(s+3)^3}, \qquad \text{d.h.} \qquad k=2,$$

dargestellt. Aufgrund des „Unterschwingens" kann dann die Sprungantwort eines Regelkreises einem Führungssprung „nicht so schnell" folgen. Das heißt, dass dadurch die erreichbare Bandbreite beschränkt wird.

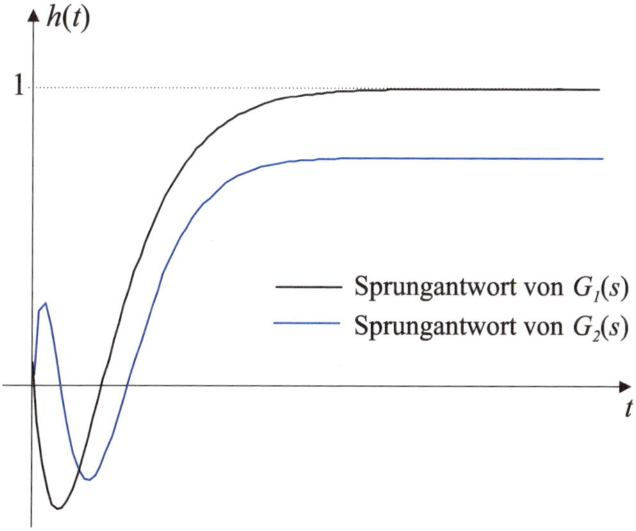

Abbildung 10.7: Sprungantworten nichtphasenminimaler Systeme

10.2.6 Systeme mit Totzeit

Eine ähnliche Situation wie bei Systemen mit „instabilen" Nullstellen liegt vor, wenn der offene Kreis eine so genannte Totzeit T_t aufweist. Seine Übertragungsfunktion ist gegeben durch

$$L(s) = L_0(s)\, e^{-sT_t},$$

wobei $L_0(s)$ eine gebrochen rationale Funktion in s ist. Das so genannte Totzeitglied[4] mit der Übertragungsfunktion e^{-sT_t} weist gleich wie (10.9) Allpassverhalten auf, d.h.

$$\left| e^{-j\omega T_t} \right| = 1 \quad \forall \omega .$$

Der Verlauf der Phasenkennlinie ist in Abb. 10.8 dargestellt. Das heißt auch durch eine Totzeit im offenen Kreis ist die maximal erreichbare Bandbreite des Regelkreises beschränkt.

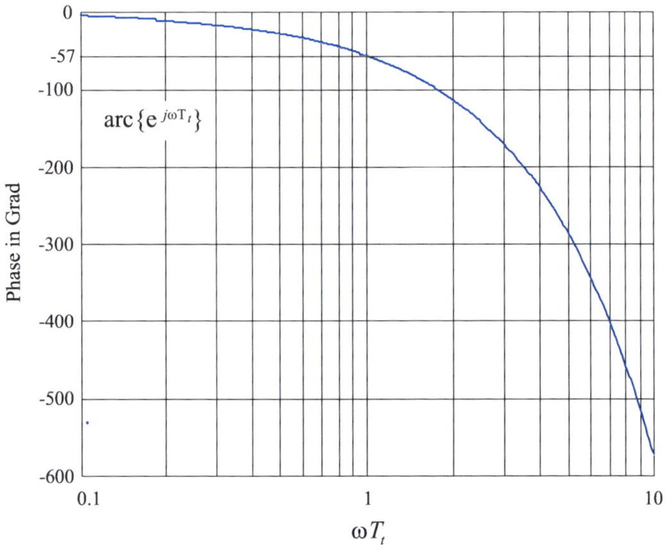

Abbildung 10.8: Phasenverlauf von $e^{j\omega T_t}$

Dies verdeutlichen ebenfalls Approximationen des Totzeitgliedes e^{-sT_t} durch rationale Übertragungsfunktionen. Durch diese Maßnahme werden Entwurf und Analyse von Regelkreisen bei Strecken mit Totzeit wesentlich vereinfacht. Eine bekannte Approximation ist die so genannte *Padé*-Approximation, bei der Zähler und Nenner der approximierenden Funktion durch die unendlichen Reihen

$$e^{-sT_t} = \frac{e^{-s\frac{T_t}{2}}}{e^{+s\frac{T_t}{2}}} \approx \frac{1 - T_t\frac{s}{2} + T_t^2\frac{s^2}{8} + \ldots}{1 + T_t\frac{s}{2} + T_t^2\frac{s^2}{8} + \ldots}$$

4 Durch Anwendung der *Laplace*-Transformation erhält man die Eingangs-Ausgangs-Beziehung im Zeitbereich $y(t) = u(t - T_t)$, die die Bezeichnung dieses Systems erklärt.

dargestellt werden. Durch Abbruch der Reihen erhält man verschiedene Approximationen; die einfachste Näherung lautet:

$$e^{-sT_t} \approx \frac{1 - T_t \frac{s}{2}}{1 + T_t \frac{s}{2}}.$$

Das Totzeitglied wird also im einfachsten Fall durch ein Allpassglied der Form (10.9) ersetzt. Durch Berücksichtigung von weiteren Reihengliedern wird auch die Approximation des Totzeitgliedes durch die Hinzunahme weiterer instabiler Nullstellen verbessert.

10.3 Weitere Einschränkungen

10.3.1 Beschränkung der Stellgröße

Bei praktisch allen regelungstechnischen Anwendungen darf die Stellgröße u vorgegebene Extremwerte nicht überschreiten. Dies kann einerseits damit zusammenhängen, dass die Leistung des Stellgliedes beschränkt ist oder andererseits, dass die Strecke nicht beliebig belastbar ist. In vielen Fällen sind so genannte harte Stellgrößenbeschränkungen zu berücksichtigen, d.h. der Absolutbetrag der Stellgröße darf nicht größer werden als eine vorgegebene Schranke $u_{\max}$, also

$$|u(t)| \leq u_{\max} \quad \forall t.$$

Abgesehen von Ansätzen, bei denen vorhandene Beschränkungen explizit beim Reglerentwurf berücksichtigt werden, ist die gezielte Einhaltung dieser Schranken nur schwer möglich. Eine schlechte Ausnützung des zur Verfügung stehenden Stellbereiches führt einerseits zu einem unnötig trägen Regelverhalten, andererseits bergen länger dauernde Überschreitungen des Stellbereiches die Gefahr von unerwünschtem dynamischen Verhalten. Eine nahe liegende Möglichkeit, eine vorhandene Stellgrößenbeschränkung im Regelkreis zu berücksichtigen, besteht in der Verwendung eines „Begrenzers“. Seine Wirkungsweise kann mit Hilfe einer Sättigungsfunktion beschrieben werden (siehe Abb. 10.9).

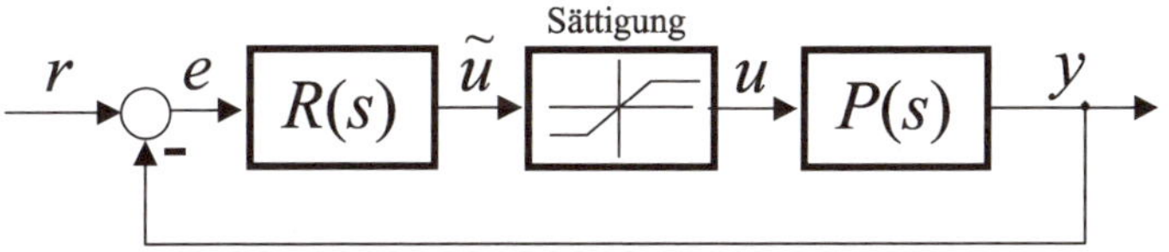

Abbildung 10.9: Regelkreis mit Stellgrößenbeschränkung

Bezeichnet man mit $\tilde{u}$ die vom Regler errechnete und mit u die auf die Strecke wirkende Stellgröße, so gilt der Zusammenhang

$$u(t) = \begin{cases} -u_{\max} & \text{für} \quad \tilde{u}(t) < -u_{\max} \\ \tilde{u}(t) & \text{für} \quad |\tilde{u}(t)| \leq u_{\max} \\ u_{\max} & \text{für} \quad \tilde{u}(t) > u_{\max} \end{cases}$$

Bei einer Überschreitung des zulässigen Stellgrößenbetrages wird also die *nichtlineare* Sättigungskennlinie wirksam. Diese bestechend einfache Regelstrategie birgt allerdings Gefahren: Das dynamische Verhalten des nichtlinearen (!) Regelkreises verschlechtert sich im Allgemeinen, es kann sogar zur „Instabilität" des Regelkreises kommen.

10.3.2 Windup-Effekt

Dieses unerwünschte Phänomen tritt in Regelkreisen auf, bei denen Integrierer zur Verbesserung der stationären Eigenschaften eingesetzt werden. Es lässt sich mit Hilfe eines einfachen Beispiels anschaulich erklären.

Beispiel: Gegeben sei ein Standardregelkreis mit

$$P(s) = \frac{s+1}{s} \quad \text{und} \quad R(s) = \frac{1}{s}.$$

Die Führungsübertragungsfunktion lautet

$$T(s) = \frac{s+1}{s^2+s+1}.$$

In Abb. 10.10 ist die zugehörige Sprungantwort dargestellt, falls die Stellgröße *keiner* Beschränkung unterliegt. Es wird nun angenommen, dass die Stellgrößenbeschränkung

$$|\,u(t)| \leq u_{\max} = 0.3 \quad \forall t$$

mit Hilfe einer Reglerstruktur nach Abb. 10.9 eingehalten wird. Aus dieser Einschränkung resultiert die ebenfalls in Abb. 10.10 dargestellte Sprungantwort. Man erkennt deutlich, dass sich aufgrund der vorgenommenen Beschränkung der Stellgröße das dynamische Verhalten des Regelkreises drastisch verschlechtert hat.

Die Ursache für die Verschlechterung des Regelverhaltens ist Abb. 10.11 zu entnehmen.

Der Regelfehler nimmt ausgehend von $e(t=0) = 1$ relativ schnell ab und ändert zum Zeitpunkt $t \approx 2.5s$ sein Vorzeichen. Das bedeutet, dass die Ausgangsgröße y den Sollwert überschritten hat; der Regler *sollte* nun einem zu großen Überschwingen entgegenwirken. Inspiziert man allerdings den Verlauf von $\tilde{u}$, so erkennt man, dass diese Größe zum Zeitpunkt $t \approx 2.5s$ einen sehr großen Wert, nämlich $\tilde{u} = 1$, aufweist. Eine Abnahme der Stellgröße u ist trotz des negativen Regelfehlers erst möglich, wenn $\tilde{u}$ den Wert $u_{\max}$ unterschreitet, d.h. für $t > 4.5s$. Das Problem besteht offensichtlich darin, dass der Regler weiter integriert, obwohl die Stellgröße u aufgrund der Stellgrößenbeschränkung schon den maximal möglichen Wert $u_{\max}$ angenommen hat. Dass die Reglerausgangsgröße $\tilde{u}$ unnötigerweise weiterwächst, ist der so genannte Windup-Effekt („Aufwickeln des Integrierers").

Das Ziel von „Anti-Windup-Maßnahmen" ist es, der Integration durch den Regler entgegenzuwirken, wenn die Größe $\tilde{u}$ an den Anschlag geht, d.h. wenn die Stellgrößenbeschränkung wirksam wird. In Abb. 10.12 ist hierfür ein einfacher Ansatz dargestellt. Die Differenz aus der Reglerausgangsgröße $\tilde{u}$ und dem beschränkten Signal u wird mit einem geeignet gewählten Faktor γ gewichtet und an den Integratoreingang zurückgeführt.

In Abb. 10.13 ist die Sprungantwort des Regelkreises für $\gamma = 1$ dargestellt, die Verbesserung des Regelverhaltens ist deutlich zu erkennen.

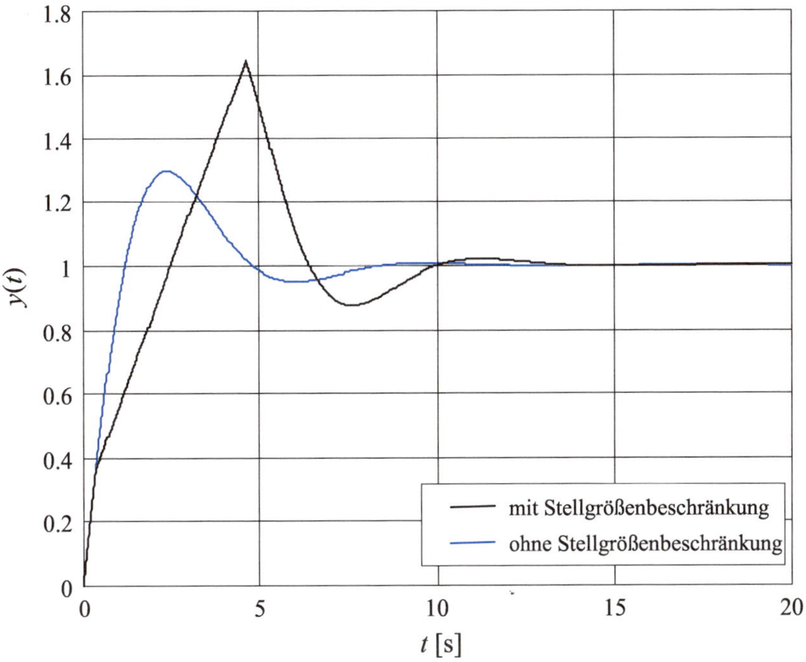

Abbildung 10.10: Sprungantwort mit und ohne Beschränkung von u

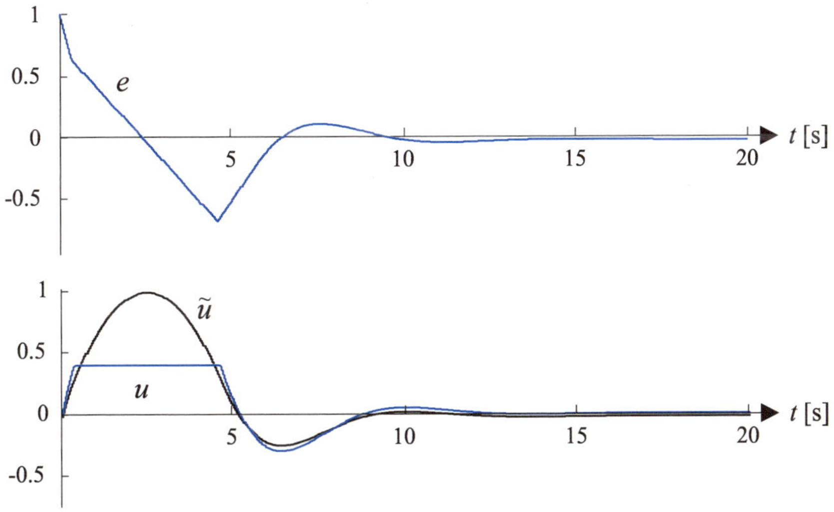

Abbildung 10.11: Verläufe von e, $\tilde{u}$ und u

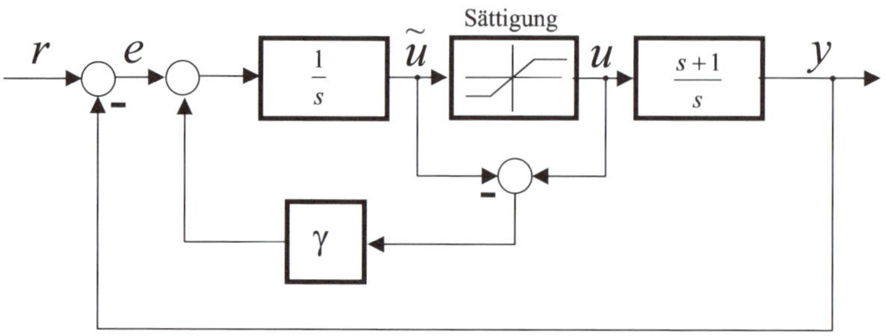

Abbildung 10.12: Anti-Windup-Maßnahme

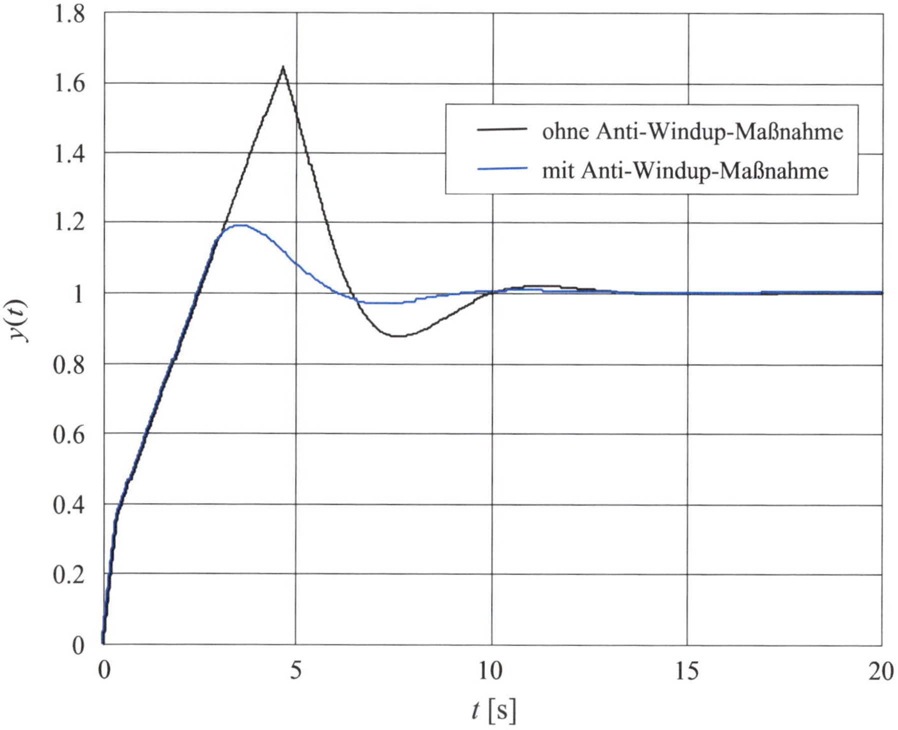

Abbildung 10.13: Sprungantwort mit Anti-Windup-Vorkehrung

Kapitel

11 Systeme mit dominantem Polpaar

11.1 Einführung

In vielen Fällen kann das Übertragungsverhalten eines „komplizierten" Regelkreises *näherungsweise* durch ein System 2. Ordnung mit der Übertragungsfunktion

$$T(s) = \frac{\omega_n^2}{s^2 + 2\zeta\omega_n s + \omega_n^2} = \frac{1}{(\frac{s}{\omega_n})^2 + 2\zeta(\frac{s}{\omega_n}) + 1} \tag{11.1}$$

beschrieben werden. Hierbei bestimmen die positiven rellen Parameter ζ („*Dämpfungsgrad*") und ω_n („*Kennkreisfrequenz*") die Systemdynamik. Betrachtet man den Fall

$$0 < \zeta < 1, \tag{11.2}$$

so besitzt die Übertragungsfunktion $T(s)$ ein konjugiert komplexes Polpaar (vgl. Abb. 11.1) bei

$$s_{1,2} = -\omega_n\zeta \pm j\omega_n\sqrt{1-\zeta^2} = \omega_n(-\zeta \pm j\sqrt{1-\zeta^2}). \tag{11.3}$$

Das Einschwingverhalten des Regelkreises wird also in erster Näherung durch ein konjugiert komplexes Polpaar geprägt. Man spricht in diesem Zusammenhang auch von einem *dominanten Polpaar*. Die Analyse solcher Systeme liefert Erkenntnisse, die die Grundlage für verschiedene Reglerentwurfsverfahren bilden.

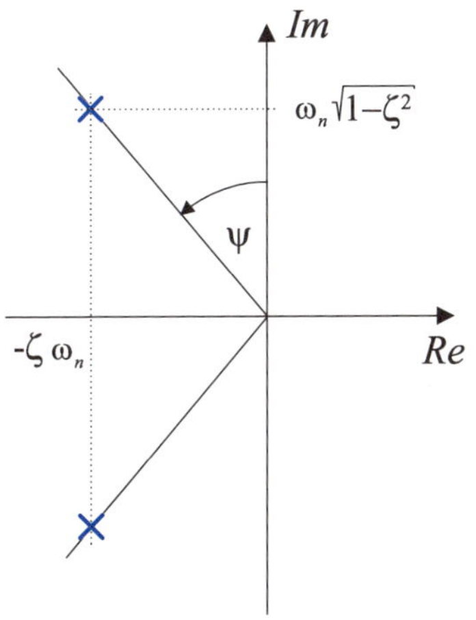

Abbildung 11.1: Dominantes Polpaar

11.2 Analyse der Sprungantwort

Aus dem Verlauf der Sprungantwort des Regelkreises

$$y(t) = 1 - e^{-\zeta\omega_n t}\left[\cos\left(\sqrt{1-\zeta^2}\omega_n t\right) + \frac{\zeta}{\sqrt{1-\zeta^2}}\sin\left(\sqrt{1-\zeta^2}\omega_n t\right)\right] \tag{11.4}$$

bzw.

$$\begin{aligned} y(t) &= 1 - \frac{e^{-\zeta\omega_n t}}{\sqrt{1-\zeta^2}}\cos\left(\sqrt{1-\zeta^2}\omega_n t - \psi\right) \\ (\text{mit } \zeta &= \sin\psi \quad \text{und} \quad \sqrt{1-\zeta^2} = \cos\psi) \end{aligned} \tag{11.5}$$

kann mittels einer einfachen Extremwertrechnung der Maximalwert der Sprungantwort die so genannte Überschwingweite M_p bestimmt werden:

$$M_p = 1 + e^{-\frac{\zeta\pi}{\sqrt{1-\zeta^2}}}. \tag{11.6}$$

In Abb. 11.2 sind die Überschwingweite sowie das zugehörige prozentuale Überschwingen

$$\ddot{u} := 100(M_p - 1) \quad \text{in } \% \tag{11.7}$$

über dem Dämpfungsgrad grafisch dargestellt. Dass die Größen M_p bzw. $\ddot{u}$ unabhängig von ω_n sind, wird deutlich, wenn in (11.4) die Zeitskalierung

$$\tau := \omega_n t \tag{11.8}$$

eingeführt wird:

$$y(\tau) = 1 - e^{-\zeta\tau}\left[\cos\left(\sqrt{1-\zeta^2}\tau\right) + \frac{\zeta}{\sqrt{1-\zeta^2}}\sin\left(\sqrt{1-\zeta^2}\tau\right)\right]$$

bzw. nach (11.5)

$$y(\tau) = 1 - \frac{e^{-\zeta\tau}}{\sqrt{1-\zeta^2}}\cos\left(\sqrt{1-\zeta^2}\tau - \psi\right).$$

Der Parameter ω_n stellt somit ein Maß für die „Schnelligkeit" des Systems dar. Der Verlauf der skalierten Anstiegszeit $\tau_r := \omega_n t_r$ in Abhängigkeit von ζ ist in Abb. 11.3 dargestellt.

11.3 Frequenzgang des offenen Kreises

Setzt man voraus, dass es sich bei dem betrachteten Regelkreis um einen Standardregelkreis handelt, dann lautet die Übertragungsfunktion des offenen Kreises

$$L(s) = \frac{\omega_n^2}{s(s + 2\zeta\omega_n)}. \tag{11.9}$$

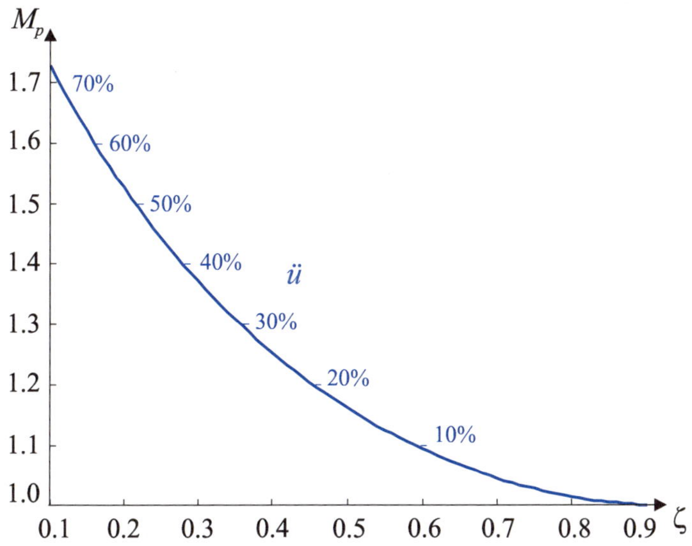

Abbildung 11.2: Überschwingweite M_p und prozentuales Überschwingen $\ddot{u}$ über ζ

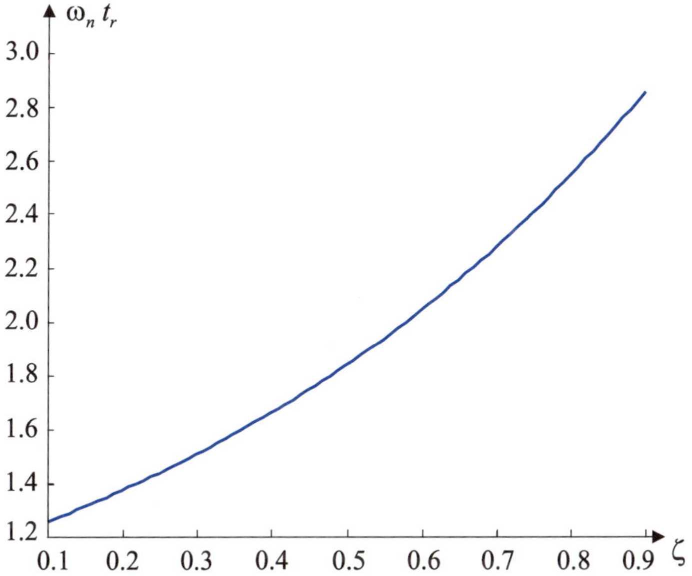

Abbildung 11.3: $(\omega_n t_r)$ über Dämpfungsgrad ζ

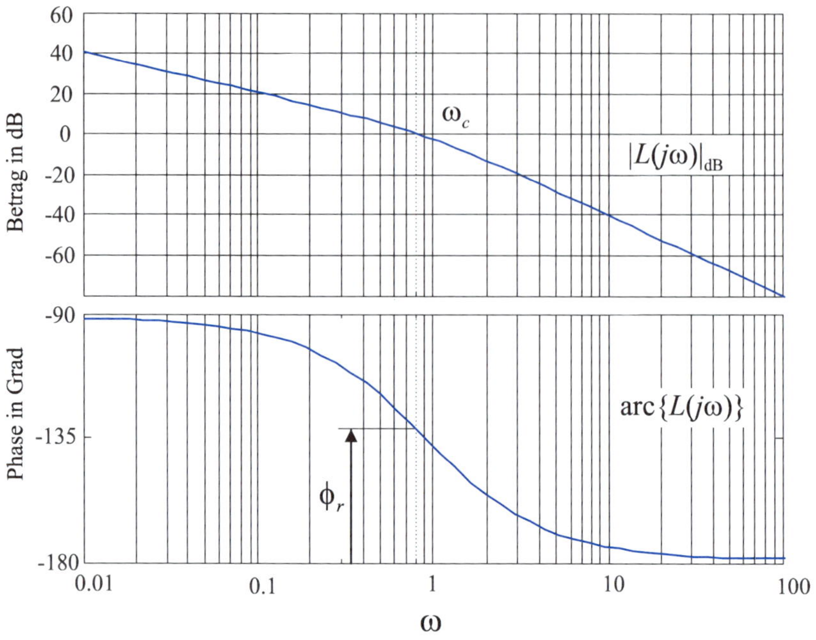

Abbildung 11.4: Frequenzkennlinien des offenen Kreises

Die zugehörigen typischen[1] Frequenzkennlinien sind in Abb. 11.4 dargestellt.

Für die Durchtrittsfrequenz ω_c des offenen Kreises findet man durch Verwendung der Bedingung

$$|L(j\omega_c)| = 1$$

den Ausdruck

$$\left(\frac{\omega_c}{\omega_n}\right)^2 = -2\zeta^2 + \sqrt{1 + (2\zeta^2)^2}. \tag{11.10}$$

Hieraus ergeben sich folgende besondere Werte:

$$\begin{aligned}
\zeta &= 0 \Longrightarrow \frac{\omega_c}{\omega_n} = 1 \\
\zeta &= 1 \Longrightarrow \frac{\omega_c}{\omega_n} = \sqrt{-2 + \sqrt{5}} = 0.486 \\
\zeta &\ll 1 \Longrightarrow \frac{\omega_c}{\omega_n} \approx \sqrt{-2\zeta^2 + 1} \approx 1 - \zeta^2.
\end{aligned}$$

Der Verlauf von $\left(\frac{\omega_c}{\omega_n}\right)$ in Abhängigkeit des Dämpfungsgrades ζ ist in Abb. 11.5 dargestellt.

[1] Hierbei gilt: $\zeta = 0.5$ und $\omega_n = 1$.

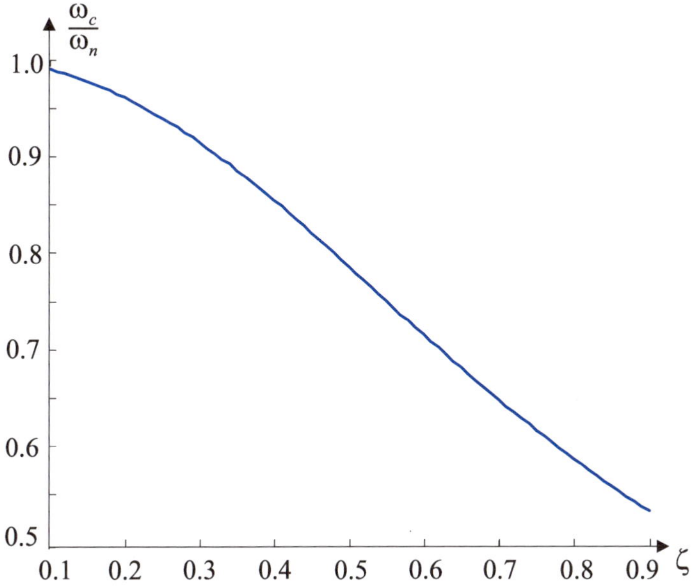

Abbildung 11.5: $\left(\frac{\omega_c}{\omega_n}\right)$ über dem Dämpfungsgrad ζ

Die Phasenreserve errechnet sich mit Hilfe von (11.10) zu

$$\phi_r = \pi + \text{arc}\left\{L(j\omega_c)\right\} = \arctan(2\zeta\frac{\omega_n}{\omega_c}). \tag{11.11}$$

Hieraus ergeben sich folgende besondere Werte:

$$\begin{aligned}
\zeta &= 0 \Longrightarrow \phi_r = 0 \\
\zeta &= 1 \Longrightarrow \phi_r = \arctan(2\frac{1}{0.486}) = 76.35 \text{ in Grad} \\
\zeta &\ll 1 \Longrightarrow \phi_r \approx \arctan(2\zeta\frac{1}{\sqrt{1-\zeta^2}}) = \arctan(2\zeta) \approx 2\zeta.
\end{aligned}$$

Die Phasenreserve ist in Abb. 11.6 in Grad über ζ aufgetragen.

Auf den in den obigen Abbildungen visualisierten Beziehungen basieren mehrere Reglerentwurfsverfahren, die in den folgenden Kapiteln vorgestellt werden.

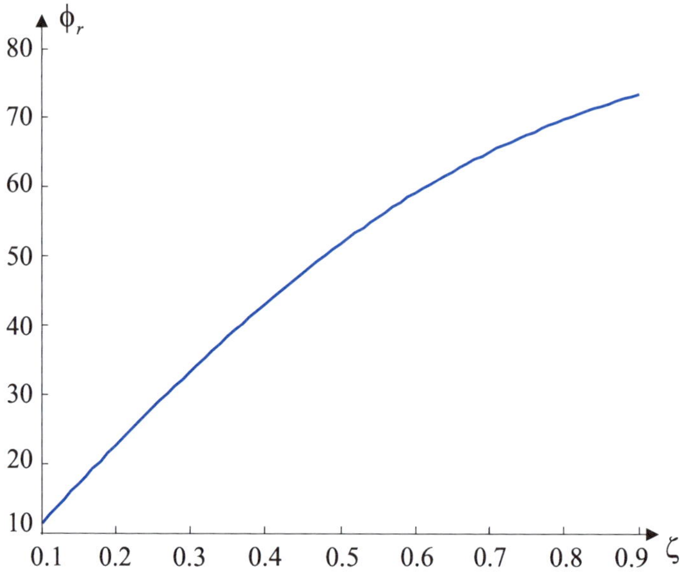

Abbildung 11.6: Phasenreserve über dem Dämpfungsgrad

Kapitel

12 *Youla*-Parametrisierung

12.1 Einleitung und Motivation

Die Vorgangsweise beim Reglerentwurf mit klassischen Methoden besteht darin, den offenen Regelkreis durch das sukzessive Einfügen von Korrekturgliedern so lange zu modifizieren, bis der Regelkreis den gestellten Anforderungen gerecht wird. Hierbei achtet man während des Entwurfes auf die Stabilität des Regelkreises. Man schränkt also die Menge der in Frage kommenden Regler sinnvoll auf eine Menge stabilisierender Regler ein. Diese ist – je nachdem wie konservativ z.B. die ausgewählte Reglerstruktur ist – eine mehr oder weniger große Teilmenge der Menge *aller* stabilisierender Regler.

Bei einigen rechnerunterstützen Verfahren ist obige Vorgangsweise allerdings nicht möglich, da die zugrunde liegenden Methoden eine Einbettung geeigneter Stabilitätskriterien nicht erlauben. Hierzu zählen z.B. Entwurfsverfahren, die auf Prinzipien der Linearen Programmierung basieren (vgl. Kap. 19). Zur Lösung des Stabilitätsproblems ist hier dafür zu sorgen, dass *a priori* ausschließlich stabilisierende Regler als Lösung der Syntheseaufgabe in Frage kommen. Ein für diesen Zweck sehr nützliches „Werkzeug" ist die so genannte *Youla*-Parametrisierung [62, 66, 67]. Sie ermöglicht es, die Menge *aller* intern stabilisierender Regler *in geschlossener Form* analytisch darzustellen. Ihr liegt eine Reglerdarstellung zugrunde, die es erlaubt, durch Variation eines *einzigen* Parameters – es handelt sich dabei um eine BIBO-stabile Übertragungsfunktion – *jedes* Element der Menge, also *jeden* intern stabilisierenden Regler, darzustellen. Man operiert beim Entwurf dann nicht mehr mit Reglerübertragungsfunktionen, sondern mit einem BIBO-stabilen Entwurfsparameter. Diese Vorgangsweise garantiert *automatisch* einen intern stabilen Regelkreis.

12.2 Reglerparametrisierung für den Standardregelkreis

Die Verhältnisse beim Standardregelkreis (siehe Abb. 9.1) werden im Bildbereich durch folgende Eingangs-Ausgangs-Relation beschrieben:

$$\begin{bmatrix} w_1(s) \\ w_2(s) \end{bmatrix} = \underbrace{\frac{1}{1+R(s)P(s)} \begin{bmatrix} R(s) & 1 \\ R(s)P(s) & P(s) \end{bmatrix}}_{=:\mathbf{T}} \begin{bmatrix} v_1(s) \\ v_2(s) \end{bmatrix}. \qquad (12.1)$$

Das Verhalten zwischen Führungs- und Stellgröße ist durch die Übertragungsfunktion

$$v_1 \to w_1: \qquad T_{11}(s) := \frac{R(s)}{1 + R(s)P(s)}$$

gekennzeichnet. Der Einfachheit halber wird sie nun durch $Q(s)$ abgekürzt, d.h. $Q(s) = T_{11}(s)$. Der Zusammenhang zwischen Führungs- und Ausgangsgröße wird durch die Führungs-Übertragungsfunktion beschrieben und kann mit Hilfe von $Q(s)$ dargestellt werden:

$$v_1 \to w_2: \qquad T_{21}(s) = \frac{R(s)P(s)}{1 + R(s)P(s)} = P(s)Q(s).$$

Die Idee besteht darin, $Q(s)$ als einen *Entwurfsparameter* aufzufassen, der für die Erzeugung eines gewünschten Führungsverhaltens geeignet gewählt wird. Man beachte, dass die Übertragungsfunktion $T_{21}(s)$ *linear* in dem Parameter $Q(s)$, aber *nichtlinear* in dem (Regler-)Parameter $R(s)$ ist! Letztere komplizierte Abhängigkeit wirkt sich bei der Reglerermittlung erschwerend aus. Folgende prinzipielle Vorgangsweise erscheint nun angebracht: In einem ersten Schritt wird der Parameter $Q(s)$ sinnvoll gewählt. In einem anschließenden Schritt wird durch Auflösung nach $R(s)$ der Regler ermittelt:

$$R(s) = \frac{Q(s)}{1 - Q(s)P(s)}.$$

Diese einfache Idee ist der Schlüssel für die folgenden Ausführungen. Es wird sich zeigen, dass bei der Realisierung dieser an sich nahe liegenden Vorgehensweise manche Probleme gelöst werden müssen.

12.2.1 Der Fall „BIBO-stabile Strecke $P(s)$"

Es wird vereinfachend vorausgesetzt, dass die Strecke $P(s)$ BIBO-stabil ist. Unter dieser Annahme gilt folgender Satz:

- *Jeder* Regler $R(s)$, der den Regelkreis intern stabilisiert, kann in der Form

$$R(s) = \frac{Q(s)}{1 - Q(s)P(s)} \tag{12.2}$$

  dargestellt werden. Hierbei ist $Q(s)$ eine *beliebige* BIBO-stabile Übertragungsfunktion.

Zum Nachweis der internen Stabilität werden die hierfür ausschlaggebenden Übertragungsfunktionen des geschlossenen Kreises betrachtet. Man findet durch Einsetzen von (12.2):

$$\begin{bmatrix} w_1(s) \\ w_2(s) \end{bmatrix} = \underbrace{\begin{bmatrix} Q(s) & 1 - P(s)Q(s) \\ P(s)Q(s) & [1 - P(s)Q(s)]\; P(s) \end{bmatrix}}_{=\mathbf{T}} \begin{bmatrix} v_1(s) \\ v_2(s) \end{bmatrix}. \tag{12.3}$$

Es ist leicht einzusehen, dass bei BIBO-stabilem $Q(s)$ *alle* Elemente der Matrix $\mathbf{T}$ ebenfalls BIBO-stabil sind! Des Weiteren gilt grundsätzlich $w_1(s) = Q(s)v_1(s)$. Also muss bei einem intern stabilen Regelkreis $Q(s)$ (notwendigerweise) stabil sein. Damit ist durch (12.2) eine Parametrisierung *aller* stabilisierender Regler mittels $Q(s)$ gegeben.

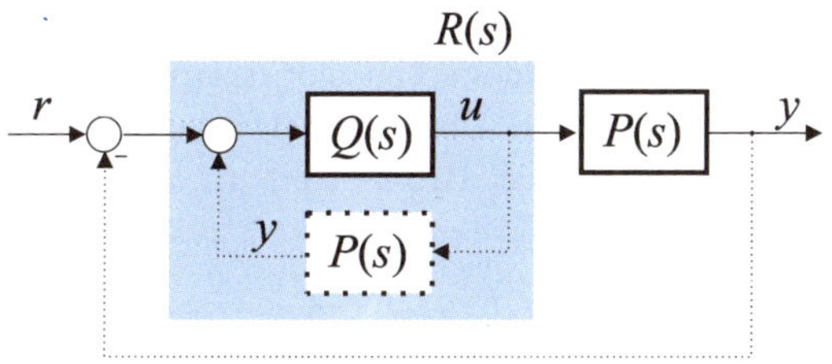

Abbildung 12.1: Regelkreis mit parametrisiertem Regler

In Abb. 12.1 ist der Regelkreis mit dem gemäß (12.2) parametrisierten Regler dargestellt. Es ist zu erkennen, dass sich die beiden (gestrichelt dargestellten) Rückführungszweige kompensieren und nur der Vorwärtszweig wirksam ist, d.h.

$$\frac{y(s)}{r(s)} = P(s)Q(s).$$

12.2.2 Der allgemeine Fall

Die Betrachtungen sollen im Folgenden – unter Ausnutzung der bisher gewonnenen Erkenntnisse – auf den allgemeinen Fall ausgedehnt werden. Die Übertragungsfunktion $P(s)$ wird nun *nicht mehr* als BIBO-stabil vorausgesetzt. Aus der Darstellung (12.3) ist zu erkennen, dass die Übertragungsfunktion $Q(s)$ nach wie vor BIBO-stabil sein *und* einige zusätzliche Eigenschaften besitzen muss! Diese resultieren aus folgender Überlegung: Damit *alle* Elemente der Matrix $\mathbf{T}$ BIBO-stabil sind, müssen die Übertragungsfunktionen $Q(s)$ und $[1 - P(s)Q(s)]$ die instabilen Pole[1] von $P(s)$ als *Nullstellen* besitzen. Für jeden instabilen Streckenpol s_0 muss demnach gelten:

$$Q(s_0) = 0 \quad \textit{und} \quad 1 - P(s_0)Q(s_0) = 0. \tag{12.4}$$

Man nennt die Gleichungen (12.4) *Interpolationsbedingungen*. Deren Einhaltung dient der Wahrung der internen Stabilität des Regelkreises, stellt allerdings ein nichttriviales Problem dar! Das verblüffende Ergebnis vorwegnehmend: Durch eine so genannte *koprime Faktorisierung* der Strecke kann der gesuchte Regler mit Hilfe des BIBO-stabilen Parameters $Q(s)$ so beschrieben werden, dass die Interpolationsbedingungen von selbst (!) erfüllt sind.

[1] Das sind diejenigen Pole mit einem Realteil, der größer oder gleich null ist.

Koprime Faktorisierung der Strecke

Die Streckenübertragungsfunktion $P(s)$ ist der Quotient zweier „Faktoren“[2], nämlich zweier *koprimer* Polynome in s:

$$P(s) = \frac{\mu(s)}{\nu(s)}.$$

Zur Erinnerung: Koprimheit der Polynome bedeutet, dass die Polynome $\mu(s)$ und $\nu(s)$ *keine* gemeinsamen Nullstellen haben. Die Übertragungsfunktion $P(s)$ wird nun als Quotient zweier „neuer“ Faktoren, nämlich der BIBO-stabilen *Übertragungsfunktionen* $Z(s)$ und $N(s)$, dargestellt:

$$P(s) = \frac{Z(s)}{N(s)}. \tag{12.5}$$

Beispiel: Für die Übertragungsfunktion

$$P(s) = \frac{\mu(s)}{\nu(s)} = \frac{s+1}{s(s-1)}$$

können die Größen $Z(s)$ und $N(s)$ folgendermaßen angegeben werden:

$$Z(s) = \frac{s+1}{w(s)}, \quad N(s) = \frac{s\,(s-1)}{w(s)},$$

wobei aufgrund der geforderten BIBO-Eigenschaft $w(s)$ ein *Hurwitz*-Polynom mindestens zweiten Grades sein muss.

In Analogie zu der koprimen Faktorisierung einer Übertragungsfunktion anhand von Polynomen wird nun verlangt, dass die BIBO-stabilen Übertragungsfunktionen $Z(s)$ und $N(s)$ *keine* gemeinsamen Nullstellen in der rechten geschlossenen Halbebene – inklusive (!) $s = \infty$ – haben.[3] Man nennt sie dann *koprim*. Durch $Z(s)$ und $N(s)$ ist eine *koprime Faktorisierung* der Strecke mittels Übertragungsfunktionen gegeben. Diese Streckendarstellung wird sich als besonders vorteilhaft für die Herleitung der gesuchten Reglerparametrisierung erweisen!

Beispiel (Fortsetzung): Wird in obigem Beispiel

$$w(s) = (s+2)^3, \text{ d.h. } Z(s) = \frac{s+1}{(s+2)^3} \text{ und } N(s) = \frac{s\,(s-1)}{(s+2)^3},$$

gewählt, so haben die Übertragungsfunktionen eine gemeinsame Nullstelle bei $s = \infty$ und sind demnach *nicht* koprim. Für Koprimheit ist $w(s)$ als *Hurwitz*-Polynom vom Grad zwei anzusetzen, also z.B:

$$w(s) = (s+2)^2, \text{ d.h. } Z(s) = \frac{s+1}{(s+2)^2}, \quad N(s) = \frac{s\,(s-1)}{(s+2)^2}.$$

---

[2] Man spricht deswegen von einer *Faktorisierung* der Übertragungsfunktion $P(s)$.

[3] Man beachte, dass eine Übertragungsfunktion mit einem Polüberschuss κ eine κ-fache Nullstelle im Unendlichen aufweist.

Es gilt nun folgender Satz[4]: Unter der Voraussetzung, dass $Z(s)$ und $N(s)$ koprim sind, ist es möglich, zwei BIBO-stabile Übertragungsfunktionen $X(s)$ und $Y(s)$ anzugeben, die die so genannte *Bezout*-Identität erfüllen:

$$Z(s)\,X(s) + N(s)\,Y(s) = 1. \tag{12.6}$$

Aus (12.6) wird auch die erwähnte Eigenschaft koprimer Übertragungsfunktionen deutlich. Besitzen nämlich die Übertragungsfunktionen $Z(s)$ und $N(s)$ eine gemeinsame Nullstelle $\hat{s}$ in der rechten geschlossenen Halbebene inklusive $s = \infty$, so kann aufgrund der BIBO-Stabilität von $X(s)$ und $Y(s)$ die Identität (12.6) nicht erfüllt werden, da gilt:

$$Z(\hat{s})X(\hat{s}) + N(\hat{s})Y(\hat{s}) = 0 \neq 1.$$

Eine besonders einfache Methode zur Ermittlung von Lösungen $X(s)$ und $Y(s)$ der *Bezout*-Identität wird im Folgenden beschrieben. Die Streckenübertragungsfunktion $P(s)$ der Ordnung n wird als Quotient zweier teilerfremder Polynome $\mu(s)$ und $\nu(s)$ (mit reellen Koeffizienten) angesetzt, d.h.

$$P(s) = \frac{\mu(s)}{\nu(s)}, \qquad \text{Grad}(\nu) = n.$$

Für das *Hurwitz*-Polynom $w(s)$ wählt man

$$w(s) = (s - \alpha)^n, \qquad \alpha < 0.$$

Daraus bildet man zwei Übertragungsfunktionen:

$$Z(s) := \frac{\mu(s)}{(s-\alpha)^n} \quad \text{und} \quad N(s) := \frac{\nu(s)}{(s-\alpha)^n}.$$

Aufgrund der Teilerfremdheit von $\mu(s)$ und $\nu(s)$ sowie der Wahl von $w(s)$ ist gewährleistet, dass $Z(s)$ und $N(s)$ koprim sind. Für die Übertragungsfunktionen $X(s)$ und $Y(s)$ wird nun folgender Ansatz gewählt:

$$X(s) = \frac{x(s)}{(s-\alpha)^{n-1}} \quad \text{und} \quad Y(s) = \frac{y(s)}{(s-\alpha)^{n-1}}.$$

Hierbei sind $x(s)$ und $y(s)$ Polynome vom Grad $(n-1)$ mit reellen Koeffizienten. Durch Einsetzen in (12.6) ergibt sich folgende Beziehung zur Ermittlung von $x(s)$ und $y(s)$:

$$\mu(s)\,x(s) + \nu(s)\,y(s) = (s-\alpha)^{2n-1}.$$

Obige Relation entspricht einem linearen Gleichungssystem bezüglich der Koeffizienten der Polynome $x(s)$ und $y(s)$ (vgl. Kap. 18). Dieses ist aufgrund der Teilerfremdheit von

---

4 Dieses Theorem ist das Analogon des wohl bekannten Satzes im Polynomialfall: Für zwei koprime Polynome $\mu(s)$ und $\nu(s)$ existieren zwei (eindeutige) Polynome $x(s)$ und $y(s)$ mit der Eigenschaft

$$\mu(s)x(s) + \nu(s)y(s) = 1.$$

Insbesondere gilt: $\text{Grad}(x) < \text{Grad}(\mu)$ und $\text{Grad}(y) < \text{Grad}(\nu)$.

$\mu(s)$ und $\nu(s)$ *eindeutig* lösbar. Durch Lösung von linearen Gleichungen ergeben sich demnach die zwei gesuchten Polynome $x(s)$ und $y(s)$. Damit ist die Ermittlung von $X(s)$ und $Y(s)$ abgeschlossen.[5]

Beispiel (Fortsetzung): Für die gleiche Streckenübertragungsfunktion $P(s)$ ermittelt man mit Hilfe des Ansatzes $w(s) = (s+2)^2$ folgende koprime Faktorisierung der Strecke:

$$Z(s) = \frac{s+1}{(s+2)^2}, \qquad N(s) = \frac{s\,(s-1)}{(s+2)^2}.$$

Man setzt nun für die gesuchten Übertragungsfunktionen $X(s)$ und $Y(s)$

$$X(s) = \frac{x(s)}{s+2} \quad \text{und} \quad Y(s) = \frac{y(s)}{s+2}$$

an. Hierbei sind $x(s)$ und $y(s)$ Polynome ersten Grades:

$$x(s) = x_1 s + x_0, \qquad y(s) = y_1 s + y_0.$$

Durch Einsetzen in (12.6) ergibt sich folgende Beziehung zur Ermittlung der Koeffizienten:

$$(s+1)(x_1 s + x_0) \ + \ (s^2 - s)(y_1 s + y_0) = (s+2)^3.$$

Durch Ausmultiplizieren und anschließenden Koeffizientenvergleich ermittelt man:

$$x_0 = 8, \quad x_1 = 5.5, \quad y_0 = 1.5, \quad y_1 = 1.$$

Die Übertragungsfunktionen $X(s)$ und $Y(s)$, die die *Bezout*-Identität (12.6) erfüllen, lauten somit:

$$X(s) = \frac{5.5s+8}{s+2}, \qquad Y(s) = \frac{s+1.5}{s+2}.$$

Struktur der Lösungen der *Bezout*-Identität:

Man beachte, dass die Lösungen $X(s)$ und $Y(s)$ der *Bezout*-Identität *nicht* eindeutig sind. Hierzu dienen die nachfolgenden Überlegungen.

$X(s)$ und $Y(s)$ seien zwei BIBO-stabile Lösungen, also *ein* mögliches (partikuläres) Lösungspaar von

$$Z(s)\,X(s) + N(s)\,Y(s) = 1.$$

Ferner seien $\hat{X}(s)$ und $\hat{Y}(s)$ zwei BIBO-stabile Übertragungsfunktionen, welche die *homogene* Beziehung

$$Z(s)\,\hat{X}(s) + N(s)\,\hat{Y}(s) = 0$$

erfüllen. Man betrachte z.B. das Paar

$$\hat{X}(s) = N(s) \quad \text{und} \quad \hat{Y}(s) = -Z(s),$$

[5] Eine andere Möglichkeit zur Bestimmung der Übertragungsfunktionen $Z(s)$, $N(s)$, $X(s)$ und $Y(s)$ basiert auf Methoden im Zustandsraum [22]. Die gesuchten Übertragungsfunktionen werden dann durch den Entwurf von Zustandsreglern und Beobachtern ermittelt. Diese Vorgangsweise ist vor allem für die Anwendung auf Mehrgrößensysteme interessant.

was offensichtlich die homogene Form erfüllt. Ferner erkennt man durch einfaches Einsetzen, dass die Übertragungsfunktionen

$$\hat{X}(s) = K(s)N(s) \quad \text{und} \quad \hat{Y}(s) = -K(s)Z(s),$$

wobei $K(s)$ eine *beliebige* BIBO-stabile Übertragungsfunktion ist, ebenfalls Lösungen obiger „homogenen" Gleichung sind.[6] Das hat zur Folge, dass $[X(s) + \hat{X}(s)]$ und $[Y(s) + \hat{Y}(s)]$ die *Bezout*-Identität erfüllen:

$$Z(s)\,[X(s) + \hat{X}(s)] + N(s)\,[Y(s) + \hat{Y}(s)] = 1.$$

Aufgrund dieser Erkenntnisse ist Folgendes einleuchtend:

- Die *allgemeinen Lösungen* $\bar{X}(s)$ und $\bar{Y}(s)$ der *Bezout*-Identität haben die Gestalt

  $$\bar{X}(s) = X(s) + K(s)N(s) \quad \text{und} \quad \bar{Y}(s) = Y(s) - K(s)Z(s).$$

  Hierbei ist $K(s)$ eine beliebige BIBO-stabile Übertragungsfunktion.

Erfüllung der Interpolationsbedingungen

Die koprime Faktorisierung der Strecke wird nun angewendet, um die zwei Interpolationsbedingungen (12.4)

$$Q(s_0) = 0 \qquad \textit{und} \qquad 1 = P(s_0)Q(s_0)$$

zu erfüllen. Die BIBO-stabile Übertragungsfunktion $Q(s)$ *muss* alle instabilen Pole von $P(s)$ als *Nullstellen* aufweisen. Da die Pole von $P(s)$ aufgrund von (12.5) den Nullstellen von $N(s)$ entsprechen, ist folgender Ansatz zweckmäßig:

$$Q(s) = N(s)\hat{Q}(s). \tag{12.7}$$

Die in (12.7) eingeführte BIBO-stabile Übertragungfunktion $\hat{Q}(s)$ wird durch die zweite Interpolationsbedingung festgelegt. Es *muss* nämlich für jeden instabilen Streckenpol s_0 gelten:

$$1 = P(s_0)Q(s_0) = \frac{Z(s_0)}{N(s_0)}Q(s_0) \overset{(12.7)}{=} Z(s_0)\hat{Q}(s_0). \tag{12.8}$$

Aufgrund der Erfüllung der *Bezout*-Identität (natürlich auch) an der Stelle $s = s_0$ gilt für eine Lösung $\bar{X}(s)$ und $\bar{Y}(s)$

$$1 = Z(s_0)\,\bar{X}(s_0) + N(s_0)\,\bar{Y}(s_0)$$

bzw. unter Beachtung von $N(s_0) = 0$

$$1 = Z(s_0)\,\bar{X}(s_0).$$

Vergleicht man letzte Beziehung mit (12.8), so ist die gesuchte Lösung für $\hat{Q}(s)$ sofort zu erkennen:

$$\hat{Q}(s) = \bar{X}(s).$$

---

6 Präzise formuliert, *jede* homogene Lösung kann so angeschrieben werden.

Die Übertragungsfunktion $Q(s) = N(s)X(s)$ erfüllt also die in (12.4) gestellten Bedingungen! Damit lautet die *allgemeine Lösung* von (12.8):

$$\hat{Q}(s) = X(s) + K(s)N(s), \tag{12.9}$$

wobei $K(s)$ eine *beliebige* BIBO-stabile Übertragungsfunktion ist! Für die Übertragungsfunktion $Q(s)$ findet man nun mit (12.7)

$$Q(s) = N(s)\left[X(s) + K(s)N(s)\right]. \tag{12.10}$$

Durch Einsetzen von (12.10) in die Reglerdarstellung (12.2) ergibt sich mit der Faktorisierung (12.5) der Strecke für den Regler:

$$\begin{aligned} R(s) &= \frac{Q(s)}{1 - Q(s)P(s)} \overset{(12.10)}{=} \frac{N(s)\left[X(s) + K(s)N(s)\right]}{1 - N(s)\left[X(s) + K(s)N(s)\right]P(s)} = \\ &\overset{(12.5)}{=} \frac{N(s)\left[X(s) + K(s)N(s)\right]}{1 - Z(s)\,\left[X(s) + K(s)\,N(s)\right]}. \end{aligned}$$

Unter Berücksichtigung der Identität (12.6) erhalten wir folgendes Ergebnis:

- *Jeder* intern stabilisierende Regler $R(s)$ wird durch die Übertragungsfunktion

  $$R(s) = \frac{X(s) + K(s)\,N(s)}{Y(s) - K(s)\,Z(s)} \tag{12.11}$$

  beschrieben. Hierbei ist $K(s)$ ein BIBO-stabiler Entwurfsparameter.

Unter Verwendung der parametrisierten Darstellung für $R(s)$ gilt für die in (12.3) eingeführte Matrix $\mathbf{T}$:

$$\mathbf{T} = \begin{bmatrix} N\,(X + KN) & N\,(Y - KZ) \\ Z\,(X + KN) & Z\,(Y - KZ) \end{bmatrix} \tag{12.12}$$

Die Übertragungsfunktionen des geschlossenen Kreises setzen sich also jeweils aus einem durch die Strecke

$$P(s) = \frac{Z(s)}{N(s)}$$

vorgegebenen bzw. durch die Erfüllung der *Bezout*-Identität

$$Z(s)\,X(s) + N(s)\,Y(s) = 1$$

festgelegten und einem von dem Parameter $K(s)$ abhängigen Anteil zusammen.

Hinweis

Erwartungsgemäß ist in (12.11) auch der einleitende Spezialfall einer BIBO-stabilen Strecke enthalten. Eine koprime Faktorisierung der Strecke ist dann durch

$$Z(s) = P(s) \quad \text{und} \quad N(s) = 1$$

gegeben. Für die Übertragungsfunktionen $X(s)$ und $Y(s)$ findet man mit Hilfe von (12.6)

$$X(s) = 0 \quad \text{und} \quad Y(s) = 1.$$

Gemäß (12.11) werden alle stabilisierenden Regler in Übereinstimmung mit der einleitenden Reglerparametrisierung nach (12.2) durch

$$R(s) = \frac{K(s)}{1 - K(s)P(s)}$$

beschrieben. Die Matrix $\mathbf{T}$ lautet im vorliegenden Fall

$$\mathbf{T} = \begin{bmatrix} K & (1-KP) \\ PK & P(1-KP) \end{bmatrix}.$$

12.3 Reglerparametrisierung für die erweiterte Regelkreisstruktur

Zur Überprüfung der internen Stabilität der erweiterten Regelkreisstruktur in Abb. 8.5 untersucht man folgende Eingangs-Ausgangs-Relation im Bildbereich (siehe auch (9.2)):

$$\begin{bmatrix} w_1(s) \\ w_2(s) \end{bmatrix} = \underbrace{\frac{1}{1+R(s)P(s)} \begin{pmatrix} V(s) & 1 & -R(s) \\ V(s)P(s) & P(s) & -R(s)P(s) \end{pmatrix}}_{=:\mathbf{T}} \begin{pmatrix} v_1(s) \\ v_2(s) \\ v_3(s) \end{pmatrix}. \tag{12.13}$$

Die interne Stabilität liegt genau dann vor, wenn *alle* Elemente der Matrix

$$\mathbf{T} = \begin{pmatrix} \dfrac{V(s)}{1+R(s)P(s)} & \dfrac{1}{1+R(s)P(s)} & -\dfrac{R(s)}{1+R(s)P(s)} \\ \dfrac{V(s)P(s)}{1+R(s)P(s)} & \dfrac{P(s)}{1+R(s)P(s)} & -\dfrac{R(s)P(s)}{1+R(s)P(s)} \end{pmatrix}$$

die BIBO-Eigenschaft besitzen. Unterschiede zum Standardregelkreis aufgrund der veränderten Reglerstruktur manifestieren sich ausschließlich in der ersten Spalte der Matrix.

Die Überprüfung der BIBO-Stabilität der übrigen Elemente ist einfach, da abgesehen vom Vorzeichen die gleichen Abhängigkeiten wie im Standardregelkreis auftreten (vgl. Gleichung (12.1))! Das bedeutet: *Jede* Übertragungsfunktion $R(s)$, die die BIBO-Stabilität der Elemente

$$\begin{pmatrix} \dfrac{1}{1+R(s)P(s)} & -\dfrac{R(s)}{1+R(s)P(s)} \\ \dfrac{P(s)}{1+R(s)P(s)} & -\dfrac{R(s)P(s)}{1+R(s)P(s)} \end{pmatrix}$$

garantiert, wird gemäß (12.11) durch

$$R(s) = \frac{X(s)+K(s)N(s)}{Y(s)-K(s)Z(s)}$$

angegeben. Durch Einsetzen findet man für $\mathbf{T}$ – der Übersichtlichkeit wegen wird jetzt das Argument s unterdrückt:

$$\begin{aligned} \mathbf{T} &= N\,[Y-KZ] \begin{bmatrix} V & 1 & -\dfrac{X+KN}{Y-KZ} \\ V\dfrac{Z}{N} & \dfrac{Z}{N} & -\dfrac{X+KN}{Y-KZ}\dfrac{Z}{N} \end{bmatrix} = \\ &= \begin{bmatrix} N\,(Y-KZ)\,V & N\,(Y-KM) & -N\,(X+KN) \\ Z\,(Y-KZ)\,V & Z\,(Y-KM) & -Z\,(X+KN) \end{bmatrix} \end{aligned} \tag{12.14}$$

Man erkennt: Für die BIBO-Stabilität *aller* Elemente ist *hinreichend*, dass $V(s)$ BIBO-stabil ist. Diese Eigenschaft von $V(s)$ ist allerdings nicht notwendig, da *instabile Pole* von $V(s)$ prinzipiell durch entsprechende *Nullstellen* von

$$N(s)\,[Y(s)-K(s)Z(s)] \quad \text{bzw.} \quad Z(s)\,[Y(s)-K(s)Z(s)]$$

gekürzt werden können. Man beachte, dass „instabile" Kürzungen zwischen $N(s)$ und $V(s)$ bzw. $Z(s)$ und $V(s)$ *prinzipiell nicht zulässig* sind. Erstens entsprechen die Nullstellen von $N(s)$ den Polen von $P(s)$. Zweitens entsprechen die Nullstellen von $Z(s)$ denen von $P(s)$. Eine „instabile" Kürzung zwischen $V(s)$ und $[Y(s)-K(s)Z(s)]$ ist hingegen unter gewissen Voraussetzungen möglich und zulässig. Zur Erinnerung: Die Nullstellen der Übertragungsfunktion $[Y(s)-K(s)Z(s)]$ sind gemäß (12.11) die Pole der Reglerübertragungsfunktion $R(s)$. Das bedeutet, dass das Stabilitätsproblem gelöst ist, wenn $V(s)$ *exakt* dieselben Pole wie $R(s)$ besitzt! Die geforderte exakte Übereinstimmung ist gewährleistet, wenn $R(s)$ und $V(s)$ als *ein* System realisiert werden. Zur Wahrung der internen Stabilität muss also für die Übertragungsfunktion $V(s)$ angesetzt werden:

$$V(s) = \frac{H(s)}{Y(s)-K(s)Z(s)}, \tag{12.15}$$

wobei $H(s)$ eine *beliebige* BIBO-stabile Übertragungsfunktion ist. Mit diesen Erkenntnissen können wir folgenden Satz formulieren:

- *Jeder* intern stabilisierende Regler der erweiterten Regelkreisstruktur wird durch

$$R(s) = \frac{X(s) + K(s)N(s)}{Y(s) - K(s)Z(s)} \quad \text{und} \quad V(s) = \frac{H(s)}{Y(s) - K(s)Z(s)}$$

  beschrieben. Die *beliebigen* BIBO-stabilen Übertragungsfunktionen $K(s)$ und $H(s)$ stellen zwei Entwurfsparameter dar.

Für die Matrix $\mathbf{T}$ ergibt sich dann:

$$\mathbf{T} = \begin{bmatrix} NH & N(Y - KZ) & -N(X + KN) \\ ZH & Z(Y - KZ) & -Z(X + KN) \end{bmatrix}. \tag{12.16}$$

In (12.16) ist deutlich zu erkennen, dass die erweiterte Regelkreisstruktur zwei „Freiheitsgrade“ aufweist. Mit Hilfe des Parameters $K(s)$ kann das Störverhalten des Regelkreises eingestellt werden, während mit Hilfe des Parameters $H(s)$ ausschließlich das Führungsverhalten beeinflusst werden kann.

Hinweis

In dem Fall einer BIBO-stabilen Regelstrecke ist eine koprime Faktorisierung der Strecke durch

$$Z(s) = P(s) \quad \text{und} \quad N(s) = 1$$

gegeben. Für die Übertragungsfunktionen $X(s)$ und $Y(s)$ ergeben sich

$$X(s) = 0 \quad \text{und} \quad Y(s) = 1.$$

Das Korrekturglied wird gemäß (12.11) und (12.15) durch

$$R(s) = \frac{K(s)}{1 - K(s)P(s)} \quad \text{und} \quad V(s) = \frac{H(s)}{1 - K(s)P(s)}$$

beschrieben. Die Matrix $\mathbf{T}$ lautet im vorliegenden Fall

$$\mathbf{T} = \begin{bmatrix} H & (1 - KP) & -K \\ PH & P(1 - KP) & -PK \end{bmatrix}.$$

→

➔ Zum Vergleich sei die Matrix $\mathbf{T}$ im Fall „Standardregelkreis“

$$\mathbf{T} = \begin{bmatrix} K & (1 - KP) \\ PK & P\,(1 - KP) \end{bmatrix}$$

angeführt.

Man erkennt unmittelbar folgenden Fakt bei einer BIBO-stabilen (!) Strecke:

Beide Strukturen leisten bezüglich

des Führungsverhaltens, d.h. $v_1 \rightarrow w_1$ und $v_1 \rightarrow w_2$,
der Störunterdrückung, d.h. $v_2 \rightarrow w_1$ und $v_2 \rightarrow w_2$
und $v_3 \rightarrow w_1$ und $v_3 \rightarrow w_2$

das Gleiche!

Beschreibung eines Reglers $[V(s), R(s)]$ 2. Ordnung

Aus der Realisierung des Korrekturgliedes als *ein* System folgt unmittelbar, dass $V(s)$ und $R(s)$ dasselbe Nennerpolynom besitzen. Eine Realisierung eines Systems mit mehreren Eingangsgrößen und einer Ausgangsgröße ist z.B. mit Hilfe der so genannten 2. Standardform [45] möglich. Unter der Annahme eines Reglers 2. Ordnung ($a_2 \neq 0$) gilt für die allgemeine Darstellung der Übertragungsfunktionen $V(s)$ und $R(s)$:

$$V(s) = \frac{c_2 s^2 + c_1 s + c_0}{a_2 s^2 + a_1 s + a_0} = \frac{c_2}{a_2} + \frac{\tilde{c}_1 s + \tilde{c}_0}{a_2 s^2 + a_1 s + a_0}$$

$$R(s) = \frac{b_2 s^2 + b_1 s + b_0}{a_2 s^2 + a_1 s + a_0} = \frac{b_2}{a_2} + \frac{\tilde{b}_1 s + \tilde{b}_0}{a_2 s^2 + a_1 s + a_0}$$

mit

$$\tilde{c}_i = c_i - \frac{c_2}{a_2} a_i, \quad i = 0, 1$$

$$\tilde{b}_i = b_i - \frac{b_2}{a_2} a_i, \quad i = 0, 1.$$

Eine Zustandsraumdarstellung des dynamischen Systems mit den Eingangsgrößen r und y und der Ausgangsgröße u ist durch die zugehörige 2. Standardform gegeben:

$$\begin{bmatrix} \frac{dx_1}{dt} \\ \frac{dx_2}{dt} \end{bmatrix} = \begin{bmatrix} 0 & -\frac{a_0}{a_2} \\ 1 & -\frac{a_1}{a_2} \end{bmatrix} \begin{bmatrix} x_1 \\ x_2 \end{bmatrix} + \frac{1}{a_2} \begin{bmatrix} \tilde{c}_0 \\ \tilde{c}_1 \end{bmatrix} r - \frac{1}{a_2} \begin{bmatrix} \tilde{b}_0 \\ \tilde{b}_1 \end{bmatrix} y$$

$$u = \begin{bmatrix} 0 & 1 \end{bmatrix} \begin{bmatrix} x_1 \\ x_2 \end{bmatrix} + \frac{c_2}{a_2} r - \frac{b_2}{a_2} y.$$

In Abb. 12.2 ist die Realisierung dieses Systems in der 2. Standardform grafisch dargestellt.

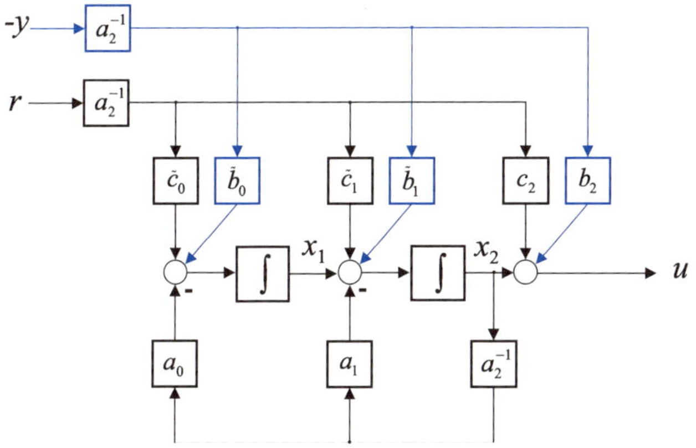

Abbildung 12.2: Realisierung in 2. Standardform

12.4 *Youla*-Parametrisierung, zeitdiskreter Fall

Die Reglerparametrisierung kann mühelos auf den zeitdiskreten Fall übertragen werden. Dazu müssen lediglich einige Begriffe adaptiert werden. Hierbei benutzen wir für die auftretenden Übertragungsfunktionen die gleichen Symbole wie im zeitkontinuierlichen Fall. Sie hängen nun von der komplexen Variablen z ab.

Eine koprime Faktorisierung der (kausalen) Streckenübertragungsfunktion $P(z)$:

$$P(z) = \frac{\mu(z)}{\nu(z)}, \quad \text{Grad}(\nu) = n, \tag{12.17}$$

mit den teilerfremden Zähler- bzw. Nennerpolynomen $\mu(z)$ bzw. $\nu(z)$ mit reellen Koeffizienten ist durch

$$P(z) = \frac{Z(z)}{N(z)}$$

gegeben. Die BIBO-stabilen so genannten *koprimen* Übertragungsfunktionen $Z(z)$ und $N(z)$ haben nach Voraussetzung keine gemeinsamen Nullstellen auf oder außerhalb des Einheitskreises (inklusive $z = \infty$) und lassen sich durch

$$Z(z) = \frac{\mu(z)}{w(z)} \text{ und } N(z) = \frac{\nu(z)}{w(z)} \tag{12.18}$$

berechnen. Hierbei ist $w(z)$ ein *Einheitskreispolynom* vom Grad n.

Aufgrund dieser Voraussetzungen existieren zwei (kausale) BIBO-stabile Übertragungsfunktionen $X(z)$ und $Y(z)$, so dass die *Bezout*-Identität

$$Z(z)X(z) + N(z)Y(z) = 1 \tag{12.19}$$

erfüllt ist. Eine einfache Möglichkeit zur Ermittlung von $X(z)$ und $Y(z)$ besteht darin, für die koprime Faktorisierung den Ansatz

$$Z(z) = \frac{\mu(z)}{(z-\alpha)^n}, \quad N(z) = \frac{\nu(z)}{(z-\alpha)^n}, \quad |\alpha| < 1$$

zu wählen. Für $X(z)$ und $Y(z)$ wählt man

$$X(z) = \frac{x(z)}{(z-\alpha)^{n-1}}, \quad Y(z) = \frac{y(z)}{(z-\alpha)^{n-1}},$$

wobei $x(z)$ und $y(z)$ Polynome vom Grad $(n-1)$ mit reellen Koeffizienten sind. Sie können durch Einsetzen in (12.19) anhand von

$$\mu(z)\, x(z) + \nu(z)\, y(z) = (z-\alpha)^{2n-1}$$

eindeutig ermittelt werden.

Beispiel: Für die Strecke mit der Übertragungsfunktion

$$P(z) = \frac{2\,z+1}{z^2+z+1}$$

ist eine Koprimfaktorisierung gegeben durch ($\alpha = 0$):

$$Z(z) = \frac{2\,z+1}{z^2}, \quad N(z) = \frac{z^2+z+1}{z^2}.$$

Für die Übertragungsfunktionen $X(z)$ und $Y(z)$ findet man

$$X(z) = -\frac{2}{3}\frac{(z+0.5)}{z}, \quad Y(z) = \frac{z+\frac{1}{3}}{z}.$$

Durch analoge Überlegungen wie im zeitkontinuierlichen Fall kann eine Darstellung *aller* den Standardregelkreis intern stabilisierenden Regler gefunden werden. Durch Variation des BIBO-stabilen Parameters $K(z)$ kann mit Hilfe von

$$R(z) = \frac{X(z) + K(z)N(z)}{Y(z) - K(z)Z(z)} \tag{12.20}$$

jeder stabilisierende Regler dargestellt werden. Die Übertragungsfunktionen des geschlossenen Kreises entsprechen denen in (12.12). Bei der erweiterten Regelkreiskonfiguration ergibt sich für die als *ein* System zu realisierenden Übertragungsfunktionen $R(z)$ und $V(z)$:

$$R(z) = \frac{X(z) + K(z)N(z)}{Y(z) - K(z)Z(z)} \quad \text{und} \quad V(z) = \frac{H(z)}{Y(z) - K(z)Z(z)}. \tag{12.21}$$

Der Parameter $H(z)$ ist eine beliebige BIBO-stabile Übertragungsfunktion. Die Übertragungsfunktionen des geschlossenen Kreises sind in (12.16) angegeben.

Kapitel 13 Verfahren zur Erfüllung der Spezifikationen

13.1 Einstellregeln für Standardregler

13.1.1 Einstellregeln nach *Ziegler-Nichols*

Stabilität

Die Anwendbarkeit dieser empirischen Verfahren zur Dimensionierung von Standardreglertypen beschränkt sich auf Strecken mit ganz bestimmten Merkmalen. Bei der „open-loop"-Methode wird vorausgesetzt, dass man aus der Sprungantwort der Strecke bestimmte für die Reglerdimensionierung benötigte Kenngrößen ablesen kann. Die „closed-loop"-Methode ist für Strecken geeignet, die mit Hilfe eines Proportionalreglers stabilisiert und gefahrlos an die Stabilitätsgrenze (d.h. die Ortskurve des offenen Kreises geht *durch* den kritischen Punkt -1) gebracht werden können. Eine gesicherte Aussage über die Stabilität der resultierenden Regelkreise ist hier prinzipiell nicht möglich.

Dynamisches Verhalten

Den Einstellregeln nach *Ziegler-Nichols* [71] liegt die Idee zugrunde, die Dämpfung des Regelkreises so einzustellen, dass die ersten beiden Maxima der Sprungantwort in einem Verhältnis von 4 : 1 stehen (siehe Abb. 15.4). Erfahrungswerte aus der Praxis belegen, dass nach diesen Regeln ausgelegte Regelkreise zu schwach gedämpft sind. Eine Feinjustierung der Reglerparameter ist somit meistens unumgänglich.

Stationäres Verhalten

Die stationären Eigenschaften eines Regelkreises können durch entsprechende Wahl der Reglertypen beeinflusst werden. Durch Proportional-Integral- (PI-) oder Proportional-Integral-Differential- (PID-)Regler kann ein zusätzliches Integrierglied in den offenen Kreis eingefügt werden.

13.1.2 T-Summenregel

Stabilität

Ähnlich wie bei den Einstellregeln nach *Ziegler-Nichols* ist auch dieses Verfahren auf einen ganz bestimmten Streckentyp zugeschnitten, nämlich auf Strecken mit „s-förmiger"

Sprungantwort. Aus der Sprungantwort wird die so genannte Summenzeitkonstante abgelesen, mit deren Hilfe die Regler dimensioniert werden. Für die betrachtete Klasse von Strecken erlaubt das Verfahren eine zuverlässige Einstellung von Standardreglern. Ein Stabilitätsnachweis ist allerdings nicht möglich.

Dynamisches Verhalten

Die Dimensionierung der Regler basiert auf der vereinfachenden Annahme, dass die Strecke näherungsweise durch ein so genanntes Verzögerungsglied 2. Ordnung (VZ_2-Glied) mit zwei reellen Zeitkonstanten T_1 und T_2 und dem Verstärkungsfaktor K_S, d.h.

$$P(s) = \frac{K_S}{(1 + sT_1)(1 + sT_2)},$$

approximiert werden kann. Der Regelkreis wird dann so ausgelegt, dass er über eine bestimmte Dämpfung verfügt. Diese Überlegung liefert zuverlässige, aber eher langsame Regelkreise. Durch geeignete Maßnahmen (z.B. Optimierung von Güteintegralen) kann der Regelkreis schneller eingestellt werden. Bei Strecken mit hoher Ordnung ist diese Vorgangsweise allerdings nicht zielführend [40].

13.2 Reglerentwurf mit *Bode*-Diagrammen

Den vorgestellten Verfahren liegt der in Abb. 8.4 dargestellte Standardregelkreis zugrunde.

13.2.1 Klassisches Verfahren

Stabilität

Die oberste Prämisse bei klassischen Frequenzkennlinien-Verfahren ist die einfache Anwendbarkeit und Geradlinigkeit des Entwurfes. Aus diesem Grund setzt man voraus, dass der aus Strecke und Regler gebildete offene Kreis eine Übertragungsfunktion $L(s)$ vom *einfachen Typ* ist (vgl. Kap. 6). Unter dieser Voraussetzung gilt das *vereinfachte Schnittpunktkriterium*! Der Regelkreis ist nämlich genau dann BIBO-stabil, wenn die Phasenreserve ϕ_r positiv ist.[1]

Dynamisches Verhalten

Das gewünschte dynamische Verhalten des Regelkreises wird durch das prozentuale Überschwingen $\ddot{u}$ und die Anstiegszeit t_r der Sprungantwort spezifiziert. Dabei wird vereinfachend angenommen, dass der resultierende Regelkreis ein *System mit dominantem Polpaar* ist (vgl. Kap. 11). Aus dieser Vereinfachung resultieren Faustformeln, mit deren Hilfe aus den vorgegebenen Größen $\ddot{u}$ und t_r die notwendige Phasenreserve ϕ_r und Durchtrittsfrequenz ω_c und damit der komplexe Wert $L(j\omega_c)$ ermittelt werden können. Durch diese

[1] Ist $L(s)$ nicht vom einfachen Typ, so muss die Stabilität des Regelkreises mit Hilfe des *Nyquist*-Kriteriums nachgewiesen werden, was mit Hilfe von *Bode*-Diagrammen relativ aufwändig ist.

Vorgaben ist also nur *ein Punkt* der Frequenzkennlinien des offenen Kreises bestimmt. Der Verlauf der Frequenzkennlinien von $L(j\omega)$ für „kleine" bzw. „große" Frequenzen ist geprägt durch weitere gewünschte Eigenschaften des Standardregelkreises.

Im Sinne eines guten Führungsverhaltens und einer guten Störunterdrückung trachtet man danach, die Betragskennlinie des offenen Kreises für Frequenzen unterhalb der Durchtrittsfrequenz möglichst weit nach oben zu schieben, d.h.

$$|L(j\omega)| \gg 1 \quad \text{für} \quad \omega < \omega_c. \tag{13.1}$$

Für den Betrag des Frequenzganges der Führungsübertragungsfunktion gilt dann für $\omega < \omega_c$

$$|T(j\omega)| = \frac{|L(j\omega)|}{|1 + L(j\omega)|} \approx 1,$$

das Störverhalten ist in diesem Frequenzbereich durch

$$|S(j\omega)| = \frac{1}{|1 + L(j\omega)|} \approx 0$$

charakterisiert. Mit Hilfe von (13.1) kann somit sowohl das Führungs- als auch das Störverhalten wunschgemäß beeinflusst werden (siehe Abb. 13.1).

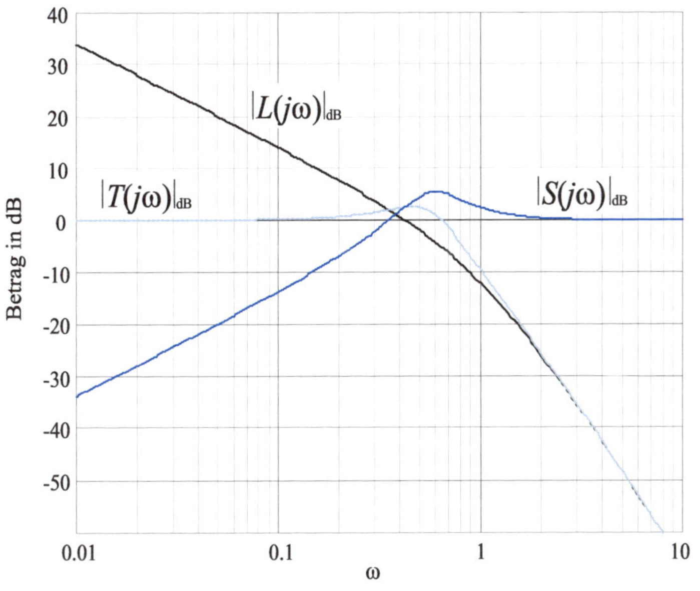

Abbildung 13.1: Typischer Verlauf von $|L(j\omega)|$, $|T(j\omega)|$ und $|S(j\omega)|$

Eine ausreichend große Stabilitätsreserve erfordert im Bereich der Durchtrittsfrequenz ω_c einen hinreichend steilen Abfall der Betragskennlinie $|L(j\omega)|$, ein Richtwert ist $-20dB$

pro Dekade (vgl. Kap. 10). Für Frequenzen oberhalb der Durchtrittsfrequenz sollte die Betragskennlinie $|L(j\omega)|$ weiter steil abfallen, d.h.

$$|L(j\omega)| \ll 1 \quad \text{für} \quad \omega > \omega_c. \tag{13.2}$$

Damit gilt für das Führungs- bzw. Störverhalten für Frequenzen $\omega > \omega_c$ (siehe Abb. 13.1)

$$|T(j\omega)| \approx |L(j\omega)| \ll 1 \quad \text{und} \quad |S(j\omega)| \approx 1.$$

Den auf die Strecke wirkenden Störungen d wird nun durch die Regelung kaum entgegengewirkt. Das der Führungsgröße r überlagert gedachte hochfrequente Messrauschen n wird allerdings unterdrückt. Die Auslegung des Regelkreises muss somit auch der spektralen Zusammensetzung von Führungs-, Störgröße und Messrauschen angepasst sein.

Man kann nun folgende „Bauernregel" formulieren: Bringt der eingesetzte Regler einen „Gewinn", d.h. eine niedrige Störempfindlichkeit in einem bestimmten Frequenzbereich ein, so *erzwingt* er einen „Verlust", also eine hohe Störempfindlichkeit in einem anderen Frequenzbereich!

Hinweis

Diese Bauernregel gibt das so genannte Empfindlichkeitstheorem von *Bode* wieder [9]. Es besagt, dass wenn der offene Kreis $L(s)$ einen Polüberschuss von mindestens 2 besitzt und l Pole in der rechten offenen s-Ebene hat, Folgendes gilt:

$$\int_0^\infty \log|S(j\omega|\, d\omega = \pi \sum_i^l \mathrm{Re}\{s_i\}\,. \tag{13.3}$$

Stationäres Verhalten

Das stationäre Verhalten des Regelkreises kann durch entsprechende Wahl der Korrekturglieder beim Entwurf nahezu beliebig eingestellt werden.

13.3 Algebraische Synthese

13.3.1 Polvorgabe für den Standardregelkreis

Stabilität

Die Stabilität des Regelkreises wird hier dadurch gewährleistet, dass man nur solche Führungsübertragungsfunktionen vorgibt, die mit Hilfe eines nicht-entarteten und intern stabilen Regelkreises realisiert werden können. Solche Übertragungsfunktionen nennt man *implementierbar*. Aufgrund der durch die Struktur des Standardregelkreises bedingten

Einschränkungen ist es allerdings nicht möglich, jede implementierbare Führungsübertragungsfunktion zu realisieren. Deshalb begnügt man sich damit, nur die Pole der Führungsübertragungsfunktion vorzugeben; ihre Nullstellen resultieren dann aus dem Entwurf. Nachdem natürlich die Pole einen negativen Realteil haben, ist der Regelkreis sicher intern stabil.

Dynamisches Verhalten

Aufgrund der oben begründeten Tatsache, dass nur die Pole der Führungsübertragungsfunktion vorgegeben werden, ist es relativ schwierig, die Dynamik des Regelkreises den eventuell vielfältigen Anforderungen anzupassen. Komplexe Wünsche an das dynamische Verhalten können in vielen Fällen nur durch eine Erhöhung der Reglerordnung erfüllt werden.

Stationäres Verhalten

Das stationäre Verhalten des Regelkreises kann nahtlos in den Entwurf miteinbezogen werden.

13.3.2 Entwurf für die erweiterte Regelkreisstruktur

Stabilität

Im Gegensatz zum Standardregelkreis kann hier *jede* implementierbare Übertragungsfunktion als Führungsübertragungsfunktion $T(s)$ gewählt werden. Aus der Implementierbarkeit von $T(s)$ folgt unmittelbar die interne Stabilität des Regelkreises.

Dynamisches Verhalten

Prinzipiell kann das dynamische Verhalten des Regelkreises nahezu beliebig spezifiziert werden. Allerdings ist es dazu notwendig, eine entsprechende Übertragungsfunktion $T(s)$ *anzugeben*. Eine hier angeführte Möglichkeit zur Wahl von $T(s)$ besteht darin, das Führungsverhalten durch ein System mit dominierendem Polpaar zu beschreiben. Ähnlich wie beim Frequenzkennlinien-Verfahren wird der gewünschte Verlauf der Sprungantwort des Regelkreises durch Vorgabe der Überschwingweite M_p und der Anstiegszeit t_r spezifiziert. Durch eine Erhöhung der Reglerordnung ist es möglich, zusätzliche Wünsche an die Regelkreisdynamik zu erfüllen.

13.3.3 Einsatz der Linearen Programmierung

Stabilität

Zur Berücksichtigung der Stabilität beim Reglerentwurf gibt es verschiedene Ansätze. Das Stabilitätsproblem kann mit Hilfe der so genannten *Youla*-Parametrisierung besonders elegant gelöst werden. Man zieht durch diese spezielle Art der Reglerdarstellung *automatisch* nur solche Regler in Betracht, die den Regelkreis auch intern stabilisieren! Außerdem ist es bemerkenwert, dass die Einbettung in ein Lineares Programm sehr leicht möglich ist.

Dynamisches Verhalten

Für den Regelkreis wird eine Referenzsprungantwort vorgegeben. Diese wird nicht nur durch die Anstiegszeit t_r und die Überschwingweite M_p spezifiziert, sondern auch durch ihren zeitlichen Verlauf in einem bestimmten Zeitintervall. Der Reglerentwurf basiert auf der Minimierung der Abweichungen der tatsächlichen Sprungantwort von der Referenzsprungantwort. Eine Beschränkung der Stellgrößen kann leicht berücksichtigt werden.

Stationäres Verhalten

Alle Zusatzwünsche, also auch Wünsche an das stationäre Verhalten, die sich als affine Funktion der Optimierungsvariablen darstellen lassen, können nahtlos in den Entwurf integriert werden.

13.4 Entwurf von Zustandsreglern und Beobachtern

Stabilität

Die Stabilität ist gewährleistet, da der Zustandsregler aufgrund einer *gewünschten* (sinnvollen) Eigenwertkonfiguration des Regelkreises berechnet wird.

Dynamisches Verhalten

Durch Vorgabe der Eigenwerte des Regelkreises können wir seinen Eigenbewegungen ein gewünschtes Verhalten aufprägen. Mit Hilfe eines Zustandsreglers können allerdings keine Nullstellen der Führungsübertragungsfunktion erzwungen werden. Die Nullstellen der Regelstrecke sind gleichzeitig auch Nullstellen der Führungsübertragungsfunktion. Eine Kürzung „stabiler“ unerwünschter Nullstellen ist möglich. Zur sinnvollen Platzierung der Eigenwerte dienen Betrachtungen eines Systems mit dominantem Polpaar.

Stationäres Verhalten

Die stationäre Genauigkeit des Regelkreises kann durch den Steuerungsanteil der Stellgröße bzw. durch den I-Anteil des Zustandsreglers eingestellt werden.

Teil 3

Modellierung von Systemen – drei Fallstudien

Kapitelübersicht

Kapitel

14 Modellbildung

14.1 Einführung

Voraussetzung für die Anwendung von Methoden der modellbasierten Synthese von Regelkreisen ist eine mathematische Beschreibung des betrachteten Systems, der so genannten Regelstrecke. Ziel der Modellbildung ist hier nicht, ein möglichst detailliertes Abbild der Realität zu schaffen. Ein solcher Versuch würde das Aufstellen der Modellgleichungen erheblich erschweren und zu unnötig komplexen und unhandlichen Modellen führen. Die mathematische Beschreibung soll vielmehr die für die Aufgabenstellung prägnanten Eigenschaften der Regelstrecke hinreichend gut widerspiegeln. Die Kunst der Modellbildung besteht darin, die für die Lösung der Aufgabe relevanten Probleme zu erkennen und zu erfassen. Voraussetzung hierfür ist natürlich ein gewisses „Gefühl“ für das Verhalten der Regelstrecke. Dieses „Expertenwissen“ kann man sich nur durch intensive Beschäftigung mit dem zu kontrollierenden Prozess aneignen.

Die Erstellung des mathematischen Modells für einen dynamischen Prozess kann prinzipiell auf mehrere Arten erfolgen. Bei der *analytischen Modellbildung* resultiert das Modell aus der sukzessiven Anwendung von z.B physikalischen Gesetzmäßigkeiten. Modelle zur Beschreibung mechanischer Systeme können z.B. durch Anwendung der Newtonschen Axiome oder des Formalismus von Lagrange bestimmt werden. Mit Hilfe der Kirchhoffschen Gesetze wiederum findet man leicht Modelle für elektrische Netzwerke.

Bei der *experimentellen Modellbildung* versucht man aufgrund von Messungen bestimmter Systemgrößen Rückschlüsse auf die Dynamik des betrachteten Prozesses zu ziehen. Man spricht in diesem Zusammenhang auch von *Systemidentifikation*. Üblicherweise ist die Struktur des Modells vorgegeben; durch den – oft sehr komplexen – Identifikationsalgorithmus werden aus den Messungen die unbekannten Parameter des Modells ermittelt. Besonders leicht verständlich sind Verfahren, bei denen z.B. anhand der Sprungantwort des betrachteten Systems die Parameter eines stark vereinfachten Ersatzmodells bestimmt werden. Die Anwendbarkeit und Leistungsfähigkeit solcher Verfahren ist verständlicherweise beschränkt.

In vielen Fällen gelingt es durch analytische Modellbildung, ein mathematisches Modell aufzustellen, bei dem einige Parameter, wie z.B. Reibungskoeffizienten oder Federkonstanten, unbekannt sind. Durch gezielt durchgeführte Experimente an der Strecke ist es möglich, diese Parameter zu identifizieren. Diese Vorgangsweise wird in den folgenden Abschnitten mehrfach demonstriert.

Beispielhaft werden in diesem Kapitel zwei dynamische Systeme vorgestellt. Es handelt sich um Labormodelle, die am Institut für Regelungstechnik der Technischen Universität

Graz aufgebaut sind. Es wurde großer Wert darauf gelegt, dass die Modellbildung für die einzelnen Systeme ausführlich beschrieben wird und daher leicht nachzuvollziehen ist. Alle in den folgenden Kapiteln vorgestellten Verfahren zum Reglerentwurf werden auch auf die präsentierten Regelstrecken angewandt. Damit wird das Operieren mit abstrakten Modellen, deren praktischer Bezug für den Leser oft unklar ist, vermieden.

14.2 Das 3-Tank-System

14.2.1 Einführung

Das in Abb. 14.1 schematisch dargestellte 3-Tank-System besteht aus drei übereinander angeordneten Behältern (Tanks), die über eine Pumpe mit der Pumpenspannung u_p mit Wasser aus dem Sammelbecken (Reservoir) versorgt werden können. Jeder Behälter besitzt ein Ausflussventil, durch das das Wasser in den jeweils darunter liegenden Behälter bzw. in das Sammelbecken abfließt.

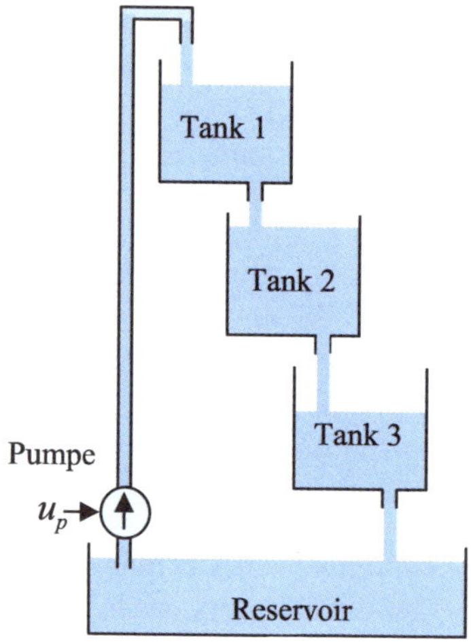

Abbildung 14.1: 3-Tank-System

Das Ziel einer Regelung könnte es z.B. sein, durch geschickte Ansteuerung der Pumpe mit Hilfe der Pumpenspannung den Füllstand eines der drei Behälter einem vorgegebenen Sollverlauf nachzuführen. Die Wahl des Behälters, in dem die Füllhöhe geregelt werden soll, entscheidet offensichtlich über den Schwierigkeitsgrad der Aufgabenstellung. Da der oberste Tank *direkt* über die Pumpe angespeist wird, ist die Kontrolle des entsprechenden Füllstandes relativ einfach. Im Gegensatz dazu kann das Niveau in den beiden unteren Behältern lediglich *indirekt* über die Pumpe beeinflusst werden. Die zufließende Wassermenge ist hier nämlich durch die Füllstände der darüber liegenden Tanks vorgegeben. Durch diese Verkopplung der einzelnen Behälter stellt die Beherrschung des Verhaltens des untersten Behälters vom regelungstechnischen Standpunkt aus die größte Herausforderung dar.

Aufgrund des gut überblickbaren Prozessverhaltens eignet sich das 3-Tank-System besonders gut für Ausbildungszwecke. Eine Vielzahl von Regelungskonzepten kann an diesem System praktisch erprobt werden. Durch geeignete konstruktive Maßnahmen (Tankvolumen, Ausflussventile) kann die Systemdynamik derart beeinflusst werden, dass transiente Vorgänge schon während des Betriebs direkt am Prozess beobachtet und analysiert werden können. Der Aufbau veranschaulicht auch, dass es bei dem Entwurf von Regelgesetzen im Allgemeinen nicht ausreicht, sich auf das Eingangs-Ausgangs-Verhalten des zu entwerfenden Gesamtsystems zu konzentrieren. Es ist hier nämlich nicht nur die Pumpenspannung beschränkt, auch für die Füllstände in den Behältern sind durch die Bauhöhe der Tanks klare Grenzen vorgegeben, die keinesfalls überschritten werden dürfen!

14.2.2 Modellbildung

Das nachzubildende System besteht aus drei in Serie geschalteten Flüssigkeitsbehältern und einer Pumpe, die den oberen Tank mit Wasser versorgt. Aus der mathematischen Beschreibung der einzelnen Komponenten soll ein Modell für das Gesamtsystem zusammengesetzt werden.

Modell eines einzelnen Tanks (1-Tank-System)

Zunächst wird das mathematische Modell eines einzelnen Flüssigkeitsbehälters abgeleitet. Hierzu wird der in Abb. 14.2 dargestellte Tank betrachtet, der aus dem Behälter mit dem Querschnitt A_b und dem Ausflussstutzen mit dem Querschnitt A_a besteht. Der Zufluss q_z und der Abfluss q_a bezeichnen das pro Zeiteinheit zu- bzw. abfließende Wasservolumen. Der Füllstand im Behälter ist h; h_0 symbolisiert den (konstanten) Abstand zwischen Behälterboden und Unterkante des Ausflussstutzens.

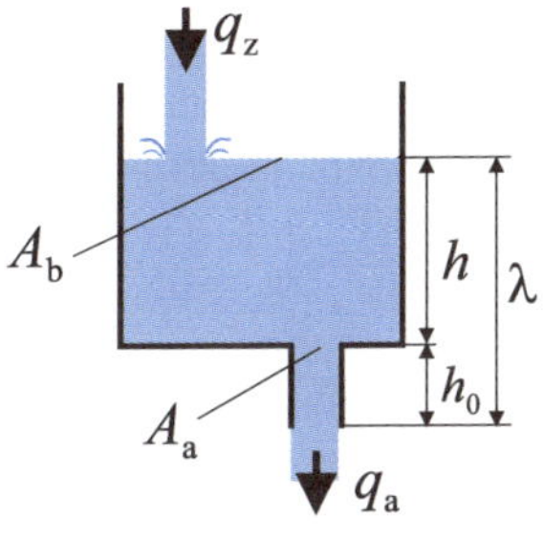

Abbildung 14.2: 1-Tank-System

Die Änderung des im Tank befindlichen Flüssigkeitsvolumens V beschreibt die Bilanzgleichung [30]:

$$\frac{dV}{dt} = q_z - q_a. \tag{14.1}$$

Führt man die Größe λ gemäß

$$\lambda := h + h_0 \tag{14.2}$$

ein, so kann Beziehung (14.1) folgendermaßen geschrieben werden:

$$\frac{dV}{dt} = A_b \frac{dh}{dt} = A_b \frac{d\lambda}{dt},$$

d.h. es gilt

$$A_b \frac{d\lambda}{dt} = q_z - q_a. \tag{14.3}$$

Diese Differentialgleichung beschreibt die Abhängigkeit von λ bei gegebenem Zufluss q_z. Zu beachten ist, dass der Abfluss q_a nicht konstant ist, sondern von der Ausflussgeschwindigkeit v abhängig ist; es gilt

$$q_a = A_a\, v_a. \tag{14.4}$$

Mit dem Ausflussgesetz von *Torricelli* kann die Ausströmgeschwindigkeit der Flüssigkeit ermittelt werden. Allerdings werden dabei die Flüssigkeitsreibung im Ausflussstutzen und die Eigenschaften der Ausflussöffnung vernachlässigt [30]:

$$v = \sqrt{2g\lambda}.$$

Hierbei symbolisiert g die Erdbeschleunigung. Zur Berechnung der tatsächlichen Ausflussgeschwindigkeit v_a wird obiger Wert noch mit der so genannten *Ausflusszahl* μ multipliziert:

$$v_a = \mu v = \mu\sqrt{2g\lambda}. \tag{14.5}$$

Der Korrekturfaktor μ berücksichtigt die Flüssigkeitsreibung wie auch die Einschnürung des Wasserstrahls beim Austreten aus dem Ausflussstutzen. Für das Medium Wasser liegt der Wert von μ zwischen ca. 0.6 für eine scharfkantige und 1.0 für eine abgerundete Ausflussöffnung. Damit bekommt Beziehung (14.3) die Gestalt

$$A_b \frac{d\lambda}{dt} = q_z - \mu A_a \sqrt{2g\lambda}.$$

Die Differentialgleichung zur Beschreibung der Füllhöhe in einem einzelnen Tank lautet dann

$$\frac{d\lambda}{dt} = -\mu \frac{A_a}{A_b}\sqrt{2g\lambda} + \frac{1}{A_b} q_z, \tag{14.6}$$

für den Abfluss gilt mit (14.4) und (14.5)

$$q_a = \mu\, A_a \sqrt{2g\lambda}. \tag{14.7}$$

Um eine kompaktere Darstellung der Systembeschreibung zu erhalten, werden folgende Abkürzungen eingeführt. Die konstanten Größen A_a, A_b und μ werden zur Konstante

$$\delta := \mu \frac{A_a}{A_b}\sqrt{2g} \tag{14.8}$$

zusammengefasst, und der auf den Behälterquerschnitt normierte Zufluss wird mit

$$\varepsilon := \frac{1}{A_b} q_z \tag{14.9}$$

bezeichnet. Damit lautet die Differentialgleichung, die das 1-Tank System charakterisiert:

$$\frac{d\lambda}{dt} = -\delta\sqrt{\lambda} + \varepsilon. \tag{14.10}$$

Für den auf den Behälterquerschnitt normierten Abfluss erhält man unter Verwendung von Beziehung (14.7)

$$\eta := \frac{1}{A_b} q_a = \delta\sqrt{\lambda} \tag{14.11}$$

In Abb. 14.3 ist das Strukturbild für die Systembeschreibung des 1-Tank-Systems mit normierten Größen dargestellt. Dadurch werden die abgeleiteten mathematischen Beziehungen (14.10) und (14.11) in prägnanter Weise visualisiert.

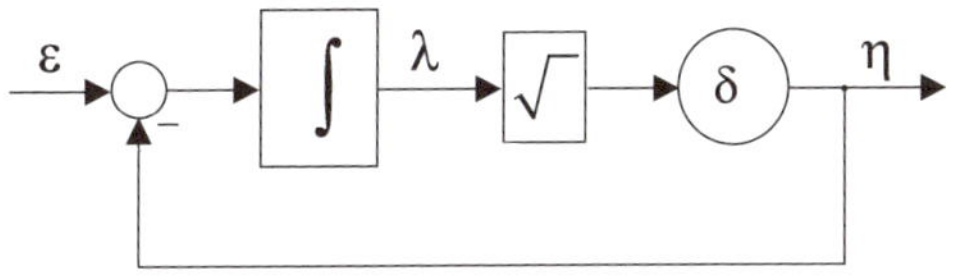

Abbildung 14.3: Strukturbild für das 1-Tank-System

Modell für drei Behälter (3-Tank-System)

Der Einfachheit halber wird in weiterer Folge vorausgesetzt, dass alle drei Behälter die gleichen Querschnittsflächen A_b und A_a besitzen. Der Füllstand im jeweiligen Behälter wird mit h_i symbolisiert. Der konstante Abstand zwischen Behälterboden und Unterkante des Ausflussstutzens wird mit $h_{0,i}$ bezeichnet. Der Zufluss in den betrachteten Behältern ist $q_{z,i}$. Der Index i bezieht sich hier auf die Tanknummer, wobei gemäß Abb. 14.1 der Wert $i = 1$ den oberen und $i = 3$ den untersten Tank bezeichnet. Damit erhalten wir in Analogie zu (14.2) die Systemgrößen

$$\lambda_i := h_i + h_{0,i}. \tag{14.12}$$

Um den jeweiligen normierten Abfluss η_i zu bekommen, führt man in Anlehnung an (14.8) und (14.9) die Konstanten

$$\delta_i := \frac{A_a}{A_b}\mu_i\sqrt{2\,g}, \quad \varepsilon_i := \frac{1}{A_b} q_{z,i} \tag{14.13}$$

ein. Hierbei ist μ_i die entsprechende Abflusszahl. Der jeweilige normierte Abfluss lautet

$$\eta_i := \delta_i\sqrt{\lambda_i}. \tag{14.14}$$

Ein mathematisches Modell der Gesamtanordnung kann nun durch sehr einfache Überlegungen gewonnen werden. Das Modell für den obersten Tank ist gegeben durch Beziehung (14.10):

$$\frac{d\lambda_1}{dt} = -\delta_1\sqrt{\lambda_1} + \varepsilon_1. \tag{14.15}$$

Hierbei ist der normierte Zufluss ε_1 durch die Pumpenspannung u_p festgelegt. Für den mittleren Tank gilt ganz analog

$$\frac{d\lambda_2}{dt} = -\delta_2\sqrt{\lambda_2} + \varepsilon_2.$$

Der Zufluss ε_2 in Tank 2 ist nun aber gleich dem Abfluss η_1 aus Tank 1, d.h. also

$$\frac{d\lambda_2}{dt} = -\delta_2\sqrt{\lambda_2} + \eta_1 \overset{(14.14)}{=} -\delta_2\sqrt{\lambda_2} + \delta_1\sqrt{\lambda_1}. \tag{14.16}$$

Mit den gleichen Überlegungen ($\varepsilon_3 = \eta_2$) erhält man die entsprechende Relation für den untersten Tank:

$$\frac{d\lambda_3}{dt} = -\delta_3\sqrt{\lambda_3} + \delta_2\sqrt{\lambda_2}. \tag{14.17}$$

Damit ergibt sich das Strukturbild des Gesamtsystems in Abb. 14.4 auf einfache Weise.

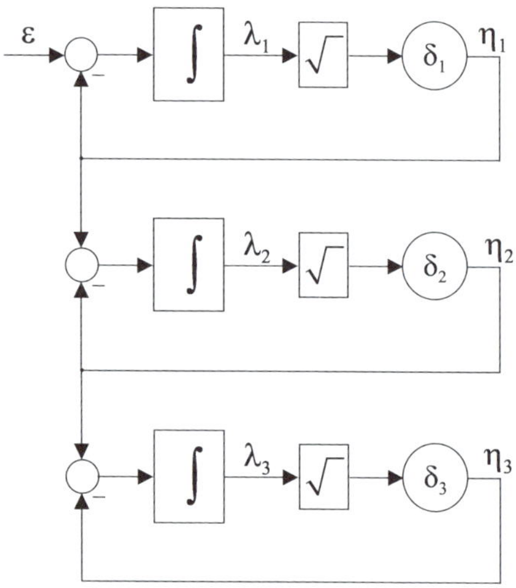

Abbildung 14.4: Strukturbild für das 3-Tank-System

Modellierung der Pumpe

Aufgrund der zeitlich vergleichsweise langsam verlaufenden Vorgänge in den Behältern kann das dynamische Verhalten der Pumpe vernachlässigt werden. Benötigt wird lediglich der statische Zusammenhang zwischen der angelegten Pumpenspannung u_p und dem (normierten) Zufluss in den oberen Tank, d.h.

$$\varepsilon_1 = \frac{q_z}{A_b} = f(u_p).$$

Modell des Gesamtsystems („Strecke")

Zusammenfassend lautet das mathematische Modell für das 3-Tank-System:

$$\begin{aligned}\frac{d\lambda_1}{dt} &= -\delta_1\sqrt{\lambda_1} + f(u_p)\\ \frac{d\lambda_2}{dt} &= -\delta_2\sqrt{\lambda_2} + \delta_1\sqrt{\lambda_1}\\ \frac{d\lambda_3}{dt} &= -\delta_3\sqrt{\lambda_3} + \delta_2\sqrt{\lambda_2}.\end{aligned} \tag{14.18}$$

Bei der Beschreibung (14.18) handelt es sich um ein System nichtlinearer gewöhnlicher Differentialgleichungen 1. Ordnung. Die mathematische Behandlung, d.h. die Analyse solcher Modelle für die Erkennung relevanter Eigenschaften, stellt in den meisten Fällen eine hohe Hürde dar! Auch die Entwicklung von Regelkonzepten gestaltet sich im Allgemeinen wesentlich aufwändiger als für lineare Modelle. Es ist daher ein nahe liegender Wunsch, die nichtlineare Systemdynamik approximativ durch ein lineares Modell zu beschreiben. Solch eine Näherungsbetrachtung kann naturgemäß nur in einem bestimmten Bereich sinnvoll, d.h. gültig, sein. Im Folgenden soll davon ausgegangen werden, dass sich das System in einem gewünschten *Arbeitspunkt* befindet. Das bedeutet, dass sich im System stationäre, also zeitlich konstante, Verhältnisse einstellen. Bei dem vorliegenden System ist ein Arbeitspunkt eindeutig bestimmt durch die angelegte konstante Pumpenspannung. Das Anfahren des Arbeitspunktes, das in der Praxis oft sehr aufwändig ist, gestaltet sich beim „gutmütigen" 3-Tank-System als recht einfach. Es reicht vollkommen aus, die gewünschte konstante Pumpenspannung

$$u_p = u_{p,R} = \text{konst.}$$

anzulegen. Nach hinreichend langer Zeit stellen sich konstante Verhältnisse, d.h. konstante Füllstandshöhen

$$\lambda_1 = \lambda_{1,R}, \quad \lambda_2 = \lambda_{2,R}, \quad \lambda_3 = \lambda_{3,R}$$

ein. Aus Beziehung (14.18) folgt:

$$\begin{aligned}0 &= -\delta_1\sqrt{\lambda_{1,R}} + f(u_{P,R})\\ 0 &= -\delta_2\sqrt{\lambda_{2,R}} + \delta_1\sqrt{\lambda_{1,R}}\\ 0 &= -\delta_3\sqrt{\lambda_{3,R}} + \delta_2\sqrt{\lambda_{2,R}}.\end{aligned}$$

Aus diesem algebraischen Gleichungssystem können leicht die konstanten Füllstände in den drei Tanks berechnet werden; es gilt:

$$\lambda_{1,R} = \frac{f^2(u_{p,R})}{\delta_1^2}, \quad \lambda_{2,R} = \frac{\delta_1^2}{\delta_2^2}\lambda_{1,R}, \quad \lambda_{3,R} = \frac{\delta_2^2}{\delta_3^2}\lambda_{2,R}. \tag{14.19}$$

Die Idee bei der Entwicklung eines linearen Modells besteht nun darin, das Systemverhalten nur *in der Nähe* des Arbeitspunktes mathematisch zu erfassen. Man spricht in diesem Zusammenhang von der Linearisierung der Systembeschreibung um einen Arbeitspunkt. Die Vorgehensweise bei der Erstellung solch eines Modells wird nachfolgend ausgeführt.

14.2.3 Linearisierung um einen Arbeitspunkt

Es soll das Systemverhalten bei einer „kleinen“ Auslenkung aus dem durch $\lambda_{1,R}$, $\lambda_{2,R}$, $\lambda_{3,R}$ und $u_{p,R}$ charakterisierten Arbeitspunkt untersucht werden, d.h.

$$\begin{aligned}
\lambda_1 &= \lambda_{1,R} + x_1 \\
\lambda_2 &= \lambda_{2,R} + x_2 \\
\lambda_3 &= \lambda_{3,R} + x_3 \\
u_p &= u_{p,R} + u.
\end{aligned} \tag{14.20}$$

Hierbei repräsentieren die Größen x_1, x_2 und x_3 die Abweichungen der Füllstände vom stationären Zustand (14.19), u ist die Abweichung der Pumpenspannung von der konstanten Spannung $u_{P,R}$. Für die Systembeschreibung (14.18) gilt nun

$$\begin{aligned}
\frac{dx_1}{dt} &= -\delta_1\sqrt{\lambda_{1,R} + x_1} + f(u_{p,R} + u) \\
\frac{dx_2}{dt} &= -\delta_2\sqrt{\lambda_{2,R} + x_2} + \delta_1\sqrt{\lambda_{1,R} + x_1} \\
\frac{dx_3}{dt} &= -\delta_3\sqrt{\lambda_{3,R} + x_3} + \delta_2\sqrt{\lambda_{2,R} + x_2}.
\end{aligned} \tag{14.21}$$

Es werden nun „kleine“ Abweichungen x_1, x_2, x_3 und u betrachtet, um ein approximatives lineares Modell zu erzeugen. Hierzu wird die rechte Seite obiger Systembeschreibung in eine *Taylor*-Reihe entwickelt, die nach dem linearen Glied abgebrochen wird! Allgemein gilt für die abgebrochene Entwicklung einer nichtlinearen Funktion $g(s)$ um einen Punkt s_R:

$$g(s_R + \Delta s) \approx g(s_R) + \left.\frac{dg(s)}{ds}\right|_{s_R} \Delta s.$$

Für die quadratische Wurzelfunktion gilt demnach

$$g(s_R + \Delta s) = \sqrt{s_R + \Delta s} \approx \sqrt{s_R} + \frac{1}{2\sqrt{s_R}}\Delta s.$$

Setzt man obiges Ergebnis in Beziehung (14.21) ein, so lautet die Systembeschreibung in unmittelbarer Umgebung des Arbeitspunktes

$$\begin{aligned}
\frac{dx_1}{dt} &= -\delta_1\left(\sqrt{\lambda_{1,R}} + \frac{1}{2\sqrt{\lambda_{1,R}}}x_1\right) + f(u_{p,R}) + \left.\frac{df(u_p)}{du_p}\right|_{u_{p,R}} u \\
\frac{dx_2}{dt} &= -\delta_2\left(\sqrt{\lambda_{2,R}} + \frac{1}{2\sqrt{\lambda_{2,R}}}x_2\right) + \delta_1\left(\sqrt{\lambda_{1,R}} + \frac{1}{2\sqrt{\lambda_{1,R}}}x_1\right) \\
\frac{dx_3}{dt} &= -\delta_3\left(\sqrt{\lambda_{3,R}} + \frac{1}{2\sqrt{\lambda_{3,R}}}x_3\right) + \delta_2\left(\sqrt{\lambda_{2,R}} + \frac{1}{2\sqrt{\lambda_{2,R}}}x_2\right).
\end{aligned}$$

Unter Berücksichtigung von (14.19) vereinfacht sich obige Darstellung zu

$$\begin{aligned}\frac{dx_1}{dt} &= \frac{-\delta_1}{2\sqrt{\lambda_{1,R}}}x_1 + \left.\frac{df(u_p)}{du_p}\right|_{u_{p,R}} u \\ \frac{dx_2}{dt} &= \frac{-\delta_2}{2\sqrt{\lambda_{2,R}}}x_2 + \frac{\delta_1}{2\sqrt{\lambda_{1,R}}}x_1 \\ \frac{dx_3}{dt} &= \frac{-\delta_3}{2\sqrt{\lambda_{3,R}}}x_3 + \frac{\delta_2}{2\sqrt{\lambda_{2,R}}}x_2.\end{aligned} \tag{14.22}$$

Es handelt sich hierbei um ein lineares, zeitinvariantes System 3. Ordnung mit den Zustandsvariablen x_1, x_2 und x_3 und der Eingangsgröße u. Fasst man die Zustandsvariablen zum Zustandsvektor $\mathbf{x} := \begin{bmatrix} x_1 & x_2 & x_3 \end{bmatrix}^T$ zusammen, so kann das System in übersichtlicher Matrizenschreibweise angegeben werden:

$$\frac{d\mathbf{x}}{dt} = \begin{bmatrix} \frac{-\delta_1}{2\sqrt{\lambda_{1,R}}} & 0 & 0 \\ \frac{\delta_1}{2\sqrt{\lambda_{1,R}}} & \frac{-\delta_2}{2\sqrt{\lambda_{2,R}}} & 0 \\ 0 & \frac{\delta_2}{2\sqrt{\lambda_{2,R}}} & \frac{-\delta_3}{2\sqrt{\lambda_{3,R}}} \end{bmatrix} \mathbf{x} + \begin{bmatrix} \left.\frac{df(u_p)}{du_p}\right|_{u_{p,R}} \\ 0 \\ 0 \end{bmatrix} u. \tag{14.23}$$

Die Untersuchung solch eines Modells kann leicht mit bewährten Methoden der linearen Systemtheorie erfolgen!

14.2.4 Die reale Strecke

Abb. 14.5 zeigt ein Foto des realen Labormodells. Es vermittelt dem Leser auch eine Vorstellung von den tatsächlichen Größenverhältnissen am realen System. Die Behälter sind aus Plexiglas gefertigt, sind 30 cm hoch und besitzen eine Querschnittsfläche von $A_b = 69.68\ cm^2$. Der Querschnitt der Ausflussstutzen beträgt $A_a = 0.785\ cm^2$. Die Füllhöhen h_1,h_2 und h_3 können mit Hilfe von Drucksensoren messtechnisch erfasst werden. Für die konstanten Abstände zwischen den Behälterböden und Unterkanten der Ausflussstutzen gilt

$$h_{0,1} = 10.17\ cm, \quad h_{0,2} = 10.53\ cm, \quad h_{0,3} = 11.72\ cm.$$

Daraus errechnen sich die Größen λ_1,λ_2 und λ_3 gemäß (14.2). Die unbekannten Ausflusszahlen der Tanks wurden *experimentell* durch einen so genannten Auslaufversuch ermittelt [28]. Dabei wird der entsprechende Tank bei geschlossenem Ausflussventil mit Wasser befüllt. Danach wird der Ausfluss geöffnet und der zeitliche Verlauf des Füllstandes gemessen. Aus diesem Verlauf kann unter Verwendung der Beziehung (14.6) die jeweilige Ausflusszahl errechnet werden. Man erhält folgende Werte:

$$\mu_1 = 0.7835, \quad \mu_2 = 0.7735, \quad \mu_3 = 0.7615$$

Daraus errechnen sich nach (14.13) auch die Konstanten

$$\delta_1 = 0.391, \ \delta_2 = 0.386, \ \delta_3 = 0.380$$

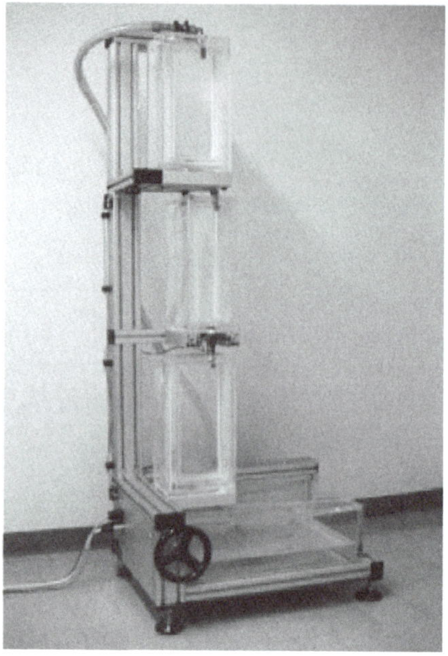

Abbildung 14.5: Foto der realen Strecke

Die in Abb. 14.6 dargestellte Pumpenkennlinie $\varepsilon_1 = f(u_p)$ – sie prägt die Daten des Modells (14.23) – kann durch folgende, *experimentell* bestimmte nichtlineare Funktion approximiert werden [28]:

$$f(u_p) = \begin{cases} \alpha + \sqrt{\beta + \gamma u_p} & \beta + \gamma u_p > 0 \\ 0 & \text{sonst} \end{cases} .$$

Die reellen Konstanten α, β und γ ergeben sich zu

$$\alpha = 0.0552, \quad \beta = -3.077, \quad \gamma = 3.551.$$

Für den zulässigen Bereich der Pumpenspannung gilt (siehe Abb. 14.6)

$$0 \leq u_p \leq 5V.$$

Für die in (14.23) benötigte Ableitung obiger Funktion nach der Pumpenspannung findet man somit

$$\left.\frac{df(u_p)}{du_p}\right|_{u_{p,R}} = \frac{\gamma}{2\sqrt{\beta + \gamma u_{p,R}}}.$$

Eine Besonderheit des realen Systems besteht darin, dass eine zweite Pumpe (Pumpenspannung u_S) existiert, über die Wasser aus dem Sammelbecken in den mittleren Behälter gepumpt werden kann (siehe Abb. 14.7).

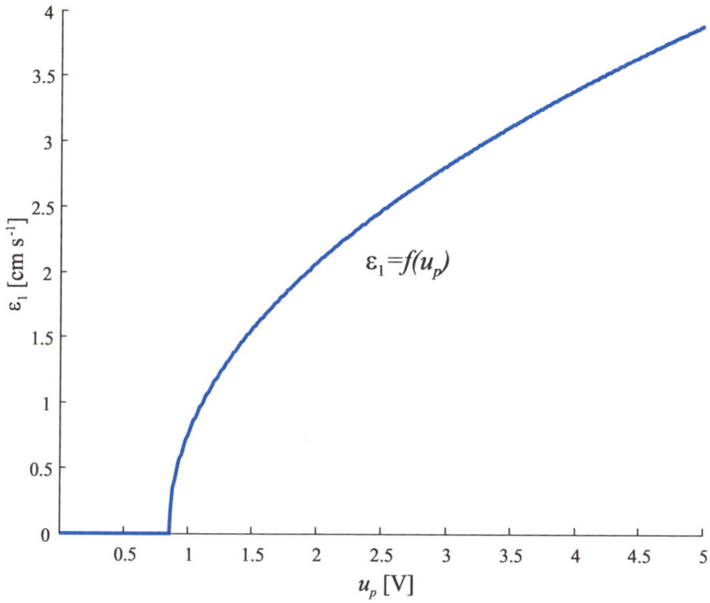

Abbildung 14.6: Pumpenkennlinie $\varepsilon_1 = f(u_p)$

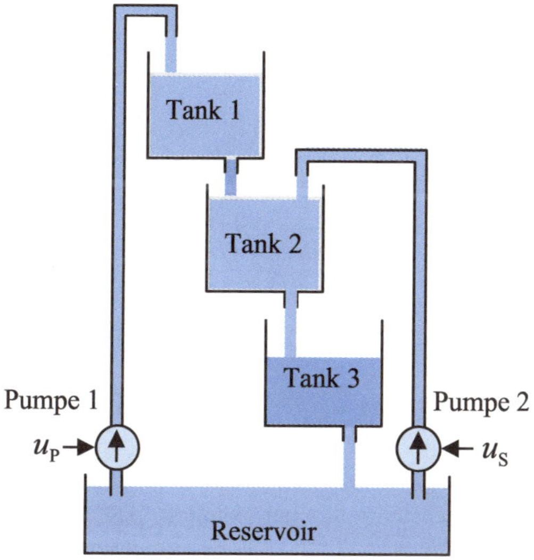

Abbildung 14.7: System mit zweiter Eingangsgröße (Störgröße)

Der durch diese zweite Pumpe aufgebrachte Zufluss kann als auf den Prozess wirkende Störgrösse interpretiert werden. Dadurch können mannigfaltige regelungstechnische Untersuchungen durchgeführt werden!

Wählt man für die Pumpenspannung einen konstanten Wert von

$$u_{p,R} = 1.85\,V, \tag{14.24}$$

so stellt sich der Arbeitspunkt

$$\begin{aligned} \lambda_{1,R} &= 24.213\,cm \\ \lambda_{2,R} &= 24.844\,cm \\ \lambda_{3,R} &= 25.635\,cm \end{aligned} \tag{14.25}$$

ein, d.h. die Füllhöhen in den drei Behältern betragen ungefähr 15 cm. Das zugehörige linearisierte mathematische Modell lautet mit den oben angegebenen numerischen Werten

$$\frac{d\mathbf{x}}{dt} = \begin{bmatrix} -0.0397 & 0 & 0 \\ 0.0397 & -0.0387 & 0 \\ 0 & 0.0387 & -0.0375 \end{bmatrix} \mathbf{x} + \begin{bmatrix} 0.9501 \\ 0 \\ 0 \end{bmatrix} u. \tag{14.26}$$

Alle für das Tanksystem durchgeführten Reglerentwürfe beziehen sich auf dieses Modell. Bei den meisten Entwurfsverfahren wird allerdings mit Übertragungsfunktionen operiert. Die Eingangsgröße des Systems ist auf jeden Fall die Abweichung der Pumpenspannung von der konstanten Spannung $u_{p,R}$. Als Ausgangsgröße kann prinzipiell jeder der drei Füllstände[1] fungieren. Daraus resultieren die folgenden Übertragungsfunktionen:

$$\begin{aligned} u \to x_1 :\quad P(s) &= \frac{0.9501}{s + 0.0397} \\ u \to x_2 :\quad P(s) &= \frac{0.03772}{(s+0.0397)(s+0.0387)} \\ u \to x_3 :\quad P(s) &= \frac{0.00146}{(s+0.0397)(s+0.0387)(s+0.0375)}. \end{aligned} \tag{14.27}$$

14.3 Balken mit flexiblem Gelenk

14.3.1 Einführung

Ein weiteres aus regelungstechnischer Sicht hochinteressantes elektromechanisches System ist der in Abb. 14.8 dargestellte flexibel gelagerte Balken. Der Balken ist auf einem drehbaren Aufbau gelagert und wird durch zwei Federn in seiner Richtung stabilisiert. Der Aufbau ist über ein Getriebe mit der Antriebswelle eines Elektromotors verbunden, der am Gerüst montiert ist. Der Drehwinkel des Motors bzw. des Aufbaus wird mit Θ bezeichnet, die Grösse α repräsentiert die Abweichung des Balkenwinkels vom Motordrehwinkel Θ. Sie ergibt sich aufgrund der elastischen Lagerung des Balkens. Im Sinne einer guten Regelung soll der Betrag des Winkels α möglichst klein gehalten werden, d.h. der Balkenwinkel soll möglichst gut mit dem Motordrehwinkel übereinstimmen.

[1] Hiermit ist natürlich die Abweichung x_i vom jeweils stationären Füllstand $\lambda_{i,R}$ gemeint.

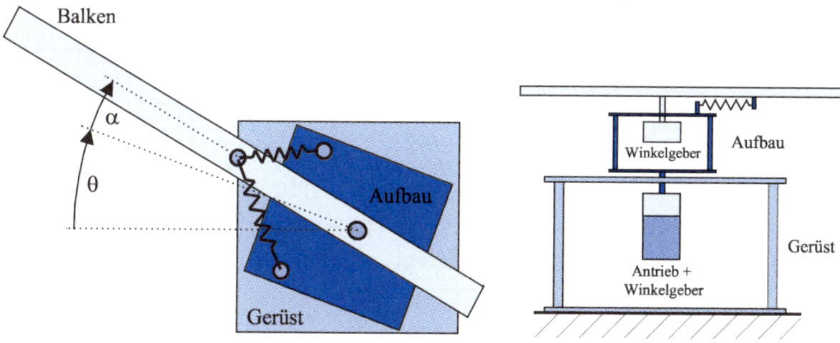

Abbildung 14.8: Flexibel gelagerter Balken

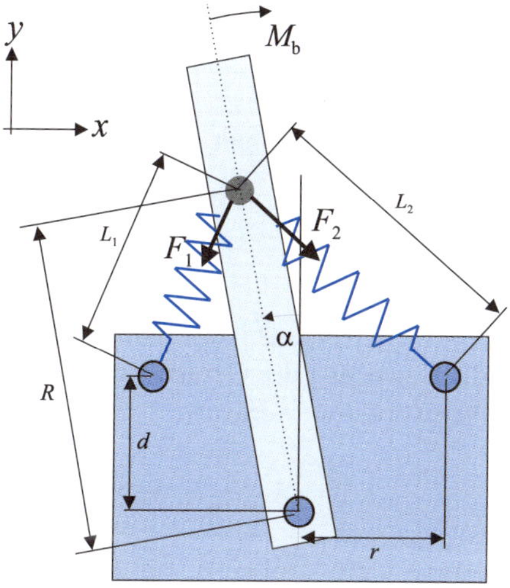

Abbildung 14.9: Verhältnisse bei ausgelenktem Balken

14.3.2 Modellbildung

Zur Herleitung eines mathematischen Modells wird zunächst die Balkenbefestigung eingehend untersucht. Die geometrischen Verhältnisse bei einer Auslenkung des Balkens aus der Ruheposition sind in Abb. 14.9 dargestellt.

Die eingezeichneten Federkräfte F_1 und F_2 werden – unter Annahme zweier gleicher Federn der Federkonstante c – folgendermaßen angesetzt:

$$\begin{aligned} F_1 &= c\,(L_1 - L) + F_r, \\ F_2 &= c(L_2 - L) + F_r. \end{aligned}$$

Hierbei ist L die Federlänge in entspanntem Zustand. Die konstante Kraft F_r ist diejenige Kraft, die auf jeden Fall aufgebracht werden muss, um eine Federauslenkung zu bewirken. Die Längen der gedehnten bzw. gestauchten Federn können über die in Abb. 14.9

dargestellten geometrischen Beziehungen ermittelt werden; es gilt:

$$
\begin{aligned}
L_1 &= \sqrt{(r - R\sin\alpha)^2 + (R\cos\alpha - d)^2}, \\
L_2 &= \sqrt{(r + R\sin\alpha)^2 + (R\cos\alpha - d)^2}.
\end{aligned}
$$

Die Bedeutung der konstanten Größen r, d und R ist aus der Abb. 14.9 ersichtlich. Um das durch die Federn bewirkte Drehmoment M_b zu berechnen, werden die Federkräfte F_1 und F_2 in ihre Komponenten in x- bzw. y-Richtung zerlegt:

$$
\begin{aligned}
F_{1x} &= \frac{F_1}{L_1}(r - R\sin\alpha), \qquad & F_{2x} &= \frac{F_2}{L_2}(r + R\sin\alpha), \\
F_{1y} &= \frac{F_1}{L_1}(R\cos\alpha - d), \qquad & F_{2y} &= \frac{F_2}{L_2}(R\cos\alpha - d).
\end{aligned}
\tag{14.28}
$$

Das Rückstellmoment M_b ergibt sich somit zu

$$
M_b = (F_{2x} - F_{1x})\, R\, \cos\alpha - (F_{1y} + F_{2y})\, R\, \sin\alpha. \tag{14.29}
$$

Für die Rotationsbewegung des Balkens erhält man durch Anwendung des Drallsatzes folgende Differentialgleichung:

$$
J_b\left(\frac{d^2\alpha}{dt^2} + \frac{d^2\Theta}{dt^2}\right) = -M_b. \tag{14.30}
$$

Die Größe J_b ist hierbei das Trägheitsmoment des Balkens bezüglich der Drehachse. Die Differentialgleichung für die Bewegung des Gesamtsystems, d.h. des Aufsatzes *mit* dem Balken, kann in analoger Weise ermittelt werden:

$$
J_a \frac{d^2\Theta}{dt^2} = M_a + M_b. \tag{14.31}
$$

M_a ist das vom Motor gelieferte Antriebsmoment, mit J_a symbolisiert man das Trägheitsmoment des Aufbaus bezüglich der Drehachse. Obige gewöhnliche *nichtlineare* Differentialgleichungen charakterisieren das dynamische Verhalten der betrachteten Anordnung.

Um die Untersuchungen zu erleichtern, wird nun berechtigterweise (!) angenommen, dass der Winkel α betragsmäßig kleine Werte annimmt. Damit kann die abgeleitete nichtlineare Relation für das Drehmoment M_b in Abhängigkeit vom Winkel α signifikant vereinfacht werden. Hierzu wird durch Linearisierung um den Wert $\alpha = 0$ der nichtlineare Zusammenhang $M_b(\alpha)$ näherungsweise als lineare Beziehung dargestellt:

$$
M_b(\alpha) \approx \left.\frac{\partial M_b}{\partial \alpha}\right|_{\alpha=0} \alpha =: k_d \alpha. \tag{14.32}
$$

Durch diesen linearen Ansatz wird das Verhalten einer linearen Drehfeder mit der Federsteifigkeit k_d beschrieben. Das Problem besteht nun darin, die Konstante k_d in obiger Beziehung zu berechnen. Um den Aufwand dieser Berechnung abzuschätzen, muss man bedenken, dass die Vorschrift zur Ermittlung – siehe Relationen (14.28) und (14.29) – Bruchterme enthält, bei denen sowohl im Zähler als auch im Nenner nichtlineare Funktionen des Winkels α auftreten! Durch elementare Näherungsbetrachtungen ergibt sich nach einigen Umrechnungen folgende Beziehung für die Größe k_d als Funktion von geometrischen Daten der Anlage:

$$k_d = \frac{2R}{D^3}\left[(D^2 d - Rr^2)F_r + (D^3 d - D^2 Ld + Rr^2 L)c\right], \tag{14.33}$$

wobei

$$D^2 := r^2 + (R-d)^2.$$

Eine weitere Möglichkeit zur Ermittlung von k_d ist die Verwendung eines Computer-Algebraprogramms. Die symbolisch, rechnerunterstützt durchgeführte Differentiation der Funktion M_b bestätigt das ermittelte Resultat (14.33).

Zusammenfassend lauten die beiden linearen Differentialgleichungen, die das Verhalten des betrachteten Prozesses für kleine Auslenkungen α beschreiben,

$$\begin{array}{c} J_a \frac{d^2\Theta}{dt^2} = M_a + k_d\alpha \\ J_b(\frac{d^2\alpha}{dt^2} + \frac{d^2\Theta}{dt^2}) = -k_d\alpha \end{array}. \tag{14.34}$$

Zu bemerken ist, dass beim flexibel gelagerten Balken Reibungsphänomene vernachlässigbar sind. Sie wurden daher im entwickelten mathematischen Modell nicht berücksichtigt [19]!

Modellierung des Antriebs

Es handelt sich um einen permanenterregten Gleichstrommotor mit dem Ankerwiderstand R_a und der Ankerinduktivität L_a.

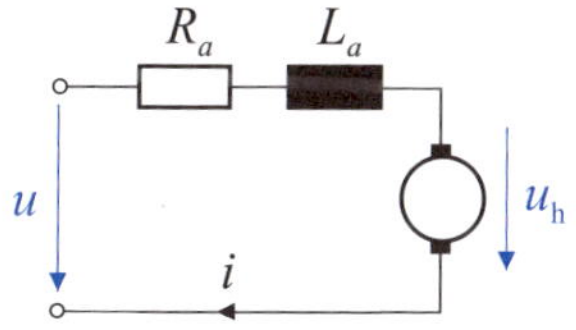

Abbildung 14.10: Ersatzschaltbild des Motors

Bezeichnet man mit u die angelegte Spannung und mit ω die Winkelgeschwindigkeit der Motorwelle, so gilt gemäß Abb. 14.10

$$u = R_a\, i + L_a \frac{di}{dt} + k\,\omega. \tag{14.35}$$

Die so genannte Drehmomentkonstante k des Antriebs gibt die Proportionalität zwischen dem Ankerstom i und dem Motordrehmoment $\tilde{M}_a$ (vor Getriebe) an; es gilt

$$\tilde{M}_a = k\, i.$$

Um das Drehmoment zu erhöhen und die Winkelgeschwindigkeit des Rotors zu reduzieren, wird ein Untersetzungsgetriebe mit dem Übersetzungsverhältnis $\ddot{u}$ verwendet. Es ergibt sich somit für das Antriebsmoment M_a des Motors (nach Getriebe)

$$M_a = \ddot{u}\, k\; i. \tag{14.36}$$

Der Strom i errechnet sich unter Vernachlässigung der Ankerkreisinduktivität L_a aus dem Spannungsgleichgewicht im Ankerkreis des Motors:

$$u = R_a\, i + k\, \ddot{u}\, \frac{d\Theta}{dt},$$

d.h.

$$i = \frac{1}{R_a}\left(u - k\,\ddot{u}\,\frac{d\Theta}{dt}\right).$$

Für das Drehmoment M_a gilt also

$$M_a = \frac{\ddot{u}\,k}{R_a}\left(u - \ddot{u}\,k\,\frac{d\Theta}{dt}\right). \tag{14.37}$$

Modell des Gesamtsystems („Strecke")

Die Differentialgleichungen (14.34) und (14.37) zur Beschreibung der Systemdynamik können nun zusammengefasst werden:

$$\begin{aligned} J_b\left(\frac{d^2\alpha}{dt^2} + \frac{d^2\Theta}{dt^2}\right) &= -k_d\,\alpha \\ J_a\frac{d^2\Theta}{dt^2} &= \frac{\ddot{u}\,k}{R_a}\left(u - \ddot{u}\,k\,\frac{d\Theta}{dt}\right) + k_d\,\alpha. \end{aligned}$$

Durch einfache Unformungen können obige Differentialgleichungen in folgende Form übergeführt werden:

$$\begin{aligned} \tfrac{d^2\alpha}{dt^2} &= -\frac{\ddot{u}k}{J_aR_a}u + \frac{\ddot{u}^2k^2}{J_aR_a}\tfrac{d\Theta}{dt} - \frac{J_b + J_a}{J_bJ_a}k_d\alpha \\ \tfrac{d^2\Theta}{dt^2} &= \frac{\ddot{u}\,k}{J_aR_a}u - \frac{\ddot{u}^2\,k^2}{J_aR_a}\tfrac{d\Theta}{dt} + \frac{k_d}{J_a}\alpha. \end{aligned} \tag{14.38}$$

Es handelt sich um zwei gewöhnliche lineare Differentialgleichungen 2. Ordnung. Um eine kompakte Schreibweise zu erreichen, werden folgende Abkürzungen eingeführt:

$$K_1 := \ddot{u}k,\quad K_2 := \frac{\ddot{u}k}{J_aR_a},\quad K_3 := \frac{k_d}{J_a} \text{ und } K_4 := \left(\frac{1}{J_a} + \frac{1}{J_b}\right)k_d.$$

Damit erhalten obige Differentialgleichungen die Form

$$\begin{aligned} \tfrac{d^2\alpha}{dt^2} &= -K_2u + K_1K_2\tfrac{d\Theta}{dt} - K_4\alpha \\ \tfrac{d^2\Theta}{dt^2} &= K_2u - K_1K_2\tfrac{d\Theta}{dt} + K_3\alpha. \end{aligned} \tag{14.39}$$

Führt man den Zustandsvektor

$$\mathbf{x} := \begin{bmatrix} \Theta & \alpha & \frac{d\Theta}{dt} & \frac{d\alpha}{dt} \end{bmatrix}^T \tag{14.40}$$

ein, so lautet das mathematische Modell der Versuchsanordnung in Matrixschreibweise:

$$\frac{d\mathbf{x}}{dt} = \begin{bmatrix} 0 & 0 & 1 & 0 \\ 0 & 0 & 0 & 1 \\ 0 & K_3 & -K_1K_2 & 0 \\ 0 & -K_4 & K_1K_2 & 0 \end{bmatrix} \mathbf{x} + \begin{bmatrix} 0 \\ 0 \\ K_2 \\ -K_2 \end{bmatrix} u. \tag{14.41}$$

Es handelt sich hierbei um ein lineares, zeitinvariantes System 4. Ordnung mit der Eingangsgröße u. Man beachte, dass im Gegensatz zum 3-Tank-System die Linearisierung des Systems in einem sehr frühen Stadium der Modellbildung durchgeführt wurde. Die Linearität des mathematischen Modells (14.41) ist auf die Linearisierung des Drehmoments M_b gemäß Beziehung (14.32) zurückzuführen.

14.3.3 Die reale Strecke

In Abb. 14.11 ist ein Foto des realen Systems zu sehen. Die Länge des Auslegers beträgt $50cm$. Die Winkel Θ und α werden mit Hilfe von inkrementalen Winkelgebern erfasst. Die zugehörigen Winkelgeschwindigkeiten $\dot{\Theta}$ und $\dot{\alpha}$ können aus den Winkeln numerisch ermittelt werden.

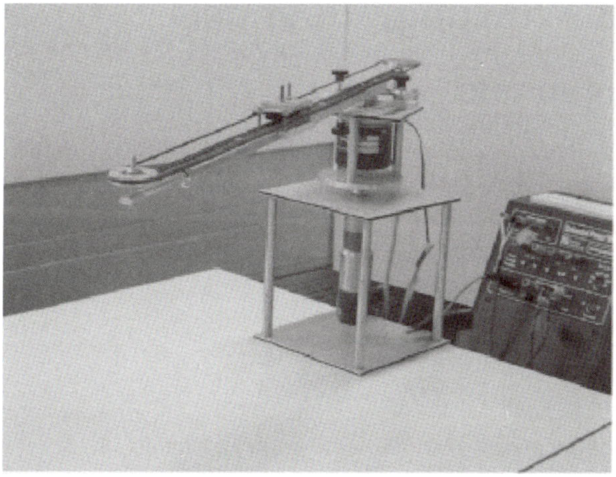

Abbildung 14.11: Foto der realen Strecke

Die bei der Erstellung des mathematischen Modells benötigten Konstanten sind in der folgenden Tabelle zusammengefasst. Sie wurden entweder experimentell bestimmt, berechnet (wie z.B. die Trägheitsmomente J_a und J_b) oder entsprechenden Datenblättern entnommen.

$J_a = 0.0858\ kg\,m^2$	$k = 0.02093\ Nm\,A^{-1}$
$J_b = 0.01858\ kg\,m^2$	$R_a = 1.34\ \Omega$
$k_d = 1.28535\ Nm\,rad^{-1}$	$\ddot{u} = 134$

Setzt man diese Größen in das mathematische Modell (14.41) ein, so ergibt sich folgende Beschreibung für das Labormodell:

$$\frac{d\mathbf{x}}{dt} = \begin{bmatrix} 0 & 0 & 1 & 0 \\ 0 & 0 & 0 & 1 \\ 0 & 14.9809 & -68.4164 & 0 \\ 0 & -84.1711 & 68.4164 & 0 \end{bmatrix} \mathbf{x} + \begin{bmatrix} 0 \\ 0 \\ 24.3942 \\ -24.3942 \end{bmatrix} u. \tag{14.42}$$

Hierbei ist zu beachten, dass der zulässige Bereich für die an den Motor angelegte Spannung durch

$$-12V \leq u \leq 12V$$

gegeben ist. Das Ziel einer Regelung könnte darin bestehen, die Lage des Auslegers einem vorgegeben Verlauf möglichst gut nachzuführen. Es ist dann zweckmäßig, als Ausgangsgröße die Summe der Winkel Θ und α zu definieren, d.h.

$$y = \begin{bmatrix} 1 & 1 & 0 & 0 \end{bmatrix} \mathbf{x}. \tag{14.43}$$

Die zugehörige Übertragungsfunktion lautet dann

$$P(s) = \frac{1687.838}{s(s+68.2)(s^2+0.2164s+69.41)}. \tag{14.44}$$

14.4 Das Schwungradpendel

14.4.1 Einführung

Grundlage für das Schwungradpendel ist das in Abb. 14.12 dargestellte einfache Pendel, bei dem ein homogener Stab der Länge l_p und der Masse m_p an einem Ende drehbar gelagert ist. Mit ψ wird die Auslenkung des Pendels aus der vertikalen Lage bezeichnet, J_p ist das Trägheitsmoment der Anordnung bezüglich der Aufhängungsachse. Die Differentialgleichung zur Modellierung der Pendelbewegung kann z.B. mit Hilfe des Drallsatzes [65] angegeben werden; es gilt

$$J_p \frac{d^2\psi}{dt^2} = -m_p\, g\, \frac{l_p}{2} \sin\psi. \tag{14.45}$$

Das durch die nichtlineare gewöhnliche Differentialgleichung (14.45) beschriebene System besitzt offensichtlich unendlich viele „Ruhelagen“. Diese sind bestimmt durch

$$\frac{d\psi}{dt} = 0 \quad \text{und} \quad \psi = 0, \;\; (\pm\pi, \pm 2\pi, \pm 3\pi, \ldots)$$

und charakterisieren die zwei möglichen Gleichgewichtslagen des realen Systems. Für $\psi = 0$ befindet sich das System – unter der Annahme einer verschwindenden Winkelgeschwindigkeit $\frac{d\psi}{dt}$ – in einer „stabilen“ Gleichgewichtslage. Diese manifestiert sich im nichtlinearen mathematischen Modell in (asymptotisch stabilen) Ruhelagen bei

$$\psi = 0, \;\; (\pm 2\pi, \pm 4\pi, \pm 6\pi, \ldots)\,.$$

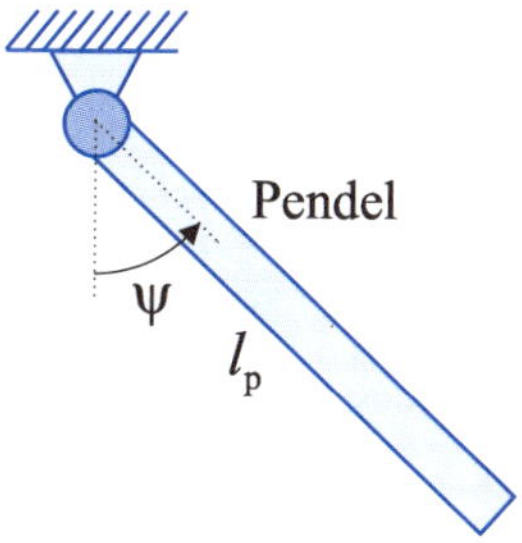

Abbildung 14.12: Einfaches Pendel

Analog dazu entsprechen der „labilen" Gleichgewichtslage des nach oben gerichteten Pendels (d.h. also $\psi = \pi$) die (instabilen) Ruhelagen des mathematischen Modells bei

$$\psi = \pm\pi, \quad (\pm\, 3\pi, \pm\, 5\pi \pm 7\pi, \ldots)\,.$$

Eine Möglichkeit, auf das dynamische Verhalten des Pendels einzuwirken, besteht darin, seinen Aufhängepunkt gezielt zu bewegen (siehe Abb. 14.13).

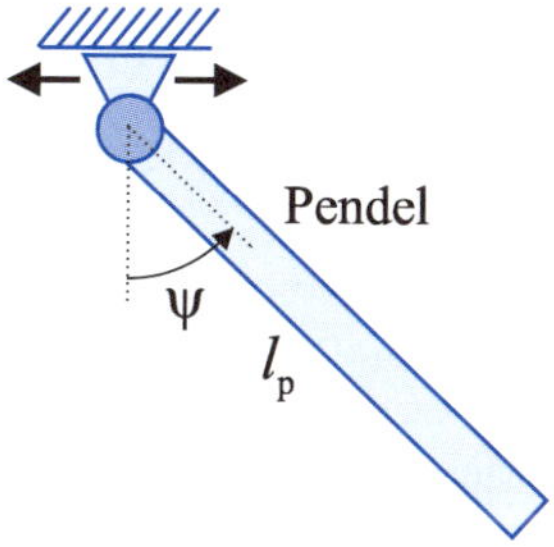

Abbildung 14.13: Pendel mit beweglichem Aufhängepunkt

Diese Anordnung findet in der Realität z.B. in Form von Verladebrücken für den Güterumschlag in Häfen ihre Entsprechung. Besonders interessant ist das Balancieren des aufgerichteten Pendels, d.h. also die Stabilisierung der instabilen Ruhelage bei $\psi = \pi$. Dieses so genannte „inverse Pendel" zählt zu den Standardbeispielen in der Regelungstechnik; vor allem das Aufschwingen des hängenden Pendels erlaubt die praktische Umsetzung verschiedenster regelungstechnischer Konzepte [1].

Ein alternativer Ansatz, die Pendelbewegung zu kontrollieren, ist in Form des Schwungradpendels realisiert (siehe Abb. 14.14).

Am Pendelende ist ein Elektromotor angebracht, an dessen Welle über ein Getriebe eine symmetrische Schwungscheibe (Rotor) befestigt ist. Das vom Motor erzeugte Drehmoment bewirkt eine Drehbewegung des Rotors: gemäß drittem *Newton*schen Axiom [31] („*actio = reactio*") entsteht ein gleich großes Gegenmoment, welches auf das Pendel wirkt.

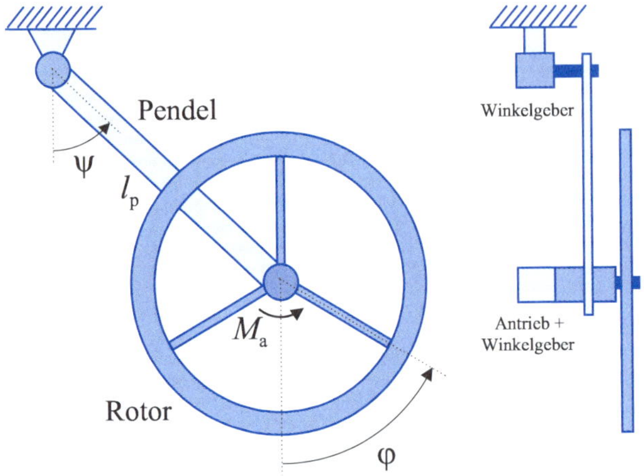

Abbildung 14.14: Schwungradpendel

Durch diese Rückwirkung ist es möglich, über das Motormoment auf den Pendelwinkel ψ gezielt einzuwirken.

14.4.2 Modellbildung

Ein mathematisches Modell der Anordnung kann mit Hilfe des Drallsatzes abgeleitet werden. Der Winkel φ kennzeichnet den Rotordrehwinkel zur Vertikalen; das Trägheitsmoment des Motors mit befestigtem Rotor bezüglich der Motorachse wird mit J_a bezeichnet. Das Antriebsmoment des Motors (nach Getriebe) ist M_a. Der Drallsatz bezüglich der Motorachse liefert die Differentialgleichung

$$J_a \frac{d^2\varphi}{dt^2} = M_a. \tag{14.46}$$

Die Differentialgleichung für die Bewegung des Pendels kann analog zum einfachen Pendel (14.45) abgeleitet werden. Zusätzlich muss hier das auf das Pendel wirkende Drehmoment berücksichtigt werden. Dieses entspricht dem über die Rotorbewegung eingekoppelten Moment gemäß Beziehung (14.46). Die Differentialgleichung zur Beschreibung der Pendelbewegung lautet somit

$$J \frac{d^2\psi}{dt^2} = -m\, g\, l \sin\psi - M_a. \tag{14.47}$$

Das Trägheitsmoment J des gesamten Schwungradpendels bezüglich seiner Schwingungsachse setzt sich aus den Trägheitsmomenten des Pendels J_p und des Motors mit Rotor J_a zusammen. Mit dem Satz von *Steiner* [31] ergibt sich damit für das Gesamtträgheitsmoment J (siehe auch Abb. 14.15)

$$J = J_p + \left[J_a + (m_a + m_r)\; l_p^2\right]. \tag{14.48}$$

Hierbei repräsentieren m_a und m_r die Massen des Elektromotors und des Rotors, die in Summe mit der Pendelmasse m_p die Gesamtmasse m ergeben.

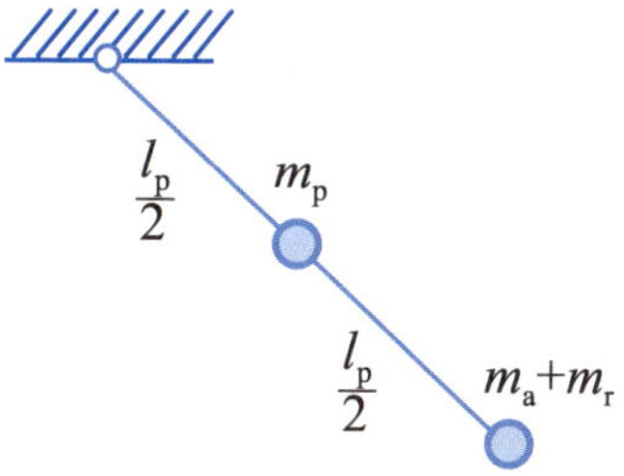

Abbildung 14.15: Zur Ermittlung des Schwerpunktes

Der Abstand l des Schwerpunktes der Anordnung von der Aufhängung errechnet sich gemäß Abb. 14.15 zu

$$l = \frac{m_p \frac{l_p}{2} + (m_a + m_r)\, l_p}{m}. \tag{14.49}$$

Modellierung des Antriebs

Beim Elektromotor handelt es sich wie beim flexibel gelagerten Balken um einen permanenterregten Gleichstrommotor mit dem Ankerwiderstand R_a und der Ankerinduktivität L_a (siehe Abb. 14.10). Gemäß (14.36) steht das Antriebsmoment M_a mit dem Ankerstrom i in der Beziehung

$$M_a = ü\, k\, i, \tag{14.50}$$

wobei k die so genannte Drehmomentkonstante und $ü$ das Übersetzungsverhältnis des Getriebes ist.

Die Winkelgeschwindigkeit ω der Motorwelle errechnet sich gemäß (siehe hierzu auch Abb. 14.16)

$$\omega = ü\, \frac{d\varphi}{dt} - \frac{d\psi}{dt}.$$

Unter Vernachlässigung der Ankerinduktivität L_a ergibt sich somit für den Ankerstrom

$$i = \frac{1}{R_a}\left(u - ü\, k\, \frac{d\varphi}{dt} + k\, \frac{d\psi}{dt}\right),$$

wobei u die angelegte Spannung repräsentiert. Für das Antriebsmoment ergibt sich daraus

$$M_a = \frac{ü\, k}{R_a}\left(u - ü\, k\, \frac{d\varphi}{dt} + k\, \frac{d\psi}{dt}\right). \tag{14.51}$$

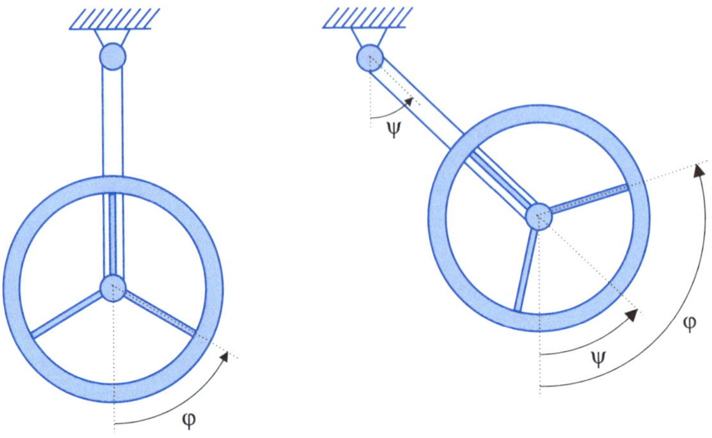

Abbildung 14.16: Zusammenhang zwischen φ und ψ bei $\frac{d\varphi}{dt} = 0$

Modell des Gesamtsystems („Strecke")

Fasst man die Relationen (14.46), (14.47) und (14.51) zusammen, so lautet das mathematische Modell des Schwungradpendels:

$$\begin{aligned} \frac{d^2\psi}{dt^2} &= -\frac{\ddot{u}k}{R_a J}u - \frac{mgl}{J}\sin\psi + \frac{\ddot{u}^2k^2}{R_a J}\frac{d\varphi}{dt} - \frac{\ddot{u}\,k^2}{R_a J}\frac{d\psi}{dt} \\ \frac{d^2\varphi}{dt^2} &= \frac{\ddot{u}k}{R_a J_a}u - \frac{\ddot{u}^2k^2}{R_a J_a}\frac{d\varphi}{dt} + \frac{\ddot{u}\,k^2}{R_a J_a}\frac{d\psi}{dt}. \end{aligned} \qquad (14.52)$$

Man beachte, dass es sich hierbei um zwei gewöhnliche Differentialgleichungen 2. Ordnung handelt, wobei die erste aufgrund der auftretenden Sinusfunktion *nichtlinear* ist. Das nun zu verfolgende Ziel ist, das System in einer Umgebung der instabilen Gleichgewichtslage (d.h. $\psi = \pi$) approximativ durch ein lineares, zeitinvariantes System zu beschreiben.

Linearisierung um die labile Gleichgewichtslage

Die Linearisierung des Modells (14.52) um den Arbeitspunkt $\psi = \pi$ ist besonders einfach. Für kleine Winkelauslenkungen ε aus der instabilen Gleichgewichtslage

$$\psi = \pi + \varepsilon$$

gilt nämlich

$$\sin\psi \simeq -\varepsilon.$$

Mit dieser Vereinfachung lautet die Systembeschreibung

$$\begin{aligned} \frac{d^2\varepsilon}{dt^2} &= -\frac{ük}{R_a J}u + \frac{mgl}{J}\varepsilon + \frac{ü^2k^2}{R_a J}\frac{d\varphi}{dt} - \frac{ü\,k^2}{R_a J}\frac{d\varepsilon}{dt} \\ \frac{d^2\varphi}{dt^2} &= \frac{ük}{R_a J_a}u - \frac{ü^2k^2}{R_a J_a}\frac{d\varphi}{dt} + \frac{ü\,k^2}{R_a J_a}\frac{d\varepsilon}{dt}. \end{aligned} \tag{14.53}$$

Mit den Abkürzungen

$$K_1 := ük, \quad K_2 := \frac{ük}{R_a J}, \quad K_3 := \frac{ük}{R_a J_a}, \quad K_4 := \frac{mgl}{J}$$

kann folgende kompakte Systembeschreibung angegeben werden:

$$\begin{aligned} \frac{d^2\varepsilon}{dt^2} &= -K_2 u + K_4\varepsilon - kK_2\frac{d\varepsilon}{dt} + K_1K_2\frac{d\varphi}{dt} \\ \frac{d^2\varphi}{dt^2} &= K_3 u + kK_3\frac{d\varepsilon}{dt} - K_1K_3\frac{d\varphi}{dt}. \end{aligned} \tag{14.54}$$

Führt man den Zustandsvektor

$$\mathbf{x} := \begin{bmatrix} \varepsilon & \frac{d\varepsilon}{dt} & \frac{d\varphi}{dt} \end{bmatrix}^T \tag{14.55}$$

ein, so lautet das mathematische Modell der Vesuchsanordnung in Matrixschreibweise

$$\frac{d\mathbf{x}}{dt} = \begin{bmatrix} 0 & 1 & 0 \\ K_4 & -kK_2 & K_1K_2 \\ 0 & kK_3 & -K_1K_3 \end{bmatrix}\mathbf{x} + \begin{bmatrix} 0 \\ -K_2 \\ K_3 \end{bmatrix}u. \tag{14.56}$$

Man beachte, dass die beiden Differentialgleichungen *zweiter* Ordnung in (14.53) auf ein Zustandsmodell lediglich *dritter* Ordnung führen. Dies ist darauf zurückzuführen, dass die *Winkelstellung* φ des Rotors aufgrund der symmetrischen Rotorkonstruktion *nicht* in das mathematische Modell des Schwungradpendels eingeht.

14.4.3 Die reale Strecke

Abb. 14.17 zeigt ein Foto des realen Labormodells. Der Rotordurchmesser beträgt etwa $24cm$. Die Winkel ψ und φ werden mit Hilfe von inkrementalen Winkelgebern erfasst, die zugehörigen Winkelgeschwindigkeiten werden numerisch ermittelt.

In der folgenden Tabelle sind die charakteristischen Daten des Labormodells angeführt:

$J = 0.0135\,kg\,m^2$	$k = 0.018\,Nm\,A^{-1}$
$J_a = 0.0012\,kg\,m^2$	$R_a = 2.5\,\Omega$
$m = 0.416\,kg$	$ü = 14$
$l = 0.175\,m$	

Abbildung 14.17: Foto der realen Strecke

Setzt man obige Größen in das Modell (14.56) ein, so ergibt sich folgende Beschreibung für das Labormodell:

$$\frac{d\mathbf{x}}{dt} = \begin{bmatrix} 0 & 1 & 0 \\ 52.9013 & -0.1344 & 1.8816 \\ 0 & 1.5120 & -21.1680 \end{bmatrix} \mathbf{x} + \begin{bmatrix} 0 \\ -7.4667 \\ 84 \end{bmatrix} u. \qquad (14.57)$$

Der zulässige Bereich für die an den Motor angelegte Spannung ist gegeben durch

$$-10V \leq u \leq 10V.$$

Teil 4

Rechner-unterstützter Entwurf von Regelkreisen

Kapitelübersicht

Kapitel

15 Dimensionierung von Standardreglern

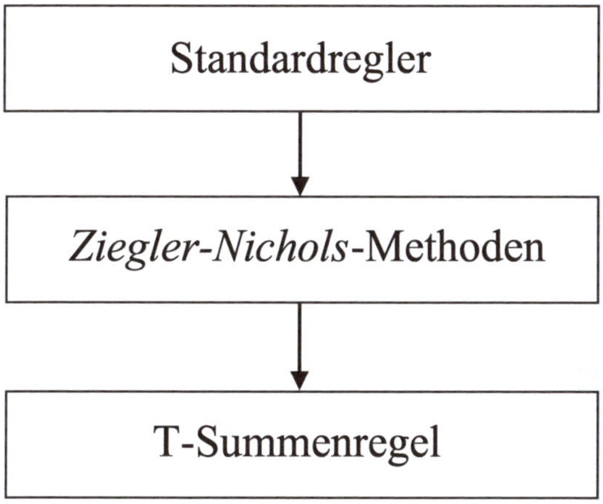

15.1 Übersicht

Dieses Kapitel gibt einen knappen Überblick über den Einsatz von so genannten Standardreglern. Hierbei handelt es sich um die in der industriellen Praxis üblichen PID-Regler. Nach einer kurzen Zusammenfassung der Reglerkonzepte werden einige bekannte Verfahren zur Einstellung der Reglerparameter erläutert.

15.2 Standardregler

Unter einem PID-Regler (*Proportional-Integral-Differential*) versteht man ein System, bei dem der Zusammenhang zwischen der Eingangsgröße e und der Ausgangsgröße u im Zeitbereich durch folgende Beziehung beschrieben wird:

$$u(t) = K_1\, e(t) + K_2 \int\limits_0^t e(\tau)\, d\tau + K_3 \frac{de(t)}{dt}. \tag{15.1}$$

Hierbei sind K_1, K_2 und K_3 reelle Konstanten. In einem Regelkreis nach Abb. 15.1 ist die Eingangsgröße der Regelfehler e, aus dem sich gemäß (15.1) die Stellgröße u errechnet.

Die Stellgröße setzt sich aus drei Anteilen zusammen. Der erste Anteil (*P-Anteil*) ist dem augenblicklichen Wert des Regelfehlers e proportional. Der zweite Anteil (*I-Anteil*) ist dem Integral über den Regelfehler proportional. Dadurch fließt in die Ermittlung von u der

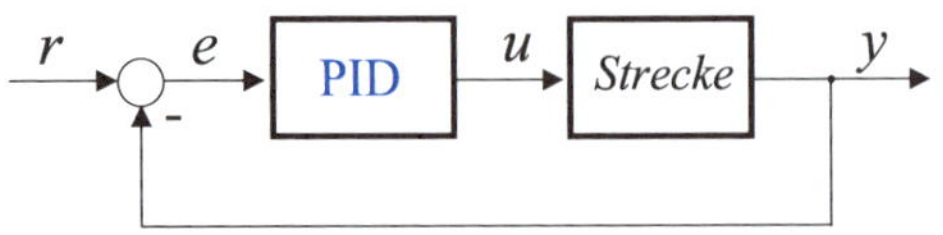

Abbildung 15.1: PID-Regler im Standardregelkreis

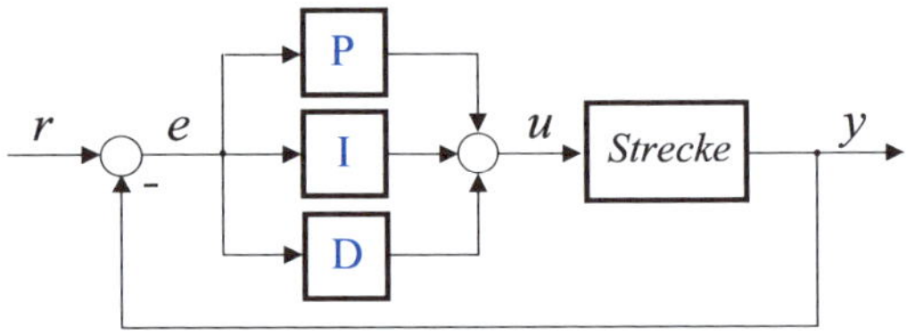

Abbildung 15.2: Regelkreis mit klassischem PID-Regler

bisherige Verlauf von e ein. Der dritte Anteil (*D-Anteil*) ist der zeitlichen Ableitung des Regelfehlers proportional und berücksichtigt somit die momentane Änderungstendenz des Regelfehlers. In Abb. 15.2 ist die Struktur eines PID-Reglers dargestellt; es handelt sich hierbei um die Parallelschaltung der einzelnen Anteile.

Setzt man in (15.1) für die Proportionalitätsfaktoren

$$K_1 := K_P, \;\; K_2 := \frac{K_P}{T_I}, \;\; K_3 := K_P T_D$$

an, so erhält man die in der Literatur übliche Darstellung [4]

$$u(t) = K_P \left[e(t) + \frac{1}{T_I} \int_0^t e(\tau) d\tau + T_D \frac{de(t)}{dt} \right] . \tag{15.2}$$

Hierbei nennt man K_P den *Proportionalbeiwert*, T_I die *Nachstellzeit* und T_D die *Vorhaltezeit*[1]. Folgende Reglerkonfigurationen sind zu unterscheiden:

T_I	T_D	Bezeichnung
$\to \infty$	0	P-Regler
endlich	0	PI-Regler
$\to \infty$	$\neq 0$	PD-Regler
endlich	$\neq 0$	PID-Regler

1 Der Hintergrund für die Namen der Konstanten ist der einschlägigen Literatur (z.B. DIN 19226) zu entnehmen.

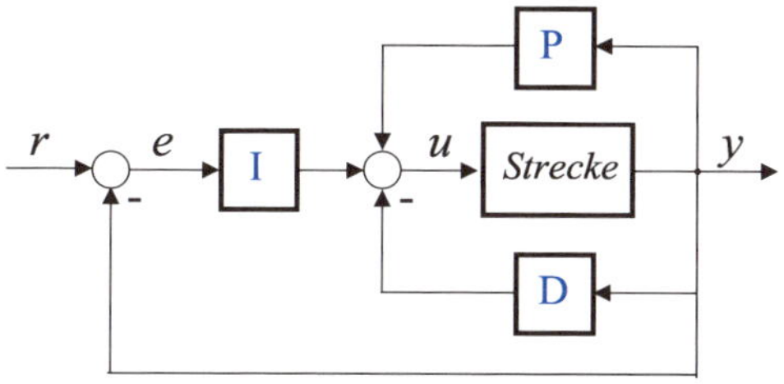

Abbildung 15.3: Regelkreis mit I-PD Regler

Unterwirft man Ausdruck (15.2) der *Laplace*-Transformation, so erhält man – bei verschwindendem Anfangswert $e(0)$ – die Übertragungsfunktion des (*idealen*) PID-Reglers

$$R(s) = \frac{u(s)}{e(s)} = K_P \left(1 + \frac{1}{sT_I} + sT_D\right). \tag{15.3}$$

Aus Darstellung (15.3) ist ersichtlich, dass die Übertragungsfunktion $R(s)$ *nicht* realisierbar ist. Dies ist auf die Verwendung eines „reinen" Differenzierers (*D-Glied*) zurückzuführen. Bei der praktischen Realisierung wird das D-Glied durch einen Differenzierer mit Verzögerungsverhalten (DT_1*-Glied*) ersetzt, d.h.

$$sT_D \rightarrow \frac{sT_D}{1+sT}.$$

Die positive Zeitkonstante T muss dabei so gewählt werden, dass sich das DT_1-Glied im interessierenden Frequenzbereich annähernd so verhält wie das entsprechende D-Glied. Für die Übertragungsfunktion des *realen* PID-Reglers oder auch PIDT_1-Reglers gilt also

$$R(s) = K_P \left(1 + \frac{1}{sT_I} + \frac{sT_D}{1+sT}\right). \tag{15.4}$$

Es handelt sich hierbei um die klassische „Lehrbuch"-Form des PID-Reglers. Sein Einsatz in der Praxis hat allerdings einige unerwünschte Nebeneffekte [4]. So können z.B. sprunghafte Änderungen der Führungsgröße r aufgrund des P- und des D-Anteils betragsmäßig große Stellgrößenwerte zur Folge haben.

Aus diesem Grund wird bei praktischen Implementierungen oft die Berechnungvorschrift (15.2) etwas modifiziert, wie z.B. in Abb. 15.3 dargestellt ist. Bei dieser Darstellung wird nur mehr der Integralpfad vom Regelfehler e durchlaufen; man spricht in diesem Zusammenhang auch von einem IPD-Regler. Standardmäßig sind bei kommerziellen PID-Reglern Anti-windup-Maßnahmen realisiert (vgl. Kap. 10). Darüber hinaus bieten sie eine Reihe von Sonderfunktionen, die sich in langjähriger industrieller Praxis längst etablieren konnten.

15.3 Einstellregeln nach *Ziegler-Nichols*

Die im Jahre 1942 von *Ziegler* und *Nichols* vorgestellten Einstellregeln sind wohl *die* klassischen Verfahren zur Dimensionierung von PID-Reglern. Die Idee besteht darin, durch

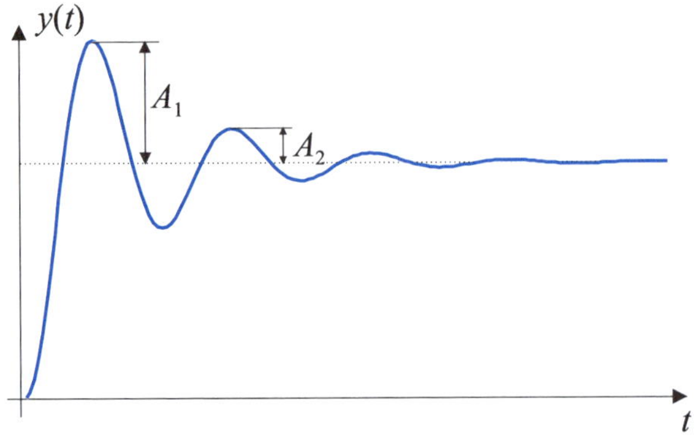

Abbildung 15.4: Gewünschter Verlauf der Sprungantwort des Regelkreises

einfache Experimente am Prozess relevante Informationen über seine Dynamik zu gewinnen. Diese Informationen stellen dann die Grundlage für die Reglereinstellung dar. Zwei verschiedene Ansätze wurden vorgeschlagen. Bei dem ersten Verfahren (*open loop method, step response method*) werden die zur Reglerdimensionierung benötigten Informationen aus der Sprungantwort der Strecke ermittelt. Bei dem zweiten Verfahren (*closed loop method, frequency response method*) wird die Strecke zunächst mit Hilfe eines P-Reglers stabilisiert, dessen Verstärkungsfaktor dann so lange erhöht wird, bis sich das System an der Stabilitätsgrenze befindet. Aus dem Systemverhalten an der Stabilitätsgrenze werden Kenngrößen zur Reglereinstellung abgeleitet.

Beide Methoden basieren auf der Forderung nach einem geschlossenen Regelkreis, bei dem für die ersten beiden Maxima der Sprungantwort gilt (vgl. auch Abb. 15.4):

$$A_1 = 4\,A_{2.}$$

Die Erfahrung zeigt, dass diese Überlegungen im Allgemeinen zu einem schwach gedämpften geschlossenen Regelkreis führen [4]. Aus diesem Grund sind die mit den Einstellregeln gefundenen Reglerparameter häufig nur als Ausgangspunkt für die endgültige Reglerdimensionierung zu sehen.

15.3.1 Verfahren 1: „open loop method"

Zur Reglerdimensionierung wird hier die Sprungantwort der Strecke analysiert. Wie in Abb. 15.5 angedeutet, werden die Kenngrößen a und T_V (*Verzugszeit*) aus dem Verlauf der Sprungantwort abgelesen.

Hierfür ist an die Sprungantwort die Wendetangente zu legen. Mit den gefundenen Parametern kann man aus der folgenden Tabelle die Einstellung für den gewünschten Reglertyp direkt ablesen.

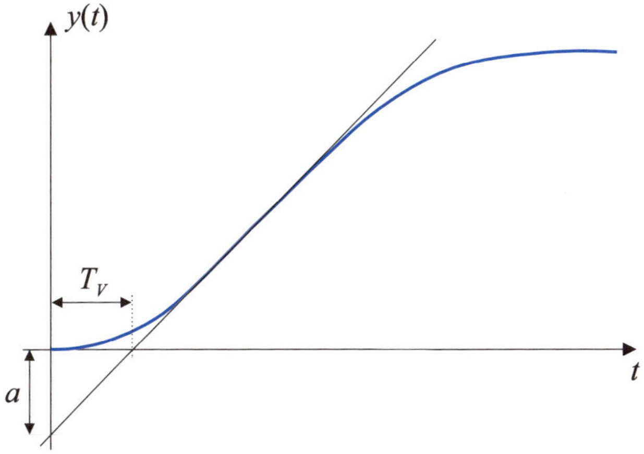

Abbildung 15.5: Sprunganwort des offenen Kreises

Reglertyp	K_P	T_I	T_D
P	a^{-1}	–	–
PI	$0.9\,a^{-1}$	$3T_V$	–
PID	$1.2\,a^{-1}$	$2T_V$	$0.5T_V$

Entwurf für den mittleren Tank

Das Verfahren soll auf das 3-Tank-System angewandt werden. Ziel ist es, einen PI-Regler zur Regelung des Füllstandes im mittleren Tank zu dimensionieren. Dazu wird die Systemantwort aufgenommen, indem – ausgehend vom eingestellten Arbeitspunkt – eine konstante Spannung $u = 0.5\,V$ auf das System aufgeschaltet wird. Der Verlauf der Zustandsvariablen x_2 ist in Abb. 15.6 dargestellt. Nach dem Einzeichnen der Wendetangente findet man[2]

$$T_V = 10 \quad \text{und} \quad a = 3.4.$$

Mit Hilfe obiger Tabelle ergeben sich die Reglerparameter

$$K_P = 0.25 \quad \text{und} \quad T_I = 30\,s.$$

Der ermittelte Regler wurde am realen System getestet, in Abb. 15.7 ist der zugehörige Verlauf von x_2 dargestellt.

[2] Achtung: Wegen $u = 0.5\,V$ liest man hier $a/2$ ab!

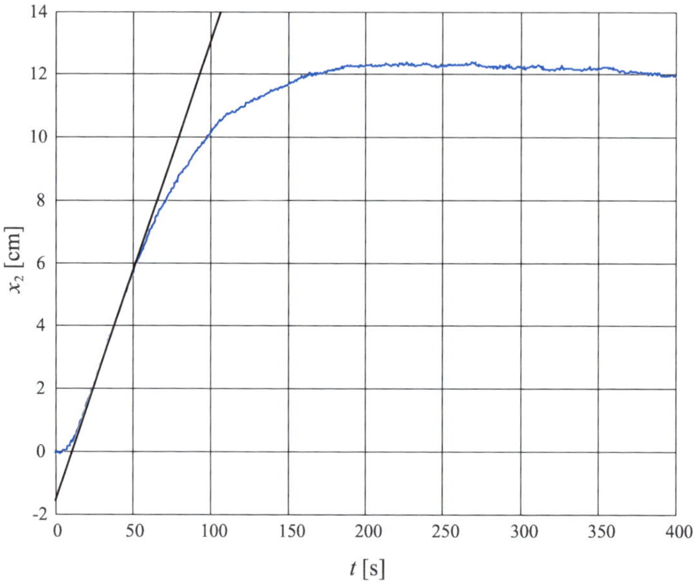

Abbildung 15.6: Sprunganwort mit Wendetangente

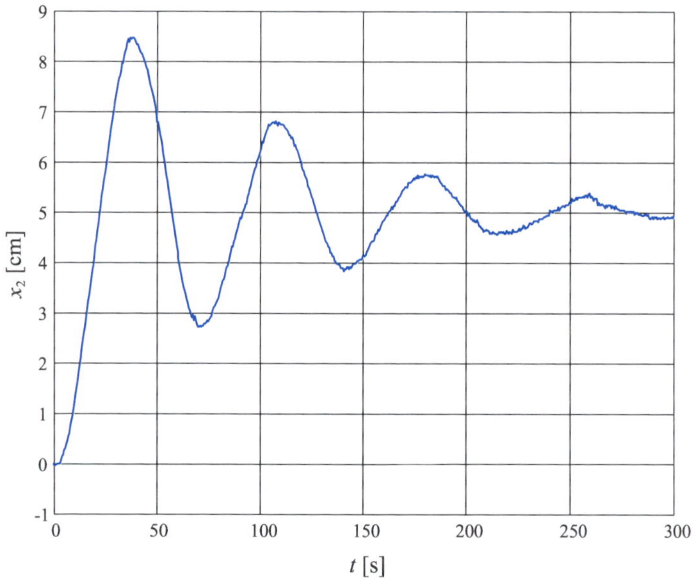

Abbildung 15.7: Verlauf von x_2 bei einem Führungssprung von 5 cm

Anhand des vorliegenden Beispiels ist zu erkennen, dass das Verfahren zwar sehr geradlinig zu brauchbaren Reglerparametern führt, die abzulesenden Kenngrößen T_V und a jedoch keinesfalls eindeutig aus der Sprungantwort zu eruieren sind!

15.3.2 Verfahren 2: „closed loop method"

Hier wird die Dynamik des geschlossenen Regelkreises untersucht. Als Regler wird zunächst ein einfaches P-Glied verwendet (siehe Abb. 15.8).

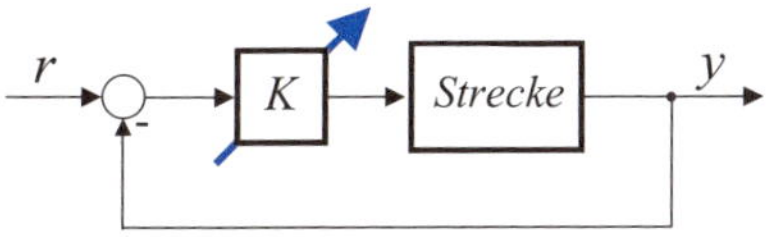

Abbildung 15.8: Regelkreis mit P-Regler

Der Verstärkungsfaktor des P-Reglers wird so eingestellt, dass der Regelkreis BIBO-stabil ist. Danach wird der Verstärkungsfaktor so lange erhöht, bis die Ausgangsgröße der Strecke bei einer sprungförmigen Änderung der Führungsgröße eine ungedämpfte Schwingung vollführt (siehe Abb. 15.9). Den entsprechenden kritischen Verstärkungsfaktor nennt man K_u (*ultimate gain*), die kritische Periodendauer der Dauerschwingung wird mit T_u (*ultimate period*) bezeichnet.

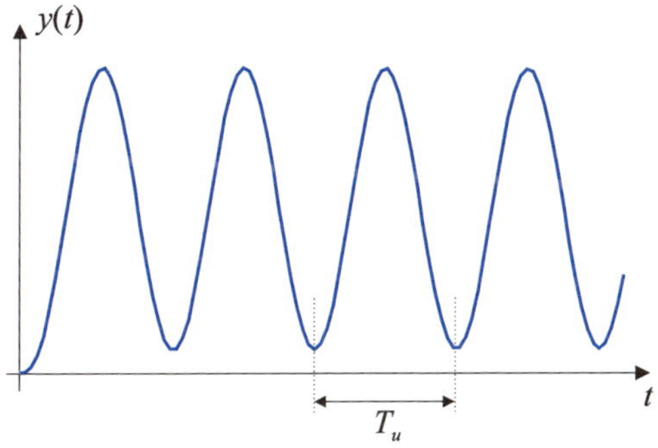

Abbildung 15.9: Antwort des Regelkreises bei sprunghafter Änderung der Führung

In folgender Tabelle können die Reglerparameter in Abhängigkeit von K_u und T_u abgelesen werden:

Reglertyp	K_P	T_I	T_D
P	$0.5K_u$	–	–
PI	$0.4K_u$	$0.8T_u$	–
PID	$0.6K_u$	$0.5T_u$	$0.12T_u$

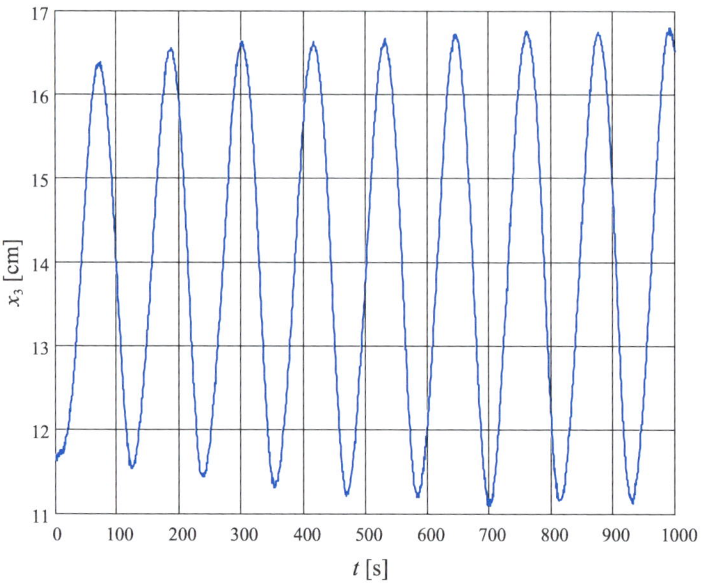

Abbildung 15.10: Verlauf von x_3 bei kritischer Verstärkung K_u

Es ist selbstverständlich zu beachten, dass das Verfahren nur bei Strecken verwendet werden kann, bei denen die Stabilitätsgrenze gefahrlos erreicht werden kann.

Entwurf für den untersten Tank

Es soll der unterste Tank des 3-Tank-Systems geregelt werden. In Abb. 15.10 ist der Verlauf der Ausgangsgröße x_3 bei Annäherung an die Stabilitätsgrenze dargestellt.

Die kritische Verstärkung beträgt[3]

$$K_u \approx 0.25,$$

aus dem Verlauf von x_3 kann die kritische Periode abgelesen werden:

$$T_u \approx 120\,s.$$

Für den resultierenden PI-Regler gilt somit

$$K_P = 0.1 \quad \text{und} \quad T_I = 96\,s.$$

In Abb. 15.11 sieht man den Verlauf der Größe x_3 bei einem Führungssprung von 5 cm.

[3] Siehe rechnerische Ermittlung von K_u mit Hilfe des vereinfachten Schnittpunktkriteriums in Kap. 6.

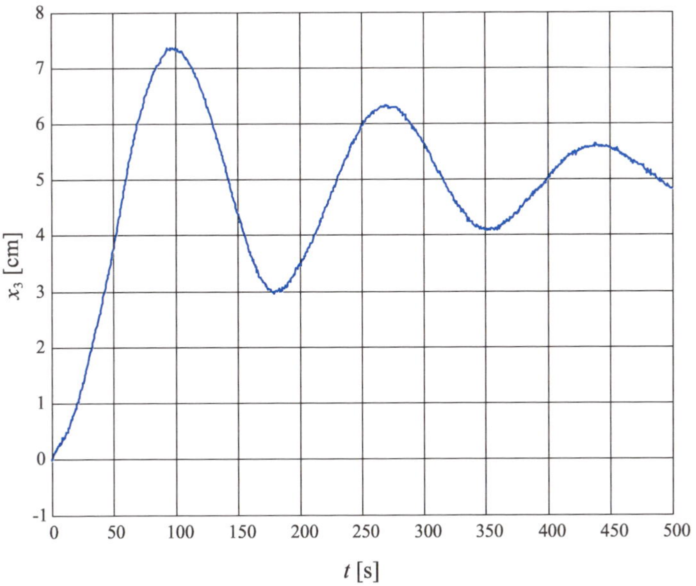

Abbildung 15.11: Verlauf von x_3 bei Führungssprung von 5 cm

15.3.3 „Autotuning"

Eine alternative Möglichkeit, die gesuchten Parameter K_u und T_u zu ermitteln, besteht darin, anstelle des P-Reglers ein so genanntes Zweipunktglied in den Regelkreis einzusetzen. Das Eingangs-Ausgangs-Verhalten eines Zweipunktgliedes mit der Eingangsgröße e und der Ausgangsgröße u ist beschrieben durch die Relation

$$u = \begin{cases} +u_0 & \text{für} \quad e \geq 0 \\ -u_0 & \text{für} \quad e < 0 \end{cases} .$$

Die Bestimmung der gesuchten Parameter erfolgt dann in drei Phasen (siehe Abb. 15.12).

In der ersten Phase wird der Prozess in den gewünschten Arbeitspunkt gefahren. In Phase 2 wird der Regelkreis mit dem Zweipunktglied[4] betrieben (Abb. 15.13).

Durch diese Maßnahme stellt sich bei vielen Prozessen eine Dauerschwingung um den Arbeitspunkt ein, deren Periodendauer näherungsweise gleich T_u ist. Aus der Amplitude A der Dauerschwingung kann über die Beziehung[5]

$$K_u \approx \frac{4u_0}{\pi A}$$

[4] Bei praktischen Anwendungen wird üblicherweise ein Zweipunktglied mit Hysterese eingesetzt [68]. An der prinzipiellen Vorgangsweise ändert sich jedoch nichts.

[5] Dieser Zusammenhang kann mit Hilfe der *Methode der Beschreibungsfunktion* leicht ermittelt werden.

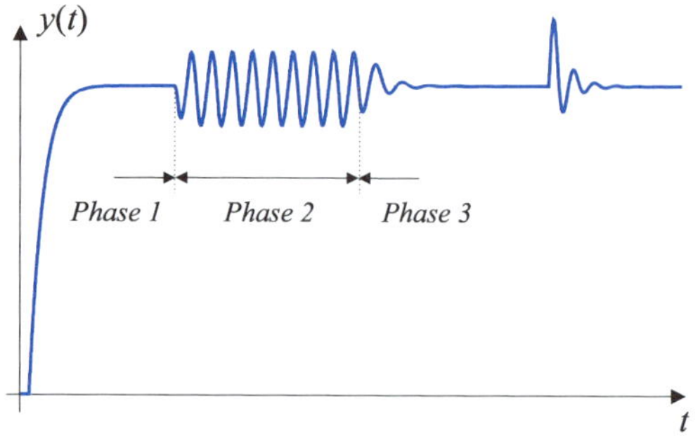

Abbildung 15.12: Selbst einstellender Regler

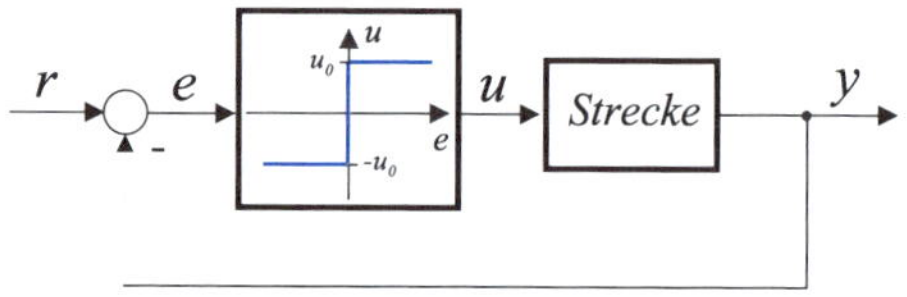

Abbildung 15.13: Regelkreis mit Zweipunktglied

die kritische Verstärkung ermittelt werden [68]. In der dritten Phase wird dann der mit Hilfe der *Ziegler-Nichols*-Regeln eingestellte PID-Regler zugeschaltet.

Entwurf für den untersten Tank

In Abb. 15.14 ist der Verlauf von x_3 für ein Zweipunktglied mit $u_0 = 0.6V$ dargestellt. Aus der Amplitude

$$A = 4.1 \text{ cm}$$

der Dauerschwingung errechnet sich die kritische Verstärkung zu

$$K_u \approx 0.19,$$

für die kritische Periodendauer findet man

$$T_u \approx 125\,s.$$

Vergleicht man diese Werte mit den im vorigen Abschnitt ermittelten Größen K_u und T_u, so sieht man, dass der Schätzwert für die kritische Verstärkung um ca. 20% zu klein ist, die Schätzung für T_u jedoch sehr gut mit dem exakten Wert übereinstimmt. Die entsprechenden Reglerparameter lauten

$$K_P = 0.08 \text{ und } T_I = 100\,s.$$

Der Verlauf von x_3 bei einem 5 cm hohen Führungssprung ist in Abb. 15.15 dargestellt.

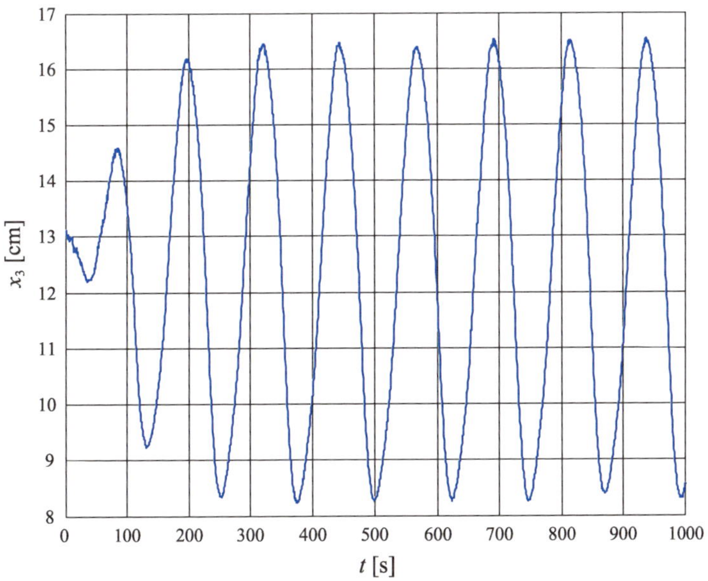

Abbildung 15.14: Verlauf von x_3

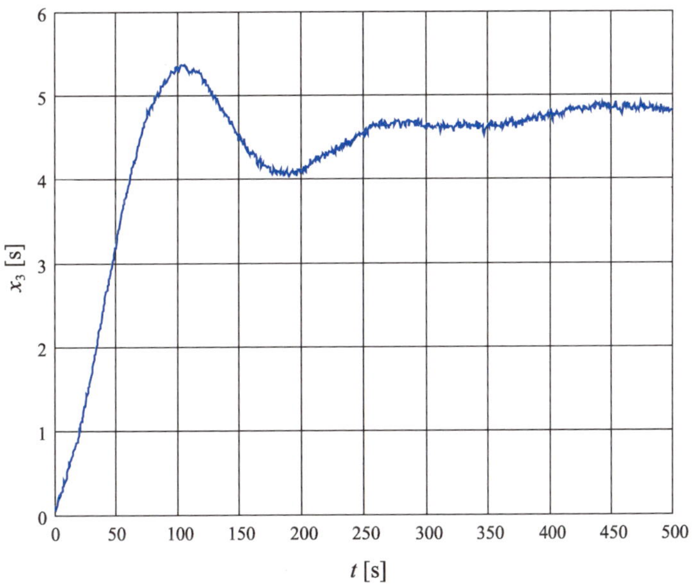

Abbildung 15.15: Verlauf von x_3 bei Führungssprung von 5 cm

15.4 Einstellung nach der T-Summen-Regel

Im Gegensatz zu den Einstellregeln nach *Ziegler* und *Nichols* handelt es sich hier um ein relativ junges Verfahren zur Dimensionierung von PID-Reglern [40].

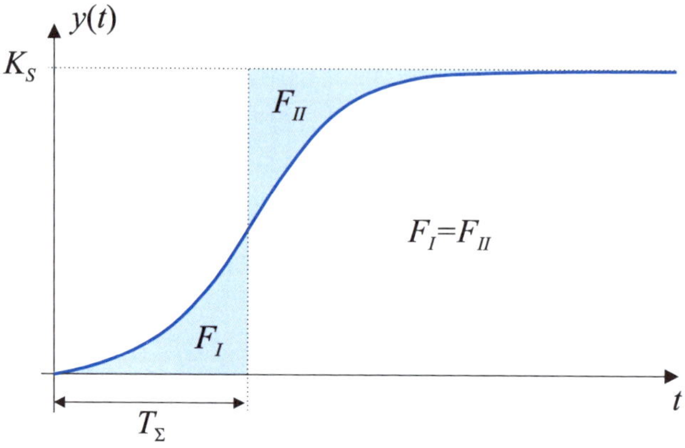

Abbildung 15.16: Bestimmung der Summenzeitkonstante

Voraussetzung ist, dass die Strecke eine „s-förmige" Sprungantwort, wie sie in Abb. 15.16 dargestellt ist, hat. Die Idee beruht darauf, aus der Sprungantwort die so genannte Summenzeitkonstante T_Σ zu ermitteln. Diese Größe ist ein Maß für die „Schnelligkeit" des betrachteten Systems [38]. Je kleiner die Summenzeitkonstante ist, desto schneller reagiert die Strecke bei sprungförmiger Erregung. Diese Konstante kann leicht aus der Streckensprungantwort abgelesen werden; für $t = T_\Sigma$ sind nämlich, wie auch in Abb. 15.16 angedeutet, die Flächen F_I und F_{II} gleich groß. Aus dem stationären Endwert der Sprungantwort K_S und der Summenzeitkonstante T_Σ können über folgende Tabelle die Reglerparameter ermittelt werden:

Reglertyp	K_P	T_I	T_D
P	K_S^{-1}	–	–
PI	$0.5\,K_S^{-1}$	$0.5T_\Sigma$	–
PD	K_S^{-1}	–	$0.33T_\Sigma$
PID	K_S^{-1}	$0.66T_\Sigma$	$0.17T_\Sigma$

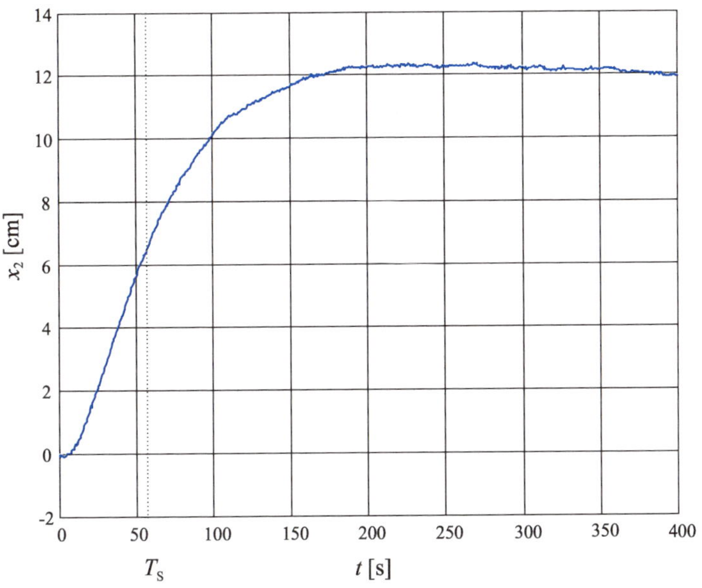

Abbildung 15.17: Sprungantwort des mittleren Tanks

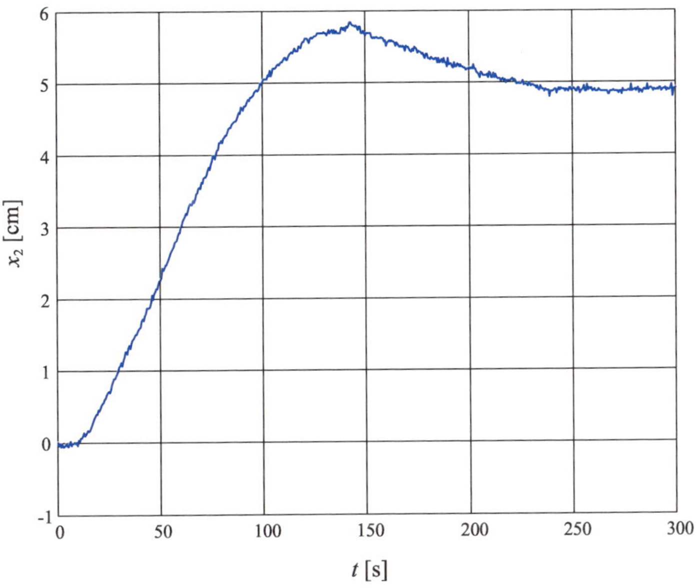

Abbildung 15.18: Verlauf von x_2 bei einem Führungssprung von 5 cm

Entwurf für den mittleren Tank

Das Verfahren wird zur Regelung des Füllstandes im mittleren Behälter des 3-Tank-Systems eingesetzt. Aus der in Abb. 15.17 dargestellten Sprungantwort[6] kann die Summenzeitkonstante abgelesen werden:

$$T_\Sigma \approx 60\,s$$

Für den stationären Endwert liest man in guter Näherung ab:

$$K_S \approx 24 \text{ cm.}$$

Damit folgt für die Reglerparameter aus obiger Tabelle:

$$\begin{aligned} K_P &= 0.02 \\ T_I &= 30\,s. \end{aligned}$$

Der Verlauf der Zustandsgröße x_2 bei einem Führungssprung von 5 cm ist in Abb. 15.18 dargestellt.

[6] D.h. $u = 4.5V$

Kapitel 16 Synthese mit *Bode*-Diagrammen, zeitkontinuierlicher Fall

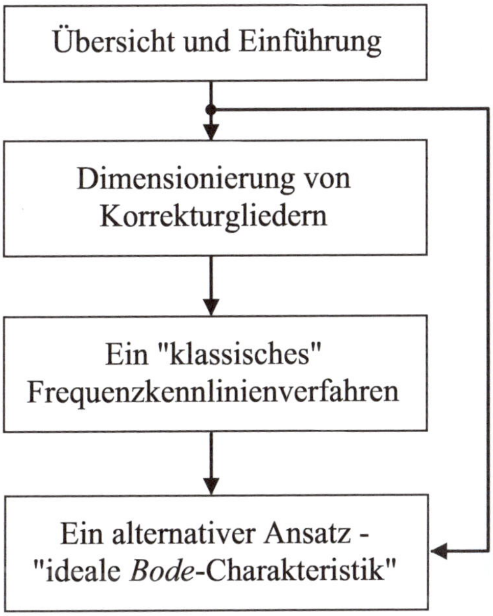

16.1 Einführung und Übersicht

Schon bevor der Computer zum selbstverständlichen und unverzichtbaren Werkzeug für die Reglersynthese wurde, spielten auf *Bode*-Diagrammen basierende Syntheseverfahren eine bedeutende Rolle. Dies ist darauf zurückzuführen, dass das Zeichnen von logarithmischen Frequenzkennlinien auch ohne Computerunterstützung mühelos möglich ist und der Reglerentwurf trotz einfachster Werkzeuge (halblogarithmisches Papier, evtl. Phasenlineal) effizient durchgeführt werden kann. Darüber hinaus gibt es aber auch andere Gründe für die Beliebtheit so genannter *Frequenzkennlinien-Verfahren*.

Allen auf *Bode*-Diagrammen basierenden Verfahren liegt eine ähnliche Vorgangsweise zugrunde. Gewünschte Spezifikationen für den in Abb. 16.1 dargestellten Standardregelkreis bei gegebener Strecke $P(s)$ werden in entsprechende Bedingungen für den Frequenzgang

$$L(j\omega) = R(j\omega)\, P(j\omega) \tag{16.1}$$

des offenen Kreises *näherungsweise* übersetzt. Dies kann z.B. mit Hilfe der in den folgenden Abschnitten präsentierten Faustformeln geschehen; alternative Ansätze findet man in der einschlägigen Literatur [11, 49, 61].

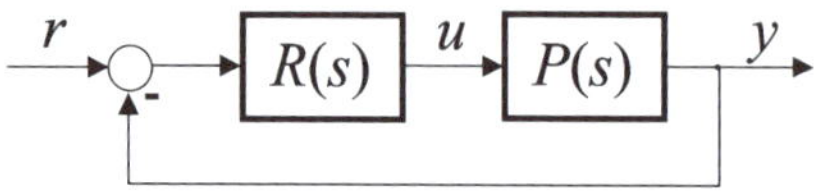

Abbildung 16.1: Standardregelkreis

Durch sukzessives Einfügen von Korrekturgliedern in den offenen Kreis wird der Frequenzgang $L(j\omega)$ gemäß den Vorgaben *geformt*[1]. Die Übertragungsfunktion $R(s)$ des resultierenden Reglers ergibt sich aus der Serienschaltung der eingefügten Korrekturglieder $R_i(s)$, d.h.

$$R(s) = R_1(s)\, R_2(s)\, R_3(s) \ldots .$$

Wie diese Korrekturglieder den Frequenzgang des offenen Kreises verändern, ist in einem *Bode*-Diagramm besonders leicht zu überblicken, denn es gilt

$$\begin{aligned} |L(j\omega)|_{dB} &= |P(j\omega)|_{dB} + |R_1(j\omega)|_{dB} + |R_2(j\omega)|_{dB} + \ldots , \\ \text{arc}\,\{L(j\omega)\} &= \text{arc}\,\{P(j\omega)\} + \text{arc}\,\{R_1(j\omega)\} + \text{arc}\,\{R_2(j\omega)\} + \ldots . \end{aligned} \tag{16.2}$$

Im Unterschied zur Darstellung von $L(j\omega)$ als komplexe Ortskurve sieht man in einem *Bode*-Diagramm *unmittelbar* die Auswirkungen von Korrekturgliedern auf den Frequenzgang des offenen Kreises. Die Auswahl der benötigten Korrekturglieder kann also, ein gewisses Maß an Erfahrung vorausgesetzt, gezielt und systematisch getroffen werden. Dabei muss einerseits $L(j\omega)$ den Wünschen entsprechend geformt werden, andererseits muss der resultierende Regelkreis natürlich stabil sein.

Im allgemeinen Fall ist die Stabilitätsanalyse anhand von *Bode*-Diagrammen recht mühselig. Hierzu ist es erforderlich, aus den Frequenzkennlinien des offenen Kreises die so genannte Frequenzgangs-Ortskurve $L(j\omega)$ zu konstruieren. Danach kann mit dem *Nyquist*-Kriterium der Stabilitätscharakter des Regelkreises untersucht werden. Setzt man allerdings vereinfachend voraus, dass die Übertragungsfunktion des offenen Kreises $L(s)$ vom *einfachen Typ* ist, so reduziert sich die Stabilitätsanalyse auf die Kontrolle eines *einzigen Punktes* in den Frequenzkennlinien!

Trotz des systematisch vorgezeichneten Lösungsweges spielt gerade bei der Synthese mit Frequenzkennlinien die Erfahrung des Anwenders eine nicht zu unterschätzende Rolle. Nicht selten führen scheinbar bedeutungslose Maßnahmen bei der Dimensionierung von Korrekturgliedern zu spektakulären Verbesserungen der dynamischen Eigenschaften des entworfenen Regelkreises.

[1] In der englischsprachigen Fachliteratur bezeichnet man dieses Vorgehen mit „loop shaping“.

16.2 Dimensionierung von Korrekturgliedern

Im Sinne eines systematischen und übersichtlichen Entwurfs verwendet man möglichst einfache Korrekturglieder. Das steht im Einklang mit dem Wunsch nach einer einfachen technischen Realisierung der entworfenen Regler[2]. In den folgenden Abschnitten werden diejenigen Übertragungsglieder besprochen, deren Zusammenschaltung die Realisierung aller – für den auf Frequenzkennlinien basierenden Entwurf – benötigten Korrekturglieder ermöglicht. Hierbei sind die – in der angeführten Form nicht realisierbaren – linearen und quadratischen Faktoren nicht als eigenständige Korrekturglieder aufzufassen, sondern als Bausteine komplexerer Reglerstrukturen. Ein Beispiel hierfür stellen die unten angegebenen „lead-“ bzw. „lag“-Glieder dar, die sich jeweils aus einem Linearfaktor im Zähler und im Nenner zusammensetzen.

16.2.1 Proportionalglied (P-Glied)

Durch das Einfügen eines Proportionalgliedes mit der Übertragungsfunktion

$$R(s) = K \quad (K \text{ reell und konstant}) \tag{16.3}$$

in den offenen Kreis wird die Betragskennlinie des offenen Kreises gemäß (16.2) um den Wert

$$|R(j\omega)|_{dB} = 20 \log |K| \tag{16.4}$$

angehoben bzw. abgesenkt. Der Beitrag zur Phasenkennlinie beträgt

$$\text{arc}\,\{R(j\omega)\} = \begin{cases} 0^\circ & \text{für } K > 0 \\ -180^\circ & \text{für } K < 0 \end{cases}. \tag{16.5}$$

Proportionalglieder werden dazu eingesetzt, um die Betragskennlinie des offenen Kreises um einen gewünschten Betrag ΔA (in dB) zu verschieben, *ohne* die Phasenkennlinie zu verändern. Für den entsprechenden (positiven) Wert K ergibt sich dann aus (16.4)

$$K = 10^{\frac{\Delta A}{20}}. \tag{16.6}$$

16.2.2 Linearfaktor

Unter einem Linearfaktor versteht man ein System mit der Übertragungsfunktion

$$R(s) = 1 + \frac{s}{\omega_k}, \quad \omega_k > 0. \tag{16.7}$$

Hierbei ist der reelle Parameter ω_k die so genannte *Knickfrequenz*. Für den Betrags- bzw. Phasengang von $R(j\omega)$ gilt:

$$\begin{aligned} |R(j\omega)|_{dB} &= 20 \log |1 + j\frac{\omega}{\omega_k}| = 20 \log \sqrt{1 + \left(\frac{\omega}{\omega_k}\right)^2} \\ \text{arc}\,\{R(j\omega)\} &= \arctan \frac{\omega}{\omega_k}. \end{aligned} \tag{16.8}$$

In Abb. 16.2 sind die zugehörigen Frequenzkennlinien grafisch dargestellt.

---

2 Die Problematik der technischen Reglerrealisierung verliert natürlich bei zeitdiskreten Regelkreisen an Bedeutung!

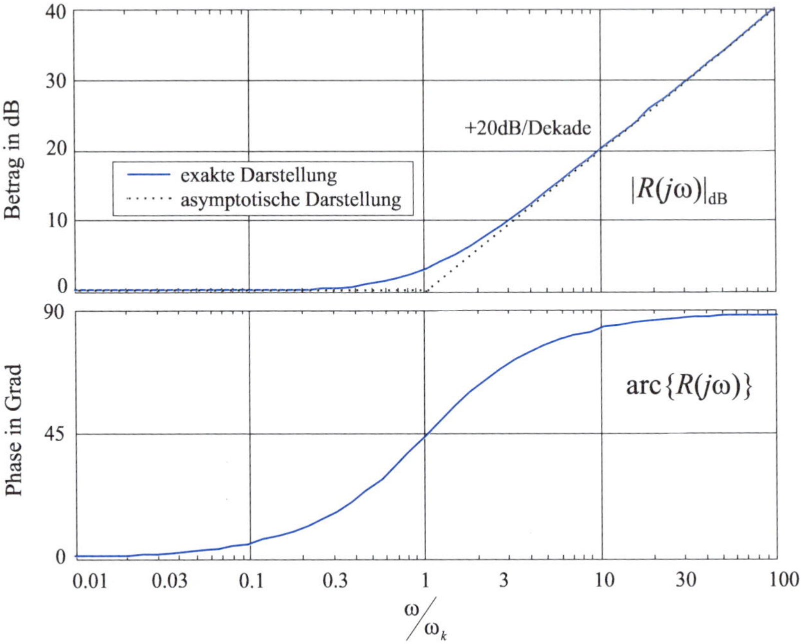

Abbildung 16.2: Bode-Diagramm eines Linearfaktors

16.2.3 Quadratischer Faktor

Ein System mit der Übertragungsfunktion

$$R(s) = 1 + 2\zeta\frac{s}{\omega_k} + \left(\frac{s}{\omega_k}\right)^2, \qquad \zeta > 0,\ \ \omega_k > 0$$

wird quadratischer Faktor genannt. Die reellen, positiven Parameter ζ und ω_k nennt man *Dämpfungsgrad* und *Knickfrequenz*. Für den Dämpfungsgrad wird vorausgesetzt:

$$0 < \zeta < 1.$$

Diese Annahme stellt sicher, dass $R(s)$ ein konjugiert komplexes Nullstellenpaar mit negativem Realteil besitzt.[3] Für den Betrags- bzw. Phasengang von $R(j\omega)$ gilt:

$$\begin{aligned} |R(j\omega)|_{dB} &= 20\log\sqrt{\left[1-\left(\frac{\omega}{\omega_k}\right)^2\right]^2 + 4\zeta^2\left(\frac{\omega}{\omega_k}\right)^2} \qquad (16.9)\\ \text{arc}\,\{R(j\omega)\} &= \arctan\frac{2\zeta\frac{\omega}{\omega_k}}{1-\left(\frac{\omega}{\omega_k}\right)^2}. \end{aligned}$$

[3] Für $\zeta \geq 1$ weist $R(s)$ zwei reelle Nullstellen auf, entspricht also dem Produkt zweier Linearfaktoren. Für $\zeta = 0$ hat $R(s)$ zwei rein imaginäre Nullstellen bei $\pm j\omega_k$.

Abb. 16.3 zeigt die Frequenzkennlinien eines quadratischen Faktors für verschiedene positive Werte von ζ.

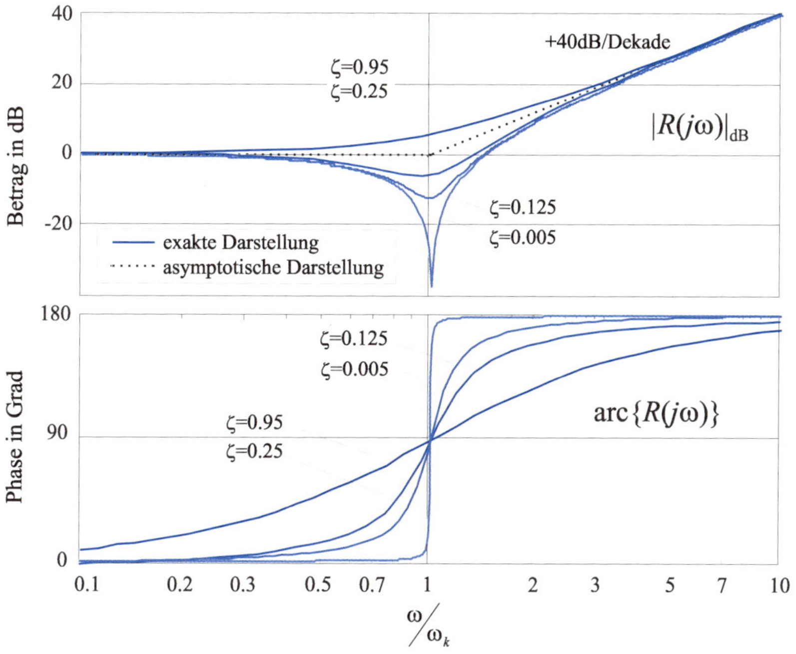

Abbildung 16.3: Frequenzkennlinien des quadratischen Faktors

16.2.4 Integrierglied

Zur Erfüllung von Wünschen an das stationäre Regelkreisverhalten muss der offene Kreis gegebenenfalls um Integrierglieder erweitert werden. Das Korrekturglied besitzt dann die Übertragungsfunktion

$$R(s) = \frac{1}{s^{\lambda}}, \quad \lambda > 0. \tag{16.10}$$

Die ganzzahlige Konstante λ entspricht dabei der Anzahl der eingefügten „einfachen" Integrierer. Für die zugehörigen Frequenzkennlinien gilt

$$\begin{aligned} |R(j\omega)|_{dB} &= -20\,\lambda\,\log\omega, \\ \text{arc}\,\{R(j\omega)\} &= -\lambda\,90^{\circ} \end{aligned} \tag{16.11}$$

Bei konstanter Phase fällt die Betragskennlinie pro Dekade also um $(20\,\lambda)\ dB$, der Schnittpunkt mit der $0dB$-Linie liegt bei $\omega = 1\,rads^{-1}$.

16.2.5 Lead- bzw. lag-Glied

Korrekturglieder, die häufig zur Frequenzgangkorrektur eingesetzt werden, sind so genannte lead- bzw. lag-Glieder. Es handelt sich hierbei um Systeme 1. Ordnung mit der Übertragungsfunktion

$$R(s) = \frac{1 + \dfrac{s}{\omega_Z}}{1 + \dfrac{s}{\omega_N}}, \qquad \omega_Z > 0, \;\; \omega_N > 0. \tag{16.12}$$

Für die Betrag- und Phasenkennlinie ergibt sich unmittelbar:

$$\begin{aligned} |R(j\omega)|_{dB} &= 20\log\sqrt{1 + \left(\frac{\omega}{\omega_Z}\right)^2} - 20\log\sqrt{1 + \left(\frac{\omega}{\omega_N}\right)^2} \\ \operatorname{arc}\{R(j\omega)\} &= \arctan\frac{\omega}{\omega_Z} - \arctan\frac{\omega}{\omega_N}. \end{aligned} \tag{16.13}$$

Es wird nun analysiert, wie solche Korrekturglieder den Frequenzgang des offenen Kreises verändern. Dazu werden Phase und Betrag von $R(j\omega)$ untersucht. Mit der Abkürzung

$$m := \frac{\omega_N}{\omega_Z} \tag{16.14}$$

errechnet sich der bei der *Mittenfrequenz*

$$\omega_m = \sqrt{\omega_Z\,\omega_N} \tag{16.15}$$

(dem geometrischen Mittel der Knickfrequenzen ω_Z und ω_N) auftretende *extremale* Wert $\Delta\varphi_{\max}$ der Phasenkennlinie zu

$$\Delta\varphi_{\max} = \arcsin\frac{m-1}{m+1}. \tag{16.16}$$

Die Betragskennlinie nimmt für sehr große Werte von ω, d.h. $\omega \gg \max\{\omega_Z, \omega_N\}$ den Wert

$$\Delta A_{\max} = 20\log m \tag{16.17}$$

an. Die in den Abb. 16.4 und 16.5 dargestellten *Bode*-Diagramme verdeutlichen, dass zwei Fälle, nämlich $m > 1$ und $m < 1$, zu unterscheiden sind. Diese sind in der folgenden Tabelle zusammengefasst.

Bezeichnung	Betragskennlinie für $\omega >>$	Phasenkennlinie für $\omega = \omega_m$
lead-Glied ($m > 1$)	Anhebung: $\Delta A_{\max} > 0$	Anhebung: $0 < \Delta\varphi_{\max} < 90°$
lag-Glied ($m < 1$)	Absenkung: $\Delta A_{\max} < 0$	Absenkung: $-90° < \Delta\varphi_{\max} < 0$

Einsatz von lead- bzw. lag-Gliedern

Zur Erfüllung der Spezifikationen ist es häufig notwendig, die Phasenkennlinie von $L(j\omega)$ bei einer bestimmten Frequenz ω_0 um einen bestimmten Wert $\Delta\varphi_0$ zu korrigieren, d.h.

$$\operatorname{arc}\{R(j\omega_0)\} \stackrel{!}{=} \Delta\varphi_0. \tag{16.18}$$

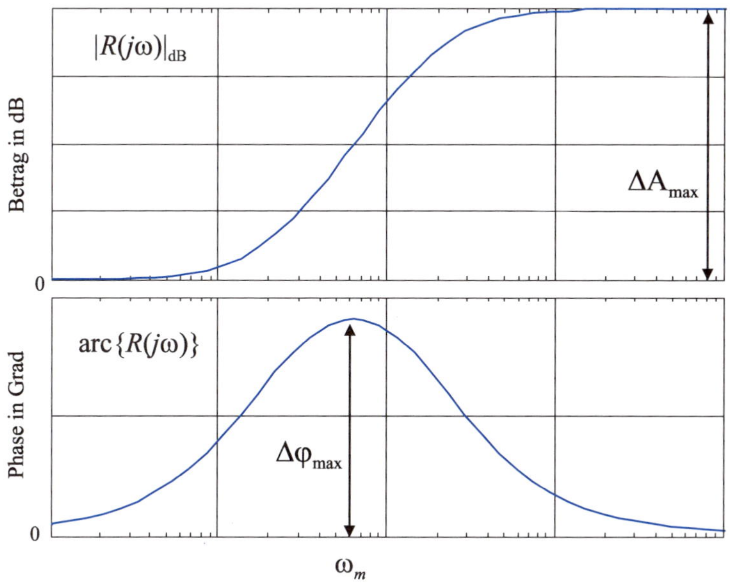

Abbildung 16.4: $m > 1$: Frequenzkennlinien eines lead-Gliedes

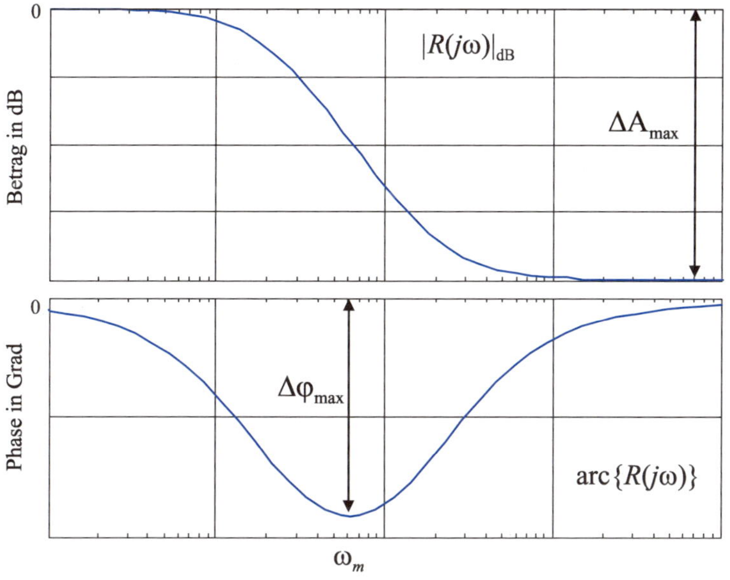

Abbildung 16.5: $m < 1$: Frequenzkennlinien eines lag-Gliedes

Es ist nahe liegend, das Korrekturglied so zu dimensionieren, dass die gewünschte Phasenkorrektur gleich dem extremalen Wert der Phasenkennlinie ist:

$$\Delta\varphi_0 = \Delta\varphi_{\max} \quad \Rightarrow \quad \omega_m = \omega_0.$$

Daraus errechnet sich mit (16.16) die Größe m zu

$$m = \frac{1 + \sin\Delta\varphi_0}{1 - \sin\Delta\varphi_0}. \tag{16.19}$$

Die Größen ω_Z und ω_N ergeben sich dann unmittelbar aus (16.14) und (16.15) zu

$$\omega_Z = \frac{\omega_0}{\sqrt{m}} \quad \text{und} \quad \omega_N = m\omega_Z = \omega_0\sqrt{m}. \tag{16.20}$$

Beispiel: Es soll ein lead-Glied entworfen werden, das an der Stelle $\omega_0 = 2\,rads^{-1} = \omega_m$ eine Phasenanhebung von $\Delta\varphi_0 = 50°$ bewirkt.

Mit Hilfe von (16.19) findet man $m = 7.55$, mit (16.20) ergibt sich das gesuchte lead-Glied:

$$R_1(s) = \frac{1 + \dfrac{s}{0.73}}{1 + \dfrac{s}{5.5}}.$$

Die zugehörigen Frequenzkennlinien sind in Abb. 16.6 dargestellt.

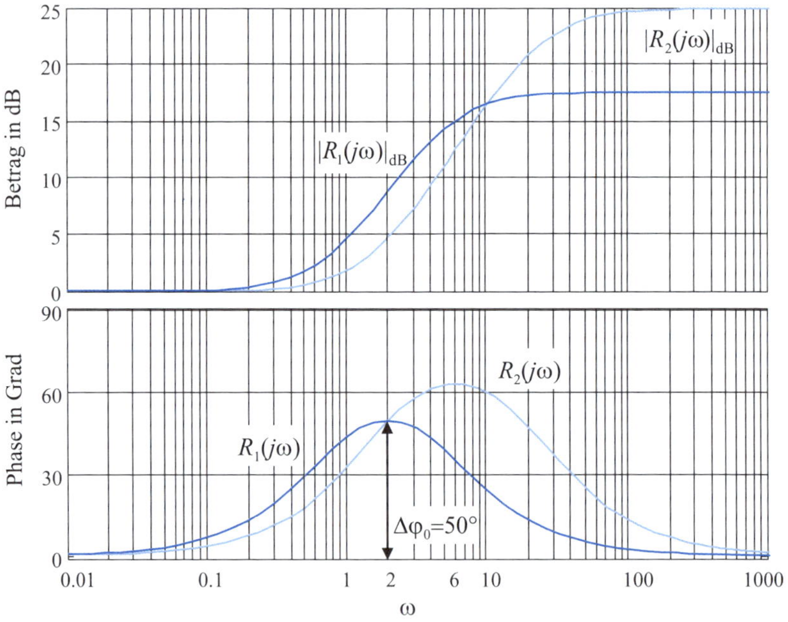

Abbildung 16.6: Lead-Glieder mit einer Phasenanhebung von $50°$ bei $\omega_0 = 2$

In vielen Fällen muss an vorgegebener Stelle ω_0 die Betragkennlinie des offenen Kreises um einen bestimmten Betrag ΔA korrigiert werden, *ohne* die Phasenkennlinie zu verändern. Diese Vorgabe ist mit Hilfe eines Proportionalgliedes sehr leicht zu erfüllen. Ist allerdings z.B. durch einen Wunsch an das stationäre Verhalten des Regelkreises der Verstärkungsfaktor des offenen Kreises festgelegt, so ist diese Vorgangsweise *nicht* möglich. Die Betragskennlinie muss dann korrigiert werden, *ohne* den Verstärkungsfaktor zu verändern. Aus ΔA ergibt sich m mit Hilfe (16.17) zu

$$m = 10^{\frac{\Delta A}{20}} . \tag{16.21}$$

Um den Wert der Phasenkennlinie bei ω_0 möglichst wenig zu beeinflussen, werden die Knickfrequenzen ω_Z und ω_N möglichst weit nach „links" geschoben (vgl. Abb. 16.4 und 16.5). Bei der praktischen Anwendung hat sich folgende Dimensionierungsrichtlinie bewährt:

$$\max\{\omega_Z, \omega_N\} = \frac{\omega_0}{10}. \tag{16.22}$$

Durch diese Maßnahme wird die Phasenkennlinie des offenen Kreises bei ω_0 nur geringfügig (etwa 5°) verändert.

Beispiel: Gesucht ist ein lag-Glied, das an der Stelle $\omega_0 = 2\,rads^{-1}$ die Betragskennlinie des offenen Kreises um $\Delta A = -20dB$ absenkt, ohne die Phasenkennlinie nennenswert abzusenken.

Mit Hilfe von (16.21) ergibt sich für m der Wert

$$m = 10^{\frac{-20}{20}} = 0.1 .$$

Für ω_Z wird gemäß der Richtlinie (16.22) der Wert

$$\omega_Z = 0.2\,rads^{-1}$$

gewählt. Mit m und ω_Z errechnet sich ω_N über Relation (16.14) zu

$$\omega_N = m\omega_Z = 0.02\,rads^{-1}.$$

Die Übertragungsfunktion des gesuchten lag-Gliedes lautet somit

$$R_1(s) = \frac{1 + \frac{s}{0.2}}{1 + \frac{s}{0.02}}.$$

In Abb. 16.7 sind die zugehörigen Frequenzkennlinien dargestellt, die Phasenabsenkung bei ω_0 beträgt lediglich $\Delta\varphi \approx -5.1^\circ$.

Wie die nachfolgenden Beispiele zeigen, reichen die einfachen Dimensionierungsvorschriften für lead- bzw. lag-Glieder oft *nicht* aus, um dem Regelkreis das gewünschte Verhalten aufzuprägen. Flexiblere Ansätze zur Auslegung der Korrekturglieder ermöglichen in vielen Fällen eine *deutliche* Verbesserung der Ergebnisse.

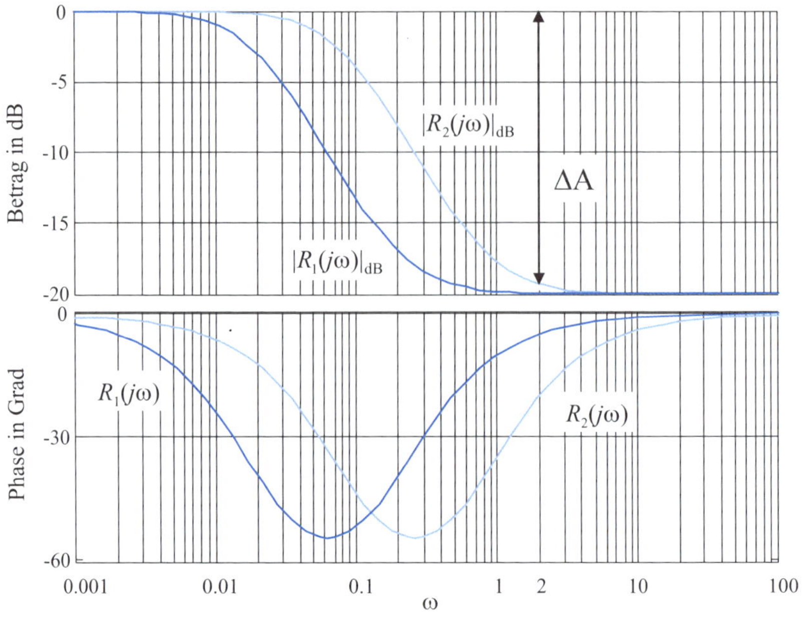

Abbildung 16.7: Lag-Glieder mit einer Betragsabsenkung von $20dB$ bei $\omega_0 = 2$

16.2.6 Lead-Glied – erweiterte Dimensionierungsrichtlinien

In vielen Fällen ist es sinnvoll, das Korrekturglied so auszulegen, dass der extremale Phasenwert $\Delta\varphi_{\max}$ *nicht* bei ω_0, sondern bei

$$\omega_m = \alpha\,\omega_0 \tag{16.23}$$

auftritt. Hierbei ist α ein positiver Parameter. Durch diese Maßnahme kann im Bereich der Durchtrittsfrequenz ω_c die Phasenkennlinie etwas abgeflacht bzw. die Steigung der Betragskennlinie auf ca. $-20dB$ pro Dekade eingestellt werden.

Zur Bestimmung des Korrekturgliedes, das die Erfüllung (16.18) und (16.23) gewährleistet, ist folgende nichtlineare Gleichung bezüglich m zu lösen:

$$\frac{m-1}{\sqrt{m}} = \frac{\alpha^2+1}{\alpha}\tan\Delta\varphi_0. \tag{16.24}$$

Für $\Delta\varphi_0 > 25°$ und $\alpha > 2$ gilt in erster Näherung[4]:

$$m \approx 2 + (\alpha^2+2)\tan^2\Delta\varphi_0. \tag{16.25}$$

4 Sie ergibt sich durch Quadratur obiger Gleichung $\sqrt{m} - \frac{1}{\sqrt{m}} = (\alpha + \frac{1}{\alpha})\tan\Delta\varphi_0$ und Vernachlässigung der Glieder $\frac{1}{m}$ und $\frac{1}{\alpha^2}$.

Aus m errechnen sich die Reglerparameter dann mit (16.20) und (16.23) gemäß

$$\omega_Z = \frac{\alpha\omega_0}{\sqrt{m}}, \quad \omega_N = m\omega_Z = \alpha\omega_0\sqrt{m}. \tag{16.26}$$

Zu beachten ist, dass durch die *außermittige* Positionierung eines lead-Gliedes der Quotient $m = \frac{\omega_N}{\omega_Z}$ im Vergleich zur mittigen Positionierung große Werte annimmt. Für $m \gg 1$ gilt für das lead-Glied

$$R(s) = \frac{1 + \dfrac{s}{\omega_Z}}{1 + \dfrac{s}{\omega_N}} \overset{(16.14)}{=} \frac{1 + \dfrac{s}{\omega_Z}}{1 + \dfrac{s}{m\omega_Z}} \overset{m \gg 1}{\approx} 1 + \frac{s}{\omega_Z}.$$

Das lead-Glied entspricht also für große m-Werte näherungsweise einem so genannten PD-Glied. Schnelle Änderungen des Regelfehlers haben daher sehr große Ausschläge der Stellgröße zur Folge.

Beispiel: Das gesuchte lead-Glied soll wieder an der Stelle $\omega_m = \omega_0 = 2\,rads^{-1}$ eine Phasenanhebung von $\Delta\varphi_0 = 50°$ bewirken. Das Phasenmaximum soll allerdings bei $\omega_m = 3\,\omega_0 = 6\,rads^{-1}$ liegen, d.h. $\alpha = 3$. Durch Lösung von Gleichung (16.24) findet man $m = 17.72$.[5] Mittels (16.26) errechnet sich das gesuchte lead-Glied zu

$$R_2(s) = \frac{1 + \dfrac{s}{1.43}}{1 + \dfrac{s}{25.19}}.$$

In Abb. 16.6 sind die Frequenzkennlinien von $R_2(s)$ grafisch dargestellt. Die Phasenkennlinie nimmt, wie gewünscht, bei $\omega_0 = 2$ einen Wert von $50°$ an, die maximale Phasenanhebung beträgt $\Delta\varphi_{\max} = 63.2°$.

16.2.7 Lag-Glied – erweiterte Dimensionierungsrichtlinien

Bei der Ermittlung von lag-Gliedern nach der Richtlinie (16.22) kann es – trotz Einhaltung der Spezifikationen – zu unerwünscht schleppendem Verhalten des Regelkreises kommen. In diesem Fall sind die Knickfrequenzen ω_Z und ω_N in die Nähe der Durchtrittsfrequenz ω_c zu verschieben [29]. Durch diese Maßnahme kann die Betragskennlinie des offenen Kreises in der Nähe von ω_c etwas angehoben werden. Allerdings wird die Phasenkennlinie bei ω_0 sehr wohl beeinflusst. Lässt man an der Stelle ω_0 eine Phasenabsenkung von $\Delta\varphi_0$ zu, so ergibt sich bei gegebenem m die Größe ω_Z aus folgender quadratischer Gleichung (vgl. Relation(16.24)):

$$\omega_Z^2 - \frac{\omega_0}{\tan\Delta\varphi_0}\frac{(1-m)}{m}\omega_Z + \frac{\omega_0^2}{m} = 0. \tag{16.27}$$

Hierbei ist der gesuchte Wert ω_Z die kleinere der beiden Lösungen.

[5] Die Näherungsformel (16.25) liefert den Schätzwert $m = 17.62$!

Beispiel (Fortsetzung): Es soll ein lag-Glied so entworfen werden, dass die Betragskennlinie an der Stelle $\omega_0 = 2\, rads^{-1}$ einen Wert von $\Delta A = -20dB$ besitzt. Allerdings soll die Phasenkennlinie bei ω_0 einen Wert von $\Delta\varphi_0 = -20^\circ$ aufweisen.

Für m ergibt sich mit (16.21) der Wert $m = 0.1$, mit (16.27) errechnet sich die Knickfrequenz ω_Z zu

$$\omega_Z = 0.82.$$

Damit lautet die gesuchte Übertragungsfunktion

$$R_2(s) = \frac{1 + \dfrac{s}{0.82}}{1 + \dfrac{s}{0.082}}.$$

Wie man in Abb. 16.7 erkennt, verringert sich durch die Verschiebung des lag-Gliedes nach rechts die Amplitudenabsenkung auf

$$\Delta A \approx -19dB.$$

16.3 Ein „klassisches" Frequenzkennlinien-Verfahren

16.3.1 Einführung

Das hier vorgestellte Verfahren [45, 29] basiert auf der Annahme, dass der resultierende Standardregelkeis ein dominantes Polpaar besitzt. Aus dieser Überlegung ergeben sich einfache und praktisch leicht umzusetzende Entwurfsrichtlinien. Das *dynamische Verhalten* des zu entwerfenden Regelkreises wird durch die Vorgabe

- der Überschwingweite M_p und
- der Anstiegszeit t_r

seiner Sprungantwort charakterisiert. Darüber hinaus ist es natürlich möglich, Wünsche, die das *stationäre Verhalten* des Regelkreises betreffen, zu berücksichtigen. Grundlage des Verfahrens bilden zwei einfache Näherungsformeln, mit deren Hilfe aus den Spezifikationen (M_p, t_r) des geschlossenen Kreises Bedingungen für den Frequenzgang $L(j\omega)$ des *offenen* Kreises abgeleitet werden.

16.3.2 Faustformeln zur Reglersynthese

Die in diesem Abschnitt präsentierten Faustformeln ermöglichen es auf einfachste Weise, die vorgegebenen Spezifikationen $(M_p,\, t_r)$ im Zeitbereich in Eigenschaften von $L(j\omega)$ im Frequenzbereich zu übersetzen. Hierzu benutzt man das so genannte prozentuale Überschwingen

$$\ddot{u} = 100\,(M_p - 1) \quad \text{in } \%.$$

Es steht mit der Phasenreserve ϕ_r (in Grad) von $L(j\omega)$ näherungsweise in der Beziehung

$$\phi_r + \ddot{u} \approx 70. \tag{16.28}$$

Dieser Zusammenhang ist durchaus plausibel. Je kleiner nämlich die Phasenreserve ϕ_r ist, desto größer ist die Schwingneigung des Regelkreises und damit auch das Überschwingen $\ddot{u}$ seiner Sprungantwort.

Aus der Anstiegszeit t_r errechnet sich die Durchtrittsfrequenz ω_c von $L(j\omega)$ über die Näherungsrelation

$$\omega_c\, t_r \approx 1.5. \tag{16.29}$$

Auch diese Beziehung ist leicht zu interpretieren. Die Durchtrittsfrequenz ω_c ist ein Maß für die Bandbreite des Regelkreises und damit auch für die „Schnelligkeit" des Systems. Je kleiner die Anstiegszeit t_r vorgegeben wird, desto größer ist die Durchtrittsfrequenz ω_c anzusetzen.

Mit diesen beiden „Faustformeln" ergeben sich aus den Spezifikationen $(M_p,\, t_r)$ bzw. $(\ddot{u}, t_r)$ *unmittelbar* Bedingungen für den Frequenzgang $L(j\omega)$. Die Reglerübertragungsfunktion $R(s)$ muss demnach so gewählt werden, dass für die Betrags- bzw. Phasenkennlinie des offenen Kreises gilt:

$$\begin{aligned} |L(j\omega_c)|_{dB} &\overset{!}{=} 0 \quad \text{bzw.} \\ \text{arc}\,\{L(j\omega_c)\} &\overset{!}{=} -110^\circ - \ddot{u}, \quad \text{wobei} \quad \omega_c \approx \tfrac{1.5}{t_r}. \end{aligned} \tag{16.30}$$

Man beachte, dass sich die obigen Bedingungen auf nur *einen einzigen* Punkt des Frequenzganges beziehen. Wie bereits ausführlich dargelegt wurde, ist für das dynamische Verhalten des Regelkreises allerdings der *gesamte Verlauf* von $L(j\omega)$ von großer Bedeutung. Aus diesem Grund reicht es *nicht* aus, die Erfüllung von (16.30) als einzige Entwurfsrichtlinie aufzufassen! Da die vorgestellte Vorgangsweise auf Formeln mit approximativem Charakter basiert, sind die ermittelten Regelgesetze *vor* ihrer praktischen Implementierung und Erprobung *unbedingt* durch numerische Simulation zu validieren!

Erklärung der Faustformeln

Die dem Verfahren zugrunde liegenden Faustformeln (16.28) und (16.29) beruhen auf der vereinfachenden Annahme, dass es sich bei dem zu entwerfenden Regelkreis in erster Näherung um ein System mit dominantem Polpaar handelt (vgl. Kap. 11).

Addiert man nämlich das in Abb. 11.2 dargestellte prozentuale Überschwingen $\ddot{u}$ zur in Abb. 11.6 dargestellten Phasenreserve ϕ_r (in Grad), so erhält man die Kurve in Abb. 16.8. Auf ihr basiert die Näherungsrelation (16.28) zur Ermittlung der Phasenreserve ϕ_r aus dem Überschwingen $\ddot{u}$.

Analog dazu erhält man durch Multiplikation von $\left(\frac{\omega_c}{\omega_n}\right)$ aus Abb. 11.5 mit $(\omega_n t_r)$ aus Abb. 11.3 den Verlauf in Abb. 16.9. Er stellt die Grundlage für die zweite Faustformel (16.29) dar.

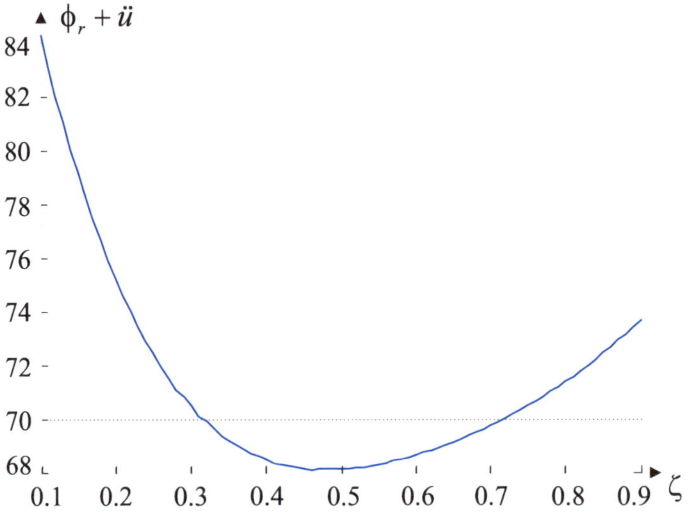

Abbildung 16.8: Zur Motivation der Faustformel $\phi_r + \ddot{u} \approx 70$

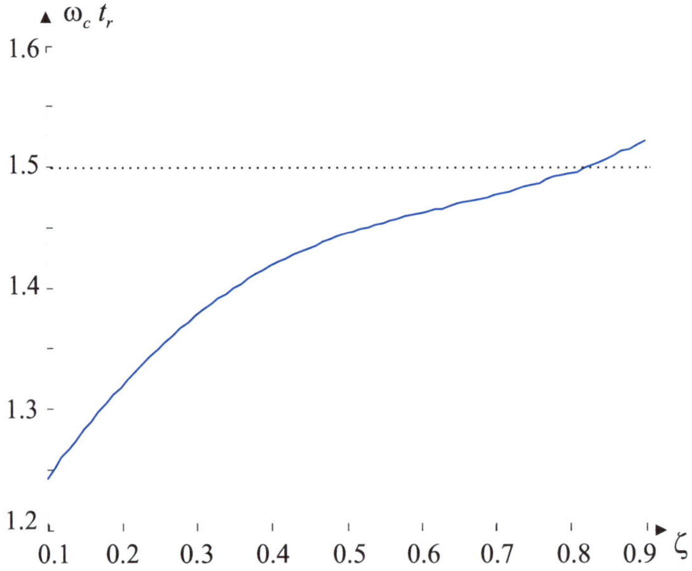

Abbildung 16.9: Zur Motivation der Faustformel $\omega_c t_r \approx 1.5$

Aus den beiden Abbildungen ist klar zu erkennen, dass es sich bei (16.28) und (16.29) selbst für Regelkreise, die exakt durch eine Übertragungsfunktion der Form (11.1)

$$T(s) = \frac{\omega_n^2}{s^2 + 2\zeta\omega_n s + \omega_n^2}, \qquad 0 < \zeta < 1, \;\; \omega_n > 0$$

beschrieben werden können, lediglich um Näherungsformeln handelt! Man darf daher *nicht* erwarten, dass ein auf der Basis dieser Faustformeln entworfener Regelkreis die vorgegebenen Spezifikationen *exakt* erfüllt! Vielmehr sollte man (16.28) und (16.29) als äußerst nützliche Wegweiser für den Reglerentwurf sehen. Gerade in der Einfachheit der Entwurfsrichtlinien liegt der große Vorteil des Verfahrens. Es ermöglicht für viele Strecken einen „schnörkellosen" Entwurf und ist somit besonders attraktiv, wenn man z.B. an „schnellen" Ergebnissen interessiert ist.

Beispiel: Gegeben sei die Übertragungsfunktion einer Regelstrecke

$$P(s) = \frac{s + 10}{s\,(s+1)(s+20)}.$$

Gesucht ist eine Reglerübertragungsfunktion $R(s)$, so dass für die Sprungantwort des Regelkreises gilt:

$$t_r = 0.75s \;\; \text{und} \;\; \ddot{u} = 10\%.$$

Darüber hinaus soll die bleibende Regelabweichung für *rampenförmige* Führungsgrößen den Wert

$$e_\infty = 0.01$$

annehmen.

Aus diesen Spezifikationen ergibt sich mit den Faustformeln (16.28) und (16.29):

$$\omega_c = 2\,rads^{-1} \;\; \text{und} \;\; \phi_r = 60°,$$

d.h.

$$|L(j2)|_{dB} = 0 \;\; \text{und} \;\; \text{arc}\,\{L(j2)\} = -120°.$$

Der Verstärkungsfaktor V von $L(s)$ ergibt sich aus der Forderung an das stationäre Verhalten des Regelkreises:

$$e_\infty = \frac{1}{100} = \frac{1}{V} \;\; \text{d.h.} \;\; V = 100.$$

Der Verstärkungsfaktor V_P der Strecke kann aus der normierten Darstellung von $P(s)$ abgelesen werden:

$$P(s) = \frac{1}{2}\frac{\left(1 + \frac{s}{10}\right)}{s\left(1 + \frac{s}{1}\right)\left(1 + \frac{s}{20}\right)} \quad \text{d.h.} \quad V_P = 0.5.$$

Damit ergibt sich der Verstärkungsfaktor V_R des Reglers aus der Forderung

$$V = V_P V_R \overset{!}{=} 100, \quad \text{d.h.} \;\; V_R = 200.$$

Das erste einzufügende Korrekturglied ist somit das Proportionalglied

$$R_1(s) = 200.$$

In Abb. 16.10 sind die logarithmischen Frequenzkennlinien von $L_1(s) = R_1(s)\,P(s)$ dargestellt.

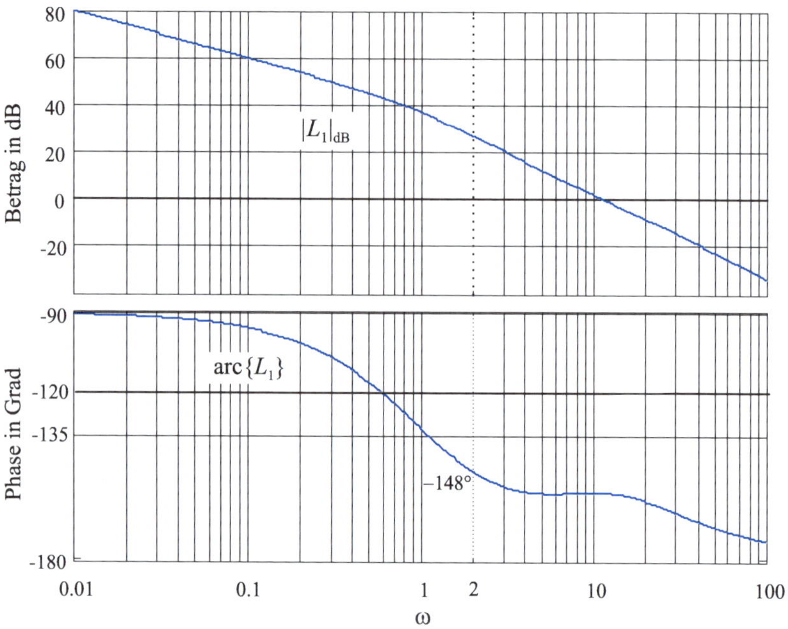

Abbildung 16.10: Logarithmische Frequenzkennlinien zu $L_1(s)$

Um die gewünschte Phasenreserve einzustellen, muss die Phasenkennlinie an der Stelle $\omega_0 = 2\,rads^{-1}$ um $28°$ angehoben werden. Dies kann mit Hilfe eines lead-Gliedes bewerkstelligt werden, beeinflusst allerdings auch den Verlauf der Betragskennlinie. Zur Kompensation der unerwünschten Phasenabsenkung durch ein lag-Glied, das zur Korrektur der Betragskennlinie eingesetzt wird, ist die gewünschte Phasenanhebung um ca. $5°$ zu vergrößern. Das lead-Glied wird nun so entworfen werden, dass seine Mittenfrequenz bei ω_c liegt, d.h.

$$\Delta\varphi_{\max} = 28° + 5° = 33° \quad \overset{(16.19)}{\Rightarrow} \quad m = 3.4.$$

Mit Hilfe von (16.20) findet man das gesuchte Korrekturglied (lead-Glied)

$$R_2(s) = \frac{1 + \dfrac{s}{1.1}}{1 + \dfrac{s}{3.7}}.$$

In Abb. 16.11 sind die Frequenzkennlinien von $L_2(s) = R_1(s)R_2(s)P(s)$ dargestellt.

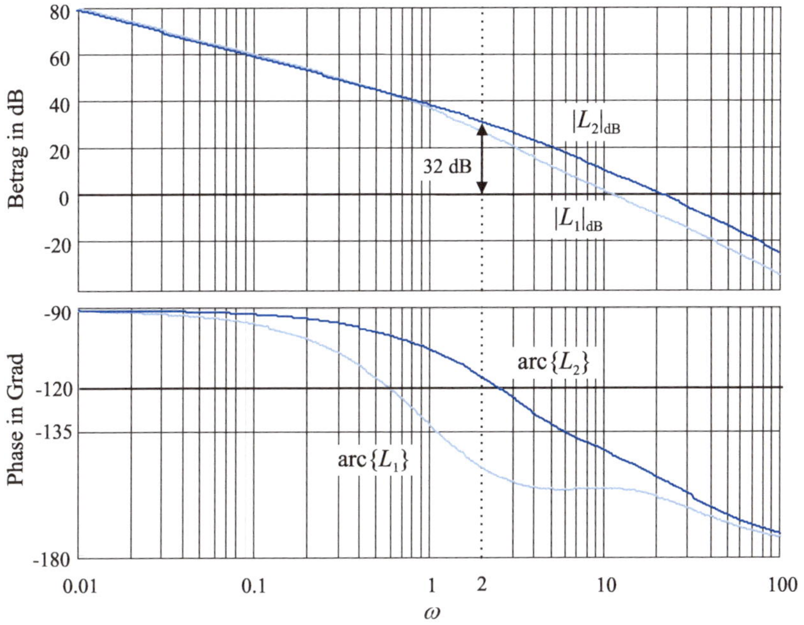

Abbildung 16.11: Logarithmische Frequenzkennlinien zu $L_2(s)$

Da der Verstärkungsfaktor durch die Spezifikationen vorgegeben ist, muss die Betragskennlinie mit einem lag-Glied um die benötigten $32\,dB$ abgesenkt werden, d.h. $\Delta A = -32\,dB$. Mit (16.21) und (16.22) ergibt sich daraus folgende Übertragungsfunktion:

$$R_3(s) = \frac{1 + \dfrac{s}{0.2}}{1 + \dfrac{s}{0.005}}.$$

Die in Abb. 16.12 dargestellten Frequenzkennlinien von

$$L_3(s) = R_1(s)R_2(s)R_3(s)P(s)$$

bestätigen, dass die Forderungen an Betrag und Phase erfüllt werden. Die resultierende Reglerübertragungsfunktion lautet somit:

$$R(s) = 200\frac{\left(1 + \dfrac{s}{1.1}\right)}{\left(1 + \dfrac{s}{3.7}\right)}\frac{\left(1 + \dfrac{s}{0.2}\right)}{\left(1 + \dfrac{s}{0.005}\right)}.$$

In Abb. 16.13 ist die Sprungantwort des Regelkreises dargestellt, die Anstiegszeit und das Überschwingen entsprechen den vorgegebenen Spezifikationen gut. Allerdings nähert sich die Ausgangsgröße $y(t)$ nur sehr schleppend dem Endwert, d.h. das dynamische Verhalten des Regelkreises ist nicht vollständig zufrieden stellend.

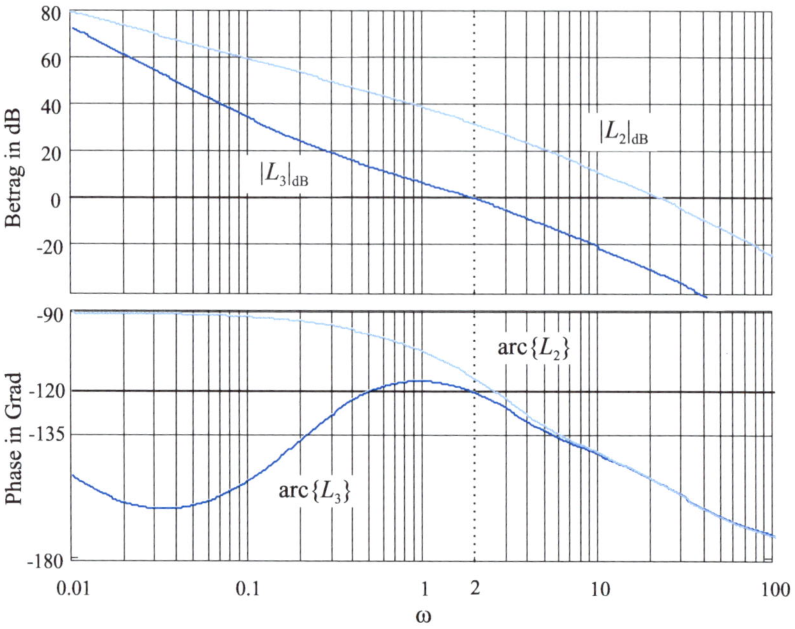

Abbildung 16.12: Logarithmische Frequenzkennlinien zu $L_3(s)$

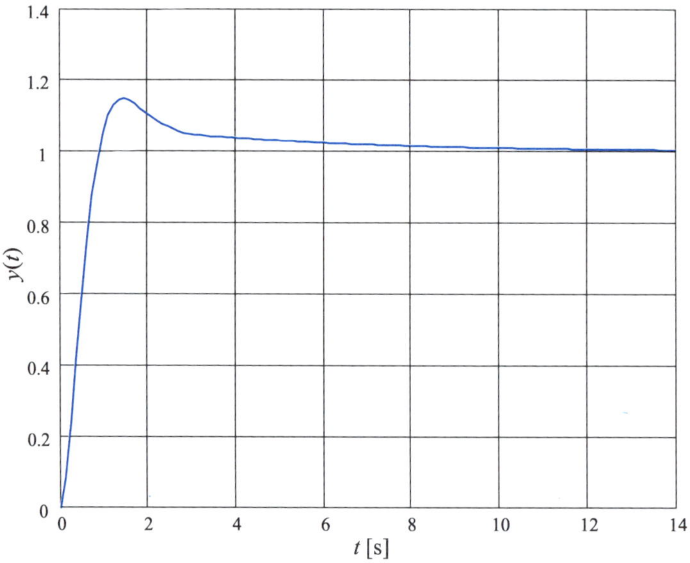

Abbildung 16.13: Sprungantwort des Regelkreises

Wie bereits erwähnt wurde, kann durch einen modifizierten Entwurf des lag-Gliedes das Zeitverhalten des Regelkreises verbessert werden. Dazu wird das lag-Glied näher bei der Durchtrittsfrequenz ω_c positioniert. Durch diese Maßnahme wird allerdings die Phasenkennlinie durch das lag-Glied an der Stelle ω_c merkbar abgesenkt. Diese Absenkung muss bereits bei der Dimensionierung des lead-Gliedes berücksichtigt werden. Folgendes Beispiel demonstriert die Vorgangsweise:

Beispiel (Fortsetzung): Der Reglerentwurf im letzten Beispiel soll nun durch den Einsatz eines modifizierten lag-Gliedes verbessert werden. Die Knickfrequenzen des lag-Gliedes werden in die Nähe der Durchtrittsfrequenz ω_c verschoben. Hier wird das lag-Glied $R_3(s)$ soweit nach rechts „verrückt", dass die zugehörige Phasenabsenkung $20°$ beträgt. Diese Phasenabsenkung muss beim Entwurf des phasenanhebenden lead-Gliedes berücksichtigt werden. Das lead-Glied $R_2(s)$ muss somit bei $\omega_0 = \omega_c = 2\,rads^{-1}$ eine Phasenanhebung von $48°$ aufweisen, d.h.

$$\Delta\varphi_{\max} = 28° + 20° = 48° \quad \overset{(16.19)}{\Rightarrow} \quad m = 6.78.$$

Daraus resultiert die zugehörige Übertragungsfunktion

$$R_2(s) = \frac{1 + \dfrac{s}{0.77}}{1 + \dfrac{s}{5.21}}.$$

In Abb. 16.14 sind die logarithmischen Frequenzkennlinien von

$$L_2(s) = R_1(s)R_2(s)P(s)$$

dargestellt.

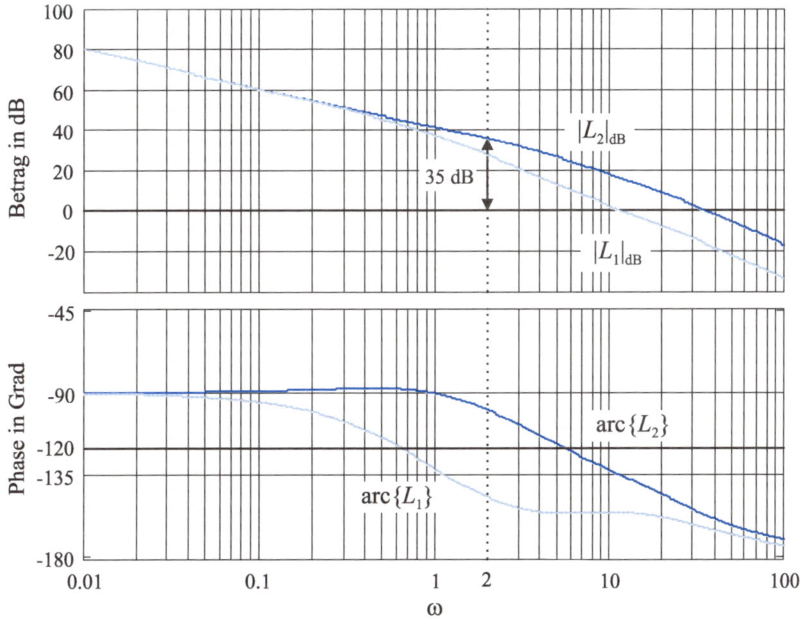

Abbildung 16.14: Frequenzkennlinien zu $L_2(s) = R_1(s)R_2(s)P(s)$

Das lag-Glied $R_3(s)$ muss die Betragskennlinie bei $\omega_0 = \omega_c = 2\,rads^{-1}$ um $\Delta A = -35dB$ absenken. Daraus errechnen sich mit (16.21)

$$m = 0.018 \quad \text{und} \quad \omega_Z = 0.7429\,rads^{-1}.$$

Die entsprechende Übertragungsfunktion lautet

$$R_3(s) = \frac{1 + \dfrac{s}{0.75}}{1 + \dfrac{s}{0.013}}.$$

Für den resultierenden Regler gilt somit

$$R(s) = 200\frac{\left(1 + \dfrac{s}{0.77}\right)}{\left(1 + \dfrac{s}{5.21}\right)}\frac{\left(1 + \dfrac{s}{0.75}\right)}{\left(1 + \dfrac{s}{0.013}\right)}.$$

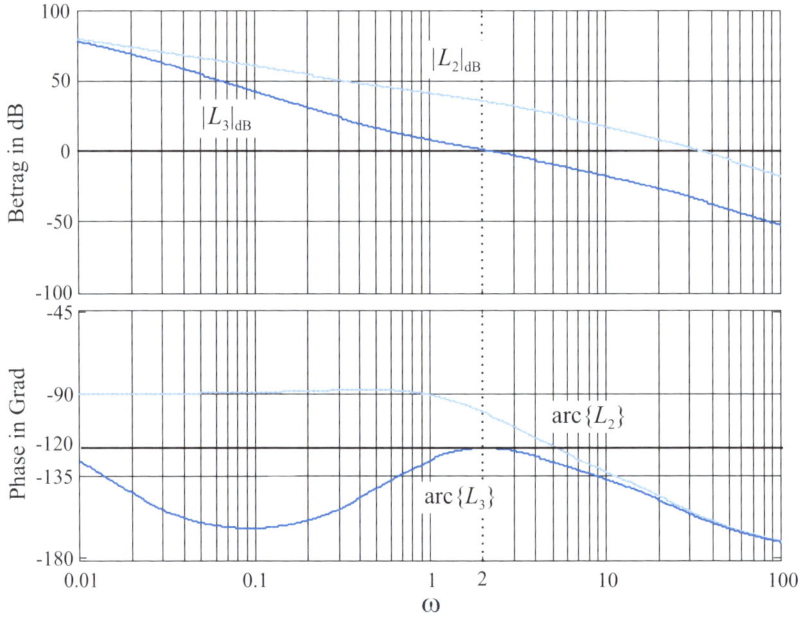

Abbildung 16.15: Frequenzkennlinien zu $L_3(s) = R_1(s)R_2(s)R_3(s)P(s)$

In Abb. 16.15 ist zu erkennen, dass die Anforderungen an $L\,(j\omega)$ erfüllt werden. Die zugehörige Sprungantwort des Regelkreises ist in Abb. 16.16 dargestellt. Der Vergleich mit dem ursprünglichen „einfachen“ Entwurf verdeutlicht, dass das dynamische Verhalten des Regelkreises verbessert wurde. Der Preis für das bessere Einschwingverhalten ist allerdings ein etwas größeres Überschwingen (etwa 18% gegenüber 15%).

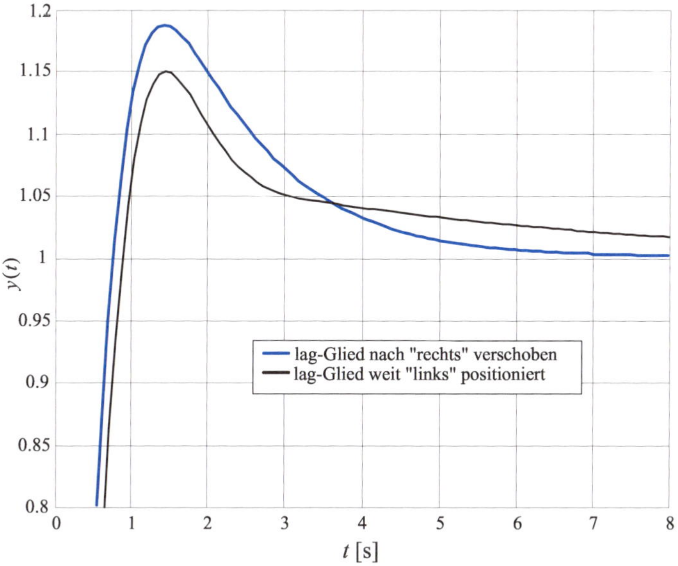

Abbildung 16.16: Sprungantworten der Regelkreise

Das folgende Beispiel veranschaulicht, wie die *außermittige* Positionierung eines lead-Gliedes vorteilhaft eingesetzt werden kann.

Beispiel: Gegeben ist eine Regelstrecke mit der Übertragungsfunktion

$$P(s) = \frac{5}{s(s+1)^2} \, .$$

Gesucht ist ein Regler $R(s)$, sodass die Sprungantwort des Regelkreises die Kenndaten

$$t_r = 3s \quad \text{und} \quad \ddot{u} = 10\%$$

hat. Daraus ergeben sich mit (16.28) und (16.29) die Forderungen

$$\omega_c = 0.5\, rads^{-1} \quad \text{und} \quad \phi_r = 60^\circ$$

für den offenen Kreis.

Zunächst werden die Frequenzkennlinien der Strecke gezeichnet (Abb. 16.17).

Die Phasenkennlinie ist um 23° anzuheben, was mit Hilfe eines lead-Gliedes mit der Übertragungsfunktion

$$R_1(s) = \frac{1 + \frac{s}{0.33}}{1 + \frac{s}{0.76}}$$

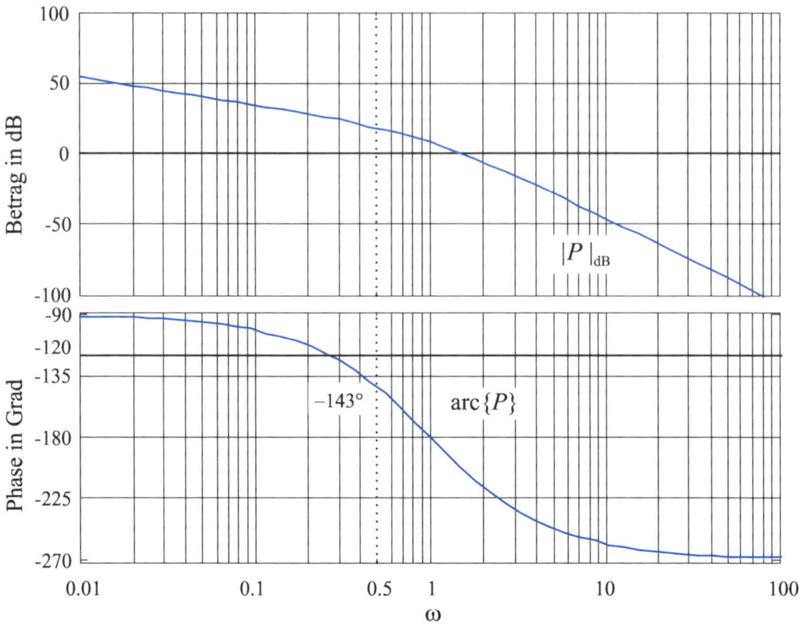

Abbildung 16.17: Frequenzkennlinien der Strecke $P(s)$

erreicht wird. Das lead-Glied erfüllt obige Anforderung, indem es bei $\omega = 0.5\,rads^{-1}$ eine maximale Phasenanhebung von 23° aufweist. Der in Abb. 16.18 dargestellten Betragskennlinie von $L_1(s) = R_1(s)P(s)$ entnimmt man, dass zur Erfüllung der Spezifikationen eine Absenkung um $21\,dB$ notwendig ist.

Dies kann am einfachsten mit dem Proportionalglied

$$R_2(s) = 0.09$$

bewerkstelligt werden. Der resultierende Regler ist somit durch die Übertragungsfunktion

$$R(s) = 0.09\,\frac{\left(1 + \dfrac{s}{0.33}\right)}{\left(1 + \dfrac{s}{0.76}\right)}$$

gegeben. In Abb. 16.21 ist die Sprungantwort des Regelkreises *schwarz* dargestellt. Die Anstiegszeit und das Überschwingen entsprechen sehr gut den Vorgaben, allerdings ist das Einschwingverhalten des Regelkreises nicht zufrieden stellend.

Um das erwähnte Manko beim Einschwingverhalten zu beheben, wird der Entwurf unter Heranziehung der Formeln zur außermittigen Positionierung von lead-Gliedern wiederholt. Das Ziel besteht darin, die Phasenkennlinie im Bereich der Durchtrittsfrequenz etwas abzuflachen.

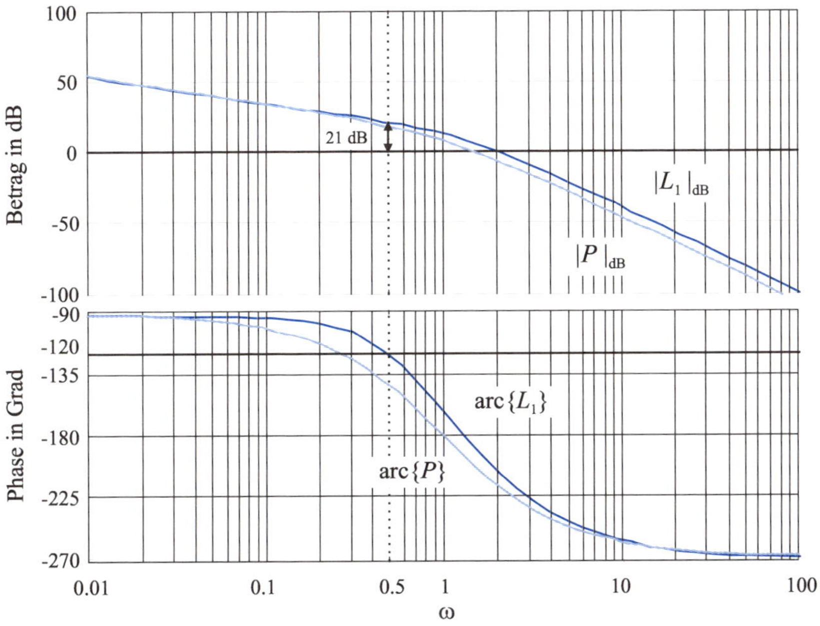

Abbildung 16.18: Frequenzkennlinien vom $L_1(s) = R_1(s)P(s)$

Beispiel (Fortsetzung): Das lead-Glied, das die Phase bei $\omega_0 = \omega_c = 0.5\,rads^{-1}$ um $\Delta\varphi_0 = 23°$ anheben muss, soll seine Mittenfrequenz bei

$$\omega_m = 2.5\,rads^{-1} = 5\,\omega_c$$

haben, d.h. $\alpha = 5$. Aus (16.24) bzw. (16.25) folgt $m = 6.7$ und mit (16.26) die Übertragungsfunktion

$$R_1(s) = \frac{1 + \dfrac{s}{0.95}}{1 + \dfrac{s}{6.57}}.$$

Den in Abb. 16.19 dargestellten Frequenzkennlinien ist zu entnehmen, dass die Betragskennlinie des offenen Kreises noch um $19dB$ abgesenkt werden muss.

Aus dieser Forderung resultiert das Proportionalglied

$$R_2(s) = 0.11.$$

Der gesuchte Regler lautet somit

$$R(s) = 0.11\,\frac{1 + \dfrac{s}{0.95}}{1 + \dfrac{s}{6.57}}.$$

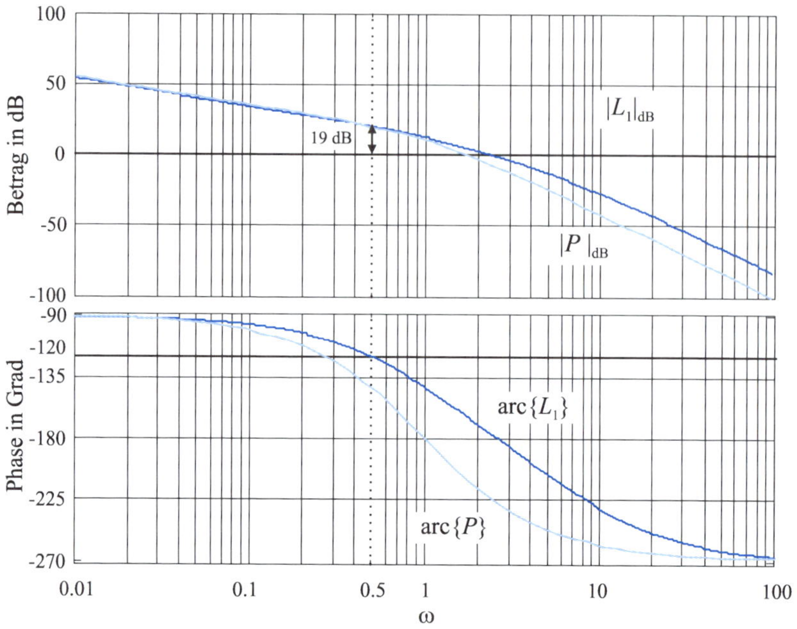

Abbildung 16.19: Frequenzkennlinien zu $L_1(s) = R_1(s)P(s)$

In Abb. 16.20 sind die *Bode*-Diagramme des offenen Kreises für beide Entwürfe abgebildet. Es ist klar zu erkennen, dass die durch die außermittige Positionierung des lead-Gliedes angestrebte Abflachung der Phasenkennlinie um ω_c erreicht wurde.

Die Modifikation des Entwurfes manifestiert sich auch sehr deutlich in dem Verlauf der Sprungantwort des Regelkreises. Bei annähernd gleicher Anstiegszeit und gleichem Überschwingen wurde das Einschwingverhalten stark verbessert (siehe Abb. 16.21).

16.3.3 Reglerentwurf für das 3-Tank-System

Wie bereits besprochen wurde, liefern die empirischen Verfahren nach *Ziegler* und *Nichols* meist nur Anhaltspunkte für die Reglereinstellung. In vielen Fällen ist eine Feineinstellung („*tuning*“) der Reglerparameter oder sogar eine Erweiterung der Reglerstruktur notwendig. Sehr anschaulich vollzieht sich der Entwurf für den mittleren Behälter des 3-Tank-Systems. Die Eingangsgröße des betrachteten Systems ist die Pumpenspannung u, die Ausgangsgröße ist der Füllstand x_2 des zweiten Tanks. Mit Hilfe des mathematischen Modells errechnet sich bei verschwindenden Anfangswerten die zugehörige Streckenübertragungsfunktion zu

$$P(s) = \frac{x_2(s)}{u(s)} = \frac{0.03772}{(s + 0.0397)(s + 0.0387)}. \tag{16.31}$$

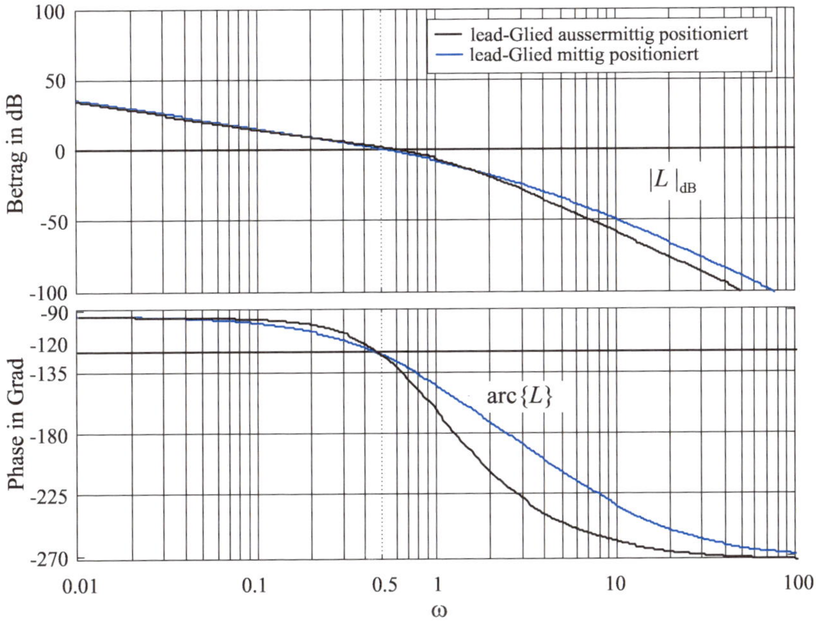

Abbildung 16.20: Vergleich der Entwürfe

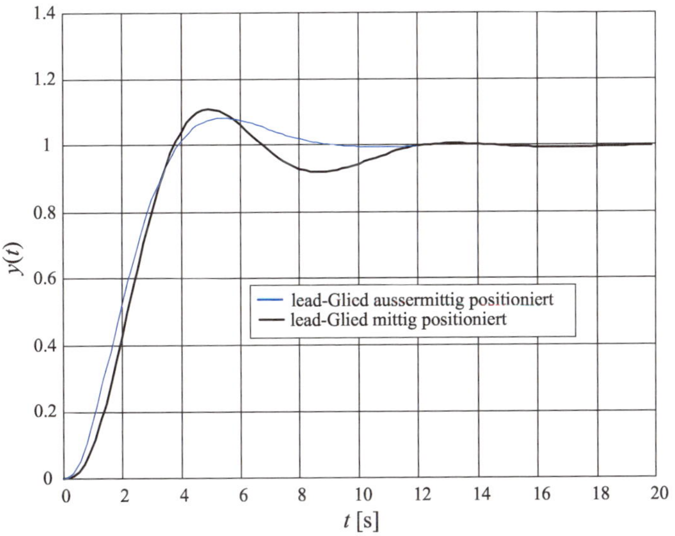

Abbildung 16.21: Sprungantworten der Regelkreise

Für dieses Übertragungssystem wurde mit Hilfe der Reglereinstellungen nach *Ziegler* und *Nichols* ein PI-Regler mit den Parametern

$$K_P = 0.25,\ T_I = 30$$

gefunden, d.h. die zugehörige Reglerübertragungsfunktion lautet

$$R_{ZN}(s) = 0.25\frac{(s+0.03333)}{s}. \tag{16.32}$$

Man beachte, dass im vorliegenden Fall der resultierende geschlossene Regelkreis in erster Näherung einem System mit dominantem Polpaar der Form (11.1) entspricht! Daher haben die angegebenen Faustregeln Gültigkeit. Aus den *Bode*-Diagrammen des offenen Kreises findet man

$$\omega_c = 0.1 rad\, s^{-1},\ \phi_r = 25^o.$$

Daraus errechnen sich mit (16.28) und (16.29) die entsprechenden Zeitbereichkenngrößen der Sprungantwort des Regelkreises

$$t_r = 15\, s \quad \text{und} \quad \ddot{u} = 55\%.$$

Diese Werte werden durch den in Abb. 15.7 dargestellten Verlauf von x_2 auch bestätigt. Der *Ziegler-Nichols*-Entwurf liefert also einen zu schwach gedämpften Regelkreis. Um das dynamische Verhalten des Regelkreises zu verbessern, wird der vorliegende PI-Regler mit Hilfe von Frequenzkennlinien erweitert. Dazu soll – bei gleichbleibender Anstiegszeit t_r – das Überschwingen auf den Wert

$$\ddot{u} \approx 0\%$$

korrigiert werden. Nach (16.28) muss für die Phasenreserve also gelten:

$$\phi_r = 70^\circ.$$

Dieses Ziel kann mit Hilfe eines nach den Dimensionierungsrichtlinien (16.19) und (16.20) mit $\omega_0 = 0.1 rad\, s^{-1}$ und $\Delta\varphi = 45^\circ$ ermittelten lead-Gliedes ($\frac{1}{\omega_Z} = 24.14$, und $\frac{1}{\omega_N} = 4.14$) bewerkstelligt werden. Mit einem zusätzlichen P-Glied mit $K = \frac{1}{2}$ wird danach die gewünschte Durchtrittsfrequenz $\omega_c = 1 rad\, s^{-1}$ eingestellt. Der resultierende Regler wird somit beschrieben durch die Übertragungsfunktion

$$R(s) = \frac{1}{2}\frac{(1+s\,24.14)}{(1+s\,4.14)}R_{ZN}(s) \overset{(16.32)}{=} 0.7286\,\frac{(s+0.04142)(s+0.03333)}{s\,(s+0.2415)}.$$

In Abb. 16.22 sind die Frequenzkennlinien des offenen Kreises dargestellt. Man erkennt, dass der Frequenzgang $L(j\omega)$ die gewünschten Spezifikationen erfüllt. Die Übertragungsfunktion $L(s) = R(s)P(s)$ ist vom einfachen Typ, d.h. die Stabilität des Regelkreises ist gewährleistet.

Der in Abb. 16.23 dargestellte Verlauf von x_2 bei einem Führungssprung von 5 cm bestätigt, dass die durchgeführten Modifikationen die Dynamik des Regelkreises drastisch verbessert haben! Die am realen System gemessenen Daten stimmen mit den mit Hilfe des nichtlinearen Modells gewonnenen Simulationsergebnissen sehr gut überein.

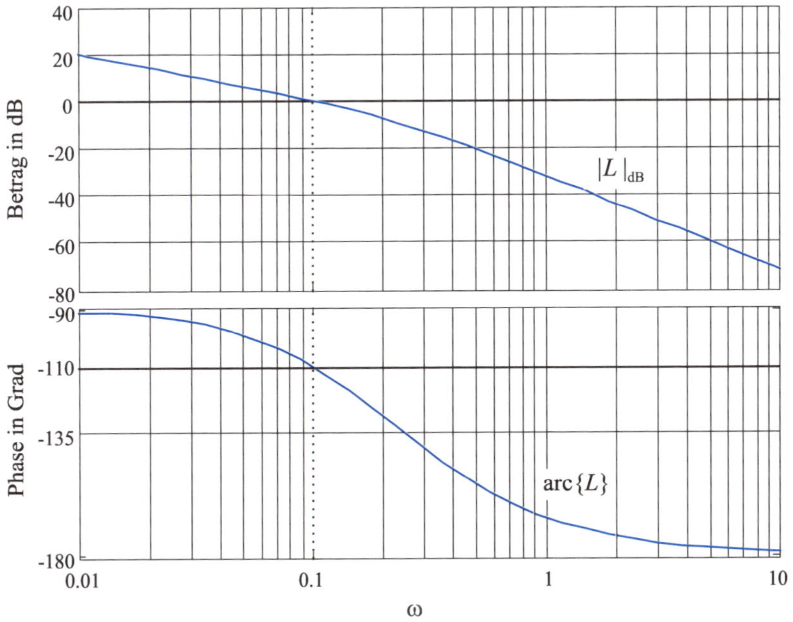

Abbildung 16.22: Frequenzkennlinien des offenen Kreises

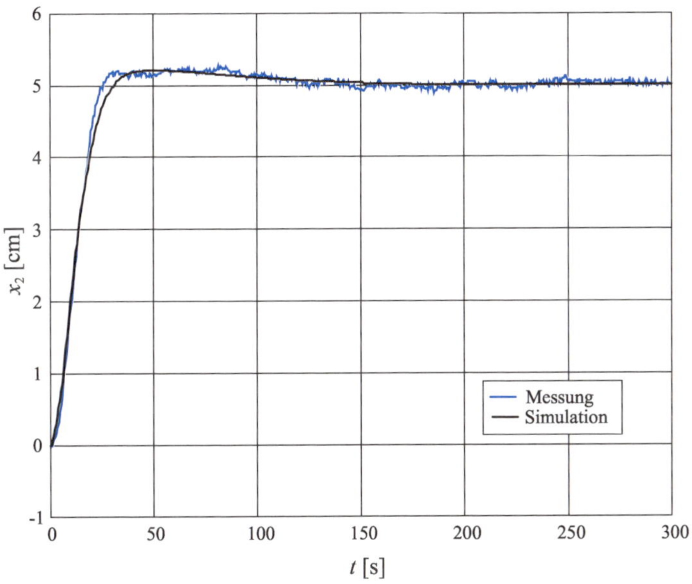

Abbildung 16.23: Verlauf von x_2 bei einem Sollwertsprung von 5 cm

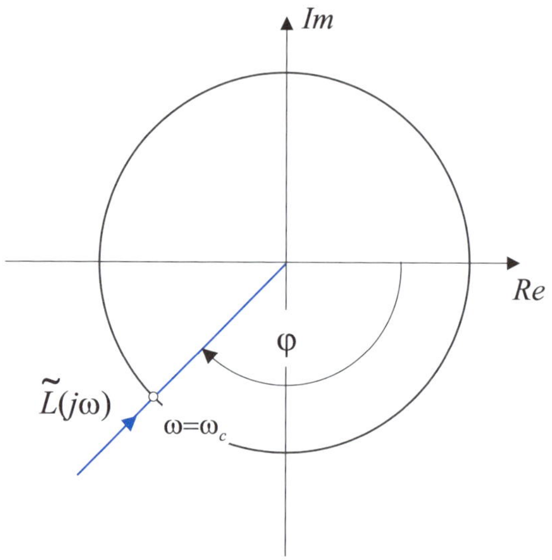

Abbildung 16.24: Ortskurve mit idealer Charakteristik

16.4 Ein alternativer Ansatz für $L(j\omega)$ – „ideale *Bode*-Charakteristik"

16.4.1 Einführung

Eine interessante Version des Reglerentwurfes anhand von Frequenzkennlinien basiert auf der Forderung nach so genannter *idealer Bode-Charakteristik* [37, 5]. Im Gegensatz zu den angeführten Frequenzkennlinien-Verfahren ist hier der Rechnereinsatz unumgänglich. Das Verfahren beruht auf dem Wunsch, dass der Frequenzgang des offenen Kreises – in einem Frequenzbereich um die Durchtrittsfrequenz ω_c – durch

$$\tilde{L}(j\omega) = \left(j\frac{\omega}{\omega_c}\right)^n \tag{16.33}$$

beschrieben wird. Man beachte, dass n eine beliebige *reelle* Zahl sein kann. Die zu (16.33) gehörige Ortskurve ist für $n = -1.5$ in Abb. 16.24 dargestellt.

Sie entspricht einer Geraden, die unter dem Winkel

$$\varphi = n\,90^\circ \overset{n=-1.5}{=} -135^\circ$$

in den Ursprung läuft und den Einheitskreis für $\omega = \omega_c$ schneidet. In den zugehörigen Frequenzkennlinien in Abb. 16.25 ist zu erkennen, dass für die Phasenkennlinie gilt:

$$\text{arc}\left\{\tilde{L}(j\omega)\right\} = n\,90^\circ . \tag{16.34}$$

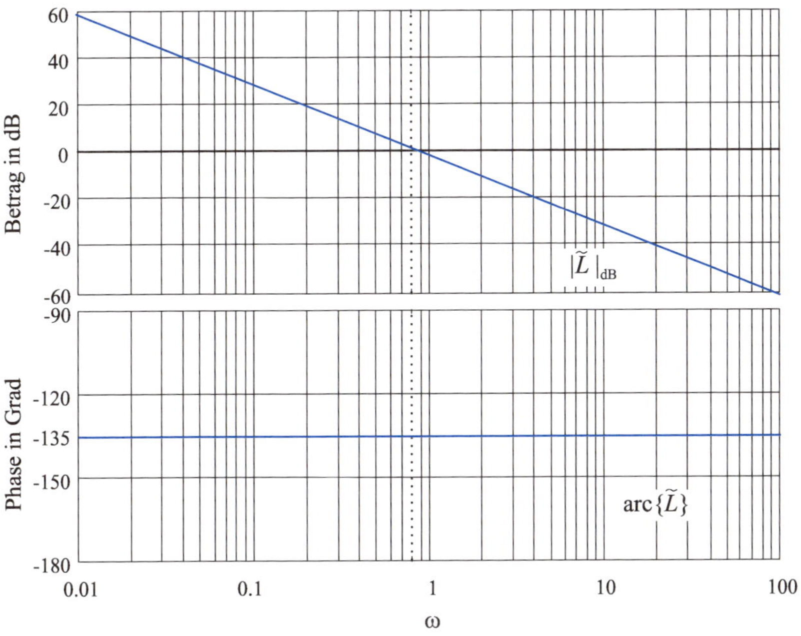

Abbildung 16.25: Logarithmische Frequenzkennlinien zu (16.33)

Die Betragskennlinie hat eine Steigung von

$$(20\,n)\;dB \text{ pro Dekade,} \tag{16.35}$$

der Schnittpunkt mit der $0dB$-Linie liegt bei $\omega = \omega_c$. Die Phasenreserve ist konstant und beträgt entsprechend (16.34)

$$\phi_r = 180^\circ + n\,90^\circ .$$

Diese Eigenschaft des offenen Kreises hat zur Folge, dass die Durchtrittsfrequenz ω_c prinzipiell beliebig weit nach „rechts" verschoben werden kann, ohne den Stabilitätscharakter des Regelkreises zu verändern[6]! Die Stabilität ist somit auch dann gewährleistet, wenn z.B. die Verstärkung des offenen Kreises mit sehr großer Unsicherheit behaftet ist.

16.4.2 Grundlagen

Auf den ersten Blick gestaltet sich der Entwurf recht einfach:

Man wählt für den offenen Kreis die reellen Größen ω_c und n und berechnet daraus – die Streckenübertragungsfunktion $P(s)$ ist ja bekannt – den gesuchten Regler.

Es gibt allerdings zwei Schwierigkeiten: Die Wahl von ω_c und n. Hier können – wenigstens für eine erste vorsichtige Wahl – die Faustformeln (16.28) und (16.29) hilfreich sein. Da

[6] Das setzt natürlich auch voraus, dass die Stellgröße beliebig groß werden kann!

n im Allgemeinen nicht ganzzahlig ist, handelt es sich bei der Übertragungsfunktion des offenen Kreises und in weiterer Konsequenz auch beim Regler *nicht* um gebrochen rationale Funktionen! Für eine praktische Realisierung ist es daher notwendig,

$$\tilde{R}(j\omega) = \frac{\tilde{L}(j\omega)}{P(j\omega)}$$

durch den Frequenzgang einer *gebrochen rationalen* Funktion $R(s)$ zu approximieren. *Eine* rechnerunterstützte Methode zur Bestimmung eines Reglers $R(s)$ wird im folgenden Abschnitt vorgestellt.

16.4.3 Approximation von $\tilde{R}(j\omega)$

Die grundlegende Idee besteht darin, den Frequenzgang $\tilde{R}(j\omega)$ im interessierenden Frequenzbereich $[\omega_u, \omega_o]$ durch den Frequenzgang des Reglers $R(j\omega)$ „möglichst gut“ nachzubilden. Für den gesuchten Regler wird eine Übertragungsfunktion der Ordnung ρ als Quotient zweier Polynome $b(s)$ und $a(s)$ mit reellen Koeffizienten angesetzt, d.h.

$$R(s) = \frac{b_\rho s^\rho + \ldots + b_1 s + b_0}{a_\rho s^\rho + a_{\rho-1} s^{\rho-1} + \ldots + a_1 s + a_0} =: \frac{b(s)}{a(s)}. \tag{16.36}$$

Formulierung einer Optimierungsaufgabe

Die nichttriviale Ermittlung von $R(s)$ soll unter Heranziehen von bewährten numerischen Optimierungsverfahren ablaufen. Zunächst wird der interessierende Frequenzbereich $[\omega_u, \omega_o]$ durch Vorgabe von N – sinnvollerweise logarithmisch äquidistanter – Frequenzstützstellen unterteilt, d.h

$$\omega_1 = \omega_u, \quad \ldots, \quad \omega_N = \omega_o.$$

Im Idealfall stimmt der gesuchte Frequenzgang $R(j\omega)$ an den gewählten Frequenzstützstellen $\omega = \omega_i$ mit dem vorliegenden Frequenzgang $\tilde{R}(j\omega)$ überein, d.h.

$$\frac{b(j\omega)}{a(j\omega)} = \tilde{R}(j\omega) \qquad (\text{für } \omega = \omega_i)$$

bzw.

$$\tilde{R}(j\omega)a(j\omega) - b(j\omega) = 0.$$

Bei vorliegendem $\tilde{R}(j\omega)$ ist obige Gleichung für jeden ω-Wert *linear* in den unbekannten Polynomkoeffizienten a_i und b_i nach (16.36). Die im Normalfall existierenden Abweichungen des Frequenzganges $R(j\omega)$ von $\tilde{R}(j\omega)$ werden durch den *Approximationsfehler*

$$\Psi(j\omega) := \tilde{R}(j\omega)\, a(j\omega) - b(j\omega) \tag{16.37}$$

erfasst. Das heißt, der eingeführte Fehler ist eine *lineare* Funktion der Polynomkoeffizienten. Das Ziel ist, den Fehler im Sinne einer guten Approximation „möglichst klein“ zu halten. Man beachte, dass $\Psi(j\omega)$ eine *komplexe Zahl* ist und damit die Gestalt

$$\Psi(j\omega) = \mathrm{Re}\{\Psi(j\omega)\} + j\,\mathrm{Im}\{\Psi(j\omega)\} =: \alpha + j\beta \tag{16.38}$$

hat. Es ist sinnvoll, zur Erfassung der Approximationsgüte an einer Stelle ω die Summe der Absolutbeträge von Real- und Imaginärteil von $\Psi(j\omega)$ zu betrachten:

$$|\alpha| + |\beta| .$$

Damit ist auch gesichert, dass alle Fehlerbeiträge im interessierenden Intervall das gleiche Vorzeichen aufweisen. D.h: „jeder Fehler wird bestraft". Der Regler $R(s)$ soll nun so ermittelt werden, dass folgende Gütefunktion (Zielfunktion) minimal wird:

$$J = \sum_{i=1}^{N} (\; |\alpha_i| + |\beta_i| \;) . \tag{16.39}$$

Die in der Summe erscheinenden Größen sind in Analogie zu (16.38) durch

$$\alpha_i := \mathrm{Re}\{\Psi(j\omega_i)\} \quad \text{und} \quad \beta_i := \mathrm{Im}\{\Psi(j\omega_i)\} . \tag{16.40}$$

definiert. Der immense Vorteil dieser Formulierung liegt darin, dass diese Gütefunktion problemlos in ein so genanntes *Lineares Programm* übernommen und effizient gelöst werden kann!

Aufstellen eines Linearen Programms

Das hier vorgestellte Verfahren basiert auf Methoden der *Linearen Programmierung* [46] und kann leicht implementiert werden. Hierzu wird (16.37) als lineares Gleichungssystem angeschrieben.

Betrachtung einer Frequenzstützstelle: Um die Darstellung einfach zu gestalten, betrachten wir *eine* Frequenz aus dem interessierenden Intervall, symbolisieren diese (ohne Indizierung) mit ω und leiten den notwendigen Formalismus ab.

Die Größe $\Psi(j\omega)$ wird in Real- und Imaginärteil zerlegt:

$$\alpha := \mathrm{Re}\{\Psi(j\omega)\} \quad \text{und} \quad \beta := \mathrm{Im}\{\Psi(j\omega)\} .$$

Analog wird mit der *gegebenen* Größe $\tilde{R}(j\omega)$ verfahren:

$$\mu := \mathrm{Re}\left\{\tilde{R}(j\omega)\right\} \quad \text{und} \quad \nu := \mathrm{Im}\left\{\tilde{R}(j\omega)\right\} .$$

Mit diesen Abkürzungen ergeben sich aus (16.37) durch Aufspalten in Real- und Imaginärteil die Beziehungen

$$\begin{aligned} \alpha &= \mu\,\mathrm{Re}\{a(j\omega)\} - \nu\,\mathrm{Im}\{a(j\omega)\} - \mathrm{Re}\{b(j\omega)\} , \\ \beta &= \mu\,\mathrm{Im}\{a(j\omega)\} + \nu\,\mathrm{Re}\{a(j\omega)\} - \mathrm{Im}\{b(j\omega)\} . \end{aligned} \tag{16.41}$$

Das Ziel ist, obigen Relationen, welche die gesuchten Polynomkoeffizienten des Reglers (in unübersichtlicher Form) enthalten, eine kompakte übersichtliche Form zu geben. Wertet man das *gesuchte* Nennerpolynom $a(s)$ an den Stellen $s = j\omega$ aus, so findet man (vgl. 16.36)

$$\begin{aligned} a(j\omega) &= a_0 + a_1 j\omega + a_2 (j\omega)^2 + \ldots \\ &= \left(a_0 - a_2\omega^2 + a_4\omega^4 \mp \ldots\right) + j\left(a_1\omega - a_3\omega^3 + a_5\omega^5 \mp \ldots\right) . \end{aligned} \tag{16.42}$$

Mit den Abkürzungen

$$\begin{aligned} \mathbf{c} &:= \begin{pmatrix} 1 & 0 & -\omega^2 & 0 & \omega^4 & 0 & \dots \end{pmatrix}^T \\ \mathbf{s} &:= \begin{pmatrix} 0 & \omega & 0 & -\omega^3 & 0 & \omega^5 & \dots \end{pmatrix}^T \\ \text{und } \mathbf{a} &:= \begin{pmatrix} a_0 & a_1 & a_2 & a_3 & \dots & a_{\rho-1} & a_\rho \end{pmatrix}^T \end{aligned} \tag{16.43}$$

kann (16.42) in Vektorschreibweise angegeben werden:

$$a(j\omega) = \mathbf{c}^T\mathbf{a} + j\,\mathbf{s}^T\mathbf{a}. \tag{16.44}$$

Analog verfahrend ergibt sich für das Nennerpolynom $b(j\omega)$ mit Hilfe der Abkürzung

$$\mathbf{b} := \begin{pmatrix} b_0 & b_1 & b_2 & b_3 & \dots & b_{\rho-1} & b_\rho \end{pmatrix}^T$$

der Ausdruck

$$b(j\omega) = \mathbf{c}^T\mathbf{b} + j\,\mathbf{s}^T\mathbf{b}. \tag{16.45}$$

Setzt man (16.44) und (16.45) in (16.41) ein, so ergeben sich der Real- und der Imaginärteil des Fehlers $\Psi(j\omega)$ als Funktionen der „Polynomkoeffizienten" $\mathbf{a}$ und $\mathbf{b}$:

$$\begin{aligned} \alpha &= \left(\mu\mathbf{c}^T - \nu\mathbf{s}^T\right)\mathbf{a} - \mathbf{c}^T\mathbf{b} \\ \beta &= \left(\nu\mathbf{c}^T + \mu\mathbf{s}^T\right)\mathbf{a} - \mathbf{s}^T\mathbf{b}. \end{aligned} \tag{16.46}$$

Beide *lineare* Gleichungen repräsentieren so genannte Nebenbedingungen (an der Stelle ω) des zu entwickelnden Linearen Programms.

Betrachtung aller Frequenzstützstellen ω_i: Zur vollständigen Erfassung von $\Psi(j\omega)$ müssen alle N Frequenzen ω_i betrachtet werden. Das heißt für den Index i gilt $1 \leq i \leq N$. Die Struktur der abgeleiteten Relationen (16.46) (unter Beachtung von (16.43)) ändert sich *nicht*, es wird nur eine Indizierung i zur Kennzeichnung der Frequenzabhängigkeit mancher Ausdrücke hinzugefügt:

$$\begin{aligned} \alpha_i &= \left(\mu_i\mathbf{c}_i^T - \nu_i\mathbf{s}_i^T\right)\mathbf{a} - \mathbf{c}_i^T\mathbf{b} \\ \beta_i &= \left(\nu_i\mathbf{c}_i^T + \mu_i\mathbf{s}_i^T\right)\mathbf{a} - \mathbf{s}_i^T\mathbf{b}. \end{aligned} \tag{16.47}$$

Diese $2N$ Beziehungen können in kompakter Matrixschreibweise angegeben werden. Hierzu definiert man die frequenzabhängigen (N, N)-Diagonalmatrizen

$$\boldsymbol{\mu} := \mathbf{diag}(\mu_i) \quad \text{und} \quad \boldsymbol{\nu} := \mathbf{diag}(\nu_i)$$

sowie die frequenzabhängigen $(N, \rho + 1)$-Matrizen

$$\mathbf{C} := \begin{pmatrix} \mathbf{c}_1^T \\ \mathbf{c}_2^T \\ \vdots \\ \mathbf{c}_N^T \end{pmatrix} \quad \text{und} \quad \mathbf{S} := \begin{pmatrix} \mathbf{s}_1^T \\ \mathbf{s}_2^T \\ \vdots \\ \mathbf{s}_N^T \end{pmatrix}.$$

Mit den Vektoren

$$\begin{aligned}\boldsymbol{\alpha} &:= \begin{pmatrix} \alpha_1 & \alpha_2 & \ldots & \alpha_N \end{pmatrix}^T \\ \boldsymbol{\beta} &:= \begin{pmatrix} \beta_1 & \beta_2 & \ldots & \beta_N \end{pmatrix}^T\end{aligned}$$

können die Beziehungen (16.47) folgendermaßen zusammengefasst werden:

$$\begin{aligned}\boldsymbol{\alpha} &= (\boldsymbol{\mu}\mathbf{C} - \boldsymbol{\nu}\mathbf{S})\,\mathbf{a} - \mathbf{C}\mathbf{b} \\ \boldsymbol{\beta} &= (\boldsymbol{\nu}\mathbf{C} + \boldsymbol{\mu}\mathbf{S})\,\mathbf{a} - \mathbf{S}\mathbf{b}.\end{aligned} \tag{16.48}$$

Der diskretisierte Fehlerfrequenzgang $\Psi(j\omega_i)$ kann also als lineares Gleichungssystem (16.48) angeschrieben werden. Dieses Gleichungssystem wird die Nebenbedingungen des gesuchten Linearen Programms repräsentieren.

Bildung der Zielfunktion: Der „Approximationsfehler" soll nun minimiert werden, indem die aus Real- und Imaginärteilen gebildete Summe der Absolutbeträge

$$J = \sum_{i=1}^{N} \left[\; |\mathrm{Re}\,\{\Psi(j\omega_i)\}| + |\mathrm{Im}\,\{\Psi(j\omega_i)\}| \;\right] \overset{(16.40)}{=} \sum_{i=1}^{N} (|\alpha_i| + |\beta_i|)$$

möglichst klein gemacht wird. Diese Zielfunktion kann problemlos in ein Lineares Programm übernommen werden. Um die benötigten (nichtlinearen) Absolutbeträge $|\alpha_i|$ und $|\beta_i|$ zu erfassen, ist es allerdings notwendig, die Größen α_i und β_i als Differenz *nichtnegativer* Komponenten

$$\begin{aligned}\alpha_i &= \alpha_i^+ - \alpha_i^- \qquad \text{mit } \alpha_i^+ \geq 0 \text{ und } \alpha_i^- \geq 0 \\ \beta_i &= \beta_i^+ - \beta_i^- \qquad \text{mit } \beta_i^+ \geq 0 \text{ und } \beta_i^- \geq 0\end{aligned}$$

darzustellen. Es handelt sich hierbei um einen „Standardtrick" der Linearen Programmierung [46]. Unter Einführung der Vektoren

$$\boldsymbol{\alpha}_+ = \begin{pmatrix} \alpha_1^+ & \alpha_2^+ & \ldots & \alpha_N^+ \end{pmatrix}^T \quad \text{und} \quad \boldsymbol{\alpha}_- = \begin{pmatrix} \alpha_1^- & \alpha_2^- & \ldots & \alpha_N^- \end{pmatrix}^T$$

bzw.

$$\boldsymbol{\beta}_+ = \begin{pmatrix} \beta_1^+ & \beta_2^+ & \ldots & \beta_N^+ \end{pmatrix}^T \quad \text{und} \quad \boldsymbol{\beta}_- = \begin{pmatrix} \beta_1^- & \beta_2^- & \ldots & \beta_N^- \end{pmatrix}^T$$

ergibt sich

$$\boldsymbol{\alpha} = \boldsymbol{\alpha}_+ - \boldsymbol{\alpha}_- \quad \text{und} \quad \boldsymbol{\beta} = \boldsymbol{\beta}_+ - \boldsymbol{\beta}_-.$$

Führt man nun noch den Vektor

$$\mathbf{1} := \begin{pmatrix} 1 & 1 & \ldots & 1 \end{pmatrix}^T$$

als Hilfsgröße geeigneter Dimension ein, so lautet die Zielfunktion

$$J = \mathbf{1}^T\boldsymbol{\alpha}_+ + \mathbf{1}^T\boldsymbol{\alpha}_- + \mathbf{1}^T\boldsymbol{\beta}_+ + \mathbf{1}^T\boldsymbol{\beta}_-. \tag{16.49}$$

Das Lineare Programm: Unter Verwendung der Beziehungen (16.48) und (16.49) kann die zu lösende Aufgabe als Lineares Programm mit $(2\rho+2+4N)$ Variablen angeschrieben werden. Um zu gewährleisten, dass das Nennerpolynom $a(s)$ ein monisches Polynom ist, d.h. $a_\rho = 1$ gilt, muss noch die Bedingung

$$\begin{pmatrix} 0 & \dots & 0 & 1 \end{pmatrix} \mathbf{a} =: \mathbf{e}_{\rho+1}^T \mathbf{a} = 1$$

berücksichtigt werden. Es wird nun das vollständige Lineare Programm angegeben:

$$J = \mathbf{1}^T \boldsymbol{\alpha}_+ \;+\; \mathbf{1}^T \boldsymbol{\alpha}_- + \mathbf{1}^T \boldsymbol{\beta}_+ \;+\; \mathbf{1}^T \boldsymbol{\beta}_- \;\rightarrow\; \min$$

unter den Bedingungen

$$\begin{aligned} \boldsymbol{\alpha}_+ - \boldsymbol{\alpha}_- &= (\boldsymbol{\mu}\mathbf{C} - \boldsymbol{\nu}\mathbf{S})\,\mathbf{a} - \mathbf{C}\mathbf{b} \\ \boldsymbol{\beta}_+ - \boldsymbol{\beta}_- &= (\boldsymbol{\nu}\mathbf{C} + \boldsymbol{\mu}\mathbf{S})\,\mathbf{a} - \mathbf{S}\mathbf{b} \\ \mathbf{e}_{\rho+1}^T \mathbf{a} &= 1 \end{aligned}$$

$$\boldsymbol{\alpha}_+ \geq \mathbf{0}, \quad \boldsymbol{\alpha}_- \geq \mathbf{0}, \quad \boldsymbol{\beta}_+ \geq \mathbf{0}, \quad \boldsymbol{\beta}^- \geq \mathbf{0}.$$

Hinweis

Damit der offene Kreis $L(s) = R(s)P(s)$ vom einfachen Typ ist, ist es bei einer BIBO-stabilen Regelstrecke notwendig, dass der Regler $R(s)$ bis auf einen Pol bei $s = 0$ lauter Pole mit negativem Realteil hat. Das heißt $a(s)$ muss ein *Hurwitz*-Polynom sein. Notwendige und hinreichende Bedingungen hierfür sind für ein Polynom vom Grade ≥ 3 *nichtlineare* Funktionen der Polynomkoeffizienten. Aus diesem Grund schlagen wir zur Sicherung der Stabilität folgende pragmatische Vorgangsweise vor: Das Nennerpolynom $a(s)$ des Reglers wird folgendermaßen angesetzt:

$$a(s) = a_0 + a_1 s + s^2 \quad \text{mit } a_0 > 0, \;\; a_1 > 0$$

bzw. falls der Regler Integrierverhalten besitzen muss:

$$a(s) = a_1 s + a_2 s^2 + s^3 \quad \text{mit } a_1 > 0, \;\; a_2 > 0.$$

Mit diesem Ansatz wird die Optimierungsprozedur durchgeführt. Ist die zugehörige Lösung *nicht* zufrieden stellend, wird der ermittelte optimale Regler $R(s)$ in die Übertragungsfunktion $P(s)$ der Strecke übernommen, d.h.

$$P(s) \;\rightarrow\; R(s)P(s).$$

Danach wird die oben angegebene Entwurfsprozedur so lange wiederholt, bis das Ergebnis den gestellten Ansprüchen genügt.

In manchen Fällen ist es auch notwendig, dem Regler $R(s)$ Integrierverhalten, d.h. einen Pol bei $s = 0$, aufzuprägen. Diese Forderung kann sehr leicht in die Nebenbedingungen des Linearen Programms integriert werden. Die *zusätzliche* Nebenbedingung lautet

$$a_0 = 0$$

bzw. in Vektorschreibweise

$$\begin{pmatrix} 1 & 0 & \dots & 0 \end{pmatrix} \mathbf{a} =: \mathbf{e}_1^T \mathbf{a} = 0. \qquad (16.50)$$

Das Lineare Programm in allgemeiner Form: Die Optimierungsaufgabe in allgemeiner Form entspricht der Darstellung, die von vielen kommerziellen Programmpaketen zur Lösung von Linearen Programmen benötigt wird. Alle unbekannten Größen werden im Vektor $\mathbf{x}$ zusammengefasst, d.h.

$$\mathbf{x} := \begin{pmatrix} \boldsymbol{\alpha}_+^T & \boldsymbol{\alpha}_-^T & \boldsymbol{\beta}_+^T & \boldsymbol{\beta}_-^T & \mathbf{a}^T & \mathbf{b}^T \end{pmatrix}^T. \qquad (16.51)$$

Bezeichnet man mit $\mathbf{E}$ die Einheitsmatrix und mit $\mathbf{0}$ die Nullmatrix geeigneter Dimensionen, so lautet das Lineare Programm in allgemeiner Form (alle nichtspezifizierten Elemente der Matrix sind gleich null):

$$\begin{pmatrix} \mathbf{1}^T & \mathbf{1}^T & \mathbf{1}^T & \mathbf{1}^T & \mathbf{0} & \mathbf{0} \end{pmatrix} \mathbf{x} \quad \rightarrow \quad \min$$

$$\begin{pmatrix} \mathbf{E} & -\mathbf{E} & \cdot & \cdot & (-\boldsymbol{\mu}\mathbf{C} + \boldsymbol{\nu}\mathbf{S}) & \mathbf{C} \\ \cdot & \cdot & \mathbf{E} & -\mathbf{E} & (-\boldsymbol{\nu}\mathbf{C} - \boldsymbol{\mu}\mathbf{S}) & +\mathbf{S} \\ \cdot & \cdot & \cdot & \cdot & \mathbf{e}_1^T & \cdot \\ \cdot & \cdot & \cdot & \cdot & \mathbf{e}_{\rho+1}^T & \cdot \end{pmatrix} \mathbf{x} \quad = \quad \begin{pmatrix} \mathbf{0} \\ \mathbf{0} \\ 0 \\ 1 \end{pmatrix}.$$

Der Vektor $\mathbf{x}$ muss dabei folgenden Beschränkungen genügen:

$$\begin{pmatrix} \mathbf{0} \\ \mathbf{0} \\ \mathbf{0} \\ \mathbf{0} \\ \mathbf{0} \\ -\infty \end{pmatrix} \leq \mathbf{x} < \begin{pmatrix} +\infty \\ +\infty \\ +\infty \\ +\infty \\ +\infty \\ +\infty \end{pmatrix}.$$

Mit diesem Ansatz konnten bei der Erprobung des Verfahrens sehr gute Ergebnisse erzielt werden. Im folgenden Abschnitt wird exemplarisch ein Reglerentwurf für das 3-Tank-System durchgeführt. Es sei allerdings darauf hingewiesen, dass dieses System keine typische Strecke [5] für das präsentierte Verfahren darstellt. Trotzdem ist es möglich, sehr brauchbare Regelgesetze für das System zu entwerfen.

16.4.4 Reglerentwurf für das 3-Tank-System

Es wird ein Regler für dem mittleren Behälter gesucht, d.h. für die Strecke

$$P(s) = \frac{0.03772}{(s + 0.0397)(s + 0.0387)}.$$

Es wurden folgende Daten für den offenen Kreis gewählt:

$$\omega_c = 0.2 rad\, s^{-1}, \qquad \phi_r = 70°.$$

Aufgrund der Relation

$$\phi_r = 180° + n\, 90°$$

ergeben sich

$$n\, 90° = -110° \quad \text{bzw.} \quad n = -1.22$$

und

$$\varphi = -110°.$$

Für den interessierenden Frequenzbereich $[\omega_u, \omega_o]$ mit den N Frequenzstützstellen soll gelten:

$$\omega_u = 0.1, \ \ \omega_o = 1, \ \ N = 40.$$

Durch Lösung des im vorigen Kapitel geschilderten linearen Optimierungsproblems wurde folgender integrierender Regler 3. Ordnung ermittelt. Hierbei wurde die gewählte Reglerordnung ρ sukzessive auf den Wert 3 erhöht. Für Regler niedrigerer Ordnung $\rho < 3$ konnte kein befriedigendes Ergebnis gefunden werden:

$$R(s) = 29.4018 \frac{(s + 0.8065)(s + 0.1127)(s + 0.01733)}{s(s + 8.934)(s + 0.5381)}.$$

Die zugehörigen *Bode*-Diagramme des offenen Kreises in Abb. 16.26 bestätigen die Erfüllung der gewünschten Spezifikationen.

Der Verlauf des Füllstandes des mittleren Tanks bei einem Sollwertsprung von 5 cm ist in Abb. 16.27 dargestellt.

Der nicht zufrieden stellende Verlauf resultiert aus der Tatsache, dass der Regelkreis zu empfindlich auf das vorhandene Messrauschen reagiert. Eine Abhilfe kann geschaffen werden, indem man dafür sorgt, dass die Betragskennlinie des offenen Kreises für „große" Frequenzen stärker abfällt. Daher wird der Regler folgendermaßen modifiziert:

$$R_1(s) = R(s) \frac{1}{(1 + \frac{s}{2})^2} = 117.6074 \frac{(s + 0.8065)(s + 0.1127)(s + 0.01733)}{s(s + 8.934)(s + 2)^2(s + 0.5381)}.$$

Die Frequenzkennlinien des offenen Kreises sind in Abb. 16.28 dargestellt. Für Frequenzen, die größer sind als die Durchtrittsfrequenz, fällt die Betragskennlinie nun wesentlich steiler ab. Natürlich wird durch die getroffenene Maßnahme auch die Phasenkennlinie beeinflusst. Sie besitzt in dem vorgegebenen Frequenzbereich nicht mehr den konstanten Wert von $-110°$, verläuft allerdings noch sehr flach. Die Phasenreserve beträgt nun $\phi_r = 60°$.

Der in Abb. 16.29 dargestellte Verlauf des mittleren Füllstandes für einen Sollwertsprung von 5 cm bestätigt, dass durch die getroffene Modifikation des Reglers die ursprünglich aufgetretenen Probleme eliminiert wurden.

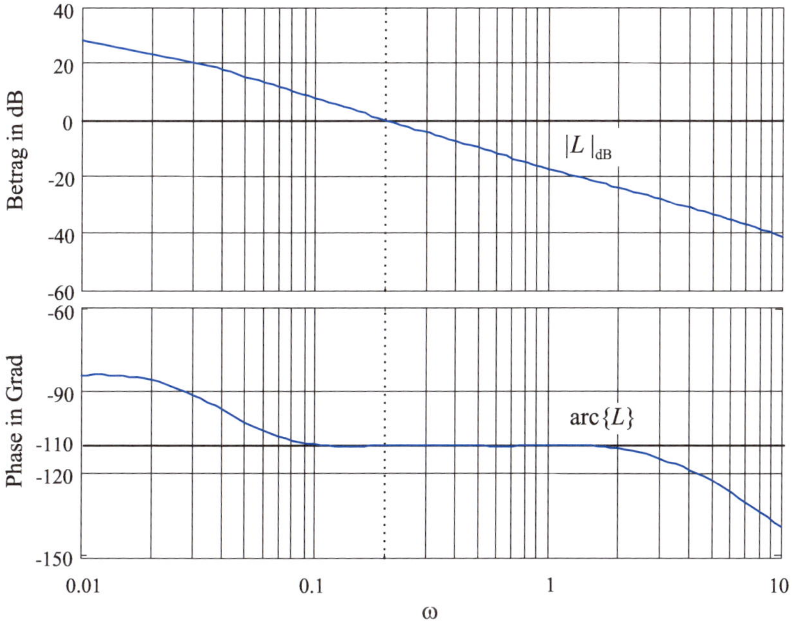

Abbildung 16.26: Frequenzkennlinien des offenen Kreises $L(s) = R(s)P(s)$

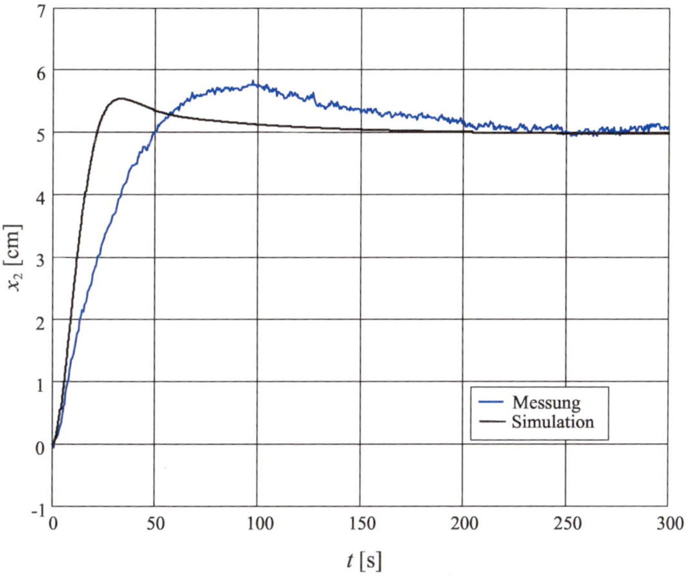

Abbildung 16.27: Verlauf von x_2 bei einem 5 cm-Sollwertsprung

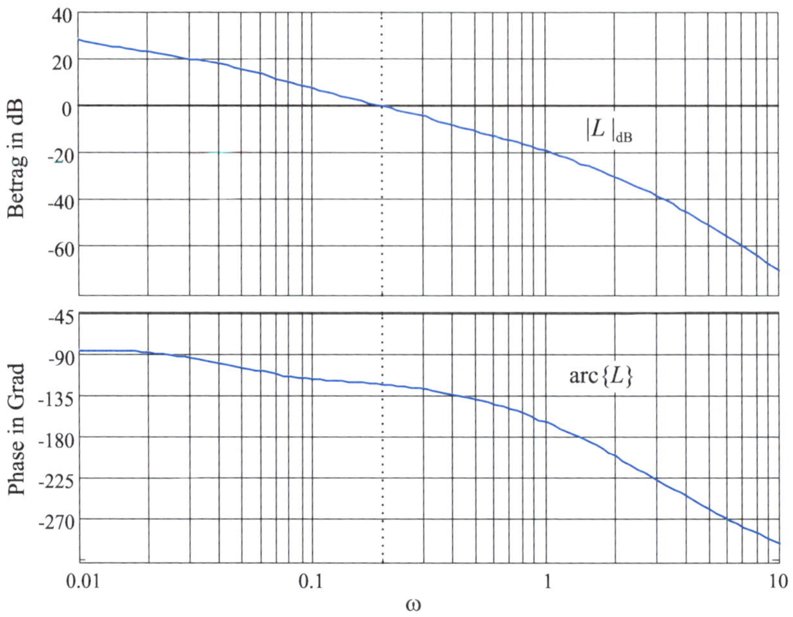

Abbildung 16.28: Frequenzkennlinien des modifizierten offenen Kreises

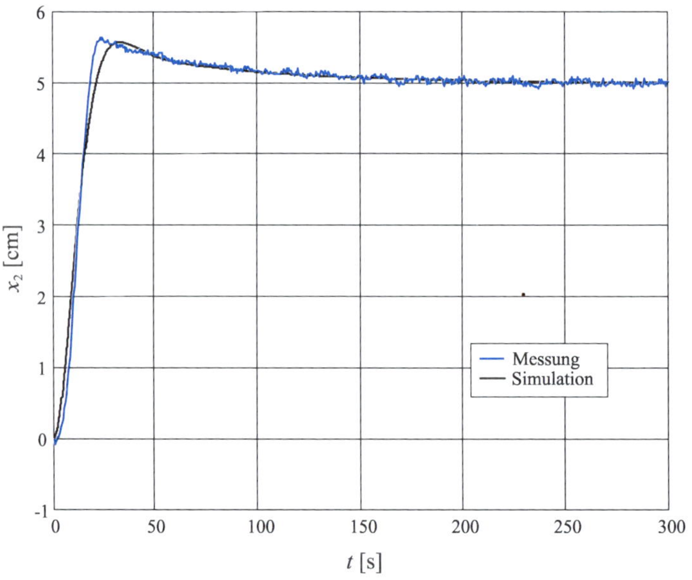

Abbildung 16.29: Verlauf von x_2 bei einem 5 cm-Sollwertsprung

Kapitel 17 Synthese mit *Bode*-Diagrammen, zeitdiskreter Fall

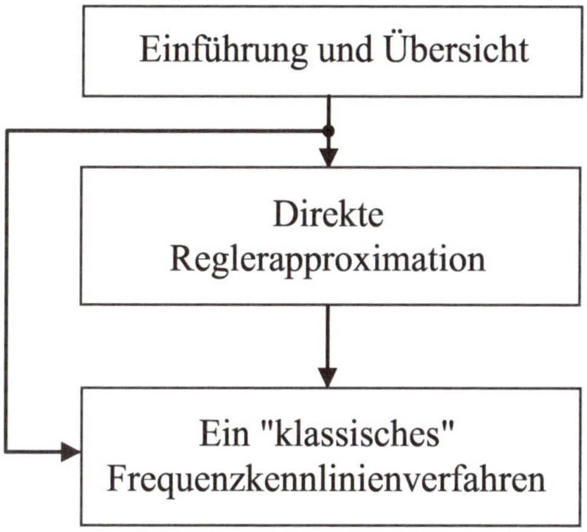

17.1 Einführung und Übersicht

In den folgenden Abschnitten werden zwei einfache Ansätze zur Synthese von Abtastregelkreisen vorgestellt. Das erste Verfahren beruht auf der „Umformung“ der Übertragungsfunktion $R(s)$ eines *ermittelten* zeitkontinuierlichen Reglers in eine (diskrete) Übertragungsfunktion $R_d(z)$ mittels einer *Transformation* der Variablen s in die Variable z. Es ist deswegen nicht als „reines“ zeitdiskretes Verfahren anzusehen. Das zweite Verfahren ist die zeitdiskrete Variante des im vorigen Kapitel vorgestellten Frequenzkennlinien-Verfahrens. Das Verfahren kann prinzipiell auch ohne Computerunterstützung durchgeführt werden („Handentwurf“), die Verwendung moderner Hilfsmittel beschleunigt den Entwurfsprozess jedoch erheblich.

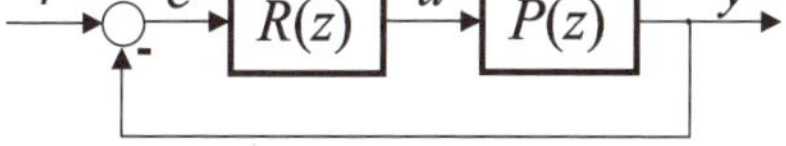

Abbildung 17.1: Zeitdiskreter Standardregelkreis

Beiden Verfahren liegt der in Abb. 17.1 dargestellte zeitdiskrete Standardregelkreis mit der Abtastzeit T_d zugrunde. Bei gegebener Streckenübertragungsfunktion $P(z)$ soll eine Reglerübertragungsfunktion $R(z)$ so ermittelt werden, dass der resultierende Regelkreis bestimmte Spezifikationen möglichst gut erfüllt. Dies wird dadurch erreicht, dass der (zeitdiskrete) Frequenzgang des offenen Kreises

$$L(e^{j\omega T_d}) = R(e^{j\omega T_d})P(e^{j\omega T_d})$$

durch sukzessive Erweiterung um Korrekturglieder

$$R(z) = R_1(z)R_2(z)R_3(z)\ldots$$

den Vorgaben entsprechend geformt wird. Es ist zweckmäßig, mit Frequenzkennlinien zu operieren, da hier der Einfluss der eingefügten Korrekturglieder besonders leicht zu erkennen ist:

$$\begin{aligned} \left|L(e^{j\omega T_d})\right|_{dB} &= \left|P(e^{j\omega T_d})\right|_{dB} + \left|R_1(e^{j\omega T_d})\right|_{dB} + \left|R_2(e^{j\omega T_d})\right|_{dB} + \ldots \\ \text{arc}\left\{L(e^{j\omega T_d})\right\} &= \text{arc}\left\{P(e^{j\omega T_d})\right\} + \text{arc}\left\{R_1(e^{j\omega T_d})\right\} + \\ &\quad \text{arc}\left\{R_2(e^{j\omega T_d})\right\} + \ldots\,, \end{aligned} \tag{17.1}$$

wobei

$$0 \le \omega < \frac{\pi}{T_d}.$$

Unterwirft man die Streckenübertragungsfunktion der q-Transformation (vgl. Kap. 7), d.h.

$$P(q) = P(z) \quad \text{für } z = \frac{1 + q\frac{T_d}{2}}{1 - q\frac{T_d}{2}},$$

so gelingt es, für den Reglerentwurf im zeitdiskreten Fall die *gleichen Verhältnisse* wie im zeitkontinuierlichen Fall herzustellen. Der zeitdiskrete Frequenzgang

$$P(j\Omega) = P(e^{j\omega T_d}), \quad \text{wobei } e^{j\omega T_d} = \frac{1 + j\Omega\frac{T_d}{2}}{1 - j\Omega\frac{T_d}{2}},$$

ist nun eine *rationale* Funktion der transformierten Frequenz Ω! Für den Frequenzgang des offenen Kreises herrschen nun die *gleichen* Verhältnisse wie im zeitkontinuierlichen Fall:

$$\begin{aligned} |L(j\Omega)|_{dB} &= |P(j\Omega)|_{dB} + |R_1(j\Omega)|_{dB} + |R_2(j\Omega)|_{dB} + \ldots \\ \text{arc}\,\{L(j\Omega)\} &= \text{arc}\,\{P(j\Omega)\} + \text{arc}\,\{R_1(j\Omega)\} + \text{arc}\,\{R_2(j\Omega)\} + \ldots \end{aligned} \tag{17.2}$$

mit

$$0 \le \Omega < \infty.$$

Darüber hinaus kann die Stabilitätsanalyse von zeitdiskreten Systemen im q-Bereich mit „zeitkontinuierlichen“ Stabilitätskriterien und Methoden durchgeführt werden. Diese Eigenschaften der q-Transformation ermöglichen somit die nahtlose Übertragung von Syntheseverfahren für zeitkontinuierliche Systeme auf die zeitdiskreter Systeme!

17.2 Direkte Reglerapproximation

Wir gehen davon aus, dass für eine Regelstrecke mit der Übertragungsfunktion $P(s)$ ein Regler $R(s)$ entworfen wurde, sodass der (zeitkontinuierliche) Standardregelkreis ein gewünschtes Verhalten aufweist. Nun wird der ermittelte Regler durch einen geeigneten diskreten Regler $R_d(z)$ „ersetzt". Folgendes Ziel wird angestrebt: Der diskrete Regler soll im Rahmen einer Abtastregelung *in erster Näherung* genauso agieren wie der zeitkontinuierliche. Der „Ersatz" $R(s) \to R_d(z)$ wird aufgrund folgender Überlegung erstellt: $R(s)$ ist eine Funktion der komplexen Variablen s. Fasst man diese *selbst* als Übertragungsfunktion eines Systems auf, so beschreibt sie einen „Differenzierer"

$$\text{Differenzierer (Übertragungsfunktion } s\text{):} \qquad \upsilon \to \eta := \frac{d\upsilon}{dt}.$$

Angenommen man kann dafür ein System mit der Übertragungsfunktion $D(z)$, also einen digitalen Simulator[1] angegeben:

$$\text{Digitaler Simulator (Übertragungsfunktion } D(z)\text{):} \qquad \upsilon_i \to \hat{\eta}_i,$$

wobei

$$\hat{\eta}_i \simeq \frac{d\eta}{dt}$$

gelten soll. Wir ersetzen nun in der Übertragungsfunktion $R(s)$ die Variable s durch $D(z)$ und erhalten dadurch einen digitalen Simulator $R_d(z)$ für das System $R(s)$:

$$R_d(z) := R(s)|_{s=D(z)} . \tag{17.3}$$

Es gibt eine Reihe von Ansätzen zur Festlegung von $D(z)$ [51, 52]. Im Rahmen dieser Ausführungen betrachten wir folgenden Simulator für den Differenzierer

$$D(z) = \frac{2}{T_d}\frac{z-1}{z+1}. \tag{17.4}$$

Bezeichnen wir seine Eingangsgröße mit υ_i und die zugehörige Ausgangsgröße mit η_i, so gilt folgender Zusammenhang im Zeitbereich

$$\frac{\eta_i + \eta_{i-1}}{2} = \frac{\upsilon_i - \upsilon_{i-1}}{T_d},$$

aus dem das Bildungsgesetz zur Approximation des Differentalquotienten $\frac{d\eta}{dt}$ ersichtlich ist. Betrachtet man den Kehrwert

$$\frac{1}{D(z)} =: \bar{D}(z) = \frac{T_d}{2}\frac{z+1}{z-1},$$

so entsteht ein digitaler Simulator $\bar{D}(z)$ für den „Integrierer" mit der Übertragungsfunktion $\frac{1}{s}$ nach der wohl bekannten Trapezregel!

---

1 Dieser Simulator kann nur *näherungsweise* den Prozess der Differentiation durchführen (vgl. Ausführungen in Kap. 7).

Die Nutzung des Simulators (17.4) zum Erhalt eines Reglers $R_d(z)$ ist besonders interessant, da wir beim Reglerentwurf mit *Bode*-Diagrammen operieren wollen. Hierzu führen wir eine Variablentransformation, die bilineare Transformation, durch:

$$z \Leftrightarrow q \qquad \text{mit} \quad z = \frac{1 + q\frac{T_d}{2}}{1 - q\frac{T_d}{2}} \quad \text{bzw.} \quad q = \frac{2}{T_d}\frac{z-1}{z+1}. \tag{17.5}$$

Vergleicht man die Relationen (17.4) und (17.5), so bedeutet das Folgendes:

$$s = D(z) = \frac{2}{T_d}\frac{z-1}{z+1} = q.$$

Der diskrete Simulator des Differenzierers besitzt im transformierten Bereich die Übertragungsfunktion q! Das bedeutet, beim vorliegenden Regler $R(s)$ entsteht der diskrete Regler durch einfaches Ersetzen der Variablen s durch die Variable q:

$$R_d(q) := R(s = q).$$

Man kann sich nun leicht vorstellen, dass solch ein Vorgehen beim Reglerentwurf für „kleine“ Abtastzeiten T_d erfolgversprechend ist. Ist wiederum diese Voraussetzung nicht erfüllt, bzw. ist dasVerhalten des entstandenen Abtastregelkreises nicht ganz zufriedenstellend, so dient dieser Regler als „Ausgangspunkt“. Man kann daraus mit Hilfe von Frequenzkennlinien einen modifizierten Regler entwerfen, der die gestellten Spezifikationen erfüllt. Diese Entwurfsvariante, die eine „hybride“ Vorgehenweise beim Entwurf bedeutet, wird im Rahmen der weiteren Ausführungen nicht weiter verfolgt.

17.3 Ein „klassisches“ Frequenzkennlinien-Verfahren

Ausgangspunkt des Verfahrens ist hier die q-Übertragungsfunktion $P(q)$ der Strecke. Die Syntheseaufgabe besteht darin, die Reglerübertragungsfunktion so zu bestimmen, dass die Sprungantwort des Regelkreises eine vorgegebene Anstiegszeit t_r und ein vorgegebenes Überschwingen $\ddot{u}$ aufweist. Wie in [29] gezeigt wird, können auch im transformierten Frequenzbereich die vom zeitkontinuierlichen Entwurf bekannten Faustformeln verwendet werden. Bezeichnet man mit Ω_c die Durchtrittsfrequenz des offenen Kreises $L(j\Omega)$ und mit ϕ_r die zugehörige Phasenreserve, so gilt in Anlehnung an (16.28) und (16.29)

$$\phi_r + \ddot{u} \approx 70. \tag{17.6}$$

Unter der Voraussetzung, dass die Durchtrittsfrequenz der Bedingung

$$\Omega_c \leq \frac{0.4}{T_d}$$

genügt, gilt auch

$$\Omega_c t_r \approx 1.5\,. \tag{17.7}$$

Die Dimensionierung von Korrekturgliedern kann analog zum zeitkontinuierlichen Fall durchgeführt werden.

17.3.1 Entwurf für den flexibel gelagerten Balken

Exemplarisch wird hier der Entwurf eines Reglers $R(q)$ für den flexibel gelagerten Balken demonstriert. Die zu der Anordnung gehörige Übertragungsfunktion im zeitkontinuierlichen Fall lautet[2]

$$P(s) = \frac{y(s)}{u(s)} = \frac{1687.838}{s(s+68.2)(s^2+0.2164s+69.41)}.$$

Für eine Abtastzeit

$$T_d = 0.05s$$

errechnet sich die entsprechende z-Übertragungsfunktion $P(z)$ zu

$$\begin{aligned} P(z) &= (1-z^{-1})\mathcal{Z}\left\{\frac{P(s)}{s}\right\} \\ &= 0.00025033\frac{(z+6.228)(z+0.5597)(z+0.03916)}{(z-1)(z-0.03304)(z^2-1.819z+0.9892)}. \end{aligned}$$

Für die zugehörige q-Übertragungsfunktion $P(q)$ findet man

$$P(q) = 7.036 \cdot 10^{-5}\frac{(q+141.7)(q+43.26)(q-40)(q-55.3)}{q(q+37.44)(q^2+0.2261q+71.47)}. \tag{17.8}$$

Die Sprungantwort des Regelkreises soll näherungsweise folgende Eigenschaften besitzen:

$$t_r = 0.4\,s \quad \text{und} \quad \ddot{u} = 10\%.$$

Mit Hilfe von (17.6) und (17.7) erhält man für die Durchtrittsfrequenz Ω_c und die erforderliche Phasenreserve ϕ_r

$$\Omega_c = 4 \quad und \quad \phi_r = 60°.$$

Mit Hilfe eines Korrekturgliedes $R(q)$ muss also für den Frequenzgang des offenen Kreises Folgendes erreicht werden:

$$|L(j4)|_{dB} \overset{!}{=} 0 \quad \text{und} \quad \text{arc}\{L(j4)\} \overset{!}{=} -120°.$$

In Abb. 17.2 sind die logarithmischen Frequenzkennlinien dieser schwach gedämpften Strecke dargestellt. Der Reglerentwurf für derartige Systeme ist – insbesondere mit Hilfe von *Bode*-Diagrammen – eine nichttriviale Aufgabe. Ein gangbarer Weg besteht darin, das konjugiert komplexe Streckenpolpaar von (17.8) durch einen Regler zu kompensieren. Um das Tiefpassverhalten des offenen Kreises zu gewährleisten, werden für das Nennerpolynom zwei Linearfaktoren angesetzt. Ein Ansatz hierfür lautet

$$R_1(q) = \frac{(q^2+0.2261q+71.47)}{(1+\frac{q}{10})^2} = 100\,\frac{(q^2+0.2261q+71.47)}{(q+10)^2}.$$

[2] Es handelt sich um eine schwach gedämpfte Strecke.

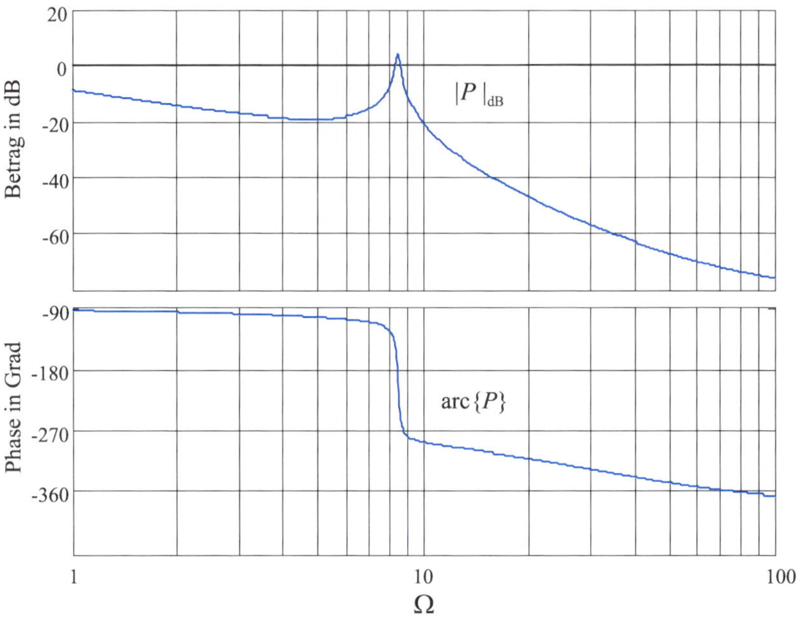

Abbildung 17.2: Frequenzkennlinien der Strecke

Die Übertragungsfunktion des offenen Kreises ist dann

$$L_1(q) = R_1(q)P(q) = 7.036 \cdot 10^{-3}\,\frac{(q+141.7)(q+43.26)(q-40)(q-55.3)}{q(q+37.44)(q+10)^2}.$$

In Abb. (17.3) sind die zugehörigen logarithmischen Frequenzkennlinien dargestellt; es gilt

$$|L_1(j4)|_{dB} \approx 14dB \quad \text{und} \quad arc\{L_1(j4)|\} \approx -140^\circ.$$

Um die gewünschte Phasenreserve einzustellen, wird zunächst mit Hilfe eines lead-Gliedes die Phasenkennlinie bei $\Omega = 4$ um 20° angehoben. Dazu setzt man die Werte $\Delta\varphi = 20^\circ$ und $\omega_0 = 4$ in die Relationen (16.19) und (16.20) ein. Der um das berechnete lead-Glied erweiterte Regler lautet somit

$$R_2(q) = 2.04\frac{(q+2.801)}{(q+5.713)}R_1(q) \;= 204\,\frac{(q+2.801)(q^2+0.2261q+71.47)}{(q+10)^2(q+5.713)}.$$

Die Übertragungsfunktion des offenen Kreises heißt dann

$$\begin{aligned} L_2(q) &= R_2(q)P(q) \\ &= 1.4351 \cdot 10^{-2}\frac{(q+141.7)(q+43.26)(q-40)(q-55.3)(q+2.801)}{q(q+37.44)(q+10)^2(q+5.713)}. \end{aligned}$$

In Abb. (17.4) ist zu erkennen, dass die Phasenreserve den gewünschten Wert angenommen hat. Die Betragskennlinie ist allerdings noch um $18dB$ abzusenken. Dieses Ziel kann sehr

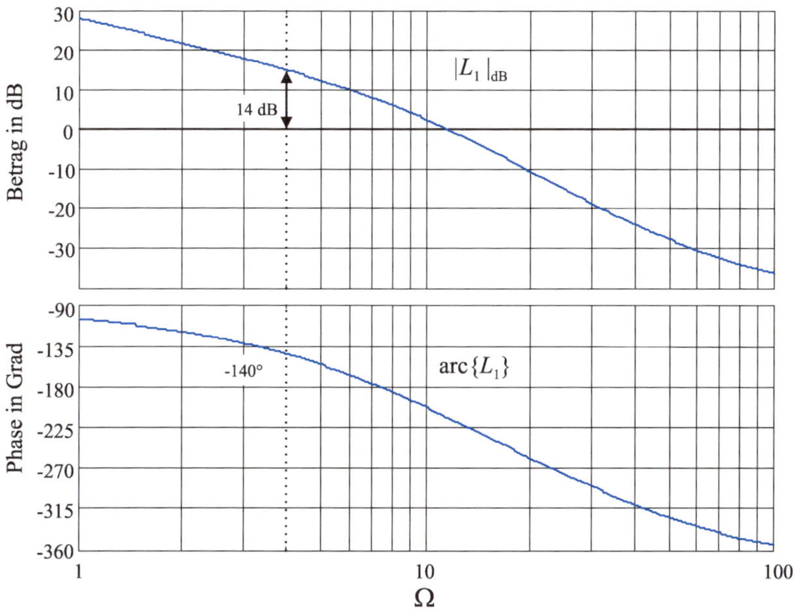

Abbildung 17.3: Frequenzkennlinien zu $L_1(q)$

leicht mit einem P-Glied mit $K_P = 0.126$ erreicht werden. Somit lautet der endgültige Regler:

$$R(q) = 0.126\,R_2(q) = 25.699\,\frac{(q+2.801)(q^2+0.2261q+71.47)}{(q+10)^2(q+5.713)}.$$

Die zugehörige z-Übertragungsfunktion lautet

$$R(z) = 16.1747\frac{(z-0.8691)(z^2-1.819z+0.9892)}{(z-0.7501)(z-0.6)^2}.$$

Die gewünschten Spezifikationen werden nun im Frequenzbereich hinreichend genau erfüllt. Eine numerische Simulation des Regelkreises bestätigt, dass die Sprungantwort den gestellten Anforderungen entspricht. In Abb. 17.5 ist die Ausgangsgröße y bei einer trapezförmigen Führungsgröße r dargestellt.

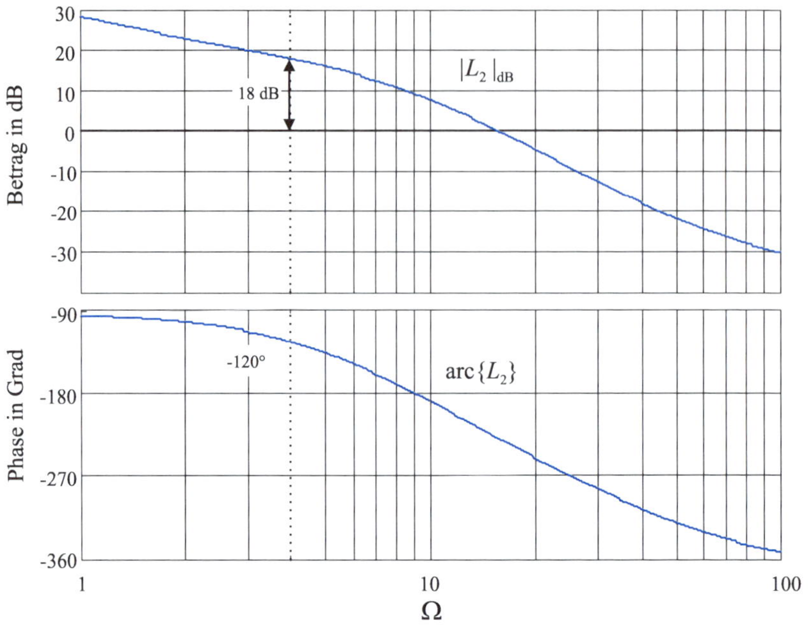

Abbildung 17.4: Frequenzkennlinien zu $L_2(q)$

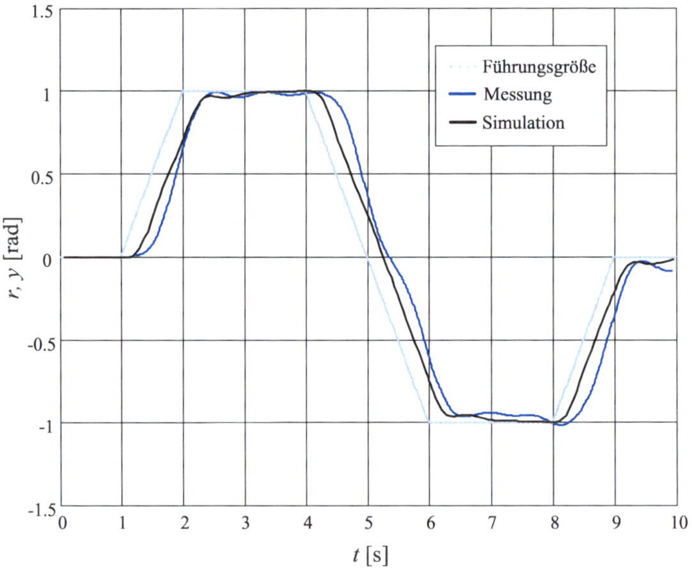

Abbildung 17.5: Vergleich von Simulation und Messergebnissen

Kapitel 18 Algebraische Synthese, zeitkontinuierlicher Fall

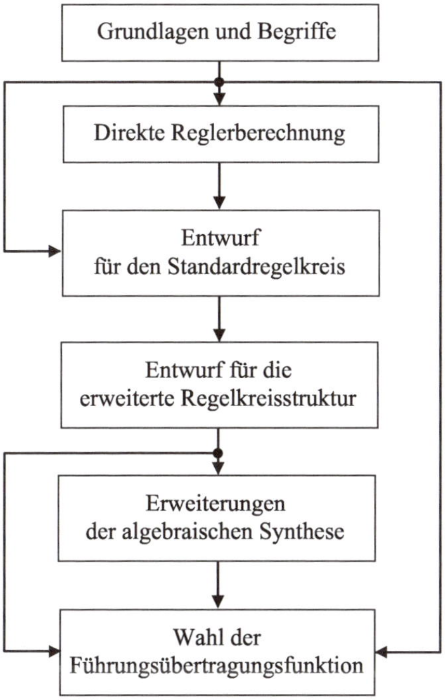

18.1 Einführung

Die algebraische Synthese ist ein Entwurfsverfahren, bei dem die Berechnung der gesuchten Regler auf die Lösung linearer algebraischer Gleichungssysteme zurückgeführt wird. Diese Tatsache prädestiniert das Verfahren für eine softwaremäßige Implementierung. Die prinzipielle Vorgangsweise bei der Durchführung dieses Verfahrens besteht darin, eine gewünschte Führungsübertragungsfunktion $T(s)$ für den Regelkreis vorzugeben, und daraus, bei gegebener Übertragungsfunktion $P(s)$ der Strecke den gesuchten Regler zu ermitteln (siehe Abb. 18.1).

Diese Vorgehensweise unterscheidet sich also *grundlegend* von den anderen präsentierten Entwurfsmethoden! Dort versucht man aus den gewählten Regelkreisspezifikationen schrittweise einen Regler zu ermitteln. Die resultierende Übertragungsfunktion $T(s)$ ergibt sich dann aus der Zusammenschaltung von Regler und Strecke. Hier errechnet sich

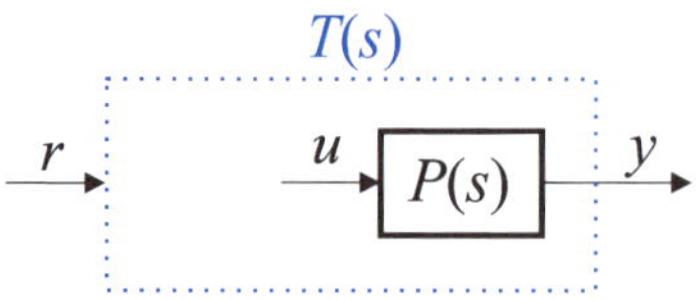

Abbildung 18.1: Regelkreis mit vorgegebenem $T(s)$

der Regler aus der gewählten Führungs- und der Streckenübertragungsfunktion. In der englischsprachigen Literatur [11] wird dieser Ansatz treffend „*inward approach*" genannt, weil hier ausgehend von $T(s)$ auf den Regler rückgerechnet wird (sozusagen in das „Innere" des Regelkreises).

Obwohl die Aufgabenstellung sehr einfach erscheint, bleibt eine Reihe von Fragen offen:

- Wie kann $T(s)$ *sinnvoll* und im Einklang mit den Wünschen vorgegeben werden?
- Kann $T(s)$ prinzipiell *beliebig* vorgegeben werden oder wird die Wahl durch die Strecke $P(s)$ eingeschränkt?
- Welche Regelkreisstruktur ist zu wählen?

Für den Regler soll auf jeden Fall vorausgesetzt werden, dass er ein lineares, zeitinvariantes, dynamisches System mit den Eingangsgrößen r (Führungsgröße) und y (Regelgröße) und der Ausgangsgröße u ist[1] (siehe Abb. 18.2).

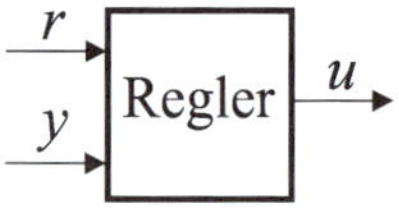

Abbildung 18.2: Allgemeine Darstellung des Reglers

18.2 Grundlagen

Im folgenden Abschnitt wird das zu lösende Problem genauer analysiert. Anhand der so genannten *Implementierbarkeit* von Übertragungsfunktionen kann sehr leicht untersucht werden, ob für eine gegebene Strecke und eine gewählte Führungsübertragungsfunktion die Aufgabenstellung prinzipiell lösbar ist.

[1] Diese Annahme hat zur Folge, dass die Ausgangsgröße y *ausschließlich* über die Stellgröße u beeinflusst werden kann. Ein *unmittelbarer* Einfluss der Führungs- auf die Ausgangsgröße ist nicht möglich.

18.2.1 Implementierbarkeit

Ziel bei der praktischen Realisierung einer Führungsübertragungsfunktion $T(s)$, die mit Hilfe einer geeigneten Reglerstruktur generiert wird, ist, dass die in Kap. 9 besprochenen Probleme (Entartung, Verlust der internen Stabilität) *nicht* auftreten.

Eine Übertragungsfunktion $T(s)$ wird *implementierbar* genannt, wenn es eine Regelkreisstruktur mit folgenden Eigenschaften gibt:

- Alle Teilsysteme des Regelkreises sind realisierbar.
- Der Regelkreis ist intern stabil.
- Die Führungsübertragungsfunktion des Regelkreises ist $T(s)$.

Notwendige und hinreichende Bedingungen zur Untersuchung einer Übertragungsfunktion $T(s)$ auf Implementierbarkeit liefert der folgende Satz:

Eine Übertragungsfunktion $T(s)$ ist genau dann implementierbar, wenn gilt:

1. Die Übertragungsfunktion $T(s)$ von r nach y ist BIBO-stabil.
2. Die Übertragungsfunktion $T_u(s)$ von r nach u ist BIBO-stabil.

Die erste Forderung ist bei sinnvoller Wahl von $T(s)$ *immer* erfüllt. Aus der zweiten Forderung lassen sich zwei weitere, leicht zu überprüfende Bedingungen ableiten. Setzt man $P(s)$ und $T(s)$ jeweils als Quotienten zweier Polynome an, d.h.

$$P(s) = \frac{\mu(s)}{\nu(s)} \quad \text{und} \quad T(s) = \frac{\mu_T(s)}{\nu_T(s)}, \tag{18.1}$$

so kann man für die Übertragungsfunktion $T_u(s)$ schreiben (siehe auch Abb. 18.1):

$$T_u(s) = \frac{T(s)}{P(s)} = \frac{\mu_T(s)}{\nu_T(s)} \frac{\nu(s)}{\mu(s)} =: \frac{\mu_u(s)}{\nu_u(s)}. \tag{18.2}$$

Es gilt offensichtlich

$$\text{Grad } \nu_u - \text{Grad } \mu_u = \text{Grad } \nu_T - \text{Grad } \mu_T + \text{Grad } \mu - \text{Grad } \nu.$$

Die geforderte BIBO-Stabilität von $T_u(s)$ impliziert auch

$$\text{Grad } \mu_u \leq \text{Grad } \nu_u,$$

d.h. es folgt unmittelbar

$$\text{Grad } \nu_T - \text{Grad } \mu_T \geq \text{Grad } \nu - \text{Grad } \mu.$$

Das bedeutet, dass der Polüberschuss der Führungsübertragungsfunktion nicht kleiner sein darf als der Polüberschuss der Streckenübertragungsfunktion. Die BIBO-Stabilität von

$T_u(s)$ erfordert, abgesehen von obiger Gradbedingung, dass alle Polstellen der Übertragungsfunktion

$$T_u(s) = \frac{\mu_T(s)}{\nu_T(s)} \frac{\nu(s)}{\mu(s)}$$

in der linken offenen Halbebene liegen. Da $\nu_T(s)$ ein *Hurwitz*-Polynom ist, kann die Forderung nach BIBO-Stabilität nur durch Nullstellen des Polynoms $\mu(s)$ – also durch Streckennullstellen – verletzt werden, die in der rechten abgeschlossenen Halbebene liegen. Weist die Strecke also Nullstellen „rechts" auf, so müssen diese mittels $\mu_T(s)$ gekürzt werden, d.h. Streckennullstellen in der rechten geschlossenen Halbebene *müssen* in den Ansatz von $T(s)$ übernommen werden.

Mit den gewonnenen Erkenntnissen kann die Implementierbarkeit mit Hilfe des folgenden Satzes überprüft werden:

Die Führungsübertragungsfunktion $T(s) = \frac{\mu_T(s)}{\nu_T(s)}$ ist bei gegebener Streckenübertragungsfunktion $P(s) = \frac{\mu(s)}{\nu(s)}$ genau dann implementierbar, wenn gilt[2]:

(a) $\nu_T(s)$ ist ein Hurwitzpolynom.

(b) Alle Nullstellen von $\mu(s)$ in der rechten geschlossenen Halbebene sind auch Nullstellen von $\mu_T(s)$.

(c) Grad ν_T − Grad $\mu_T \geq$ Grad ν − Grad μ.

Beispiel: Gegeben sei eine Strecke mit der Übertragungsfunktion

$$P(s) = \frac{(s+2)(s-1)}{s\,(s+1)^2}.$$

Es ist zu überprüfen, ob die angegebenen Übertragungsfunktionen $T(s)$ implementierbar sind.

(i)	$T(s) = 1$	nein, da die Forderungen (b) bzw. (c) verletzt sind
(ii)	$T(s) = \frac{s+2}{(s+3)(s+1)}$	nein, da Forderung (b) verletzt ist
(iii)	$T(s) = \frac{s-1}{(s+3)(s+1)}$	ja
(iv)	$T(s) = \frac{(s+2)(s-1)}{s\,(s+1)}$	nein, da die Forderungen (a) bzw. (c) verletzt sind

Mit den oben angeführten Bedingungen kann also mühelos überprüft werden, ob eine vorgegebene Führungsübertragungsfunktion $T(s)$ implementierbar ist. Unklar ist allerdings noch, welche Regelkreisstruktur gewählt werden muss. In den folgenden Abschnitten

2 Man beachte, dass die Regelkreistruktur in die Bedingungen nicht explizit eingeht!

wird sich zeigen, dass die Struktur des in Abb. 18.3 dargestellten Standardregelkreises in vielen Fällen unzureichend ist und man zu komplexeren Strukturen übergehen muss.

18.3 Direkte Reglerberechnung

Die wohl nahe liegendste Vorgangsweise besteht darin, aus der (implementierbaren) Übertragungsfunktion $T(s)$ den gesuchten Regler *direkt* zu ermitteln [60, 45]. Für den in Abb. 18.3 dargestellten Standardregelkreis errechnet sich die Übertragungsfunktion $L(s)$ des offenen Kreises zu

$$L(s) = R(s)P(s) = \frac{T(s)}{1 - T(s)}. \tag{18.3}$$

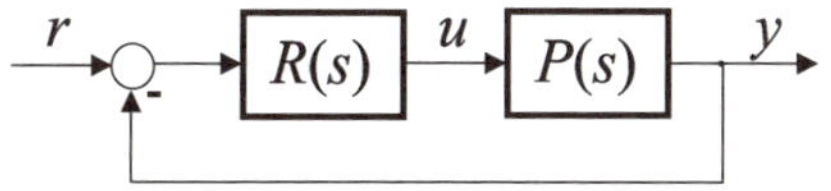

Abbildung 18.3: Standardregelkreis

Daraus ergibt sich unmittelbar eine Berechnungsvorschrift für $R(s)$, nämlich

$$R(s) = \frac{L(s)}{P(s)} = \frac{1}{P(s)} \frac{T(s)}{[1 - T(s)]} = \frac{\nu(s)}{\mu(s)} \frac{\mu_T(s)}{[\nu_T(s) - \mu_T(s)]}. \tag{18.4}$$

Wie aus obiger Darstellung und vor allem auch aus Abb. 18.4 klar zu ersehen ist, liegt eine *vollständige* Kompensation der Streckendynamik vor.

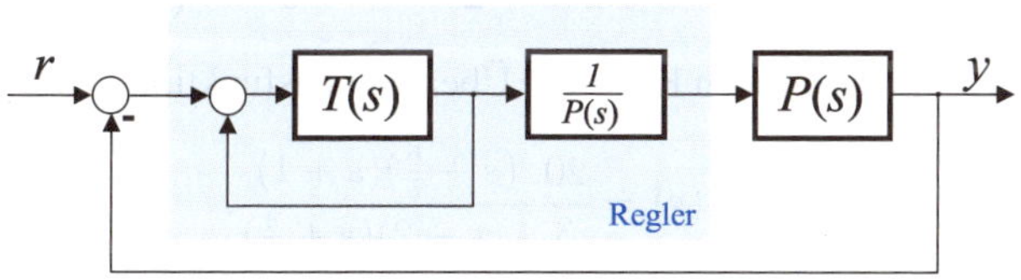

Abbildung 18.4: Struktur des Reglers

Um die interne Stabilität des Regelkreises zu gewährleisten, dürfen allerdings bei der Berechnung von

$$L(s) = R(s)P(s) \tag{18.5}$$

keine „instabilen" Kürzungen[3] auftreten! Sollte dies der Fall sein, so kann die gewählte Übertragungsfunktion $T(s)$ *nicht* mit Hilfe eines Standardregelkreises mit der Strecke $P(s)$ realisiert werden. In diesem Fall ist $T(s)$, wie im folgenden Beispiel, geeignet zu

[3] Damit sind Kürzungen von Polen bzw. Nullstellen, die in der rechten abgeschlossenen Halbebene liegen, gemeint.

modifizieren [61]. Ein Nachteil des Verfahrens besteht auch darin, dass die resultierenden Korrekturglieder für Strecken hoher Ordnung eine komplizierte Struktur aufweisen [45].

Beispiel: Gegeben ist die Streckenübertragungsfunktion

$$P(s) = \frac{s+1}{s\,(s-2)}.$$

Als gewünschte Führungsübertragungsfunktion wird vorgegeben:

$$T(s) = \frac{4}{(s+2)^2} = \frac{4}{s^2+4s+4}.$$

Daraus ergibt sich

$$1 - T(s) = \frac{s\,(s+4)}{(s+2)^2}$$

und damit nach (18.3) die Übertragungsfunktion des offenen Kreises:

$$L(s) = \frac{4}{(s+2)^2}\,\frac{(s+2)^2}{s\,(s+4)} = \frac{4}{s\,(s+4)}.$$

Mit (18.4) lautet der Regler

$$R(s) = \frac{L(s)}{P(s)} = \frac{4\,(s-2)}{(s+1)(s+4)}.$$

Aufgrund der auftretenden „instabilen“ Kürzung bei $s = 2$ im offenen Kreis ist allerdings der Regelkreis *nicht* intern stabil. Der Ansatz für $T(s)$ muss also modifiziert werden, sodass $[1 - T(s)]$ eine Nullstelle bei $s = 2$ aufweist. Eine mögliche Wahl ist

$$T(s) = \frac{4}{(s+2)^2}\,\frac{2\,(s+1.2)(s+1)}{1.2\,(s+2)} = \frac{20}{3}\,\frac{(s+1.2)(s+1)}{(s+2)^3}.$$

Daraus resultiert für den offenen Kreis die Übertragungsfunktion

$$L(s) = \frac{20}{3}\,\frac{(s+\frac{6}{5})(s+1)}{s\,(s-2)(s+\frac{4}{3})}.$$

Man erkennt, dass durch die Modifikation von $T(s)$ der instabile Streckenpol auch ein Pol von $L(s)$ ist, d.h. die unzulässige Kürzung wurde vermieden. Für die Übertragungsfunktion des Reglers ergibt sich jetzt

$$R(s) = \frac{20}{3}\,\frac{(s+\frac{6}{5})}{(s+\frac{4}{3})}.$$

18.3.1 Entwurf für das 3-Tank-System

Für den Füllstand des mittleren Behälters soll nach der oben beschriebenen Methode ein Regler ermittelt werden. Als Führungsübertragungsfunktion ist

$$T(s) = \frac{0.0177}{s^2 + 0.1596s + 0.0177}$$

vorgegeben[4]. Man beachte, dass aufgrund der Eigenschaft $T(0) = 1$ die bleibende Regelabweichung für Führungsgrößen mit konstantem Grenzwert verschwindet. Durch Einsetzen in (18.4) findet man für den Regler:

$$R(s) = 0.46926\,\frac{(s + 0.0397)\,(s + 0.0387)}{s\,(s + 0.1596)}\,.$$

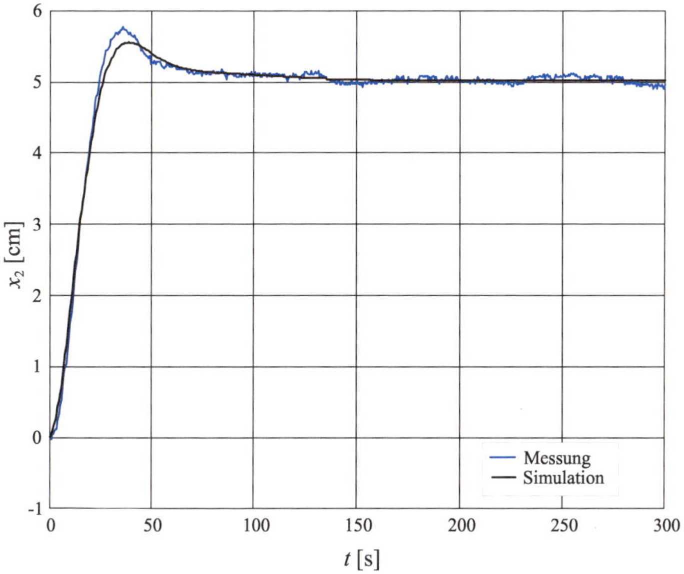

Abbildung 18.5: Verlauf von x_2 bei einem Führungssprung von 5 cm

Da bei der Berechnung von

$$L(s) = R(s)P(s) = \frac{0.0177}{s\,(s + 0.1596)}$$

keine „instabilen“ Kürzungen auftreten, ist der Regelkreis intern stabil. In Abb. 18.5 ist der Verlauf der Ausgangsgröße y bei einem Führungssprung von 5 cm dargestellt.

18.4 Entwurf für den Standardregelkreis – „Polvorgabe“

Aus den Betrachtungen im vorigen Abschnitt kann die Schlussfolgerung gezogen werden, dass bei gegebenem $P(s)$ nicht jede implementierbare Übertragungsfunktion $T(s)$

[4] Diese Wahl von $T(s)$ wird in Kap. 11 genau erläutert.

auch in Form eines Standardregelkreises realisiert werden kann! Die folgenden Untersuchungen verdeutlichen dieses Phänomen und führen auf ein algebraisches Verfahren zur systematischen Regelkreissynthese.

Die Streckenübertragungsfunktion $P(s)$ wird als Quotient zweier *teilerfremder* Polynome $\mu(s)$ und $\nu(s)$ dargestellt, d.h.

$$P(s) = \frac{\mu(s)}{\nu(s)}, \qquad \text{Grad } \mu < \text{Grad } \nu = n. \tag{18.6}$$

Der gesuchte Regler $R(s)$ wird ebenfalls als Quotient zweier Polynome angesetzt, nämlich

$$R(s) = \frac{b(s)}{a(s)}, \qquad \text{Grad } b = \text{Grad } a = \rho. \tag{18.7}$$

Die gewählte Führungsübertragungsfunktion

$$T(s) = \frac{\mu_T(s)}{\nu_T(s)} \tag{18.8}$$

errechnet sich aus Strecke und Regler gemäß

$$T(s) = \frac{R(s)P(s)}{1 + R(s)P(s)} = \frac{\mu(s)b(s)}{\mu(s)b(s) + \nu(s)a(s)} \overset{!}{=} \frac{\mu_T(s)}{\nu_T(s)}.$$

Durch Gleichsetzen des Zähler- bzw. Nennerpolynoms ergeben sich somit die Identitäten

$$\begin{aligned} \mu_T(s) &= \mu(s)b(s) \\ \nu_T(s) &= \mu(s)b(s) + \nu(s)a(s). \end{aligned} \tag{18.9}$$

Es ist deutlich zu erkennen, dass $\mu_T(s)$ und $\nu_T(s)$ *nicht* unabhängig voneinander gewählt werden können! Werden die Reglerpolynome $a(s)$ und $b(s)$ nämlich so bestimmt, dass $\nu_T(s)$ einem vorgegebenen Polynom entspricht, so *resultiert* daraus das Zählerpolynom $\mu_T(s)$. Es ist somit offensichtlich, dass es mit Hilfe des Standardregelkreises *nicht* möglich ist, jede implementierbare Übertragungsfunktion $T(s)$ zu realisieren!

Es ist allerdings möglich, für das Nennerpolynom $\nu_T(s)$ ein beliebiges (*Hurwitz*-)Polynom vorzugeben; das zugehörige Zählerpolynom $\mu_T(s)$ ergibt sich dann daraus. Diese so genannte *Polvorgabe* – es werden die Pole von $T(s)$ vorgegeben – soll in weiterer Folge beschrieben werden.

Die Strecke $P(s)$ der Ordnung n wird folgendermaßen angeschrieben ($\nu_n \neq 0$):

$$P(s) = \frac{\mu(s)}{\nu(s)} = \frac{\mu_{n-1}s^{n-1} + \ldots + \mu_2 s^2 + \mu_1 s + \mu_0}{\nu_n s^n + \nu_{n-1}s^{n-1} + \ldots + \nu_2 s^2 + \nu_1 s + \nu_0}. \tag{18.10}$$

In Analogie gilt für den Regler mit der Ordnung ρ ($a_\rho \neq 0$)

$$R(s) = \frac{b(s)}{a(s)} = \frac{b_\rho s^\rho + \ldots + b_2 s^2 + b_1 s + b_0}{a_\rho s^\rho + \ldots + a_2 s^2 + a_1 s + a_0}. \tag{18.11}$$

Das Gesamtsystem, bestehend aus Regler und Strecke, ist also ein System der Ordnung $(n+\rho)$, d.h. für $\nu_T(s)$ muss ein Polynom *konsistenten* Grades angesetzt werden, also

$$\nu_T(s) = f_{n+\rho}s^{n+\rho} + \ldots + f_2 s^2 + f_1 s + f_0. \tag{18.12}$$

Zur Bestimmung der Reglerpolynome $a(s)$ und $b(s)$ ist nach (18.9) folgende Identität[5] zu erfüllen:

$$
\begin{aligned}
(\nu_n s^n + \ldots + \nu_0)(a_\rho s^\rho + \ldots + a_0) + (\mu_{n-1} s^{n-1} + \ldots + \mu_0)(b_\rho s^\rho + \ldots + b_0) \\
= f_{n+\rho} s^{n+\rho} + \ldots + f_0 .
\end{aligned}
$$

Durch Ausmultiplizieren und Koeffizientenvergleich ergeben sich daraus unmittelbar folgende Gleichungen:

$$
\begin{aligned}
\nu_0 a_0 + \mu_0 b_0 &= f_0 \\
\nu_1 a_0 + \nu_0 a_1 + \mu_1 b_0 + \mu_0 b_1 &= f_1 \\
&\ \ \vdots \\
\nu_n a_{\rho-1} + \nu_{n-1} a_\rho + \mu_{n-1} b_\rho &= f_{n+\rho-1} \\
\nu_n a_\rho &= f_{n+\rho} .
\end{aligned}
$$

Das sind $(n + \rho + 1)$ *lineare* Bestimmungsgleichungen für die $(2\rho + 2)$ unbekannten Polynomkoeffizienten (Parameter) von $R(s)$. Im Falle, dass die Anzahl der Gleichungen größer ist als die Anzahl der gesuchten Parameter, d.h.

$$n + \rho + 1 > 2\rho + 2 \quad \text{bzw.} \quad n > \rho + 1,$$

wird das Gleichungssystem *überbestimmt* und im Allgemeinen unbrauchbar, um als Grundlage des Reglerentwurfes zu dienen. Wir konzentrieren uns deswegen auf den Fall

$$n - 1 \leq \rho .$$

In kompakter Matrix-Schreibweise ergibt sich für obiges Gleichungssystem[6]:

$$
\underbrace{\begin{bmatrix}
\nu_0 & & & & \mu_0 & & & \\
\nu_1 & \nu_0 & & & \mu_1 & \mu_0 & & \\
\vdots & \nu_1 & \ddots & & \vdots & \mu_1 & \ddots & \\
\vdots & \vdots & \ddots & \nu_0 & \vdots & \vdots & \ddots & \mu_0 \\
\vdots & \vdots & \ddots & \nu_1 & \vdots & \vdots & \ddots & \mu_1 \\
\nu_{n-1} & \vdots & \ddots & \vdots & \mu_{n-1} & \vdots & \ddots & \vdots \\
\nu_n & \nu_{n-1} & \ddots & \vdots & 0 & \mu_{n-1} & \ddots & \vdots \\
 & \nu_n & \ddots & \vdots & & 0 & \ddots & \vdots \\
 & & \ddots & \nu_{n-1} & & & \ddots & \mu_{n-1} \\
 & & & \nu_n & & & & 0
\end{bmatrix}}_{=:\mathbf{K}}
\begin{bmatrix}
a_0 \\ a_1 \\ \vdots \\ a_{\rho-1} \\ a_\rho \\ b_0 \\ b_1 \\ \vdots \\ b_{\rho-1} \\ b_\rho
\end{bmatrix}
=
\begin{bmatrix}
f_0 \\ f_1 \\ f_2 \\ \vdots \\ \vdots \\ f_{n+\rho-2} \\ f_{n+\rho-1} \\ f_{n+\rho}
\end{bmatrix} .
\qquad (18.13)
$$

[5] Man nennt diese Beziehung auch *Diophantische* Gleichung in Anlehnung an das klassische Problem $1 = \mu b + \nu a$ mit ganzzahligen Parametern a, b, μ, und ν.

[6] Alle nicht spezifizierten Elemente der Koeffizientenmatrix $\mathbf{K}$ sind gleich null.

Die $([n+\rho+1],[2\rho+2])$ Koeffizientenmatrix $\mathbf{K}$ besitzt *genau dann* Höchstrang, wenn wie vorausgesetzt die Polynome $\mu(s)$ und $\nu(s)$ teilerfremd sind. Eine *eindeutige* Lösung des obigen Problems existiert, wenn $\mathbf{K}$ quadratisch[7] ist, d.h. für die Reglerordnung muss gelten [8]:

$$n+\rho+1 = 2\rho+2 \quad \text{bzw.} \quad \rho = n-1. \tag{18.14}$$

Das Problem der Polvorgabe ist somit *eindeutig* lösbar, wenn die Ordnung des Reglers um 1 kleiner gewählt wird als die der Strecke.

Im Falle, dass

$$n+\rho+1 < 2\rho+2 \quad \text{bzw.} \quad n-1<\rho$$

gilt, ist das Gleichungsystem unterbestimmt. Der Regler besitzt mindestens die Ordnung der Strecke. Da die Polynome $\mu(s)$ und $\nu(s)$ nach Voraussetzung teilerfremd sind, existiert *immer* eine Lösung des obigen Gleichungssystems [21]. Dieser Fall wird sich – Späteres vorwegnehmend – als besonders günstig bei der Reglersynthese erweisen.

Es ist höchst bemerkenswert, dass bei vorgegebenem *Hurwitz*-Polynom $\nu_T(s)$ durch Lösung der *Diophantischen* Gleichung sich eine Reglerübertragungsfunktion $R(s)$ ergibt, die zu keinen „instabilen" Kürzungen im offenen Kreis $R(s)P(s)$ führen kann![8]

Beispiel: Gegeben sei der Standardregelkreis mit

$$P(s) = \frac{s+1}{s(s-1)} = \frac{s+1}{s^2-s} = \frac{\mu_1 s + \mu_0}{\nu_2 s^2 + \nu_1 s + \nu_0}, \qquad \text{d.h. } n=2.$$

Gesucht ist ein Regler $R(s)$, sodass für das Nennerpolynom der Führungsübertragungsfunktion gilt:

$$\nu_T(s) = (s+2)^3 = s^3 + 6s^2 + 12s + 8 = f_3 s^3 + f_2 s^2 + f_1 s + f_0.$$

Das Gleichungssystem zur eindeutigen Bestimmung eines Reglers der Ordnung $\rho = n-1 = 1$

$$R(s) = \frac{b_1 s + b_0}{a_1 s + a_0}$$

lautet

$$\begin{bmatrix} 0 & 0 & 1 & 0 \\ -1 & 0 & 1 & 1 \\ 1 & -1 & 0 & 1 \\ 0 & 1 & 0 & 0 \end{bmatrix} \begin{bmatrix} a_0 \\ a_1 \\ b_0 \\ b_1 \end{bmatrix} = \begin{bmatrix} 8 \\ 12 \\ 6 \\ 1 \end{bmatrix}.$$

Für die Übertragungsfunktion $R(s)$ findet man

$$R(s) = \frac{5.5s+8}{s+1.5}.$$

---

[7] In diesem Fall wird die Matrix $\mathbf{K}$ als *Sylvester-Resultante* der Polynome $\mu(s)$ und $\nu(s)$ bezeichnet.

[8] Ein instabiler Faktor $(s-a)$ würde nämlich bei *beiden* Summanden auf der rechten Seite der Gleichung $\nu_T(s) = \mu(s)b(s) + \nu(s)a(s)$ auftreten, was zu einem Widerspruch führt.

Die Führungsübertragungsfunktion des Regelkreises lautet

$$T(s) = \frac{5.5s^2 + 13.5s + 8}{s^3 + 6s^2 + 12s + 8}$$

und besitzt das gewünschte Nennerpolynom. Das Zählerpolynom von $T(s)$ ist gemäß (18.9) das Produkt der Zählerpolynome von Regler und Strecke.

Die hier vorgestellte Vorgangsweise liefert in vielen Fällen nicht zufrieden stellende Ergebnisse, da das Zählerpolynom von $T(s)$ nicht vorgegeben werden kann. Aus diesem Grund wird im folgenden Abschnitt eine Regelkreisstruktur vorgestellt, mit deren Hilfe *jede* implementierbare Übertragungsfunktion realisiert werden kann.[9]

18.5 Entwurf für eine erweiterte Regelkreisstruktur

Es soll nun die in Abb. 18.6 dargestellte Regelkreisstruktur[10] untersucht werden. Das Modell der Regelstrecke liegt in Form der Übertragungsfunktion

$$P(s) = \frac{\mu(s)}{\nu(s)}, \quad \text{Grad}\ \mu < \text{Grad}\ \nu = n,$$

vor. Die Polynome $\mu(s)$ und $\nu(s)$ sind teilerfremd. Das gewünschte Verhalten des Regelkreises wird hier, im Gegensatz zum Standardregelkreis, durch geeignete Wahl von *zwei* Übertragungsfunktionen $R(s)$ und $V(s)$ eingestellt.

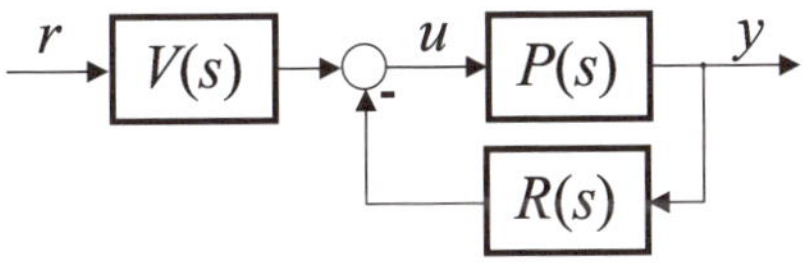

Abbildung 18.6: Erweiterte Regelkreisstruktur

Die Stellgröße u errechnet sich demnach zu

$$u(s) = V(s)\,r(s) - R(s)\,y(s).$$

Dabei wird vorausgesetzt, dass die beiden Korrekturglieder $V(s)$ und $R(s)$ als *ein* System realisiert sind (vgl. Kap. 12). Eine unmittelbare Konsequenz dieser Annahme ist, dass $V(s)$ und $R(s)$ dasselbe Nennerpolynom haben! Setzt man die Übertragungsfunktionen jeweils als Quotienten von Polynomen an, also

$$V(s) = \frac{c(s)}{a(s)}, \quad R(s) = \frac{b(s)}{a(s)}, \quad \text{Grad}\ a = \text{Grad}\ b = \text{Grad}\ c = \rho, \tag{18.15}$$

[9] Es handelt sich hierbei *nicht* um die einzige Struktur, die das zu leisten vermag!

[10] Man nennt diesen Regelkreis einen *Regelkreis mit zwei Freiheitsgraden.*

so errechnet sich die Führungsübertragungsfunktion $T(s)$ des Regelkreises zu

$$T(s) = \frac{V(s)P(s)}{1+R(s)P(s)} = \frac{c(s)\mu(s)}{\nu(s)a(s)+\mu(s)b(s)} \overset{!}{=} \frac{\mu_T(s)}{\nu_T(s)}.$$

Es wird zunächst vereinfachend vorausgesetzt, dass das gewählte Polynom $\mu_T(s)$ *alle* Nullstellen der Strecke enthält, d.h. $\mu_T(s)$ wird folgendermaßen angesetzt:

$$\mu_T(s) = l(s)\,\mu(s).$$

Das Polynom $l(s)$ enthält genau die Nullstellen von $T(s)$, die keine Nullstellen von $P(s)$ sind. Mit dieser Annahme folgt unmittelbar die Beziehung zur Ermittlung des Reglerpolynoms $c(s)$:

$$c(s)\mu(s) = l(s)\mu(s) \quad \Rightarrow \quad c(s) = l(s). \tag{18.16}$$

Die Polynome $b(s)$ und $a(s)$ können über die *Diophantische* Gleichung

$$\nu_T(s) = \nu(s)a(s) + \mu(s)b(s) \tag{18.17}$$

berechnet werden. Eine *eindeutige* Lösung gewährleistet auch hier der Ansatz

$$\rho = n - 1. \tag{18.18}$$

Beispiel: Gegeben seien die Streckenübertragungsfunktion $P(s)$ sowie die implementierbare Übertragungsfunktion $T(s)$:

$$P(s) = \frac{s-2}{s(s+1)}, \qquad T(s) = \frac{-(s+2)(s-2)}{(s+1)^2(s+4)} = \frac{-s^2+4}{s^3+6s^2+9s+4}$$

Gesucht sind die Übertragungsfunktionen $R(s)$ und $V(s)$, sodass die erweiterte Regelkreisstruktur die Führungsübertragungsfunktion $T(s)$ hat.

Für das Zählerpolynom von $T(s)$ gilt offensichtlich

$$\mu_T(s) = -(s+2)(s-2) = -(s+2)\,\mu(s) = l(s)\mu(s) \overset{(18.16)}{\Rightarrow} c(s) = -(s+2).$$

Zur Ermittlung der übrigen Reglerpolynome ($\rho = 1$) ist folgendes lineares Gleichungssystem zu lösen:

$$\begin{bmatrix} 0 & 0 & -2 & 0 \\ 1 & 0 & 1 & -2 \\ 1 & 1 & 0 & 1 \\ 0 & 1 & 0 & 0 \end{bmatrix} \begin{bmatrix} a_0 \\ a_1 \\ b_0 \\ b_1 \end{bmatrix} = \begin{bmatrix} 4 \\ 9 \\ 6 \\ 1 \end{bmatrix}.$$

Als eindeutige Lösung ergibt sich daraus

$$R(s) = -\frac{2s+2}{s+7}, \quad V(s) = -\frac{s+2}{s+7}.$$

Wie gezeigt wurde, ist es eine *notwendige* Bedingung für die Implementierbarkeit, dass alle Nullstellen der Strecke in der rechten geschlossenen Halbebene auch Nullstellen der gewählten Führungsübertragungsfunktion sind. Streckennullstellen in der linken offenen Halbebene müssen nicht unbedingt in den Ansatz für $T(s)$ übernommen werden. Man kann also im allgemeinen Fall *nicht* davon ausgehen, dass das Polynom $\mu_T(s)$ *alle* Nullstellen von $\mu(s)$ besitzt. Die Vorgangsweise zur Berechnung von $R(s)$ und $V(s)$ muss nun leicht modifiziert werden. Man dividiert $T(s)$ durch den Streckenzähler $\mu(s)$ und führt eventuelle Kürzungen durch:

$$\frac{T(s)}{\mu(s)} = \frac{\mu_T(s)}{\mu(s)\nu_T(s)} =: \frac{\tilde{\mu}_T(s)}{\tilde{\nu}_T(s)} \stackrel{!}{=} \frac{c(s)}{\nu(s)a(s) + \mu(s)b(s)}.$$

Zur Ermittlung der gesuchten Reglerpolynome $a(s)$, $b(s)$ und $c(s)$ können somit folgende Identitäten genutzt werden:

$$\begin{aligned} \tilde{\mu}_T(s) &= c(s) \\ \tilde{\nu}_T(s) &= \nu(s)a(s) + \mu(s)b(s). \end{aligned} \tag{18.19}$$

Beispiel: Gegeben seien die Strecke $P(s)$ mit $n = 2$ sowie die Übertragungsfunktion $T(s)$:

$$P(s) = \frac{s+3}{s(s+1)}, \qquad T(s) = \frac{s+1}{(s+2)^2} = \frac{s+1}{s^2+4s+4}.$$

Zunächst wird $T(s)$ durch den Streckenzähler dividiert:

$$\frac{T(s)}{\mu(s)} = \frac{s+1}{(s+3)(s^2+4s+4)} = \frac{s+1}{s^3+7s^2+16s+12} = \frac{\tilde{\mu}_T(s)}{\tilde{\nu}_T(s)}.$$

Der Zähler von $V(s)$ wird mit Hilfe von (18.19) ermittelt; er lautet

$$c(s) = s + 1.$$

Die Polynome $a(s)$ und $b(s)$ sind vom Grad $\rho = n - 1 = 1$. Man findet sie durch Lösung des Gleichungssystems

$$\begin{bmatrix} 0 & 0 & 3 & 0 \\ 1 & 0 & 1 & 3 \\ 1 & 1 & 0 & 1 \\ 0 & 1 & 0 & 0 \end{bmatrix} \begin{bmatrix} a_0 \\ a_1 \\ b_0 \\ b_1 \end{bmatrix} = \begin{bmatrix} 12 \\ 16 \\ 7 \\ 1 \end{bmatrix}.$$

Damit lauten die gesuchten Übertragungsfunktionen

$$R(s) = \frac{3s+4}{s+3} \quad \text{und} \quad V(s) = \frac{s+1}{s+3}.$$

Man beachte, dass die Ordnung der gewählten Führungsübertragungsfunktion $T(s)$ und die angesetzte Ordnung der Reglerübertragungsfunktionen *konsistent* sein müssen. Stellt sich beim Entwurf heraus, dass die Ordnung des gewählten $T(s)$ zu niedrig ist, so ist diese durch die Erweiterung

$$T(s) \rightarrow T(s)\frac{w(s)}{w(s)}$$

künstlich zu erhöhen. Der Grad des *Hurwitz*-Polynoms $w(s)$ muss dabei so gewählt werden, dass für die erweiterte Führungsübertragungsfunktion die Gradbedingung

$$\rho \geq n - 1$$

zur Ermittlung des Reglers erfüllt ist. Man beachte, dass $w(s)$ zwar *keinen* Einfluss auf das Führungsverhalten des Regelkreises hat, wohl aber z.B. auf das Störverhalten des Regelkreises. Dies ist sehr leicht mit Hilfe von Relation (18.19) zu erkennen. Erweitert man nämlich $T(s)$ im Zähler und im Nenner mit $w(s)$, so folgt daraus die entsprechende Erweiterung der Übertragungsfunktion

$$\frac{T(s)}{\mu(s)} = \frac{\tilde{\mu}_T(s)}{\tilde{\nu}_T(s)}.$$

Gemäß (18.19) besitzt somit auch $c(s)$ das Polynom $w(s)$ als Teiler, d.h. $c(s) = \tilde{c}(s)w(s)$. Damit aber $T(s)$ unabhängig von $w(s)$ ist, muss eine entsprechende Kürzung stattfinden. Diese ist nur dann möglich, wenn $w(s)$ ein Teiler des Zählerpolynoms von $[1 + R(s)P(s)]$ ist. Bis auf $T(s)$ besitzen also die Nennerpolynome *aller* Übertragungsfunktionen des geschlossenen Kreises[11] $w(s)$ als Teiler! Das folgende Beispiel dient der Veranschaulichung dieses Phänomens.

Beispiel: Gegeben sei eine Streckenübertragungsfunktion

$$P(s) = \frac{s+1}{s(s+2)}, \qquad \text{d.h. } n = 2 \;\Rightarrow\; \rho = n - 1 = 1.$$

Das gewünschte Übertragungsverhalten des Regelkreises wird durch die Übertragungsfunktion

$$T(s) = \frac{1}{s+3}$$

beschrieben. Gesucht sind wieder die Übertragungsfunktionen $R(s)$ und $V(s)$ für den in Abb. 18.7 dargestellten Regelkreis.

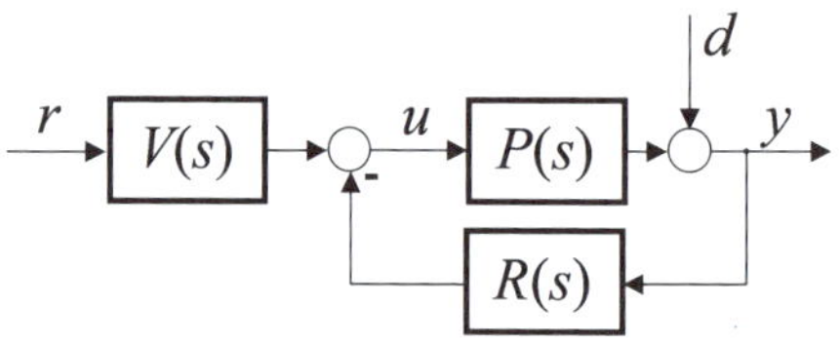

Abbildung 18.7: Regelkreis mit Störung d

Die Ermittlung der Polynome $\tilde{\mu}_T(s)$ und $\tilde{\nu}_T(s)$ liefert

$$\tilde{\mu}_T(s) = 1 \text{ und } \tilde{\nu}_T(s) = (s+1)(s+3).$$

[11] Vergleiche Ausführungen über „interne Stabilität“ in Kap. 9.

Offensichtlich besitzt das Polynom $\tilde{\nu}_T(s)$ einen zu niedrigen Grad, nämlich 2 anstelle von $(n+\rho) = 3$. Die Ordnung von $T(s)$ muss in diesem Fall um 1 erhöht werden, d.h.

$$T(s) = \frac{1}{(s+3)} \frac{w(s)}{w(s)},$$

wobei $w(s)$ ein (beliebiges) *Hurwitz*-Polynom 1. Grades ist. Für $w(s)$ wird der Ansatz

$$w(s) = s + 5$$

gewählt, d.h.

$$T(s) = \frac{s+5}{(s+3)(s+5)}.$$

Mit diesem erweiterten Ansatz für $T(s)$ findet man für die Polynome $\tilde{\mu}_T(s)$ und $\tilde{\nu}_T(s)$

$$\frac{T(s)}{\mu(s)} = \frac{\tilde{\mu}_T(s)}{\tilde{\nu}_T(s)} = \frac{s+5}{(s+1)(s+3)(s+5)} = \frac{s+5}{s^3 + 9s^2 + 23s + 15}.$$

Für das Zählerpolynom von $V(s)$ gilt $c(s) = s + 5$; zur Bestimmung der Reglerpolynome $a(s) = a_1 s + a_0$ und $b(s) = b_1 s + b_0$ ist gemäß (18.19) folgendes Gleichungssystem zu lösen:

$$\begin{bmatrix} 0 & 0 & 1 & 0 \\ 2 & 0 & 1 & 1 \\ 1 & 2 & 0 & 1 \\ 0 & 1 & 0 & 0 \end{bmatrix} \begin{bmatrix} a_0 \\ a_1 \\ b_0 \\ b_1 \end{bmatrix} = \begin{bmatrix} 15 \\ 23 \\ 9 \\ 1 \end{bmatrix}.$$

Das resultierende Korrekturglied lautet

$$R(s) = \frac{6s+15}{s+1} \quad \text{und} \quad V(s) = \frac{s+5}{s+1}.$$

Wie man sich leicht überzeugen kann, besitzt der Regelkreis die gewünschte Führungsübertragungsfunktion. Die zugehörige Störübertragungsfunktion lautet

$$S(s) = \frac{1}{1 + R(s)P(s)} = \frac{y(s)}{d(s)} = \frac{s(s+2)}{\underbrace{(s+5)}_{=w(s)}(s+3)},$$

wobei deutlich zu erkennen ist, dass $w(s)$ ein *Hurwitz*-Polynom sein muss.

18.6 Erweiterungen der algebraischen Synthese

18.6.1 Einführung

Im Mittelpunkt der bisher durchgeführten Betrachtungen stand ausschließlich das Führungsverhalten der betrachteten Strukturen. Diese Vorgangsweise erlaubt den Entwurf von

Regelkreisen, deren Führungsverhalten – wenigstens in der Simulation – *exakt* den gewünschten Vorgaben entspricht. Unberücksichtigt bei dieser Betrachtungsweise bleiben allerdings wichtige Regelkreiseigenschaften, wie z.B. das Störverhalten. Wie über das Führungsverhalten hinausgehende Anforderungen an den Regelkreis nahtlos in das bestehende Entwurfsverfahren eingebettet werden können, wird in den folgenden Abschnitten erläutert. Die grundlegende Idee besteht darin, im Gegensatz zu den bisher durchgeführten Entwürfen, für die Reglerordnung

$$\rho > n - 1$$

anzusetzen, wobei n die Streckenordnung ist. Die durch eine Erhöhung der Reglerordnung geschaffenen *Freiheitsgrade* können dazu genützt werden, dem Regelkreis zusätzliche erwünschte Eigenschaften aufzuprägen. Exemplarisch werden hier folgende Problemstellungen behandelt:

- Vorgabe von stationären Regelkreiseigenschaften
- Unterdrückung harmonischer Störungen
- Optimierung des Störverhaltens

18.6.2 Stationäre Regelkreiseigenschaften

Neben den dynamischen sind auch die stationären Eigenschaften eines Regelkreises von großem Interesse. Sie charakterisieren das Verhalten eines Regelkreises unter Einwirkung spezieller Führungs- oder Störgrößen, wie z.B. Sprung- oder Rampenfunktionen, im eingeschwungenen Zustand[12]. Die stationäre Genauigkeit ist z.B. eine grundlegende Anforderung an eine Folgeregelung. Sie gewährleistet, dass bei konstanter Führungsgröße $r(t) = r_0$ die Ausgangsgröße $y(t)$ nach hinreichend langer Zeit[12] ebenfalls den Wert $y(t) = r_0$ annimmt. Eine wünschenswerte Eigenschaft eines Regelkreises besteht auch darin, zeitlich konstante Störgrößen stationär zu unterdrücken, d.h. im eingeschwungenen Zustand ihren Einfluss auf den Verlauf der Ausgangsgröße $y(t)$ zu eliminieren.

Die folgenden Ausführungen befassen sich mit dem Verhalten eines Regelkreises bei *konstanten* Eingangsgrößen, alle Überlegungen können aber leicht z.B. auf rampenförmige Erregungen erweitert werden. Zunächst soll der Standardregelkreis in Abb. 18.8 untersucht werden.

Standardregelkreis

Aus der Strecke und dem Regler mit den Übertragungsfunktionen

$$P(s) = \frac{\mu(s)}{\nu(s)} \quad \text{und} \quad R(s) = \frac{b(s)}{a(s)}$$

[12] Mathematisch formuliert: „für $t \to \infty$“

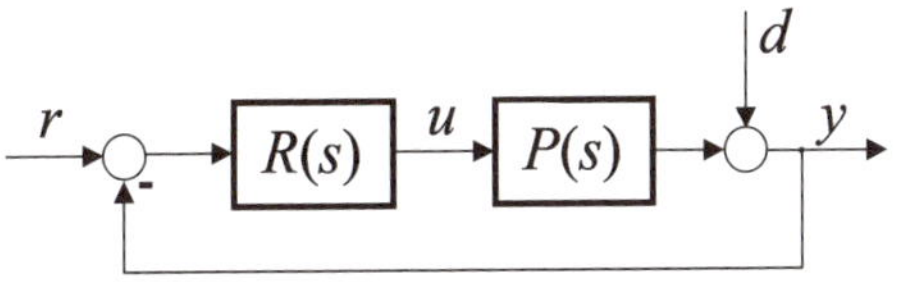

Abbildung 18.8: Standardregelkreis mit Störung d

errechnen sich die Führungsübertragungsfunktion $T(s)$ und die Störübertragungsfunktion $S(s)$ zu

$$r \to y: \quad T(s) = \frac{R(s)P(s)}{1+R(s)P(s)} = \frac{\mu(s)b(s)}{\nu(s)a(s)+\mu(s)b(s)}$$
$$d \to y: \quad S(s) = \frac{1}{1+R(s)P(s)} = \frac{\nu(s)a(s)}{\nu(s)a(s)+\mu(s)b(s)}.$$

Der Regelkreis ist bezüglich der Führungsgröße r genau dann stationär exakt, wenn die Bedingung

$$T(0) = \frac{\mu(0)b(0)}{\nu(0)a(0)+\mu(0)b(0)} \stackrel{!}{=} 1$$

erfüllt ist. Offensichtlich ist das nur möglich, wenn

$$\nu(0)a(0) = 0$$

gilt. Konstante Störungen $d(t) = d_0$ werden genau dann stationär unterdrückt, wenn

$$S(0) = \frac{\nu(0)a(0)}{\nu(0)a(0)+\mu(0)b(0)} \stackrel{!}{=} 0,$$

also

$$\nu(0)a(0) = 0$$

erfüllt ist. Dies entspricht exakt der oben abgeleiteten Bedingung für stationäre Genauigkeit. Dies ist nicht überraschend, da im Standardregelkreis gilt:

$$S(s) + T(s) = 1.$$

Das bedeutet, dass die Strecke und/oder der Regler einen Pol bei $s = 0$ besitzen müssen. Das heißt die Übertragungsfunktion des offenen Kreises $L(s) = R(s)P(s)$ hat mindestens *einfach integrierendes* Verhalten. Bei einer nichtintegrierenden Strecke muss dem Regler $R(s)$ integrierendes Verhalten aufgeprägt werden. Die Koeffizienten des Nennerpolynoms $a(s) = a_\rho s^\rho + \ldots + a_1 s + a_0$ müssen also der Bedingung

$$a_0 = 0 \tag{18.20}$$

genügen. Wie diese Bedingung in das vorgestellte algebraische Entwurfsverfahren integriert werden kann, ist Inhalt der folgenden Ausführungen.

Zunächst wird daran erinnert, dass bei vorgegebener Strecke n-ter Ordnung durch den Einsatz eines (eindeutig bestimmbaren) Reglers der Ordnung $(n-1)$ die $(2n-1)$ Pole der Führungsübertragungsfunktion *beliebig* nach Wunsch platziert werden können. Im Normalfall ist nicht zu erwarten, dass aufgrund der Polvorgabe, d.h. eines Wunschpolynoms $\nu_T(s)$, der sich *ergebende* Regler integrierendes Verhalten, also einen Pol bei null, aufweist! Dieser *zusätzliche* Wunsch kann nur durch eine Erhöhung der Anzahl seiner Parameter und damit der Reglerordnung erreicht werden. Das hat wiederum zur Folge, dass die Ordnung der Führungsübertragungsfunktion bzw. der Grad des vorgegebenen Wunschpolynoms $\nu_T(s)$ erhöht werden muss. Diese Problematik wird anhand der nachfolgenden Beispiele durchleuchtet.

Beispiel: Gegeben sei die Streckenübertragungsfunktion

$$P(s) = \frac{s-2}{(s+1)(s-1)} = \frac{s-2}{s^2-1}, \qquad \text{d.h. } n = 2.$$

Es soll nun die Reglerübertragungsfunktion $R(s)$ so ermittelt werden, dass der Regelkreis das Nennerpolynom

$$\nu_T(s) = (s+3)[(s+2)^2+1] = s^3 + 7s^2 + 17s + 15$$

besitzt. Darüber hinaus soll der Regelkreis die Eigenschaft der stationären Genauigkeit aufweisen.

Mit der Methode der Polvorgabe kann man einen Regler 1. Ordnung

$$R(s) = -\frac{19.33s + 20.67}{s + 26.33}$$

berechnen, der das gewünschte Nennerpolynom $\nu_T(s)$ garantiert. Damit lautet die *resultierende* Führungsübertragungsfunktion

$$T(s) = -19.33\,\frac{(s-2)(s+1.069)}{(s+3)(s^2+4s+5)}.$$

Sie besitzt zwar das gewünschte Nennerpolynom, da aber weder die Strecke noch der Regler einen Pol bei $s = 0$ hat, ist die stationäre Genauigkeit des Regelkreises nicht gegeben; es gilt

$$T(0) = -19.33\frac{(-2)\cdot 1.069}{3\cdot 5} = 2.76.$$

Mit einem Regler 1. Ordnung ist es also im vorliegenden Fall *nicht* möglich, das gewünschte Nennerpolynom *und* die stationäre Genauigkeit einzustellen. Abhilfe schafft eine Erhöhung der Reglerordnung auf $\rho = 2$, d.h. der Ansatz für den Regler lautet

$$R(s) = \frac{b_2s^2 + b_1s + b_0}{a_2s^2 + a_1s + a_0}.$$

Der Regelkreis ist demnach ein System 4. Ordnung, d.h. das Polynom $\nu_T(s)$ ist als *Hurwitz*-Polynom vierten Grades anzusetzen. Es wird beispielsweise gewählt:

$$\begin{aligned}\nu_T(s) &= (s+3)^2(s^2+4s+5) = s^4 + 10s^3 + 38s^2 + 66s + 45\\ &= f_4s^4 + f_3s^3 + f_2s^2 + f_1s + f_0.\end{aligned}$$

Gemäß (18.9) muss zur Lösung des Polvorgabeproblems folgende Relation erfüllt werden:

$$\left(\nu_2 s^2 + \nu_1 s + \nu_0\right)\left(a_2 s^2 + a_1 s + a_0\right) + \left(\mu_1 s + \mu_0\right)\left(b_2 s^2 + b_1 s + b_0\right) = \nu_T(s).$$

Durch Ausmultiplizieren und Koeffizientenvergleich ergibt sich daraus folgendes Gleichungssystem:

$$\begin{bmatrix} \nu_0 & 0 & 0 & \mu_0 & 0 & 0 \\ \nu_1 & \nu_0 & 0 & \mu_1 & \mu_0 & 0 \\ \nu_2 & \nu_1 & \nu_0 & 0 & \mu_1 & \mu_0 \\ 0 & \nu_2 & \nu_1 & 0 & 0 & \mu_1 \\ 0 & 0 & \nu_2 & 0 & 0 & 0 \end{bmatrix} \begin{bmatrix} a_0 \\ a_1 \\ a_2 \\ b_0 \\ b_1 \\ b_2 \end{bmatrix} = \begin{bmatrix} f_0 \\ f_1 \\ f_2 \\ f_3 \\ f_4 \end{bmatrix}.$$

Hierbei handelt es sich um ein *unterbestimmtes* Gleichungssystem, da für die sechs gesuchten Reglerparameter nur fünf Gleichungen zur Verfügung stehen. Dieser Umstand ist auf die Erhöhung der Reglerordnung zurückzuführen. Durch die Vorgabe von $\nu_T(s)$ sind jetzt die Reglerparameter nicht mehr eindeutig festgelegt. Nicht berücksichtigt wurde bisher allerdings die Forderung (18.20). Durch sie ist eine weitere Bestimmungsgleichung für die Reglerparameter gegeben, nämlich

$$\begin{bmatrix} 1 & 0 & 0 & 0 & 0 & 0 \end{bmatrix} \begin{bmatrix} a_0 \\ a_1 \\ a_2 \\ b_0 \\ b_1 \\ b_2 \end{bmatrix} = 0.$$

Fasst man alle Gleichungen zu *einem* Gleichungssystem zusammen und setzt die entsprechenden Zahlenwerte ein, so findet man

$$\begin{bmatrix} -1 & 0 & 0 & -2 & 0 & 0 \\ 0 & -1 & 0 & 1 & -2 & 0 \\ 1 & 0 & -1 & 0 & 1 & -2 \\ 0 & 1 & 0 & 0 & 0 & 1 \\ 0 & 0 & 1 & 0 & 0 & 0 \\ 1 & 0 & 0 & 0 & 0 & 0 \end{bmatrix} \begin{bmatrix} a_0 \\ a_1 \\ a_2 \\ b_0 \\ b_1 \\ b_2 \end{bmatrix} = \begin{bmatrix} 45 \\ 66 \\ 38 \\ 10 \\ 1 \\ 0 \end{bmatrix}.$$

Die Lösung[13] dieses Gleichungssystems liefert, wie erwartet, den integrierenden Regler

$$R(s) = -\frac{58.83 s^2 + 78.67 s + 22.5}{s\,(s + 68.83)}.$$

Die zugehörige Führungsübertragungsfunktion lautet

$$T(s) = -58.83 \frac{(s-2)\,(s+0.9227)\,(s+0.4145)}{(s+3)^2\,(s^2+4s+5)}.$$

[13] Sie existiert aufgrund der Voraussetzung, dass Zähler- und Nennerpolynom der Strecke teilerfremd sind!

Sie besitzt das gewünschte Nennerpolynom *und* erfüllt die Bedingung

$$T(0) = -58.83\frac{(-2)\cdot 0.9227\cdot 0.4145}{(3)^2\cdot 5} = 1.$$

Analoge Betrachtungen sollen nun für die erweiterte Regelkreisstruktur in Abb. 18.9 durchgeführt werden.

Erweiterte Regelkreisstruktur

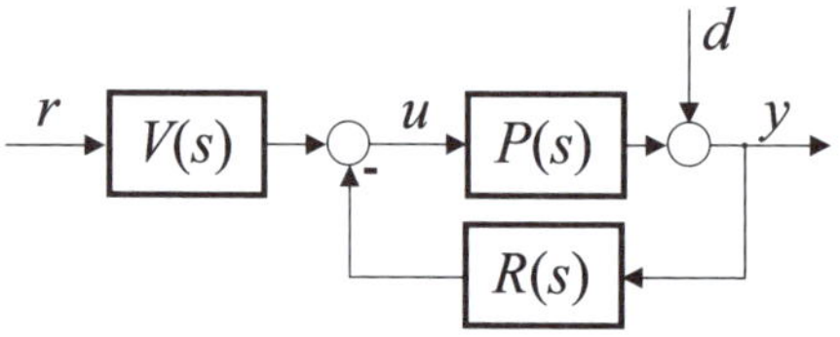

Abbildung 18.9: Regelkreis mit Störung d

Auch hier soll das Ziel die stationäre Genauigkeit *und* die Unterdrückung konstanter Störungen sein. Mit den Übertragungsfunktionen

$$P(s) = \frac{\mu(s)}{\nu(s)}, \quad R(s) = \frac{b(s)}{a(s)}, \quad V(s) = \frac{c(s)}{a(s)}$$

errechnen sich $T(s)$ und $S(s)$ zu

$$\begin{aligned} r \;\rightarrow\; y: \quad T(s) &= \frac{V(s)P(s)}{1+R(s)P(s)} = \frac{c(s)\mu(s)}{a(s)\nu(s)+b(s)\mu(s)} \\ d \;\rightarrow\; y: \quad S(s) &= \frac{1}{1+R(s)P(s)} = \frac{a(s)\nu(s)}{a(s)\nu(s)+b(s)\mu(s)}, \end{aligned} \tag{18.21}$$

wobei wieder gelten soll:

$$T(0) = 1 \quad \textit{und} \quad S(0) = 0.$$

Während die stationäre Genauigkeit durch einen entsprechenden Ansatz für die (implemetierbare) Übertragungsfunktion $T(s)$ gewährleistet werden kann, muss für die Unterdrückung konstanter Störungen gelten:

$$a(0)\nu(0) = 0.$$

Das bedeutet wieder, dass die Strecke und/oder der Regler integrierendes Verhalten aufweisen müssen. Bei nichtintegrierender Strecke muss also Bedingung (18.20) in den Reglerentwurf einbezogen werden. Folgendes Beispiel verdeutlicht, dass bei der vorliegenden Regelkreisstruktur, anders als beim Standardregelkreis, die stationäre Genauigkeit nicht unbedingt die Fähigkeit zur Unterdrückung konstanter Störungen impliziert. Dies ist darauf zurückzuführen, dass im Gegensatz zum Standardregelkreis die (starre) Identität

$$S(s) + T(s) = 1$$

nicht mehr gilt!

Beispiel (Fortsetzung): Bei gegebener Streckenübertragungsfunktion

$$P(s) = \frac{s-2}{s^2-1}$$

sollen zunächst $R(s)$ und $V(s)$ so bestimmt werden, dass für die Führungsübertragungsfunktion gilt:

$$T(s) = -7.5\frac{s-2}{s^3+7s^2+17s+15}.$$

Die Lösung dieses Standardproblems der algebraischen Synthese lautet

$$R(s) = -\frac{19.33s+20.67}{s+26.33} \quad \text{und} \quad V(s) = -\frac{7.5}{s+26.33}.$$

Die Störübertragungsfunktion errechnet sich zu

$$S(s) = \frac{(s+26.33)\,(s^2-1)}{s^3+7s^2+17s+15}, \quad \text{d.h.} \quad S(0) = \frac{26.33\cdot(-1)}{15} = -1.76 \neq 0,$$

also ist die Unterdrückung konstanter Störungen $d(t) = d_0$ wie erwartet *nicht* gewährleistet. Man beachte, dass aufgrund des gewählten Ansatzes für $T(s)$ (es gilt $T(0) = 1$) trotz der nichtintegrierenden Strecke und des nichtintegrierenden Reglers die stationäre Genauigkeit gegeben ist! Allerdings führen mögliche Schwankungen der Streckenparameter oder Modellierungsfehler zu einer Verletzung dieser wünschenswerten Regelkreiseigenschaft. Gilt nämlich für die Strecke, anders als für die Berechnung von $R(s)$ und $V(s)$, angenommen

$$P(s) = \frac{s-2}{s^2-0.95},$$

so lautet mit den oben ermittelten Korrekturgliedern die Führungsübertragungsfunktion

$$T(s) = -7.5\frac{(s-2)}{s^3+7s^2+17.04s+16.33},$$

wobei jetzt gilt:

$$T(0) = -7.5\frac{(-2)}{16.33} = 0.92.$$

Die stationäre Genauigkeit ist im vorliegenden Fall also *nicht robust* bezüglich Schwankungen der Streckenparameter. Da $P(s)$ aber *immer* nur ein approximatives Modell der Strecke darstellt, ist obige Eigenschaft des Regelkreises unerwünscht. Zur Erlangung der stationären Genauigkeit ist entweder eine nachträgliche Korrektur der Reglerparameter notwendig oder der Ansatz für den Reglerentwurf ist zu erweitern, wie im folgenden Beispiel demonstriert wird.

Es wird nun gezeigt, dass durch die Erfüllung von (18.20) der aus obigem Beispiel hervorgegangene Wunsch nach Robustheit der stationären Genauigkeit erfüllt werden kann. Dazu wird die entsprechende Forderung an das Führungsverhalten, nämlich

$$T(0) = \frac{c(0)\mu(0)}{a(0)\nu(0)+b(0)\mu(0)} \stackrel{!}{=} 1,$$

genauer untersucht. Unter der Annahme (18.20), d.h. der Regler weist I-Verhalten auf, vereinfacht sich obige Beziehung zu

$$T(0) = \frac{c(0)}{b(0)} = \left. \frac{c_\rho s^\rho + \ldots c_1 s + c_0}{b_\rho s^\rho + \ldots + b_1 s + b_0} \right|_{s=0} = \frac{c_0}{b_0} = 1.$$

Der Wert $T(0)$ ist *unabhängig* von den Streckendaten; er wird ausschließlich durch Reglerparameter bestimmt! Die stationäre Genauigkeit ist somit, die Stabilität des Regelkreises vorausgesetzt, auf jeden Fall gewährleistet! Das folgende Beispiel veranschaulicht, dass integrierende Korrekturglieder nicht nur die Unterdrückung konstanter Störungen ermöglichen, sondern auch die Eigenschaft der stationären Genauigkeit unempfindlich gegen Parameterschwankungen machen.

Beispiel (Fortsetzung): Durch eine Erhöhung der Reglerordnung, d.h. durch den Ansatz

$$R(s) = \frac{b_2 s^2 + b_1 s + b_0}{a_2 s^2 + a_1 s + a_0},$$

stellt der Regelkreis mit der Strecke aus dem letzten Beispiel ein System 4. Ordnung dar. Da die vorgegebene Führungsübertragungsfunktion nur 3. Ordnung ist, wird eine Erweiterung der Form

$$T(s) \to T(s)\frac{w(s)}{w(s)}$$

durchgeführt. Hierbei ist, wie bereits erläutert, $w(s)$ als *Hurwitz*-Polynom ersten Grades anzusetzen, d.h.

$$w(s) = s + \gamma, \quad \gamma > 0.$$

Für den freien positiven Parameter γ wird nun willkürlich

$$\gamma = 5$$

gewählt. Für $T(s)$ ergibt sich damit

$$T(s) = -7.5\frac{s-2}{s^3 + 7s^2 + 17s + 15}\frac{(s+5)}{(s+5)} = \frac{-7.5s^2 - 22.5s + 75}{s^4 + 12s^3 + 52s^2 + 100s + 75}.$$

Die Bestimmungsgleichungen für die Reglerparameter unter Einbeziehung von (18.20) lauten

$$\begin{bmatrix} -1 & 0 & 0 & -2 & 0 & 0 \\ 0 & -1 & 0 & 1 & -2 & 0 \\ 1 & 0 & -1 & 0 & 1 & -2 \\ 0 & 1 & 0 & 0 & 0 & 1 \\ 0 & 0 & 1 & 0 & 0 & 0 \\ 1 & 0 & 0 & 0 & 0 & 0 \end{bmatrix} \begin{bmatrix} a_0 \\ a_1 \\ a_2 \\ b_0 \\ b_1 \\ b_2 \end{bmatrix} = \begin{bmatrix} 75 \\ 100 \\ 52 \\ 12 \\ 1 \\ 0 \end{bmatrix}.$$

Aus der Lösung dieses Gleichungssystems ergibt sich das Korrekturglied

$$R(s) = -\frac{85.17s^2 + 117.3s + 37.5}{s^2 + 97.17s} \quad \text{und} \quad V(s) = -\frac{7.5s + 37.5}{s^2 + 97.17s},$$

d.h.

$$b_0 = c_0 = 37.5\,.$$

Die Übertragungsfunktionen $T(s)$ und $S(s)$ errechnen sich zu

$$\begin{aligned} T(s) &= -7.5\frac{s-2}{s^3+7s^2+17s+15} \\ S(s) &= \frac{s\,(s+97.17)(s^2-1)}{(s+5)(s^3+7s^2+17s+15)}. \end{aligned}$$

18.6.3 Unterdrückung harmonischer Störungen

Eine weitere Aufgabenstellung besteht darin, harmonische Störungen einer bestimmten Kreisfrequenz ω_0 im eingeschwungenen Zustand zu unterdrücken. Folgendes Beispiel zeigt, dass auch solche Wünsche an das Störverhalten eines Regelkreises beim Entwurf relativ leicht berücksichtigt werden können.

Beispiel (Fortsetzung): Bei der Strecke

$$P(s) = \frac{s-2}{s^2-1}$$

sollen für die erweiterte Regelkreisstruktur die Übertragungsfunktionen $R(s)$ und $V(s)$ so bestimmt werden, dass das Führungsverhalten des Regelkreises durch

$$T(s) = -7.5\frac{s-2}{s^3+7s^2+17s+15}$$

beschrieben wird *und* darüber hinaus eine harmonische Störung der Frequenz ω_0 stationär unterdrückt wird.

Die Aufgabe besteht also darin, der Störübertragungsfunktion $S(s)$ die Eigenschaft

$$S(j\omega_0) \overset{!}{=} 0$$

aufzuprägen. Nach (18.21) ist die Forderung äquivalent zu der Bedingung

$$a(j\omega_0) \overset{!}{=} 0,$$

d.h. das Korrekturglied muss ein konjugiert komplexes Polpaar bei $s = \pm j\omega_0$ besitzen. Zur Erfüllung dieser zwei (!) Zusatzwünsche wird für die Übertragungsfunktion $R(s)$ folgender Ansatz gewählt:[14]

$$R(s) = \frac{b(s)}{a(s)} = \frac{b_3s^3+b_2s^2+b_1s+b_0}{a_3s^3+a_2s^2+a_1s+a_0}.$$

Für das Nennerpolynom $a(s)$ muss nun gelten:

$$a(j\omega_0) = -j\omega_0^3a_3 - \omega_0^2a_2 + j\omega_0a_1 + a_0 \overset{!}{=} 0$$

[14] Aufgrund der Vorgabe von $T(s)$ brauchen wir zur Lösung des Problems einen Regler mit der Mindestordnung Eins! Wie man leicht zeigen kann, ist die Aufgabe mit einem Regler 2. Ordnung nicht lösbar.

bzw.

$$\begin{aligned} a_0 - \omega_0^2 a_2 &= 0 \\ a_1 - \omega_0^2 a_3 &= 0. \end{aligned} \tag{18.22}$$

Die vorgegebene Führungsübertragungsfunktion $T(s)$ muss aufgrund der erhöhten Reglerordnung mit einem *Hurwitz*-Polynom zweiten Grades $w(s) = s^2 + w_1 s + w_0$ erweitert werden. Eine geschickte Wahl der Polynomkoeffizienten von $w(s)$ könnte dazu genützt werden, dem Störverhalten des Regelkreises weitere gewünschte Eigenschaften aufzuprägen. Um den Lösungsweg einfach zu gestalten, wird darauf verzichtet und willkürlich

$$w(s) = (s+5)^2$$

festgelegt. Das Gleichungssystem zur Bestimmung der Polynome $a(s)$ und $b(s)$ lautet unter Einbeziehung von (18.22) somit

$$\begin{bmatrix} -1 & 0 & 0 & 0 & -2 & 0 & 0 & 0 \\ 0 & -1 & 0 & 0 & 1 & -2 & 0 & 0 \\ 1 & 0 & -1 & 0 & 0 & 1 & -2 & 0 \\ 0 & 1 & 0 & -1 & 0 & 0 & 1 & -2 \\ 0 & 0 & 1 & 0 & 0 & 0 & 0 & 1 \\ 0 & 0 & 0 & 1 & 0 & 0 & 0 & 0 \\ 1 & 0 & -\omega_0^2 & 0 & 0 & 0 & 0 & 0 \\ 0 & 1 & 0 & -\omega_0^2 & 0 & 0 & 0 & 0 \end{bmatrix} \begin{bmatrix} a_0 \\ a_1 \\ a_2 \\ a_3 \\ b_0 \\ b_1 \\ b_2 \\ b_3 \end{bmatrix} = \begin{bmatrix} 375 \\ 575 \\ 360 \\ 112 \\ 17 \\ 1 \\ 0 \\ 0 \end{bmatrix}.$$

Das Polynom $c(s)$ ist das Zählerpolynom von

$$\frac{T(s)}{\mu(s)} = \frac{-7.5s^2 - 75s - 187.5}{s^5 + 17s^4 + 112s^3 + 360s^2 + 575s + 375}.$$

Für eine zu unterdrückende Kreisfrequenz

$$\omega_0 = 0.1\, rads^{-1}$$

ergeben sich somit folgende Übertragungsfunktionen:

$$\begin{aligned} R(s) &= \frac{-327.2s^3 - 541.4s^2 - 382.1s - 189.2}{s^3 + 344.2s^2 + 0.01s + 3.442} \\ &\quad und \\ V(s) &= \frac{-7.5s^2 - 75s - 187.5}{s^3 + 344.2s^2 + 0.01s + 3.442} \end{aligned}$$

des Korrekturgliedes. Wie man sieht, besitzt die Störübertragungsfunktion

$$S(s) = \frac{(s+344.2)(s^2-1)(s^2+0.01)}{(s+5)^2(s^3+7s^2+17s+15)}$$

das geforderte Nullstellenpaar bei $s = \pm j0.1$. Dies ist auch in der in Abb. 18.10 dargestellten Betragskennlinie $|S(j\omega|_{dB}$ deutlich zu erkennen; es gilt

$$|S(j\,0.1)| = 0 \;\Rightarrow\; |S(j\,0.1)|_{dB} \to -\infty.$$

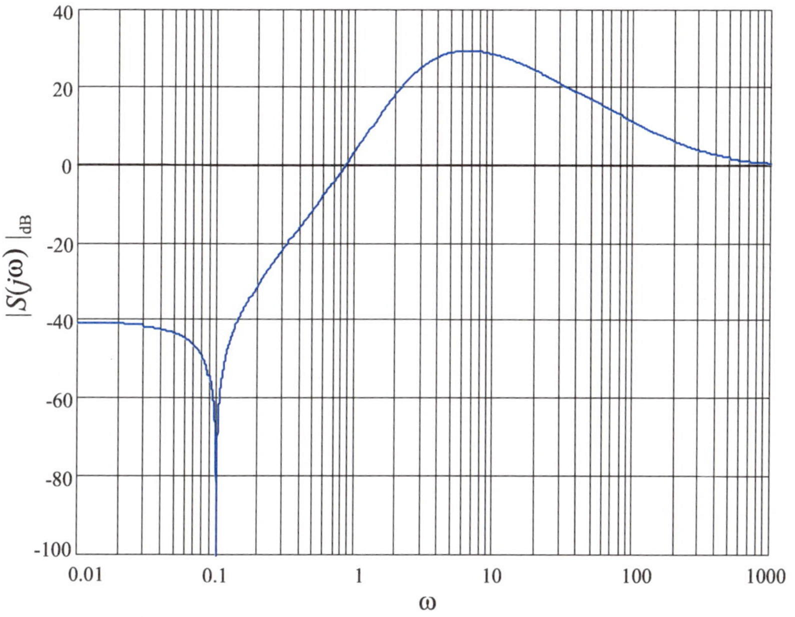

Abbildung 18.10: Betragskennlinie $|S(j\omega)|_{dB}$

Der Verlauf des Betrages $|S(j\omega)|$ für $\omega > 1$ ist allerdings unbefriedigend, da $|S(j\omega)|_{dB}$ Werte von bis zu $30dB$ annimmt.

Die Koeffizienten des „erweiternden" Polynoms $w(s)$ können, wie in obigem Beispiel angesprochen, als zusätzliche Freiheitsgrade des Entwurfsproblems interpretiert werden. Es ist daher nahe liegend, die Koeffizienten von $w(s)$ nicht mehr oder weniger wahllos vorzugeben, sondern sie so zu bestimmen, dass z.B. das Störverhalten positiv beeinflusst wird. Für die Koeffizienten gibt es allerdings die unabdingbare Einschränkung, dass $w(s)$ ein *Hurwitz*-Polynom sein muss.

18.6.4 Nutzung von $w(s)$ zur Beeinflussung des Störverhaltens

Im folgenden Beispiel wird das *Hurwitz*-Polynom $w(s)$ so festgelegt, dass zusätzlich zum normalen Entwurfsproblem das Störverhalten des Regelkreises in einem bestimmten Sinne optimiert wird. Die Idee besteht darin, durch Variation der Parameter von $w(s)$ zusätzliche Anforderungen an den Regelkreis zu berücksichtigen.

Beispiel (Fortsetzung): Für die Strecke

$$P(s) = \frac{s-2}{s^2-1}$$

sollen für die erweiterte Regelkreisstruktur die Übertragungsfunktionen $R(s)$ und $V(s)$ so ermittelt werden, dass für die Führungsübertragungsfunktion gilt:

$$T(s) = -7.5\frac{s-2}{s^3+7s^2+17s+15}.$$

Darüber hinaus soll die Unterdrückung konstanter Störgrößen gewährleistet werden, d.h. Bedingung (18.20) muss erfüllt werden.

Aufgrund der Forderung (18.20) nach integrierendem Korrekturglied $R(s)$ und $V(s)$ ist für die Reglerordnung

$$\rho = 2$$

anzusetzen. Die Übertragungsfunktion $T(s)$ ist daher mit einem Polynom $w(s)$ ersten Grades zu erweitern, d.h.

$$T(s) = -7.5\frac{s-2}{s^3+7s^2+17s+15}\frac{(s+\gamma)}{(s+\gamma)}, \qquad \gamma > 0.$$

Aus

$$\frac{T(s)}{\mu(s)} = \frac{-7.5s - 7.5\gamma}{s^4 + s^3(7+\gamma) + s^2(17+7\gamma) + s(15+17\gamma) + 15\gamma}$$

kann das Polynom $c(s)$ abgelesen werden; es gilt

$$c(s) = -7.5s - 7.5\gamma.$$

Das Gleichungssystem zur Bestimmung von $a(s)$ und $b(s)$ lautet

$$\begin{bmatrix} -1 & 0 & 0 & -2 & 0 & 0 \\ 0 & -1 & 0 & 1 & -2 & 0 \\ 1 & 0 & -1 & 0 & 1 & -2 \\ 0 & 1 & 0 & 0 & 0 & 1 \\ 0 & 0 & 1 & 0 & 0 & 0 \\ 1 & 0 & 0 & 0 & 0 & 0 \end{bmatrix} \begin{bmatrix} a_0 \\ a_1 \\ a_2 \\ b_0 \\ b_1 \\ b_2 \end{bmatrix} = \begin{bmatrix} 15\gamma \\ 15+17\gamma \\ 17+7\gamma \\ 7+\gamma \\ 1 \\ 0 \end{bmatrix}.$$

Im Gegensatz zu den vorigen Beispielen wird dem positiven Parameter γ nun *kein* fester Wert zugewiesen! Er wird als zusätzlicher Freiheitsgrad für den Entwurf interpretiert. Er soll so genützt werden, dass der Störfrequenzgang $S(j\omega)$ gewisse Charakteristika aufweist: Die Durchtrittsfrequenz ω_c, d.h. $|S(j\omega_c)|_{dB} = 0$, soll *möglichst groß* werden *und* für die Betragskennlinie $|S(j\omega)|$ soll

$$|S(j\omega)|_{dB} \leq 20 \quad \text{für } \textit{alle} \text{ Werte von } \omega$$

gelten. Diese Aufgabenstellung kann der Einfachheit halber elementar bewältigt werden, indem das obige Gleichungssystem für verschiedene Werte von γ gelöst wird und man die zugehörigen Verläufe von $|S(j\omega)|$ vergleicht. Der optimale γ-Wert wird iterativ ermittelt. In Abb. 18.11 ist die Betragskennlinie $|S(j\omega)|_{dB}$ für einige γ-Werte dargestellt. Der Wert, der die Vorgaben am besten erfüllt, lautet

$$\gamma \approx 3.66,$$

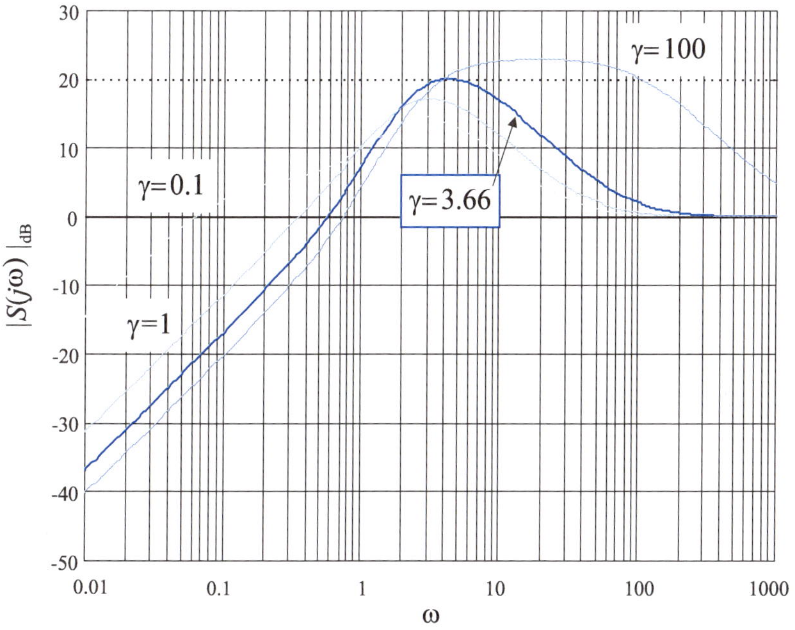

Abbildung 18.11: Störfrequenzgang für verschiedene Werte von γ

die entsprechende Betragskennlinie ist punktiert dargestellt. Das zugehörige Korrekturglied wird durch

$$R(s) = \frac{-67.5s^2 - 91.4s - 27.44}{s^2 + 78.16s} \qquad \text{und} \qquad V(s) = \frac{-7.5s - 27.44}{s^2 + 78.16s}$$

beschrieben. Daraus resultiert die „optimale" Störübertragungsfunktion

$$S(s) = \frac{s(s + 78.16)(s^2 - 1)}{(s + 3.66)(s^3 + 7s^2 + 17s + 15)}.$$

Eine andere Strategie, die vor allem dann notwendig ist, wenn $w(s)$ von höherem Grad ist, besteht darin, zur Lösung des Problems geeignete numerische Optimierungsalgorithmen heranzuziehen. Man fasst die Reglerparameter *und* die Koeffizienten von $w(s)$ als Optimierungsvariablen auf. Die Gleichungen zur Einstellung des gewünschten Führungsverhaltens und der stationären Genauigkeit werden als Nebenbedingungen der Optimierungsaufgabe aufgefasst. Folgendes Beispiel verdeutlicht die prinzipielle Vorgehensweise.

Beispiel (Fortsetzung): Für die Strecke

$$P(s) = \frac{s - 2}{s^2 - 1}$$

sollen die Übertragungsfunktionen $R(s)$ und $V(s)$ so ermittelt werden, dass für die Führungsübertragungsfunktion gilt:

$$T(s) = -7.5\frac{s-2}{s^3+7s^2+17s+15}.$$

Konstante Störungen sollen stationär unterdrückt werden *und* für die Durchtrittsfrequenz ω_c des Störfrequenzganges soll

$$\omega_c \geq 0.25\,rads^{-1}$$

gelten. Im Sinne einer guten Störunterdrückung soll *ferner* der maximale Betrag der Störsprungantwort[15] $y(t)$ möglichst klein gemacht werden. Das heiß es soll Folgendes erreicht werden:

$$|y(t)| \leq y_{\max} \quad \text{wobei} \quad y_{\max} \rightarrow \min\,.$$

Bei einer gewählten Reglerordnung $\rho = 3$ ist $T(s)$ mit einem Polynom $w(s)$ zweiten Grades zu erweitern, d.h.

$$T(s) = -7.5\frac{s-2}{s^3+7s^2+17s+15}\frac{(s^2+\gamma_1 s+\gamma_0)}{(s^2+\gamma_1 s+\gamma_0)}, \qquad \gamma_0, \gamma_1 > 0.$$

Aus

$$\frac{T(s)}{\mu(s)} = \frac{-7.5s^2 - 7.5\gamma_1 s - 7.5\gamma_0}{s^5 + s^4(7+\gamma_1) + s^3(17+7\gamma_1+\gamma_0) + s^2(15+17\gamma_1+7\gamma_0) + s(15\gamma_1+17\gamma_0) + 15\gamma_0}$$

kann das Polynom $c(s)$ abgelesen werden:

$$c(s) = -7.5s^2 - 7.5\gamma_1 s - 7.5\gamma_0.$$

Das unterbestimmte Gleichungssystem zur Einstellung des gewünschten Führungsverhaltens lautet

$$\begin{bmatrix} -1 & 0 & 0 & 0 & -2 & 0 & 0 & 0 & -15 & 0 \\ 0 & -1 & 0 & 0 & 1 & -2 & 0 & 0 & -17 & -15 \\ 1 & 0 & -1 & 0 & 0 & 1 & -2 & 0 & -7 & -17 \\ 0 & 1 & 0 & -1 & 0 & 0 & 1 & -2 & -1 & -7 \\ 0 & 0 & 1 & 0 & 0 & 0 & 0 & 1 & 0 & -1 \\ 0 & 0 & 0 & 1 & 0 & 0 & 0 & 0 & 0 & 0 \\ 1 & 0 & 0 & 0 & 0 & 0 & 0 & 0 & 0 & 0 \end{bmatrix} \begin{bmatrix} a_0 \\ a_1 \\ a_2 \\ a_3 \\ b_0 \\ b_1 \\ b_2 \\ b_3 \\ \gamma_0 \\ \gamma_1 \end{bmatrix} = \begin{bmatrix} 0 \\ 0 \\ 15 \\ 17 \\ 7 \\ 1 \\ 0 \end{bmatrix}.$$

Dieses Gleichungssystem stellt zusammen mit den oben genannten Bedingungen

$$\gamma_0 > 0, \quad \gamma_1 > 0 \quad \text{und} \quad \omega_c \geq 0.25\,rads^{-1}$$

die Nebenbedingungen eines *nichtlinearen Optimierungsproblems* dar. Dieses kann mit Hilfe geeigneter numerischer Optimierungsalgorithmen gelöst werden.[16] Das Optimierungsproblem wurde hier mit Hilfe von Matlab gelöst. Die gefundene Lösung für die

[15] Das ist – bei verschwindendem Anfangszustand – die Antwort des Systems auf eine Störung $d(t) = \sigma(t)$.

[16] Man soll sich der Tatsache bewusst sein, dass hierbei anstelle des globalen meistens nur ein lokaler Extremwert ermittelt werden kann. Diese Problematik wird an dieser Stelle nicht verfolgt. In Kap. 19 werden solche Probleme durch den Einsatz der *Linearen Programmierung* effizient gelöst.

Koeffizienten von $w(s)$ sind

$$\gamma_0 \approx 1.1 \quad \text{und} \quad \gamma_1 \approx 2.1.$$

Daraus resultieren die Reglerübertragungsfunktionen

$$\begin{aligned} R(s) &= \frac{-21.7s^3 - 75.73s^2 - 62.28s - 8.267}{s^3 + 30.8s^2 + 66.1s} \\ V(s) &= \frac{-7.5s^2 - 15.73s - 8.267}{s^3 + 30.8s^2 + 66.1s}. \end{aligned}$$

Die Störübertragungsfunktion lautet somit

$$S(s) = \frac{s(s + 28.48)(s + 2.321)(s^2 - 1)}{(s^2 + 2.097s + 1.102)(s^3 + 7s^2 + 17s + 15)}.$$

Für die zu minimierende Größe $y_{\max}$ ergibt sich

$$y_{\max} \approx 2.82.$$

In Abb. 18.12 ist die Betragskennlinie $|S(j\omega)|$ dargestellt; sie schneidet die $0dB$-Linie bei $\omega_c = 0.25\,rads^{-1}$.

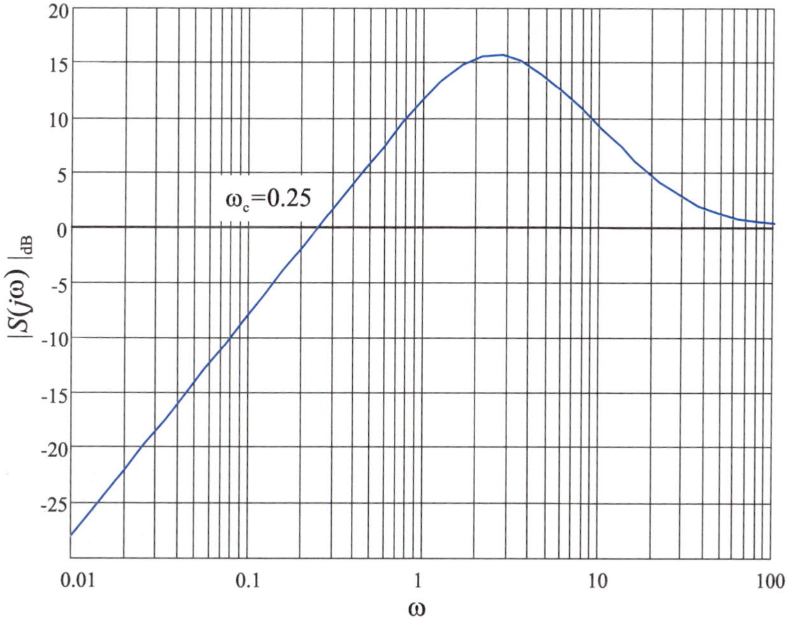

Abbildung 18.12: Betragskennlinie $|S(j\omega)|$

Der Verlauf der Ausgangsgröße $y(t)$ bei sprungförmiger Störung $d(t) = \sigma(t)$ ist in Abb. 18.13 dargestellt.

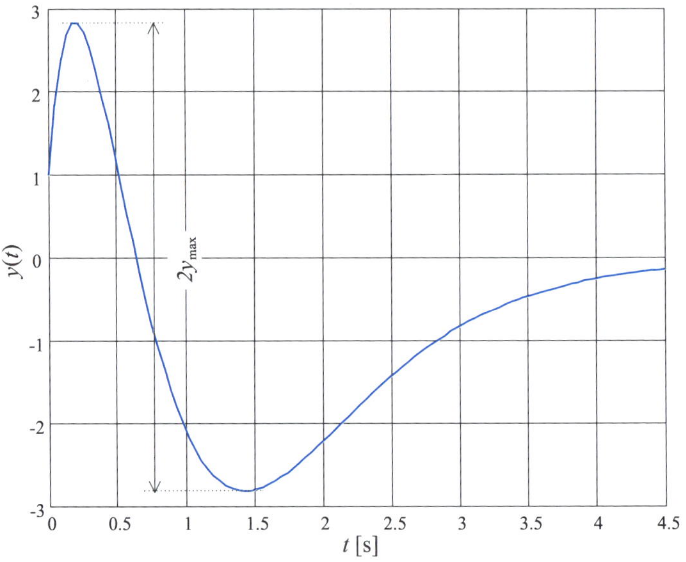

Abbildung 18.13: Störsprungantwort des Regelkreises

18.7 Vorschlag zur Wahl von $T(s)$

Es soll nun ein einfacher Ansatz zur Wahl einer geeigneten Führungsübertragungsfunktion skizziert werden. Hierbei wird vorausgesetzt, dass die Strecke $P(s)$ *keine* Nullstellen in der rechten, geschlossenen Halbebene besitzt. Die Idee besteht darin, dem Regelkreis – zumindest näherungsweise – das dynamische Verhalten eines Systems mit dominantem Polpaar, d.h.

$$T(s) = \frac{\omega_n^2}{s^2 + 2\zeta\omega_n s + \omega_n^2}, \tag{18.23}$$

zu verleihen. Die positiven, reellen Größen ζ und ω_n sind maßgebend für die Dynamik dieses Systems. Für ζ soll gelten:

$$0 < \zeta < 1.$$

Das bedeutet, dass $T(s)$ zwei konjugiert komplexe Pole besitzt. Das gewünschte Systemverhalten wird im Zeitbereich mit Hilfe der Sprungantwort des Systems (18.23) spezifiziert. Signifikante Kenngrößen der Sprungantwort sind bekanntlich die Überschwingweite M_p und die Anstiegszeit t_r. Aus diesen Kenngrößen können mit Hilfe von Tabelle 18.1 oder durch Ablesen aus Abb. 18.14 entsprechende Werte für die Größen ζ und ω_n ermittelt werden.

Dabei ist zunächst aus der oberen Kurve durch Vorgabe von M_p der entsprechende Wert für ζ direkt abzulesen. Aus der unteren Kurve ergibt sich dann aus ζ das Produkt $(\omega_n t_r)$. Bei vorgegebenem Wert von t_r kann der Parameter ω_n leicht ermittelt werden.

M_p	ζ	$\omega_n t_r$
1.73	0.1	1.26
1.53	0.2	1.37
1.37	0.3	1.50
1.25	0.4	1.66
1.16	0.5	1.84
1.10	0.6	2.04
1.05	0.7	2.28
1.02	0.8	2.55
1.00	0.9	2.85

Tabelle 18.1: Zusammenhänge zwischen M_p, ζ und $\omega_n t_r$

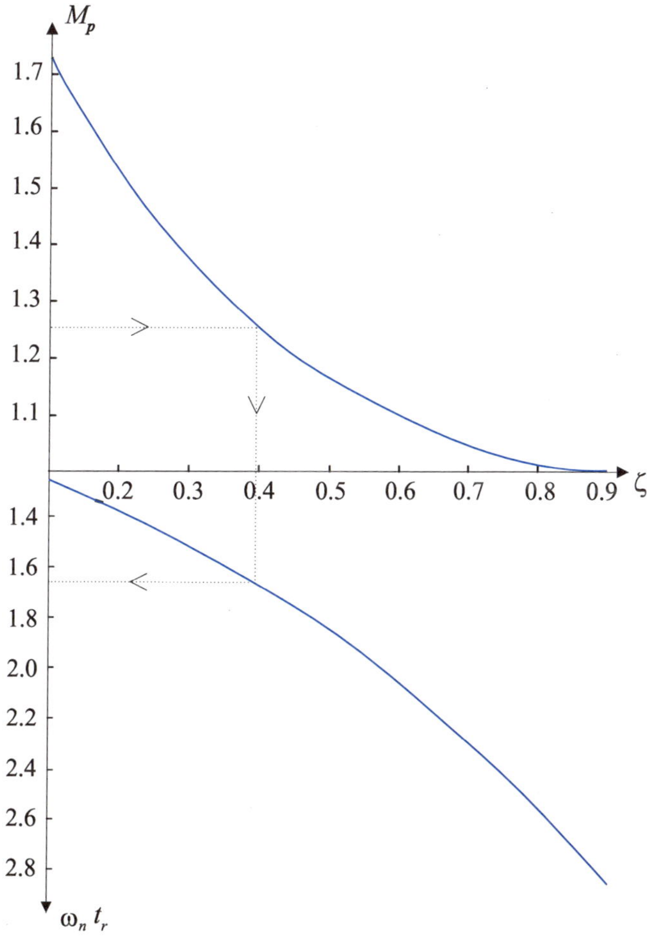

Abbildung 18.14: Ermittlung von ζ und ω_n durch Vorgabe von M_p und t_r

Beispiel: Gesucht ist die Übertragungsfunktion $T(s)$, deren Sprungantwort die folgenden Kenndaten aufweist:

$$M_p = 1.1 \quad \text{und} \quad t_r = 0.5 \ .$$

Mit Hilfe von Abb. 18.14 findet man

$$M_p = 1.1 \Rightarrow \quad \zeta = 0.6 \Rightarrow \quad \omega_n t_r = 2.04 \Rightarrow \quad \omega_n = 4.08,$$

für die gesuchte Übertragungsfunktion gilt also

$$T(s) = \frac{4.08^2}{s^2 + 2 \cdot 0.6 \cdot 4.08s + 4.08^2}.$$

Eine Modifikation des Ansatzes von $T(s)$ ist erforderlich, wenn

$$T(s) = \frac{\omega_n^2}{s^2 + 2\zeta\omega_n s + \omega_n^2}$$

für die vorliegende Strecke

$$P(s) = \frac{\mu(s)}{\nu(s)}$$

nicht implementierbar ist. Dieser Fall liegt vor, wenn die Bedingung

$$(\text{Grad } \nu_T - \text{Grad } \mu_T) = 2 \geq \text{Grad } \nu - \text{Grad } \mu$$

verletzt ist! Dann muss man zur Gewährleistung der Implementierbarkeit $T(s)$ modifizieren, ohne das Führungsverhalten wesentlich zu verändern.

Beträgt der Polüberschuss der Strecke beispielsweise

$$(\text{Grad } \nu - \text{Grad } \mu) = 3,$$

so ist der Nenner von $T(s)$ um einen Linearfaktor $(1 + \frac{s}{\eta})$ zu erweitern, d.h.

$$T(s) = \frac{\mu_T(s)}{\nu_T(s)} = \frac{\omega_n^2}{(s^2 + 2\zeta\omega_n s + \omega_n^2)} \frac{\eta}{(s + \eta)}.$$

Um zu gewährleisten, dass das gewünschte Führungsverhalten des Systems nahezu unverändert bleibt, wird die reelle, positive Konstante η so gewählt, dass gilt:

$$\eta \gg \omega_n.$$

Hierbei ist allerdings zu beachten, dass die Wahl von η einen beträchtlichen Einfluss auf den Verlauf der Stellgröße u hat, d.h. η kann *nicht* beliebig groß gewählt werden.

Beispiel: Gegeben sei die Streckenübertragungsfunktion

$$P(s) = \frac{1}{s(s+2)(s-1)},$$

die gewünschte Führungsübertragungsfunktion $T(s)$ lautet (siehe voriges Beispiel)

$$T(s) = \frac{4.08^2}{s^2 + 2 \cdot 0.6 \cdot 4.08s + 4.08^2}.$$

Da $T(s)$ in dieser Form nicht implementierbar ist (Polüberschuss der Strecke!), wird die besprochene Modifikation durchgeführt, d.h.

$$T(s) = \frac{4.08^2}{(s^2 + 2 \cdot 0.6 \cdot 4.08s + 4.08^2)} \frac{\eta}{(s + \eta)}.$$

Die in den Abb. 18.15 und 18.16 dargestellten Kurvenverläufe zeigen, dass der Verlauf der Ausgangsgröße y bei sprungförmiger Führungsgröße r nahezu unabhängig von η ist.

Ermittelt man allerdings den zugehörigen Wert der Stellgröße zum Zeitpunkt $t = 0$, also

$$\begin{aligned} u(t &= 0) = \lim_{s\to\infty} su(s) = \lim_{s\to\infty} sT_u(s)r(s) = \lim_{s\to\infty} T_u(s) = \\ &= \lim_{s\to\infty} \frac{T(s)}{P(s)} = \lim_{s\to\infty} \frac{\omega_n^2 \eta s^3 + \ldots}{s^3 + \ldots} = \omega_n^2\, \eta = 4.08^2 \eta, \end{aligned}$$

so erkennt man, dass der Wert von $u(t = 0)$ *linear* mit dem Parameter η zunimmt! Diese Tatsache verdeutlicht, dass η nicht beliebig groß gewählt werden darf, sondern dass ein Kompromiss zwischen der Einhaltung einer eventuell vorhandenen Stellgrößenbeschränkung und der Beibehaltung des ursprünglichen Führungsverhalten gesucht werden muss.

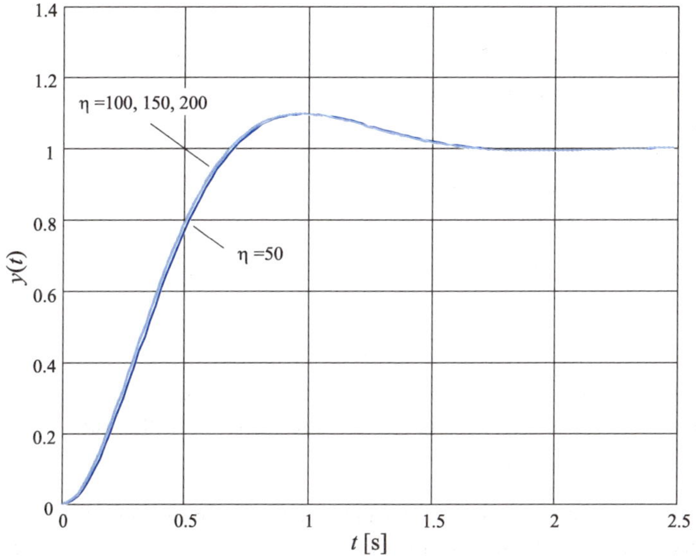

Abbildung 18.15: Sprungantwort für verschiedene η-Werte

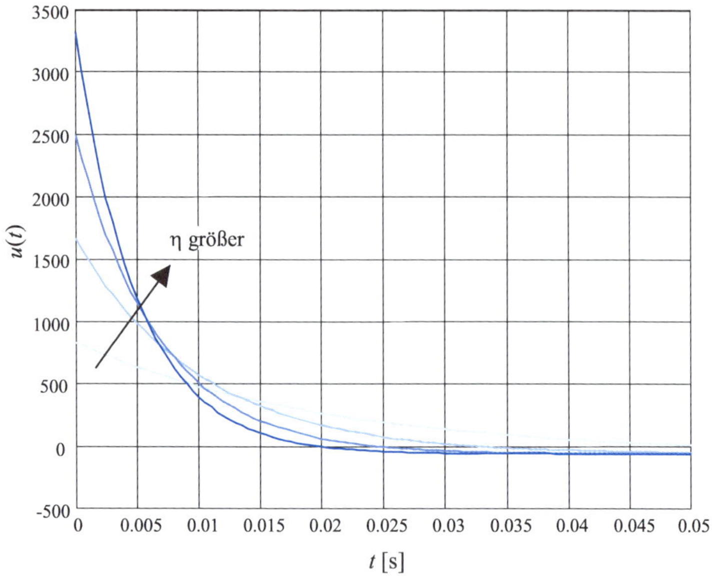

Abbildung 18.16: Verlauf der Stellgröße

18.7.1 Einbeziehung von Stellgrößenbeschränkungen in die Wahl von $T(s)$

Die bei realen Systemen immer vorhandenen Beschränkungen der Stellgröße sind, wenn möglich, in den Reglerentwurf miteinzubeziehen. Eine solche Vorgangsweise verhindert einerseits unrealistisch große Werte von u, andererseits die schlechte Ausnutzung des vorhandenen Stellbereiches. Der vorgestellte einfache Ansatz (18.23) zur Wahl von $T(s)$ erlaubt – wenngleich auch nur in *sehr* eingeschränktem Maße – eine Berücksichtigung von Stellgrößenbeschränkungen.

Die Idee besteht darin, durch geeignete Wahl der Parameter der Übertragungsfunktion

$$T(s) = \frac{\omega_n^2}{s^2 + 2\zeta\omega_n s + \omega_n^2} \tag{18.24}$$

dafür zu sorgen, dass die Stellgröße u bei sprungförmiger Führungsgröße r wenigstens zum Zeitpunkt $t = 0$ innerhalb vorgegebener Schranken bleibt,[17] d.h.

$$|u(t = 0)| \leq u_{\max} \quad \text{für} \quad r(t) = \sigma(t).$$

Hierbei ist $u_{\max}$ eine vorgebene Konstante. Um die Implementierbarkeit von $T(s)$ zu gewährleisten, darf der Polüberschuss der Strecke

$$P(s) = \frac{\mu(s)}{\nu(s)} = \frac{\mu_{n-1}s^{n-1} + \mu_{n-2}s^{n-2} + \ldots + \mu_0}{\nu_n s^n + \nu_{n-1}s^{n-1} + \nu_1 s + \ldots \nu_0} \tag{18.25}$$

[17] In vielen Fällen nimmt die Eingangsgröße $u(t)$ an der Stelle $t = 0$ betragsmäßig ihren größten Wert an.

nicht größer als zwei sein. Folgende Fälle sind also zu untersuchen:

$$\begin{array}{ll} \text{(i)} & (\text{Grad } \nu - \text{Grad } \mu) = 1, \quad \text{d.h. } \mu_{n-1} \neq 0 \\ \text{(ii)} & (\text{Grad } \nu - \text{Grad } \mu) = 2, \quad \text{d.h. } \mu_{n-1} = 0 \end{array} \tag{18.26}$$

Bezeichnet man mit $T_u(s)$ die Übertragungsfunktion von r nach u, so kann $u(t=0)$ mit Hilfe des Anfangswertsatzes der *Laplace*-Tansformation sehr leicht ermittelt werden:

$$u(t=0) = T_u(s=\infty).$$

Mit den Ansätzen (18.24) und (18.25) für die Führungsübertragungsfunktion und die Strecke findet man für $T_u(s)$

$$T_u(s) = \frac{T(s)}{P(s)} = \frac{\omega_n^2 \left(\nu_n s^n + \nu_{n-1} s^{n-1} + \ldots + \nu_1 s + \nu_0\right)}{(s^2 + 2\zeta\omega_n s + \omega_n^2)\left(\mu_{n-1} s^{n-1} + \mu_{n-2} s^{n-2} + \ldots + \mu_0\right)}.$$

Durch mehrfache Anwendung der Regel von *de l'Hospital* ergibt sich für u_0

$$u(t=0) = \lim_{s\to\infty} \frac{\omega_n^2 \nu_n s}{\mu_{n-1} s^2 + \mu_{n-2} s} = \begin{cases} 0 & \text{für} \quad \mu_{n-1} \neq 0 \\ \dfrac{\omega_n^2 \nu_n}{\mu_{n-2}} & \text{für} \quad \mu_{n-1} = 0 \end{cases}. \tag{18.27}$$

Der Fall (ii) in (18.26) liefert die Aussage

$$|u(t=0)| = \left|\frac{\omega_n^2 \nu_n}{\mu_{n-2}}\right| = \omega_n^2 \left|\frac{\nu_n}{\mu_{n-2}}\right|.$$

Der zulässige Wertebereich für den Parameter ω_n kann also folgendermaßen abgeschätzt werden:

$$\omega_n^2 \leq u_{\max} \left|\frac{\mu_{n-2}}{\nu_n}\right|. \tag{18.28}$$

Beispiel: Für die Streckenübertragungsfunktion

$$P(s) = \frac{9}{s\,(s-1)}$$

soll $T(s)$ so vorgegeben werden, dass bei vorgegebener Überschwingweite $M_p = 1.1$ die Anstiegszeit t_r möglichst klein wird:

$$t_r \to \min.$$

Hierbei darf die Bedingung für die Stellgröße

$$|u(t=0)| \leq 4, \ \text{d.h. } u_{\max} = 4$$

nicht verletzt werden.

Aufgrund der Vorgabe von $M_p = 1.1$ resultiert anhand der Abb. 18.14 der Wert $\omega_n t_r = 2$. Obige Ungleichung (18.28) wird nun durch Multiplikation mit t_r^2 folgendermaßen umgeformt:

$$(\omega_n t_r)^2 \leq t_r^2 u_{\max} \left|\frac{\mu_{n-2}}{\nu_n}\right|.$$

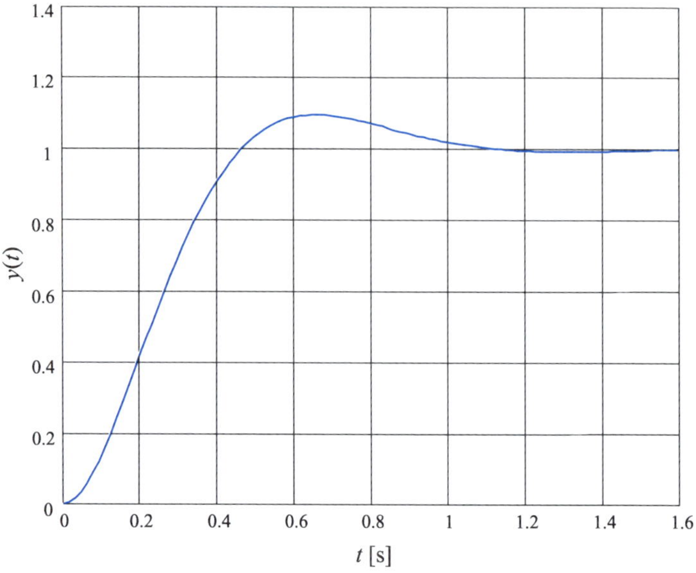

Abbildung 18.17: Verlauf der Sprungantwort

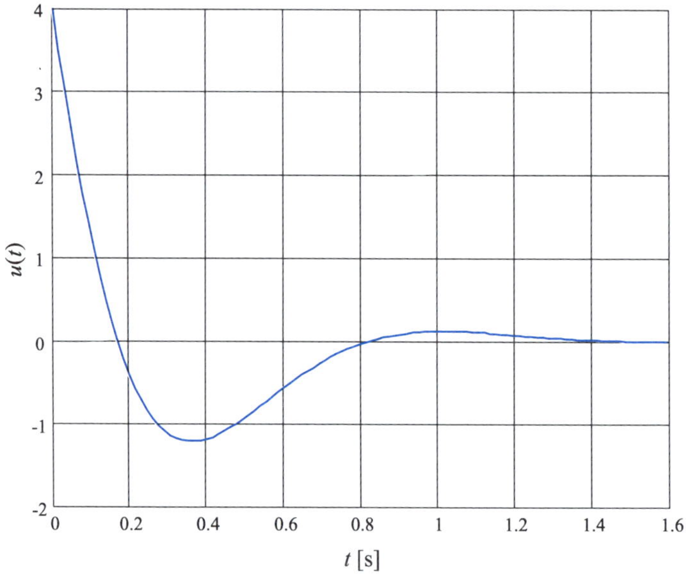

Abbildung 18.18: Verlauf der Stellgröße für $r(t) = \sigma(t)$

Bei vorliegenden Werten von $\omega_n t_r$ und $u_{\max}$ liefert sie eine untere Schranke (!) für die Anstiegszeit t_r:

$$\omega_n t_r \sqrt{\left|\frac{\nu_n}{\mu_{n-2}}\right| \frac{1}{u_{\max}}} \leq t_r.$$

Im vorliegenden Fall ergeben sich für t_r der Mindestwert $\frac{1}{3}$ und damit der zugehörige Wert $\omega_n = 6$. Die Übertragungsfunktion $T(s)$ lautet

$$T(s) = \frac{36}{s^2 + 7.2s + 36}.$$

Aus den in den Abb. 18.17 und 18.18 dargestellten Sprungantworten kann man leicht die Erfüllung der vorgegebenen Spezifikationen ablesen.

Kapitel 19 Algebraische Synthese, zeitdiskreter Fall

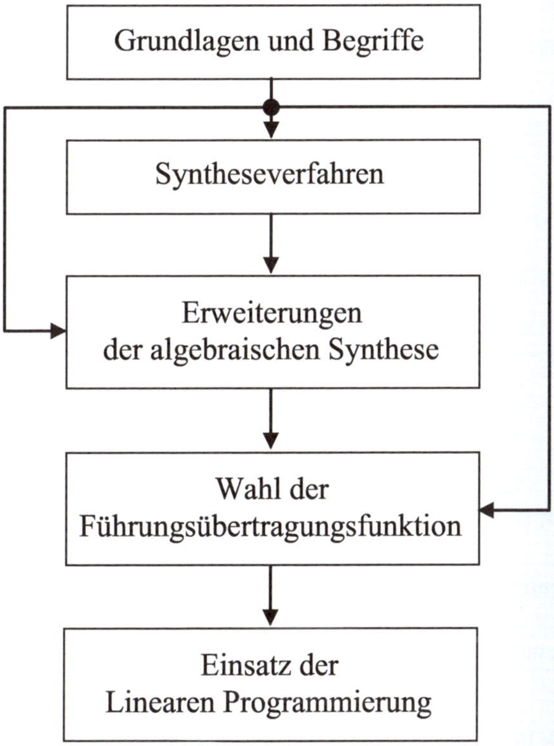

19.1 Grundlagen

Alle vorgestellten Methoden der algebraischen Synthese basieren auf Operationen mit *Übertragungsfunktionen* von Systemen. Dabei spielt es grundsätzlich keine Rolle, ob man mit Übertragungsfunktionen in der komplexen Variablen s oder z operiert. Diese Vorgangsweise besitzt somit den großen Vorteil, dass eine Reihe der für zeitkontinuierliche Systeme angestellten Überlegungen problemlos auf zeitdiskrete Systeme übertragen werden. Die prinzipielle Problemstellung besteht darin, bei gegebener Strecke

$$P(z) = \frac{\mu(z)}{\nu(z)}$$

einen Regelkreis so auszulegen, dass er die vorgegebene Führungsübertragungsfunktion

$$T(z) = \frac{\mu_T(z)}{\nu_T(z)}$$

besitzt. Hierbei muss $T(z)$ eine implementierbare Übertragungsfunktion sein, d.h. der Regelkreis muss folgende Eigenschaften haben:

- Alle Teilsysteme des Regelkreises sind realisierbar.
- Der Regelkreis ist intern stabil.

Zu beachten ist, dass – im Gegensatz zum zeitkontinuierlichen Fall – aus der BIBO-Stabilität eines zeitdiskreten Übertragungssystems *nicht* auf seine Realisierbarkeit geschlossen werden kann! Aus diesem Grund müssen die notwendigen und hinreichenden Bedingungen für die Implementierbarkeit einer Übertragungsfunktion $T(z)$ erweitert werden.

Satz: Eine Übertragungsfunktion $T(z)$ ist genau dann implementierbar, wenn gilt:

1. Die Übertragungsfunktion $T(z)$ von r nach y ist BIBO-stabil *und* realisierbar.
2. Die Übertragungsfunktion $T_u(z)$ von r nach u ist BIBO-stabil *und* realisierbar.

Aus diesem Satz können analog zum zeitkontinuierlichen Fall besonders einfache Bedingungen zur Überprüfung der Implementierbarkeit abgeleitet werden.

Satz: Die Führungsübertragungsfunktion $T(z) = \frac{\mu_T(z)}{\nu_T(z)}$ ist bei gegebener Strecke $P(z) = \frac{\mu(z)}{\nu(z)}$ genau dann implementierbar, wenn gilt:

(a) $\nu_T(z)$ ist ein Einheitskreispolynom, d.h. alle seine Nullstellen liegen im Inneren des Einheitskreises.

(b) Alle Nullstellen von $\mu(z)$, die *nicht* im Einheitskreis liegen, sind auch Nullstellen von $\mu_T(z)$.

(c) Für den Polüberschuss von $T(z)$ gilt:

$$\text{Grad}\nu_T - \text{Grad}\mu_T \geq \text{Grad}\nu - \text{Grad}\mu.$$

Beispiel: Gegeben sei die Streckenübertragungsfunktion

$$P(z) = \frac{z-2}{(z-1)(z+0.5)}.$$

Es ist zu überprüfen, ob die angegebenen Übertragungsfunktionen $T(z)$ implementierbar sind.

(i) $T(z) = 1$ nein, da die Forderungen (b) bzw. (c) verletzt sind

(ii) $T(z) = \dfrac{z-0.2}{z\,(z+0.1)}$ nein, da Forderung (b) verletzt ist

(iii) $T(z) = \dfrac{z-2}{z\,(z+0.1)}$ ja

(iv) $T(z) = \dfrac{(z-2)(z-0.5)}{(z-1)(z+0.1)}$ nein, da die Forderungen (a) bzw. (c) verletzt sind

19.2 Syntheseverfahren

Wie bereits gezeigt wurde, ist es mit Hilfe des in Abb. 19.1 dargestellten Standardregelkreises *nicht* möglich, jede implementierbare Übertragungsfunktion $T(z)$ zu realisieren.

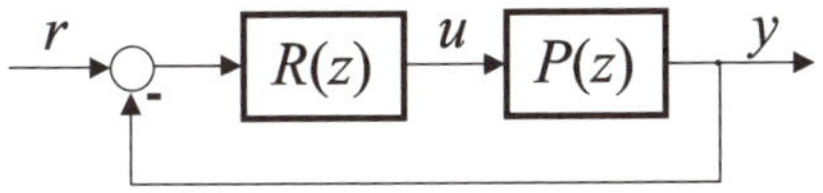

Abbildung 19.1: Zeitdiskreter Standardregelkreis

Einfache Ansätze zur Regelkreissynthese stellen die „Direkte Reglerberechnung“ und die Methode der „Polvorgabe“ dar. Diese bereits ausführlich besprochenen Verfahren können ohne Änderung auf zeitdiskrete Systeme übertragen werden. Zu berücksichtigen ist lediglich, dass sich der Begriff „instabile Kürzung“ jetzt auf Pole bzw. Nullstellen bezieht, die *nicht* im Inneren des Einheitskreises liegen. Die Verwendung der in Abb. 19.2 gezeigten Regelkreisstruktur ermöglicht die Realisierung *jeder* implementierbaren Führungsübertragungsfunktion $T(z)$.

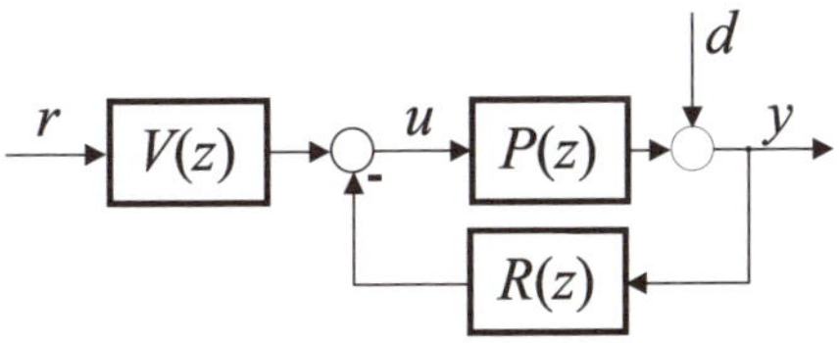

Abbildung 19.2: Erweiterte Regelkreisstruktur

Bei gegebener Streckenübertragungsfunktion

$$P(z) = \frac{\mu(z)}{\nu(z)}, \quad \text{Grad } \mu < \text{Grad } \nu = n$$

und gewählter implementierbarer Führungsübertragungsfunktion

$$T(z) = \frac{\mu_T(z)}{\nu_T(z)}$$

kann das gesuchte Korrekturglied

$$V(z) = \frac{c(z)}{a(z)}, \quad R(s) = \frac{b(z)}{a(z)}, \quad \text{Grad } a = \text{Grad } b = \text{Grad } c = \rho$$

unter der Annahme $\rho = (n-1)$ mit Hilfe der nachfolgenden Relationen *eindeutig* ermittelt werden:

$$\begin{aligned} \tilde{\mu}_T(z) &= c(z) \\ \tilde{\nu}_T(z) &= \nu(z)a(z) + \mu(z)b(z). \end{aligned}$$

Die Polynome $\tilde{\mu}_T(z)$ und $\tilde{\nu}_T(z)$ ergeben sich aus der Division von $T(z)$ durch den Streckenzähler $\mu(z)$, d.h.

$$\frac{T(z)}{\mu(z)} = \frac{\tilde{\mu}_T(z)}{\tilde{\nu}_T(z)},$$

wobei auf jeden Fall „instabile“ Kürzungen auszuführen sind.

Beispiel: Für die Streckenübertragungsfunktion ($n = 2$)

$$P(z) = 0.005\frac{z+0.9}{(z-1)(z-0.9)} = \frac{0.005z + 0.0045}{z^2 - 1.9z + 0.9}$$

sollen die Übertragungsfunktionen $R(z)$ und $V(z)$ 1. Ordnung so ermittelt werden, dass gilt:

$$T(z) = 0.1667\frac{z+0.8}{z^2 - 1.2\,z + 0.5}.$$

Zunächst wird $T(z)$ durch den Streckenzähler dividiert, d.h.

$$\frac{T(z)}{\mu(z)} = 33.33\,\frac{z+0.8}{z^3 - 0.3z^2 - 0.58z + 0.45}.$$

Das Polynom $c(z)$ kann direkt abgelesen werden, die Polynome $a(z) = a_1 z + a_0$ und $b(z) = b_1 z + b_0$ errechnen sich aus folgendem Gleichungssystem:

$$\begin{bmatrix} 0.9 & 0 & 0.0045 & 0 \\ -1.9 & 0.9 & 0.005 & 0.0045 \\ 1 & -1.9 & 0 & 0.005 \\ 0 & 1 & 0 & 0 \end{bmatrix} \begin{bmatrix} a_0 \\ a_1 \\ b_0 \\ b_1 \end{bmatrix} = \begin{bmatrix} 0.45 \\ -0.58 \\ -0.3 \\ 1 \end{bmatrix}.$$

Das resultierende Korrekturglied lautet

$$R(z) = \frac{140\,z - 80}{z+0.9} \quad \text{und} \quad V(z) = 33.33\,\frac{z+0.8}{z+0.9}.$$

19.3 Erweiterungen der algebraischen Synthese

Erweiterungen des Verfahrens sind durch eine Erhöhung der Reglerordnung ρ leicht möglich. Einige Ansätze hierfür sollen anhand von Beispielen angeführt werden.

19.3.1 Stationäres Verhalten des Regelkreises

Voraussetzung für die stationäre Genauigkeit bzw. für die Unterdrückung konstanter Störungen in einem Regelkreis ist das „integrierende“[1] Verhalten der Strecke und/oder des Reglers. Das heißt die Strecke $P(z)$ und/oder das Korrekturglied $R(z)$ bzw. $V(z)$ muss einen Pol bei $z = 1$ besitzen. Bei nichtintegrierender Strecke muss also das Polynom $a(z)$ folgende Bedingung erfüllen:

$$a(1) = a_\rho + a_{\rho-1} + \ldots + a_1 + a_0 \stackrel{!}{=} 0. \tag{19.1}$$

Soll der Regelkreis in der Lage sein, *rampenförmigen* Führungsgrößen r zu folgen bzw. rampenförmige Störungen d vollständig zu unterdrücken, so muss die Übertragungsfunktion

$$L(z) = R(z)P(z) \tag{19.2}$$

einen *doppelten Pol* bei $z = 1$ besitzen.

Beispiel: Für die Strecke

$$P(z) = 0.005\frac{z + 0.9}{(z-1)(z-0.9)} = \frac{0.005z + 0.0045}{z^2 - 1.9z + 0.9}$$

sollen für die erweiterte Reglerstruktur die Übertragungsfunktionen $R(z)$ und $V(z)$ so ermittelt werden, dass die Führungsübertragungsfunktion

$$T(z) = 0.1667\frac{z + 0.8}{z^2 - 1.2\,z + 0.5}$$

lautet. Der Regelkreis soll außerdem in der Lage sein, rampenförmige Störungen zu unterdrücken. Da $P(z)$ nur *einen* Pol bei $z = 1$ besitzt, muss also die Spezifikation (19.1) berücksichtigt werden.

Die Erfüllung des Zusatzwunsches erfordert die Erhöhung der Reglerordnung auf $\rho = 2$. Die Übertragungsfunktion $T(z)$ ist somit gemäß

$$T(z) \rightarrow T(z)\frac{w(z)}{w(z)}$$

zu erweitern, wobei $w(z)$ ein Einheitskreispolynom ersten Grades sein muss. Willkürlich wird

$$w(z) = z$$

[1] Hiermit wird das summierende Verhalten eines zeitdiskreten Systems bezeichnet.

festgelegt. Damit folgt unmittelbar

$$\frac{T(z)}{\mu(z)} = 33.33\,\frac{z^2+0.8z}{z^4-0.3z^3-0.58z^2+0.45z}.$$

Die gesuchten Polynome $c(z)$, $a(z)$ und $b(z)$ können direkt abgelesen werden bzw. ergeben sich aus der Lösung des Gleichungssystems

$$\begin{bmatrix} 0.9 & 0 & 0 & 0.0045 & 0 & 0 \\ -1.9 & 0.9 & 0 & 0.005 & 0.0045 & 0 \\ 1 & -1.9 & 0.9 & 0 & 0.005 & 0.0045 \\ 0 & 1 & -1.9 & 0 & 0 & 0.005 \\ 0 & 0 & 1 & 0 & 0 & 0 \\ 1 & 1 & 1 & 0 & 0 & 0 \end{bmatrix} \begin{bmatrix} a_0 \\ a_1 \\ a_2 \\ b_0 \\ b_1 \\ b_2 \end{bmatrix} = \begin{bmatrix} 0 \\ 0.45 \\ -0.58 \\ -0.3 \\ 1 \\ 0 \end{bmatrix}.$$

Daraus resultiert das integrierende Korrekturglied

$$R(z) = 340\frac{(z^2-1.353z+0.5294)}{(z-1)(z+0.9)} \quad \text{und} \quad V(z) = 33.33\frac{z(z+0.8)}{(z-1)(z+0.9)}.$$

In Abb. 19.3 ist der Verlauf der Ausgangsgröße für eine rampenförmige Störung $(d) = (0.5,\ 1.0,\ 1.5,\ 2.0, \ldots)$ dargestellt.

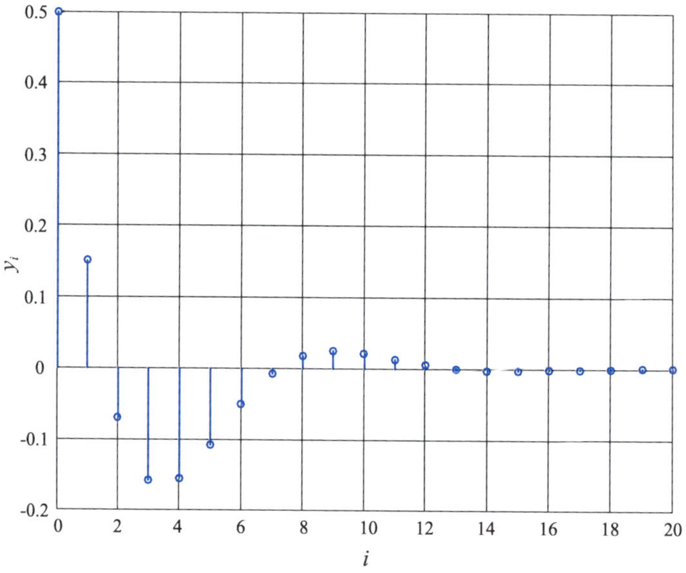

Abbildung 19.3: Verlauf von y bei rampenförmiger Störung d

19.3.2 Unterdrückung harmonischer Störungen

Die Unterdrückung harmonischer Störungen der Frequenz ω_0 ist dann gewährleistet, wenn für den (diskreten) Frequenzgang der Störübertragungsfunktion $S(z)$ von d nach y gilt:

$$S(e^{j\omega_0 T_d}) = \left.\frac{1}{1+R(z)P(z)}\right|_{z=e^{j\omega_0 T_d}} = \left.\frac{a(z)\nu(z)}{a(z)\nu(z)+b(z)\mu(z)}\right|_{z=e^{j\omega_0 T_d}} \stackrel{!}{=} 0.$$

Hierbei ist T_d die Abtastzeit des zeitdiskreten Systems. Für das Polynom $a(z)$ folgt daraus unmittelbar die Bedingung

$$a(e^{j\omega_0 T_d}) \stackrel{!}{=} 0. \tag{19.3}$$

Wie diese Forderung erfüllt werden kann, zeigt das folgende Beispiel.

Beispiel: Ein Modell der Regelstrecke ist gegeben durch die Übertragungsfunktion

$$P(z) = 0.005\frac{z+0.9}{(z-1)(z-0.9)} = \frac{0.005z+0.0045}{z^2-1.9z+0.9} \quad \text{mit } T_d = 0.1s.$$

Zur Erfüllung von (19.3) wird die Reglerordnung auf $\rho = 3$ erhöht. Aus diesem Grund muss

$$T(z) = 0.1667\frac{z+0.8}{z^2-1.2\,z+0.5}$$

wieder erweitert werden; eine mögliche Wahl für $w(z)$ ist gegeben durch

$$w(z) = z^2,$$

d.h.

$$\frac{T(z)}{\mu(z)} = 33.33\,\frac{z^3+0.8z^2}{z^5-0.3z^4-0.58z^3+0.45z^2}.$$

Das Polynom $a(z) = a_3z^3 + a_2z^2 + a_1z + a_0$ muss die Bedingung

$$a(e^{j\omega_0 T_d}) = a_3e^{j3\omega_0 T_d} + a_2e^{j2\omega_0 T_d} + a_1e^{j\omega_0 T_d} + a_0 \stackrel{!}{=} 0$$

erfüllen. Eine Aufspaltung des obigen Ausdrucks in Real- und Imaginärteil liefert

$$a_3\cos(3\omega_0 T_d) + a_2\cos(2\omega_0 T_d) + a_1\cos(\omega_0 T_d) + a_0 \stackrel{!}{=} 0$$
$$a_3\sin(3\omega_0 T_d) + a_2\sin(2\omega_0 T_d) + a_1\sin(\omega_0 T_d) \stackrel{!}{=} 0.$$

Für eine zu unterdrückende Kreisfrequenz

$$\omega_0 = 1\,rads^{-1}$$

ermittelt man nach Lösung eines linearen Gleichungssystems die Übertragungsfunktionen des Reglers:

$$\begin{aligned} R(z) &= 538\frac{(z-0.5271)(z^2-1.399z+0.6348)}{(z+0.9)(z^2-1.99z+1)}, \\ V(z) &= 33.33\frac{z^2(z+0.8)}{(z+0.9)(z^2-1.99z+1)}. \end{aligned}$$

Die zugehörige Störübertragungsfunktion lautet

$$S(z) \;=\; \frac{y(z)}{d(z)} = \frac{(z-1)(z-0.9)(z^2-1.99z+1)}{z^2(z^2-1.2z+0.5)}.$$

Sie weist die geforderten Nullstellen bei

$$z_{1,2} = e^{\pm j\omega_0 T_d} = 0.9950 \pm j\,0.0998$$

auf, was auch aus der in Abb. 19.4 dargestellten Betragskennlinie $\left|S(e^{j\omega T_d})\right|_{dB}$ klar zu erkennen ist.

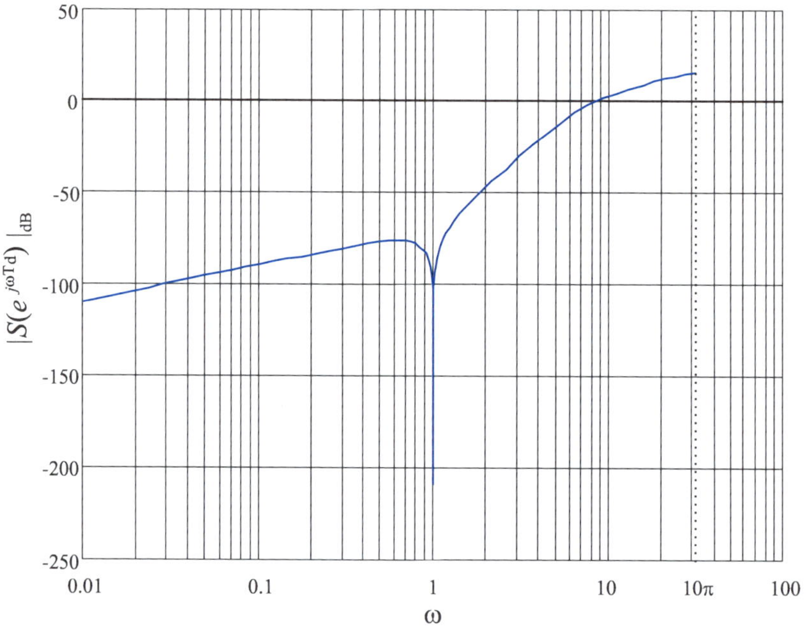

Abbildung 19.4: Betragskennlinie $\left|S(e^{j\omega T_d})\right|_{dB}$

Anmerkung

Die Bestimmungsgleichungen für die Koeffizienten der Polynome $a(z)$ und $b(z)$ lauten:

$$\begin{bmatrix} 0.9 & 0 & 0 & 0 & 0.0045 & 0 & 0 & 0 \\ -1.9 & 0.9 & 0 & 0 & 0.005 & 0.0045 & 0 & 0 \\ 1 & -1.9 & 0.9 & 0 & 0 & 0.005 & 0.0045 & 0 \\ 0 & 1 & -1.9 & 0.9 & 0 & 0 & 0.005 & 0.0045 \\ 0 & 0 & 1 & -1.9 & 0 & 0 & 0 & 0.005 \\ 0 & 0 & 0 & 1 & 0 & 0 & 0 & 0 \\ 1 & \cos\omega_0 T_d & \cos 2\omega_0 T_d & \cos 3\omega_0 T_d & 0 & 0 & 0 & 0 \\ 0 & \sin\omega_0 T_d & \sin 2\omega_0 T_d & \sin 3\omega_0 T_d & 0 & 0 & 0 & 0 \end{bmatrix} \begin{bmatrix} a_0 \\ a_1 \\ a_2 \\ a_3 \\ b_0 \\ b_1 \\ b_2 \\ b_3 \end{bmatrix} = \begin{bmatrix} 0 \\ 0 \\ 0.45 \\ -0.58 \\ -0.3 \\ 1 \\ 0 \\ 0 \end{bmatrix}$$

19.4 Wahl von $T(z)$

Der hier vorgeschlagene Ansatz zur Ermittlung von $T(z)$ basiert auf der Annahme, dass für die zugehörige Sprungantwort y die Überschwingweite M_p und die Anstiegszeit t_r vorgegeben sind. Es wird vorausgesetzt, dass die Streckenübertragungsfunktion $P(z)$ ausschließlich Nullstellen hat, die im Inneren des Einheitskreises liegen. Man wählt nun eine Übertragungsfunktion $T(s)$, deren Sprunganwort $y(t)$ die Vorgaben (M_p, t_r) möglichst gut erfüllt. Die gesuchte Übertragungsfunktion $T(z)$ errechnet sich dann unter Zugrundelegung einer Abtastzeit T_d gemäß

$$T(z) = \frac{z-1}{z} \mathcal{Z} \left\{ \frac{T(s)}{s} \right\}.$$

Für eine konstante Führungsfolge $(r) = (1, 1, 1, 1, \ldots)$ ist die zugehörige Ausgangsfolge (y) die mit T_d abgetastete Sprungantwort $y(t)$ von $T(s)$, d.h.

$$y_i = y(iT_d).$$

Es ist nahe liegend, für $T(s)$ wieder den bewährten Ansatz

$$T(s) = \frac{\omega_n^2}{s^2 + 2\zeta\omega_n s + \omega_n^2}$$

zu wählen.[2]

Beispiel: Für einen Regelkreis mit der Abtastzeit $T_d = 0.1s$ soll eine Führungsübertragungsfunktion $T(z)$ so angegeben werden, dass die zugehörige Sprungantwort folgende Eigenschaften aufweist:

$$M_p = 1.1 \text{ und } t_r = 0.5.$$

Mit den im vorigen Kapitel angestellten Überlegungen kann man eine entsprechende Übertragungsfunktion $T(s)$ leicht angeben:

$$T(s) = \frac{4.08^2}{s^2 + 2 \cdot 0.6 \cdot 4.08\, s + 4.08^2}.$$

Die zugehörige z-Übertragungsfunktion $T(z)$ lautet

$$T(z) = \frac{0.07021z + 0.0596}{z^2 - 1.483z + 0.6129}.$$

In Abb. 19.5 ist die Sprungantwort von $T(z)$ dargestellt. Man erkennt, dass die gewählten Vorgaben sehr gut erfüllt werden.

Wenn die Implementierbarkeitsbedingung

$$\text{Grad } \nu_T - \text{Grad } \mu_T \geq \text{Grad } \nu - \text{Grad } \mu$$

---

[2] Für dieses spezielle $T(s)$ kann $T(z)$ in geschlossener Form angegeben werden:

$$T(z) = \frac{z\left[1 - \frac{e^{-\zeta\omega_n T_d}}{\epsilon} \sin\left(\omega_n \epsilon T_d + \arctan\frac{\epsilon}{\zeta}\right)\right] + e^{-2\zeta\omega_n T_d}\left[1 + \frac{e^{\zeta\omega_n T_d}}{\epsilon} \sin\left(\omega_n \epsilon T_d - \arctan\frac{\epsilon}{\zeta}\right)\right]}{z^2 - 2ze^{-\zeta\omega_n T_d}\cos(\omega_n \epsilon T_d) + e^{-2\zeta\omega_n T_d}}$$

wobei

$$\epsilon = \sqrt{1-\zeta^2}.$$

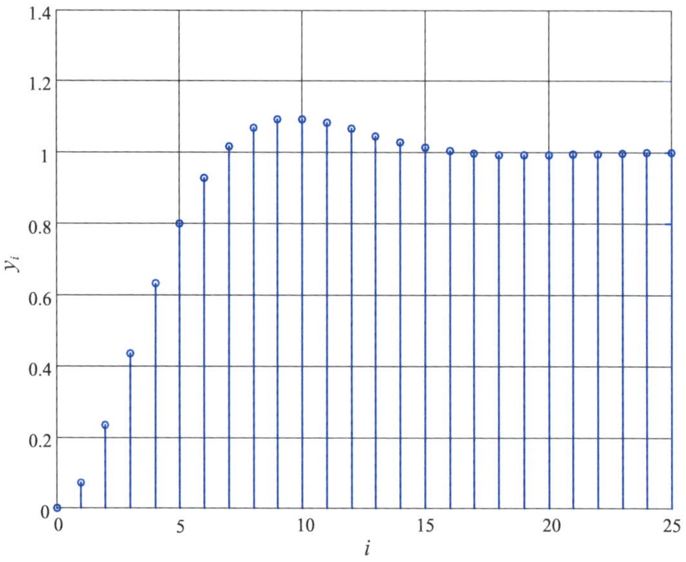

Abbildung 19.5: Sprungantwort mit vorgebenem M_p und t_r

verletzt ist, d.h. wenn der Polüberschuss der Strecke $P(z)$ größer ist als der Polüberschuss von $T(z)$, muss der Ansatz für $T(z)$ so modifiziert werden, dass das gewünschte Führungsverhalten nahezu unverändert bleibt.[3] Die prinzipielle Vorgangsweise demonstriert das folgende Beispiel.

Beispiel: Bei einer Streckenübertragungsfunktion

$$P(z) = \frac{0.005z + 0.0045}{z^3 - 1.9z^2 + 0.9z}, \qquad T_d = 0.1s$$

mit einem Polüberschuss von

$$\text{Grad } \nu - \text{Grad } \mu = 2$$

ist die Führungsübertragungsfunktion (siehe voriges Beispiel)

$$T(z) = \frac{0.07021z + 0.0596}{z^2 - 1.483z + 0.6129}$$

nicht implementierbar. Aus diesem Grund wird $T(z)$ folgendermaßen modifiziert:

$$T(z) = \frac{(0.07021z + 0.0596)}{(z^2 - 1.483z + 0.6129)} \frac{(1 - \eta)}{(z - \eta)},$$

[3] Geht die Übertragungsfunktion $P(z)$ aus einem zeitkontinuierlichen System gemäß

$$P(z) = \frac{z-1}{z} \mathcal{Z}\left\{\frac{P(s)}{s}\right\}$$

hervor, so gilt im Allgemeinen für den Polüberschuss Grad ν − Grad $\mu = 1$.

wobei der reelle Parameter η die Bedingung

$$|\eta| < 1$$

erfüllen muss. Die zur Modifikation eingesetzte Übertragungsfunktion

$$\frac{1-\eta}{z-\eta}$$

entspricht analog zum zeitkontinuierlichen Fall einem Tiefpassfilter. Seine Knickfrequenz wird mit wachsendem η kleiner. Um das Führungsverhalten möglichst unverändert zu belassen, muss also η betragsmäßig möglichst klein sein, d.h.

$$|\eta| \to \min .$$

Allerdings ist auch hier zu beachten, dass die Wahl von η einen beträchtlichen Einfluss auf den Verlauf der Stellgröße hat. In Abb. 19.6 ist der Verlauf der Sprungantworten (y) für verschiedene positive Werte von η dargestellt.

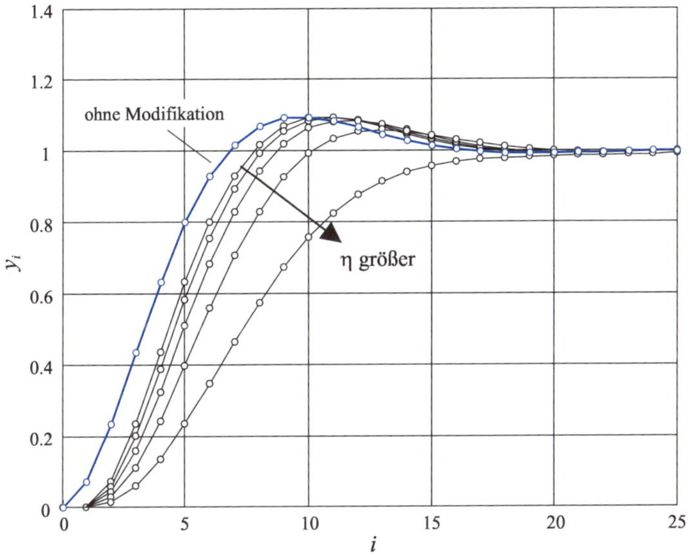

Abbildung 19.6: Sprungantworten für $\eta = 0, 0.2, 0.4, 0.6, 0.8$

Ermittelt man den Wert der Stellgröße u_i zum Zeitpunkt $t = 0$ für konstante Führungsgröße $(r) = (1, 1, 1, 1, \ldots)$, d.h.

$$\begin{aligned} u_0 &= \lim_{z\to\infty} u(z) = \lim_{z\to\infty} T_u(z)\, r(z) = \lim_{z\to\infty} \frac{T(z)}{P(z)} \frac{z}{z-1} = \\ &= \lim_{z\to\infty} \frac{0.07021(1-\eta)\, z^4 + \ldots}{0.005\, z^4 + \ldots} = 14.04\,(1-\eta), \end{aligned}$$

so erkennt man, dass kleine η-Werte große u_0-Werte zur Folge haben (siehe Abb. 19.7). Um die verschiedenen η-Fälle besser zu erkennen, wurden die zugehörigen aufeinander folgenden u_i-Werte in Abb. 19.7 miteinander verbunden. Selbstverständlich hat die Stellgröße im realen Abtastregelkreis die Form einer äquidistanten Treppenfunktion. Zur Gewährleistung des gewünschten Führungsverhaltens *und* zur Einhaltung einer vorhandenen Stellgrößenbeschränkung ist somit bei der Wahl von η ein Kompromiss einzugehen.

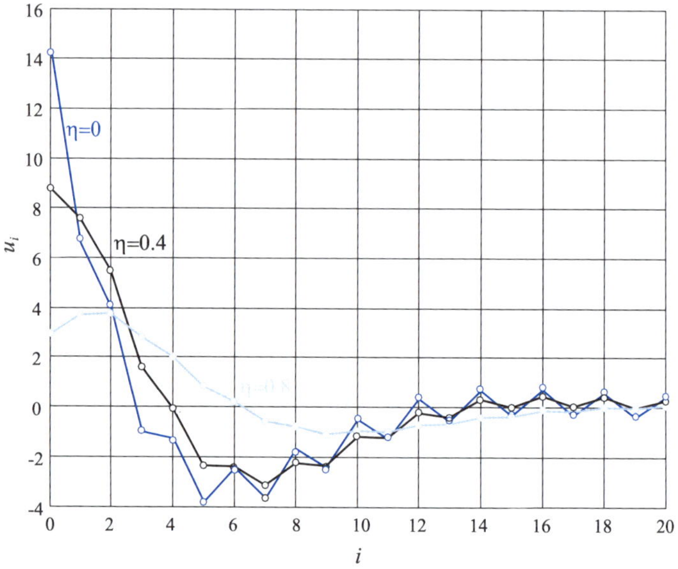

Abbildung 19.7: Verlauf der Stellgröße für $\eta = 0, 0.4, 0.8$

19.5 Einsatz der Linearen Programmierung

Die bisher vorgestellten modellbasierten Reglerentwurfsverfahren haben das gemeinsame Ziel, für eine gegebene Strecke einen Regler so zu generieren, dass er dem resultierenden Regelkreis „möglichst gut" das gewünschte dynamische Verhalten aufprägt. Dabei sind häufig Kompromisse zwischen konträren Vorgaben zu schließen. Höchste Anforderungen an das dynamische Verhalten eines Regelkreises stehen z.B. in vielen Fällen nicht im Einklang mit praktisch immer vorhandenen Stellgrößenbeschränkungen. Im Allgemeinen tastet man sich an einen Regler, der alle Vorgaben zufrieden stellend erfüllt, schrittweise heran.

Dieser iterative Entwurfsprozess ist z.B. gut beim Frequenzkennlinien-Verfahren zu erkennen. Dort wird am Regler durch das sukzessive Hinzufügen oder Verändern von „Bausteinen" so lange gefeilt, bis das gewünschte Regelkreisverhalten erreicht ist. Bei der algebraischen Synthese muss durch die geschickte Vorgabe des Führungsverhaltens die Erfüllung von gegebenen Entwurfsspezifikationen gewährleistet werden. Auch hier wird man sich durch Modifikation der Führungsübertragungsfunktion Schritt für Schritt dem endgültigen Entwurf nähern. In beiden Fällen hängt die Lösungsstrategie und letztendlich auch die „Güte“ des Ergebnisses ganz wesentlich von der Erfahrung des Anwenders mit dem entsprechenden Entwurfsverfahren ab.

Das Bestreben, ein gestelltes Problem in einem bestimmten Sinne *bestmöglich* zu lösen, führt zwangsläufig auf eine Optimierungsaufgabe. In der Regelungstechnik hat sich eine Vielzahl von Methoden zur Optimierung von dynamischen Systemen etabliert, viele gehören heute zum „Allgemeinwissen“ eines Regelungstechnikers. Der hier dargestellte Ansatz basiert auf der so genannten Linearen Programmierung, einem Optimierungsverfahren, dessen Ursprünge in der Optimierung wirtschaftlicher Prozesse zu finden sind. In den vergangenen Jahrzehnten wurde die Lineare Programmierung auch für regelungstechnische Anwendungen entdeckt; die auf der Linearen Programmierung basierende Synthese von Regelkreisen ist das zentrale Thema zahlreicher Publikationen [15].

Ein Lineares Programm ist ein Optimierungsproblem, bei dem eine *lineare* Funktion der Optimierungsvariablen, die so genannte Zielfunktion, unter Berücksichtigung von *linearen* Nebenbedingungen minimiert wird [46]. Lineare Programme gehören zur Klasse der so genannten *konvexen* Optimierungsprobleme. Ihre herausragende Eigenschaft besteht darin, dass ein ermitteltes (lokales) Minimum auch ein globales Minimum darstellt! Etwas überspitzt kann man sagen, dass eine Optimierungsaufgabe als gelöst angesehen werden darf, wenn es gelingt, sie in der Form eines Linearen Programms anzugeben. Aufgrund der Verfügbarkeit von exzellenter Software zur Lösung von Linearen Programmen ist auch die Lösung von Problemen mit mehreren tausend Optimierungsvariablen auf handelsüblichen Personalcomputern problemlos möglich.

Im folgenden Abschnitt werden dem mit der Linearen Programmierung nicht vertrauten Leser die Nomenklatur und die Struktur des zu lösenden Problems dargelegt. Danach wird exemplarisch ein Verfahren zum Entwurf von Regelkreisen vorgestellt. Typisch für auf Linearer Programmierung basierende Verfahren ist, dass der resultierende Regler eine sehr hohe Ordnung besitzt. Aus diesem Grund wird auch eine effiziente Methode zur Reduktion der Reglerordnung vorgestellt.

19.5.1 Lineare Programmierung – ein „Crashkurs“

Lineare Programme in Standardform

Bei einem Linearen Programm handelt es sich um ein Optimierungsproblem, bei dem eine lineare Funktion der $\mathfrak{n}$ nichtnegativen Variablen[4] $x_1, x_2, \ldots x_\mathfrak{n}$ unter Berücksichtigung von $\mathfrak{m}$ linearen Gleichungen (Nebenbedingungen) zu minimieren ist.

[4] Da in diesem Kapitel *nicht* mit Zustandsvariablen operiert wird, kann eine Verwechslung ausgeschlossen werden.

Ein Lineares Programm der Form

$$
\begin{aligned}
&c_1 x_1 + c_2 x_2 + \ldots c_n x_n \to \min \\
&\text{unter Beachtung von} \\
&a_{11} x_1 + a_{12} x_2 + \ldots + a_{1n} x_n = b_1 \\
&a_{21} x_1 + a_{22} x_2 + \ldots + a_{2n} x_n = b_2 \\
&\vdots \\
&a_{m1} x_1 + a_{m2} x_2 + \ldots + a_{mn} x_n = b_m \\
&x_1 \geq 0, \;\; x_2 \geq 0, \;\ldots\; x_n \geq 0
\end{aligned}
\tag{19.4}
$$

liegt in der so genannten *Standardform* vor. Fasst man die Variablen zum Vektor

$$\mathbf{x} := \begin{bmatrix} x_1 & x_2 & \ldots & x_n \end{bmatrix}^T$$

zusammen und definiert die durch das zu lösende Problem vorgebenen konstanten Größen

$$\mathbf{c} := \begin{bmatrix} c_1 & c_2 & \ldots & c_n \end{bmatrix}^T, \quad \mathbf{b} := \begin{bmatrix} b_1 & b_2 & \ldots & b_m \end{bmatrix}^T$$

und

$$\mathbf{A} := \begin{bmatrix} a_{11} & a_{12} & \ldots & a_{1n} \\ a_{21} & a_{22} & & a_{2n} \\ \vdots & \vdots & & \vdots \\ a_{m1} & a_{m2} & \ldots & a_{mn} \end{bmatrix},$$

so wird (19.4) folgendermaßen kompakt angeschrieben:

$$
\begin{aligned}
&\mathbf{c}^T \mathbf{x} \to \min \\
&\text{unter} \\
&\mathbf{A}\mathbf{x} = \mathbf{b} \\
&\mathbf{x} \geq \mathbf{0}.
\end{aligned}
\tag{19.5}
$$

Um zu verhindern, dass der Vektor $\mathbf{x}$ ausschließlich durch die Nebenbedingungen $\mathbf{A}\mathbf{x} = \mathbf{b}$ bestimmt wird, setzt man voraus, dass das lineare Gleichungssystem unterbestimmt ist. Das heißt es ist ein Gleichungssystem mit mehr Variablen n als Gleichungen m, also

$$n > m.$$

Außerdem wird vorausgesetzt, dass vorhandene Redundanzen, also linear abhänige Gleichungen aus den Nebenbedingungen, eliminiert wurden. Die Matrix $\mathbf{A}$ hat somit den Höchstrang, d.h.

$$\operatorname{rang}(\mathbf{A}) = m.$$

Man beachte, dass *jedes* Lineare Programm, d.h. jede Optimierungsaufgabe mit linearer Zielfunktion und linearen Nebenbedingungen, durch einfache Maßnahmen in die Standardform (19.5) umgewandelt werden kann. Dies verdeutlichen die folgenden Beispiele.

Beispiel: Optimierungsaufgaben mit *Ungleichungsnebenbedingungen* können durch Einführung von zusätzlichen nichtnegativen Variablen, so genannten Schlupfvariablen, in die Standardform gebracht werden.

$$\left.\begin{array}{l} 3x_1 + 2x_2 \rightarrow \min \\ \text{unter} \\ x_1 + 3x_2 \geq 9 \\ 2x_1 + x_2 \geq 14 \\ x_1 \geq 0,\, x_2 \geq 0 \end{array}\right\} \oplus \begin{array}{c} \text{Einführung der} \\ \text{nichtnegativen} \\ \text{Variablen } x_3 \text{ und } x_4 \end{array} \triangleq \left\{\begin{array}{l} 3x_1 + 2x_2 \rightarrow \min \\ \text{unter} \\ x_1 + 3x_2 - x_3 = 9 \\ 2x_1 + x_2 - x_4 = 14 \\ x_1 \geq 0,\, x_2 \geq 0, \\ x_3 \geq 0,\, x_4 \geq 0 \end{array}\right.$$

Beispiel: Eine *Maximierungsaufgabe* kann durch die Vorzeichenumkehr der Zielfunktion in eine Minimierungsaufgabe umgewandelt werden.

$$\left.\begin{array}{l} 2x_1 + 3x_2 \rightarrow \max \\ \text{unter} \\ 2x_1 + 4x_2 \leq 13 \\ 3x_1 + 2x_2 \leq 11 \\ x_1 \geq 0,\, x_2 \geq 0 \end{array}\right\} \oplus \begin{array}{c} \text{Vorzeichenumkehr} \\ \text{der Zielfunktion} \\ \\ \text{Einführung der} \\ \text{nichtnegativen} \\ \text{Variablen } x_3 \text{ und } x_4 \end{array} \triangleq \left\{\begin{array}{l} -2x_1 - 3x_2 \rightarrow \min \\ \text{unter} \\ 2x_1 + 4x_2 + x_3 = 13 \\ 3x_1 + 2x_2 + x_4 = 11 \\ x_1 \geq 0,\, x_2 \geq 0, \\ x_3 \geq 0,\, x_4 \geq 0 \end{array}\right.$$

Beispiel: *Freie Variablen*, das sind Variablen, die beliebige Werte annehmen dürfen, können durch eine Darstellung als Differenz zweier nichtnegativer Variablen berücksichtigt werden.

$$\left.\begin{array}{l} x_1 + 3x_2 + 5x_3 \rightarrow \min \\ \text{unter} \\ x_1 + 2x_2 + x_3 = 5 \\ 2x_1 + 3x_2 + x_3 = 6 \\ x_2 \geq 0,\, x_3 \geq 0, \\ x_1 \text{ frei} \end{array}\right\} \oplus \begin{array}{c} \text{Substitution} \\ x_1 = x_1^+ - x_1^- \\ \text{mit} \\ x_1^+ \geq 0, x_1^- \geq 0 \end{array} \triangleq \left\{\begin{array}{l} x_1^+ - x_1^- + 3x_2 + 5x_3 \rightarrow \min \\ \text{unter} \\ x_1^+ - x_1^- + 2x_2 + x_3 = 5 \\ 2x_1^+ - 2x_1^- + 3x_2 + x_3 = 6 \\ x_1^+ \geq 0,\, x_1^- \geq 0,\, x_2 \geq 0, \\ x_3 \geq 0 \end{array}\right.$$

Wie man leicht erkennt, erhöht sich durch diesen „Kunstgriff" die Zahl der Optimierungsvariablen. Er eröffnet neben der Berücksichtigung von freien Variablen noch eine weitere, für den Reglerentwurf *sehr* wichtige, Möglichkeit.

Kann man nämlich garantieren, dass in einer optimalen (d.h. bestmöglichen) Lösung des Linearen Problems auf jeden Fall

$$x_1^+ \, x_1^- = 0$$

gilt, so kann der Absolutbetrag (!) der entsprechenden Variablen im linearen Programm als Summe der beiden nichtnegativen Komponenten erfasst werden, d.h.

$$|\,x_1| = x_1^+ + x_1^- .$$

Zulässige Lösungen, Basislösungen

Ein Vektor $\mathbf{x}$, der die Nebenbedingungen $\mathbf{Ax} = \mathbf{b}$ in (19.5) *und* $\mathbf{x} \geq \mathbf{0}$ erfüllt, wird eine *zulässige* Lösung genannt. Die zulässige Lösung, die den kleinstmöglichen Wert der Zielfunktion $\mathbf{c}^T\mathbf{x}$ liefert, wird *optimale zulässige* Lösung genannt.

Aufgrund der Annahme $\text{rang}(\mathbf{A}) = \mathfrak{m}$ kann man $\mathfrak{m}$ linear unabhängige Spalten von $\mathbf{A}$ zu einer regulären Matrix $\mathbf{B}$ („Basismatrix“) zusammenfassen. Durch eine simple Umsortierung der Optimierungsvariablen kann man immer erreichen, dass gerade die ersten $\mathfrak{m}$ Spalten von $\mathbf{A}$ linear unabhängig sind. Der Vektor

$$\mathbf{x} = \begin{bmatrix} \mathbf{B}^{-1}\mathbf{b} \\ \mathbf{0} \end{bmatrix} \tag{19.6}$$

stellt somit eine Lösung des Gleichungssystems $\mathbf{Ax} = \mathbf{b}$ dar; man nennt ihn eine *Basislösung* des Linearen Programms. Gilt darüber hinaus auch noch $\mathbf{x} \geq \mathbf{0}$, so handelt es sich um eine so genannte *zulässige Basislösung*. Da $\mathbf{A}$ eine $(\mathfrak{m}, \mathfrak{n})$-Matrix ist, gibt es maximal

$$\begin{pmatrix} \mathfrak{n} \\ \mathfrak{m} \end{pmatrix} = \frac{\mathfrak{n}!}{(\mathfrak{n} - \mathfrak{m})!\mathfrak{m}!} \tag{19.7}$$

Möglichkeiten, aus den Spalten von $\mathbf{A}$ eine $(\mathfrak{m}, \mathfrak{m})$-Basismatrix zu erzeugen. Das heißt durch (19.7) ist eine obere Schranke für die Anzahl der Basislösungen gegeben. Die Bedeutung einer Basislösung erkennt man mit Hilfe des Fundamentalsatzes der Linearen Programmierung.

Der Fundamentalsatz der Linearen Programmierung

Die Aussage des Fundamentalsatzes lautet:

- „Wenn es zu einem Linearen Programm eine optimale zulässige Lösung gibt, dann gibt es auch eine zulässige Basislösung, die den gleichen (optimalen) Zielfunktionswert liefert. Wir nennen sie eine zulässige optimale Basislösung.“

Die Tragweite dieses Satzes ist enorm! Die Lösung des Optimierungsproblems besteht demnach darin, die zulässigen Basislösungen zu überprüfen. Das bedeutet, dass jedes Optimierungsproblem in *endlich* vielen Rechenschritten gelöst werden kann! Dies verdeutlicht folgendes Beispiel.

Beispiel: Gegeben sei das Lineare Programm in Standardform

$$3x_1 + 2x_2 \rightarrow \min \qquad \mathbf{c} = \begin{bmatrix} 3 & 2 & 0 \end{bmatrix}^T$$

unter

$$\begin{aligned} x_1 + 3x_2 - x_3 &= 9 \\ 2x_1 + x_2 &= 14 \end{aligned} \qquad \text{d.h.} \qquad \mathbf{b} = \begin{bmatrix} 9 & 14 \end{bmatrix}^T$$

$$x_1 \geq 0, x_2 \geq 0, x_3 \geq 0 \qquad \mathbf{A} = \begin{bmatrix} 1 & 3 & -1 \\ 2 & 1 & 0 \end{bmatrix},$$

d.h. $n = 3$ und $m = 2$. Im vorliegenden Fall gibt es drei Möglichkeiten, eine Basismatrix $\mathbf{B}$ zu bilden.

Die Basismatrix $\mathbf{B}_1$ ergibt sich aus den ersten beiden Spalten von $\mathbf{A}$:

$$\mathbf{B}_1 = \begin{bmatrix} 1 & 3 \\ 2 & 1 \end{bmatrix} \overset{(19.6)}{\Rightarrow} \mathbf{x}_1 = \begin{bmatrix} 6.6 \\ 0.8 \\ 0 \end{bmatrix} \geq 0, \text{ d.h. zulässige Basislösung.}$$

Die zweite mögliche Basismatrix $\mathbf{B}_2$ setzt sich aus der ersten und der dritten Spalte von $\mathbf{A}$ zusammen:[5]

$$\mathbf{B}_2 = \begin{bmatrix} 1 & -1 \\ 2 & 0 \end{bmatrix} \Rightarrow \mathbf{x}_2 = \begin{bmatrix} 7 \\ 0 \\ -2 \end{bmatrix} \ngeq 0, \text{ d.h. Basislösung ist nicht zulässig.}$$

Die dritte Basismatrix wird aus der zweiten und dritten Spalte von $\mathbf{A}$ gebildet, also

$$\mathbf{B}_3 = \begin{bmatrix} 3 & -1 \\ 1 & 0 \end{bmatrix} \Rightarrow \mathbf{x}_3 = \begin{bmatrix} 0 \\ 14 \\ 33 \end{bmatrix} \geq 0, \text{ d.h. zulässige Basislösung.}$$

Gemäß dem Fundamentalsatz der Linearen Programmierung ist nun durch diejenige zulässige Basislösung mit dem kleinsten zugehörigen Zielfunktionswert eine optimale Basislösung gegeben. Durch Ermittlung der Zielfunktionswerte

$$\mathbf{c}^T\mathbf{x}_1 = 21.4 \quad \text{und} \quad \mathbf{c}^T\mathbf{x}_3 = 28$$

findet man die optimale zulässige Lösung

$$\mathbf{x} = \begin{bmatrix} 6.6 & 0.8 & 0 \end{bmatrix}^T.$$

Der Zielfunktionswert $\mathbf{c}^T\mathbf{x} = 21.4$ kann von keiner anderen zulässigen Lösung unterboten werden.

Die in obigem Beispiel gewählte Strategie, alle zulässigen Basislösungen zu ermitteln und dann diejenige mit dem kleinsten Zielfunktionswert herauszupicken, ist nur bei Problemen mit *sehr* wenigen Variablen und Beschränkungen praktikabel.

Der Simplex-Algorithmus

Einen Meilenstein der Linearen Programmierung stellt der Simplex-Algorithmus von *Dantzig* dar. Er ermöglicht eine effiziente Suche einer zulässigen Basislösung mit dem kleinstmöglichen Zielfunktionswert. Ausgangspunkt ist eine zulässige Basislösung. Im so genannten Simplex-Tableau, einer tabellarischen Aufstellung des zu lösenden Problems,

[5] Zur Bildung von $\mathbf{B}_2$ werden die zweite und dritte Spalte von $\mathbf{A}$ vertauscht. Nach der Ermittlung der zugehörigen Basislösung gemäß (19.6) muss die Umsortierung wieder rückgängig gemacht werden, was sich auch in $\mathbf{x}_2$ widerspiegelt.

arbeitet man sich schrittweise von einer zulässigen Basislösung zur nächsten. Hierbei ist garantiert, dass die jeweils aktuelle zulässige Basislösung den bisher kleinsten Zielfunktionswert liefert. Das Erreichen einer optimalen zulässigen Basislösung oder die Unbeschränktheit des Problems kann im Simplex-Tableau sehr leicht erkannt werden. In allen bekannten Softwarebibliotheken zur Lösung von Optimierungsproblemen gibt es Implementierungen des Simplex-Algorithmus. Allerdings weicht die dort übliche allgemeinere Darstellung von der Standardform (19.5) etwas ab. Diese allgemeine Form eines Linearen Programms wird nachfolgend kurz erläutert.

Allgemeine Form eines Linearen Programms

Eine für die praktische Anwendung der Linearen Programmierung sehr nützliche Darstellung lautet

$$\begin{array}{lllll} \mathbf{c}^T\mathbf{x} \rightarrow \min & & & & \\ \text{unter} & & \mathbf{c},\, \mathbf{x},\, \mathbf{x}_l,\, \mathbf{x}_u & \ldots & \mathfrak{n}\text{-dim. Spaltenvektor} \\ & \text{wobei} & \mathbf{b}_l,\, \mathbf{b}_u & \ldots & \mathfrak{m}\text{-dim. Spaltenvektor} \\ \mathbf{b}_l \leq \mathbf{A}\mathbf{x} \leq \mathbf{b}_u & & \mathbf{A} & \ldots & (\mathfrak{m},\mathfrak{n})\text{-Matrix.} \\ \mathbf{x}_l \leq \mathbf{x} \leq \mathbf{x}_u\,, & & & & \end{array} \tag{19.8}$$

Diese Darstellung erlaubt eine wesentlich *flexiblere* Formulierung von Linearen Programmen als die Standardform. So ist es hier möglich, den erlaubten Wertebereich der Optimierungsvariablen explizit durch die Vektoren $\mathbf{x}_l$ und $\mathbf{x}_u$ zu spezifizieren[6]. Damit können z.B. im Gegensatz zur Standardform freie Variablen ohne „Klimmzüge" in das Problem integriert werden. Auch die Einbettung von Ungleichungen in die Nebenbedingungen ist sehr schnell und leicht möglich. Natürlich kann ein Lineares Programm (19.8) mit den beschriebenen Maßnahmen leicht in die Standardform umgewandelt werden.

19.5.2 Reglerentwurf durch Modellierung der Sprungantwort des Regelkreises

Einführung

Eine bereits bei der algebraischen Synthese und beim Frequenzkennlinien-Verfahren aufgegriffene Idee zur Reglersynthese besteht darin, das gewünschte dynamische Verhalten des zu entwerfenden Regelkreises durch Eigenschaften seiner Sprungantwort zu spezifizieren. Bei den beiden erwähnten Verfahren wird die Sprungantwort des Regelkreises durch Anstiegszeit und Überschwingen charakterisiert. Bei dem hier vorgestellten Ansatz geht man einen Schritt weiter. Der gewünschte Verlauf der Ausgangsgröße y für eine sprungförmige Führungsgröße wird durch einen Referenzverlauf y_{ref} vorgegeben. Gleichzeitig darf der Betrag der Stellgröße u die vorgegebene Schranke $u_{\max}$ keinesfalls überschreiten.

---

[6] Hierbei steht $\mathbf{x}_u$ für die obere Schranke („upper bound") und $\mathbf{x}_l$ für die untere Schranke („lower bound") von $\mathbf{x}$.

Formulierung der Entwurfsaufgabe

Die den folgenden Überlegungen zugrunde liegende Regelkreisstruktur ist wieder der Standardregelkreis aus Abb. 19.8.

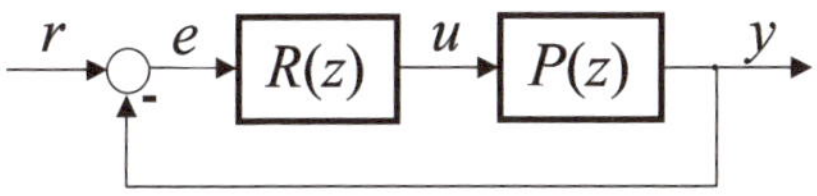

Abbildung 19.8: Zeitdiskreter Standardregelkreis

Bei gegebener Streckenübertragungsfunktion $P(z)$ soll der Regler $R(z)$ so bestimmt werden, dass für eine konstante Führungsgröße

$$(r) = (1, 1, 1, 1 \ldots) \tag{19.9}$$

die Sprungantwort y mit einem gewünschten Verlauf y_{ref} „möglichst gut" übereinstimmt und darüber hinaus die Stellgrößenbeschränkung

$$|u_i| \leq u_{\max}, \quad i \geq 0 \tag{19.10}$$

nicht verletzt wird.

Zur Berurteilung der Übereinstimmung von y und y_{ref} wird die unendliche Fehlersumme

$$J = \sum_{i=0}^{\infty} |\varepsilon_i|, \quad \text{wobei} \quad \varepsilon_i = y_{ref,i} - y_i, \tag{19.11}$$

herangezogen; dabei wird natürlich die Existenz des obigen Ausdrucks vorausgesetzt. Der „optimale" Regler soll die in (19.11) angegebene Summe minimieren, d.h.

$$J = \sum_{i=0}^{\infty} |\varepsilon_i| \rightarrow \min. \tag{19.12}$$

Der Zusammenhang zwischen der Führungsgröße r und der Stellgröße u bzw. der Ausgangsgröße y wird durch die Übertragungsfunktionen

$$\begin{aligned} r \rightarrow u: \quad M(z) &= \frac{R(z)}{1 + R(z)P(z)} \\ r \rightarrow y: \quad T(z) &= \frac{R(z)P(z)}{1 + R(z)P(z)} \end{aligned} \tag{19.13}$$

beschrieben.

Die gestellte Aufgabe kann mit Hilfe der *Youla*-Parametrisierung elegant gelöst werden (vgl. Kap. 12). Sie erlaubt die gesuchte Reglerübertragungsfunktion über einen einzigen

Parameter festzulegen und garantiert, bei Berücksichtigung gewisser Voraussetzungen, die interne Stabilität des Regelkreises. Zur Erinnerung:

Die Streckenübertragungsfunktion $P(z)$ wird mit Hilfe der koprimen Polynome $\mu(z)$ und $\nu(z)$

$$P(z) = \frac{\mu(z)}{\nu(z)}, \qquad \text{Grad}\ \nu = n$$

beschrieben. Sie kann auch als Quotient zweier BIBO-stabiler Übertragungsfunktionen der Form

$$Z(z) = \frac{\mu(z)}{(z-\alpha)^n}, \quad N(z) = \frac{\nu(z)}{(z-\alpha)^n}, \qquad |\alpha| < 1 \tag{19.14}$$

dargestellt werden, d.h.

$$P(z) = \frac{Z(z)}{N(z)}. \tag{19.15}$$

Aufgrund dieser koprimen Faktorisierung existieren zwei BIBO-stabile Übertragungsfunktionen,

$$X(z) = \frac{x(z)}{(z-\alpha)^{n-1}} \quad \text{und} \quad Y(z) = \frac{y(z)}{(z-\alpha)^{n-1}}, \tag{19.16}$$

die gemeinsam mit $Z(z)$ und $N(z)$ die *Bezout*-Identität erfüllen:

$$Z(z)X(z) + N(z)Y(z) = 1. \tag{19.17}$$

Das zentrale Ergebnis besteht darin, dass *jeder* Regler, der den Standardregelkreis intern stabilisiert, mit Hilfe des Entwurfsparameters (der BIBO-stabilen Übertragungsfunktion) $K(z)$, durch

$$R(z) = \frac{X(z) + K(z)N(z)}{Y(z) - K(z)Z(z)} \tag{19.18}$$

dargestellt werden kann!

Zur Ermittlung der Fehlersumme J brauchen wir den Verlauf der Ausgangsgröße y. Er kann über die Faltung der Gewichtsfunktion von $T(z)$ mit der Führungsgröße (19.9) ermittelt werden. In Analogie dazu kann der Verlauf der Stellgröße u über die Faltung der Gewichtsfunktion von $M(z)$ mit der Führungsgröße (19.9) ermittelt werden. Dabei muss u der Bedingung (19.10) genügen. Setzt man den durch die *Youla*-Parametrisierung gefundenen Regler (19.18) ein, so findet man für $M(z)$ und $T(z)$ folgende Ausdrücke:

$$\begin{aligned} M(z) &= N(z)X(z) + N^2(z)K(z) \\ T(z) &= X(z)Z(z) + N(z)Z(z)K(z). \end{aligned} \tag{19.19}$$

Mit den Abkürzungen

$$\begin{aligned} A(z) &:= X(z)Z(z), \quad & B(z) &:= N(z)Z(z) \\ C(z) &:= N(z)X(z), \quad & D(z) &:= N(z)N(z) \end{aligned}$$

vereinfacht sich die Darstellung (19.19) von $M(z)$ und $T(z)$ zu

$$\begin{aligned} T(z) &= A(z) + B(z)K(z) \\ M(z) &= C(z) + D(z)K(z). \end{aligned} \tag{19.20}$$

Der Vorteil dieser Beschreibung liegt darin, dass der Entwurfsparameter $K(z)$ *linear*[7] eingeht!

Mit Hilfe dieser Beziehungen ist man prinzipiell im Stande, die Werte der Fehlersumme und der Stellgröße mit Hilfe der entsprechenden Gewichtsfunktionen zu ermitteln. Sie werden durch die Faltung der Gewichtsfunktion von $T(z)$ bzw. $M(z)$ mit der Führungsgröße (19.9) ermittelt. Eine Schwierigkeit besteht allerdings darin, dass die jeweilige Gewichtsfunktion unendlich viele Elemente enthält! Dies gilt natürlich auch für den Entwurfsparameter $K(z)$. Bei der praktischen Durchführung können allerdings nur endlich viele Elemente einer Gewichtsfunktion herangezogen werden. Das bedeutet, man muss bei der numerischen Ermittlung von J und u Abschneidefehler in Kauf nehmen. Diesem Dilemma kann man entkommen, indem man die Übertragungsfunktionen $T(z)$ und $M(z)$ derart ansetzt, dass die zugehörigen Gewichtsfunktionen *endlich* viele von null verschiedene Elemente aufweisen. Man spricht in diesem Zusammenhang von einer *endlichen Gewichtsfolge* bzw. von einer *FIR-Übertragungsfunktion*. In der Tat kann man dieses Ziel durch geeignete Wahl des Parameters α bei der *Youla*-Parametrisierung erreichen! Wählt man in (19.14) und (19.15) $\alpha = 0$ *und* setzt für den Entwurfsparameter die FIR-Funktion

$$K(z) = \frac{k_0 z^{\varkappa} + k_1 z^{\varkappa - 1} + \ldots + k_{\varkappa}}{z^{\varkappa}} \tag{19.21}$$

an, so sind $M(z)$ und $T(z)$ ebenfalls FIR-Funktionen der Ordnung

$$\sigma = 2n + \varkappa, \tag{19.22}$$

d.h.

$$\begin{aligned} M(z) &= \frac{m_0 z^{\sigma} + m_1 z^{\sigma-1} + \ldots + m_{\sigma}}{z^{\sigma}} \\ T(z) &= \frac{\tau_0 z^{\sigma} + \tau_1 z^{\sigma-1} + \ldots + \tau_{\sigma}}{z^{\sigma}}. \end{aligned}$$

Zur Ermittlung einer zu (19.20) äquivalenten Relation im Zeitbereich (!) führen wir gewisse Abkürzungen ein. Man fasst die endlichen (!) Gewichtsfunktionen von $A(z)$, $C(z)$, $T(z)$ und $M(z)$ in den Vektoren

$$\mathbf{a} = \begin{bmatrix} a_0 \\ a_1 \\ a_2 \\ \vdots \\ a_{\sigma} \end{bmatrix}, \quad \mathbf{c} = \begin{bmatrix} c_0 \\ c_1 \\ c_2 \\ \vdots \\ c_{\sigma} \end{bmatrix}, \quad \mathbf{t} = \begin{bmatrix} \tau_0 \\ \tau_1 \\ \tau_2 \\ \vdots \\ \tau_{\sigma} \end{bmatrix}, \quad \mathbf{m} = \begin{bmatrix} m_0 \\ m_1 \\ m_2 \\ \vdots \\ m_{\sigma} \end{bmatrix}$$

zusammen und erzeugt aus den endlichen Gewichtsfolgen von $B(z)$ und $D(z)$ die

7 Man beachte: $T(z)$ und $M(z)$ sind *affin* in $K(z)$.

$(\sigma + 1, \varkappa + 1)$-Dreiecks-Matrizen

$$\mathbf{B} = \begin{bmatrix} b_0 & 0 & 0 & \dots & \\ b_1 & b_0 & 0 & \dots & \\ b_2 & b_1 & b_0 & \dots & \\ b_3 & b_2 & b_1 & \ddots & \\ \vdots & \vdots & \vdots & & \\ b_\sigma & b_{\sigma-1} & b_{\sigma-2} & \dots & b_{\sigma-\varkappa} \end{bmatrix}, \quad \mathbf{D} = \begin{bmatrix} d_0 & 0 & 0 & \dots & \\ d_1 & d_0 & 0 & \dots & \\ d_2 & d_1 & d_0 & \dots & \\ d_3 & d_2 & d_1 & \ddots & \\ \vdots & \vdots & \vdots & & \\ d_\sigma & d_{\sigma-1} & d_{\sigma-2} & \dots & d_{\sigma-\varkappa} \end{bmatrix}.$$

Zuletzt erzeugt man aus dem Zählerpolynom von $K(z)$ nach (19.21) den $(\kappa + 1)$-dimensionalen Vektor

$$\mathbf{k} = \begin{pmatrix} k_0 & k_1 & \dots & k_{\kappa-1} & k_\kappa \end{pmatrix}^T .$$

Damit kann (19.20) nun folgendermaßen angeschrieben werden:

$$\begin{aligned} \mathbf{t} &= \mathbf{a} + \mathbf{B}\,\mathbf{k} \\ \mathbf{m} &= \mathbf{c} + \mathbf{D}\,\mathbf{k}\,. \end{aligned} \tag{19.23}$$

Der Verlauf der Ausgangsgröße y bzw. der Stellgröße u kann über die Faltung der Gewichtsfolgen von $T(z)$ bzw. $M(z)$ mit der Führungsgröße (19.9) ermittelt werden. Dabei muss u der Bedingung (19.10) genügen. Es gilt somit:

$$\begin{array}{l} y_0 = \tau_0 \\ y_1 = \tau_0 + \tau_1 \\ y_2 = \tau_0 + \tau_1 + \tau_2 \\ \quad\vdots \\ y_\sigma = \sum\limits_{i=0}^{\sigma} \tau_i \end{array}, \quad \begin{array}{l} u_0 = m_0 \\ u_1 = m_0 + m_1 \\ u_2 = m_0 + m_1 + m_2 \\ \quad\vdots \\ u_\sigma = \sum\limits_{i=0}^{\sigma} m_i \end{array}, \quad \begin{array}{c} -u_{\max} \le u_0 \le u_{\max} \\ -u_{\max} \le u_1 \le u_{\max} \\ -u_{\max} \le u_2 \le u_{\max} \\ \vdots \\ -u_{\max} \le u_\sigma \le u_{\max} \end{array}$$

Obige Relationen können durch Einführung der Vektoren

$$\mathbf{y} = \begin{bmatrix} y_0 \\ y_1 \\ y_2 \\ \vdots \\ y_\sigma \end{bmatrix}, \quad \mathbf{u} = \begin{bmatrix} u_0 \\ u_1 \\ u_2 \\ \vdots \\ u_\sigma \end{bmatrix}, \quad \mathbf{u}_{\max} = \begin{bmatrix} u_{\max} \\ u_{\max} \\ u_{\max} \\ \vdots \\ u_{\max} \end{bmatrix}$$

und der $(\sigma + 1, \sigma + 1)$-Dreiecksmatrix

$$\mathbf{L} = \begin{bmatrix} 1 & 0 & 0 & \dots & 0 \\ 1 & 1 & 0 & \dots & 0 \\ 1 & 1 & 1 & \dots & 0 \\ \vdots & \vdots & \vdots & \ddots & \vdots \\ 1 & 1 & 1 & \dots & 1 \end{bmatrix}$$

kompakt angegeben werden:

$$\begin{aligned} \mathbf{y} &= \mathbf{Lt} \\ \mathbf{u} &= \mathbf{Lm} \\ -\mathbf{u}_{\max} &\le \mathbf{u} \le \mathbf{u}_{\max}. \end{aligned} \tag{19.24}$$

Da gemäß (19.11) die Summe der Absolutbeträge der Elemente ε_i minimiert werden soll, müssen alle Elemente ε_i als Differenz nichtnegativer Komponenten dargestellt werden, d.h.

$$\varepsilon_i = \varepsilon_i^+ - \varepsilon_i^- \qquad \text{mit } \varepsilon_i^+ \ge 0, \;\; \varepsilon_i^- \ge 0.$$

Es gilt dann

$$\begin{aligned} \varepsilon_0^+ - \varepsilon_0^- &= y_{ref,\,0} - y_0 \\ \varepsilon_1^+ - \varepsilon_1^- &= y_{ref,\,1} - y_1 \\ &\;\vdots \\ \varepsilon_\sigma^+ - \varepsilon_\sigma^- &= y_{ref,\,\sigma} - y_\sigma \end{aligned}$$

In Vektorschreibweise lautet die obige Beziehung

$$\boldsymbol{\varepsilon}_+ - \boldsymbol{\varepsilon}_- = \mathbf{y}_{ref} - \mathbf{y} \quad \text{mit} \quad \boldsymbol{\varepsilon}^+ \ge \mathbf{0}, \;\; \boldsymbol{\varepsilon}^- \ge \mathbf{0}, \tag{19.25}$$

wobei gilt:

$$\boldsymbol{\varepsilon}_+ = \begin{bmatrix} \varepsilon_0^+ \\ \varepsilon_1^+ \\ \varepsilon_2^+ \\ \vdots \\ \varepsilon_\sigma^+ \end{bmatrix}, \quad \boldsymbol{\varepsilon}_- = \begin{bmatrix} \varepsilon_0^- \\ \varepsilon_1^- \\ \varepsilon_2^- \\ \vdots \\ \varepsilon_\sigma^- \end{bmatrix}, \quad \mathbf{y} = \begin{bmatrix} y_0 \\ y_1 \\ y_2 \\ \vdots \\ y_\sigma \end{bmatrix}, \quad \mathbf{y}_{ref} = \begin{bmatrix} y_{ref,0} \\ y_{ref,1} \\ y_{ref,2} \\ \vdots \\ y_{ref,\sigma} \end{bmatrix}.$$

Mit dem konstanten $(\sigma + 1)$-dimensionalen Vektor

$$\mathbf{1}^T := \begin{bmatrix} 1 & 1 & 1 & \ldots & 1 \end{bmatrix}$$

gilt für die Fehlersumme nach (19.12)

$$J = \mathbf{1}^T \boldsymbol{\varepsilon}_+ + \mathbf{1}^T \boldsymbol{\varepsilon}_-. \tag{19.26}$$

Fasst man (19.23), (19.24), (19.25) und (19.26) zusammen, so lautet das den Reglerentwurf beschreibende Lineare Programm

$$J = \mathbf{1}^T \boldsymbol{\varepsilon}_+ + \mathbf{1}^T \boldsymbol{\varepsilon}_- \rightarrow \min$$

unter Berücksichtigung von

$$\begin{aligned} &\mathbf{t} - \mathbf{B}\,\mathbf{k} = \mathbf{a} \\ &\mathbf{m} - \mathbf{D}\,\mathbf{k} = \mathbf{c} \\ &\mathbf{y} - \mathbf{Lt} = \mathbf{0} \\ &\mathbf{u} - \mathbf{Lm} = \mathbf{0} \\ \\ &\boldsymbol{\varepsilon}_+ - \boldsymbol{\varepsilon}_- + \mathbf{y} = \mathbf{y}_{ref} \\ &-\mathbf{u}_{\max} \le \mathbf{u} \le \mathbf{u}_{\max} \\ &\boldsymbol{\varepsilon}_+ \ge \mathbf{0} \qquad \boldsymbol{\varepsilon}_- \ge \mathbf{0}. \end{aligned} \tag{19.27}$$

Es handelt sich um ein Optimierungsproblem mit $(6\sigma + \varkappa + 7) \overset{(19.22)}{=} (12n + 7\varkappa + 7)$ Variablen $\mathbf{t}$, $\mathbf{m}$, $\mathbf{y}$, $\mathbf{u}$, ε_+, ε_- und $\mathbf{k}$.

Darstellung als Lineares Programm in allgemeiner Form

Der Vektor der Optimierungsvariablen

$$\mathbf{x} = \begin{bmatrix} \varepsilon_+^T & \varepsilon_-^T & \mathbf{t}^T & \mathbf{m}^T & \mathbf{k}^T & \mathbf{y}^T & \mathbf{u}^T \end{bmatrix}^T$$

muss so bestimmt werden, dass die Zielfunktion

$$J = \begin{bmatrix} \mathbf{1}^T & \mathbf{1}^T & \mathbf{0}^T & \mathbf{0}^T & \mathbf{0}^T & \mathbf{0}^T & \mathbf{0}^T \end{bmatrix} \mathbf{x}$$

unter Einhaltung der Nebenbedingungen[8]

$$\begin{bmatrix} \mathbf{a} \\ \mathbf{c} \\ \mathbf{0} \\ \mathbf{0} \\ \mathbf{y}_{ref} \end{bmatrix} \leq \begin{bmatrix} \cdot & \cdot & \mathbf{E} & \cdot & -\mathbf{B} & \cdot & \cdot \\ \cdot & \cdot & \cdot & \mathbf{E} & -\mathbf{D} & \cdot & \cdot \\ \cdot & \cdot & -\mathbf{L} & \cdot & \cdot & \mathbf{E} & \cdot \\ \cdot & \cdot & \cdot & -\mathbf{L} & \cdot & \cdot & \mathbf{E} \\ \mathbf{E} & -\mathbf{E} & \cdot & \cdot & \cdot & \mathbf{E} & \cdot \end{bmatrix} \mathbf{x} \leq \begin{bmatrix} \mathbf{a} \\ \mathbf{c} \\ \mathbf{0} \\ \mathbf{0} \\ \mathbf{y}_{ref} \end{bmatrix}$$

minimal wird und $\mathbf{x}$ den folgenden Beschränkungen genügt:

$$\begin{bmatrix} \mathbf{0} \\ \mathbf{0} \\ -\infty \\ -\infty \\ -\infty \\ -\mathbf{u}_{\max} \end{bmatrix} \leq \begin{bmatrix} \varepsilon_+ \\ \varepsilon_- \\ \mathbf{t} \\ \mathbf{m} \\ \mathbf{y} \\ \mathbf{u} \end{bmatrix} \leq \begin{bmatrix} \infty \\ \infty \\ \infty \\ \infty \\ \infty \\ \mathbf{u}_{\max} \end{bmatrix}.$$

Querverbindung zur algebraischen Synthese

Die hier vorgestellten Entwurfsverfahren erlauben den Entwurf von „optimalen“ Regelkreisen durch die Anwendung der Linearen Programmierung. Der Schlüssel zur erfolgreichen Anwendung der Linearen Programmierung für die Regelkreissynthese ist die *Youla*-Parametrisierung. Sie garantiert die interne Stabilität des Regelkreises und vereinfacht die Struktur der Übertragungsfunktionen des geschlossenen Kreises derart, dass die Einbettung in ein lineares Optimierungsproblem leicht möglich ist.

Mit Hilfe der in (19.14) und (19.16) eingeführten BIBO-stabilen Übertragungsfunktionen $Z(z)$, $N(z)$ und $X(z)$ kann die Führungsübertragungsfunktion $T(z)$ eines Standardregelkreises folgendermaßen ausgedrückt werden:

$$T(z) = Z(z)\left[X(z) + K(z)N(z)\right]. \tag{19.28}$$

Dabei ist die BIBO-stabile Übertragungsfunktion $K(z)$ der frei wählbare Entwurfsparameter. Aus (19.28) ist zu erkennen, dass $T(z)$ *keine* beliebige implementierbare Übertragungsfunktion sein kann. Die *Pole* von $T(z)$ können zwar *beliebig* durch entsprechende

[8] Alle nicht spezifizierten Elemente der unten stehenden rechteckigen Matrix sind gleich null.

Ansätze für $Z(z)$, $N(z)$ und $X(z)$ sowie durch die Wahl von $K(z)$ festgelegt werden, die *Nullstellen* von $T(z)$ setzen sich hingegen aus Streckennullstellen, also Nullstellen von $Z(z)$ und Reglernullstellen, das sind die Nullstellen von $[X(z) + K(z)N(z)]$ zusammen. Instabile Streckennullstellen bleiben dabei zwangsläufig in $T(z)$ erhalten, da eine Kürzung mit einem Pol der BIBO-stabilen Übertragungsfunktion $[X(z) + K(z)N(z)]$ nicht möglich ist.

Mit dem Ziel, ein finites Lineares Programm zur exakten Lösung des Entwurfsproblems zu generieren, wurde in (19.14) und (19.15) als Faktorisierungsstelle $\alpha = 0$ gewählt. Die Übertragungsfunktion $K(z)$ wurde außerdem als FIR-Funktion angesetzt. Diese Maßnahmen haben zur Folge, dass alle Übertragungsfunktionen des geschlossenen Kreises und damit auch $T(z)$ FIR-Funktionen sind. Als Lösung der Optimierungsaufgabe kommen somit nur solche Reglerübertragungsfunktionen $R(z)$ in Betracht, die *alle* Pole von $T(z)$ an die Stelle $z = 0$ legen. Man kann diese Vorgangsweise durchaus mit der bei der algebraischen Synthese beschriebenen „Polvorgabe" für den Standardregelkreis vergleichen. Setzt man nämlich für den Entwurfsparameter den (zulässigen) Wert

$$K(z) = 0$$

ein, so nimmt die in (19.18) angegebene Reglerübertragungsfunktion die Form

$$R(z) = \frac{X(z)}{Y(z)} \overset{(19.15)}{=} \frac{x(z)}{y(z)} \tag{19.29}$$

an. Für eine Streckenordnung n liefert (19.17) mit dem Ansatz (19.16) Polynome $x(z)$ und $y(z)$ vom Grad $(n-1)$, d.h die Ordnung des resultierenden Reglers beträgt $(n-1)$. Dieser ist *eindeutig* bestimmt durch die Forderung, dass für das Nennerpolynom $\nu_T(z)$ der Führungsübertragungsfunktion gelten soll:

$$\nu_T(z) = z^{2n-1}.$$

Beispiel: Für die Streckenübertragungsfunktion 3. Ordnung $(n = 3)$

$$P(z) = \frac{0.005z + 0.0045}{z^3 - 1.9z^2 + 0.9z}, \quad T_d = 0.1s$$

kann folgende Koprimfaktorisierung (19.14) mit $\alpha = 0$ angegeben werden:

$$Z(z) = \frac{0.005z + 0.0045}{z^3}, \quad N(z) = \frac{z^3 - 1.9z^2 + 0.9z}{z^3}.$$

Die Zählerpolynome der Übertragungsfunktionen

$$X(z) = \frac{x_2z^2 + x_1z + x_0}{z^2} \quad \text{und} \quad Y(z) = \frac{y_2z^2 + y_1z + y_0}{z^2}$$

können über die *Bezout*-Identität (19.17) ermittelt werden; es gilt

$$(0.005z + 0.0045)\left(x_2z^2 + x_1z + x_0\right) + \left(z^3 - 1.9z^2 + 0.9z\right)\left(y_2z^2 + y_1z + y_0\right) = z^5.$$

Ausmultiplizieren und Koeffizientenvergleich liefern folgendes, aus der algebraischen Synthese wohl bekannte, lineare Gleichungssystem zur Bestimmung der Polynomkoeffizienten:

$$\begin{bmatrix} 0.0045 & 0 & 0 & 0 & 0 & 0 \\ 0.005 & 0.0045 & 0 & 0.9 & 0 & 0 \\ 0 & 0.005 & 0.0045 & -1.9 & 0.9 & 0 \\ 0 & 0 & 0.005 & 1 & -1.9 & 0.9 \\ 0 & 0 & 0 & 0 & 1 & -1.9 \\ 0 & 0 & 0 & 0 & 0 & 1 \end{bmatrix} \begin{bmatrix} x_0 \\ x_1 \\ x_2 \\ y_0 \\ y_1 \\ y_2 \end{bmatrix} = \begin{bmatrix} 0 \\ 0 \\ 0 \\ 0 \\ 0 \\ 1 \end{bmatrix}.$$

Aus der eindeutigen Lösung

$$X(z) = \frac{323.6z^2 - 218.4z}{z^2}, \quad Y(z) = \frac{z^2 + 1.9z + 1.092}{z^2}$$

errechnet sich die aus $K(z) = 0$ resultierende Reglerübertragungsfunktion $R(z)$ zu

$$R(z) = \frac{323.6z^2 - 218.4z}{z^2 + 1.9z + 1.092}.$$

Die Führungsübertragsfunktion $T(z)$ kann mit Hilfe von (19.28) ermittelt werden:

$$T(z) = Z(z)X(z) = \frac{R(z)P(z)}{1 + R(z)P(z)} = \frac{1.618z^2 + 0.3645z - 0.9827}{z^4}.$$

Eine Erhöhung der Reglerordnung erreicht man durch eine Erhöhung der Ordnung des Entwurfsparameters $K(z)$. Man gewinnt dadurch, wie bei der algebraischen Synthese ausführlich besprochen wurde, *zusätzliche Freiheitsgrade* für den Reglerentwurf. Über die *beliebig* vorgebbare Gewichtsfolge von $K(z)$ können die Gewichtsfolgen des geschlossenen Kreises gezielt manipuliert werden. Das soll anhand einiger einfacher Beispiele erläutert werden.

Beispiel: Für die Strecke mit der Übertragungsfunktion

$$P(z) = \frac{1}{z - 0.5}$$

errechnen sich aus der zugehörigen Koprimfaktorisierung

$$Z(z) = \frac{1}{z} \quad \text{und} \quad N(z) = \frac{z - 0.5}{z}$$

über die *Bezout*-Identität (19.17) die Übertragungsfunktionen

$$X(z) = 0.5 \quad \text{und} \quad Y(z) = 1.$$

Für $K(z) = 0$ ergibt sich ein Proportionalregler, nämlich

$$R(z) = 0.5.$$

Die Führungsübertragungsfunktion lautet damit

$$T(z) = \frac{0.5}{z}.$$

Da weder die Strecke noch der Regler integrierendes Verhalten aufweisen, hat der Regelkreis die wünschenswerte Eigenschaft der stationären Genauigkeit nicht, denn es gilt

$$T(1) = 0.5 \neq 1.$$

Das folgende Beispiel demonstriert, wie durch spezielle Wahl von $K(z)$ die stationäre Genauigkeit des Regelkreises erzwungen werden kann.

Beispiel: Um dem Regelkreis die Eigenschaft der stationären Genauigkeit, d.h. $T(1) \overset{!}{=} 1$, aufzuprägen, muss der Regler integrierendes Verhalten aufweisen. Dies kann durch einen nichttrivialen Entwurfsparameter $K(z)$ der Ordnung $\varkappa = 0$ erreicht werden, also

$$K(z) = k_0.$$

Nach (19.28) gilt nun für die Führungsübertragungsfunktion

$$T(z) = \frac{1}{z}\left[0.5 + k_0\frac{(z-0.5)}{z}\right] = \frac{z(k_0+0.5) - 0.5k_0}{z^2}.$$

Aus der Bedingung für die stationäre Genauigkeit

$$T(1) = k_0 + 0.5 - 0.5k_0 \overset{!}{=} 1$$

folgt unmittelbar $k_0 = 1$, d.h.

$$K(z) = 1.$$

Der entsprechende Regler errechnet sich mit Hilfe von (19.18) zu

$$R(z) = \frac{0.5 + \dfrac{(z-0.5)}{z}}{1 - \dfrac{1}{z}} = \frac{1.5z - 0.5}{z-1};$$

er besitzt, wie gefordert, Integriercharakter. Die resultierende Führungsübertragungsfunktion lautet jetzt

$$T(z) = \frac{1.5z - 0.5}{z^2};$$

sie besitzt die gewünschte Eigenschaft $T(1) = 1$.

Zusätzlich zur stationären Genauigkeit wollen wir nun auch gezielt auf den Verlauf der Stellgröße einwirken. Es soll, wenigstens zum Zeitpunkt $t = 0$, eine Stellgrößenbeschränkung berücksichtigt werden.

Beispiel: Zu diesem Zweck wird die Übertragungsfunktion $T_u(z)$, die den Zusammenhang zwischen der Führungsgröße r und der Stellgröße u beschreibt, ermittelt. Es gilt mit (19.13) und (19.28):

$$r \to u: \quad T_u(z) = \frac{T(z)}{P(z)} = N(z)\left[X(z) + K(z)N(z)\right].$$

Der Entwurfsparameter 1. Ordnung ($\varkappa = 1$)

$$K(z) = \frac{k_0 z + k_1}{z}$$

muss nun so bestimmt werden, dass die beiden Bedingungen

$$u_0 \leq u_{\max} \quad \text{für } (r) = (1, 1, 1, \ldots) \quad \text{und} \quad T(1) = 1$$

erfüllt werden. Hierbei ist $u_{\max}$ eine gegebene positive Größe. Setzt man obigen Ansatz für $K(z)$ in die Berechnungsvorschrift für $T_u(z)$ ein, so ergibt sich

$$\begin{aligned} T_u(z) &= \frac{(z-0.5)}{z}\left[0.5 + \frac{(k_0 z + k_1)}{z}\frac{(z-0.5)}{z}\right] = \\ &= \frac{(k_0+0.5)\ z^3 + (-k_0 + k_1 - 0.25)\ z^2 + (0.25k_0 - k_1)\ z + 0.25k_1}{z^3}. \end{aligned}$$

Den Wert der Stellgröße u zum Zeitpunkt $t = 0$ kann man über den Anfangswertsatz der z-Tansformation ermitteln, d.h.

$$u_0 = \lim_{z\to\infty} u(z) = \lim_{z\to\infty} T_u(z)\frac{z}{z-1} = k_0 + 0.5.$$

Die vorgegebene Beschränkung für u_0 lautet somit

$$u_0 = k_0 + 0.5 \leq u_{\max}.$$

Eine Stellgrößenbeschränkung mit $u_{\max} = 4$ wird also für $k_0 \leq 3.5$ sicher eingehalten. Die geforderte stationäre Genauigkeit des Regelkreises entspricht der Bedingung

$$T(1) = Z(1)\left[X(1) + N(1)Y(1)\right] \stackrel{!}{=} 1, \quad \text{d.h.} \quad T(1) = 1\left[0.5 + 0.5K(1)\right] \stackrel{!}{=} 1.$$

Daraus folgt unmittelbar die Beziehung

$$K(1) = k_0 + k_1 \stackrel{!}{=} 1$$

für die Koeffizienten des Entwurfsparameters $K(z)$. Eine zulässige Wahl für die Koeffizienten von $K(z)$ lautet somit $k_0 = 3.5$ und $k_1 = -2.5$, d.h.

$$K(z) = \frac{3.5z - 2,5}{z}.$$

Daraus resultiert der integrierende Regler

$$R(z) = \frac{4z^2 - 4.25z + 1.25}{z^2 - 3.5z + 2.5} = \frac{4\,(z^2 - 1.063\,z + 0.3125)}{(z-2.5)(z-1)}.$$

Die zugehörige Stellgrößenübertragungsfunktion lautet

$$T_u(z) = \frac{4z^3 - 6.25z^2 + 3.375z - 0.625}{z^3};$$

ihre Sprungantwort ist durch die Folge $(4, -2.25, 1.125, 0.5, 0.5, \ldots)$ gegeben. Das heißt die vorgegebe Beschränkung der Stellgröße wird eingehalten. Die Führungsübertragungsfunktion errechnet sich zu

$$T(z) = \frac{4z^2 - 4.25z + 1.25}{z^3};$$

sie besitzt offensichtlich die Eigenschaft $T(1) = 1$.

Obiges Beispiel verdeutlicht, dass es relativ leicht möglich ist, einfache Zusatzwünsche mit Hilfe von $K(z)$ zu erfüllen. Soll allerdings für spezielle Führungsgrößen eine Stellgrößenbeschränkung der Form

$$|u_i| \leq u_{\max} \quad \forall i$$

erfüllt werden, so bedarf es eines *massiven* Eingriffs in die Impulsanworten des geschlossenen Kreises mittels $K(z)$. Der Entwurfsparameter $K(z)$ muss also in diesem Fall als FIR-Funktion *sehr hoher* Ordnung angesetzt werden. Die hier vorgestellten Entwurfsverfahren erlauben die effiziente Nutzung der so gewonnenen Freiheitsgrade durch den Einsatz der Linearen Programmierung. Das folgende Beispiel demonstriert den Reglerentwurf durch „Modellierung der Sprungantwort des Regelkreises" und vergleicht die gefundenen Ergebnisse mit Erkenntnissen aus der algebraischen Synthese.

Beispiel: Gegeben sei die Streckenübertragungsfunktion 3. Ordnung $(n = 3)$

$$P(z) = \frac{0.005z + 0.0045}{z^3 - 1.9z^2 + 0.9z}, \quad T_d = 0.1s.$$

Gesucht ist eine Reglerübertragungsfunktion $R(z)$, die dafür sorgt, dass der Verlauf der Ausgangsgröße y bei einer konstanten Führungsgröße

$$(r) = (1, 1, 1, \ldots)$$

möglichst gut mit der in Abb. 19.9 dargestellten „Referenzsprungantwort" y_{ref} übereinstimmt. Dabei darf der Betrag der Stellgröße die gegebene Schranke

$$u_{\max} = 10$$

nicht überschreiten, d.h.

$$|u_i| \leq u_{\max} \quad \forall i.$$

Um den maßgeblichen Anteil der vorgegebenen Sprungantwort y_{ref} erfassen zu können, muss die Ordnung $\varkappa$ des Entwurfparameters $K(z)$ entsprechend groß gewählt werden. Ein hinreichend großer Wert ist

$$\varkappa = 50.$$

Das bedeutet, dass gemäß (19.22) die Ordnung der Übertragungsfunktionen $T(z)$ und $M(z)$ gleich $\sigma = 56$ beträgt. Es können somit die ersten 5.6 Sekunden der Sprungantwort in die Optimierung einbezogen werden. Das durch (19.27) beschriebene Lineare Programm besitzt dann 393 Variablen und 285 Beschränkungen. Die durch die optimale Lösung beschriebene Reglerübertragungsfunktion $R(z)$ besitzt im Vergleich zu der Streckenordnung $n = 3$ die unverhältnismäßig hohe Ordnung 53. Die Verläufe der Ausgangsgröße y und der

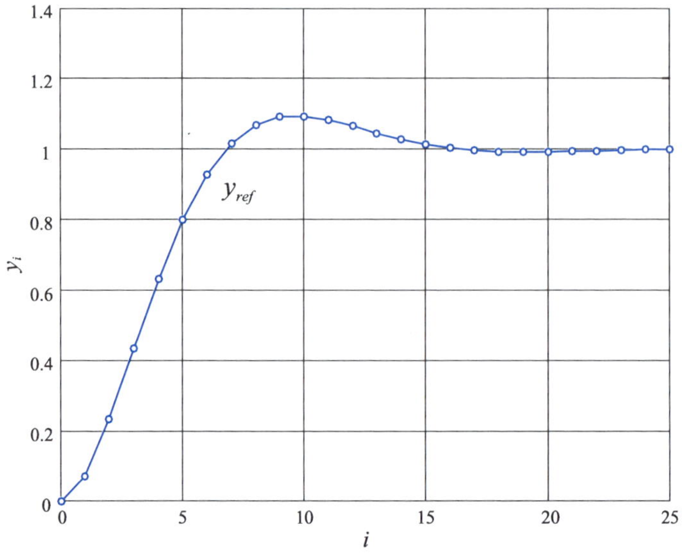

Abbildung 19.9: Gewünschter Verlauf y_{ref} der Sprungantwort

Stellgröße u für eine konstante Führungsgröße (19.9) bei Verwendung des Reglers hoher Ordnung sind in Abb. 19.10 und Abb. 19.11 dargestellt.

Das Ergebnis des Entwurfes kann als sehr zufrieden stellend bezeichnet werden. Allerdings macht es die hohe Ordnung des Reglers notwendig, eine Ordnungsreduktion durchzuführen. Dies soll in den nachfolgenden Ausführungen erläutert werden.

19.5.3 Reduktion der Reglerordnung

Einführung

Das Ziel der Ordnungsreduktion ist, einen Regler hoher Ordnung durch einen Regler niedriger Ordnung zu ersetzen, *ohne* die dynamischen Eigenschaften des Regelkreises signifikant zu verändern. In der einschlägigen Literatur findet man zu dieser Thematik zahlreiche Beiträge [2]. An dieser Stelle wird ein Reduktionsverfahren vorgestellt, das sich in der praktischen Anwendung bewährt hat. Es ist maßgeschneidert für die auf der Linearen Programmierung basierenden Entwurfsverfahren. Die Ordnungsreduktion kann nämlich selbst als lineares Optimierungsproblem formuliert werden, d.h. die verwendeten Werkzeuge sind die gleichen wie beim Reglerentwurf! Außerdem fallen die benötigten „Eingangsdaten" für die Reglerreduktion direkt als Ergebnis des Reglerentwurfes an.

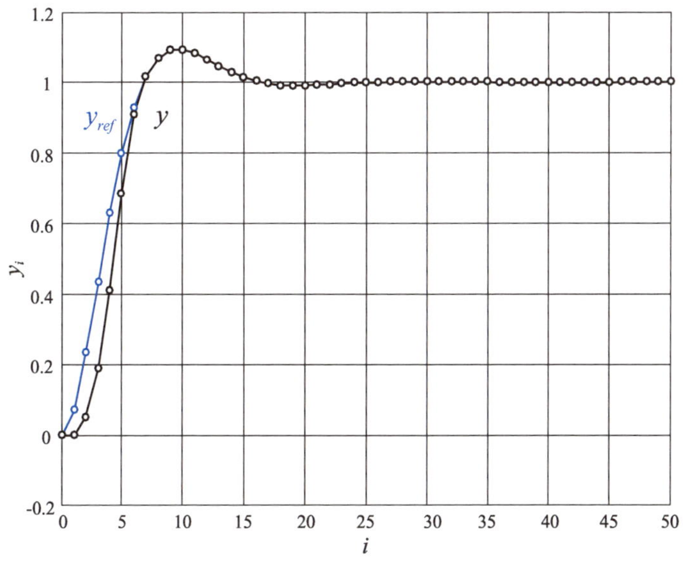

Abbildung 19.10: Verlauf von y bei Verwendung des Reglers 53. Ordnung

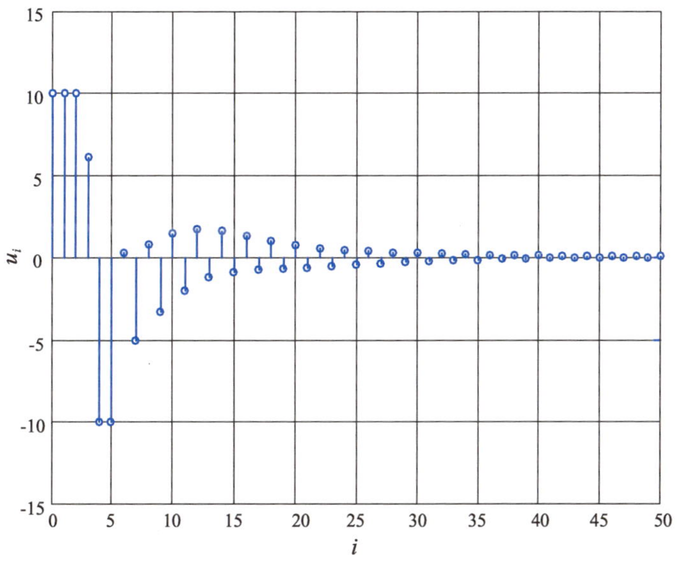

Abbildung 19.11: Verlauf von u_i bei Verwendung des Reglers 53. Ordnung

Formulierung des Problems

Ausgangspunkt unserer Überlegungen ist ein Regler hoher Ordnung. Dieser wird mit Hilfe der Übertragungsfunktion $R(z)$ mit dem Zählerpolynom $b(z)$ und dem Nennerpolynom $a(z)$ beschrieben, d.h.

$$R(z) = \frac{b(z)}{a(z)}. \tag{19.30}$$

Da der Regler den Zusammenhang zwischen Regelfehler und Stellgröße beschreibt, kann man $R(z)$ auch als Quotient der Übertragungsfunktionen, die den Zusammenhang zwischen der auf den Regelkreis wirkenden Eingangsgröße r und dem Regelfehler e bzw. der Stellgröße u beschreiben, d.h.

$$r \to u: \quad T_u \qquad\qquad r \to e: \quad T_e$$

$$R(z) = \frac{T_u(z)}{T_e(z)}. \tag{19.31}$$

Aus (19.30) und (19.31) folgt unmittelbar die Beziehung

$$a(z)T_u(z) - b(z)T_e(z) = 0. \tag{19.32}$$

Es soll nun der Regler (19.30) hoher Ordnung durch einen Regler

$$\hat{R}(z) = \frac{\hat{b}(z)}{\hat{a}(z)}$$

niedrigerer Ordnung ρ ersetzt werden. Die den Regler beschreibenden Polynome

$$\begin{aligned} \hat{b}(z) &= \hat{b}_\rho z^\rho + ... + \hat{b}_1 z + \hat{b}_0 \\ \hat{a}(z) &= \hat{a}_\rho z^\rho + ... + \hat{a}_1 z + \hat{a}_0 \end{aligned} \tag{19.33}$$

haben dabei den vorgegebenen Grad ρ. Ohne Einschränkung der Allgemeinheit wird für den Koeffizienten $\hat{a}_\rho$ des Nennerpolynoms angenommen:

$$\hat{a}_\rho = 1. \tag{19.34}$$

Die Koeffizienten der Polynome $\hat{b}(z)$ und $\hat{a}(z)$ sollen nun so bestimmt werden, dass sie der Beziehung (19.32) „bestmöglich" genügen. Dazu muss der so genannte Approximationsfehler

$$\Psi(z) := \hat{a}(z)T_u(z) - \hat{b}(z)T_e(z)$$

in geeigneter Weise „minimiert" werden. Diese Minimierung wird im vorliegenden Fall im Frequenzbereich durchgeführt, d.h. als Maß für die Güte der Reglerapproximation wird der Frequenzgang $\Psi(e^{j\omega T_d})$ herangezogen:

$$\Psi(e^{j\omega T_d}) = \hat{a}(e^{j\omega T_d})T_u(e^{j\omega T_d}) - \hat{b}(e^{j\omega T_d})T_e(e^{j\omega T_d}).$$

Zu diesem Zweck wird der interessierende Frequenzbereich durch Vorgabe von n_ω Frequenzstützstellen $\omega_1, \omega_2, \ldots \omega_{n_\omega}$ hinreichend fein diskretisiert. Bei vorliegenden Übertragungsfunktionen T_u und T_e ist obiger Ausdruck für jeden ω-Wert *linear* in den unbekannten Polynomkoeffizienten $\hat{a}_i$ und $\hat{b}_i$ nach (19.33). Die im Normalfall existierenden

Abweichungen des Frequenzganges $R(e^{j\omega T_d})$ von $\hat{R}(e^{j\omega T_d})$ werden durch den *Approximationsfehler* $\Psi(e^{j\omega T_d})$ für $\omega = \omega_i$ $(i = 1, ..., n_\omega)$ erfasst. Das Ziel ist, diesen Fehler im Sinne einer guten Approximation „möglichst klein" zu halten. Man beachte, dass der Fehler eine *komplexe Zahl* ist und damit die Gestalt

$$\Psi(e^{j\omega T_d}) = \mathrm{Re}\left\{\Psi(e^{j\omega T_d})\right\} + j\,\mathrm{Im}\left\{\Psi(e^{j\omega T_d})\right\} =: \alpha + j\beta \qquad \text{für } \omega = \omega_i$$

hat. Es ist sinnvoll, zur Erfassung der Approximationsgüte an einer Stelle ω die Summe $|\alpha| + |\beta|$ der Absolutbeträge von Real- und Imaginärteil von $\Psi(e^{j\omega T_d})$ zu betrachten. Damit ist auch gesichert, dass alle Fehlerbeiträge im interessierenden Intervall das gleiche Vorzeichen aufweisen. Das heißt: jede Abweichung wird bestraft. Der Regler $\hat{R}(z)$ soll nun so ermittelt werden, dass folgende Zielfunktion minimal wird:

$$J = \sum_{i=1}^{n_\omega} \left(\, |\alpha_i| + |\beta_i| \, \right).$$

Die in der Summe erscheinenden Größen sind durch

$$\alpha_i := \mathrm{Re}\left\{\Psi(e^{j\omega_i T_d})\right\} \quad \text{und} \quad \beta_i := \mathrm{Im}\left\{\Psi(e^{j\omega_i T_d})\right\}.$$

definiert. Der große Vorteil dieser Formulierung liegt darin, dass diese Gütefunktion problemlos in ein *Lineares Programm* übernommen und effizient rechnerunterstützt gelöst werden kann!

Ermittlung des Fehlers $\Psi(e^{j\omega T_d})$ an der Stützstelle ω: Für eine bestimmte Frequenz ω gilt

$$\Psi(e^{j\omega T_d}) = \hat{a}(e^{j\omega T_d})T_u(e^{j\omega T_d}) - \hat{b}(e^{j\omega T_d})T_e(e^{j\omega T_d}). \tag{19.35}$$

Die komplexe Größe $\Psi(e^{j\omega T_d})$ wird in Real- und Imaginärteil zerlegt, d.h.

$$\alpha := \mathrm{Re}\left\{\Psi(e^{j\omega T_d})\right\}, \qquad \beta := \mathrm{Im}\left\{\Psi(e^{j\omega T_d})\right\}. \tag{19.36}$$

Analog wird mit den aus dem Reglerentwurf bekannten Größen $T_u(e^{j\omega T_d})$ und $T_e(e^{j\omega T_d})$ verfahren:

$$\begin{aligned} \mu &:= \mathrm{Re}\left\{T_u(e^{j\omega T_d})\right\}, \quad \nu := \mathrm{Im}\left\{T_u(e^{j\omega T_d})\right\} \\ \eta &:= \mathrm{Re}\left\{T_e(e^{j\omega T_d})\right\}, \quad \varsigma := \mathrm{Im}\left\{T_e(e^{j\omega T_d})\right\}. \end{aligned} \tag{19.37}$$

Unter Weglassen des Arguments $e^{j\omega T_d}$ ergibt sich damit für (19.35)

$$\begin{aligned} \alpha &= \mu\,\mathrm{Re}\{\hat{a}\} - \nu\,\mathrm{Im}\{\hat{a}\} - \eta\,\mathrm{Re}\left\{\hat{b}\right\} + \varsigma\,\mathrm{Im}\left\{\hat{b}\right\} \\ \beta &= \mu\,\mathrm{Im}\{\hat{a}\} + \nu\,\mathrm{Re}\{\hat{a}\} - \eta\,\mathrm{Im}\left\{\hat{b}\right\} - \varsigma\,\mathrm{Re}\left\{\hat{b}\right\}. \end{aligned} \tag{19.38}$$

Die Auswertung der gesuchten Polynome $\hat{b}(z)$ und $\hat{a}(z)$ liefert

$$\begin{aligned} \hat{b}(e^{j\omega T_d}) &= \hat{b}_\rho e^{j\rho\omega T_d} + ... + \hat{b}_1 e^{j\omega T_d} + \hat{b}_0 \\ \hat{a}(e^{j\omega T_d}) &= \hat{a}_\rho e^{j\rho\omega T_d} + ... + \hat{a}_1 e^{j\omega T_d} + \hat{a}_0. \end{aligned}$$

Eine Aufspaltung der obigen Ausdrücke in Real- und Imaginärteile unter Ausnutzung von

$$e^{j\varphi} = \cos\varphi + j\sin\varphi$$

lautet dann

$$\begin{aligned}\hat{b}(e^{j\omega T_d}) &= \sum_{k=0}^{\rho} \hat{b}_k \cos(k\omega T_d) + j\sum_{k=0}^{\rho} \hat{b}_k \sin(k\omega T_d)\,, \\ \hat{a}(e^{j\omega T_d}) &= \sum_{k=0}^{\rho} \hat{a}_k \cos(k\omega T_d) + j\sum_{k=0}^{\rho} \hat{a}_k \sin(k\omega T_d)\,.\end{aligned} \tag{19.39}$$

Mit Hilfe der Vektoren der gesuchten Polynomkoeffizienten

$$\begin{aligned}\mathbf{b} &= \begin{bmatrix} \hat{b}_0 & \hat{b}_1 & \dots & \hat{b}_{\rho-1} & \hat{b}_\rho \end{bmatrix}^T, \\ \mathbf{a} &= \begin{bmatrix} \hat{a}_0 & \hat{a}_1 & \dots & \hat{a}_{\rho-1} & \hat{a}_\rho \end{bmatrix}^T\end{aligned}$$

und mit den Hilfsgrößen

$$\begin{aligned}\mathbf{c} &= \begin{bmatrix} 1 & \cos(\omega T_d) & \cos(2\omega T_d) & \dots & \cos(\rho\omega T_d) \end{bmatrix}^T, \\ \mathbf{s} &= \begin{bmatrix} 0 & \sin(\omega T_d) & \sin(2\omega T_d) & \dots & \sin(\rho\omega T_d) \end{bmatrix}^T\end{aligned}$$

kann der Wert des Zähler- bzw. des Nennerpolynoms an der Stelle $e^{j\omega T_d}$ (19.39) kompakt angeschrieben werden:

$$\begin{aligned}\hat{b}(e^{j\omega T_d}) &= \mathbf{c}^T\,\mathbf{b} + j\,\mathbf{s}^T\,\mathbf{b}, \\ \hat{a}(e^{j\omega T_d}) &= \mathbf{c}^T\,\mathbf{a} + j\,\mathbf{s}^T\,\mathbf{a}.\end{aligned}$$

Für den Real- bzw. Imaginärteil von $\Psi(e^{j\omega T_d})$ in (19.38) gilt nun

$$\begin{aligned}\alpha &= \left(\mu\mathbf{c}^T - \nu\mathbf{s}^T\right)\mathbf{a} - \left(\eta\mathbf{c}^T - \varsigma\mathbf{s}^T\right)\mathbf{b}, \\ \beta &= \left(\mu\,\mathbf{s}^T + \nu\mathbf{c}^T\right)\mathbf{a} - \left(\eta\,\mathbf{s}^T + \varsigma\mathbf{c}^T\right)\mathbf{b}\end{aligned}$$

Ermittlung des „Gesamtfehlers“: Betrachten wir nun eine Frequenz ω_i aus dem Intervall $[\omega_0, \omega_u]$, so verkomplizieren sich (äußerlich) die entwickelten Relationen, da bei jeder frequenzabhängigen Größe eine Indizierung notwendig ist. Das Bildungsgesetz dieser Größen ist einsichtig: Man ersetzt in obigen abgeleiteten Formeln die Variable ω durch die Variable ω_i. Für den Real- bzw. Imaginärteil von $\Psi(e^{j\omega_i T_d})$ in (19.38) gilt nun

$$\begin{aligned}\alpha_i &= \left(\mu_i\mathbf{c}_i^T - \nu_i\mathbf{s}_i^T\right)\mathbf{a} - \left(\eta_i\mathbf{c}_i^T - \varsigma_i\mathbf{s}_i^T\right)\mathbf{b}, \\ \beta_i &= \left(\mu_i\,\mathbf{s}_i^T + \nu_i\mathbf{c}_i^T\right)\mathbf{a} - \left(\eta_i\,\mathbf{s}_i^T + \varsigma_i\mathbf{c}_i^T\right)\mathbf{b}.\end{aligned} \tag{19.40}$$

Der Index i durchläuft dabei natürlich den Wertebereich

$$1 \le i \le n_\omega.$$

Mit Hilfe der Diagonalmatrizen

$$\boldsymbol{\mu} := \mathbf{diag}(\mu_i) \quad \text{und} \quad \boldsymbol{\nu} := \mathbf{diag}(\nu_i),$$
$$\boldsymbol{\eta} := \mathbf{diag}(\eta_i) \quad \text{und} \quad \boldsymbol{\varsigma} := \mathbf{diag}(\varsigma_i)$$

und der frequenzabhängigen Matrizen

$$\mathbf{C} := \begin{bmatrix} \mathbf{c}_1^T \\ \mathbf{c}_2^T \\ \vdots \\ \mathbf{c}_{n_\omega}^T \end{bmatrix}, \quad \mathbf{S} := \begin{bmatrix} \mathbf{s}_1^T \\ \mathbf{s}_2^T \\ \vdots \\ \mathbf{s}_{n_\omega}^T \end{bmatrix}$$

können die in (19.40) angegebenen Relationen übersichtlich zusammengefasst werden:

$$\begin{aligned} \boldsymbol{\alpha} &= (\boldsymbol{\mu}\mathbf{C} - \boldsymbol{\nu}\mathbf{S})\,\mathbf{a} - (\boldsymbol{\eta}\mathbf{C} - \boldsymbol{\varsigma}\mathbf{S})\,\mathbf{b}, \\ \boldsymbol{\beta} &= (\boldsymbol{\mu}\mathbf{S} + \boldsymbol{\nu}\mathbf{C})\,\mathbf{a} - (\boldsymbol{\eta}\mathbf{S} + \boldsymbol{\varsigma}\mathbf{C})\,\mathbf{b}. \end{aligned}$$

Die Vektoren $\boldsymbol{\alpha}$ und $\boldsymbol{\beta}$ sind dabei folgendermaßen definiert:

$$\begin{aligned} \boldsymbol{\alpha} &:= \begin{bmatrix} \alpha_1 & \alpha_2 & \dots & \alpha_{n_\omega} \end{bmatrix}^T, \\ \boldsymbol{\beta} &:= \begin{bmatrix} \beta_1 & \beta_2 & \dots & \beta_{n_\omega} \end{bmatrix}^T. \end{aligned}$$

Die zu minimierende Zielfunktion lautet

$$J = \sum_{i=1}^{n_\omega} \left[\; \left|\mathrm{Re}\left\{\Psi(e^{j\omega_i T_d})\right\}\right| + \left|\mathrm{Im}\left\{\Psi(e^{j\omega_i T_d})\right\}\right| \; \right] = \sum_{i=1}^{n_\omega} (\; |\alpha_i| + |\beta_i| \;).$$

Das Lineare Programm: Diese Zielfunktion nach obiger Relation kann problemlos in ein Lineares Programm integriert werden. Um die benötigten Absolutbeträge zu erfassen, wird für die Vektoren $\boldsymbol{\alpha}$ und $\boldsymbol{\beta}$ folgender Ansatz gemacht:

$$\boldsymbol{\alpha}_+ := \begin{bmatrix} \alpha_1^+ \\ \alpha_2^+ \\ \vdots \\ \alpha_{n_\omega}^+ \end{bmatrix}, \quad \boldsymbol{\alpha}_- := \begin{bmatrix} \alpha_1^- \\ \alpha_2^- \\ \vdots \\ \alpha_{n_\omega}^- \end{bmatrix}, \quad \boldsymbol{\beta}_+ := \begin{bmatrix} \beta_1^+ \\ \beta_2^+ \\ \vdots \\ \beta_{n_\omega}^+ \end{bmatrix}, \quad \boldsymbol{\beta}_- := \begin{bmatrix} \beta_1^- \\ \beta_2^- \\ \vdots \\ \beta_{n_\omega}^- \end{bmatrix}$$

mit

$$\boldsymbol{\alpha}_+ \geq \mathbf{0}, \quad \boldsymbol{\alpha}_- \geq \mathbf{0}, \quad \boldsymbol{\beta}_+ \geq \mathbf{0}, \quad \boldsymbol{\beta}_- \geq \mathbf{0}.$$

Die Bedingung (19.34) bezüglich des Polynomkoeffizienten a_ρ kann leicht mit Hilfe des Einheitsvektors

$$\mathbf{e}_{\rho+1} = \begin{bmatrix} 0 & \dots & 0 & 1 \end{bmatrix}^T$$

folgendermaßen umgeschrieben werden:

$$\mathbf{e}_{\rho+1}^T \mathbf{a} = 1.$$

Mit der Hilfsgröße

$$\mathbf{1} = \begin{bmatrix} 1 & 1 & \ldots & 1 \end{bmatrix}^T$$

lautet das Lineare Programm für die Reduktion der Reglerordnung

$$J = \mathbf{1}^T\boldsymbol{\alpha}_+ + \mathbf{1}^T\boldsymbol{\alpha}_- + \mathbf{1}^T\boldsymbol{\beta}_+ + \mathbf{1}^T\boldsymbol{\beta}_- \rightarrow \min$$

unter Berücksichtigung von

$$\boldsymbol{\alpha}_+ - \boldsymbol{\alpha}_- - (\mu\mathbf{C} - \nu\mathbf{S})\,\mathbf{a} + (\eta\mathbf{C} - \varsigma\mathbf{S})\,\mathbf{b} = \mathbf{0}$$

$$\boldsymbol{\beta}_+ - \boldsymbol{\beta}_- - (\mu\mathbf{S} + \nu\mathbf{C})\,\mathbf{a} + (\eta\mathbf{S} + \varsigma\mathbf{C})\,\mathbf{b} = \mathbf{0}$$

$$\mathbf{e}_{\rho+1}^T\mathbf{a} = 1$$
$$\boldsymbol{\alpha}_+ \geq \mathbf{0}, \quad \boldsymbol{\alpha}_- \geq \mathbf{0}, \quad \boldsymbol{\beta}_+ \geq \mathbf{0} \text{ und } \boldsymbol{\beta}_- \geq \mathbf{0}.$$

Es handelt sich um ein Optimierungsproblem mit $(4n_\omega + 2\rho + 1)$ Unbekannten $\boldsymbol{\alpha}_+$, $\boldsymbol{\alpha}_-$, $\boldsymbol{\beta}_+$, $\boldsymbol{\beta}_-$, $\mathbf{a}$ und $\mathbf{b}$.

Darstellung als Lineares Programm in allgemeiner Form

Der Vektor der Optimierungsvariablen ist gegeben durch

$$\mathbf{x} = \begin{bmatrix} \boldsymbol{\alpha}_+^T & \boldsymbol{\alpha}_-^T & \boldsymbol{\beta}_+^T & \boldsymbol{\beta}_-^T & \mathbf{a}^T & \mathbf{b}^T \end{bmatrix}^T.$$

Die zu minimierende Zielfunktion lautet

$$J = \begin{bmatrix} \mathbf{1}^T & \mathbf{1}^T & \mathbf{1}^T & \mathbf{1}^T & \mathbf{0}^T & \mathbf{0}^T \end{bmatrix}\mathbf{x}.$$

Die das Problem beschreibenden Nebenbedingungen haben die Form[9]

$$\begin{bmatrix} \mathbf{0} \\ \mathbf{0} \\ 1 \end{bmatrix} \leq \begin{bmatrix} \mathbf{E} & -\mathbf{E} & \cdot & \cdot & -\mu\mathbf{C} + \nu\mathbf{S} & \eta\mathbf{C} - \varsigma\mathbf{S} \\ \cdot & \cdot & \mathbf{E} & -\mathbf{E} & -\mu\mathbf{S} - \nu\mathbf{C} & \eta\mathbf{S} + \varsigma\mathbf{C} \\ \cdot & \cdot & \cdot & \cdot & \mathbf{e}_{\rho+1}^T & \cdot \end{bmatrix} \mathbf{x} \leq \begin{bmatrix} \mathbf{0} \\ \mathbf{0} \\ 1 \end{bmatrix}.$$

Die Komponenten von $\mathbf{x}$ sind dabei den folgenden Beschränkungen unterworfen:

$$\begin{bmatrix} \mathbf{0} \\ \mathbf{0} \\ \mathbf{0} \\ \mathbf{0} \\ -\infty \\ -\infty \end{bmatrix} \leq \begin{bmatrix} \boldsymbol{\alpha}_+ \\ \boldsymbol{\alpha}_- \\ \boldsymbol{\beta}_+ \\ \boldsymbol{\beta}_- \\ \mathbf{a} \\ \mathbf{b} \end{bmatrix} \leq \begin{bmatrix} \infty \\ \infty \\ \infty \\ \infty \\ \infty \\ \infty \end{bmatrix}.$$

Beispiel („Reglerordnungsreduktion", Fortsetzung): Hierzu werden, wie aus (19.31) zu erkennen ist, die Übertragungsfunktionen $T_e(z)$ und $T_u(z)$ benötigt. Das soeben durchgeführte Entwurfsverfahren liefert aber die Übertragungsfunktionen $M(z)$ und $T(z)$ als Ergebnis. Es gilt zwar

$$T_u(z) = M(z),$$

9 Nicht spezifizierte Elemente der Matrix sind gleich null.

für die Ermittlung von $T_e(z)$ ist allerdings eine einfache Umrechnung nötig, da nämlich im Standardregelkreis

$$T_e(z) = 1 - T(z)$$

gilt. Für den reduzierten Regler wurde die Ordnung

$$\rho = 1$$

gewählt, der Frequenzbereich zwischen $\omega = 0.1 rads^{-1}$ und $\omega = 20 rads^{-1}$ wurde durch 25 logarithmisch äquidistante Stützstellen erfasst. Daraus resultiert für den Regler niedriger Ordnung die Reglerübertragungsfunktion

$$\hat{R}(z) = \frac{16.73z - 15.02}{z - 0.3742}.$$

Der Regelkreis mit dem Regler $\hat{R}(z)$ 1. Ordnung besitzt die Führungsübertragungsfunktion

$$\hat{T}(z) = \frac{0.08367(z + 0.9)(z - 0.8979)}{(z - 0.8968)(z + 0.1184)(z^2 - 1.496z + 0.6366)}.$$

In Abb. 19.12 sind der Verlauf der Sprungantwort und der gewünschte Verlauf y_{ref} dargestellt. Der in Abb. 19.13 dargestellten zugehörigen Stellgröße entnimmt man, dass sie zum Zeitpunkt $t = 0$ den Wert $u_0 \approx 16.7$ annimmt. Das heißt die vorgegebene Stellgrößenbeschränkung wird beim Einsatz von $\hat{R}(z)$ kurzzeitig verletzt.

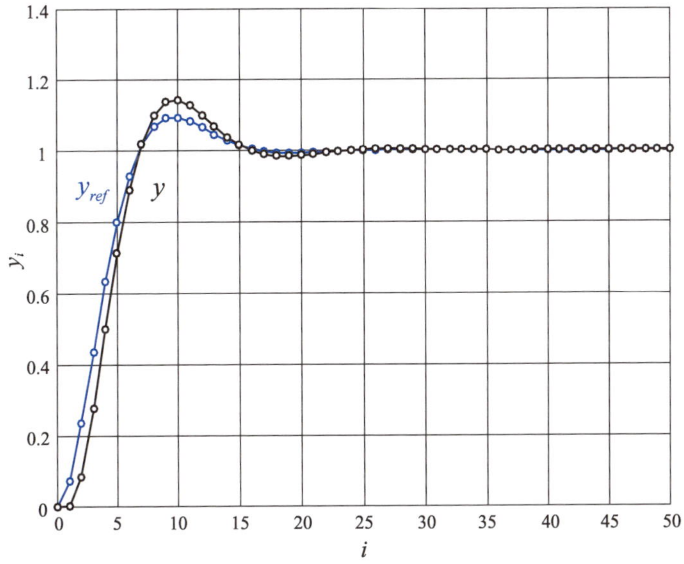

Abbildung 19.12: Verlauf der Ausgangsgröße bei Verwendung des Reglers 1. Ordnung

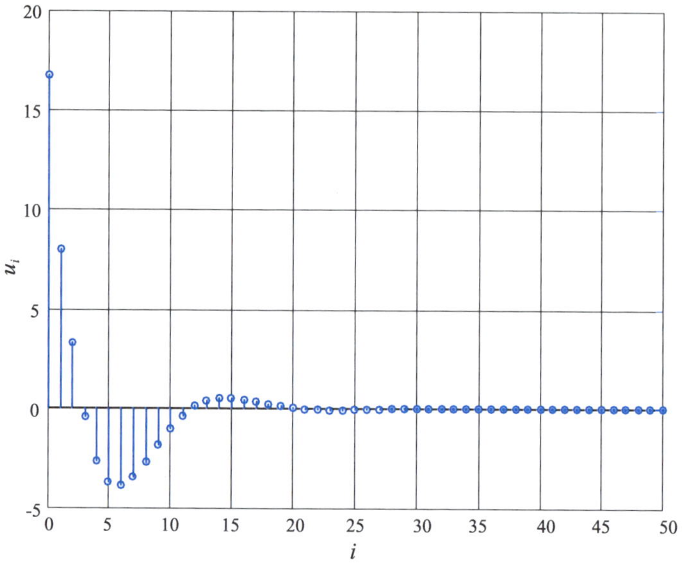

Abbildung 19.13: Verlauf der Stellgrößenwerte u_i bei Verwendung des Reglers 1. Ordnung

Aufschlussreich ist eine Analyse der gefundenen Führungsübertragungsfunktion $\hat{T}(z)$. Die der Aufgabenstellung zugrunde liegende „Referenzsprungantwort" y_{ref} ist die Sprungantwort der Übertragungsfunktion

$$T_{ref}(z) = \frac{0.07021z + 0.0596}{z^2 - 1.483z + 0.6129} = \frac{0.070212(z + 0.8489)}{(z^2 - 1.483z + 0.6129)}.$$

Sie ergibt sich aus der, von der algebraischen Synthese bekannten, Forderung, dass y_{ref} ein Überschwingen von 10% und eine Anstiegszeit von $0.5s$ aufweisen soll. In der angegebenen Form ist $T_{ref}(z)$ allerdings *nicht* implementierbar, da ihr Polüberschuss kleiner ist als der Polüberschuss der Streckenübertragungsfunktion $P(z)$. Die Übertragungsfunktion $\hat{T}(z)$ kann also *keinesfalls* mit $T_{ref}(z)$ exakt übereinstimmen! Vielmehr wird $\hat{T}(z)$ eine implementierbare Variante der Übertragungsfunktion $T_{ref}(z)$ sein. Wie diese aussehen kann, wurde bei der algebraischen Synthese ausführlich besprochen. Eine implementierbare Übertragungsfunktion, deren Übertragungsverhalten näherungsweise durch $T_{ref}(z)$ bestimmt wird, ist z.B. gegeben durch

$$T_{ref}(z)\,\frac{(1-\eta)}{(z-\eta)}, \quad \text{wobei} \quad |\eta| < 1.$$

Das vom Entwurf und der Reglerordnungsreduktion gelieferte Ergebnis besitzt tatsächlich obige Struktur. Das ist aus einigen einfachen Näherungsschritten ersichtlich. Zunächst wird $\hat{T}(z)$ durch Kürzung des Pols bzw. der Nullstelle bei $z \approx 0.897$ unter Beibehaltung der stationären Genauigkeit vereinfacht, d.h.

$$\hat{T}(z) \approx \frac{0.08276\,(z + 0.9)}{(z + 0.1184)\,(z^2 - 1.496z + 0.6366)}.$$

Durch das konjugiert komplexe Polpaar und die Nullstelle bei $z = -0.9$ wird aber in erster Näherung auch die Dynamik von $T_{ref}(z)$ beschrieben. Das heißt $\hat{T}(z)$ kann näherungsweise folgendermaßen dargestellt werden:

$$\begin{aligned}\hat{T}(z) &\approx \frac{1.1184}{(z+0.1184)} \frac{0.074\,(z+0.9)}{(z^2-1.496z+0.6366)} \approx \frac{1.1184}{(z+0.1184)} T_{ref}(z) = \\ &= \frac{(1+0.1184)}{(z+0.1184)} T_{ref}(z).\end{aligned}$$

Die gefundene Übertragungsfunktion $\hat{T}(z)$ entspricht also tatsächlich der gewünschten, leicht modifizierten Übertragungsfunktion $T_{ref}(z)$. Der soeben durchgeführte Reglerentwurf kann also auch als Methode verstanden werden, einem Regelkreis die Eigenschaften von beliebigen, eventuell auch nichtimplementierbaren Übertragungsfunktionen „möglichst gut" aufzuprägen. Dies ist vor allem für den Standardregelkreis interessant, zumal hier nicht alle implementierbaren Übertragungsfunktionen realisiert werden können. Die hier vorgestellte Vorgangsweise ermöglicht dies in guter Näherung und könnte somit als „erweiterte Polvorgabe" interpretiert werden.

Kapitel 20 Entwurf von Zustandsreglern und Beobachtern, zeitkontinuierlicher Fall

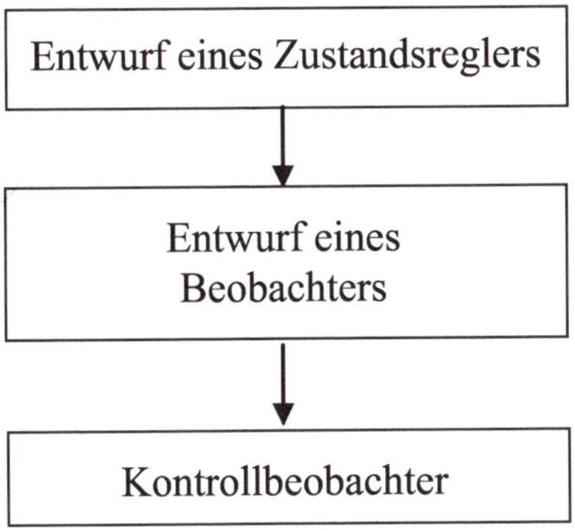

20.1 Entwurf eines Zustandsreglers

Gegeben sei das lineare und zeitinvariante Zustandsmodell n-ter Ordnung

$$\frac{d\mathbf{x}}{dt} = \mathbf{A}\mathbf{x} + \mathbf{b}u \qquad y = \mathbf{c}^T\mathbf{x} \tag{20.1}$$

einer Regelstrecke. Deren dynamisches Verhalten (Stabilität, Schwingfähigkeit, Störempfindlichkeit etc.) wird durch die Lage der Eigenwerte der Systemmatrix $\mathbf{A}$ in der komplexen s-Ebene geprägt. Es geht nun darum, dieses System mit Hilfe der Eingangsgröße u *gezielt* zu beeinflussen, um ihm ein gewünschtes Verhalten zu verleihen. Im Sinne einer Folgeregelung soll ein (neues) System mit der Ausgangsgröße y und der Eingangsgröße (Referenzgröße) r entstehen, das vorgegebene Spezifikationen erfüllt. Die Spezifikationen beziehen sich auf das *dynamische* und auf das *stationäre* Verhalten des Regelkreises:

- Die Wünsche bezüglich der Dynamik manifestieren sich in der Vorgabe von n (komplexen) Werten λ_i. Sie geben die *gewünschte* Lage der Eigenwerte des neuen Systems wieder.
- Im stationären Zustand wünscht man z.B., dass der Grenzwert der Ausgangsgröße

$$y_\infty := \lim_{t\to\infty} y(t) \tag{20.2}$$

mit dem Grenzwert der Führungsgröße

$$r_\infty := \lim_{t \to \infty} r(t) \tag{20.3}$$

übereinstimmt:

$$y_\infty = r_\infty. \tag{20.4}$$

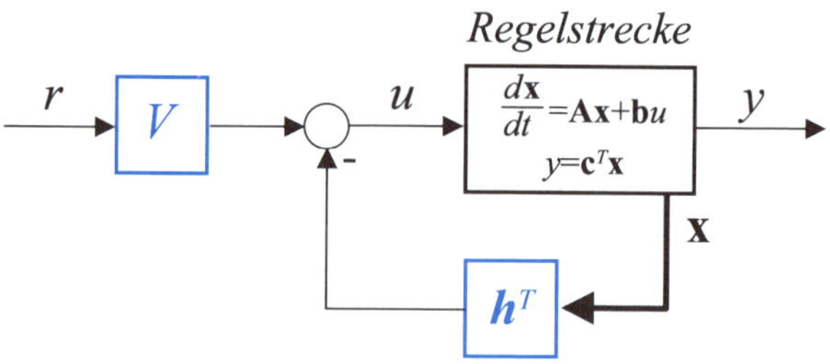

Abbildung 20.1: Zustandsregelung

Wir gehen davon aus, dass *alle* n Zustandsvariablen *messtechnisch* erfassbar sind und dazu benutzt werden, den Wert der Stellgröße zu berechnen. Dies stellt eine schwerwiegende Voraussetzung dar. Nachdem die gestellten Spezifikationen Kenngrößen eines *linearen* und *zeitinvarianten* Systems betreffen, ist es nahe liegend, folgenden Ansatz für das Bildungsgesetz der Eingangsgröße u zu formulieren:

$$u = -\mathbf{h}^T\mathbf{x} + Vr = -\sum_{i=1}^{n} h_i x_i + Vr \tag{20.5}$$

mit

$$\mathbf{h}^T = (h_1, h_2, \ldots, h_n). \tag{20.6}$$

Sie wird demnach als eine *Linearkombination* der Zustandsvariablen x_i und der Führungsgröße r angesetzt. Die Parameter h_i sind frei wählbar, aber konstant. Man spricht von einem linearen und konstanten *Zustandsregler*. Der Regelkreis ist in Abb. 20.1 dargestellt. Es ist leicht vorstellbar: Durch die *Rückkopplung*

$$u_R = -\mathbf{h}^T\mathbf{x} \tag{20.7}$$

kann das dynamische Verhalten, durch die *Steuerung*

$$u_S = Vr \tag{20.8}$$

das stationäre Führungsverhalten des Regelkreises beeinflusst werden. Hierbei ist V ein skalarer konstanter frei wählbarer Parameter. Die Zustandsbeschreibung des Regelkreises ergibt sich aus (20.1) und (20.5) zu

$$\frac{d\mathbf{x}}{dt} = (\mathbf{A} - \mathbf{b}\mathbf{h}^T)\mathbf{x} + \mathbf{b}Vr \qquad y = \mathbf{c}^T\mathbf{x}. \tag{20.9}$$

Die Schwierigkeit beim Entwurf besteht im Wesentlichen darin, im Rückkopplungszweig den Vektor $\mathbf{h}$ so festzulegen, dass die n Eigenwerte der Systemmatrix $(\mathbf{A} - \mathbf{b}\mathbf{h}^T)$ des Regelkreises beliebig (!) vorgegebene Werte λ_i annehmen. Die Festlegung von V zur Erzielung der gewünschten stationären Genauigkeit ist danach relativ einfach.

Es stellt sich natürlich die Frage, ob eine solche strikte Vorgabe von Eigenwerten *prinzipiell* erfüllt werden kann. Anders formuliert: Welche Voraussetzungen müssen für die Systemdaten $[\mathbf{A}, \mathbf{b}]$ gegeben sein, damit die Aufgabe lösbar ist? Bedenkt man, dass man *jeder* Eigenbewegung des Systems mittels der Eingangsgröße u ein bestimmtes Zeitverhalten aufzwingen will, ist es einleuchtend, die *Steuerbarkeit* der Regelstrecke zu verlangen. In der Tat wird sich zeigen, dass die Eigenschaft der Steuerbarkeit die (theoretische) Ermittlung eines Regelgesetzes bei beliebig (!) vorgegebener Eigenwertkonfiguration ermöglicht.

Die Festlegung des charakteristischen Polynoms von $(\mathbf{A} - \mathbf{b}\mathbf{h}^T)$ durch die Wahl der Rückkopplung $u_R = -\mathbf{h}^T\mathbf{x}$ erfolgt, *ohne* Rücksicht auf das Führungsverhalten zu nehmen. Das hat zur Folge, dass der Regelkreisentwurf in zwei Schritten vorgenommen wird:

1. Festlegung der Rückkopplung: $u_R = -\mathbf{h}^T\mathbf{x}$
2. Festlegung der Steuerung: $u_S = Vr$

20.1.1 Prinzipieller Entwurf der Rückkopplung

Das charakteristische Polynom $\det\left[s\mathbf{E} - (\mathbf{A} - \mathbf{b}\mathbf{h}^T)\right]$ des Regelkreises nach (20.9) ist ein monisches Polynom n-ten Grades, dessen Koeffizienten α_i in der Regel Funktionen aller Reglerparameter h_i sind:

$$\det\left[s\mathbf{E} - (\mathbf{A} - \mathbf{b}\mathbf{h}^T)\right] = s^n + \alpha_{n-1}(\mathbf{h})s^{n-1} + \alpha_{n-2}(\mathbf{h})s^{n-2} + ... + \alpha_1(\mathbf{h})s + \alpha_0(\mathbf{h}). \tag{20.10}$$

Dieses soll durch geschickte Wahl des Vektors $\mathbf{h}$ einem „Wunschpolynom“ $w(s)$ mit n Nullstellen bei vorgegebenen Werten λ_i entsprechen:

$$w(s) = \prod_{i=1}^{n}(s - \lambda_i). \tag{20.11}$$

Das heißt der Regelkreis besitzt n Eigenwerte λ_i. Durch Ausmultiplikation erhält obiges Polynom die Gestalt

$$w(s) = s^n + w_{n-1}s^{n-1} + w_{n-2}s^{n-2} + ... + w_1 s + w_0. \tag{20.12}$$

Folgende Gleichung muss nun (für *alle* Werte von s) erfüllt werden:

$$\det\left[s\mathbf{E} - (\mathbf{A} - \mathbf{b}\mathbf{h}^T)\right] = w(s) \tag{20.13}$$

bzw.

$$s^n + \alpha_{n-1}(\mathbf{h})s^{n-1} + ... + \alpha_1(\mathbf{h})s + \alpha_0(\mathbf{h}) = s^n + w_{n-1}s^{n-1} + ... + w_1 s + w_0.$$

Der Koeffizientenvergleich liefert die n Bestimmungsgleichungen

$$\alpha_{n-1}(\mathbf{h}) = w_{n-1}, \; ..., \quad \alpha_1(\mathbf{h}) = w_1, \quad \alpha_0(\mathbf{h}) = w_0 \tag{20.14}$$

zur Berechnung der Reglerparameter h_1, h_2, ..., h_n. Diese Vorgehensweise ist zwar nahe liegend, weist jedoch folgende Nachteile auf:

- Bei Modellen höherer Ordnung ist ein großer Rechenaufwand erforderlich.
- Die Struktur des Gleichungssystems (20.14) zur Bestimmung der Reglerparameter ist unübersichtlich.
- Das Vorgehen ist – vom Anwenderstandpunkt aus gesehen – mühsam und nicht geradlinig.

20.1.2 Eine systematische Berechnung der Rückkopplung

Die rechnerische Ermittlung eines Zustandsreglers wird enorm vereinfacht, wenn man die Invarianz der Eigenwerte eines Systems bei einer regulären Zustandstransformation bedenkt und ausnutzt. Die Vorgehensweise zu einer effizienten und einfachen Gestaltung des Entwurfs ist dann die folgende: Man transformiert das Modell der Regelstrecke in eine für den Reglerentwurf vorteilhaft zugeschnittene Form.

Entwurf für ein System in Normalform

Der Schlüssel zum einfachen Entwurf ist das Zustandsraummodell in der so genannten *Steuerbarkeitsnormalform*. Deren Bezeichnung basiert darauf, dass *jedes* steuerbare System mittels einer regulären Zustandstransformation in diese Normalform gebracht werden kann. Sie besitzt für ein System mit n Zustandsvariablen folgende Struktur:

$$\frac{d\mathbf{z}}{dt} = \mathbf{A}_B\mathbf{z} + \mathbf{e}_n u \qquad y = \boldsymbol{\gamma}^T\mathbf{z}. \tag{20.15}$$

Hierbei ist $\boldsymbol{\gamma}^T$ ein konstanter Vektor

$$\boldsymbol{\gamma}^T = (\gamma_0, \gamma_1, \gamma_2, ..., \gamma_{n-1}). \tag{20.16}$$

Der Eingangsvektor $\mathbf{e}_n$ und die Systemmatrix $\mathbf{A}_B$ sind folgendermaßen charakterisiert:

$$\mathbf{e}_n^T = (0, 0, ..., 0, 1)$$

und

$$\mathbf{A}_B = \begin{pmatrix} 0 & 1 & 0 & . & 0 \\ 0 & 0 & 1 & . & 0 \\ . & . & . & . & . \\ 0 & 0 & 0 & . & 1 \\ -a_0 & -a_1 & -a_2 & . & -a_{n-1} \end{pmatrix}. \tag{20.17}$$

Dieses mathematische Modell zeigt bemerkenswerte Eigenschaften:

- Das charakteristische Polynom $\det(s\mathbf{E} - \mathbf{A}_B)$ kann durch Entwicklung von $(s\mathbf{E} - \mathbf{A}_B)$ nach der *letzten* Zeile leicht gewonnen werden. Es lautet

$$\Delta(s) := \det(s\mathbf{E} - \mathbf{A}_B) = s^n + a_{n-1}s^{n-1} + \ \dots\ + a_2 s^2 + a_1 s + a_0 .$$

  Das heißt $\det(s\mathbf{E} - \mathbf{A}_B)$ kann *unmittelbar* geschrieben werden. Man spricht von der Matrix in *Begleitform*[1].

- Ein Modell mit obiger Struktur ist *immer* steuerbar.

- Die Übertragungsfunktion des Systems kann *unmittelbar* angeschrieben werden:

$$G(s) = \frac{\gamma_{n-1}s^{n-1} + \gamma_{n-2}s^{n-2} + \dots + \gamma_2 s^2 + \gamma_1 s + \gamma_0}{s^n + a_{n-1}s^{n-1} + \dots + a_2 s^2 + a_1 s + a_0} . \qquad (20.18)$$

Hinweis

- Der Beweis für die Steuerbarkeit des Systems kann mit Hilfe des so genannten *Hautus*-Kriteriums sehr elegant geführt werden. Demnach liegt die Steuerbarkeit genau dann vor, wenn die Beziehung

$$\mathrm{Rang}(s\mathbf{E} - \mathbf{A}_B,\ \mathbf{e}_n) = n \quad \text{für alle Werte von } s$$

  gilt. In diesem Fall lautet die Matrix

$$(s\mathbf{E} - \mathbf{A}_B,\ \mathbf{e}_n) = \begin{pmatrix} s & -1 & 0 & . & 0 & 0 \\ 0 & s & -1 & . & 0 & 0 \\ . & . & . & . & . & . \\ 0 & 0 & 0 & . & -1 & 0 \\ a_0 & a_1 & a_2 & . & s + a_{n-1} & 1 \end{pmatrix} .$$

  Durch Streichen der ersten Spalte entsteht eine untere Dreiecksmatrix, deren Hauptdiagonalelemente sich von null *unterscheiden*. Damit besitzt die Matrix den Rang n und das System ist steuerbar.

- Die besondere Struktur der Übertragungsfunktion kann durch Anwendung der *Laplace*-Transformation auf die Differentialgleichungen für die Zustandsvariablen gewonnen werden. Unter der Voraussetzung, dass der Anfangszustand $\mathbf{z}_0$ gleich null ist, gilt im Bildbereich

$$z_{i+1} = s z_i \qquad \text{für } i = 1, 2, \dots, n-1$$

  bzw.

$$z_{i+1} = s^i z_1 .$$

  Durch Ausnutzung dieser Beziehungen ergibt sich leicht die Übertragungsfunktion nach (20.18).

---

1 Man erkennt, dass man bei Vorgabe eines monischen Polynoms n-ten Grades sofort eine Matrix angeben kann, die das Polynom sozusagen „begleitet“ und es als *charakteristisches* Polynom ausweist.

Es wird nun der Zustandsreglerentwurf für solch ein mathematisches Modell demonstriert. Die gesuchte Rückkopplung hat die Form

$$u = u_R = -\mathbf{k}^T\mathbf{z} \tag{20.19}$$

mit

$$\mathbf{k}^T = (k_1,\ k_2, ...,\ k_n). \tag{20.20}$$

Das mathematische Modell des Regelkreises lässt sich anhand von (20.15) und (20.19) zu

$$\frac{d\mathbf{z}}{dt} = (\mathbf{A}_B - \mathbf{e}_n\mathbf{k}^T)\mathbf{z}$$

berechnen. Seine Systemmatrix

$$\mathbf{A}_B - \mathbf{e}_n\mathbf{k}^T = \begin{pmatrix} 0 & 1 & 0 & . & 0 \\ 0 & 0 & 1 & . & 0 \\ . & . & . & . & . \\ 0 & 0 & 0 & . & 1 \\ -a_0 - k_1 & -a_1 - k_2 & -a_2 - k_3 & . & -a_{n-1} - k_n \end{pmatrix} \tag{20.21}$$

liegt in Begleitform (!) vor. Dieser Umstand ist bei den weiteren Berechnungen sehr vorteilhaft. Das charakteristische Polynom obiger Matrix (20.21) ergibt sich *unmittelbar* zu

$$\det\left[s\mathbf{E} - (\mathbf{A}_B - \mathbf{e}_n\mathbf{k}^T)\right] = s^n + (a_{n-1} + k_n)s^{n-1} + \ ...\ + (a_1 + k_2)s + (a_0 + k_1). \tag{20.22}$$

Die Rückkopplung soll bewirken, dass es mit dem Wunschpolynom (20.12) übereinstimmt! Die Bestimmungsgleichungen der Reglerparameter ergeben sich gemäß (20.14) durch Koeffizientenvergleich und haben nun eine besonders einfache Struktur:

$$w_{n-1} = a_{n-1} + k_n, \quad ..., \quad w_1 = a_1 + k_2, \quad w_0 = a_0 + k_1. \tag{20.23}$$

Es handelt sich um ein *lineares entkoppeltes* Gleichungsystem mit n Gleichungen für die n Unbekannten k_i. Es besitzt *immer* eine Lösung, die sofort angegeben werden kann! Die n Reglerparameter ergeben sich aufgrund der Relation

$$k_i = w_{i-1} - a_{i-1} \quad \text{mit} \quad i = 1, 2, ..., n. \tag{20.24}$$

- Fazit: Liegt das Modell in der Steuerbarkeitsnormalform vor, kann ein Zustandsregler sehr leicht ermittelt werden. Man sagt daher auch, dieses Modell liegt in *Regelungsnormalform* vor. Es ist zu bemerken: *Jede* gewünschte Eigenwertkonfiguration kann durch Einsatz eines Zustandsreglers erreicht werden!

20.1.3 Allgemeiner Entwurf

Meistens liegt das Modell (20.1) einer steuerbaren Regelstrecke *nicht* in Regelungsnormalform vor. Es soll nun eine reguläre Zustandstransformation

$$\mathbf{z} = \mathbf{T}\mathbf{x} \tag{20.25}$$

berechnet werden, die das Streckenmodell in diese vorteilhafte Form (20.15) bringt. Hat man dann in einfacher Weise den Zustandsregler

$$u = u_R = -\mathbf{k}^T \mathbf{z}$$

ermittelt, der die gewünschte Eigenwertkonfiguration des Regelkreises garantiert, erhält man den *gesuchten* Regler für das ursprüngliche System (20.1) gemäß (20.25) durch

$$u = u_R = -(\mathbf{k}^T \mathbf{T})\mathbf{x}.$$

Der Reglerparameter $\mathbf{h}^T$ wird also durch

$$\mathbf{h}^T = \mathbf{k}^T \mathbf{T} \tag{20.26}$$

berechnet. Nachdem im vorigen Abschnitt die rechnerische Ermittlung von $\mathbf{k}^T$ erläutert wurde, verbleibt nur die Ermittlung der Matrix $\mathbf{T}$.

Transformation auf Regelungsnormalform

Unterwirft man das vorliegende Modell der Strecke

$$\frac{d\mathbf{x}}{dt} = \mathbf{A}\mathbf{x} + \mathbf{b}u \tag{20.27}$$

der Zustandstransformation (20.25), so ergibt sich das neue Modell

$$\frac{d\mathbf{z}}{dt} = (\mathbf{T}\mathbf{A}\mathbf{T}^{-1})\mathbf{z} + (\mathbf{T}\mathbf{b})u.$$

Es soll in Regelungsnormalform (20.15) vorliegen, d.h. es müssen folgende Gleichungen gelten:

$$\mathbf{T}\mathbf{A}\mathbf{T}^{-1} = \mathbf{A}_B \tag{20.28}$$

und

$$\mathbf{T}\mathbf{b} = \mathbf{e}_n. \tag{20.29}$$

Wir wollen nun Erkenntnisse über die Struktur der Matrix $\mathbf{T}$ gewinnen. Hierzu wird die Gleichung (20.28) mit der Matrix $\mathbf{T}$ von rechts multipliziert:

$$\mathbf{T}\mathbf{A} = \mathbf{A}_B \mathbf{T}.$$

Durch Einführen der Zeilenvektoren $\mathbf{t}_i^T$ der Matrix $\mathbf{T}$ und Benutzung von (20.17) erhält obige Gleichung zunächst die Form

$$\begin{pmatrix} \mathbf{t}_1^T \\ \mathbf{t}_2^T \\ . \\ \mathbf{t}_{n-1}^T \\ \mathbf{t}_n^T \end{pmatrix} \mathbf{A} = \begin{pmatrix} 0 & 1 & . & 0 & 0 \\ 0 & 0 & . & 0 & 0 \\ . & . & . & . & . \\ 0 & 0 & . & 0 & 1 \\ -a_0 & -a_1 & . & -a_{n-2} & -a_{n-1} \end{pmatrix} \begin{pmatrix} \mathbf{t}_1^T \\ \mathbf{t}_2^T \\ . \\ \mathbf{t}_{n-1}^T \\ \mathbf{t}_n^T \end{pmatrix}$$

bzw. nach Durchführung der Multiplikationen auf beiden Seiten

$$\begin{pmatrix} \mathbf{t}_1^T\mathbf{A} \\ \mathbf{t}_2^T\mathbf{A} \\ \cdot \\ \mathbf{t}_{n-1}^T\mathbf{A} \\ \mathbf{t}_n^T\mathbf{A} \end{pmatrix} = \begin{pmatrix} \mathbf{t}_2^T \\ \mathbf{t}_3^T \\ \cdot \\ \mathbf{t}_n^T \\ -a_0\mathbf{t}_1^T - a_1\mathbf{t}_2^T - \ldots - a_{n-2}\mathbf{t}_{n-1}^T - a_{n-1}\mathbf{t}_n^T \end{pmatrix}.$$

Die Angleichung der ersten $(n-1)$ Zeilen auf beiden Seiten ergibt ein bemerkenswertes Bildungsgesetz für die Zeilen $\mathbf{t}_i^T$:

$$\mathbf{t}_2^T = \mathbf{t}_1^T\mathbf{A}, \quad \mathbf{t}_3^T = \mathbf{t}_2^T\mathbf{A}, \quad \ldots \quad \mathbf{t}_{n-1}^T = \mathbf{t}_{n-2}^T\mathbf{A}, \quad \mathbf{t}_n^T = \mathbf{t}_{n-1}^T\mathbf{A}.$$

Das heißt, die 2., 3., ..., n-te Zeile der Matrix $\mathbf{T}$ berechnet sich aufgrund der *rekursiven* Relation

$$\mathbf{t}_{i+1}^T = \mathbf{t}_i^T\mathbf{A} \quad \text{mit} \quad i = 1, 2, \ldots, n-1. \tag{20.30}$$

Ist die *erste* Zeile $\mathbf{t}_1^T$ ermittelt, ergeben sich daraus die restlichen Zeilen der Matrix $\mathbf{T}$:

$$\mathbf{t}_{i+1}^T = \mathbf{t}_1^T\mathbf{A}^i \quad \text{mit} \quad i = 1, 2, \ldots, n-1. \tag{20.31}$$

Diese erste Zeile $\mathbf{t}_1^T$ erhält man unter Benutzung der Gleichung (20.29), die ebenfalls erfüllt werden muss. Unter Ausnutzung der Ergebnisse (20.31) nimmt die linke Seite der Gleichung (20.29) zunächst folgende Form an:

$$\mathbf{Tb} = \begin{pmatrix} \mathbf{t}_1^T \\ \mathbf{t}_2^T \\ \cdot \\ \mathbf{t}_{n-1}^T \\ \mathbf{t}_n^T \end{pmatrix} \mathbf{b} = \begin{pmatrix} \mathbf{t}_1^T\mathbf{b} \\ \mathbf{t}_1^T\mathbf{Ab} \\ \cdot \\ \mathbf{t}_1^T\mathbf{A}^{n-2}\mathbf{b} \\ \mathbf{t}_1^T\mathbf{A}^{n-1}\mathbf{b} \end{pmatrix} = \mathbf{e}_n.$$

Durch Transposition auf beiden Seiten erhalten wir

$$\begin{pmatrix} \mathbf{t}_1^T\mathbf{b} & \mathbf{t}_1^T\mathbf{Ab} & \ldots & \mathbf{t}_1^T\mathbf{A}^{n-2}\mathbf{b} & \mathbf{t}_1^T\mathbf{A}^{n-1}\mathbf{b} \end{pmatrix} = \mathbf{e}_n^T \quad \text{bzw.}$$

$$\mathbf{t}_1^T \begin{pmatrix} \mathbf{b} & \mathbf{Ab} & \ldots & \mathbf{A}^{n-2}\mathbf{b} & \mathbf{A}^{n-1}\mathbf{b} \end{pmatrix} = \mathbf{e}_n^T.$$

Durch Verwendung der Steuerbarkeitsmatrix $\mathbf{S}_u$ ergibt sich die lineare Bestimmungsgleichung für die unbekannte Zeile $\mathbf{t}_1^T$:

$$\mathbf{t}_1^T\mathbf{S}_u = \mathbf{e}_n^T. \tag{20.32}$$

Unter der Voraussetzung der Steuerbarkeit (d.h. Regularität der Matrix $\mathbf{S}_u$) wird die erste Zeile der Transformationsmatrix aufgrund von

$$\mathbf{t}_1^T = \mathbf{e}_n^T\mathbf{S}_u^{-1} \tag{20.33}$$

berechnet. Sie entspricht der letzten Zeile der inversen Steuerbarkeitsmatrix. Damit ist die Berechnung der Transformationsmatrix $\mathbf{T}$ möglich, da die restlichen Zeilen wegen (20.30) sich rekursiv aus der ersten Zeile ergeben.[2] Weiters bedeutet dies, dass jedes steuerbare System auf Regelungsnormalform transformiert werden kann!

---

[2] Bei der Bestimmung der Transformationsmatrix $\mathbf{T}$ wurde bisher die Gleichung

$$\mathbf{t}_n^T\mathbf{A} = -a_0\mathbf{t}_1^T - a_1\mathbf{t}_2^T - \ldots - a_{n-2}\mathbf{t}_{n-1}^T - a_{n-1}\mathbf{t}_n^T$$

nicht benötigt. Man kann zeigen, dass sie tatsächlich erfüllt ist!

20.1.4 Eigenwertvorgabe nach *Ackermann*

Der Rückkopplungsvektor $\mathbf{h}$ wird mit Hilfe der Relation (20.26)

$$\mathbf{h}^T = \mathbf{k}^T\mathbf{T}$$

berechnet. Diese Beziehung wird nun unter Benutzung der Bildungsgesetze für $\mathbf{k}^T$ und $\mathbf{T}$ nach (20.24) und (20.31) umgeschrieben:

$$\mathbf{h}^T = \begin{pmatrix} w_0 - a_0, & w_1 - a_1, & . & . & w_{n-1} - a_{n-1} \end{pmatrix} \begin{pmatrix} \mathbf{t}_1^T \\ \mathbf{t}_1^T\mathbf{A} \\ . \\ . \\ \mathbf{t}_1^T\mathbf{A}^{n-1} \end{pmatrix}.$$

Nach Ausführung der Multiplikation

$$\mathbf{h}^T = \mathbf{t}_1^T \sum_{i=0}^{n-1}(w_i - a_i)\mathbf{A}^i = \mathbf{t}_1^T \sum_{i=0}^{n-1} w_i\mathbf{A}^i - \mathbf{t}_1^T \sum_{i=0}^{n-1} a_i\mathbf{A}^i$$

und Addition eines "Nullterms" $(\mathbf{t}_1^T\mathbf{A}^n - \mathbf{t}_1^T\mathbf{A}^n)$ ergibt sich der Ausdruck

$$\mathbf{h}^T = \mathbf{t}_1^T \sum_{i=0}^{n-1} w_i\mathbf{A}^i + (\mathbf{t}_1^T\mathbf{A}^n - \mathbf{t}_1^T\mathbf{A}^n) - \mathbf{t}_1^T \sum_{i=0}^{n-1} a_i\mathbf{A}^i$$

bzw.

$$\mathbf{h}^T = \mathbf{t}_1^T w(\mathbf{A}) - \mathbf{t}_1^T \Delta(\mathbf{A}). \qquad (20.34)$$

Unter Heranziehen des Satzes von *Cayley* ist der zweite Summand gleich null! Der Satz besagt: Jede (n, n)-Matrix $\mathbf{A}$ erfüllt ihre eigene charakteristische Gleichung, d.h. es gilt

$$\Delta(\mathbf{A}) = \mathbf{A}^n + a_{n-1}\mathbf{A}^{n-1} + a_{n-2}\mathbf{A}^{n-2} + ... + a_1\mathbf{A} + a_0\mathbf{E} = \mathbf{0}. \qquad (20.35)$$

Man beachte, dass die charakteristische Gleichung

$$\Delta(s) = \det(s\mathbf{E} - \mathbf{A}) = s^n + a_{n-1}s^{n-1} + a_{n-2}s^{n-2} + ... + a_2s^2 + a_1s + a_0 = 0$$

nur für die Eigenwerte $s = s_i$ erfüllt ist!

Damit vereinfacht sich die Relation (20.34). Es gilt dann

$$\mathbf{h}^T = \mathbf{t}_1^T w(\mathbf{A}), \qquad (20.36)$$

und wir erhalten die prägnante Form des Zustandsreglers

$$u_R = -\mathbf{t}_1^T w(\mathbf{A})\mathbf{x} \qquad \text{(Formel von \textit{Ackermann}).} \qquad (20.37)$$

Beispiel (Entwurf einer Zustandsrückkopplung): Wir betrachten eine Regelstrecke mit folgendem Modell 2. Ordnung

$$\begin{pmatrix} \frac{dx_1}{dt} \\ \frac{dx_2}{dt} \end{pmatrix} = \begin{pmatrix} -\frac{1}{\tau_1} & \frac{1}{\tau_1} \\ 0 & -\frac{1}{\tau_2} \end{pmatrix} \begin{pmatrix} x_1 \\ x_2 \end{pmatrix} + \begin{pmatrix} 0 \\ \frac{1}{\tau_2} \end{pmatrix} u =: \mathbf{A}\mathbf{x} + \mathbf{b}u.$$

Es besitzt zwei Eigenwerte bei $(-\frac{1}{\tau_1})$ und $(-\frac{1}{\tau_2})$. Es wird vorausgesetzt, dass für die reellen (endlichen) Parameter τ_1 und τ_2 die Ungleichung $\tau_1\tau_2 \neq 0$ gilt.

Es soll eine Rückkopplung

$$u_R = -\mathbf{h}^T\mathbf{x} = -\begin{pmatrix} h_1 & h_2 \end{pmatrix} \begin{pmatrix} x_1 \\ x_2 \end{pmatrix}$$

entworfen werden, sodass die Systemmatrix des Regelkreises ein konjugiert komplexes Polpaar bei

$$\lambda_{1,2} = -\zeta\omega_0 \pm j\omega_0\sqrt{1-\zeta^2} \qquad (0 < \zeta < 1, \;\; \omega_0 > 0)$$

besitzt (vgl. Kap. 11).

Zunächst wird die Steuerbarkeit des Systems überprüft. Hierzu ermitteln wir die Steuerbarkeitsmatrix. In vorliegendem Fall ergibt sich

$$\mathbf{S}_u = \begin{pmatrix} \mathbf{b} & \mathbf{A}\mathbf{b} \end{pmatrix} = \begin{pmatrix} 0 & \frac{1}{\tau_1\tau_2} \\ \frac{1}{\tau_2} & -\frac{1}{\tau_2^2} \end{pmatrix}.$$

Deren Determinante

$$\det S_u = -\frac{1}{\tau_1\tau_2^2}$$

unterscheidet sich von null; damit ist das System steuerbar. Das heißt mittels einer Zustandsrückkopplung kann das charakteristische Polynom der Systemmatrix $(\mathbf{A} - \mathbf{b}\mathbf{h}^T)$ des Regelkreises zwei *beliebige* Nullstellen erhalten. In unserem Fall bedeutet das

$$\begin{aligned} \det[s\mathbf{E} - (\mathbf{A} - \mathbf{b}\mathbf{h}^T)] &= w(s) = (s-\lambda_1)(s-\lambda_2) \\ &= s^2 + w_1 s + w_0 = s^2 + 2\zeta\omega_0 s + \omega_0^2. \end{aligned}$$

Der Parametervektor $\mathbf{h}$ lässt sich anhand der Formel von *Ackermann*

$$\mathbf{h}^T = \mathbf{t}_1^T w(\mathbf{A})$$

ermitteln. Hierzu berechnen wir $\mathbf{t}_1^T$ mit Hilfe der Steuerbarkeitsmatrix

$$\mathbf{t}_1^T = \mathbf{e}_2^T \mathbf{S}_u^{-1}.$$

Es ergeben sich nach einigen Umrechnungen

$$\begin{aligned} w(\mathbf{A}) &= (\mathbf{A} - \lambda_1\mathbf{E})(\mathbf{A} - \lambda_2\mathbf{E}) = \mathbf{A}^2 + 2\zeta\omega_0\mathbf{A} + \omega_0^2\mathbf{E} \\ &= \begin{pmatrix} \omega_0^2 - 2\zeta\omega_0\frac{1}{\tau_1} + \frac{1}{\tau_1^2} & 2\zeta\omega_0\frac{1}{\tau_1} - \frac{1}{\tau_1\tau_2} - \frac{1}{\tau_1^2} \\ 0 & \omega_0^2 - 2\zeta\omega_0\frac{1}{\tau_2} + \frac{1}{\tau_2^2} \end{pmatrix} \end{aligned}$$

und

$$\begin{aligned}\mathbf{t}_1^T &= \begin{pmatrix} 0 & 1 \end{pmatrix} \begin{pmatrix} 0 & \frac{1}{\tau_1\tau_2} \\ \frac{1}{\tau_2} & -\frac{1}{\tau_2^2} \end{pmatrix}^{-1} = \begin{pmatrix} 0 & 1 \end{pmatrix} \begin{pmatrix} -\frac{1}{\tau_2^2} & -\frac{1}{\tau_1\tau_2} \\ -\frac{1}{\tau_2} & 0 \end{pmatrix} \frac{1}{-\frac{1}{\tau_2}\frac{1}{\tau_1\tau_2}} \\ &= \tau_1\tau_2 \begin{pmatrix} 1 & 0 \end{pmatrix}.\end{aligned}$$

Damit lautet die Rückkopplung

$$\begin{aligned}\mathbf{h}^T &= \tau_1\tau_2 \begin{pmatrix} \omega_0^2 - 2\zeta\omega_0\frac{1}{\tau_1} + \frac{1}{\tau_1^2} & 2\zeta\omega_0\frac{1}{\tau_1} - \frac{1}{\tau_1\tau_2} - \frac{1}{\tau_1^2} \end{pmatrix} \\ &= \begin{pmatrix} \omega_0^2\tau_1\tau_2 - 2\zeta\omega_0\tau_2 + \frac{\tau_2}{\tau_1} & 2\zeta\omega_0\tau_2 - 1 - \frac{\tau_2}{\tau_1} \end{pmatrix}.\end{aligned}$$

ZUSAMMENFASSUNG

Es liegt das Modell der Regelstrecke

$$\frac{d\mathbf{x}}{dt} = \mathbf{A}\mathbf{x} + \mathbf{b}u$$

mit dem zugehörigen charakteristischen Polynom

$$\Delta(s) = \det(s\mathbf{E} - \mathbf{A}) = s^n + a_{n-1}s^{n-1} + a_{n-2}s^{n-2} + ... + a_1 s + a_0 \qquad (20.38)$$

vor. Ferner ist ein Wunschpolynom

$$w(s) = \prod_{i=1}^{n}(s - \lambda_i) = s^n + w_{n-1}s^{n-1} + w_{n-2}s^{n-2} + ... + w_1 s + w_0 \qquad (20.39)$$

bezüglich der Eigenwertkonfiguration des Regelkreises vorgegeben. Die Zustandsvektor-Rückkopplung, die dies bewerkstelligen soll, hat die Form

$$u_R = -\mathbf{h}^T\mathbf{x}$$

und wird folgendermaßen ermittelt:

- Aufstellung der Steuerbarkeitsmatrix

  $$\mathbf{S}_u = \begin{pmatrix} \mathbf{b} & \mathbf{A}\mathbf{b} & ... & \mathbf{A}^{n-2}\mathbf{b} & \mathbf{A}^{n-1}\mathbf{b} \end{pmatrix}$$

  und Überprüfung derer Regularität.

- Ermittlung der 1. Zeile $\mathbf{t}_1^T$ der Transformationsmatrix $\mathbf{T}$ aufgrund der Beziehung

  $$\mathbf{t}_1^T = \mathbf{e}_n^T\mathbf{S}_u^{-1}.$$

→

- Berechnung von

$$w(\mathbf{A}) = \prod_{i=1}^{n}(\mathbf{A} - \lambda_i \mathbf{E}) = \mathbf{A}^n + w_{n-1}\mathbf{A}^{n-1} + w_{n-2}\mathbf{A}^{n-2} + ... + w_1\mathbf{A} + w_0\mathbf{E}.$$

- Ermittlung des Vektors $\mathbf{h}$ der Reglerparameter durch[3]

$$\mathbf{h}^T = \mathbf{t}_1^T w(\mathbf{A}).$$

20.1.5 Stationäres Verhalten des Regelkreises

Es wird nun gefordert, dass die Ausgangsgröße y des (asymptotisch stabilen) Regelkreises gegen einen von null verschiedenen (!) konstanten Wert y_∞ strebt:

$$\lim_{t\to\infty} y = \lim_{t\to\infty} \mathbf{c}^T\mathbf{x} = y_\infty. \tag{20.40}$$

Dies kann nur erreicht werden, wenn der Zustandsvektor für $t \to \infty$ aufgrund der Einwirkung einer Führungsgröße $r(t)$ einen konstanten Wert

$$\lim_{t\to\infty} \mathbf{x}(t) = \mathbf{x}_\infty$$

annimmt. Es gilt dann offensichtlich

$$\frac{d\mathbf{x}}{dt} = \mathbf{0} = (\mathbf{A} - \mathbf{b}\mathbf{h}^T)\mathbf{x}_\infty + \mathbf{b}Vr_\infty,$$

wobei r_∞ den Grenzwert der Führungsgröße darstellt. Da aufgrund der asymptotischen Stabilität des Regelkreises die Matrix $(\mathbf{A} - \mathbf{b}\mathbf{h}^T)$ regulär ist, ergibt sich der Zustandsvektor $\mathbf{x}_\infty$ zu

$$\mathbf{x}_\infty = -(\mathbf{A} - \mathbf{b}\mathbf{h}^T)^{-1}\mathbf{b}Vr_\infty.$$

Damit lautet der Grenzwert (20.40) der Ausgangsgröße

$$y_\infty = \mathbf{c}^T\mathbf{x}_\infty = -\mathbf{c}^T(\mathbf{A} - \mathbf{b}\mathbf{h}^T)^{-1}\mathbf{b}Vr_\infty.$$

Es ist allerdings noch zu beachten, dass dieser Grenzwert von null verschieden sein soll! Es muss also

$$\mathbf{c}^T(\mathbf{A} - \mathbf{b}\mathbf{h}^T)^{-1}\mathbf{b} \neq \mathbf{0}$$

gelten. Diese Forderung ist genau dann erfüllt, wenn die Führungsübertragungsfunktion des Regelkreises

$$r \to y: \qquad T(s) = \mathbf{c}^T[s\mathbf{E} - (\mathbf{A} - \mathbf{b}\mathbf{h}^T)]^{-1}\mathbf{b}V$$

---

[3] Zur numerischen Ermittlung des Vektors $\mathbf{h}$ gibt es eine Reihe von zuverlässigen Algorithmen. Die Verwendung der Formel von *Ackermann* bei Systemen höherer Ordnung kann zu numerischen Problemen führen [43].

keine Nullstellen bei $s = 0$ hat! Dies ist wiederum gegeben, wenn die Streckenübertragungsfunktion (!) von (20.1)

$$P(s) = \mathbf{c}^T(s\mathbf{E} - \mathbf{A})^{-1}\mathbf{b}$$

keine Nullstellen bei $s = 0$ hat. Das bedeutet

$$P(s = 0) = -\mathbf{c}^T\mathbf{A}^{-1}\mathbf{b} \neq 0. \tag{20.41}$$

Unter dieser Voraussetzung (20.41) ist *jeder vorgegebene* Wert y_∞ durch Einwirkung einer Führungsgröße mit konstantem Endwert

$$r_\infty = -\frac{1}{V}\frac{1}{\mathbf{c}^T(\mathbf{A} - \mathbf{b}\mathbf{h}^T)^{-1}\mathbf{b}}y_\infty \tag{20.42}$$

erreichbar.

20.1.6 Entwurf der Rückkopplung im Frequenzbereich

Es soll nun das Problem des Entwurfs eines Zustandsreglers durch Betrachtungen im *Frequenzbereich*, d.h. durch Verwendung von *Übertragungsfunktionen*, gelöst werden. Bemerkenswert ist, dass durch diesen Zugang Aussagen über die Werte der Eingangsgröße u und damit über den zu entrichtenden „Preis“ der Verschiebung der Streckeneigenwerte getroffen werden können.

Ausgangspunkt unserer Überlegungen ist die durch Wahl des Rückkopplungsvektors $\mathbf{h}$ zu erfüllende Relation (20.13)

$$\det\left[s\mathbf{E} - (\mathbf{A} - \mathbf{b}\mathbf{h}^T)\right] = w(s). \tag{20.43}$$

Es wird nun die linke Seite dieser Gleichung umgeformt; hierbei benutzen wir folgendes interessante Ergebnis, das die *explizite* Berechnung der Determinante einer Matrix mit der speziellen Struktur $(\mathbf{E} + \boldsymbol{\epsilon}\boldsymbol{\delta}^T)$ erlaubt:

$$\det(\mathbf{E} + \boldsymbol{\epsilon}\boldsymbol{\delta}^T) = 1 + \boldsymbol{\delta}^T\boldsymbol{\epsilon}. \tag{20.44}$$

Hierbei sind $\boldsymbol{\epsilon}$ und $\boldsymbol{\delta}$ n-dimensionale (Spalten-)Vektoren; die quadratische Einheitsmatrix $\mathbf{E}$ besitzt die Dimension n. Die Berechnung dieser Determinante läuft auf die Bildung des Skalarproduktes der beiden Vektoren hinaus.

Das charakteristische Polynom des Regelkreises wird folgendermaßen umgeschrieben:

$$\det\left[s\mathbf{E} - \mathbf{A} + \mathbf{b}\mathbf{h}^T\right] = \det[(s\mathbf{E} - \mathbf{A})(\mathbf{E} + (s\mathbf{E} - \mathbf{A})^{-1}\mathbf{b}\mathbf{h}^T)]$$

bzw.[4]

$$\begin{aligned}\det\left[s\mathbf{E} - \mathbf{A} + \mathbf{b}\mathbf{h}^T\right] &= \det(s\mathbf{E} - \mathbf{A})\det[\mathbf{E} + (s\mathbf{E} - \mathbf{A})^{-1}\mathbf{b}\mathbf{h}^T] \\ &= \Delta(s)\det[\mathbf{E} + (s\mathbf{E} - \mathbf{A})^{-1}\mathbf{b}\mathbf{h}^T].\end{aligned} \tag{20.45}$$

4 Unter Beachtung der für quadratische Matrizen $\mathbf{P}$ und $\mathbf{Q}$ gleicher Dimension geltenden Beziehung: $\det(\mathbf{PQ})=\det(\mathbf{P})\det(\mathbf{Q})$

Es entspricht dem Produkt des charakteristischen Polynoms $\Delta(s)$ der Regelstrecke mit dem Ausdruck

$$D := \det[\mathbf{E} + (s\mathbf{E} - \mathbf{A})^{-1}\mathbf{b}\mathbf{h}^T]. \tag{20.46}$$

Setzt man nun

$$\boldsymbol{\epsilon} = (s\mathbf{E} - \mathbf{A})^{-1}\mathbf{b} \quad \text{und} \quad \boldsymbol{\delta} = \mathbf{h} \tag{20.47}$$

an, so ist die Berechnung des Determinantenausdrucks (20.46) unter Beachtung von (20.44) leicht durchzuführen:

$$D = \det[\mathbf{E} + (s\mathbf{E} - \mathbf{A})^{-1}\mathbf{b}\mathbf{h}^T] = 1 + \mathbf{h}^T(s\mathbf{E} - \mathbf{A})^{-1}\mathbf{b}.$$

Damit lautet die Bestimmungsgleichung (20.43) für den Reglerparameter $\mathbf{h}$

$$\Delta(s)[1 + \mathbf{h}^T(s\mathbf{E} - \mathbf{A})^{-1}\mathbf{b}] = w(s)$$

bzw. nach Umsortierung

$$\frac{w(s)}{\Delta(s)} - 1 = \mathbf{h}^T(s\mathbf{E} - \mathbf{A})^{-1}\mathbf{b}. \tag{20.48}$$

Diese Relation koppelt die charakteristischen Polynome der Strecke und des Regelkreises mit dem prägnanten Ausdruck

$$L(s) := \mathbf{h}^T(s\mathbf{E} - \mathbf{A})^{-1}\mathbf{b}. \tag{20.49}$$

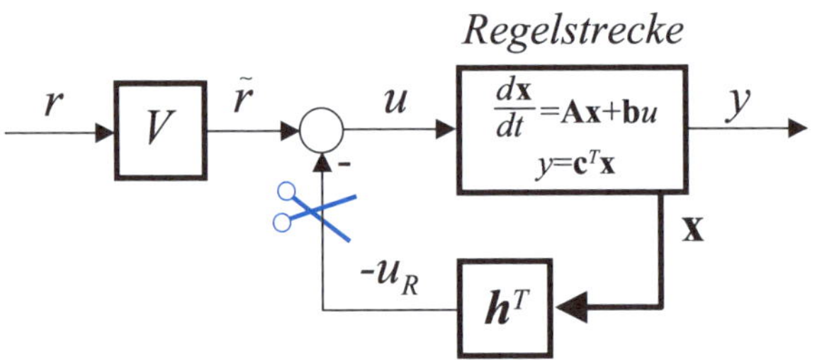

Abbildung 20.2: Offener Zustandsregelkreis

Nach Abb. 20.2 kann $L(s)$ als Übertragungsfunktion des *offenen* Kreises $\tilde{r} \rightarrow -u_R$ mit $\tilde{r} = Vr$ aufgefasst werden:

$$Vr \rightarrow -u_R : \qquad L(s).$$

Je nachdem, welches Zustandsraummodell $[\mathbf{A}, \mathbf{b}]$ der Regelstrecke vorliegt, kann die Ermittlung des Zustandsreglers nach (20.48) entsprechend leicht durchgeführt werden. Dies soll demonstriert werden.

1. Fall: Regelstrecke in Diagonalform. Die Zustandsdifferentialgleichungen der Regelstrecke haben nun die Form

$$\frac{d\mathbf{x}}{dt} = \begin{pmatrix} s_1 & 0 & . & 0 \\ 0 & s_2 & . & 0 \\ . & . & . & . \\ 0 & 0 & . & s_n \end{pmatrix} \mathbf{x} + \begin{pmatrix} \delta_1 \\ \delta_2 \\ . \\ \delta_n \end{pmatrix} u =: \mathbf{A}\mathbf{x} + \mathbf{b}u.$$

Es wird vorausgesetzt, dass die Strecke steuerbar ist. Das hat zur Folge, dass alle Eigenwerte s_i verschieden voneinander

$$s_i \neq s_j \quad \text{für} \quad i \neq j; \quad i,\ j = 1, 2, ..., n$$

und alle Parameter δ_i verschieden von null sind

$$\delta_i \neq 0 \quad \text{für} \quad i = 1, ...n.$$

Die Übertragungsfunktion $L(s)$ nach (20.49) ergibt sich nach einigen einfachen Umformungen zu

$$L(s) = \sum_{i=1}^{n} h_i \delta_i \frac{1}{s - s_i}.$$

Mit diesem Resultat lautet die Bestimmungsgleichung (20.48) für die Reglerparameter h_i

$$\frac{\prod_{i=1}^{n} (s - \lambda_i)}{\prod_{i=1}^{n} (s - s_i)} - 1 = \sum_{i=1}^{n} h_i \delta_i \frac{1}{s - s_i}.$$

Die Multiplikation mit dem Faktor $(s - s_j)$ (mit $j = 1, 2, ..., n$) auf beiden Seiten ergibt dann die Beziehung

$$\frac{\prod_{i=1}^{n} (s - \lambda_i)}{\prod_{i=1, i \neq j}^{n} (s - s_i)} - (s - s_j) = h_j \delta_j + (s - s_j) \sum_{i=1, i \neq j}^{n} h_i \delta_i \frac{1}{s - s_i},$$

die für *alle* Werte von s erfüllt sein muss. Für den speziellen Wert $s = s_j$ ergibt sich

$$\frac{\prod_{i=1}^{n} (s_j - \lambda_i)}{\prod_{i=1, i \neq j}^{n} (s_j - s_i)} = h_j \delta_j.$$

Damit erhalten wir folgende *explizite* Relation für die gesuchten Reglerparameter in Abhängigkeit von den Eigenwerten s_i der Regelstrecke und λ_i des Regelkreises:

$$h_j = \frac{1}{\delta_j} \frac{\prod_{i=1}^{n} (s_j - \lambda_i)}{\prod_{i=1, i \neq j}^{n} (s_j - s_i)} \quad \text{mit} \quad j = 1, 2, ..., n. \tag{20.50}$$

2. Fall: Regelstrecke in Regelungsnormalform. Das Zustandsmodell liegt in der Form $[\mathbf{A}_B, \mathbf{e}_n]$ vor. In diesem Fall kann die Übertragungsfunktion $L(s)$ unmittelbar (!) angegeben werden:

$$L(s) = \frac{h_1 + h_2 s + ... + h_n s^{n-1}}{\Delta(s)}.$$

Die Bestimmungsgleichung (20.48) für die n Reglerparameter h_i lautet in diesem Fall

$$\frac{w(s)}{\Delta(s)} - 1 = \frac{h_1 + h_2 s + ... + h_n s^{n-1}}{\Delta(s)}$$

bzw.

$$w(s) - \Delta(\mathbf{s}) = h_1 + h_2 s + ... + h_n s^{n-1}.$$

Der Koeffizientenvergleich ergibt

$$h_i = w_{i-1} - a_{i-1} \quad \text{für} \quad i = 1, ...n.$$

Empfindlichkeitsfunktion des Zustandsregelkreises

Die Beziehung (20.48) kann damit folgendermaßen umgeformt werden:

$$\frac{w(s)}{\Delta(s)} = 1 + L(s)$$

bzw.

$$\frac{\Delta(s)}{w(s)} = \frac{1}{1 + L(s)} =: S(s). \tag{20.51}$$

Die Übertragungsfunktion kann in Anlehnung an die Verhältnisse im Standardregelkreis (vgl. Kap. 8), als Empfindlichkeitsfunktion des vorliegenden Regelkreises interpretiert werden. Ein typischer Verlauf von $S(j\omega)$ in einem Standardregelkreis ist in Abb. (Kap. 13, Abb. 13.1) ersichtlich. Die Betragskennlinie $|S(j\omega)|$ erfüllt in einem bestimmten Frequenzbereich die Ungleichung

$$|S(j\omega)| < 1 \qquad \text{für } 0 \leq \omega < \omega_1$$

und sorgt für ein zufrieden stellendes „unempfindliches“ Regelkreisverhalten; sie zeigt allerdings in einem anderen Frequenzbereich,

$$|S(j\omega)| > 1 \qquad \text{für } \omega_2 < \omega,$$

einen unbefriedigenden Verlauf! Mit anderen Worten: Es ist *unmöglich* die Erfüllung von

$$|S(j\omega)| < 1 \qquad \text{für } 0 \leq \omega$$

zu gewährleisten. Das steht im Einklang mit dem Theorem von *Bode* (vgl. (13.3) in Kap. 13). Im nun vorliegenden Fall ist dies allerdings möglich. Hierzu betrachten wir Beziehung (20.51) für $s = j\omega$:

$$\frac{\Delta(j\omega)}{w(j\omega)} = S(j\omega)$$

und benutzen die Relationen (20.38) und (20.39):

$$|S(j\omega)| = \frac{\prod_{i=1}^{n} |(j\omega - s_i)|}{\prod_{i=1}^{n} |(j\omega - \lambda_i)|} \tag{20.52}$$

Man kann leicht ausrechnen[5]: Durch geeignete Platzierung der Eigenwerte λ_i des Regelkreises jeweils „links" von einem vorliegenden Eigenwert s_i der Strecke weist der Zustandsregelkreis ein ideales Empfindlichkeitsverhalten

$$|S(j\omega)| < 1 \qquad \text{für } \textit{alle } \omega\text{-Werte} \tag{20.53}$$

auf. Es ist zu bemerken, dass solch eine Vorgabe (20.53) ihren „Preis" hat. Der spiegelt sich in der „Größe" der Stellgröße u wider. Da man beim Entwurf auch weitere Vorgaben wie z.B. stationäre Genauigkeit berücksichtigen will, wird man im Allgemeinen einen Kompromiß zwischen den formulierten Wünschen treffen müssen.

20.1.7 Reglerentwurf für das Schwungradpendel

Für das in Abschnitt 14.3 modellierte Schwungradpendel wird ein Zustandsregler (20.7) entworfen. Das Ziel besteht darin, das um die labile Gleichgewichtslage $\psi = \pi$ linearisierte instabile (!) Modell (14.57) zu stabilisieren. Es werden folgende Eigenwerte für den Regelkreis vorgebenen [48] :

$$\lambda_1 = -5, \; \lambda_2 = -7, \; \lambda_3 = -50.$$

Daraus resultiert der folgende Vektor der Reglerparameter:

$$\mathbf{h}^T = \begin{pmatrix} -92.13 & -12.71 & -0.65 \end{pmatrix}.$$

Da es sich hier um ein reines Stabilisierungproblem handelt, lautet das Regelgesetz

$$u = -\mathbf{h}^T\mathbf{x}.$$

In Abb. 20.3 ist der Verlauf des Pendelwinkels ψ für eine Anfangsauslenkung

$$\mathbf{x}_0 = \begin{pmatrix} -4.5^\circ & 0 & 0 \end{pmatrix}^T$$

dargestellt, wobei das obige lineare Regelgesetz auf das *reale* Labormodell angewandt wurde. Es ist bemerkenswert, dass das System eine so genannte Dauerschwingung um die angestrebte Gleichgewichtslage vollführt. Dies ist auf nichtlineare Reibungsphänomene zurückzuführen.

---

5 Man braucht nur die elementaren Beiträge 1. und 2. Ordnung

$$\frac{j\omega - s_1}{j\omega - \lambda_1} \quad \text{bzw.} \quad \frac{(j\omega - s_2)(j\omega - s_2^*)}{(j\omega - \lambda_2)(j\omega - \lambda_2^*)}$$

zu untersuchen. Das heißt es liegt ein reeller Eigenwert s_1 bzw. ein konjugiert komplexes Eigenwertpaar (s_2, s_2^*) der Regelstrecke vor.

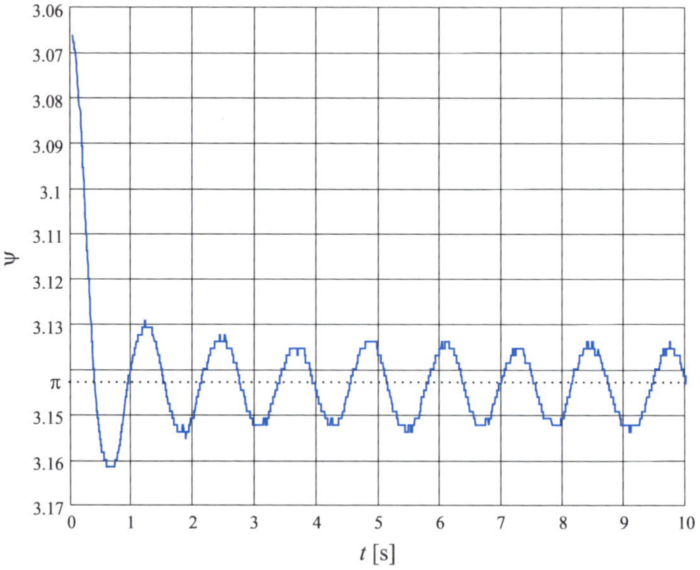

Abbildung 20.3: Verlauf des Winkels ψ

20.1.8 Beachtenswerte Fakten beim Entwurf

- Das Führungsverhalten des Regelkreises wird durch die Übertragungsfunktion

$$r \to y: \qquad T(s) = \mathbf{c}^T[s\mathbf{E} - (\mathbf{A} - \mathbf{b}\mathbf{h}^T)]^{-1}\mathbf{b}V = \frac{\mu_T(s)}{w(s)}$$

beschrieben, wobei das Zählerpolynom nach

$$\mu_T(s) = \mathbf{c}^T\mathrm{Adj}[s\mathbf{E} - (\mathbf{A} - \mathbf{b}\mathbf{h}^T)]\mathbf{b}V$$

berechnet wird. Letzteres kann durch den Einsatz eines Zustandsreglers *nicht* gezielt beeinflusst werden! Dies wird deutlich durch Betrachtung einer Strecke in Regelungsnormalform und durch die Tatsache, dass $T(s)$ eine Invariante des Regelkreises ist. Besitzt die Regelstrecke eine Übertragungsfunktion $P(s)$ n-ten Grades

$$P(s) = \mathbf{c}^T(s\mathbf{E} - \mathbf{A})^{-1}\mathbf{b} = \frac{\mu(s)}{\Delta(s)},$$

so gilt

$$V\mu(s) = \mu_T(s).$$

Eine Beeinflussung des Zählerpolynoms $\mu_T(s)$ ist nur durch eine derartige Vorgabe des Wunschpolynoms $w(s)$ möglich, so dass *erlaubte* „stabile" Kürzungen in der Übertragungsfunktion $T(s)$ stattfinden. Eine *voneinander unabhängige* Vorgabe von Pol- und Nullstellen der Führungsübertragungsfunktion ist *nicht* möglich!

- Bei einer steuerbaren Strecke ist die *rechnerische* Ermittlung eines Zustandsreglers bei beliebig vorgegebenem Wunschpolynom *immer* durchführbar. Wie zu erwarten, beeinflusst die gewünschte Eigenwertkonfiguration Verhalten und Eigenschaften der Systemgrößen im Regelkreis! Deswegen ist die Vorgabe der gewünschten Eigenwerte λ_i *sorgfältigst* zu überlegen, um unerwünschte Effekte beim Betrieb des Regelkreises zu vermeiden. Im Folgenden werden drei Fälle besprochen.

1. Fall: Ein gewünschter Eigenwert λ_1 ist *gleich* dem Eigenwert s_1 der Regelstrecke. (Eine solche Sortierung der Eigenwerte ist immer möglich). Die zu erfüllende Grundrelation lautet

$$\frac{w(s)}{\Delta(s)} - 1 = L(s) = \mathbf{h}^T(s\mathbf{E} - \mathbf{A})^{-1}\mathbf{b}.$$

In dem vorliegenden Fall haben die Polynome $\Delta(s)$ und $w(s)$ eine gemeinsame Nullstelle; nach erfolgter Kürzung besitzt der Quotient $\frac{w(s)}{\Delta(s)}$ und damit auch die Übertragungsfunktion des offenen Kreises $L(s)$ ein Nennerpolynom vom Grad $(n-1)$! Nachdem das Zustandsmodell $[\mathbf{A}, \mathbf{b}]$ nach Voraussetzung steuerbar ist, bedeutet die Gradreduktion, dass das Modell des „aufgetrennten Kreises" mit der Eingangsgröße r und der Ausgangsgröße $-u_R$ *nicht* beobachtbar ist! Die Größe u_R enthält keine Information über die Eigenbewegung $ke^{s_1 t}$.

2. Fall: Ein gewünschter Eigenwert λ_1 ist *gleich* einer Nullstelle s_1 der Übertragungsfunktion

$$P(s) = \mathbf{c}^T(s\mathbf{E} - \mathbf{A})^{-1}\mathbf{b}$$

der Regelstrecke. (Eine solche Indizierung der Eigenwerte ist immer möglich). Das bedeutet allerdings, dass das Zähler- und das Nennerpolynom der Führungsübertragungsfunktion (!) des Regelkreises eine gemeinsame Nullstelle bei λ_1 haben. Damit weist diese Übertragungsfunktion den Grad $(n-1)$ auf. Ähnlich wie im 1. Fall bedeutet das den Verlust der Eigenschaft der Beobachtbarkeit des Regelkreises!

3. Fall: In diesem Fall geht es darum, eine Aussage über den Betrag der Eingangsgröße u zu treffen. Der Einfachheit halber betrachten wir eine Regelstrecke in Diagonalform. Die *explizite* Relation zur Festlegung der Reglerparameter h_j in Abhängigkeit von den Eigenwerten s_i der Regelstrecke und λ_i des Regelkreises wurde im vorigen Abschnitt abgeleitet. Sie lautet gemäß (20.50)

$$h_j = \frac{1}{\delta_j} \frac{\prod_{i=1}^{n}(s_j - \lambda_i)}{\prod_{i=1, i\neq j}^{n}(s_j - s_i)} \quad \text{mit} \quad j = 1, 2, ..., n.$$

Man kann nun anhand obiger Beziehung folgende unscharfe, aber einleuchtende Aussagen treffen:

1. Nehmen wir an, der Betrag $|\delta_j|$ ist eine in Relation zu 1 kleine Zahl

$$|\delta_j| \ll 1.$$

(Man kann dann von einer „schlecht steuerbaren" Regelstrecke sprechen). In diesem Fall ergibt sich für den Reglerparameter h_j ein betragsmäßig hoher Wert.

2. Liegt die gewünschte Eigenwertkonfiguration $\{\lambda_i\}$ des Regelkreises „weit entfernt" von der vorliegenden Eigenwertkonfiguration $\{s_i\}$ der Strecke, so ergeben sich betragsmäßig hohe Werte für die Reglerparameter.

In beiden Fällen ist im Allgemeinen bei der Inbetriebnahme des Reglers mit Schwierigkeiten zu rechnen!

20.1.9 Zustandsregler mit I-Anteil

In einem Standardregelkreis kann die bleibende Regelabweichung bei sprungartigen Führungs- bzw. Störgrößen durch einen integrierenden Anteil (I-Anteil) im offenen Kreis beseitigt werden (vgl. Abschnitt 9.3). Diese klassische Maßnahme beim Reglerentwurf soll nun auch beim Zustandsregler durchgeführt werden. Das Bildungsgesetz der Eingangsgröße u der Regelstrecke

$$\frac{d\mathbf{x}}{dt} = \mathbf{A}\mathbf{x} + \mathbf{b}u \qquad\qquad y = \mathbf{c}^T\mathbf{x}$$

lautet bisher

$$u = u_R + u_S.$$

Der erste Anteil,

$$u_R = -\mathbf{h}^T\mathbf{x}, \tag{20.54}$$

beeinflusst das dynamische Verhalten und der zweite,

$$u_S = Vr,$$

das stationäre Führungsverhalten des Regelkreises. Wir nehmen nun an, dass auf die Regelstrecke eine *konstante unbekannte* Störung einwirkt. Dies wird durch folgendes Modell beschrieben:

$$\frac{d\mathbf{x}}{dt} = \mathbf{A}\mathbf{x} + \mathbf{b}u + \mathbf{w},$$

wobei $\mathbf{w}$ ein konstanter unbekannter (!) Störvektor ist. Der Einsatz eines „reinen" Zustandsreglers führt zwar zu einem asymptotisch stabilen Regelkreis, das stationäre Verhalten wird jedoch aufgrund der vorhandenen Störung im Allgemeinen unbefriedigend sein. Wir stellen nun unter Benutzung von (20.54) folgenden Ansatz auf (siehe Abb. 20.4):

$$u = u_R + u_S. \tag{20.55}$$

Hierbei gilt

$$u_S(t) = -h_I \int_0^t [y(\tau) - r(\tau)]d\tau. \tag{20.56}$$

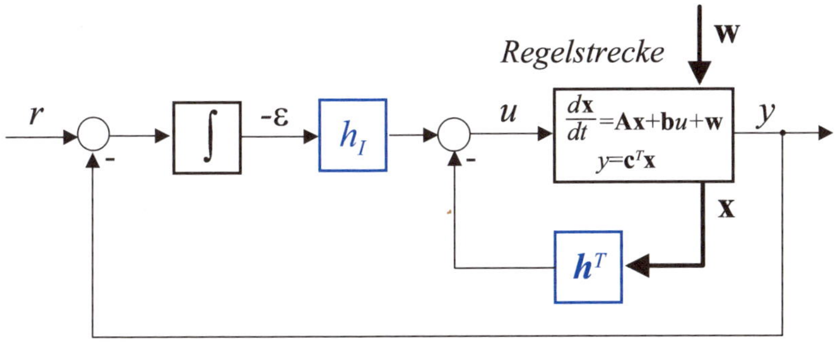

Abbildung 20.4: Zustandsregler mit I-Anteil

Der Parameter h_I ist reell. Das Zustandsmodell des Regelkreises mit der neuen Zustandsvariablen ε

$$\frac{d\varepsilon}{dt} = y(t) - r(t)$$

lautet:

$$\begin{aligned} \frac{d\mathbf{x}}{dt} &= \mathbf{Ax} + \mathbf{b}u + \mathbf{w} \\ y &= \mathbf{c}^T\mathbf{x} \\ \frac{d\varepsilon}{dt} &= y - r \\ u &= u_R + u_S = -\mathbf{h}^T\mathbf{x} - h_I\varepsilon. \end{aligned}$$

In kompakter Matrixschreibweise ergibt sich

$$\begin{pmatrix} \frac{d\mathbf{x}}{dt} \\ \frac{d\varepsilon}{dt} \end{pmatrix} = \begin{pmatrix} \mathbf{A} - \mathbf{bh}^T & -\mathbf{b}h_I \\ \mathbf{c}^T & 0 \end{pmatrix} \begin{pmatrix} \mathbf{x} \\ \varepsilon \end{pmatrix} + \begin{pmatrix} \mathbf{w} \\ -r \end{pmatrix}. \tag{20.57}$$

Angenommen wird, die Parameter h_I und $\mathbf{h}$ können so eingestellt werden, dass der Regelkreis ein gewünschtes asymptotisch stabiles Verhalten aufweist. Dies hat zur Folge, dass im eingeschwungenen Zustand die Eingangsgröße des Integrierers in (20.56) verschwinden muss! Das bedeutet, dass *trotz* vorhandenen Störeinflusses die stationäre Genauigkeit gegeben ist! Die zentrale Frage lautet: Unter welcher Voraussetzung kann eine gewünschte Platzierung der Eigenwerte des Regelkreises erfolgen? Hierzu folgende Überlegung:

Wir betrachten ein System, das der Serienschaltung der „alten" steuerbaren Regelstrecke mit einem Integrierer entspricht. Es wird folgendermaßen beschrieben:

$$\begin{aligned} \frac{d\mathbf{x}}{dt} &= \mathbf{Ax} + \mathbf{b}u \\ \frac{d\varepsilon}{dt} &= y(t) \qquad \text{mit} \quad y = \mathbf{c}^T\mathbf{x}. \end{aligned}$$

Das System besitzt $n + 1$ Zustandsvariablen und hat folgendes Zustandsmodell:

$$\begin{pmatrix} \frac{d\mathbf{x}}{dt} \\ \frac{d\varepsilon}{dt} \end{pmatrix} = \begin{pmatrix} \mathbf{A} & 0 \\ \mathbf{c}^T & 0 \end{pmatrix} \begin{pmatrix} \mathbf{x} \\ \varepsilon \end{pmatrix} + \begin{pmatrix} \mathbf{b} \\ 0 \end{pmatrix} u. \tag{20.58}$$

Durch die Zustandsrückkopplung

$$u_R := -\begin{pmatrix} \mathbf{h}^T & h_I \end{pmatrix} \begin{pmatrix} \mathbf{x} \\ \varepsilon \end{pmatrix} \tag{20.59}$$

erhalten wir einen Regelkreis

$$\begin{pmatrix} \frac{d\mathbf{x}}{dt} \\ \frac{d\varepsilon}{dt} \end{pmatrix} = \begin{pmatrix} \mathbf{A} - \mathbf{b}\mathbf{h}^T & -\mathbf{b}h_I \\ \mathbf{c}^T & 0 \end{pmatrix} \begin{pmatrix} \mathbf{x} \\ \varepsilon \end{pmatrix}.$$

Dieser Regelkreis besitzt die gleiche Systemmatrix wie der nach (20.57). Damit er *beliebig* vorgegebene Eigenwerte erhält, ist die Steuerbarkeit des Systems (20.58) unabdingbare Voraussetzung. Das bedeutet: bei der Serienschaltung dürfen keine „Kürzungen" bei den Übertragungsfunktionen

$$\mathbf{c}^T(s\mathbf{E} - \mathbf{A})^{-1}\mathbf{b} \quad \text{und} \quad \frac{1}{s}$$

auftreten. Das ist äquivalent mit der Forderung, dass die Übertragungsfunktion der vorgegebenen steuerbaren Regelstrecke keine Nullstelle bei null besitzen darf:

$$\mathbf{c}^T(-\mathbf{A})^{-1}\mathbf{b} \neq 0. \tag{20.60}$$

Unter dieser zusätzlichen Bedingung für die Regelstrecke ist der Entwurf des Zustandsreglers mit I-Anteil gesichert.

Der Entwurf eines Zustandsreglers mit I-Anteil wird demnach folgendermaßen durchgeführt: Wir entwerfen für die erweiterte Strecke (20.58) eine Zustandsrückkopplung (20.59). Das heißt das vorliegende Problem wird auf das ursprüngliche Problem der „reinen" Zustandsregelung zurückgeführt!

20.1.10 Reglerentwurf für das 3-Tank-System

Für das in Abschnitt 14.1 entwickelte lineare Modell (14.26) mit der Ausgangsgröße $y = x_2$ wird ein Zustandsregler

$$u = -\mathbf{h}^T\mathbf{x} + Vr$$

entworfen. Die Eigenwertkonfiguration lautet [28]

$$\lambda_1 = \lambda_2 = \lambda_3 = -0.1.$$

Daraus resultieren folgende konkrete Werte:

$$\mathbf{h}^T = \begin{pmatrix} 0.194 & 0.305 & 0.167 \end{pmatrix}, \quad V = 0.707.$$

Dieser Regler wurde auf das reale Labormodell angewandt. Es wird gewünscht, dass ausgehend vom eingestellten Arbeitspunkt der Füllstand des mittleren Behälters um 5 cm angehoben wird. Man erkennt in Abb. 20.5 Folgendes: Die angestrebte stationäre Genauigkeit wird *nicht* erreicht. Dies ist darauf zurückzuführen, dass das Modell (14.26) die reale Strecke nur näherungsweise beschreibt. Für $t > 150s$ wurde mit Hilfe der zweiten Pumpe (siehe Abb. 14.7) eine *konstante* Störgröße auf das System aufgebracht. Ab diesem Zeitpunkt zeigt der Regelkreis ein höchst unbefriedigendes Verhalten. Aus diesem Grund wird ein Zustandsregler (20.59) mit I-Anteil entworfen. Für die Eigenwerte des Regelkreises soll gelten:

$$\lambda_1 = \lambda_2 = \lambda_3 = \lambda_4 = -0.1.$$

Daraus resultieren folgende Reglerparameter:

$$\mathbf{h}^T = \begin{pmatrix} 0.299 & 0.898 & -0.279 \end{pmatrix}, \quad h_I = 0.071.$$

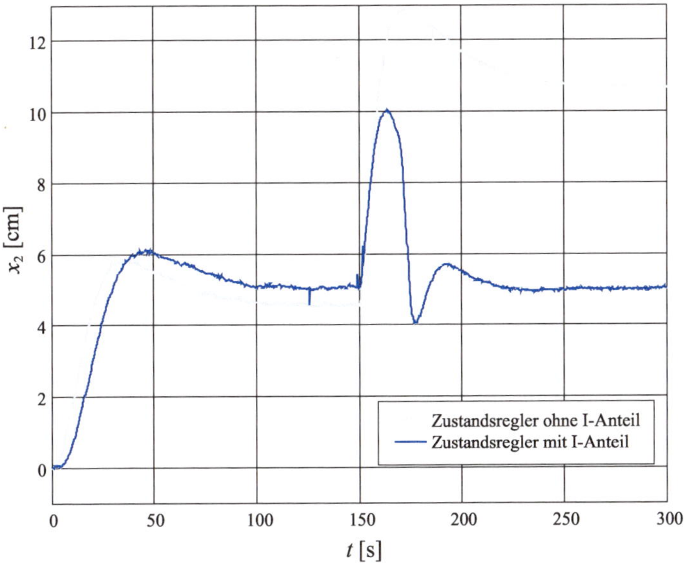

Abbildung 20.5: 3-Tank-System mit Zustandsregler

In Abb. 20.5 erkennt man, dass im stationären Zustand die Anforderungen bezüglich des Folgeverhaltens und der Störgrößenunterdrückung *voll* erfüllt werden.

20.2 Entwurf eines Beobachters

In den vorangehenden Ausführungen wurde gezeigt, dass bei einer steuerbaren Strecke durch Einsatz eines Zustandsreglers die Eigenwerte *beliebig* platziert werden können. Eine essentielle Voraussetzung ist hierbei, dass *alle* Komponenten des Zustandsvektors messbar sind und damit zur Bildung der Eingangsgröße herangezogen werden können! In den meisten praktischen Fällen trifft dies allerdings nicht zu. Einerseits können die Kosten für die notwendigen Sensoren relativ hoch ausfallen, andererseits ist es physikalisch nicht immer möglich, alle Zustandsvariablen zu messen. Ziel der nachfolgenden Überlegungen ist zu zeigen, wie man bei einer Regelstrecke mit einem Zustandsmodell n-ter Ordnung und dem *unbekannten* Anfangszustand $\mathbf{x}(0)$

$$\frac{d\mathbf{x}}{dt} = \mathbf{A}\mathbf{x} + \mathbf{b}u \qquad y = \mathbf{c}^T\mathbf{x} \tag{20.61}$$

alle n Zustandsvariablen x_i mit Hilfe *einer* gemessenen Systemgröße, der *Meßgröße* y, rekonstruieren kann (siehe Abb. 20.6).[6]

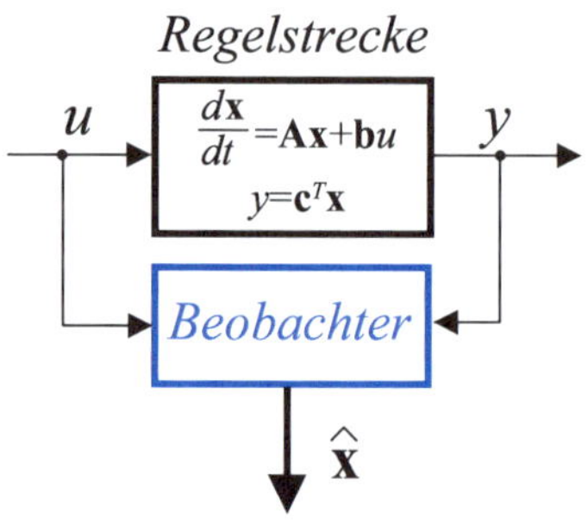

Abbildung 20.6: Prinzip des Beobachters

Die n Schätzwerte $\hat{x}_i$ *ersetzen* die realen Zustandsvariablen beim Einsatz eines Zustandsreglers nach Relation (20.5),

$$u = -\sum_{i=1}^{n} h_i\hat{x}_i + Vr = -\mathbf{h}^T\hat{\mathbf{x}} + Vr, \tag{20.62}$$

der zu einem befriedigenden Verhalten des Regelkreises führen soll. Es wird sich zeigen, dass diese Erwartung unter gewissen milden Voraussetzungen in vollem Maße erfüllt werden kann.

Im Folgenden wird ein lineares und zeitinvariantes Modell mit zwei Eingangsgrößen entwickelt. Sein Zustandsvektor $\hat{\mathbf{x}}(t)$ soll sich dem tatsächlichen Zustandsvektor $\mathbf{x}(t)$ asymptotisch nähern:

$$\lim_{t\to\infty} \hat{\mathbf{x}}(t) = \lim_{t\to\infty} \mathbf{x}(t). \tag{20.63}$$

Solch ein dynamisches System nennt man einen *asymptotischen Beobachter*; oft wird es nach seinem Erfinder *D. Luenberger* als *Luenberger*-Beobachter bezeichnet.

20.2.1 Struktur und prinzipielle Festlegung des Beobachters

In Anlehnung an die Struktur eines linearen und zeitinvarianten Streckenmodells nach (20.61) wird folgender Ansatz für den Beobachter gemacht:

$$\frac{d\hat{\mathbf{x}}}{dt} = \hat{\mathbf{A}}\hat{\mathbf{x}} + \hat{\mathbf{b}}_1 u + \hat{\mathbf{b}}_2 y. \tag{20.64}$$

[6] Hierbei ist y eine Linearkombination der Zustandsvariablen, die natürlich selbst einer Zustandsvariablen entsprechen kann.

Hierbei sind u und y jeweils die Eingangs- bzw. Ausgangsgröße der Regelstrecke, die Daten $\hat{\mathbf{A}}$, $\hat{\mathbf{b}}_1$ und $\hat{\mathbf{b}}_2$ sind konstante Größen passender Dimension. Sie werden derart festgelegt, dass der Schätzfehler

$$\mathbf{e}(t) = \mathbf{x}(t) - \hat{\mathbf{x}}(t) \tag{20.65}$$

aymptotisch nach null strebt:

$$\lim_{t \to \infty} \mathbf{e}(t) = \mathbf{0}. \tag{20.66}$$

Um das Zeitverhalten des Fehlers zu beschreiben, stellen wir seine Differentialgleichung auf. Hierzu betrachten wir den Differentialquotienten

$$\frac{d\mathbf{e}}{dt} = \frac{d\mathbf{x}}{dt} - \frac{d\hat{\mathbf{x}}}{dt}$$

und setzen jeweils das Modell der Strecke (20.61) und des Beobachters (20.64) ein. Dies ergibt zunächst

$$\frac{d\mathbf{e}}{dt} = (\mathbf{A}\mathbf{x} + \mathbf{b}u) - (\hat{\mathbf{A}}\hat{\mathbf{x}} + \hat{\mathbf{b}}_1 u + \hat{\mathbf{b}}_2 y);$$

nach Umsortierung und Benutzung der Messgleichung $y = \mathbf{c}^T\mathbf{x}$ erhalten wir dann

$$\frac{d\mathbf{e}}{dt} = (\mathbf{A} - \hat{\mathbf{b}}_2\mathbf{c}^T)\mathbf{x} - \hat{\mathbf{A}}\hat{\mathbf{x}} + (\mathbf{b} - \hat{\mathbf{b}}_1)u.$$

Es ist sinnvoll zu fordern, dass der Fehler $\mathbf{e}$ *unabhängig* von der Eingangsgröße u ist. Dies wird durch die Wahl

$$\hat{\mathbf{b}}_1 = \mathbf{b} \tag{20.67}$$

gewährleistet. Damit ergibt sich das „Fehlermodell“

$$\frac{d\mathbf{e}}{dt} = (\mathbf{A} - \hat{\mathbf{b}}_2\mathbf{c}^T)\mathbf{x} - \hat{\mathbf{A}}\hat{\mathbf{x}}.$$

Es verbleibt die Festlegung der Daten $\hat{\mathbf{A}}$ und $\hat{\mathbf{b}}_2$. Zunächst wird, um die Darstellung zu vereinfachen, der gesuchte Vektor $\hat{\mathbf{b}}_2$ in $\hat{\mathbf{b}}$ umbenannt. Wählt man nun

$$\hat{\mathbf{A}} = \mathbf{A} - \hat{\mathbf{b}}\mathbf{c}^T, \tag{20.68}$$

so wird der Fehler $\mathbf{e}$ durch die „freie“ Differentialgleichung

$$\frac{d\mathbf{e}}{dt} = (\mathbf{A} - \hat{\mathbf{b}}\mathbf{c}^T)\mathbf{e} \tag{20.69}$$

beschrieben. Der Parametervektor $\hat{\mathbf{b}}$ wird so gewählt, dass der Fehler unabhängig von dem *unbekannten* Anfangsfehler $\mathbf{e}(0)$ asymptotisch nach null strebt. Das heißt obiges „Fehlermodell“ (20.69) muss asymptotisch stabil sein. Das ist genau dann gewährleistet, wenn *alle* Eigenwerte der Matrix $(\mathbf{A} - \hat{\mathbf{b}}\mathbf{c}^T)$ einen negativen Realteil haben!

Eine Interpretation des Beobachters

Nach den vorgenommenen Festlegungen (20.67) und (20.68) besitzt der Beobachter das Modell

$$\frac{d\hat{\mathbf{x}}}{dt} = (\mathbf{A} - \hat{\mathbf{b}}\mathbf{c}^T)\hat{\mathbf{x}} + \mathbf{b}u + \hat{\mathbf{b}}y. \tag{20.70}$$

Dieses wird nun unter Einführung der *fiktiven* Messgrösse des Beobachters

$$\hat{y} = \mathbf{c}^T\hat{\mathbf{x}} \tag{20.71}$$

umgeformt:

$$\frac{d\hat{\mathbf{x}}}{dt} = \mathbf{A}\hat{\mathbf{x}} - \hat{\mathbf{b}}\mathbf{c}^T\hat{\mathbf{x}} + \mathbf{b}u + \hat{\mathbf{b}}y = \mathbf{A}\hat{\mathbf{x}} - \hat{\mathbf{b}}\hat{y} + \mathbf{b}u + \hat{\mathbf{b}}y$$

bzw.

$$\frac{d\hat{\mathbf{x}}}{dt} = \mathbf{A}\hat{\mathbf{x}} + \mathbf{bu} + \hat{\mathbf{b}}(y - \hat{y}).$$

Man erkennt (vgl. Abb. 20.7), dass der Beobachter aus einem Abbild $[\mathbf{A}, \mathbf{b}, \mathbf{c}^T]$ der Regelstrecke und einem „Korrekturterm" besteht. Letzterer entspricht der gewichteten Differenz $(y - \hat{y})$ zwischen der realen und der fiktiven Messgröße. Wir fordern: Der Zustandsvektor $\hat{\mathbf{x}}(t)$ des Beobachters soll *unabhängig* von dem Anfangszustand $\hat{\mathbf{x}}(0)$ gegen $\mathbf{x}(t)$ konvergieren. Dies kann allerdings nur dann erreicht werden, wenn der Korrekturterm Information über den Wert *aller* Zustandsvariablen x_i enthält. Die Regelstrecke muss daher *beobachtbar* sein. Es wird sich zeigen, dass es unter dieser Voraussetzung möglich ist, die Eigenwerte der Systemmatrix $(\mathbf{A} - \hat{\mathbf{b}}\mathbf{c}^T)$ des Beobachters *beliebig* zu platzieren.

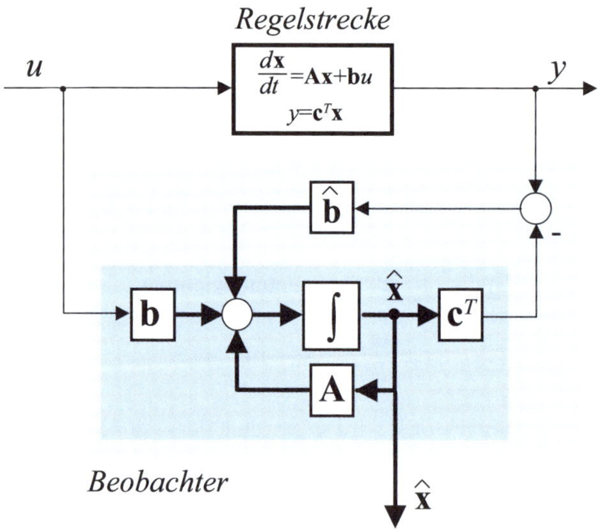

Abbildung 20.7: Interpretation des Beobachters

20.2.2 Berechnung des Beobachterparameters $\hat{\mathbf{b}}$

Es soll nun der Parameter $\hat{\mathbf{b}}$ so festgelegt werden, dass die Matrix

$$\hat{\mathbf{A}} = \mathbf{A} - \hat{\mathbf{b}}\mathbf{c}^T$$

n *vorgegebene* Eigenwerte ζ_i (in der linken offenen s-Ebene) aufweist. Das heißt es soll gelten:

$$\hat{\Delta}(s) := \det[s\mathbf{E} - (\mathbf{A} - \hat{\mathbf{b}}\mathbf{c}^T)] = \prod_{i=1}^{n}(s - \zeta_i). \tag{20.72}$$

Dieses Problem wird – wenn man nachfolgenden Satz beachtet – elegant gelöst: Das charakteristische Polynom einer Matrix wird durch deren Transposition *nicht* verändert! Demnach besitzt die Matrix $\hat{\mathbf{A}}$ *dasselbe* charakteristische Polynom und damit *dieselben* Eigenwerte wie die transponierte Matrix $\hat{\mathbf{A}}^T$. In dem vorliegenden Fall bedeutet das

$$\hat{\mathbf{A}}^T = (\mathbf{A} - \hat{\mathbf{b}}\mathbf{c}^T)^T = \mathbf{A}^T - \mathbf{c}\hat{\mathbf{b}}^T,$$

und es gilt:

$$\det[s\mathbf{E} - (\mathbf{A} - \hat{\mathbf{b}}\mathbf{c}^T)] = \det[s\mathbf{E} - (\mathbf{A}^T - \mathbf{c}\hat{\mathbf{b}}^T)].$$

Der Vektor $\hat{\mathbf{b}}^T$ ist nun so zu bestimmen, dass die Nullstellen obigen Polynoms vorgegebene (komplexe) Zahlen mit negativem Realteil sind. Ein ähnliches Problem ist allerdings vom Zustandsreglerentwurf her bekannt. Dort war für ein System $[\mathbf{A}, \mathbf{b}]$ ein Vektor $\mathbf{h}^T$ so zu bestimmen, dass die Eigenwerte der Matrix $(\mathbf{A} - \mathbf{b}\mathbf{h}^T)$ vorgegebene (komplexe) Zahlen sind. Ausgehend aus der Gegenüberstellung

$$(\mathbf{A} - \mathbf{b}\mathbf{h}^T) \leftrightarrow (\mathbf{A}^T - \mathbf{c}\hat{\mathbf{b}}^T)$$

wird der Beobachterparameter $\hat{\mathbf{b}}$ berechnet, indem man für das *fiktive* System

$$\frac{d\boldsymbol{\xi}}{dt} = \mathbf{A}^T\boldsymbol{\xi} + \mathbf{c}u \tag{20.73}$$

eine Rückkopplung

$$u_R = -\hat{\mathbf{b}}^T\boldsymbol{\xi} \tag{20.74}$$

entwirft.

Fazit: Vom mathematischen Standpunkt betrachtet ist die Ermittlung eines Beobachters identisch mit der eines Zustandsreglers!

Eine unabdingbare Voraussetzung beim Zustandsreglerentwurf ist die Steuerbarkeit des Systems. In dem vorliegenden Fall bedeutet dies: das System $[\mathbf{A}^T, \mathbf{c}]$ muss steuerbar sein. Das ist genau dann der Fall, wenn die zugehörige Steuerbarkeitsmatrix

$$\hat{\mathbf{S}}_u = \begin{pmatrix} \mathbf{c} & \mathbf{A}^T\mathbf{c} & \dots & (\mathbf{A}^T)^{n-1}\mathbf{c} \end{pmatrix}$$

regulär ist. Durch Bildung der transponierten Matrix

$$\hat{\mathbf{S}}_u^T = \begin{pmatrix} \mathbf{c} & \mathbf{A}^T\mathbf{c} & \dots & (\mathbf{A}^T)^{n-1}\mathbf{c} \end{pmatrix}^T = \begin{pmatrix} \mathbf{c}^T \\ \mathbf{c}^T\mathbf{A} \\ \cdot \\ \cdot \\ \mathbf{c}^T\mathbf{A}^{n-1} \end{pmatrix} = \mathbf{B}_y$$

erkennen wir, dass die Steuerbarkeit des fiktiven Systems genau dann vorliegt, wenn die Beobachtbarkeitsmatrix der Strecke $\mathbf{B}_y$ regulär ist. Das bedeutet: Um die Eigenwerte des Beobachters *beliebig* platzieren zu können, muss die vorliegende Regelstrecke *beobachtbar* sein!

Bemerkung

Der Beobachterentwurf ist besonders einfach, wenn die Regelstrecke in der so genannten *Beobachtungsnormalform*

$$\frac{d\mathbf{w}}{dt} = \mathbf{A}_B^T\mathbf{w} + \boldsymbol{\gamma}u \qquad y = \mathbf{e}_n^T\mathbf{w}$$

vorliegt. Diese Form ist das Analogon zu der Regelungsnormalform (20.15) und spielt im Grunde die gleiche Rolle, nachdem sie ähnlich vorteilhafte Eigenschaften besitzt. Solch ein Modell ist *immer* beobachtbar![7]

Beispiel: Für ein System 2. Ordnung, beschrieben durch

$$\begin{pmatrix} \frac{dx_1}{dt} \\ \frac{dx_2}{dt} \end{pmatrix} = \begin{pmatrix} 1 & 0 \\ 0 & 0 \end{pmatrix}\begin{pmatrix} x_1 \\ x_2 \end{pmatrix} + \begin{pmatrix} 1 \\ 1 \end{pmatrix} u =: \mathbf{A}\mathbf{x} + \mathbf{b}u$$

$$y = \begin{pmatrix} 2 & -1 \end{pmatrix}\begin{pmatrix} x_1 \\ x_2 \end{pmatrix} := \mathbf{c}^T\mathbf{x}$$

soll ein asymptotischer Beobachter entworfen werden. Seine Eigenwerte $\zeta_{1,2}$ sollen bei (-3) liegen. (Man beachte, dass die Strecke instabiles Verhalten aufweist. Sie besitzt die Eigenwerte $s_1 = 1$ und $s_2 = 0$).

Als Erstes wird die Beobachtbarkeit des Systems überprüft. Die Beobachtbarkeitsmatrix

$$\mathbf{B}_y = \begin{pmatrix} \mathbf{c}^T \\ \mathbf{c}^T\mathbf{A} \end{pmatrix} = \begin{pmatrix} 2 & -1 \\ 2 & 0 \end{pmatrix}$$

ist regulär, d.h. die Eigenwerte des Beobachters können beliebig platziert werden. Die Berechnung des asymptotischen Beobachters entspricht dem Entwurf eines Zustandsreglers

[7] Dies kann leicht durch Betrachtung des „transponierten“ Modells $\frac{d\mathbf{z}}{dt} = \mathbf{A}_B\mathbf{z} + \mathbf{e}_n u \quad y = \boldsymbol{\gamma}^T\mathbf{z}$, welches *immer* steuerbar ist, erkannt werden.

für das *fiktive* Modell

$$\begin{pmatrix} \frac{d\xi_1}{dt} \\ \frac{d\xi_2}{dt} \end{pmatrix} = \begin{pmatrix} 1 & 0 \\ 0 & 0 \end{pmatrix} \begin{pmatrix} \xi_1 \\ \xi_2 \end{pmatrix} + \begin{pmatrix} 2 \\ -1 \end{pmatrix} u =: \mathbf{A}^T \boldsymbol{\xi} + \mathbf{c}u,$$

sodass die Systemmatrix des Regelkreises zwei Eigenwerte bei (−3) besitzt. Es wird demnach eine Rückkopplung

$$u_R = -\mathbf{h}^T \boldsymbol{\xi} = -\begin{pmatrix} h_1 & h_2 \end{pmatrix} \begin{pmatrix} \xi_1 \\ \xi_2 \end{pmatrix}$$

entworfen, sodass die Systemmatrix des Regelkreises das charakteristische Polynom

$$\begin{aligned} w(s) &= (s - \zeta_1)^2 = (s+3)^2 \\ &= s^2 + w_1 s + w_0 = s^2 + 6s + 9 \end{aligned}$$

besitzt.

Der Parametervektor $\mathbf{h}$ lässt sich anhand der Formel von *Ackermann*

$$\mathbf{h}^T = \mathbf{t}_1^T w(\mathbf{A}^T)$$

ermitteln. Hierzu berechnen wir $\mathbf{t}_1^T$ mit Hilfe der Steurbarkeitsmatrix

$$\mathbf{t}_1^T = \mathbf{e}_2^T \hat{\mathbf{S}}_u^{-1} = \mathbf{e}_2^T (\mathbf{B}_y^T)^{-1}.$$

Es ergeben sich nach einigen Umrechnungen

$$\begin{aligned} w(\mathbf{A}^T) &= (\mathbf{A}^T - \lambda_1 \mathbf{E})^2 = (\mathbf{A}^T)^2 + 6\mathbf{A}^T + 9\mathbf{E} \\ &= \begin{pmatrix} 1+6+9 & 0 \\ 0 & 9 \end{pmatrix} = \begin{pmatrix} 16 & 0 \\ 0 & 9 \end{pmatrix} \end{aligned}$$

und

$$\begin{aligned} \mathbf{t}_1^T &= \begin{pmatrix} 0 & 1 \end{pmatrix} \left[\begin{pmatrix} 2 & -1 \\ 2 & 0 \end{pmatrix}^T \right]^{-1} = \begin{pmatrix} 0 & 1 \end{pmatrix} \begin{pmatrix} 2 & 2 \\ -1 & 0 \end{pmatrix}^{-1} \\ &= \begin{pmatrix} 0 & 1 \end{pmatrix} \begin{pmatrix} 0 & -2 \\ 1 & 2 \end{pmatrix} \frac{1}{2} = \begin{pmatrix} \frac{1}{2} & 1 \end{pmatrix}. \end{aligned}$$

Damit lautet die Rückkopplung

$$\mathbf{h}^T = \begin{pmatrix} 8 & 9 \end{pmatrix}.$$

Der Beobachterparameter $\hat{\mathbf{b}}$ lautet

$$\hat{\mathbf{b}}^T = \begin{pmatrix} 8 & 9 \end{pmatrix}.$$

Mit diesen Daten ergibt sich das Modell des Beobachters:

$$\begin{aligned} \frac{d\hat{\mathbf{x}}}{dt} &= (\mathbf{A} - \hat{\mathbf{b}}\mathbf{c}^T)\hat{\mathbf{x}} + \mathbf{b}u + \hat{\mathbf{b}}y \\ &= \begin{pmatrix} -15 & 8 \\ -18 & 9 \end{pmatrix} \hat{\mathbf{x}} + \begin{pmatrix} 1 \\ 1 \end{pmatrix} u + \begin{pmatrix} 8 \\ 9 \end{pmatrix} y. \end{aligned}$$

Die Funktionalität des entworfenen Beobachters wird anhand einer Simulation überprüft. Mit den Anfangswerten $\hat{x}_1(0) = \hat{x}_2(0) = 0$, dem Anfangszustand der Regelstrecke

$$\mathbf{x}^T(0) = \begin{pmatrix} 5 & -5 \end{pmatrix}$$

und der Eingangsgröße $u(t) = \sigma(t)$ errechnen sich folgende Verläufe nach Abb. 20.8 und 20.9, aus denen die gute Übereinstimmung zwischen „realen" und geschätzten Zustandsvariablen ersichtlich ist.

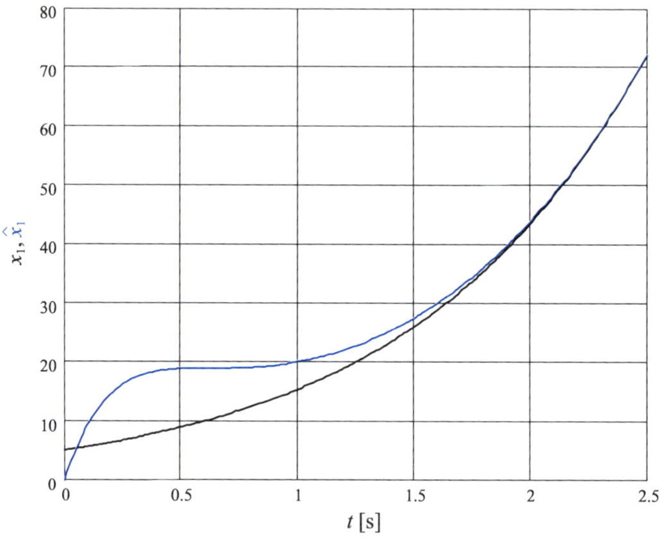

Abbildung 20.8: Verläufe von $x_1(t)$ und $\hat{x}_1(t)$

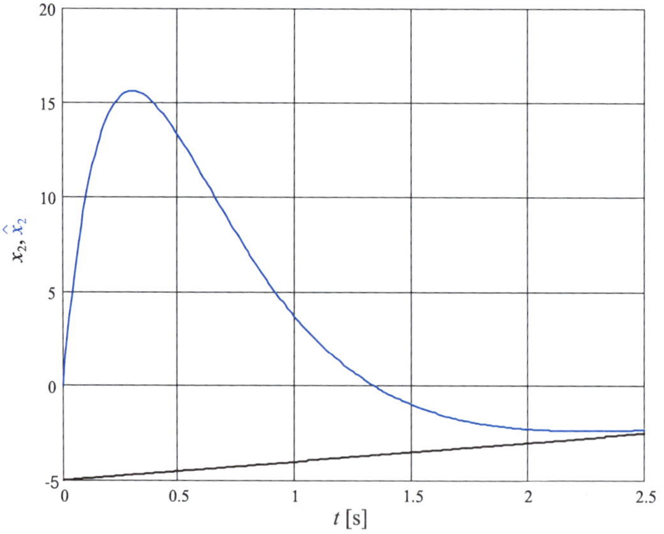

Abbildung 20.9: Verläufe von $x_2(t)$ und $\hat{x}_2(t)$

20.3 Einsatz von Beobachter *und* Zustandsregler (Kontrollbeobachter)

Wir betrachten eine Regelstrecke mit dem n-dimensionalen, steuerbaren *und* beobachtbaren Zustandsmodell

$$\frac{d\mathbf{x}}{dt} = \mathbf{A}\mathbf{x} + \mathbf{b}u \qquad y = \mathbf{c}^T\mathbf{x}.$$

Für diese steuerbare Strecke ist es möglich, einen Zustandsregler

$$u = -\mathbf{h}^T\mathbf{x} + Vr$$

so zu berechnen, dass der entstehende Regelkreis n vorgeschriebene Eigenwerte λ_i aufweist. Da in der Praxis die Messbarkeit aller Komponenten des Zustandsvektors die Ausnahme ist, benutzen wir einen *geschätzten* Wert $\hat{\mathbf{x}}$ bei der Realisierung des Regelgesetzes

$$u = -\mathbf{h}^T\hat{\mathbf{x}} + Vr.$$

Dieser wird von einem Beobachter geliefert. Aufgrund der Eigenschaft der Beobachtbarkeit kann ein asymptotischer Beobachter

$$\frac{d\hat{\mathbf{x}}}{dt} = (\mathbf{A} - \hat{\mathbf{b}}\mathbf{c}^T)\hat{\mathbf{x}} + \mathbf{b}u + \hat{\mathbf{b}}y$$

entworfen werden, mit dessen Hilfe der reale Zustandsvektor $\mathbf{x}$ durch den berechneten Wert $\hat{\mathbf{x}}$ rekonstruiert wird. Die n Eigenwerte ζ_i der Systemmatrix $(\mathbf{A} - \hat{\mathbf{b}}\mathbf{c}^T)$, die den zeitlichen Verlauf des Fehlers

$$\mathbf{e}(t) = \mathbf{x}(t) - \hat{\mathbf{x}}(t)$$

prägen, können *beliebig* vorgegeben werden. Das so entstehende Gesamtsystem ist in Abb. 20.10 wiedergegeben.

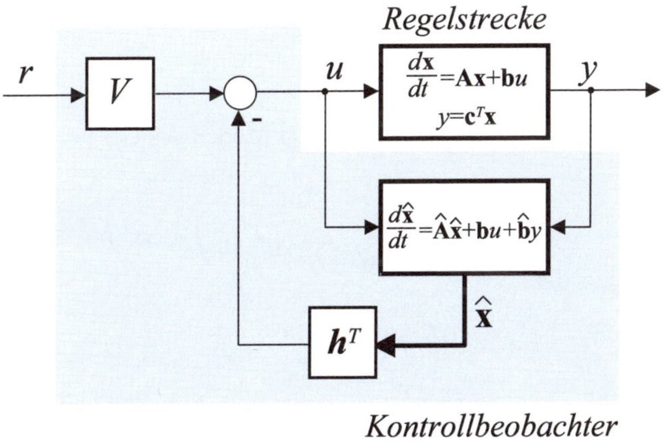

Abbildung 20.10: Kontrollbeobachter

20.3.1 Stabilitätsverhalten des Gesamtsystems (Separationstheorem)

Wir stellen uns folgende Frage: Wie wird das Stabilitätsverhalten des Regelkreises durch den Einsatz eines Beobachters im Rückkopplungszweig beeinflusst? Um diese zentrale Frage zu beantworten, betrachten wir das Modell des Gesamtssystems. Es wird durch folgende Gleichungen beschrieben:

$$\text{Strecke}: \quad \frac{d\mathbf{x}}{dt} = \mathbf{A}\mathbf{x} + \mathbf{b}u \qquad y = \mathbf{c}^T\mathbf{x} \tag{20.75}$$

$$\text{Kontrollbeobachter}: \quad \frac{d\hat{\mathbf{x}}}{dt} = (\mathbf{A} - \hat{\mathbf{b}}\mathbf{c}^T)\hat{\mathbf{x}} + \mathbf{b}u + \hat{\mathbf{b}}y \qquad u = -\mathbf{h}^T\hat{\mathbf{x}} + Vr. \tag{20.76}$$

Es besteht also aus $2n$ Differentialgleichungen 1. Ordnung bezüglich der $2n$ Zustandsvariablen, gebildet durch den Vektor

$$\begin{pmatrix} \mathbf{x} \\ \hat{\mathbf{x}} \end{pmatrix}.$$

Das sind *jeweils* n Zustandsvariablen der Strecke und des Kontrollbeobachters. Eingangsgröße des Systems ist die Führungsgröße r, die Ausgangsgröße ist die Messgröße y der Strecke. Die theoretische Untersuchung der Eigenschaften des Regelkreises kann durch eine „passende" Zustandsbeschreibung enorm erleichtert werden. Betrachtet man nämlich den Fehler $\mathbf{e}(t) = \mathbf{x}(t) - \hat{\mathbf{x}}(t)$ und schreibt man für die Eingangsgröße

$$u = -\mathbf{h}^T\mathbf{x} + \mathbf{h}^T\mathbf{e} + Vr,$$

so ergibt sich bezüglich der neuen Zustandsvariablen $\mathbf{x}$ und $\mathbf{e}$ folgendes Modell[8] des Regelkreises mit der Führungsgröße r und der Meßgröße y:

$$\begin{aligned} \frac{d\mathbf{x}}{dt} &= (\mathbf{A} - \mathbf{b}\mathbf{h}^T)\mathbf{x} + \mathbf{b}\mathbf{h}^{\mathbf{T}}\mathbf{e} + \mathbf{b}Vr \\ \frac{d\mathbf{e}}{dt} &= (\mathbf{A} - \hat{\mathbf{b}}\mathbf{c}^T)\mathbf{e} \\ y &= \mathbf{c}^T\mathbf{x}. \end{aligned} \tag{20.77}$$

In der abkürzenden Matrixschreibweise lautet das Modell des Gesamtsystems

$$\begin{aligned} \begin{pmatrix} \frac{d\mathbf{x}}{dt} \\ \frac{d\mathbf{e}}{dt} \end{pmatrix} &= \begin{pmatrix} (\mathbf{A} - \mathbf{b}\mathbf{h}^T) & \mathbf{b}\mathbf{h}^{\mathbf{T}} \\ \mathbf{0} & (\mathbf{A} - \hat{\mathbf{b}}\mathbf{c}^T) \end{pmatrix} \begin{pmatrix} \mathbf{x} \\ \mathbf{e} \end{pmatrix} + \begin{pmatrix} \mathbf{b} \\ \mathbf{0} \end{pmatrix} Vr \\ y &= \begin{pmatrix} \mathbf{c}^T & \mathbf{0}^T \end{pmatrix} \begin{pmatrix} \mathbf{x} \\ \mathbf{e} \end{pmatrix}. \end{aligned} \tag{20.78}$$

---

[8] Man beachte, diese Vorgehensweise entspricht der regulären Zustandstransformation

$$\begin{pmatrix} \mathbf{x} \\ \mathbf{e} \end{pmatrix} = \begin{pmatrix} \mathbf{E} & \mathbf{0} \\ \mathbf{E} & -\mathbf{E} \end{pmatrix} \begin{pmatrix} \mathbf{x} \\ \hat{\mathbf{x}} \end{pmatrix}.$$

Hieraus kann man verblüffende Eigenschaften erkennen: Sein charakteristisches Polynom

$$\bar{\Delta}(s) = \det \begin{pmatrix} s\mathbf{E} - (\mathbf{A} - \mathbf{b}\mathbf{h}^T) & -\mathbf{b}\mathbf{h}^\mathbf{T} \\ \mathbf{0} & s\mathbf{E} - (\mathbf{A} - \hat{\mathbf{b}}\mathbf{c}^T) \end{pmatrix} \tag{20.79}$$

ergibt sich – die Systemmatrix besitzt eine so genannte obere Dreiecksblockstruktur – zu

$$\bar{\Delta}(s) = \det \left[s\mathbf{E} - (\mathbf{A} - \mathbf{b}\mathbf{h}^T) \right] \det \left[s\mathbf{E} - (\mathbf{A} - \hat{\mathbf{b}}\mathbf{c}^T) \right]. \tag{20.80}$$

Demnach ist $\bar{\Delta}(s)$ gleich dem Produkt aus dem charakteristischen Polynom des Beobachters *und* dem charakteristischen Polynom des Regelkreises unter der Voraussetzung, dass der Zustandsvektor $\mathbf{x}$ exakt (!) vorliegt. Nachdem alle beide Polynome *Hurwitz*-Polynome sind, ist der entworfene Regelkreis asymptotisch stabil[9]. Das bedeutet wiederum: Unter der Voraussetzung der Steuerbarkeit und der Beobachtbarkeit der Regelstrecke kann der Entwurf von Zustandsregler und Beobachter *unabhängig* voneinander durchgeführt werden. Bei der Reglerberechnung spielt es *keine* Rolle, ob der Zustandsvektor $\mathbf{x}$ der Strecke oder sein Schätzwert $\hat{\mathbf{x}}$ benutzt wird! Dies ist das so genannte *Separationstheorem.* Es ist allerdings zu beachten, dass durchaus eine Veränderung – im Allgemeinen eine Verschlechterung – des transienten (!) Verhaltens des Regelkreises zu beobachten ist, wie aus dem nachfolgenden Beispiel ersichtlich ist.

Beispiel („linearer Oszillator"): Wir betrachten eine Regelstrecke mit folgendem Zustandsmodell 2. Ordnung:

$$\frac{d\mathbf{x}}{dt} = \begin{pmatrix} 0 & 1 \\ -\omega_0^2 & 0 \end{pmatrix} \mathbf{x} + \begin{pmatrix} 0 \\ 1 \end{pmatrix} u \qquad y = \begin{pmatrix} 1 & 0 \end{pmatrix} \mathbf{x} \qquad (\omega_0 > 0)$$

bzw. der Übertragungsfunktion

$$G(s) = \frac{1}{s^2 + \omega_0^2}.$$

Zunächst zu dem System selbst: Die Eigenwerte des Systems sind konjugiert komplex bei $s_{1,2} = \pm j\omega_0$. Das heißt es ist nicht asymptotisch stabil. Das System liegt in der Steuerbarkeitsnormalform vor und damit ist es steuerbar. Nachdem die Übertragungsfunktion die Ordnung 2 besitzt, ist es auch beobachtbar!

Durch den Einsatz eines Kontrollbeobachters mit dem Modell

$$\frac{d\hat{\mathbf{x}}}{dt} = (\mathbf{A} - \hat{\mathbf{b}}\mathbf{c}^T)\hat{\mathbf{x}} + \mathbf{b}u + \hat{\mathbf{b}}y \qquad u = -\mathbf{h}^T\hat{\mathbf{x}} + Vr$$

soll das Führungsverhalten des Gesamtsystems durch zwei reelle Eigenwerte (Pole) $\lambda_{1,2} = -2\omega_0$ gekennzeichnet werden. Die Systemmatrix des Beobachters soll ebenfalls zwei reelle Eigenwerte $\zeta_{1,2} = -6\omega_0$ besitzen.[10]

---

[9] Man spricht in diesem Zusammenhang von der „internen Stabilität" des Regelkreises, vgl. Ausführungen in Kap. 9.

[10] Einfach formuliert: Der Beobachter soll schneller als der Regler agieren.

Aufgrund der Gültigkeit des Separationstheorems werden wir zwei Vektoren $\mathbf{h}$ bzw. $\hat{\mathbf{b}}$ ermitteln, sodass folgende Beziehungen erfüllt sind:

$$\begin{aligned}\det[s\mathbf{E} - (\mathbf{A} - \mathbf{b}\mathbf{h}^T)] &= (s + 2\omega_0)^2 = s^2 + 4\omega_0 s + 4\omega_0^2,\\ \det[s\mathbf{E} - (\mathbf{A} - \hat{\mathbf{b}}\mathbf{c}^T)] &= (s + 6\omega_0)^2 = s^2 + 12\omega_0 s + 36\omega_0^2.\end{aligned}$$

Der Parametervektor $\mathbf{h}$ ergibt sich mit

$$\mathbf{A} - \mathbf{b}\mathbf{h}^T = \begin{pmatrix} 0 & 1 \\ -\omega_0^2 - h_1 & -h_2 \end{pmatrix}$$

unmittelbar durch Koeffizientenvergleich der Beziehung

$$\det[s\mathbf{E} - (\mathbf{A} - \mathbf{b}\mathbf{h}^T)] = s^2 + h_2 s + (h_1 + \omega_0^2) = s^2 + 4\omega_0 s + 4\omega_0^2.$$

Er lautet

$$\mathbf{h}^T = \begin{pmatrix} 3\omega_0^2 & 4\omega_0 \end{pmatrix}.$$

Die Systemmatrix des Beobachters lautet

$$\mathbf{A} - \hat{\mathbf{b}}\mathbf{c}^T = \begin{pmatrix} 0 & 1 \\ -\omega_0^2 & 0 \end{pmatrix} - \begin{pmatrix} \hat{b}_1 \\ \hat{b}_2 \end{pmatrix}\begin{pmatrix} 1 & 0 \end{pmatrix} = \begin{pmatrix} -\hat{b}_1 & 1 \\ -\omega_0^2 - \hat{b}_2 & 0 \end{pmatrix}$$

und besitzt das charakteristische Polynom

$$\det[s\mathbf{E} - (\mathbf{A} - \hat{\mathbf{b}}\mathbf{c}^T)] = s^2 + \hat{b}_1 s + (\omega_0^2 + \hat{b}_2).$$

Dieses soll die Identität

$$s^2 + \hat{b}_1 s + (\omega_0^2 + \hat{b}_2) = s^2 + 12\omega_0 s + 36\omega_0^2$$

erfüllen. Der Koeffizientenvergleich ergibt

$$\hat{\mathbf{b}}^T = \begin{pmatrix} 12\omega_0 & 35\omega_0^2 \end{pmatrix}.$$

Damit lautet der gesuchte Kontrollbeobachter

$$\begin{aligned}\frac{d\hat{\mathbf{x}}}{dt} &= (\mathbf{A} - \hat{\mathbf{b}}\mathbf{c}^T)\hat{\mathbf{x}} + \mathbf{b}u + \hat{\mathbf{b}}y = \begin{pmatrix} -12\omega_0 & 1 \\ -36\omega_0^2 & 0 \end{pmatrix}\hat{\mathbf{x}} + \begin{pmatrix} 0 \\ 1 \end{pmatrix}u + \begin{pmatrix} 12\omega_0 \\ 35\omega_0^2 \end{pmatrix}y\\ u &= -\mathbf{h}^T\hat{\mathbf{x}} + Vr = -\begin{pmatrix} 3\omega_0^2 & 4\omega_0 \end{pmatrix}\hat{\mathbf{x}} + Vr.\end{aligned}$$

Für die weiteren Untersuchungen wurde der Wert $\omega_0 = 1$ gewählt. Die Simulation des Verhaltens des Gesamtsystems ergibt die in den Abb. 20.11 und 20.12 dargestellten Zeitverläufe für den Zustandsvektor der Strecke bzw. des Beobachters. Hierbei wurden die Führungsgröße $r(t) = 0$ und der Anfangszustand des Beobachters $\hat{\mathbf{x}}(0) = \mathbf{0}$ gewählt.

Besonders interessant sind die Verläufe der Eingangsgröße $u(t)$ beim Einsatz eines „reinen" Zustandsreglers bzw. eines Kontrollbeobachters (vgl. Abb. 20.13). Wie man auch aus den Abbildungen 20.11 und 20.12 erkennt, wurde der Anfangszustand der Regelstrecke folgendermaßen gewählt:

$$\mathbf{x}(0) = \begin{pmatrix} 5 \\ -5 \end{pmatrix}.$$

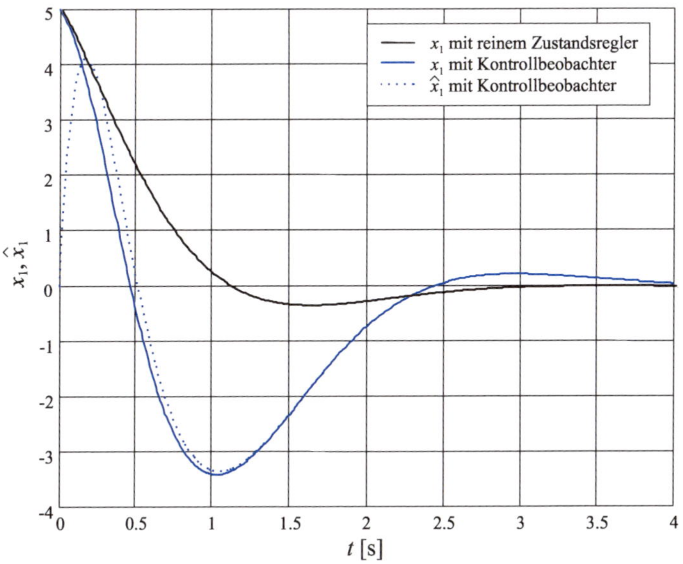

Abbildung 20.11: Verläufe von $x_1(t)$ und $\hat{x}_1(t)$

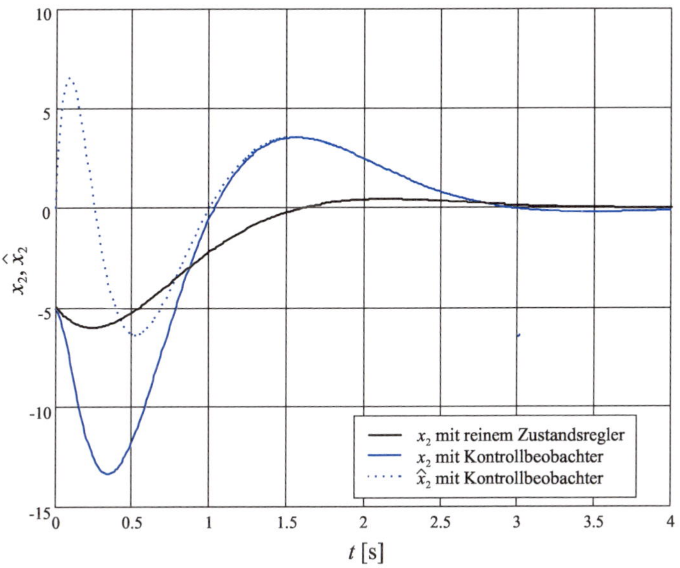

Abbildung 20.12: Verläufe von $x_2(t)$ und $\hat{x}_2(t)$

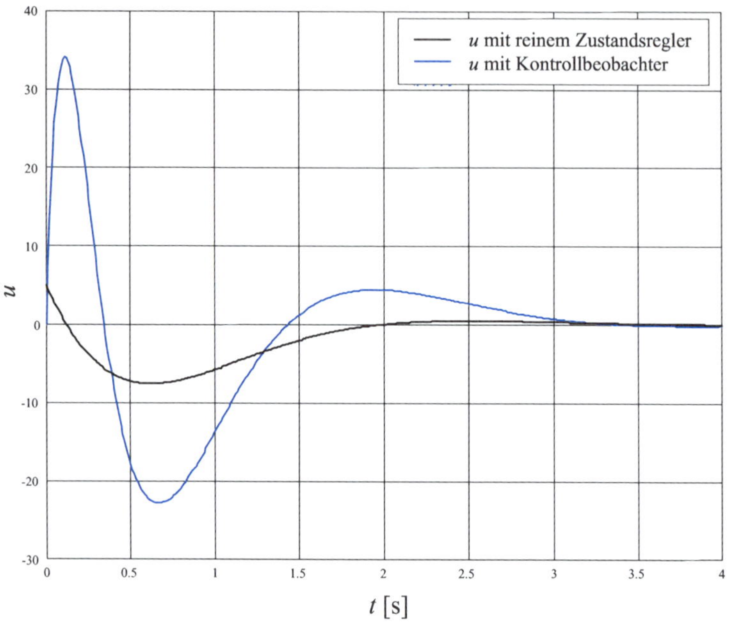

Abbildung 20.13: Verläufe der Stellgröße $u(t)$

20.3.2 Betrachtungen im Frequenzbereich: Interpretation der Ergebnisse

Das Führungsverhalten des Regelkreises (20.78) wird durch die zugehörige Übertragungsfunktion

$$T(s) = \frac{y(s)}{r(s)} \,|_{\mathbf{x}_0=\mathbf{e}_0=\mathbf{0}}$$

beschrieben. Deren Berechnung ist relativ einfach, da die Differentialgleichung für den Fehler $\mathbf{e}$

$$\frac{d\mathbf{e}}{dt} = (\mathbf{A} - \hat{\mathbf{b}}\mathbf{c}^T)\mathbf{e} \tag{20.81}$$

unabhängig von den Systemgrößen $\mathbf{x}$ und u ist. Da definitionsgemäß $\mathbf{e}_0$ gleich null gesetzt wird, d.h. $\mathbf{e}(t) = \mathbf{0}$ für alle Werte $t \geq 0$, spielt der Fehler $\mathbf{e}$ bei der Ermittlung von $T(s)$ keine Rolle! Die gesuchte Übertragungsfunktion ergibt sich dann unmittelbar zu

$$T(s) = \mathbf{c}^T[s\mathbf{E} - (\mathbf{A} - \mathbf{b}\mathbf{h}^T)]^{-1}\mathbf{b}V.$$

Sie ist *unabhängig* vom eingesetzten Beobachter und ist *dieselbe* wie im Fall eines „exakten" Zustandsreglers

$$u = -\mathbf{h}^T\mathbf{x} + Vr.$$

Die Führungsübertragungsfunktion $T(s)$ hat den Grad n, obwohl der Regelkreis $2n$ Zustandsvariablen besitzt! Diese Gradreduktion kann interpretiert werden: Der Regelkreis ist aufgrund der Struktur der Differentialgleichung („freies Fehlersystem“ (20.81)) für den Fehler $\mathbf{e}$ offensichtlich *nicht* steuerbar.

Der prinzipielle Unterschied zwischen einer klassischen Regelkreisstruktur und einer mit Kontrollbeobachter besteht darin, dass in Letzterer die Ausgangs- *und* die Eingangsgröße der Regelstrecke rückgekoppelt werden. Durch geschickte Umstrukturierungen ist es möglich, die vorliegende Regelkreisstruktur auch im klassischen Sinne zu interpretieren. Hierzu teilen wir die Eingangsgröße u in zwei Teile auf:

$$u = u_R + u_S.$$

Der *Rückkopplungsteil* u_R ist durch

$$u_R := -\mathbf{h}^T\hat{\mathbf{x}} \tag{20.82}$$

definiert, während der *Steuerungsteil* u_S durch

$$u_S := Vr$$

gegeben ist. Das Modell des Beobachters im Zeitbereich lautet nach (20.70)

$$\frac{d\hat{\mathbf{x}}}{dt} = (\mathbf{A} - \hat{\mathbf{b}}\mathbf{c}^T)\hat{\mathbf{x}} + \mathbf{b}u + \hat{\mathbf{b}}y.$$

Wir fassen nun $u_R = -\mathbf{h}^T\hat{\mathbf{x}}$ als Ausgangsgleichung auf und betrachten obiges Beobachtermodell als System mit zwei Eingangsgrößen u und y sowie der Ausgangsgröße u_R. Sein Verhalten wird durch die Übertragungsfunktionen

$$\begin{array}{lcll} u & \rightarrow & u_R: & G_u(s) \quad \text{und} \\ y & \rightarrow & u_R: & G_y(s) \end{array}$$

beschrieben. Diese werden mit Hilfe der *Laplace*-Transformation durch den Übergang in den Bildbereich berechnet. Aus der Differentialgleichung erhalten wir zunächst die Beziehung

$$s\hat{\mathbf{x}}(\mathbf{s}) = (\mathbf{A} - \hat{\mathbf{b}}\mathbf{c}^T)\hat{\mathbf{x}}(\mathbf{s}) + \mathbf{b}u(s) + \hat{\mathbf{b}}y(s)$$

bzw. durch Auflösung nach $\hat{\mathbf{x}}$

$$\hat{\mathbf{x}}(\mathbf{s}) = [s\mathbf{E}-(\mathbf{A} - \hat{\mathbf{b}}\mathbf{c}^T)]^{-1}\mathbf{b}u(s) + [s\mathbf{E}-(\mathbf{A} - \hat{\mathbf{b}}\mathbf{c}^T)]^{-1}\hat{\mathbf{b}}y(s). \tag{20.83}$$

Mit (20.83) und (20.82) erhalten wir die Eingangs-Ausgangs-Relation:

$$u_R(s) = -\mathbf{h}^T[s\mathbf{E}-(\mathbf{A} - \hat{\mathbf{b}}\mathbf{c}^T)]^{-1}\mathbf{b}u(s) \; - \; \mathbf{h}^T[s\mathbf{E}-(\mathbf{A} - \hat{\mathbf{b}}\mathbf{c}^T)]^{-1}\hat{\mathbf{b}}y(s).$$

Man erkennt, dass es sich hierbei um *ein* System der Ordnung n handelt. Die interessanten Funktionen $G_u(s)$ und $G_y(s)$ lauten dann

$$\begin{aligned} G_u(s) &= -\mathbf{h}^T[s\mathbf{E}-(\mathbf{A} - \hat{\mathbf{b}}\mathbf{c}^T)]^{-1}\mathbf{b} \\ G_y(s) &= -\mathbf{h}^T[s\mathbf{E}-(\mathbf{A} - \hat{\mathbf{b}}\mathbf{c}^T)]^{-1}\hat{\mathbf{b}}. \end{aligned} \tag{20.84}$$

Beide Übertragungsfunktionen entsprechen jeweils dem Quotienten von zwei Polynomen in s und haben die Gestalt

$$G_u(s) = \frac{\mu_u(s)}{\hat{\Delta}(s)} \quad \text{bzw.} \quad G_y(s) = \frac{\mu_y(s)}{\hat{\Delta}(s)},$$

wobei im Nenner das charakteristische Polynom des Beobachters

$$\hat{\Delta}(s) = \det[s\mathbf{E} - (\mathbf{A} - \hat{\mathbf{b}}\mathbf{c}^T)]$$

vom Grad n erscheint. Die eingeführten Polynome μ_u und μ_y weisen einen Grad auf, der kleiner ist als n. Das Blockschaltbild des Regelkreises erhält nun durch Einführung der Übertragungsfunktionen $P(s)$ der Strecke bzw. $G_u(s)$ und $G_y(s)$ des Kontrollbeobachters das in Abb. 20.14 dargestellte Aussehen.

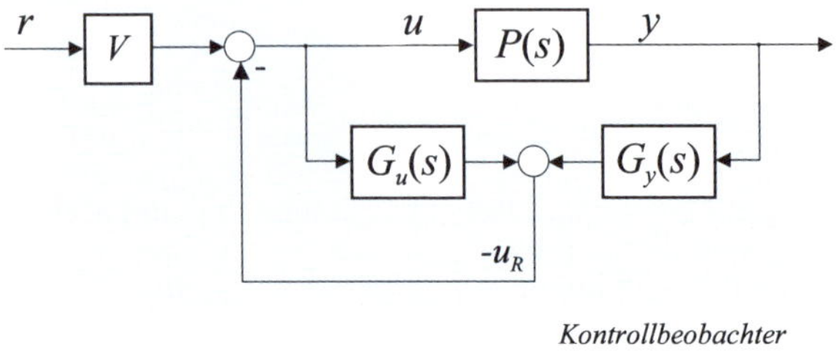

Abbildung 20.14: Kontrollbeobachter im Frequenzbereich

Betrachtet man die „Schleife“, die durch $G_u(s)$ geprägt ist, so entspricht sie – ihrer Auswirkung nach – einem System mit der Übertragungsfunktion

$$\bar{G}_u(s) = \frac{1}{1 + G_u(s)} = \frac{\hat{\Delta}(s)}{\mu_u(s) + \hat{\Delta}(s)} = \frac{\hat{\Delta}(s)}{\nu_u(s)},$$

das der Regelstrecke mit der Übertragungsfunktion

$$P(s) = \frac{\mu(s)}{\nu(s)}$$

vorgeschaltet ist (siehe Abb. 20.15).

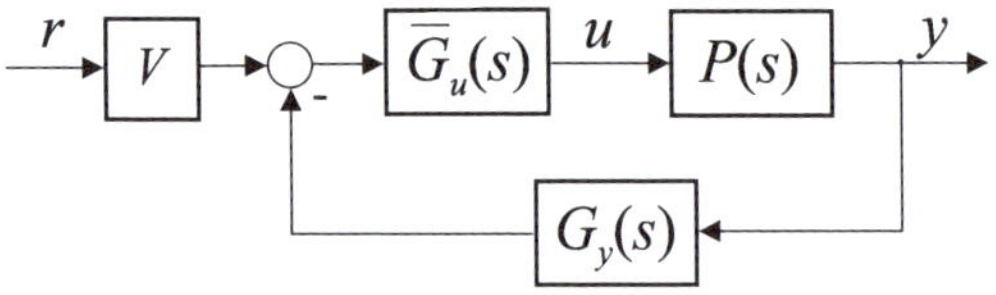

Abbildung 20.15: Umgeformter Regelkreis

Damit erhalten wir die Führungsübertragungsfunktion des Regelkreises in Abhängigkeit von den eingeführten Übertragungsfunktionen bzw. Polynomen

$$r \;\rightarrow\; y: \qquad T(s) := \frac{\mu_T(s)}{\nu_T(s)} = \frac{V\bar{G}_u(s)P(s)}{1 + \bar{G}_u(s)P(s)G_y(s)}$$

$$= \frac{V\mu(s)\hat{\Delta}(s)}{\mu(s)\mu_y(s)+\nu(s)[\mu_u(s)+\hat{\Delta}(s)]}$$
$$= \frac{V\mu(s)\hat{\Delta}(s)}{\mu(s)\mu_y(s)+\nu(s)\nu_u(s)}.$$

Das Nennerpolynom der Führungsübertragungsfunktion weist den Grad $2n$ auf. Natürlich interessiert man sich für die Lage seiner Nullstellen. Anders formuliert: Welche Nullstellenkonfiguration kann durch die Wahl der Übertragungsfunktionen $G_u(s)$ und $G_y(s)$ nach (20.84), d.h. der Polynome $\mu_y(s)$, $\mu_u(s)$ und $\hat{\Delta}(s)$, entstehen? Man wird zumindest (!) verlangen, dass $T(s)$ die BIBO-Eigenschaft besitzt. Wünscht man sich ein *Hurwitz*-Polynom $\tilde{w}(s)$ vom Grad $2n$, so stellt sich die Frage, ob dieses durch den Einsatz eines Kontrollbeobachters n-ter Ordnung realisiert werden kann. Oder: Besitzt bei *vorgegebenem* Polynom $\tilde{w}(s)$ vom Grad $2n$ *und vorgegebener* Strecke n-ter Ordnung, d.h. vorgegebenen Polynomen $\mu(s)$ und $\nu(s)$, die lineare Gleichung

$$\mu(s)\mu_y(s)+\nu(s)\nu_u(s)=\tilde{w}(s)$$

eine passende „Lösung" $[\mu_y(s),\mu_u(s)]$? „Passend" bezieht sich auf den Grad der gesuchten Polynome, nämlich

$$Grad\,\nu_u = n \quad \text{und} \quad Grad\,\mu_y \le n-1.$$

Unter der Voraussetzung, dass die Polynome $\mu(s)$ und $\nu(s)$ *keine* gemeinsamen Nullstellen haben, enthält obige Gleichung immer eine Lösung (vgl. Kap. 18)! Es ist zu bemerken, dass diese Voraussetzung die Steuerbarkeit und Beobachtbarkeit der Strecke bedingt. Gibt man nun zwei *Hurwitz*-Polynome, $\hat{\Delta}(s)$ und $\Delta(s)$, jeweils mit Grad n vor und bildet ein Wunschpolynom der Gestalt

$$\tilde{w}(s)=\hat{\Delta}(s)\Delta(s),$$

so erhält man einen Regelkreis mit der Führungsübertragungsfunktion

$$T(s)=\frac{V\mu(s)\hat{\Delta}(s)}{\hat{\Delta}(s)\Delta(s)}=\frac{V\mu(s)}{\Delta(s)},$$

die den Grad n aufweist! Es ist demnach möglich, einen Regelkreis mit der Struktur nach Abb. 20.16 und mit gewünschten Polen durch Betrachtungen *ausschließlich* im Frequenzbereich zu entwerfen. Als Resultat erhalten wir das Reglermodell in Form von Übertragungsfunktionen und nicht von Differentialgleichungen. Damit ist die Zustandsdarstellung des Reglers im Gegensatz zu derjenigen beim Entwurf eines Kontrollbeobachters *nicht* festgelegt. Dieser Umstand bietet bei der Realisierung des Reglers gewisse Freiheitsgrade.

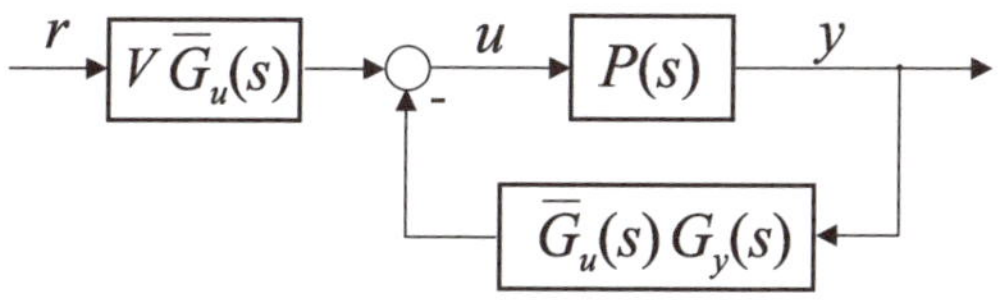

Abbildung 20.16: Regelkreis mit Kontrollbeobachter

Kapitel 21 Entwurf von Zustandsreglern und Beobachtern, zeitdiskreter Fall

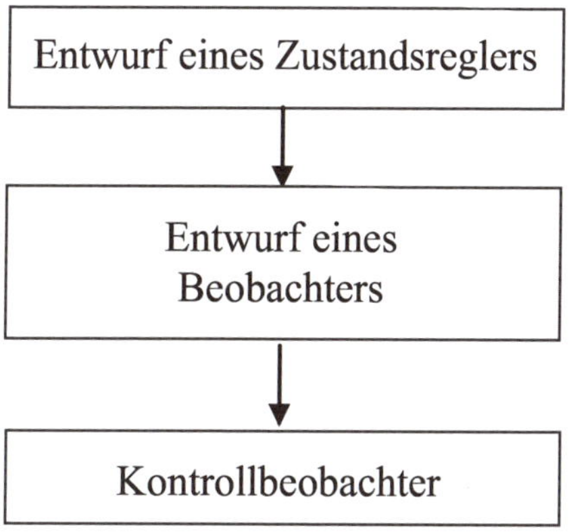

21.1 Entwurf eines zeitdiskreten Zustandsreglers

Wir betrachten eine steuerbare und beobachtbare Regelstrecke, die durch das lineare und zeitinvariante Zustandsmodell n-ter Ordnung

$$\frac{d\mathbf{x}}{dt} = \mathbf{A}\mathbf{x} + \mathbf{b}u \qquad y = \mathbf{c}^T\mathbf{x}$$

beschrieben wird. Wir wollen diesem System mit Hilfe der Eingangsgröße u *gezielt* ein gewünschtes Verhalten verleihen. Im Sinne z.B. einer Folgeregelung soll durch den Einsatz eines *zeitdiskreten Reglers* ein *Abtastregelkreis* mit der Ausgangsgröße y und der Eingangsgröße (Referenzgröße) r entstehen, der gewisse Spezifikationen erfüllt. Die Eingangsgröße $u(t)$ der Regelstrecke besitzt *grundsätzlich* die Form einer äquidistanten Treppenfunktion, d.h.

$$u(t) = u_i \qquad \text{für } iT_d \le t < (i+1)T_d,$$

wobei T_d die Diskretisierungszeit (Abtastzeit) ist. Demnach beschränken wir uns auf die Beschreibung aller interessanten Systemgrößen zu diskreten Zeitpunkten t_i. Die Regelstrecke wird durch das diskrete Modell

$$\mathbf{x}_{i+1} = \mathbf{\Phi}\mathbf{x}_i + \mathbf{b}_d u_i \qquad y_i = \mathbf{c}^T\mathbf{x}_i \tag{21.1}$$

beschrieben, dessen Daten gemäß

$$\mathbf{\Phi} = e^{\mathbf{A}T_d} \quad \text{und} \quad \mathbf{b}_d = \int_0^{T_d} e^{\mathbf{A}\tau}\mathbf{b}d\tau \tag{21.2}$$

berechnet werden.

Die Entwurfsspezifikationen betreffen das *dynamische* und das *stationäre* Verhalten des Regelkreises:

- Die Wünsche bezüglich der Dynamik spiegeln sich in der Vorgabe von n im Allgemeinen komplexen Zahlen λ_i im Einheitskreis der z-Ebene wider. Sie geben die *gewünschte* Lage der Eigenwerte des Modells des Abtastregelkreises wider.
- Im stationären Zustand wünscht man z.B., dass der Grenzwert der Ausgangsgröße mit demjenigen der Führungsgröße übereinstimmt:

$$\lim_{i\to\infty} y_i = \lim_{i\to\infty} r_i. \tag{21.3}$$

Diese Wünsche sollen durch den Einsatz eines *zeitdiskreten Zustandsreglers* erfüllt werden. Das bedeutet: Wir gehen davon aus, dass *alle* n Zustandsvariablen *messtechnisch* erfassbar sind und dazu benutzt werden, die Werte der Stellgröße u_i zu berechnen! Aufgrund der vorliegenden Problembeschreibung stellen wir folgenden Ansatz auf:

$$u_i = -\mathbf{h}^T\mathbf{x}_i + Vr_i \tag{21.4}$$

mit

$$\mathbf{h}^T = (h_1, h_2, ..., h_n). \tag{21.5}$$

Die Parameter h_i und V sind frei wählbar, aber konstant. Der Wert der Eingangsgröße u_i ist demnach eine *Linearkombination* der Werte der Zustandsvariablen und der Führungsgröße zum Zeitpunkt $t_i = iT_d$ erstellt.

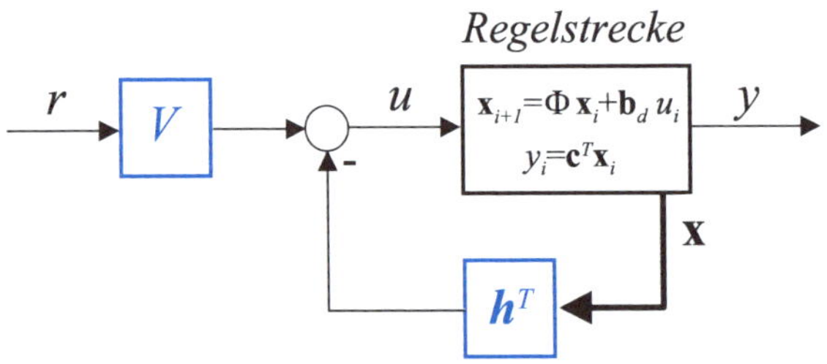

Abbildung 21.1: Zeitdiskreter Regelkreis

Der Regelkreis ist in Abb. 21.1 dargestellt, aus dem eine Aufgabenteilung ersichtlich ist: Durch die *Rückkopplung*

$$u_{R,i} = -\mathbf{h}^T\mathbf{x}_i \tag{21.6}$$

kann das dynamische Verhalten, durch die *Steuerung*

$$u_{S,i} = Vr_i \tag{21.7}$$

das stationäre Führungsverhalten des Regelkreises beeinflusst werden.

Die Zustandsbeschreibung des Abtastregelkreises ergibt sich aus (21.1) und (21.4) zu

$$\mathbf{x}_{i+1} = (\mathbf{A}_d - \mathbf{b}_d\mathbf{h}^T)\mathbf{x}_i + \mathbf{b}_d V r_i \qquad y_i = \mathbf{c}^T\mathbf{x}_i. \tag{21.8}$$

Der Entwurf besteht nun in der Lösung folgender zwei Probleme:

1. den Vektor $\mathbf{h}$ im Rückkopplungszweig so festzulegen, dass die n Eigenwerte der Systemmatrix $(\mathbf{A}_d - \mathbf{b}_d\mathbf{h}^T)$ des Regelkreises beliebig vorgegebene Werte λ_i annehmen
2. zur Erzielung der gewünschten stationären Genauigkeit den skalaren Parameter V im Vorwärtszweig geeignet einzustellen

Damit sind wir allerdings in einer beneidenswerten Position! Das erste *mathematische* Problem ist bei dem Entwurf eines zeitkontinuierlichen Zustandsreglers (vgl. Kap. 20) formuliert und gelöst (!) worden. Insbesondere gelten die dort festgehaltenen „beachtenswerten Fakten beim Entwurf" unverändert. Aus diesem Grund können wir nun die Lösung *unmittelbar* angeben!

21.1.1 Eigenwertvorgabe nach *Ackermann*

Es liegt das diskrete Modell der Regelstrecke

$$\mathbf{x}_{i+1} = \mathbf{\Phi}\mathbf{x}_i + \mathbf{b}_d u_i$$

mit dem zugehörigen charakteristischen Polynom

$$\Delta(z) = \det(z\mathbf{E} - \mathbf{\Phi}) = z^n + a_{n-1}z^{n-1} + a_{n-2}z^{n-2} + ... + a_1 z + a_0$$

vor. Ferner ist ein beliebiges Wunschpolynom

$$w(z) = \prod_{i=1}^{n}(z - \lambda_i) = z^n + w_{n-1}z^{n-1} + w_{n-2}z^{n-2} + ... + w_1 z + w_0 \tag{21.9}$$

mit

$$|\lambda_i| < 1 \qquad \text{für } i = 1, 2, ..., n$$

bezüglich der Eigenwertkonfiguration des Regelkreises vorgegeben. Die Zustandsvektor-Rückkopplung, die dies bewerkstelligen soll, hat die Form

$$u_{R,i} = -\mathbf{h}^T\mathbf{x}_i$$

und wird folgendermaßen ermittelt:

- Aufstellung der Steuerbarkeitsmatrix[1]

$$\mathbf{S}_{u,d} = \begin{pmatrix} \mathbf{b}_d & \mathbf{\Phi b}_d & \dots & \mathbf{\Phi}^{n-2}\mathbf{b}_d & \mathbf{\Phi}^{n-1}\mathbf{b}_d \end{pmatrix}$$

  und Überprüfung ihrer Regularität.

- Ermittlung der 1. Zeilen $\mathbf{t}_1^T$ der (Transformations-)Matrix $\mathbf{T}$ aufgrund der Beziehung

$$\mathbf{t}_1^T = \mathbf{e}_n^T \mathbf{S}_{u,d}^{-1}. \tag{21.10}$$

- Berechnung von

$$w(\mathbf{\Phi}) = \prod_{i=1}^{n} (\mathbf{\Phi} - \lambda_i \mathbf{E}) = \mathbf{\Phi}^n + w_{n-1}\mathbf{\Phi}^{n-1} + w_{n-2}\mathbf{\Phi}^{n-2} + \dots + w_1 \mathbf{\Phi} + w_0 \mathbf{E}. \tag{21.11}$$

- Ermittlung des Vektors $\mathbf{h}$ der Reglerparameter durch

$$\mathbf{h}^T = \mathbf{t}_1^T w(\mathbf{\Phi}). \tag{21.12}$$

Die Festlegung des charakteristischen Polynoms von $(\mathbf{\Phi} - \mathbf{b}_d \mathbf{h}^T)$ durch die Wahl der Rückkopplung $u_{R,i} = -\mathbf{h}^T \mathbf{x}_i$ erfolgt, *ohne* Rücksicht auf das Führungsverhalten zu nehmen. Das hat zur Folge, dass der Regelkreisentwurf in zwei unabhängigen Schritten vorgenommen wird:

$$\begin{aligned} \text{Festlegung der Rückkopplung:} \quad u_{R,i} &= -\mathbf{h}^T \mathbf{x}_i \\ \text{und} \quad & \\ \text{Festlegung der Steuerung:} \quad u_{S,i} &= V r_i. \end{aligned}$$

21.1.2 Stationäres Verhalten des Abtastregelkreises

Es wird nun gefordert, dass die Ausgangsgröße y des (asymptotisch stabilen) Regelkreises gegen einen von null verschiedenen konstanten Wert y_∞ strebt:

$$\lim_{i \to \infty} y_i = \lim_{i \to \infty} \mathbf{c}^T \mathbf{x}_i = y_\infty. \tag{21.13}$$

Dies kann nur erreicht werden, wenn für $i \to \infty$ aufgrund der Einwirkung einer Führungsgröße r_i der Zustandsvektor einen konstanten Wert

$$\lim_{i \to \infty} \mathbf{x}_i = \mathbf{x}_\infty$$

annimmt. Es gilt dann offensichtlich

$$\mathbf{x}_\infty = (\mathbf{\Phi} - \mathbf{b}_d \mathbf{h}^T)\mathbf{x}_\infty + \mathbf{b}_d V r_\infty,$$

---

[1] Dieser Schritt entfällt, wenn bei der Wahl der Diskretisierungszeit der Satz von *Kalman* beachtet wird. Siehe Ausführungen in Kap. 7, „Steuerbarkeit und Beobachtbarkeit“.

wobei r_∞ den Grenzwert der Führungsgröße darstellt. Das bedeutet

$$[\mathbf{E} - (\mathbf{\Phi} - \mathbf{b}_d\mathbf{h}^T)]\mathbf{x}_\infty = \mathbf{b}_d V r_\infty .$$

Da aufgrund der geforderten asymptotischen Stabilität des Regelkreises die Matrix $(\mathbf{\Phi} - \mathbf{b}_d\mathbf{h}^T)$ *keinen* Eigenwert bei $z = 1$ besitzt, ist die Matrix $[\mathbf{E} - (\mathbf{\Phi} - \mathbf{b}_d\mathbf{h}^T)]$ regulär. Damit ergibt sich der Zustandsvektor $\mathbf{x}_\infty$ zu

$$\mathbf{x}_\infty = -[\mathbf{E} - (\mathbf{\Phi} - \mathbf{b}_d\mathbf{h}^T)]^{-1}\mathbf{b}_d V r_\infty .$$

Der Grenzwert (21.13) der Ausgangsgröße lautet

$$y_\infty = \mathbf{c}^T\mathbf{x}_\infty = -\mathbf{c}^T[\mathbf{E} - (\mathbf{\Phi} - \mathbf{b}_d\mathbf{h}^T)]^{-1}\mathbf{b}_d V r_\infty .$$

Es ist allerdings noch zu beachten, dass dieser Grenzwert von null verschieden sein soll! Es muss also

$$\mathbf{c}^T[\mathbf{E} - (\mathbf{\Phi} - \mathbf{b}_d\mathbf{h}^T)]^{-1}\mathbf{b}_d \neq \mathbf{0}$$

gelten. Diese Forderung ist genau dann erfüllt, wenn die Führungsübertragungsfunktion des Regelkreises

$$r \to y: \qquad T(z) = \mathbf{c}^T[z\mathbf{E} - (\mathbf{\Phi} - \mathbf{b}_d\mathbf{h}^T)]^{-1}\mathbf{b}_d V$$

keine Nullstellen bei $z = 1$ aufweist! Dies ist wiederum gegeben, da die Nullstellen der Führungsübertragungsfunktion mit denen der Streckenübertragungsfunktion

$$P(z) = \mathbf{c}^T(z\mathbf{E} - \mathbf{\Phi})^{-1}\mathbf{b}_d$$

übereinstimmen, wenn

$$P(z = 1) = -\mathbf{c}^T(\mathbf{E} - \mathbf{\Phi})^{-1}\mathbf{b} \neq 0$$

keine Nullstellen bei $z = 1$ hat. Unter dieser Voraussetzung ist *jeder vorgegebene* Wert y_∞ durch Einwirkung einer Führungsgröße mit konstantem Endwert

$$r_\infty = -\frac{1}{V}\frac{1}{\mathbf{c}^T[\mathbf{E} - (\mathbf{\Phi} - \mathbf{b}_d\mathbf{h}^T)]^{-1}\mathbf{b}_d}y_\infty$$

erreichbar.

21.1.3 Entwurf der Rückkopplung im z-Bereich

In voller Analogie zum zeitkontinuierlichen Fall lautet die Bestimmungsgleichung für die Rückkopplung

$$\frac{w(z)}{\Delta(z)} - 1 = \mathbf{h}^T(z\mathbf{E} - \mathbf{\Phi})^{-1}\mathbf{b}_d .$$

Diese Relation koppelt die charakteristischen Polynome der Strecke und des Regelkreises mit dem Ausdruck

$$L(z) := \mathbf{h}^T(z\mathbf{E} - \mathbf{\Phi})^{-1}\mathbf{b}_d ,$$

der als Übertragungsfunktion des *offenen* Kreises $\tilde{r}_i \to -u_{R,i}$ mit

$$\tilde{r}_i = V r_i$$

aufgefasst werden kann!

21.1.4 Entwurf auf „endliche Einstellzeit"

Wir betrachten eine steuerbare und beobachtbare Regelstrecke, die durch das Zustandsmodell n-ter Ordnung

$$\frac{d\mathbf{x}}{dt} = \mathbf{A}\mathbf{x} + \mathbf{b}u \qquad y = \mathbf{c}^T\mathbf{x}$$

beschrieben wird, und formulieren folgende Aufgabe: Der *beliebige* Anfangszustand $\mathbf{x}_0$ soll durch den Einsatz eines Zustandsreglers innerhalb eines vorgegebenen *endlichen* Zeitintervalls T_e nach null gebracht werden, d.h.

$$\mathbf{x}(T_e) = \mathbf{0}. \tag{21.14}$$

Es steht fest, dass dieser Wunsch durch den Einsatz eines zeitkontinuierlichen Reglers *nicht* erfüllt werden kann. Wir können nämlich dadurch nur asymptotisch stabile Regelkreise entwerfen; d.h. für $t \to \infty$ strebt $\mathbf{x}(t) \to \mathbf{0}$. Es wird sich zeigen, dass unter einer milden Voraussetzung solch ein „unverschämter" Wunsch mittels einer Abtastregelung erfüllt werden kann!

Hierzu erzeugen wir ein zeitdiskretes Modell der Strecke

$$\mathbf{x}_{i+1} = \mathbf{\Phi}\mathbf{x}_i + \mathbf{b}_d u_i \qquad y_i = \mathbf{c}^T\mathbf{x}_i$$

gemäß

$$\mathbf{\Phi} = e^{\mathbf{A}T_d} \quad \text{und} \quad \mathbf{b}_d = \int_0^{T_d} e^{\mathbf{A}\tau}\mathbf{b}\,d\tau,$$

wobei die Diskretisierungszeit folgendermaßen festgelegt wird:

$$T_d = \frac{T_e}{n}. \tag{21.15}$$

Hierbei setzten wir voraus, dass das obige diskrete Modell steuerbar ist.

Die Aufgabe besteht darin, eine Zustandsrückkopplung

$$u_{R,i} = -\mathbf{h}^T\mathbf{x}_i$$

zu ermitteln, sodass

$$\mathbf{x}_n = \mathbf{x}(nT_d) = \mathbf{x}(T_e) = \mathbf{0} \tag{21.16}$$

gilt. Das mathematische Modell des Regelkreises lautet

$$\mathbf{x}_{i+1} = (\mathbf{A}_d - \mathbf{b}_d\mathbf{h}^T)\mathbf{x}_i,$$

wobei der Zustandsvektor $\mathbf{x}_{i+1}$ auch folgendermaßen dargestellt werden kann:

$$\mathbf{x}_{i+1} = (\mathbf{A}_d - \mathbf{b}_d\mathbf{h}^T)^{i+1}\mathbf{x}_0. \tag{21.17}$$

Die Forderung (21.16) wird nun mit Hilfe von (21.17) folgendermaßen umformuliert werden:

$$\mathbf{x}_n = (\mathbf{A}_d - \mathbf{b}_d\mathbf{h}^T)^n\mathbf{x}_0 = \mathbf{0}.$$

Nachdem der Anfangszustand *beliebig* ist, wird Folgendes verlangt:

$$(\mathbf{A}_d - \mathbf{b}_d\mathbf{h}^T)^n = \mathbf{0}.$$

Vom mathematischen Standpunkt aus heißt das, dass die Matrix $(\mathbf{A}_d - \mathbf{b}_d\mathbf{h}^T)$ eine so genannte *nilpotente* Matrix ist. Nach einem Satz der linearen Algebra gilt: Eine (n, n)-Matrix $\mathbf{Q}$ ist genau dann nilpotent, wenn alle ihre Eigenwerte bei null liegen.[2] Man beachte, dass obwohl $\mathbf{Q}^n = \mathbf{0}$ gilt, die Matrix $\mathbf{Q}$ selbst *nicht* gleich null sein muss!

Für den Regelungstechniker heißt das: Alle Eigenwerte λ_i des Abtastregelkreises müssen bei null platziert werden:

$$\lambda_i = 0 \qquad (i = 1, 2, ..., n).$$

Damit lautet das Wunschpolynom nach (21.9)

$$w(z) = z^n.$$

Die Zustandsvektor-Rückkopplung, die dies sicherstellt, hat die allgemeine Form

$$u_{R,i} = -\mathbf{t}_1^T w(\mathbf{\Phi})\mathbf{x}_i.$$

Aufgrund des nun vorliegenden Wunschpolynoms ergibt sich das Regelgesetz

$$u_{R,i} = -\mathbf{t}_1^T \mathbf{\Phi}^n \mathbf{x}_i.$$

Hierbei wird $\mathbf{t}_1^T$ aufgrund der Beziehung

$$\mathbf{t}_1^T = \mathbf{e}_n^T \mathbf{S}_{u,d}^{-1} \qquad \text{mit} \quad \mathbf{S}_{u,d} = \begin{pmatrix} \mathbf{b}_d & \mathbf{\Phi}\mathbf{b}_d & \dots & \mathbf{\Phi}^{n-2}\mathbf{b}_d & \mathbf{\Phi}^{n-1}\mathbf{b}_d \end{pmatrix}$$

ermittelt.

Beispiel („Doppelintegrierer"): Das Modell der Regelstrecke lautet

$$\frac{d\mathbf{x}}{dt} = \begin{pmatrix} 0 & 1 \\ 0 & 0 \end{pmatrix} \mathbf{x} + \begin{pmatrix} 0 \\ 1 \end{pmatrix} u \qquad y = \begin{pmatrix} 1 & 0 \end{pmatrix} \mathbf{x}.$$

Das zugehörige zeitdiskrete Modell ergibt sich nach einigen einfachen Umrechnungen[3]

$$\mathbf{x}_{i+1} = \begin{pmatrix} 1 & T_d \\ 0 & 1 \end{pmatrix} \mathbf{x}_i + \begin{pmatrix} \frac{T_d^2}{2} \\ T_d \end{pmatrix} u_i \qquad y_i = \begin{pmatrix} 1 & 0 \end{pmatrix} \mathbf{x}_i.$$

Die Steuerbarkeitsmatrix lautet

$$\mathbf{S}_{u,d} = \begin{pmatrix} \mathbf{b}_d & \mathbf{\Phi}\mathbf{b}_d \end{pmatrix} = \begin{pmatrix} \frac{T_d^2}{2} & \frac{3}{2}T_d^2 \\ T_d & T_d \end{pmatrix}$$

---

2 Der Beweis kann leicht mit Hilfe des Satzes von *Cayley* geführt werden.

3 Die Transitionsmatrix kann mittels der Exponentialreihe sofort angegeben werden, da die Systemmatrix des zeitkontinuierlichen Systems nilpotent ist!

und besitzt die Inverse

$$\mathbf{S}_{u,d}^{-1} = \frac{-1}{T_d^3}\begin{pmatrix} T_d & -\frac{3}{2}T_d^2 \\ -T_d & \frac{T_d^2}{2} \end{pmatrix}.$$

Damit ergeben sich

$$\mathbf{t}_1^T = \mathbf{e}_2^T\mathbf{S}_{u,d}^{-1} = \frac{-1}{T_d^3}\begin{pmatrix} -T_d & \frac{T_d^2}{2} \end{pmatrix} = \begin{pmatrix} \frac{1}{T_d^2} & -\frac{1}{2T_d} \end{pmatrix}$$

und

$$\mathbf{t}_1^T\mathbf{\Phi}^n = \begin{pmatrix} \frac{1}{T_d^2} & -\frac{1}{2T_d} \end{pmatrix}\begin{pmatrix} 1 & 2T_d \\ 0 & 1 \end{pmatrix} = \begin{pmatrix} \frac{1}{T_d^2} & \frac{3}{2T_d} \end{pmatrix}.$$

Der Zustandsregler lautet

$$u_{R,i} = -\mathbf{t}_1^T\mathbf{\Phi}^n\mathbf{x}_i = -\begin{pmatrix} \frac{1}{T_d^2} & \frac{3}{2T_d} \end{pmatrix}\mathbf{x}_i.$$

Er garantiert, dass *jeder* Anfangszustand in der Zeit $T_e = 2T_d$ nach null überführt werden kann. Man sieht sehr schön anhand dieser Relation, dass je schneller diese Überführung geschehen soll, desto größer der Betrag der benötigten Stellgröße wird!

In Abb. 21.2 ist der Trajektorienverlauf unter Annahme von $T_d = 1$ für den Anfangszustand $\mathbf{x}_0 = \begin{pmatrix} 1 & 2 \end{pmatrix}^T$ dargestellt.

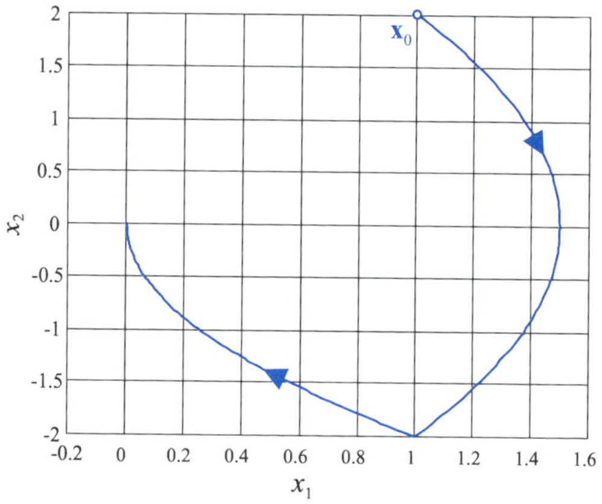

Abbildung 21.2: Verlauf der Trajektorie

21.2 Entwurf eines diskreten Beobachters

In obigen Ausführungen wurde gezeigt, dass bei einer steuerbaren Regelstrecke durch Einsatz eines diskreten Zustandsreglers die Eigenwerte *beliebig* in der z-Ebene platziert werden können. Eine essentielle Voraussetzung ist bei dieser Vorgehensweise, dass *alle*

Komponenten des Zustandsvektors messbar sind! Dies ist in den meisten praktischen Fällen allerdings *nicht* gegeben. Ziel der nachfolgenden Ausführungen ist zu zeigen, dass man bei einer Regelstrecke mit einem diskreten Zustandsmodell n-ter Ordnung und dem *unbekannten* Anfangszustand $\mathbf{x}_0$

$$\mathbf{x}_{i+1} = \mathbf{\Phi}\mathbf{x}_i + \mathbf{b}_d u_i \qquad y_i = \mathbf{c}^T\mathbf{x}_i \tag{21.18}$$

gemäß

$$\mathbf{\Phi} = e^{\mathbf{A}T_d} \quad \text{und} \quad \mathbf{b}_d = \int_0^{T_d} e^{\mathbf{A}\tau}\mathbf{b}d\tau \tag{21.19}$$

den Zustandsvektor mit Hilfe *allein* der *Meßgröße* y rekonstruieren kann. Der Schätzwert $\hat{\mathbf{x}}_i$ *ersetzt* den realen Zustandsvektor beim Einsatz eines Zustandsreglers nach (21.4)

$$u_i = -\mathbf{h}^T\hat{\mathbf{x}}_i + Vr_i. \tag{21.20}$$

Im Folgenden wird ein lineares und zeitinvariantes System, ein so genannter *Beobachter*, entwickelt. Sein Zustandsvektor $\hat{\mathbf{x}}_i$ soll sich dem tatsächlichen Zustandsvektor $\mathbf{x}_i$ auf eine *gewünschte* Art nähern. Diese Annäherung kann z.B. asymptotisch

$$\lim_{i\to\infty} \hat{\mathbf{x}}_i = \lim_{i\to\infty} \mathbf{x}_i \tag{21.21}$$

oder in endlich vielen „Schritten“ N

$$\hat{\mathbf{x}}_N = \mathbf{x}_N \tag{21.22}$$

erfolgen!

21.2.1 Struktur und prinzipielle Festlegung des Beobachters

In Anlehnung an die Struktur des vorliegenden Streckenmodells nach (21.19) wird folgender Ansatz für den Beobachter gemacht:

$$\hat{\mathbf{x}}_{i+1} = \hat{\mathbf{\Phi}}\hat{\mathbf{x}}_i + \mathbf{b}_d u_i + \hat{\mathbf{b}} y_i. \tag{21.23}$$

Die Daten $\hat{\mathbf{\Phi}}$ und $\hat{\mathbf{b}}$ sind konstante Größen passender Dimension. Sie werden derart festgelegt, dass der so genannte Fehler

$$\mathbf{e}_i = \mathbf{x}_i - \hat{\mathbf{x}}_i \tag{21.24}$$

in einer gewünschten Art nach null strebt.

Um das Verhalten des Fehlers zu untersuchen betrachten wir den Ausdruck

$$\mathbf{e}_{i+1} = \mathbf{x}_{i+1} - \hat{\mathbf{x}}_{i+1}$$

und setzen jeweils das Modell der Strecke (21.18) und des Beobachters (21.23) ein. Es ergibt sich nach einigen einfachen Umrechnungen das „Fehlermodell“

$$\mathbf{e}_{i+1} = (\mathbf{\Phi} - \hat{\mathbf{b}}\mathbf{c}^T)\mathbf{x}_i - \hat{\mathbf{\Phi}}\hat{\mathbf{x}}_i.$$

Wählt man nun

$$\hat{\mathbf{\Phi}} = \mathbf{\Phi} - \hat{\mathbf{b}}\mathbf{c}^T, \tag{21.25}$$

so wird der Fehler $\mathbf{e}_i$ durch

$$\mathbf{e}_{i+1} = (\mathbf{\Phi} - \hat{\mathbf{b}}\mathbf{c}^T)\mathbf{e}_i \tag{21.26}$$

beschrieben. Der Parametervektor $\hat{\mathbf{b}}$ wird so gewählt, dass der Fehler unabhängig von dem *unbekannten* Anfangsfehler $\mathbf{e}_0$ in einer vorgeschriebenen Art nach null strebt. Das ist genau dann gewährleistet, wenn *alle* Eigenwerte der Matrix $(\mathbf{\Phi} - \hat{\mathbf{b}}\mathbf{c}^T)$ eine bestimmte Lage in der komplexen z-Ebene einnehmen!

Eine Interpretation des Beobachters

Unter Einführung der *fiktiven* Messgröße des Beobachters

$$\hat{y}_i = \mathbf{c}^T\hat{\mathbf{x}}_i \tag{21.27}$$

kann obiges Modell umgeformt werden:

$$\hat{\mathbf{x}}_{i+1} = \mathbf{\Phi}\hat{\mathbf{x}}_i + \mathbf{b}_d u_i + \hat{\mathbf{b}}(y_i - \hat{y}_i).$$

Man erkennt, dass der Beobachter aus einem Abbild $[\mathbf{\Phi}, \mathbf{b}, \mathbf{c}^T]$ der Regelstrecke und einem Korrekturterm, der gewichteten Differenz $(y_i - \hat{y}_i)$ zwischen der realen und der fiktiven Messgröße, besteht.

21.2.2 Berechnung des Beobachterparameters $\hat{\mathbf{b}}$

Es soll nun der Parameter $\hat{\mathbf{b}}$ so festgelegt werden, dass die Matrix

$$\hat{\mathbf{\Phi}} = \mathbf{\Phi} - \hat{\mathbf{b}}\mathbf{c}^T$$

n *vorgegebene* Eigenwerte ζ_i (im Einheitskreis der komplexen z-Ebene) aufweist. Das heißt es soll gelten:

$$\hat{\Delta}(z) := \det[z\mathbf{E} - (\mathbf{\Phi} - \hat{\mathbf{b}}\mathbf{c}^T)] = \prod_{i=1}^{n}(z - \zeta_i). \tag{21.28}$$

Es ist aus der Linearen Algebra bekannt, dass die Matrix $\hat{\mathbf{\Phi}}$ *dieselben* Eigenwerte wie die transponierte Matrix $\hat{\mathbf{\Phi}}^T$ besitzt. Das bedeutet, unter Beachtung von

$$\hat{\mathbf{\Phi}}^T = (\mathbf{\Phi} - \hat{\mathbf{b}}\mathbf{c}^T)^T = \mathbf{\Phi}^T - \mathbf{c}\hat{\mathbf{b}}^T$$

gilt

$$\det[z\mathbf{E} - (\mathbf{\Phi} - \hat{\mathbf{b}}\mathbf{c}^T)] = \det[z\mathbf{E} - (\mathbf{\Phi}^T - \mathbf{c}\hat{\mathbf{b}}^T)].$$

Der Vektor $\hat{\mathbf{b}}^T$ wird so bestimmt, dass die Nullstellen obigen Polynoms vorgegebene Zahlen sind. Das gleiche mathematische Problem ist allerdings beim Zustandsreglerentwurf aufgetreten! Dort war für ein System $[\mathbf{\Phi}, \mathbf{b}_d]$ ein Vektor $\mathbf{h}^T$ so zu bestimmen, dass die Eigenwerte der Matrix $(\mathbf{\Phi} - \mathbf{b}_d\mathbf{h}^T)$ vorgegebene Zahlen sind. Ausgehend aus der Gegenüberstellung

$$(\mathbf{\Phi} - \mathbf{b}_d\mathbf{h}^T) \leftrightarrow (\mathbf{\Phi}^T - \mathbf{c}\hat{\mathbf{b}}^T)$$

wird der Parameter $\hat{\mathbf{b}}$ folgendermaßen berechnet: Man entwirft für das *fiktive* System

$$\boldsymbol{\xi}_{i+1} = \mathbf{\Phi}^T\boldsymbol{\xi}_i + \mathbf{c}u_i \tag{21.29}$$

eine Rückkopplung

$$u_{R,i} = -\hat{\mathbf{b}}^T\boldsymbol{\xi}_i. \tag{21.30}$$

Eine essentielle Voraussetzung beim Zustandsreglerentwurf ist die Steuerbarkeit des Systems $[\mathbf{\Phi}^T, \mathbf{c}]$. Wie man leicht nachrechnen kann, ist das genau dann der Fall, wenn die zugehörige Beobachtbarkeitsmatrix regulär ist:

$$\mathbf{B}_{y,d} = \begin{pmatrix} \mathbf{c}^T \\ \mathbf{c}^T\mathbf{\Phi} \\ . \\ . \\ \mathbf{c}^T\mathbf{\Phi}^{n-1} \end{pmatrix} = \begin{pmatrix} \mathbf{c} & \mathbf{\Phi}^T\mathbf{c} & \dots & (\mathbf{\Phi}^T)^{n-1}\mathbf{c} \end{pmatrix}^T.$$

ZUSAMMENFASSUNG

Es liegt das diskrete Modell der Regelstrecke

$$\mathbf{x}_{i+1} = \mathbf{\Phi}\mathbf{x}_i + \mathbf{b}_d u_i \qquad y_i = \mathbf{c}^T\mathbf{x}_i$$

mit dem zugehörigen charakteristischen Polynom

$$\Delta(z) = \det(z\mathbf{E} - \mathbf{\Phi}) = z^n + a_{n-1}z^{n-1} + a_{n-2}z^{n-2} + \dots + a_1 z + a_0$$

vor. Ferner ist ein beliebiges Wunschpolynom

$$w(z) = \prod_{i=1}^{n}(z - \zeta_i) = z^n + w_{n-1}z^{n-1} + w_{n-2}z^{n-2} + \dots + w_1 z + w_0$$

mit

$$|\zeta_i| < 1 \qquad \text{für } i = 1, 2, \dots, n$$

→

→ bezüglich der Eigenwertkonfiguration der Systemmatrix

$$\hat{\mathbf{\Phi}} = \mathbf{\Phi} - \hat{\mathbf{b}}\mathbf{c}^T$$

des Beobachters vorgegeben. Dieser besitzt das Modell

$$\hat{\mathbf{x}}_{i+1} = (\mathbf{\Phi} - \hat{\mathbf{b}}\mathbf{c}^T)\hat{\mathbf{x}}_i + \mathbf{b}_d u_i + \hat{\mathbf{b}} y_i.$$

Der Parameter $\hat{\mathbf{b}}$ wird folgendermaßen ermittelt:

- Aufstellung der Beobachtbarkeitsmatrix[4]

$$\mathbf{B}_{y,d} = \begin{pmatrix} \mathbf{c}^T \\ \mathbf{c}^T\mathbf{\Phi} \\ . \\ . \\ \mathbf{c}^T\mathbf{\Phi}^{n-1} \end{pmatrix}$$

  und Überprüfung derer Regularität

- Ermittlung des Zeilenvektors $\mathbf{t}_1^T$ aufgrund der Beziehung

$$\mathbf{t}_1^T = \mathbf{e}_n^T(\mathbf{B}_{y,d}^T)^{-1}$$

- Berechnung von

$$\begin{aligned} w(\mathbf{\Phi}^T) &= \prod_{i=1}^{n}(\mathbf{\Phi}^T - \lambda_i\mathbf{E}) \\ &= (\mathbf{\Phi}^T) + w_{n-1}(\mathbf{\Phi}^T)^{n-1} + w_{n-2}(\mathbf{\Phi}^T)^{n-2} + ... + w_1\mathbf{\Phi}^T + w_0\mathbf{E} \end{aligned}$$

- Ermittlung des Vektors $\hat{\mathbf{b}}$ durch

$$\hat{\mathbf{b}}^T = \mathbf{t}_1^T w(\mathbf{\Phi}^T)$$

21.3 Einsatz von Beobachter *und* Zustandsregler (Kontrollbeobachter)

Wir betrachten eine Regelstrecke mit dem n-dimensionalen, steuerbaren *und* beobachtbaren Zustandsmodell

$$\frac{d\mathbf{x}}{dt} = \mathbf{A}\mathbf{x} + \mathbf{b}u \qquad y = \mathbf{c}^T\mathbf{x}.$$

[4] Dieser Schritt entfällt, wenn bei der Wahl der Diskretisierungszeit der Satz von *Kalman* beachtet wird. Siehe Ausführungen in Kap. 7.5, „Steuerbarkeit und Beobachtbarkeit“.

Für diese Strecke ist es möglich, unter der Voraussetzung, dass die Eingangsgröße $u(t)$ die Form einer äquidistanten Treppenfunktion besitzt, d.h.

$$u(t) = u_i \qquad \text{für } iT_d \leq t < (i+1)T_d \qquad (T_d \text{ ist die Abtastzeit}),$$

einen diskreten Simulator anzugeben. Die Regelstrecke wird dann durch das diskrete Modell

$$\mathbf{x}_{i+1} = \mathbf{\Phi}\mathbf{x}_i + \mathbf{b}_d u_i \qquad y_i = \mathbf{c}^T\mathbf{x}_i \qquad \left(\mathbf{\Phi} = e^{\mathbf{A}T_d} \text{ und } \mathbf{b}_d = \int_0^{T_d} e^{\mathbf{A}\tau}\mathbf{b}d\tau\right)$$

beschrieben. Es ist grundsätzlich möglich, einen Zustandsregler

$$u_i = -\mathbf{h}^T\mathbf{x}_i + Vr_i$$

zu berechnen, sodass der entstehende Abtastregelkreis n vorgeschriebene Eigenwerte λ_i aufweist. Da in der Praxis die Messbarkeit aller Komponenten des Zustandsvektors die Ausnahme ist, benutzen wir einen *geschätzten* Wert $\hat{\mathbf{x}}_i$ bei der Realisierung des Regelgesetzes

$$u_i = -\mathbf{h}^T\hat{\mathbf{x}}_i + Vr_i.$$

Dieser wird von einem Beobachter geliefert. Aufgrund der Eigenschaft der Beobachtbarkeit kann ein Beobachter

$$\hat{\mathbf{x}}_{i+1} = (\mathbf{\Phi} - \hat{\mathbf{b}}\mathbf{c}^T)\hat{\mathbf{x}}_i + \mathbf{b}_d u_i + \hat{\mathbf{b}}y_i$$

entworfen werden, mit dessen Hilfe der reale Zustandsvektor $\mathbf{x}$ durch den berechneten Wert $\hat{\mathbf{x}}$ rekonstruiert wird. Die n Eigenwerte ζ_i der Beobachtermatrix $(\mathbf{\Phi} - \hat{\mathbf{b}}\mathbf{c}^T)$, die den zeitlichen Verlauf des Fehlers

$$\mathbf{e}_i = \mathbf{x}_i - \hat{\mathbf{x}}_i$$

prägen, können *beliebig* vorgegeben werden. Das so entstehende Gesamtsystem ist in Abb. 21.3 wiedergegeben.

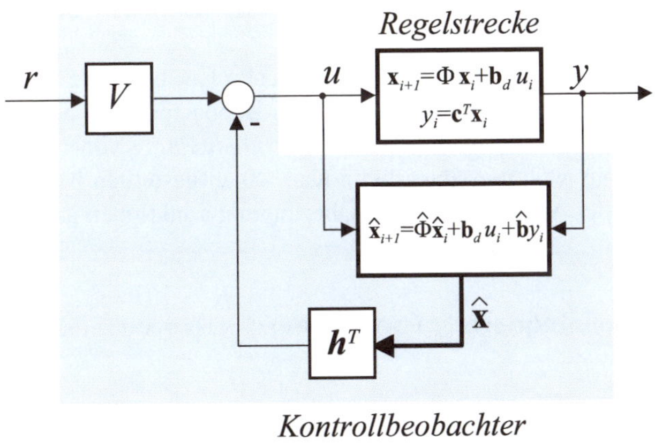

Abbildung 21.3: Zeitdiskreter Kontrollbeobachter

21.3.1 Verhalten des Gesamtsystems (Separationstheorem)

Das entstandene Gesamtssystem wird durch folgende Gleichungen beschrieben:

$$\begin{aligned} &\text{Strecke :} && \mathbf{x}_{i+1} = \mathbf{\Phi}\mathbf{x}_i + \mathbf{b}_d u_i && y_i = \mathbf{c}^T\mathbf{x}_i \\ &\text{Kontrollbeobachter :} && \hat{\mathbf{x}}_{i+1} = (\mathbf{\Phi} - \hat{\mathbf{b}}\mathbf{c}^T)\hat{\mathbf{x}}_i + \mathbf{b}_d u_i + \hat{\mathbf{b}} y_i && u_i = -\mathbf{h}^T\hat{\mathbf{x}}_i + V r_i . \end{aligned} \tag{21.31}$$

Es besitzt $2n$ Zustandsvariablen, gebildet durch den Vektor

$$\begin{pmatrix} \mathbf{x}_i \\ \hat{\mathbf{x}}_i \end{pmatrix}.$$

Das sind *jeweils* n Zustandsvariablen der Strecke und des Kontrollbeobachters. Eingangsgröße des Gesamtsystems ist die Führungsgröße r_i, die Ausgangsgröße ist die Messgröße y_i der Strecke. Nach einer regulären Zustandstransformation

$$\begin{pmatrix} \mathbf{x}_i \\ \mathbf{e}_i \end{pmatrix} = \begin{pmatrix} \mathbf{E} & \mathbf{0} \\ \mathbf{E} & -\mathbf{E} \end{pmatrix} \begin{pmatrix} \mathbf{x}_i \\ \hat{\mathbf{x}}_i \end{pmatrix}$$

kann das Gesamtsystem folgendermaßen prägnant beschrieben werden:

$$\begin{aligned} \begin{pmatrix} \mathbf{x}_{i+1} \\ \mathbf{e}_{i+1} \end{pmatrix} &= \begin{pmatrix} (\mathbf{\Phi} - \mathbf{b}\mathbf{h}^T) & \mathbf{b}_d\mathbf{h}^\mathbf{T} \\ \mathbf{0} & (\mathbf{\Phi} - \hat{\mathbf{b}}\mathbf{c}^T) \end{pmatrix} \begin{pmatrix} \mathbf{x}_i \\ \mathbf{e}_i \end{pmatrix} + \begin{pmatrix} \mathbf{b}_d \\ \mathbf{0} \end{pmatrix} V r_i \\ y_i &= \begin{pmatrix} \mathbf{c}^T & \mathbf{0}^T \end{pmatrix} \begin{pmatrix} \mathbf{x}_i \\ \mathbf{e}_i \end{pmatrix}. \end{aligned}$$

Sein charakteristisches Polynom ergibt sich, da die Systemmatrix eine so genannte obere Dreiecksblockstruktur aufweist, zu

$$\bar{\Delta}(z) = \det\left[z\mathbf{E} - (\mathbf{\Phi} - \mathbf{b}_d\mathbf{h}^T)\right] \det\left[z\mathbf{E} - (\mathbf{\Phi} - \hat{\mathbf{b}}\mathbf{c}^T)\right].$$

Das bedeutet, es gilt das aus dem zeitkontinuierlichen Fall bekannte *Separationstheorem*: Unter der Voraussetzung der Steuerbarkeit und der Beobachtbarkeit der Regelstrecke kann der Entwurf von Zustandsregler und Beobachter *unabhängig* voneinander durchgeführt werden. Man beachte weiterhin, dass die in Kap. 20 aufgestellten Betrachtungen im Frequenzbereich in voller Analogie für die z-Übertragungsfunktionen des Abtastregelkreises gelten!

Beispiel („Doppelintegrierer", Fortsetzung): Das zeitdiskrete Modell der Regelstrecke lautet

$$\mathbf{x}_{i+1} = \begin{pmatrix} 1 & T_d \\ 0 & 1 \end{pmatrix} \mathbf{x}_i + \begin{pmatrix} \frac{T_d^2}{2} \\ T_d \end{pmatrix} u_i \qquad y_i = \begin{pmatrix} 1 & 0 \end{pmatrix} \mathbf{x}_i .$$

Wir wollen einen diskreten Beobachter entwerfen, sodass der (beliebige) Anfangsfehler

$$\mathbf{e}_0 = \mathbf{x}_0 - \hat{\mathbf{x}}_0$$

spätestens nach Ablauf der Zeit $T_e = 2T_d$ gleich null wird. Das heißt die Beobachtermatrix muss zwei Eigenwerte ζ_i bei null besitzen. Das Wunschpolynom lautet demnach

$$w(z) = \prod_{i=1}^{2}(z - \zeta_i) = z^2.$$

Überprüfung der Beobachtbarkeit: Die Beobachtbarkeitsmatrix

$$\mathbf{B}_{y,d} = \begin{pmatrix} \mathbf{c}^T \\ \mathbf{c}^T\mathbf{\Phi} \end{pmatrix} = \begin{pmatrix} 1 & 0 \\ 1 & T_d \end{pmatrix}$$

ist regulär. Damit ist garantiert, dass die gestellten Anforderungen erfüllt werden können. Der Zeilenvektor $\mathbf{t}_1^T$ wird aufgrund der Beziehung

$$\mathbf{t}_1^T = \mathbf{e}_n^T(\mathbf{B}_{y,d}^T)^{-1}$$

ermittelt. Er lautet

$$\mathbf{t}_1^T = \mathbf{e}_2^T \begin{pmatrix} 1 & 1 \\ 0 & T_d \end{pmatrix}^{-1} = \mathbf{e}_2^T \begin{pmatrix} T_d & -1 \\ 0 & 1 \end{pmatrix} \frac{1}{T_d} = \begin{pmatrix} 0 & \frac{1}{T_d} \end{pmatrix}.$$

Der Beobachter-Parametervektor $\hat{\mathbf{b}}$ ist durch

$$\hat{\mathbf{b}}^T = \mathbf{t}_1^T w(\mathbf{\Phi}^T)$$

gegeben. In dem vorliegenden Fall bedeutet das

$$\hat{\mathbf{b}}^T = \begin{pmatrix} 0 & \frac{1}{T_d} \end{pmatrix} \begin{pmatrix} 1 & 0 \\ T_d & 1 \end{pmatrix}^2 = \begin{pmatrix} 0 & \frac{1}{T_d} \end{pmatrix} \begin{pmatrix} 1 & 0 \\ 2T_d & 1 \end{pmatrix} = \begin{pmatrix} 2 & \frac{1}{T_d} \end{pmatrix}.$$

Die Systemmatrix des Beobachters ergibt sich gemäß

$$\hat{\mathbf{\Phi}} = \mathbf{\Phi} - \hat{\mathbf{b}}\mathbf{c}^T$$

zu

$$\hat{\mathbf{\Phi}} = \begin{pmatrix} 1 & T_d \\ 0 & 1 \end{pmatrix} - \begin{pmatrix} 2 \\ \frac{1}{T_d} \end{pmatrix} \begin{pmatrix} 1 & 0 \end{pmatrix} = \begin{pmatrix} -1 & T_d \\ -\frac{1}{T_d} & 1 \end{pmatrix}.$$

Sie besitzt – wie gefordert – das charakteristische Polynom

$$\hat{\Delta}(z) = (z+1)(z-1) + \frac{1}{T_d}T_d = z^2.$$

Damit besitzt dieser das Modell

$$\hat{\mathbf{x}}_{i+1} = (\mathbf{\Phi} - \hat{\mathbf{b}}\mathbf{c}^T)\hat{\mathbf{x}}_i + \mathbf{b}_d u_i + \hat{\mathbf{b}} y_i$$

bzw.

$$\hat{\mathbf{x}}_{i+1} = \begin{pmatrix} -1 & T_d \\ -\frac{1}{T_d} & 1 \end{pmatrix} \hat{\mathbf{x}}_i + \begin{pmatrix} \frac{T_d^2}{2} \\ T_d \end{pmatrix} u_i + \begin{pmatrix} 2 \\ \frac{1}{T_d} \end{pmatrix} y_i.$$

In Abb. 21.4 sind unter der Annahme $T_d = 1$ und $\mathbf{x}_0 = \begin{pmatrix} 1 & 2 \end{pmatrix}^T$ sowie $\hat{\mathbf{x}}_0 = \begin{pmatrix} 0 & 0 \end{pmatrix}^T$ die Trajektorien von Strecke und Beobachter dargestellt.

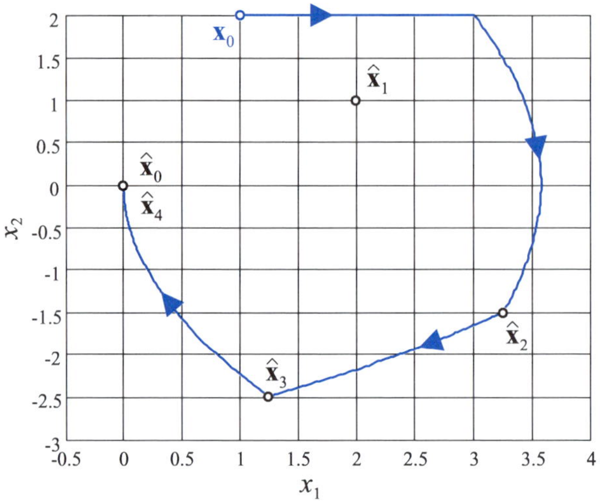

Abbildung 21.4: Trajektorien von Strecke und Beobachter

Literaturverzeichnis

[1] ACKERMANN J.: Abtastregelung, 3. Auflage, Springer-Verlag, 1988

[2] ANDERSON B.D.O., LIU Y.: Controller Reduction: Concepts and Approaches, IEEE Transactions an Automatic Control, Volume 34, 1989

[3] ARMSTRONG-HÉLVOURY B.: Control of Machines with Friction, Kluwer Academic Publishers, 1991

[4] ÅSTRÖM K., HÄGGLUND T.: PID Controllers: Theory, Design and Tuning, 2nd edition, 1994

[5] ÅSTRÖM K., WITTENMARK B.: Computer-Controlled Systems: Theory and Design, Prentice Hall, 1997, 3rd edition

[6] ÅSTRÖM K.:Model Uncertainty and Robust Control Design, COSY Valencia Workshop, 1999

[7] ÅSTRÖM K., BLOCK D., SPONG M.: The Reaction Wheel Pendulum, Report, Department of Automatic Control, Lund Institute of Technology, 2001

[8] BARNETT S.: Polynomials and Control Systems, M. Dekker, 1983

[9] BODE H.W.: Network Analysis and Feedback Amplifier Design, Litton Educational Pub. Inc.,1945

[10] BOYD S.P., BARRAT C.H.: Linear Controller Design – Limits of Performance, Prentice Hall, 1991

[11] CHEN C.T.: Analog & Digital Control System Design, Saunders College Publishing, 1993

[12] CHEN C.T.: System and Signal Analysis, 2nd edition, Saunders College Publishing, 1994

[13] CHUA L.O., DESOER C.A., KUH E.S.: Linear and Nonlinear Circuits, McGraw Hill 1987

[14] DAHL P.R.: A solid Friction Model, Technical Report TOR-0158(3107-18)-1, The Aerospace Corporation, El Segundo, CA, 1968

[15] DAHLEH M.A., DIAZ-BOBILLO I.J.: Control of Uncertain Systems, Prentice Hall, 1995

[16] D'AZZO J.J., HOUPIS C.H.: Linear Control Systems Analysis and Design, Conventional and Modern, McGraw Hill, 1981, 2nd edition

[17] DESOER C.A., VIDYASAGAR M.: Feedback Systems: input-output properties, Academic Press NY, 1975

[18] DESOER C.A., KUH E.S.: Basic Circuit Theory, McGraw Hill, 1984 14th edition

[19] DÓCZY S.A.: Regelung parameterabhängiger Übertragungssysteme, Dissertation, Fakultät für Elektrotechik und Informationstechnik, Technische Universität Graz, 2000

[20] DOURDOUMAS N.: Prinzipien zum Entwurf linearer Regelkreise mit Beschränkungen – eine Einführung, Automatisierungstechnik, Heft 8, 1987

[21] DOURDOUMAS N.: Verfahren zur automatischen Synthese von Regelkreisen, Habilitationsschrift, Technische Universität Graz, 1977

[22] DOYLE J.C., FRANCIS B.A., TANENBAUM A.R.: Feedback control theory, Macmillan Publishing Company, 1992

[23] ENGELL S.: Optimale lineare Regelung: Grenzen der erreichbaren Regelgüte in linearen zeitinvarianten Regelkreisen, Band 18, Fachberichte Messen-Steuern-Regeln, Springer-Verlag, 1988

[24] FÖLLINGER O., Regelungstechnik, 8. Auflage, Hüthig-Verlag, 1994

[25] FÖLLINGER O.: Laplace- und Fourier-Transformation, Hüthig-Verlag, 1994

[26] FÖLLINGER O.: Lineare Abtastsysteme, Oldenbourg-Verlag, 1982

[27] FRANKLIN G.F., POWELL J.D., WORKMAN M.L.: Digital Control of Dynamic Systems, Addison-Wesley Publishing Company, 1990

[28] FRUHMANN M.: Realisierung einer Füllstandsregelungsanlage, Diplomarbeit, Institut für Regelungstechnik, Technische Universität Graz, 1992

[29] GAUSCH F., HOFER A., SCHLACHER K.: Digitale Regelkreise, 2. Auflage, Oldenbourg-Verlag, 1993

[30] GERTHSEN C., KNESER H.O., VOGEL H.: Physik, Springer-Verlag, 1977

[31] GOLDSTEIN H.: Klassische Mechanik, Aula-Verlag Wiesbaden, 1996

[32] HEUSER H.: Lehrbuch der Analysis, Teil 1, B.G. Teubner-Verlag, 1993, 10. Auflage

[33] HEUSER H.: Lehrbuch der Analysis, Teil 2, B.G. Teubner-Verlag, 1995, 9. Auflage

[34] HEUSER H.: Gewöhnliche Differentialgleichungen, B.G. Teubner-Verlag, 1989

[35] HIRSCH M.W., SMALE S.: Differential Equations, Dynamical Systems and Linear Algebra, Academic Press Inc., 1974

[36] HORN M.: LinQua – Ein Werkzeug zum rechnerunterstützten Entwurf linearer Regelkreise, Dissertation, Fakultät für Elektrotechik und Informationstechnik, Technische Universität Graz, 1998

[37] HOROWITZ I.M.: Synthesis of Feedback Systems, Academic Press, 1963

[38] ISERMANN R.: Identifikation dynamischer Systeme, Band 2, Springer-Verlag, 1988

[39] KNOBLOCH H.W., KWAKERNAAK H.: Lineare Kontrolltheorie, Springer-Verlag, 1985

[40] KUHN U.: Eine praxisnahe Einstellregel für PID-Regler: Die T-Summen-Regel, atp – Automatisierungstechnische Praxis 37, 1995

[41] KWAKERNAAK H., SIVAN R.: Linear Optimal Control Systems, Wiley Interscience, 1972

[42] LEVINE W.S. (EDITOR): The Control Handbook, CRC Press Inc., 1996

[43] LINNEMANN A.: Numerische Methoden für lineare Regelungssysteme, BI Wissenschaftsverlag, 1993

[44] LUDYK G.: Theoretische Regelungstechnik 1, Springer-Verlag, 1995

[45] LANDGRAF C., SCHNEIDER G.: Elemente der Regelungstechnik, Springer-Verlag, 1970

[46] LUENBERGER D.G.: Linear and Nonlinear Programming, 2nd edition, Addison-Wesley Publishing Company, 1984

[47] LUNZE J.: Regelungstechnik 1, Springer-Verlag, 1996

[48] NECHTELBERGER M.: Aufbau und Regelung eines Schwungradpendels, Diplomarbeit, Institut für Regelungstechnik, Technische Universität Graz, 2002

[49] OGATA K.: Modern Control Engineering, Prentice Hall, 1996

[50] OPPENHEIM A.V., WILLSKY A.S., HAMID NAWAB S.: Signals and Systems, Prentice Hall, 1996

[51] PAPOULIS A.: Circuits and Systems, (A Modern Approach), Holt-Saunders Internation Editions, 1980

[52] PAPOULIS A.: Signal Analysis, McGraw Hill, 1977

[53] PHILLIPS C.,NAGLE H.T.: Digital Control System Analysis and Design, Prentice Hall, 1995, 3rd edition

[54] ROHRS C.E., MELSA J.L., SCHULTZ D.G.: Linear Control Systems, McGraw Hill, 1993

[55] ROSENBROCK H.H.: State-Space and Multivariable Theory, Nelson, London, 1970

[56] SCHNEIDER G., DOURDOUMAS N.: Reglersynthese für Abtastsysteme mit Begrenzungen, Regelungstechnik 25, 1977

[57] SCHNEIDER G., DOURDOUMAS N.: Reglersynthese für Abtastsysteme mit Begrenzungen, Regelungstechnik 26, 1978

[58] STRANG G.: Linear Algebra and its Applications, Saunders College Publishing, 1988, 3rd edition

[59] STRANG G.: Introduction to Applied Mathematics, Wellesley-Cambridge Press, 1986

[60] TRUXAL J.G.: Entwurf automatischer Regelsysteme, Oldenbourg-Verlag, 1960

[61] UNBEHAUEN H.: Regelungstechnik 1, 10. Auflage, Verlag Vieweg, 2000

[62] VIDYASAGAR M.: Control System Synthesis: A Factorization Approach, MIT-Press, 1985

[63] WEINMANN A.: Regelungen: Analyse und technischer Entwurf, Band 1, 3. Auflage, Springer, 1994

[64] WEINMANN A.: Uncertain Models and Robust Control, Springer, 1991

[65] WOHLHART K.: Dynamik. Grundlagen und Beispiele, Vieweg Verlagsgesellschaft, 1998

[66] YOULA D.C., BONGIORNO J.J., JABR H.A.: Modern Wiener-Hopf Design of Optimal Controllers – Part 1: The Single-Input-Output Case, IEEE Transactions on Automatic Control, Volume AC-21 (1976), pp. 3-13

[67] YOULA D.C., JABR H.A., BONGIORNO J.J.: Modern Wiener-Hopf Design of Optimal Controllers – Part 2: The Multivariable Case, IEEE Transactions on Automatic Control, Volume AC-21 (1976), pp. 319–338

[68] YU CHENG-CHING: Autotuning of PID Controllers, Springer-Verlag, 1998

[69] ZADEH L.A., DESOER C.A.: Linear System Theory (The State Space Approach), McGrawHill, 1963

[70] ZHOU K., DOYLE J., GLOVER: Robust and Optimal Control, Prentice Hall, 1995

[71] ZIEGLER J.G., NICHOLS N.B.: Optimum Settings for Automatic Controllers, Trans. ASME 64, 1942, pp. 759–768

Sachregister

H

I

K

L

M

N

O

P

Q

R

S

T

U

V

W

Y

Z

PEARSON Studium

Schaltsysteme

Eine automatenorientierte Einführung

Heinz-Dietrich Wuttke, Karsten Henke

Zum Buch:

Die Digitaltechnik nimmt eine Schlüsselstellung in der IT-Technik ein und wird inzwischen auch in traditionell der Analogtechnik vorbehaltenen Anwendungsgebieten wie Medien- und Fersehtechnik oder Telekommunikation eingesetzt. Anliegen des Buches ist es, ein mathematisch fundiertes, durchgängiges Instrumentarium an Begriffen, Beschreibungsweisen und Methoden bereitzustellen, mit dessen Hilfe der Entwurf und die Analyse digitaler Systeme von den Grundlagen bis zu speziellen Problemen verständlich und formal beherrschbar wird. Die Methoden des Entwurfs und der Analyse von Schaltsystemen werden anhand zahlreicher Beispiele und Falldiskussionen ausführlich erläutert.

Aus dem Inhalt:

- Mathematische Grundlagen
- Entwurf kombinatorischer Schaltungen
- Analyse kombinatorischer Schaltungen
- Analyse und Validierung sequentieller Schaltungen
- Dateien
- Entwurf paralleler Automaten
- Glossar

Über die Autoren:

Heinz-Dietrich Wuttke und *Karsten Henke* sind im Fachgebiet Integrierte Hard- und Softwaresysteme der *TU Ilmenau* tätig.

ISBN: 3-8273-7035-3
€ 34,95 [D], sFr 59,50
352 Seiten

i technische informatik

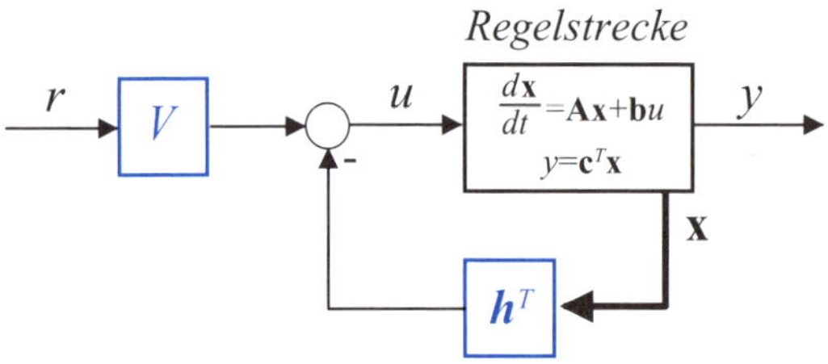

$$\mathbf{h}^T = \mathbf{t}_1^T w(\mathbf{A}) \qquad \mathbf{S}_u = \begin{pmatrix} \mathbf{b} & \mathbf{A}\mathbf{b} & \dots & \mathbf{A}^{n-1}\mathbf{b} \end{pmatrix}$$

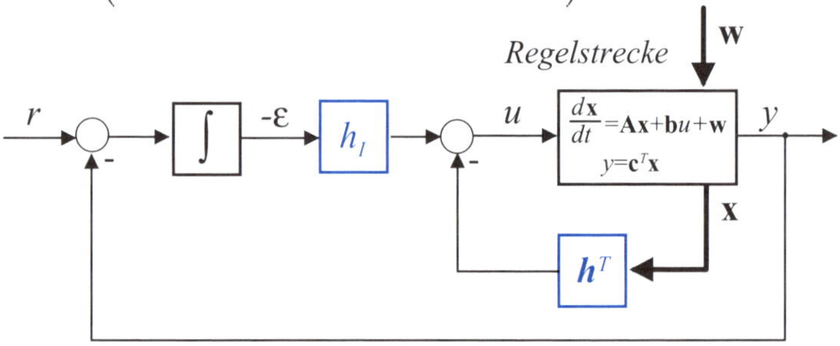

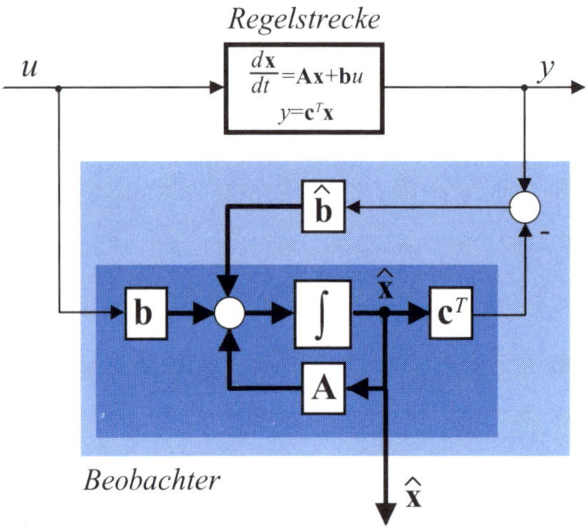

$$\mathbf{B}_y = \begin{pmatrix} \mathbf{c}^T \\ \mathbf{c}^T\mathbf{A} \\ \vdots \\ \mathbf{c}^T\mathbf{A}^{n-1} \end{pmatrix}$$

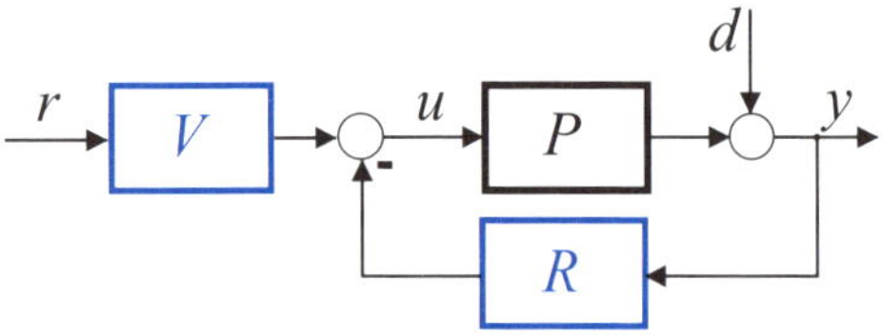

$$P = \frac{Z}{N} \qquad R = \frac{X + KN}{Y - KZ}$$

$$ZX + NY = 1 \qquad V = \frac{H}{Y - KZ}$$